KB078717

공조냉동기계 기사 실기

김증식 · 김동범 공저

 일진사

머리말

　공기조화란 오염이나 온도, 습도로 불쾌해진 공기를 사람들이 느끼기에 쾌적한 공기로 바꿔주는 일을 하는 것으로, 이 분야에 사용되는 기계가 냉동기계이다. 공조냉동기계기사란 냉동기와 공기조화설비의 제작·시공·보수·안전관리에 관한 업무를 수행하는 사람이다.

　최근의 냉동기술은 단독 또는 다른 기술의 병합에 의해 여러 곳에서 다양하게 사용되고 있으며, 그 활용범위와 응용범위는 생활수준의 향상과 더불어 계속 넓어지고 있다. 이런 의미에서 공조냉동기계기사는 장래가 안정적인 자격인이라 할 수 있다.

　이 책은 이러한 현실적인 추세에 부응하여 공조냉동기계기사 자격시험에 도전하는 수험생들에게 도움이 되도록 다음과 같이 구성하였다.

　이론보다 점차 실무화되어 가는 최근 출제경향에 맞추어 실기부분을 중심으로 엄선한 출제 예상 문제를 수록하였고, 과년도 출제문제에 대한 상세한 해설을 실어줌으로써 수험자가 실력을 충분히 쌓도록 하였다.

　미흡한 부분과 앞으로 시행되는 출제 문제에 대해서는 자세한 해설을 달아 계속 수정·보완할 것이며, 수험생 여러분이 이 책을 통해 최소의 시간으로 최대의 효과를 거두길 바란다.

　끝으로, 이 책을 출간하기까지 많은 도움을 주신 도서출판 **일진사** 직원 여러분께 감사드린다.

저자 씀

차 례

부록	과년도 출제 문제

장비 용량 계산

1-1 열원 장비 계산하기

1 압력

(1) 압력

① 단위면적에 작용하는 힘

② 단위 : kg/cm^2 (at), lb/in^2 (PSI), kPa, mmAq (kg/m^2)

(2) 대기압력

① 수은주의 높이 76 cm, 수은 1 cc의 무게 13.595 g이므로, $76 \times 13.595 = 1033.22$ $g/cm^2 = 1.0332\ kg/cm^2$

② $1\ kg/cm^2 = 14.22\ lb/in^2$, $14.7\ lb/in^2 \cdot a \risingdotseq 1.033\ kg/cm^2 \cdot a$

③ 단위 : $1.033\ kg/cm^2 \cdot a$, $14.7\ lb/in^2 \cdot a$

> **참고** • 1 atm = 760 mmHg = 30 inHg = 1.0332 kg/cm^2 = 14.7 lb/in^2
> = 1013.25 mbar = 10332 mmAq = 10332 kg/m^2 = 101.325 kPa
> • 1 bar = 1000 mbar = 1000 hpa = $10^5\ N/m^2$ = 10^5 pa

(3) 계기압력

① 대기압의 상태를 0으로 기준하여 측정한 압력

② 단위 : $kg/cm^2 \cdot g$, $lb/in^2 \cdot g$

(4) 절대압력

① 완전진공의 상태를 0으로 기준하여 측정한 압력

② 단위 : $kg/cm^2 \cdot a$ (ata), $lb/in^2 \cdot a$ (PSIA)

　(가) 절대압력 $kg/cm^2 \cdot a$ = 계기압력 $kg/cm^2 + 1.033\ kg/cm^2$

　(나) 절대압력 $lb/in^2 \cdot a$ = 계기압력 $lb/in^2 + 14.7\ lb/in^2$

(5) 진공도

단위 cmHg vac, inHg vac, 그림에서 cmHg vac 를 $kg/cm^2 \cdot a$로 고치면,

① cmHg vac에 kg/cm²·a로 구할 때에는 $P = 1.033 \times \left(1 - \dfrac{h}{76}\right)$

② cmHg vac 시에 lb/in²·a로 구할 때에는 $P = 14.7 \times \left(1 - \dfrac{h}{76}\right)$

③ inHg vac 시에 kg/cm²·a로 구할 때에는 $P = 1.033 \times \left(1 - \dfrac{h}{30}\right)g$

④ inHg vac 시에 lb/in²·a로 구할 때에는 $P = 14.7 \times \left(1 - \dfrac{h}{30}\right)$

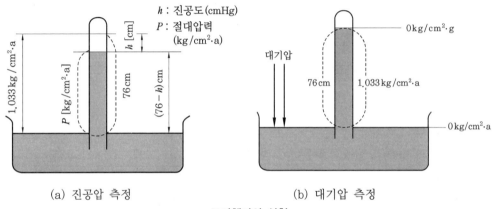

h : 진공도(cmHg)
P : 절대압력 (kg/cm²·a)

(a) 진공압 측정　　　　(b) 대기압 측정

토리첼리의 실험

2 온도

(1) 섭씨온도

물의 응고점을 0.00℃로 하고 비등점을 100.00℃로 하여 그 사이를 100등분한 것이다.

(2) 화씨온도

물의 응고점을 32.00°F로 하고 비등점을 212.00°F로 하여 그 사이를 180등분한 것이다.

① $℃ = \dfrac{5}{9}(°F - 32)$ (℃ = Celsius)

② $°F = \dfrac{9}{5}℃ + 32$ (°F = Fahrenheit)

(3) 절대온도

0℃ (0°F) 기체의 압력을 일정하게 유지하여 냉각시키면 온도가 1℃ 낮아질 때마다 체적이 1/273 씩 작아져서 −273℃ (−460°F)에서 체적이 완전히 없어진다. 이때 온도를 절대온도 0 K (0°R)라 한다.

① 섭씨 절대온도(K = Kelvin) : 0 K = −273℃, 0℃ = 273 K
② 화씨 절대온도(°R = Rankin) : 0°R = −460°F, 0°F = 460°R
③ K와 °R의 관계 : °R = 1.8 K

3 열량

(1) 1 kcal
물 1 kg을 1℃ 높이는 데 필요한 열량

(2) 1 kJ
공기 1kg을 1K 높이는 데 필요한 열량

> **참고** 1 kcal = 3.968 BTU (1 BTU = 0.252 kcal)
> 1 kcal = 4.187 kJ
> 1 kcal = 1 kg × 1℃ = 2.2 lb × 1.8°F = 3.968 BTU
> 1 kcal/kg·K = 1 BTU/lb·°R (1 BTU/lb = 0.556 kcal/kg)

(3) 열용량
어느 물질을 1℃ 높이는 데 필요한 열량

(4) 비열
① 어느 물질 1 kg을 1℃ 높이는 데 필요한 열량
② 단위 : kcal/kg·℃, kJ/kg·K

(5) 정압비열(C_p)
① 어느 기체의 압력을 일정하게 하고 1 kg을 1℃ 높이는 데 필요한 열량
② 물은 4.187, 공기는 1, 얼음은 2.1, 수증기는 1.85kJ/kg·K이다.

(6) 정적비열(C_v)
① 어느 기체의 체적을 일정하게 하고 1 kg을 1℃ 높이는 데 필요한 열량
② 공기의 정적비열은 0.71 kJ/kg·K이다.

(7) 비열비(C_p/C_v)
① 정압비열을 정적비열로 나눈 값으로 항상 1보다 크다.
② 비열비(단열지수)가 큰 가스는 압축하면 실린더가 과열되고 토출되는 가스온도의 상승폭이 크다.

(8) 감열(sensible heat)

상태의 변화 없이 온도가 변하는 데 필요한 열량

$$q_s = G \cdot C \cdot \Delta t$$

여기서, q_s : 열량(kJ), G : 질량(kg), C : 비열(kJ/kg·K), $\Delta t = t_2 - t_1$: 온도차(℃)

(9) 잠열(latent heat)

온도의 변화는 없고 상태가 변화하는 데 필요한 열량

$$q_l = G \cdot R$$

여기서, q_l : 열량(kJ), G : 질량(kg), R : 잠열(kJ/kg)

4 전열

(1) 열전도(thermal conduction)

물질의 내부를 열이 이동하는(즉, 단일 물체의 열이동) 것을 열전도라 한다.

① 열전도

$$Q = \lambda \frac{F \cdot \Delta t}{l}$$

여기서, Q : 1시간에 흐르는 열량(kJ/h), λ : 열전도율(kJ/m·h·K)
F : 전열면적(m^2), Δt : 온도차(K), l : 길이(두께)(m)

② 열전도 저항

$$W_c = \frac{l}{\lambda F} \ [\text{m·h·K/kJ}]$$

(2) 열전달(heat transfer)

고체의 표면과 그것과 접하는 유체 사이의 열이동(유체와 고체간에 열이 이동하는 것)을 열전달이라 한다.

① 열전달

$$Q = \alpha \cdot F \cdot \Delta t$$

여기서, Q : 1시간 동안에 전해진 열량(kJ/h), α : 열전달률(kJ/m^2·h·K)
F : 전열면적(m^2), Δt : 온도차(K)

② 열전달 저항

$$W_s = \frac{1}{\alpha} \ [\text{m}^2 \text{·h·K/kJ}]$$

참고   열전달률 = 표면전열률 = 경막계수

(3) 열통과(열관류 ; heat transmission)

열교환기의 격벽 또는 보온·보랭을 위한 단열벽 등에서 고체벽을 통과하여 한쪽에 있는 고온 유체가 다른 쪽에 있는 저온 유체로 열이 이동하는 것

① 열관류율 : 열관류에 의한 관류열량의 계수이며 전열의 정도를 표시할 때 사용된다. 정상 유체상태에서 사이에 고체 벽을 두고 단위시간과 면적당 이동열량 $Q = KF(t_1 - t_2)$ [kJ/h] 로 표시되고, 비례정수 K [kJ/m²·h·K] 를 열관류율 또는 열통과율이라 한다.

② 열관류 저항 : 열전도 저항과 열전달 저항의 합으로 나타내며 열관류의 역수이다.

$$R = \frac{1}{K} [\text{m}^2 \cdot \text{h} \cdot \text{K} / \text{kJ}]$$

> **참고** 열통과율 = 열관류율 = 전열계수

(4) 평판 전열벽

① 열통과 저항(열저항)

$$R = \frac{1}{K} = \frac{1}{\alpha_1} + \Sigma \frac{l}{\lambda} + \frac{1}{\alpha_2} [\text{m}^2 \cdot \text{h} \cdot \text{K/kJ}]$$

② 열통과율

$$K = \frac{1}{R} = \frac{1}{\frac{1}{\alpha_1} + \Sigma \frac{l}{\lambda} + \frac{1}{\alpha_2}} [\text{kJ/m}^2 \cdot \text{h} \cdot \text{K}]$$

③ 푸리에(Fourie) 의 열전도 법칙

$$q = K \cdot F \cdot (t_1 - t_2)[\text{kJ} / \text{h}]$$
$$q_1 = \alpha_1 \cdot F \cdot (t_1 - t_{s_1})[\text{kJ} / \text{h}]$$
$$q_2 = \frac{\lambda}{l} \cdot F \cdot (t_{s_1} - t_{s_2})[\text{kJ} / \text{h}]$$
$$q_3 = \alpha_2 \cdot F \cdot (t_{s_2} - t_2)[\text{kJ} / \text{h}]$$

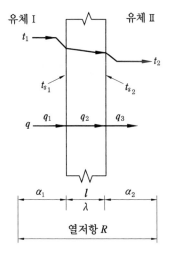

벽체의 열이동

즉, $q = q_1 = q_2 = q_3$ 가 일정하다는 것이 푸리에의 열전도 법칙이다.

(5) 원통 전열량

$$F_m = \frac{F_o + F_i}{2}, \quad R = \frac{1}{\lambda F_m}$$

여기서, R : 원통 열전도 저항

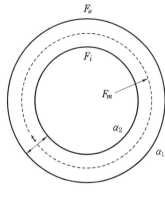

원통의 열전달

$$R = \frac{1}{\alpha_1 F_o} + \frac{t_1}{\lambda_1 F_{m_1}} + \frac{t_2}{\lambda_2 F_{m_2}} + \cdots\cdots + \frac{1}{\alpha_2 F_i}$$

$$= \frac{1}{F_o}\left(\frac{1}{\alpha_1} + \frac{t_1 F_o}{\lambda_1 F_{m_1}} + \frac{t_2 F_o}{\lambda_2 F_{m_2}} + \cdots\cdots + \frac{F_o}{\alpha_2 F_i}\right)$$

$K = \dfrac{1}{F_o R}$ 에 의해서,

$$K = \frac{1}{\dfrac{1}{\alpha_1} + \dfrac{t_1 F_o}{\lambda_1 F_{m_1}} + \dfrac{t_2 F_o}{\lambda_2 F_{m_2}} + \cdots\cdots + \dfrac{F_o}{\alpha_2 F_i}}$$

(6) 대류(convection)

열이 액체나 기체에 의하여 이동되는 것으로 유체의 분자활동에 의한 열이동이다.

(7) 복사열(radiant heat)

고온의 물체가 열원을 방사하여 공간을 거친 후 다른 저온의 물체에 흡수되어 일어나는 열로 방사열이라고도 한다.

(8) 핀 튜브(fin tube)

냉동장치에 있어 냉매와 냉각수(냉수) 냉매와 공기(냉각풍) 간에 전열저항이 큰 쪽에 전열면적을 증가시켜 주기 위하여 핀을 부착한 튜브를 말한다. 주로 프레온 냉동장치에 쓰인다.

① low fin tube : 튜브 밖에 냉매가 흐르고 튜브 내에 냉수가 흐를 때 전열저항이 큰 프레온 측에 전열면적을 증가시켜 주기 위하여 튜브 외측에 핀을 부착한 것

② inner fin tube : low fin tube와는 반대로 튜브 내에 냉매가 흐르고 튜브 밖에 냉수가 흐를 때 냉매 측의 전열면적을 증가시키기 위하여 튜브 속에 핀을 부착한 튜브

1-2 공조 장비 계산하기

1 공기조화(air conditioning)의 정의

공기조화라 함은 실내의 온·습도, 기류, 박테리아, 먼지, 유독가스 등의 조건을 실내에 있는 사람 또는 물품에 대하여 가장 좋은 조건을 유지하는 것을 말한다.

ASHRAE에서는 공기조화를 다음과 같이 정의하고 있다.

"일정한 공간의 요구에 알맞은 온도, 습도, 청결도, 기류 분포 등을 동시에 조절하기 위한 공기 취급 과정"

2 공기조화의 종류

① 보건용 공조(comfort air conditioning) : 쾌감공조라 하며 실내인원에 대한 쾌적 환경을 만드는 것을 목적으로 하며, 주택, 사무실, 백화점 등의 공기조화가 이에 속 한다.

② 공업용 또는 산업용 공조(industrial air conditioning) : 실내에서 생산 또는 조립 되는 물품, 혹은 실내에서 운전되는 기계에 대하여 가장 적당한 실내조건을 유지하 고, 부차적으로는 실내인원의 쾌적성 유지도 목적으로 한다. 각종 공장, 창고, 전화 국, 실험실, 측정실 등의 공기조화가 이에 속한다.

3 공기의 상태

(1) 건구온도(dry bulb temperature ; DB) t [℃]

보통 온도계가 지시하는 온도

(2) 습구온도(wet bulb temperature ; WB) t' [℃]

보통 온도계 수은 부분에 명주, 모슬린 등의 천을 달아서 일단을 물에 적신 다음 대기 중에 증발시켜 측정한 온도이다. 대기 중의 습도가 적을수록 물의 증발은 많아지고 따라 서 습구온도는 낮아진다.

(3) 노점온도(dew point temperature ; DP) t'' [℃]

공기의 온도가 낮아지면 공기 중의 수분이 응축 결로되기 시작하는 온도를 노점온도라 한다. 즉, 습공기의 수증기 분압과 동일한 분압을 갖는 포화 습공기의 온도를 말하며, 습 공기 중에 함유하는 수증기를 응축하여 물방울의 형태로 제거해 주는 것을 캐리어 (carrier)에서 생각한 노점 조절법이다.

(4) 절대습도(specific humidity ; SH) x [kg/kg']

건조공기 1 kg과 여기에 포함되어 있는 수증기량(kg)을 합한 것에 대한 수증기량을 말하며, 절대습도를 내리려면 코일의 표면온도를 통과하는 공기를 노점온도 이하로 내려 서 감습해 주어야 한다. 즉, 공기의 노점온도가 변하지 않는 이상 절대습도는 일정하다.

$$x = \frac{\gamma_w}{\gamma_a} = \frac{P_w/R_w T}{P_a/R_a T} = \frac{P_w/47.06}{(P-P_w)/29.27}$$

$$\therefore x = 0.622 \frac{P_w}{P - P_w}$$

여기서, P_w : 수증기의 분압 (kg/m^2)

P_a : 건조공기의 분압 (kg/m^2)

P : 대기압 $(P_a + P_w)$

T : 습공기의 절대온도 (K)

R_w : 수증기의 가스 정수 $(47.06 \,\text{kg} \cdot \text{m/kg} \cdot \text{K})$

R_a : 건조공기의 가스 정수 $(29.27 \,\text{kg} \cdot \text{m/kg} \cdot \text{K})$

(5) 상대습도(relative humidity ; RH) $\phi\,[\%]$

대기 중에 함유하는 수분은 기온에 따라 최대량이 정해져 있다. 즉, 대기 중에 존재할 수 있는 최대 습기량과 현존하고 있는 습기량의 비율이다. 이 상대습도는 관계습도라고도 불리며 습공기 중에 함유되는 수분의 압력(수증기 분압)과 동일온도에서 포화상태에 있는 습공기 중의 수분압력과의 비로 정의될 때도 있다.

$$\phi = \frac{\gamma_w}{\gamma_s} \times 100, \quad \phi = \frac{P_w}{P_s} \times 100$$

여기서, γ_w : 습공기 $1\,\text{m}^3$ 중에 함유된 수분의 중량

γ_s : 포화습공기 $1\,\text{m}^3$ 중에 함유된 수분의 중량

P_w : 습공기의 수증기 분압

P_s : 동일온도의 포화습공기의 수증기 분압

※ $P_w = \phi P_s$ 이므로,

$$x = 0.622 \frac{\phi P_s}{P - \phi P_s}$$

$$\therefore \phi = \frac{xP}{P_s(0.622 + x)}$$

※ P_w에 대한 실험식(Apjohn 식)

$$P_w = P_{ws} - \frac{P}{1500}(t - t')$$

(6) 포화도(saturation degree ; SD) $\psi\,[\%]$ 또는 비교습도

습공기의 절대습도와 그와 동일온도의 포화습공기의 절대습도의 비

$$\psi = \frac{x}{x_s} \times 100$$

여기서, x : 습공기의 절대습도 $(\text{kg/kg}')$

x_s : 동일온도의 포화습공기의 절대습도 $(\text{kg/kg}')$

$$\psi = \frac{0.622\,\phi\,P_s\,/\,P - \phi P_s}{0.622 P_s\,/\,P - P_s} \quad (\because \; x_s \text{일 때 } \phi = 1 \text{이므로})$$

$$\psi = \phi\,\frac{P - P_s}{P - \phi P_s}$$

(7) 비체적 (specific volume ; SV) $v\,[\mathrm{m^3/kg}]$

1 kg의 무게를 가진 건조공기를 함유하는 습공기가 차지하는 체적을 비체적이라 한다.
※ 건조공기 1 kg에 함유된 수증기량을 $x\,[\mathrm{kg}]$이라 하면,

① 건조공기 1 kg 의 상태식 : $P_a V = R_a T$

② 수증기 $x\,[\mathrm{kg}]$ 의 상태식 : $P_w V = x R_w T$

③ $P = P_a + P_w$ 에서,

$$V(P_a + P_w) = V \cdot P = T(R_a + x R_w)$$

$$\therefore v = \frac{(R_a + x R_w)T}{P}$$

$$v = (29.27 + 47.06\,x)\frac{T}{P} = (0.622 + x)\,47.06\,\frac{T}{P}$$

여기서, T : 절대온도 (K), P : 압력($\mathrm{kg/m^2}$)

(8) 엔탈피 (enthalpy ; TH) $i\,[\mathrm{kcal/kg}]$

어떤 온도를 기준으로 해서 계측한 단위중량 중의 유체에 함유되는 열량을 말하며 i [kcal/kg]로 표시한다. 건공기의 엔탈피(i_a)는 0℃의 건조공기를 0으로 하고, 수증기의 엔탈피(i_w)는 0℃의 물을 기준(0)으로 한다.

① 온도 $t\,[℃]$인 건공기의 엔탈피

$$i_a = C_p t = 1 \times t = t$$

여기서, C_p : 공기의 정압비열($1\,\mathrm{kJ/kg \cdot K}$)

② 온도 $t\,[℃]$인 수증기의 엔탈피

$$i_w = R + C_{pw} t = 2500 + 1.84\,t$$

여기서, R : 0℃ 수증기의 증발잠열($2500\,\mathrm{kJ/kg}$)
　　　　C_{pw} : 수증기의 정압비열($1.84\,\mathrm{kJ/kg \cdot K}$)

③ 건공기 1 kg 과 수증기 $x\,[\mathrm{kg}]$ 가 혼합된 습공기의 엔탈피

$$i = i_a + x\,i_w = C_p t + x(R + C_{pw} t) = (C_p + C_{pw}\,x)t + Rx = C_s t + Rx$$

여기서, $C_s = C_p + C_{pw}\,x$ 를 습비열(濕比熱)이라고 한다.

01. 대기압력이 760 mmHg일 때의 온도 25℃의 공기에 함유되어 있는 수증기 분압이 32.54mmHg이었다. 이때의 건공기 분압은 얼마인가?

해답 $P = P_a + P_w$ 에서, $P_a = 760 - 32.54 = 727.46\,\text{mmHg}$

02. 진공도 80%란 몇 atm인가?

해답 $\dfrac{760 - (760 \times 0.8)}{760} = \dfrac{760 \times (1 - 0.8)}{760} = 0.2\,\text{atm}, \quad \dfrac{100 \times (1 - 0.8)}{100} = 0.2\,\text{atm}$

03. 콘크리트 두께 20 cm, 내면의 플라스터 5 cm의 외벽을 통해 들어오는 열량을 구하시오. (단, 콘크리트, 플라스터의 열전도율은 각각 1.5, 0.58 W/m·K이고, 벽의 외면과 내면의 열전달률은 각각 32.56, 8.14 W/m²·K이다. 또한 외벽의 면적은 45 m², 상당 외기온도는 32℃, 실내온도는 24℃이다.)

해답 $\dfrac{1}{K} = \dfrac{1}{\alpha_o} + \dfrac{l_1}{\lambda_1} + \dfrac{l_2}{\lambda_2} + \dfrac{1}{\alpha_i} = \dfrac{1}{32.56} + \dfrac{0.2}{1.5} + \dfrac{0.05}{0.58} + \dfrac{1}{8.14} = 0.3731\ \text{m}^2 \cdot \text{K/W}$

$\therefore K = 2.68\,\text{W/m}^2 \cdot \text{K}$

$\therefore q = KA\,(t_o - t_i) = 2.68 \times \dfrac{3600}{1000} \times 45 \times (32 - 24) = 3473.28\,\text{kJ/h}$

04. 전압력이 0.8 kg/cm², 온도 30℃, 수증기 포화압력이 31.83 mmHg, 상대습도 40%인 공기의 (1) 절대습도, (2) 비체적, (3) 엔탈피를 구하시오.

해답 (1) $x = 0.622 \times \dfrac{P_w}{P - P_w}$ 에서,

$P_{w_s} = \dfrac{31.83}{760} \times 1.0332 = 0.04327 \risingdotseq 0.0433\,\text{kg/cm}^2$

$\therefore x = 0.622 \times \dfrac{\phi P_{w_s}}{P - \phi P_{w_s}} = 0.622 \times \dfrac{0.4 \times 0.0433}{0.8 - 0.4 \times 0.0433} = 0.01376\ \text{kg/kg}'$

(2) $PV = GRT$ 에서, $v = \dfrac{V}{G} = \dfrac{RT}{P}$

$\therefore v = \dfrac{(R_a + x \cdot R_w) \cdot T}{P} = \dfrac{\{29.27 + (0.01376 \times 47.06)\} \times (273 + 30)}{0.8 \times 10^4} = 1.133\,\text{m}^3/\text{kg}$

(3) $h = h_a + x\,h_v = C_p\,t + x\,(R + C_v\,t)$

$\qquad = 1 \times 30 + 0.01376(2501 + 1.84 \times 30) = 65.17\ \text{kJ/kg}$

---

05. 34℃의 외기와 26℃의 환기를 1 : 2의 비율로 혼합하고, 바이패스 팩터 0.2의 코일로 냉각제습(감습)할 때의 코일의 출구온도를 구하시오. (단, 코일의 표면온도는 15℃로 한다.)

해답 $t_m = \dfrac{34 \times 1 + 26 \times 2}{1 + 2} = 28.66℃ ≒ 28.7℃$

$\therefore$ 코일의 출구온도$(t_o) = 15 \times (1 - 0.2) + 28.7 \times 0.2 = 17.74℃$

---

06. 실내의 냉방 현열부하가 20935 kJ/h, 잠열부하가 4187 kJ/h인 방을 실온 26℃로 냉방하는 경우 송풍량은 몇 m³/h인가? (단, 냉방온도는 15℃이며, 건공기의 정압비열은 1.04 kJ/kg·K, 공기의 비중량은 1.2 kg/m³이다.)

해답 $q_s = Q\gamma\,C_p\,(t_2 - t_1)$

$\therefore\ Q = \dfrac{q_s}{C_p\,\gamma\,(t_2 - t_1)} = \dfrac{20935}{1.04 \times 1.2 \times (26 - 15)} = 1524.985 ≒ 1524.99\ \text{m}^3/\text{h}$

---

07. 온도 21℃, 수증기의 포화압력이 18.65 mmHg, 상대습도가 30 %, 압력이 760 mmHg이다. 이 때 (1) 건공기의 분압, (2) 절대습도, (3) 건공기 밀도(비중량)를 구하시오. (단, 공기의 가스 정수는 29.27 kg·m/kg·K이다.)

해답 (1) $\phi = \dfrac{P_w}{P_{w_s}}$ 에서, $P_w = \phi P_{w_s} = 0.3 \times 18.65 = 5.595\ \text{mmHg}$

$\quad \therefore P = P_a + P_w$ 에서, $P_a = 760 - 5.595 = 754.405\ \text{mmHg} = 1.0254\ \text{kg/cm}^2$

(2) $x = 0.622 \times \dfrac{P_w}{P - P_w} = 0.622 \times \dfrac{5.595}{760 - 5.595} = 0.0046\ \text{kg/kg}'$

(3) $\gamma_w = \dfrac{1}{v_w},\quad P_a = \gamma_a R_{air}\,T$

$\quad \therefore \gamma_a = \dfrac{P_a}{R_{air}\,T} = \dfrac{1.0254 \times 10^4}{29.27 \times (273 + 21)} = 1.19\ \text{kg/m}^3$

---

08. 건구온도 25℃, 습구온도 19℃, 기압 760 mmHg일 때의 공기의 상대습도는 얼마인가? (단, 19℃와 25℃일 때의 수증기 포화압력은 각각 16.47 mmHg, 23.75 mmHg이다.)

해답 $P_w = P_{wet} - \dfrac{P}{1500}(t_a - t_{wet}) = 16.47 - \dfrac{760}{1500}(25 - 19) = 13.43 \text{mmHg}$

$\therefore \phi = \dfrac{P_w}{P_{w_s}} = \dfrac{13.43}{23.75} = 0.5655 = 56.55\,\%$

---

09. 건구온도 22℃이고, 습구온도 18℃, 그리고 압력이 760 mmHg인 미분자가 있을 때 다음을 구하시오. (단, 수증기 포화압력은 18℃일 때 15.47 mmHg이고, 22℃일 때 19.82 mmHg이다.)

    (1) 상대습도   (2) 수증기의 밀도   (3) 노점온도

    (4) 절대습도   (5) 건공기 비체적

해답 (1) Apjohn의 실험식에서,

$$P_w = P_{wet} - \frac{P}{1500}(t_a - t_{wet}) = 15.47 - \frac{760}{1500}(22 - 18) = 13.44\,\text{mmHg}$$

$$\therefore \phi = \frac{P_w}{P_{w_s}} = \frac{13.44}{19.82} = 0.68 = 68\,\%$$

(2) 수증기의 밀도 $P_w = \rho_w R_s T$ 에서,

$$\therefore \rho_w = \frac{P_w}{R_w T} = \frac{13.44 \times 1.0332 \times 10^4}{47.06 \times (273 + 18) \times 760} = 0.01334\,\text{kg/m}^3$$

(3) 공기선도에서 노점온도 $= 15.8$℃

(4) $x = 0.622 \times \dfrac{P_w}{P - P_w} = 0.622 \times \dfrac{13.44}{760 - 13.44} = 0.0112\,\text{kg/kg}'$

(5) $P_a v_a = R_a T_a$ 에서,

$$\therefore v_a = \frac{R_a T_a}{P_a} = \frac{R_a T_a}{P - P_w} = \frac{29.27 \times (273 + 22)}{\dfrac{760 - 13.44}{760} \times 1.0332 \times 10^4} \fallingdotseq 0.851\ \text{m}^3/\text{kg}$$

---

10. 열평형과 물질평형에서 입구, 출구의 엔탈피는 각각 1390, 1180 kJ/kg이고, 절대습도는 0.024, 0.013 kg/kg, 수분은 2 kg/h이며, 현열량은 22344 kJ/h이다. 잠열량을 구하시오.

해답 $\dfrac{h_2 - h_1}{x_2 - x_1} = \dfrac{q_s + L h_L}{L}$ 에서, $L h_L = q_l$

$$\therefore q_l = L \times \frac{h_2 - h_1}{x_2 - x_1} - q_s = 2 \times \frac{1390 - 1180}{0.024 - 0.013} - 22344$$

$$= 15837.818 \fallingdotseq 15837.82\,\text{kJ/h}$$

11. 냉장고 단열벽의 열통과율을 $1.005 \text{ kJ/m}^2 \cdot \text{h} \cdot \text{K}$, 고내온도를 $-5°C$, 외기온도를 $33°C$, 단열벽의 면적을 500 m^2라 하면, 이 벽에 침입하는 열량은 몇 kcal/h인가?

해답 $q = KF(t_2 - t_1) = 1.005 \times 500 \times \{33 - (-5)\} = 19095 \text{kJ/h}$

12. 두께 20 cm의 콘크리트벽 내면에 두께 15 cm의 발포스티로폼 방열을 시공하고, 그 내면에 두께 1 cm의 널을 대서 마무리한 냉장고 벽면에 대하여 그 열관류율을 구하시오. (단, 소수점 2자리까지 구하고 3자리 이하는 버린다. 또, 이들 구조재료의 열전도율 및 내·외면 전열률은 다음 표와 같은 것으로 하고, 방습층이나 발포스티로폼 받침틀 등의 열량은 무시하는 것으로 한다.)

재료명	열전도율 (W/m·K)	표면	표면 열전달률 (W/m²·K)
콘크리트	1.05	외표면	23.26
발포스티로폼	0.047	내표면	6.98
내장 널	0.17		

해답 $\dfrac{1}{K} = \dfrac{1}{23.26} + \dfrac{0.2}{1.05} + \dfrac{0.15}{0.047} + \dfrac{0.01}{0.17} + \dfrac{1}{6.98} = 3.627 \text{ m}^2 \cdot \text{K/W}$

$\therefore \ K = \dfrac{1}{R} = \dfrac{1}{3.627} = 0.2757 ≒ 0.28 \text{ W/m}^2 \cdot \text{K}$

13. 전압력 $P = 760 \text{ mmHg}$, 공기풍량 $Q = 2000 \text{ m}^3\text{/h}$인 입구공기 I에 $t_s = 110°C$인 포화증기(엔탈피 $h_L = 2699.8 \text{ kJ/kg}$)는 가습량 $L = 15 \text{ kg/h}$, 현열부하 $q_s = 43200 \text{ kJ/h (12 kW 전열기)}$ 만큼 가해서 가열·가습할 때 출구공기의 절대습도 x_2와 h_2를 구하시오. (단, $x_1 = 0.00565 \text{ kg/kg}'$, $h_1 = 29.4 \text{ kJ/kg}$, $v_1 = 0.8225 \text{ m}^3\text{/kg}$이다.)

해답 (1) $L = G(x_2 - x_1)$ 에서, $\dfrac{L}{G} = x_2 - x_1$

$$\therefore \; x_2 = x_1 + \frac{L}{G} = 0.00565 + \frac{15}{\left(\dfrac{2000}{0.8225}\right)} = 0.0118187 \fallingdotseq 0.01182\,\text{kg/kg}'$$

(2) $G(h_2 - h_1) = q_s + Lh_L$ 에서, $h_2 - h_1 = \dfrac{q_S + Lh_L}{G}$

$$\therefore \; h_2 = h_1 + \frac{q_s + Lh_L}{G} = 29.4 + \frac{43200 + 2699.8 \times 15}{\left(\dfrac{2000}{0.8225}\right)} = 63.82\,\text{kJ/kg}$$

---

14. 어느 벽체의 구조가 다음과 같은 [조건]을 갖출 때 각 물음에 답하시오.

─────── [조 건] ───────

1. 실내온도 : 25℃, 외기온도 : -5℃
2. 벽체의 구조
3. 공기층 열 컨덕턴스 : 6.05 W/m²·K
4. 외벽의 면적 : 40 m²

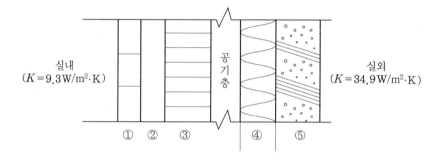

재료	두께(m)	열전도율 (W/m·K)
① 타일	0.01	1.28
② 시멘트 모르타르	0.03	1.28
③ 시멘트 벽돌	0.19	1.4
④ 스티로폼	0.05	0.035
⑤ 콘크리트	0.10	1.63

(1) 벽체의 열통과율 (W/m²·K)을 구하시오.

(2) 벽체의 손실열량 (kJ/h)을 구하시오.

(3) 벽체의 내표면 온도 (℃)를 구하시오.

해답 (1) $\dfrac{1}{K} = \dfrac{1}{9.3} + \dfrac{0.01}{1.28} + \dfrac{0.03}{1.28} + \dfrac{0.19}{1.4} + \dfrac{0.05}{0.035} + \dfrac{1}{6.05} + \dfrac{0.1}{1.63} + \dfrac{1}{34.9}$

$\qquad = 1.958\,\mathrm{m^2 \cdot K/W}$

$\qquad \therefore K = 0.51\,\mathrm{W/m^2 \cdot K}$

(2) $q = 0.51 \times \dfrac{3600}{1000} \times 40 \times \{25 - (-5)\} = 2203.2\,\mathrm{kJ/h}$

(3) $q = 0.51 \times 40 \times \{25 - (-5)\} = 9.3 \times 40 \times (25 - t_s)$

$\qquad \therefore t_s = 25 - \dfrac{0.51 \times 40 \times 30}{9.3 \times 40} = 23.354 \fallingdotseq 23.35\,℃$

---

15. 다음 그림에 대한 각 물음에 답하시오. (단, 벽의 열통과율을 $K\,[\mathrm{kJ/m^2 \cdot h \cdot K}]$, 벽의 표면온도를 $t_s\,[℃]$로 한다.)

(1) 공기 ①, ② 사이의 열저항 R 과 공기 ② 측의 벽면과 공기 ② 사이의 열전달 저항 R_S 가 각 부분의 온도차에 비례하는 것을 식으로 나타내시오.

(2) 그림의 벽을 아연 철판제 덕트라고 하고, 공기 ② 는 15℃의 냉풍인 것으로 한다. 또, 공기 ① 은 30℃, 70 %의 조건이고 노점온도는 24℃이다. 덕트 표면에 결로가 일어나지 않게 하기 위해서는 덕트에 몇 mm 이상의 글라스 울을 써서 보랭해야 하는가? (단, 덕트 내 표면의 열전달률은 $168\,\mathrm{kJ/m^2 \cdot h \cdot K}$, 보랭한 덕트 외 표면의 열전달률은 $33.6\,\mathrm{kJ/m^2 \cdot K}$로 하고, 덕트 재료 기타의 열저항은 무시하는 것으로 한다. 그리고 글라스 울의 열전도율은 $0.151\,\mathrm{kJ/m \cdot h \cdot K}$이다.)

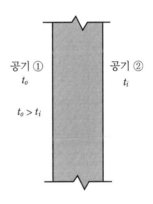

공기 ① t_o 공기 ② t_i

$t_o > t_i$

해답 (1) $\dfrac{1}{R} A(t_o - t_i) = \dfrac{1}{R_s} A(t_s - t_i)$　$\therefore R_s = R \cdot \dfrac{t_s - t_i}{t_o - t_i}$

(2) 글라스 울의 열통과율 $K \times A \times (t_o - t_i) = \alpha \times A \times (t_o - t_s)$ 에서 면적은 일정하다.

$K(30 - 15) = 33.6 \times (30 - 24)$

$\therefore K = 13.44\,\mathrm{kJ/m^2 \cdot h \cdot K}$

두께 $\dfrac{1}{K} = \dfrac{1}{168} + \dfrac{l}{0.151} + \dfrac{1}{33.6} = \dfrac{1}{13.44}$

$\qquad l = 0.00584\,\mathrm{m} \fallingdotseq 5.84\,\mathrm{mm}$

$\therefore 5.84\,\mathrm{mm}$ 이상의 글라스 울로 보랭해야 한다.

16. 다음 그림 (a)는 어떤 건물의 일부 (양실)인데, 북쪽의 외벽을 통한 열통과량을 계산하시오. (단, 천장 높이는 2.5 m로 하고, 벽면의 구조는 그림 (b)와 같다.)

─── [조 건] ───

1. 외기온도 −10℃, 실내온도 20℃
2. 열전도율 (λ) 및 표면 열전달률 (α)의 값은 다음 표와 같다.

재료	열전도율 (λ) (W/m·K)	구분	열전달률 (α) (W/m²·K)
콘크리트	1.63	실외	34.9
모르타르	1.51	실내	9.3
플라스터	0.58		

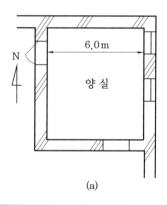

(a)

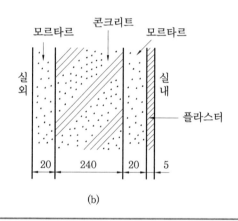

(b)

해답 $\dfrac{1}{K} = \dfrac{1}{34.9} + \dfrac{0.02}{1.51} + \dfrac{0.24}{1.63} + \dfrac{0.02}{1.51} + \dfrac{0.005}{0.58} + \dfrac{1}{9.3}$

$K = 3.139 ≒ 3.14 \,\mathrm{W/m^2 \cdot K}$

$\therefore$ 열통과량$(Q) = (6 \times 2.5) \times 3.14 \times \dfrac{3600}{1000} \times \{20 - (-10)\} = 5086.8 \,\mathrm{kJ/h}$

---

17. 다음을 계산하시오.

(1) 59°F을 ℃ 및 K로 나타내시오.

(2) 어떤 실내의 취득 감열량이 100800 kJ/h로 산출되었다. 실온을 26℃로 유지하기 위해 16℃의 공기를 불어넣도록 계획하였다. 실내로의 송풍량은 몇 m³/h가 필요한가? (단, 공기의 비중량은 1.2 kg/m³로 한다.)

(3) 0℃를 기점으로 하여 20℃의 포화공기의 엔탈피를 구하시오. (단, 포화공기는 1 kg의 건조공기와 $x = 0.01469$ kg/kg′의 수증기를 함유하는 것으로 한다.)

해답 (1) $℃ = \dfrac{5}{9}(℉ - 32) = \dfrac{5}{9}(59 - 32) = 15℃$

$∴ K = 273 + ℃ = 273 + 15 = 288 K$

(2) $q_S = G C_p \Delta t = Q \gamma C_p \Delta t$ 에서,

$∴ Q = \dfrac{q_S}{\gamma C_p \Delta t} = \dfrac{100800}{1.2 \times 1 \times (26 - 16)} = 8400\,\mathrm{m^3/h}$

(3) ① 건조공기 열량 $q_S = G C_p \Delta t = 1 \times 1 \times (20 - 0) = 20\,\mathrm{kJ/kg}$

② 수증기 열량(0℃의 증발열) $q_L = x R = 0.01469 \times 2501 = 36.74\,\mathrm{kJ/kg}$

0℃에서 20℃의 열량 $q = x C_p \Delta t = 0.01469 \times 1.85 \times (20 - 0)$

$= 0.54\,\mathrm{kJ/kg}$

③ 엔탈피 $= 20 + 36.7 + 0.54 = 57.24\,\mathrm{kJ/kg}$

---

18. 다음과 같이 3중으로 된 노벽이 있다. 이 노벽의 내부온도를 1370℃, 외부온도를 280℃로 유지하고, 또 정상상태에서 노벽을 통과하는 열량을 14700 kJ/m²·h로 유지하고자 한다. 이때 사용온도 범위 내에서 노벽 전체의 두께가 최소가 되는 벽의 두께를 결정하시오.

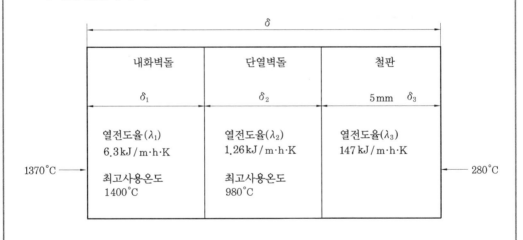

해답 [풀이] 1. 푸리에(Fourie)의 열전도 법칙에 의하여,

벽 Ⅰ $Q = \lambda_1 F \dfrac{t_1 - t_{w_1}}{\delta_1}$ ‥‥‥‥‥‥‥‥‥‥‥‥‥‥‥‥‥ ①

벽 Ⅱ $Q = \lambda_2 F \dfrac{t_{w_1} - t_{w_2}}{\delta_2}$ ‥‥‥‥‥‥‥‥‥‥‥‥‥‥‥‥ ②

벽 Ⅲ $Q = \lambda_3 F \dfrac{t_{w_2} - t_2}{\delta_3}$ ‥‥‥‥‥‥‥‥‥‥‥‥‥‥‥‥‥ ③

①, ②, ③ 식을 대입하여 풀면,

$$Q = \frac{1}{\dfrac{\delta_1}{\lambda_1} + \dfrac{\delta_2}{\lambda_2} + \dfrac{\delta_3}{\lambda_3}} F(t_1 - t_2) = \lambda F \frac{(t_1 - t_2)}{\delta}$$

여기서, $\dfrac{\delta}{\lambda} = \dfrac{\delta_1}{\lambda_1} + \dfrac{\delta_2}{\lambda_2} + \dfrac{\delta_3}{\lambda_3}$

Fourie 식에 의해서,

① $\delta_1 = \dfrac{\lambda_1 (t_1 - t_{w_1})}{Q} = \dfrac{6.3 \times (1370 - 980)}{14700} = 0.16714 \text{ m} = 167.14 \text{ mm}$

② 단열벽과 철판 사이 온도

$$t_{w_2} = t_2 + \frac{Q \delta_3}{\lambda} = 280 + \frac{14700 \times 0.005}{147} = 280.5 \,℃$$

③ $\delta_2 = \dfrac{\lambda_2 (t_{w_1} - t_{w_2})}{Q} = \dfrac{1.26 \times (980 - 280.5)}{147} = 0.059957 \text{m}$

$= 59.957 \text{mm} \fallingdotseq 59.96 \text{ mm}$

④ $\delta = \delta_1 + \delta_2 + \delta_3 = 167.14 + 59.96 + 5 = 232.1 \text{mm}$

[풀이] 2. ① 열관류량 $K = \dfrac{Q}{F \Delta t}$

$$= \frac{14700}{1 \times (1370 - 280)} = 13.486 \,\text{kJ/m}^2 \cdot \text{h} \cdot \text{K}$$

② 내화벽돌 δ_1 두께 $Q = K \cdot F \Delta t = \dfrac{\lambda_1}{\delta_1} F \Delta t_1$ 에서,

$$\therefore \ \delta_1 = \frac{\lambda_1 F \Delta t_1}{k \cdot F \Delta t} = \frac{6.3 \times (1370 - 980)}{13.486 \times (1370 - 280)} = 0.167143 \text{ m} = 167.14 \text{ mm}$$

③ 단열벽돌 δ_2 두께 $\dfrac{\delta_2}{\lambda_2} = \dfrac{1}{K} - \dfrac{\delta_1}{\lambda_1} - \dfrac{0.005}{147}$

$$= \frac{1}{13.486} - \frac{0.16714}{6.3} - \frac{0.005}{147}$$

$\therefore \ \delta_2 = 0.059959 \text{ m} = 59.96 \text{mm}$

④ 전체 두께 $\delta = \delta_1 + \delta_2 + 5 = 167.14 + 59.96 + 5 = 232.1 \text{mm}$

19. 두께 10 cm의 콘크리트벽 내측에 두께 5 cm의 방열층을 시공하고, 그 내면에 두께 1 cm의 목재로 마무리하고자 하는 냉장실이 있다. 각 재료의 열전도율 및 공기의 열전달률이 다음 표와 같고, 콘크리트벽 외측에 있는 외기는 건구온도 30℃, 상대습도 85%이고, 냉장실 온도를 −30℃로 유지하고자 할 때 다음 각 물음에 답하시오.

(1) 방열벽 외표면 온도(℃)는 얼마인가?

(2) 벽 외면에 결로가 생기는가?

재질	열전도율 (kJ/m·h·K)	벽면	열관류율 (kJ/m²·h·K)
콘크리트 방열재 목재	4.2 0.084 0.63	외표면 내표면	84 33.6

공기온도 (℃)	상대습도 (%)	노점온도 (℃)
30 30	80 90	26.5 28.2

해답 (1) ① 열통과율 $\dfrac{1}{K} = \dfrac{1}{33.6} + \dfrac{0.1}{4.2} + \dfrac{0.05}{0.084} + \dfrac{0.01}{0.63} + \dfrac{1}{84}$

∴ $K = 1.478 ≒ 1.48\,\text{kJ/m}^2\cdot\text{h}\cdot\text{K}$

② $q = K\cdot F\cdot(t_o - t_r) = \alpha_o\cdot F(t_o - t_s)$

∴ 외표면 온도 $t_s = t_o - \dfrac{K}{\alpha_o}(t_o - t_r)$

$$= 30 - \dfrac{1.48}{84} \times \{(30 - (-30)\} = 28.94\,℃$$

(2) ① 상대습도 85%일 때 보간법에 의한 노점온도

$$t_o = 26.5 + (28.2 - 26.5) \times \dfrac{85 - 80}{90 - 80} = 27.35\,℃$$

② 노점온도 27.35℃ 보다 외표면 온도 28.94℃가 높으므로 결로가 생기지 않는다.

Chapter 02

냉동 설비

2-1 냉동능력

(1) 냉동효과

냉매 1 kg이 증발기에서 흡수하는 열량을 말한다. 냉동력이라고도 하며, 단위는 kJ / kg 이다.

(2) 기준 (표준) 냉동 사이클

냉동기 능력의 대소를 표시하기 위해서는 어느 일정한 기준이 필요한데, 이 정해진 온도 조건에 의한 냉동 사이클을 기준 냉동 사이클이라 한다.

① 증발온도 : −15℃ (5℉)

② 응축온도 : 30℃ (86℉)

③ 팽창밸브 직전 온도 : 25℃ (77℉), 과냉각도 5℃

④ 압축기 흡입가스 : 건조포화증기(−15℃)

(3) 냉동톤의 정의

① 한국냉동톤은 0℃의 물 1 t을 24시간에 0℃의 얼음으로 만드는 데 제거하는 열량으로 $1000 \times 79.68 = 79680$ kcal/24 h = 3320 kcal/h = 3.86 kW이다.

② 미국냉동톤(USRT)은 32℉의 물 2000 lb을 24시간에 32℉의 얼음으로 만드는 데 제거할 열량으로 $2000 \times 144 = 288000$ BTU/24 h = 12000 BTU/h = 3024 kcal/h 이다.

(4) 냉매순환량

시간당 냉동장치를 순환하는 냉매 질량을 말한다.

(5) 냉동능력

증발기에서 시간당 흡수하는 열량을 말한다.

2-2 $P-i$ 선도 (Mollier diagram)

(1) 선도의 구성

냉매 1 kg이 냉동장치를 순환하면서 일어나는 열 및 물리적 변화를 그래프에 나타낸 것

① 과냉각액 (압축액) 구역 : 동일 압력하에서 포화온도 이하로 냉각된 액의 구역

② 과열증기 구역 : 건조포화증기를 더욱 가열하여 포화온도 이상으로 상승시킨 구역

③ 습포화증기 구역 : 포화액이 동일 압력하에서 동일 온도의 증기와 공존할 때의 상태
  구역

④ 포화액선 : 포화온도 압력이 일치하는 비등 직전 상태의 액선

⑤ 건조포화증기선 : 포화액이 증발하여 포화온도의 가스로 전환한 상태의 선

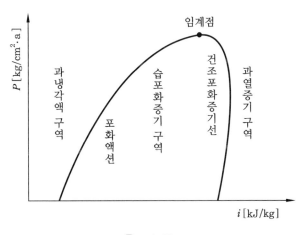

$P-i$ 선도

(2) 기준 냉동 사이클의 $P-i$ 선도

① a → b : 압축기 → 압축 과정 ; 단열변화(엔트로피 일정)

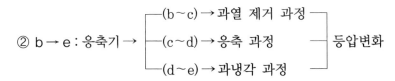

③ e → f : 팽창밸브 → 팽창 과정 ; 단열변화 (교축 작용, 엔탈피 일정)

④ g → a : 증발기 → 증발 과정 ; 등온등압변화 (잠열변화)

⑤ f → a : 냉동효과 (냉동력) ; 등온등압변화

⑥ g → f : 팽창 직후 플래시 가스 (flash gas) 발생량

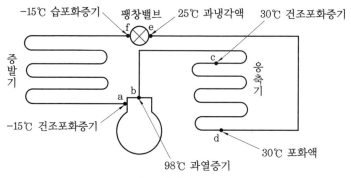

NH₃ 냉동 사이클

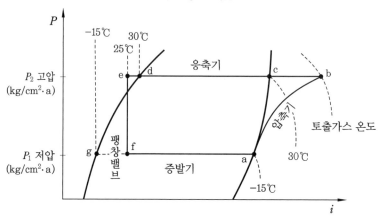

$P - i$ 선도

(3) 선도 계산

① 냉동 효과

$$q_e = i_a - i_f \,[\mathrm{kJ/kg}]$$

② 압축일의 열당량

$$A\,W = i_b - i_a [\mathrm{kJ/kg}]$$

③ 응축기 방출열량

$$q_c = q_e + A\,W = i_b - i_e \,[\mathrm{kJkg}]$$

④ 증발잠열

$$q = i_a - i_g [\mathrm{kJ/kg}]$$

⑤ 팽창밸브 통과 직후(증발기 입구) 플래시 가스 발생량

$$q_f = i_f - i_g \,[\mathrm{kJ/kg}]$$

⑥ 팽창밸브 통과 직후 건조도 x 는 선도에서 f 점의 건조도를 찾는다.

$$x = \frac{q_f}{q} = \frac{i_f - i_g}{i_a - i_g}$$

⑦ 팽창밸브 통과 직후의 습도

$$y = 1 - x = \frac{q_e}{q} = \frac{i_a - i_f}{i_a - i_g}$$

⑧ 성적계수

㉮ 이상적 성적계수 : $COP = \dfrac{T_2}{T_1 - T_2}$

㉯ 이론적 성적계수 : $COP = \dfrac{q_e}{AW}$

㉰ 실제적 성적계수 : $COP = \dfrac{q_e}{AW} \eta_c \eta_m = \dfrac{Q_e}{N}$

여기서, T_1 : 고압 (응축) 절대온도 (K)

T_2 : 저압 (증발) 절대온도 (K)

η_c : 압축효율, η_m : 기계효율

Q_e : 냉동능력(kJ/h)

N : 축동력(kJ/h)

⑨ 냉매순환량 : 시간당 냉동장치를 순환하는 냉매의 질량

$$G = \frac{Q_e}{q_e} = \frac{V}{v_a} \eta_v = \frac{Q_c}{q_c} = \frac{N}{AW} \,[\text{kg/h}]$$

여기서, V : 피스톤 압출량 (m^3/h)

v_a : 흡입가스 비체적(m^3/kg)

η_v : 체적효율

⑩ 냉동능력

$$Q_e = G q_e = G (i_a - i_e) = \frac{V}{v_a} \eta_v (i_a - i_e) \,[\text{kJ/h}]$$

⑪ 냉동톤

$$RT = \frac{Q_e}{3.86 \times 3600} = \frac{G q_e}{3.86 \times 3600} = \frac{V (i_a - i_e)}{3.86 \times 3600 \, v_a} \eta_v \,[RT]$$

⑫ 응축열량 (능력)

$$Q_c = G q_c = G (i_b - i_e) = \frac{V}{v_a} \eta_v (i_b - i_e) \,[\text{kJ/h}]$$

⑬ 이론적 압축동력

$$L_{AW} = G \cdot AW = G (i_b - i_a) \,[\text{kJ/h}]$$

⑭ 압축비

$$a = \frac{P_2}{P_1}$$

⑮ 흡입가스 비체적 : a점의 비체적(m^3/kg)

⑯ 토출가스온도 : b점의 온도 (℃) 또는 $T_b = T_a \times \left(\dfrac{P_2}{P_1}\right)^{\frac{k-1}{k}}$ [K]

2-3 이단 압축 냉동 사이클

(1) 이단 압축 일단 팽창 사이클

① 장치도

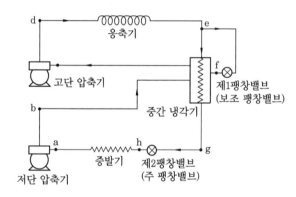

② $P - i$ 선도

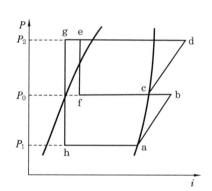

(2) 이단 압축 이단 팽창 사이클

① 장치도

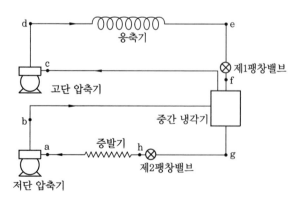

② $P - i$ 선도

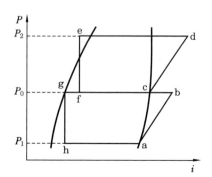

(3) 선도 계산

① 냉동 효과

$$q_e = i_a - i_h \, [\mathrm{kJ/kg}]$$

② 저단 압축기 냉매순환량

$$G_L = \frac{Q_e}{q_e} = \frac{V_L}{v_a} \eta_{v_L} \, [\mathrm{kg/h}]$$

③ 중간 냉각기 냉매순환량

$$G_o = G_L \cdot \frac{(i_b{}' - i_c) + (i_e - i_g)}{i_c - i_e} \, [\mathrm{kg/h}]$$

④ 고단 냉매순환량

$$G_H = G_L + G_o = \frac{V_H}{v_c} \eta_{v_H} = G_L \frac{i_b{}' - i_g}{i_c - i_e} \, [\mathrm{kg/h}]$$

> **참고** $\quad i_b{}' = i_a + \dfrac{i_b - i_a}{\eta_{c_L}} \, [\mathrm{kJ/kg}]$

⑤ 저단 압축일의 열당량 $\quad N_L = \dfrac{G_L(i_b - i_a)}{\eta_{v_L} \eta_{m_L}} \, [\mathrm{kJ/h}]$

⑥ 고단 압축일의 열당량 $\quad N_H = \dfrac{G_H(i_d - i_c)}{\eta_{c_H} \eta_{m_H}} \, [\mathrm{kJ/h}]$

⑦ 성적계수

$$COP = \frac{Q_e}{N_L + N_H}$$

⑧ 압축비 $\quad a = \sqrt{\dfrac{P_2}{P_1}}$

⑨ 중간압력 $\quad P_0 = \sqrt{P_1 P_2} \, [\mathrm{kg/cm^2 \cdot a}]$

⑩ 저단 압축기 흡입가스 체적 $\quad V_L = G_L \cdot v_a \, [\mathrm{m^3/h}]$

⑪ 고단 압축기 흡입가스 체적 $\quad V_H = G_H \cdot v_c \, [\mathrm{m^3/h}]$

⑫ 응축열량 $\quad Q_c = G_H \cdot (i_d{}' - i_e) \, [\mathrm{kJ/h}]$

> **참고** $\quad i_d{}' = i_c + \dfrac{i_d - i_c}{\eta_{c_H}} \, [\mathrm{kJ/kg}]$

(4) 2원 냉동장치

고온측 냉매와 저온측 냉매를 사용하는 두 개의 냉동 사이클을 조합하는 형태로 된 초저온장치로서 한 개의 선도 상에 표현할 수 없으나 순수한 온도만으로 그린다면 다음 선도와 같으며, 계산식은 2단 냉동장치와 동일하다.

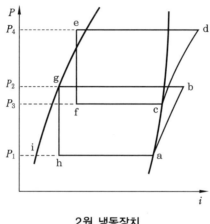

2원 냉동장치

❖ **압축비**

① 저온측 압축기 $= \dfrac{P_2}{P_1}$

② 고온측 압축기 $= \dfrac{P_4}{P_3}$

(5) 중간 냉각기의 역할

① 팽창밸브 직전의 액냉매를 과냉각시켜서 플래시 가스의 발생을 감소시켜 냉동효과를 증가시킨다.

② 저단 압축기 토출가스 온도의 과열도를 감소시켜서 고단 압축기의 과열 압축을 방지하여 토출가스 온도의 상승을 감소시킨다.

③ 고단 압축기의 액압축을 방지한다.

냉매 선도

(1) 프레온 22 압력－엔탈피 선도

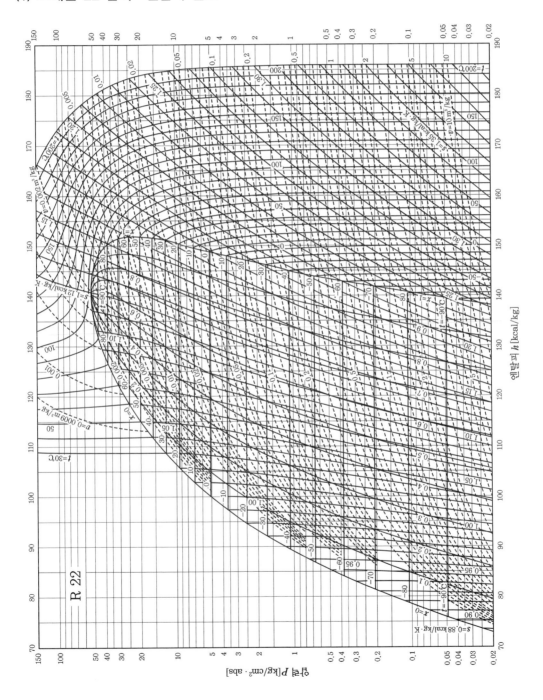

(2) 암모니아(NH₃) 압력-엔탈피 선도

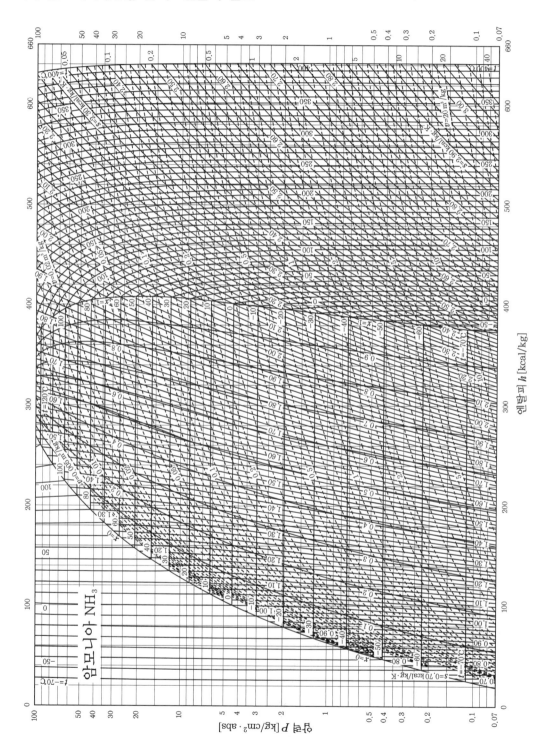

예상문제

01. 다음 조건과 같은 제빙공장에서의 제빙부하(kJ/h)와 냉동부하(RT)를 구하시오.

─────── [조 건] ───────
1. 제빙실 내의 동력부하 : 5 kW×2대
2. 제빙실의 외부로부터 침입열량 : 14700 kJ/h
3. 제빙능력 : 1일 5톤 생산   4. 1일 결빙시간 : 8시간
5. 얼음의 최종온도 : −10℃   6. 원수온도 : 15℃
7. 얼음의 융해잠열 : 336 kJ/kg   8. 안전율 : 10 %   9. 1RT는 3.9kW
10. 물의 비열 : 4.2 kJ/kg · K   11. 얼음의 비열 : 2.1 kJ/kg · K

해답 (1) 제빙부하
 ① 15℃ 원료수가 0℃의 물이 되는 데 제거하는 열량
  $q_1 = 5000 \times 4.2 \times (15-0) = 315000 \, \text{kJ/8 h}$
 ② 0℃의 물이 0℃의 얼음이 되는 데 제거하는 열량
  $q_2 = 5000 \times 336 = 1680000 \, \text{kJ/8 h}$
 ③ 0℃의 얼음이 −10℃의 얼음이 되는 데 제거하는 열량
  $q_3 = 5000 \times 2.1 \times \{0-(-10)\} = 105000 \, \text{kJ/8 h}$
 ④ 제빙부하 $= \dfrac{315000 + 1680000 + 105000}{8} = 262500 \, \text{kJ/h}$

(2) 냉동부하 $= \{(5 \times 3600 \times 2) + 14700 + 262500\} \times 1.1 \times \dfrac{1}{3.9 \times 3600}$
  $= 24.538 \fallingdotseq 24.54 \, \text{RT}$

02. 다음을 계산하시오.
 (1) 쿨링 타워에서 입구수온 37℃, 출구수온 32℃, 냉각능력 49140 kJ/h라고 할 때, 수량(L/min)을 구하시오. (물의 비열 4.2 kJ/kg · K)
 (2) 0℃의 물을 기점으로 하여 이것을 서서히 가열해서 얻어지는 110℃의 과열증기의 전열량을 구하시오. (단, 증기의 정압비열을 1.85 kJ / kg · K, 100℃ 물의 증발잠열 2256 kJ/kg로 한다.)

해답 (1) $Q = wC\Delta t$ 에서, $w = \dfrac{Q}{C\Delta t \times 60} = 39 \, \text{kg/min} \fallingdotseq 39 \, \text{L/min}$

(2) ① 0℃ 물을 100℃ 물로 만드는 데 필요한 열량 $q_1 = wC\Delta t_1$
 ② 100℃ 물을 100℃ 증기로 만드는 데 필요한 열량 $q_2 = wR$
 ③ 100℃의 증기를 110℃ 증기로 만드는 데 필요한 열량 $q_3 = wC_1\Delta t_2$
 ④ 전열량 $Q = q_1 + q_2 + q_3 = w(C_1\Delta t_1 + R + C_2\Delta t_2)$
  $= 1\{4.2 \times 100 + 2256 + (1.85 \times 10)\} = 2694.5 \, \text{kJ}$

---

03. 다음과 같이 응축기의 냉각수 배관을 설계하였다. 각 물음에 답하시오.

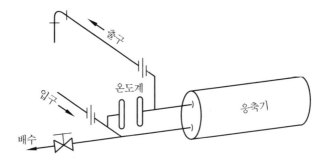

(1) 냉각수 출구배관을 응축기보다 높게 설치한 이유를 설명하시오.
(2) 시수(市水)를 냉각수로 사용할 경우와 사용하지 않을 경우에 따른 자동제어 밸브의 위치는?
   ① 시수를 냉각수로 사용할 경우   ② 시수를 냉각수로 사용하지 않을 경우
(3) 시수(市水)를 냉각수로 사용할 경우 급수배관에 필히 부착하여야 할 것은 무엇인가?
(4) 응축기 입·출구에 유니언 또는 플랜지를 부착하는 이유를 간단히 설명하시오.

해답 (1) 응축기의 냉각수 코일에 체류할 우려가 있는 기포(공기)를 배제하여 순환수의 흐름을 원활하게 하여 전열작용을 양호하게 한다.
(2) ① 시수를 냉각수로 사용하는 경우 : 자동제어 밸브는 응축기 입구에 설치한다.
   ② 시수를 냉각수로 사용하지 않을 경우 : 자동제어 밸브는 응축기 출구에 설치한다.
(3) 크로스 커넥션(cross connection)을 방지하기 위하여 역류방지밸브(CV)를 설치하여 냉각수가 상수도 배관으로 역류되는 것을 방지한다.
(4) 응축기와 배관의 점검보수 및 세관을 용이하게 하기 위하여 플랜지 또는 유니언 이음을 한다.

> **참고** 응축기에 공급되는 냉각수의 종류에 관계없이 단수 릴레이는 입구측에 부착한다.

---

04. 냉각수의 소비를 절감시키기 위한 수랭식 응축기의 설계 및 설치상의 고찰 방법을 설명하시오.

해답 ① 증발식 응축기(eva-con)의 설계 및 설치
② 압력 자동 급수밸브(절수밸브) 설치
③ 토출가스의 과열을 제거하기 위한 과열 제거기 설치
④ 응축기 냉각관의 청결 유지   ⑤ 냉각수의 균등한 분포
⑥ 불응축 가스의 방출

05. 다음과 같은 [조건]에서 작동하는 냉방용 흡수식 냉동장치에서 증발기가 1RT의 능력을 갖도록 하기 위한 각 물음에 답하시오.

[조 건]

1. 발생기 내의 증기 엔탈피 $h_3' = 3050.88\,\text{kJ/kg}$
2. 증발기를 나오는 증기 엔탈피 $h_1' = 2936.64\,\text{kJ/kg}$
3. 응축기를 나오는 응축수 엔탈피 $h_3 = 546.84\,\text{kJ/kg}$
4. 증발기로 들어가는 포화수 엔탈피 $h_1 = 439.74\,\text{kJ/kg}$

상태점	온도(℃)	압력(mmHg)	농도(wt %)	엔탈피(kJ/kg)
4	74	31.8	60.4	317.52
8	46	6.54	60.4	273.84
6	44.2	6.0	60.4	271.32
2	28.0	6.0	51.2	239.4
5	56.5	31.8	51.2	292.32

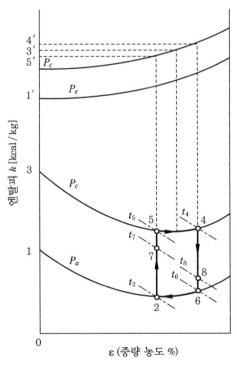

$h - \varepsilon$ **선도**

(1) 용액 순환비를 구하시오.
(2) 7점의 엔탈피를 구하시오.
(3) 발생기 증발기의 열량을 구하시오.
(4) 성적률(£)을 구하시오.

해답 (1) 용액 순환비 $f = \dfrac{G}{G_v} = \dfrac{\varepsilon_2}{\varepsilon_2 - \varepsilon_1} = \dfrac{60.4}{60.4 - 51.2} = 6.565 ≒ 6.57\,\text{kg/kg}$

(2) $h_7 = h_2 + \dfrac{f-1}{f}(h_4 - h_8) = 239.4 + \dfrac{6.57-1}{6.57} \times (317.52 - 273.84)$

$\qquad\qquad\qquad = 276.432 ≒ 276.43\,\text{kJ/kg}$

(3) ① 발생기의 냉매 증기 열량 $q_g = h_3{'} + (f-1) \times h_4 - f \times h_7$

$\qquad = 3050.88 + (6.57 - 1) \times 317.52 - 6.57 \times 276.43 = 3003.321 ≒ 3003.32\,\text{kJ/h}$

$\quad$ ② 증발기 열량 $q_e = h_1{'} - h_3 = 2936.64 - 546.84 = 2389.8\,\text{kJ/h}$

(4) 성적률 $£ = \dfrac{q_e}{q_g} = \dfrac{2389.8}{3003.32} = 0.79574 ≒ 79.57\,\%$

---

06. 증발온도 −20℃인 R−12 냉동계 50 RT에 사용하는 수랭식 셸 앤 튜브형(shell & tube type) 응축기를 다음 순서에 따라 계산하시오.

> ───── [실제 조건] ─────
>
> 1. 동관의 관벽두께 : 2.0 mm
> 2. 물때의 두께 : 0.2 mm
> 3. 냉매측 표면 열전달률 : 6300 kJ/m²·h·K
> 4. 물측 표면 열전달률 : 8400 kJ/m²·h·K
> 5. 1 RT당 응축열량 : 16380 kJ/h
> 6. 동관의 열전도율 : 1260 kJ/m·h·K
> 7. 물때의 열전도율 : 4.2 kJ/m·h·K
> 8. 냉각수 입구수온 : 25℃
> 9. 냉매 응축온도 : 39.2℃
> 10. 1 RT당 냉각수 유량 : 12.2 L/min
> 11. 냉각수 비열 : 4.2 kJ/kg·K

(1) 열관류율 $K\,[\text{kJ/m}^2 \cdot \text{h} \cdot \text{K}]$를 구하시오.

(2) 냉각수 출구온도 $t_2\,[\text{℃}]$를 구하시오.

(3) 평균 온도차 $MTD\,[\text{℃}]$를 구하시오.

(4) 전열면적 $S\,[\text{m}^2]$를 구하시오.

해답 (1) $\dfrac{1}{K} = \dfrac{1}{6300} + \dfrac{0.002}{1260} + \dfrac{0.0002}{4.2} + \dfrac{1}{8400}$

$\quad \therefore K = 3058.252 ≒ 3058.25\,\text{kJ/m}^2 \cdot \text{h} \cdot \text{K}$

(2) $t_2 = t_1 + \dfrac{Q_c}{wc} = 25 + \dfrac{16380}{12.2 \times 60 \times 4.2} = 30.327 ≒ 30.33\,\text{℃}$

(3) $MTD = \dfrac{\Delta_1 - \Delta_2}{\ln\dfrac{\Delta_1}{\Delta_2}} = \dfrac{14.2 - 8.87}{\ln\dfrac{14.2}{8.87}} = 11.3267 ≒ 11.33 ℃$

(4) $Q_c = K \cdot S \cdot MTD$

$S = \dfrac{Q_c}{K \cdot MTD} = \dfrac{16380 \times 50}{3058.25 \times 11.33} = 23.636 ≒ 23.64\ \mathrm{m^2}$

---

07. 1시간에 2 m³의 30℃인 물을 −12℃의 얼음으로 만드는 능력을 갖는 냉동장치에서 응축기의 냉각수 입구온도 32℃, 출구온도 37℃이고, 냉각수량이 62 m³/h인 경우에 다음 각 물음에 답하시오. (단, 열손실은 무시하고, 소수점 이하의 값은 버린다. 물의 비열 4.2, 얼음의 비열은 2.1 kJ/kg·K, 물의 동결잠열은 334 kJ/kg이다.)

(1) 냉동능력(kJ/h)을 구하시오.
(2) 응축기의 방열량(kJ/h)을 구하시오.
(3) 압축기의 소요동력(kW)을 구하시오.

해답 (1) ① 30℃ 물을 0℃의 물로 만드는 데 제거할 열량

$q_1 = w\,C_1\,\Delta t_1 = 2000 \times 4.2 \times (30 - 0) = 252000\,\mathrm{kJ/h}$

② 0℃ 물을 0℃의 얼음으로 만드는 데 제거할 열량

$q_2 = w\,R = 2000 \times 334 = 668000\,\mathrm{kJ/h}$

③ 0℃의 얼음을 −12℃의 얼음으로 만드는 데 제거할 열량

$q_3 = w\,C_2\,\Delta t_2 = 2000 \times 2.1 \times \{0 - (-12)\} = 50400\,\mathrm{kJ/h}$

④ 냉동능력 $Q_e = q_1 + q_2 + q_3 = 252000 + 668000 + 50400 = 970400\,\mathrm{kJ/h}$

> **참고** $Q_e = w(C_1\Delta t_1 + r + C_2\Delta t_2) = 2000\,\{4.2 \times 30 + 334 + (2.1 \times 12)\}$
> $= 970400\,\mathrm{kJ/h}$

(2) 응축기 방열량 $Q_c = G\,C\Delta t = 62000 \times 4.2 \times (37 - 32) = 1302000\,\mathrm{kJ/h}$

(3) 압축기의 소요동력(kW)

$L = \dfrac{Q_c - Q_e}{3600} = \dfrac{1302000 - 970400}{3600} = 92.11 ≒ 92\,\mathrm{kW}$

---

08. 흡입압력 조정밸브(SPR)의 (1) 설치 목적, (2) 설치 이유, (3) 작동 원리, (4) 설치 위치에 대하여 설명하시오.

해답 (1) 설치 목적 : 압축기의 흡입압력이 일정압력 이상으로 되지 않도록 조정하여 전동기(motor)의 과부하를 방지한다.

(2) 설치 이유

① 압축기가 높은 흡입압력으로 기동할 때 기동시 과부하를 방지하기 위해

② 흡입압력의 변화가 심한 장치에서 압축기의 운전을 안정시키기 위해

③ 고압가스 제상(hot gas defrost)이 장시간 지속될 때 전동기의 과부하를 방지하기 위해

④ 압축기로의 리퀴드 백(liquid back)을 방지하기 위해

⑤ 저전압으로 기동하지 않으면 안 될 때 전동기 과부하 방지를 위해

(3) 작동 원리 : 압축기의 흡입압력이 일정보다 높으면 밸브가 닫히고, 낮으면 밸브가 열린다.

(4) 설치 위치 : 압축기의 입구측 흡입관

---

09. 냉동장치의 동 부착(copper plating) 현상과 영향 및 발생되기 쉬운 경우를 설명하시오.

해답 (1) 현상 : 금속 배관을 구리로 사용하는 탄화, 할로겐화, 수소계 냉매(freon)의 냉동장치에 수분이 혼입되면, 수분과 냉매와의 작용(가수분해 현상)으로 산성이 생성(염산 또는 불화수소산)되며, 이 산성은 공기 중의 산소와 반응한 후 구리를 분말화시켜 냉동장치 내를 순환하면서 장치 중 뜨거운 부분(실린더벽, 피스톤링, 밸브판 축수 메탈 등)에 부착되는 현상

(2) 영향

① 밸브의 리프트(lift)가 짧아져 체적효율이 감소

② 밸브의 작동 기능이 불량하여 압축기 소손 초래

③ 실린더의 과열로 윤활유 성능이 열화 및 탄화

④ 냉동능력의 감소

(3) 발생되기 쉬운 경우

① 장치 중에 수분이 혼입된 경우

② 냉매 중 수소(H) 원자가 많을 경우

③ 윤활유 중 왁스(wax) 성분이 많을 경우

---

10. 오일 포밍(oil foaming)의 현상과 영향, 그 대책에 대해 각각 설명하시오.

해답 (1) 현상 : 탄화, 할로겐화, 수소계 냉매(freon)를 사용하는 냉동장치에서 압축기의 정지 중에 냉매가스와 윤활유가 크랭크케이스(crankcase) 내에서 용해되어 있다가 기동시에는 크랭크케이스 내의 압력이 급격히 낮아지게 되므로 윤활유 중에 용해되었던 냉매가 분리되면서 유면이 약동하고, 기포가 발생하게 되는 현상

(2) 영향

① 윤활유가 냉매와 함께 압축기 실린더 상부로 올라가 오일 해머링(oil hammering)에 의한 압축기 소손의 위험을 초래한다.

② 장치 내로 유출된 윤활유에 의해서 열교환기(응축기, 수액기, 증발기 등) 및 배관에 유막이 형성되어 전열을 악화시켜 냉동능력이 감소한다.

③ 윤활유의 부족에 의한 유압의 저하로 윤활 불능을 초래한다.

④ 윤활유의 점도 저하, 슬러지(sludge) 및 산도 증가로 윤활유 성능이 열화한다.

⑤ 윤활유와의 희석으로 증발압력은 저하한다.

(3) 대책 : 크랭크케이스 내에 오일 히터(oil heater)를 설치하여 압축기 기동 전에 오일 히터를 통전시켜 윤활유 중에 용해된 냉매를 분리시켜야 한다.

> **참고** 1. 프레온 냉매와 윤활유는 용해성이 크며, 그 용해도는 압력이 높을 경우, 온도는 낮을수록 커진다.
> 2. 터보 냉동기의 경우에는 오일 포밍을 방지하기 위해 무정전 오일 히터를 설치하고 있다.

---

11. 다음과 같은 [조건]에서 냉방용 흡수식 냉동장치에서 증발기가 1 RT의 능력을 갖도록 하기 위한 각 물음에 답하시오.

[조 건]

1. 냉매와 흡수제 : 물＋리튬브로마이드

2. 발생기 공급열원 : 80℃의 폐기가스

3. 용액의 출구온도 : 74℃

4. 냉각수 온도 : 25℃

5. 응축온도 : 30℃(압력 31.8 mmHg)

6. 증발온도 : 5℃(압력 6.54 mmHg)

7. 흡수기 출구 용액온도 : 28℃

8. 흡수기 압력 : 6 mmHg

9. 발생기 내의 증기 엔탈피 $h_3' = 3050.88$ kJ/kg

10. 증발기를 나오는 증기 엔탈피 $h_1' = 2936.64$ kJ/kg

11. 응축기를 나오는 응축수 엔탈피 $h_3 = 546.84$ kJ/kg

12. 증발기로 들어가는 포화수 엔탈피 $h_1 = 439.74$ kJ/kg

13. 1RT는 3.9kW

상태점	온도(℃)	압력(mmHg)	농도 w_t [%]	엔탈피(kJ/kg)
4	74	31.8	60.4	317.52
8	46	6.54	60.4	273.84
6	44.2	6.0	60.4	271.32
2	28.0	6.0	51.2	239.4
5	56.5	31.8	51.2	292.32

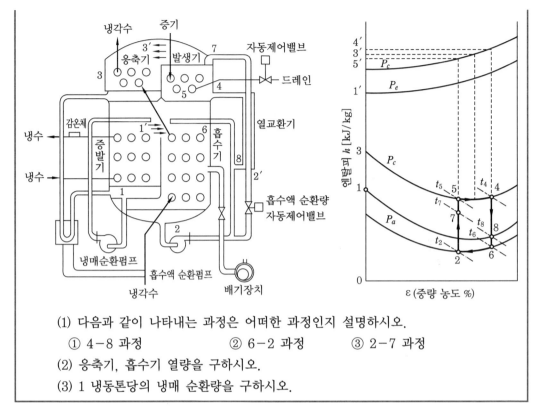

(1) 다음과 같이 나타내는 과정은 어떠한 과정인지 설명하시오.

  ① 4−8 과정   ② 6−2 과정   ③ 2−7 과정

(2) 응축기, 흡수기 열량을 구하시오.

(3) 1 냉동톤당의 냉매 순환량을 구하시오.

해답 (1) ① 4−8 과정 : 열교환기로 발생기에서 흡수기로 가는 과정이다. 발생기에서 농축된 진한 용액이 열교환기를 거치는 동안 묽은 용액에 열을 방출하여 온도가 낮아지는 과정이다.

  ② 6−2 과정 : 흡수제인 LiBr이 흡수기에서 냉매인 수증기를 흡수하는 과정이다. 발생기에서 재생된 진한 혼합용액이 열교환기를 거쳐 흡수기로 유입되어 냉각수관 위로 살포된 상태가 6점이며, 증발되어 흡수기로 온냉매 증기(수증기)를 흡수하여 농도가 묽은 혼합용액 상태가 2점이 된다.

  ③ 2−7 과정 : 열교환기로 흡수기에서 순환펌프에 의해 발생기로 가는 과정이다. 4−8의 과정과 2−7의 과정을 열교환하는 것으로 발생기에서 재생된 진한 용액은 냉매증기를 많이 흡수하기 위해서는 온도를 낮추어야 하며, 또 흡수작용을 마친 묽은 용액은 발생기에서 가열시켜 재생하므로 반대로 온도를 높여야 하기 때문이다.

(2) ① 응축 열량 $= h_3{}' - h_3 = 3050.88 - 546.84 = 2504.04 \text{ kJ/kg}$

  ② 흡수 열량

    • 용액 순환비 $f = \dfrac{\varepsilon_2}{\varepsilon_2 - \varepsilon_1} = \dfrac{60.4}{60.4 - 51.2} = 6.565 ≒ 6.57 \text{ kg/kg}$

    • 흡수기 열량 $q_a = (f - 1) \cdot h_8 + h_1{}' - f h_2$

$$= \{(6.57 - 1) \times 273.84\} + 2936.64 - (6.57 \times 239.4)$$

$$≒ 2889.07 \text{ kJ/kg}$$

(3) ① 냉동 효과 $q_e = h_1' - h_3 = 2936.64 - 546.84 = 1129.8 \text{ kJ/kg}$

② 냉매 순환량 $G_v = \dfrac{Q_e}{q_e} = \dfrac{1 \times 3.9 \times 3600}{1129.8} = 5.874 ≒ 5.87 \text{ kg/h}$

참고 순환비 $f = \dfrac{G}{G_v}$ 에서, 묽은 혼합용액의 유량

$G = G_v \cdot f = 5.87 \times 6.57 = 38.565 ≒ 38.57 \text{ kg/h}$

---

12. 다음과 같은 제상방법은 소형 프레온 냉동장치에 채택되고 있는데 그 이유와 제상 (defrost) 방법을 간단히 설명하시오.

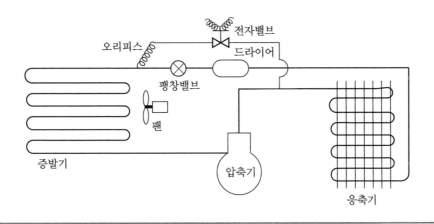

해답 (1) 이유 : 소형장치에서는 냉매 충전량이 소량이기 때문에 제상 시 고압가스가 증발기에 액화되면 증발기에 전부 체류하게 되어 정상운전이 어렵게 되고, 리퀴드 백의 영향을 초래하므로 제상 중에 응축되지 않도록 오리피스(orifice : 감압소공)를 설치하여 고압가스를 저압으로 감압시켜 감열(온도 차이 이용)로 제상하기 위함이다.

(2) 방법 : 증발기의 적상으로 제상의 필요시에는 증발기 팬(fan)을 정지하고 제상용 전자밸브를 열어서 행한다.

참고 제상 시에 전자밸브 및 증발기 팬의 개폐를 자동적으로 행하기 위해서 제상용 타이머가 사용되고 있다.

---

13. 냉동장치에 사용되는 증발압력 조정밸브(EPR)에 대해서 다음 각 물음에 답하시오.

(1) 역할   (2) 작동원리   (3) 설치 위치   (4) 설치의 경우

해답 (1) 증발압력이 일정압력 이하가 되는 것을 방지한다.

(2) EPR의 입구측 압력에 의해서 작동되며, 증발압력이 일정 이상이 되면 열리고, 일정 이하가 되면 닫히게 된다.

(3) 증발기 출구측 흡입관

(4) ① 여러 대의 증발기를 사용하는 경우 증발온도가 높은 쪽의 증발기 출구에 부착

② 냉수(brine) 냉각기의 동파 방지용

③ 야채 냉장고 등의 동결온도 이하 방지

④ 과도한 제습이 되는 것을 방지할 때

⑤ 증발온도를 일정히 유지시킬 필요성이 있을 때

참고 1. 증발온도가 각기 다른 여러 대의 증발기를 운전할 경우에는 가장 낮은 증발압력을 기준하여 압축기가 운전된다.
2. 가장 낮은 증발압력 이상의 증발기 출구에는 모두 EPR을 설치하며 저온측의 증발기 출구에는 역지밸브를 설치하여 냉매가스의 역류를 방지한다.

---

14. 유회수장치를 설치한 R-12용 만액식 증발기에서 팽창밸브를 통과하는 냉매유량은 2230 kg/h이며, 증발기로부터 유회수되는 유량은 380 kg/h로 이 중의 윤활유는 중량비 65 %로 간주될 때 이 냉동장치의 냉동능력(RT)을 구하시오. (단, 팽창밸브 출구 냉매의 엔탈피 453.6 kJ/kg, 증발기 입구 냉매와 동일한 압력의 포화액 냉매의 엔탈피 403.2 kJ/kg, 증발기 출구 포화증기 냉매의 엔탈피 567 kJ/kg, 1 RT는 3.9 kW이다.)

해답 ① 저압 수액기에 유입되는 액냉매량

$$2230 \times \frac{567 - 453.6}{567 - 403.2} = 1543.846 ≒ 1543.85 \text{ kg/h}$$

② 유회수장치로 유출되는 액냉매의 양

$$380 \times (1 - 0.65) = 133 \text{ kg/h}$$

③ 증발기에서 기화(증발)되는 냉매량

$$1543.85 - 133 = 1410.85 \text{ kg/h}$$

④ 냉동능력(RT) $= \dfrac{G \times (i_a - i_g)}{3.9 \times 3600}$

$$= \frac{1410.85 \times (567 - 403.2)}{3.9 \times 3600} = 16.459 ≒ 16.46 \text{ RT}$$

참고 만액식 증발기 내의 액냉매는 일정 높이를 항상 유지하며, 냉각관 주위의 액냉매에 의한 냉동 작용임을 고려해야 한다.

15. 냉동능력이 67 RT인 브라인 쿨러(brine cooler)에서 다음과 같은 조건으로 운전되고 있을 때 (1), (2), (3)의 물음에 답하시오. (단, 식과 답을 써야 유효하며, 답은 소수점 2자리에서 반올림한다.)

[조 건]

1. 브라인 유량 : 900 L/min
2. 브라인의 출구온도 : −25℃
3. 브라인의 비중량 : 1.25 kg/L
4. 브라인의 비열 : 2.9 kJ/kg·K
5. 냉각관의 냉매 측 열전달률 : 7350 kJ/m²·h·K
6. 냉각관의 브라인 측 열전달률 : 9660 kJ/m²·h·K
7. 냉각관의 오염계수 (전열저항) : 0.000072 m²·h·K/kJ
8. 냉각관의 전열면적 : 41.5 m²
9. 냉각관 재질의 열저항은 무시한다. (산술평균 온도차로 계산해도 무방)
10. 1RT는 3.9kW이다.

---

(1) 브라인의 입구온도 (℃)

(2) 냉각관의 열통과율 (kcal/m²·h·℃)

(3) 냉매의 증발온도 (℃)

해답 (1) $Q = G_b C_b (t_{b_1} - t_{b_2})$ 에서,

$67 \times 3.9 \times 3600 = 900 \times 60 \times 1.25 \times 2.9 \times \{t_{b_1} - (-25)\}$

$940680 = 156600 \times (t_{b_1} + 25)$

$t_{b_1} + 25 = 6.006 ≒ 6.01$

$∴ t_{b_1} = 6.01 - 25 = -18.99 ≒ -19.0℃$

(2) $\dfrac{1}{K} = \dfrac{1}{A_r} + \dfrac{1}{A_w} + f = \dfrac{1}{7350} + \dfrac{1}{9660} + 0.000072$

$∴ K = 3209.509 ≒ 3209.5 \,\text{kJ/m}^2\cdot\text{h}\cdot\text{K}$

(3) $Q = KA \Delta t_m$ 에서,

$940680 = 3209.5 \times 41.5 \times \left\{ \dfrac{(-19) + (-25)}{2} - (t_e) \right\}$

$940680 = 133194.25 \times \{ -22 - (t_e) \}$

$∴ t_e = -29.062 ≒ -29.1℃$

16. 염화칼슘 브라인(CaCl₂ brine)을 사용하는 브라인 쿨러(brine cooler)의 운전 및 설계조건이 다음과 같을 때 각 물음에 식과 답을 기입하시오.

[조 건]

1. 냉각관의 전열면적 : $25 \, m^2$
2. 브라인의 비중 : $1.24 \, kg/L$
3. 브라인의 비열 : $2.8 \, kJ/kg \cdot K$
4. 브라인의 유량 : $200 \, L/min$
5. 브라인의 입구온도 : $-18 \, ℃$
6. 브라인의 출구온도 : $-23 \, ℃$
7. 냉매의 증발온도는 브라인의 출구온도와 $3 \, ℃$ 차이이다.
8. 1RT는 3.9kW이다.

(1) 브라인 쿨러의 냉동능력(RT)
(2) 냉각관의 열통과율 (산술평균 온도차에 의함.)

해답 (1) 냉동능력(RT)을 구하기 위해서,

$$Q = w \, C(t_2 - t_1) = 200 \times 1.24 \times 2.8 \times 60 \times \{(-18) - (-23)\} = 208320 \, kJ/h$$

$$\therefore \text{냉동능력(RT)} = \frac{208320}{3.9 \times 3600} = 14.837 \fallingdotseq 14.84 \, RT$$

(2) 열통과율(K)

$$\Delta t_m \text{ 의 값} = \frac{\{(-18) + (-23)\}}{2} - (-26) = 5.5 \, ℃$$

$$\therefore K = \frac{Q}{A \Delta t} = \frac{208320}{25 \times 5.5} = 1515.054 \fallingdotseq 1515.05 \, kJ/m^2 \cdot h \cdot K$$

17. 냉매에 대하여 다음의 각 물음에 답하시오.

(1) 냉매의 표준비점이란 무엇인가? 요점을 설명하시오
(2) 표준비점이 낮은 냉매(예를 들면 R-22)를 사용할 경우, 이점과 결점에 대해 간단히 서술하시오.
(3) 표준비점이 높은 냉매(예를 들면 R-11)를 사용할 경우, 이점과 결점에 대해 각각 2가지씩만 서술하시오.

해답 (1) 표준 대기압에서의 포화온도
(2) 이점 : ① 비점이 높은 냉매를 사용하는 경우보다 피스톤 토출량(piston displacement)이 작아지므로 압축기가 소형으로 된다.
② 비점이 높은 냉매를 사용하는 경우보다 진공운전이 되기 어려우므로, 보다 저온용에 적합하다.
결점 : 비점이 높은 냉매보다 응축압력이 높아진다.
(3) 이점 : ① 고압이 낮다.
② 고저압의 압력차가 적어 원심식 압축기에 적합하다.
결점 : ① 압축기가 대형이 된다 (피스톤 토출량이 크다).
② 진공운전이 되기 쉬우므로, 저온용에 적합하지 않다.

18. 공랭식 응축기를 사용하는 정상적인 냉동장치가 겨울철의 운전에서는 냉각이 불충분한 현상을 나타낸다. 이때의 원인과 그 대책을 설명하시오.

[해답] (1) 원인 : 겨울철에는 외기의 온도가 저하하여 공랭식 응축기의 응축압력도 저하하므로 고·저압의 차이가 적어짐으로써 팽창밸브의 능력이 감소하여 냉매순환량의 감소로 냉동능력이 불량하기 때문이다.

(2) 대책
 ① 응축압력을 상승시키기 위해 냉각풍량을 감소시킨다.
 ② 응축기 내의 유효면적을 감소시켜 응축압력을 상승시키게 한다.
 ③ 압축기의 토출가스를 수액기로 바이패스 순환시킨다.

19. 증발온도 5℃, 응축온도 35℃인 경우의 냉동능력 R 이 1205400 kJ/h, 축동력 P 가 61.5 kW로 되는 R-12 압축기가 있다. 이것과 조합하는 응축기로서 다음과 같은 것을 선정하였으나, 위의 냉동능력이 확보될 수 있겠는가? 계산식을 표시하여 답하고, 그 가부를 답하시오.

───────────[응축기의 요목 및 사용조건]───────────

1. 형식 : 셸 앤 튜브식
2. 표면 열전달률 (냉각수측) $\alpha_w = 8400 \ \text{kJ/m}^2 \cdot \text{h} \cdot \text{K}$
 냉각 표면적 $A = 32 \ \text{m}^2$
3. 표면 열전달률 (냉매측) $\alpha_r = 6300 \ \text{kJ/m}^2 \cdot \text{h} \cdot \text{K}$
 냉각관 두께 $\delta_t = 3.0 \ \text{mm}$
4. 물때의 부착상황 두께 $\delta_s = 0.2 \ \text{mm}$, 열전도율 $\lambda_s = 3.36 \ \text{kJ/m} \cdot \text{h} \cdot \text{K}$
5. 관재의 열전도율 $\lambda_t = 1260 \ \text{kJ/m} \cdot \text{h} \cdot \text{K}$
6. 유막의 부착상황 두께 $\delta_o = 0.01 \ \text{mm}$, 열전도율 $\lambda_o = 0.504 \ \text{kJ/m} \cdot \text{h} \cdot \text{K}$
7. 냉각수 입구온도 $t_{w_1} = 20℃$, 출구온도 $t_{w_2} = 25℃$

[해답] (1) 응축기 열통과율 $\dfrac{1}{K} = \dfrac{1}{\alpha_w} + \dfrac{\delta_s}{\lambda_s} + \dfrac{\delta_t}{\lambda_t} + \dfrac{\sigma_o}{\lambda_o} + \dfrac{1}{\alpha_r}$

$$= \dfrac{1}{8400} + \dfrac{0.2 \times 10^{-3}}{3.36} + \dfrac{0.01 \times 10^{-3}}{0.504} + \dfrac{3 \times 10^{-3}}{1260} + \dfrac{1}{6300}$$

$$\therefore K = 2798.134 \fallingdotseq 2798.13 \ \text{kJ/m}^2 \cdot \text{h} \cdot \text{K}$$

(2) 응축능력 $Q_{c_1} = 1205400 + 61.5 \times 3600 = 1426800 \ \text{kJ/h}$

$$Q_{c_2} = K A \, \Delta t_m = 2798.13 \times 32 \times \left(35 - \dfrac{20 + 25}{2} \right) = 1119252 \ \text{kJ/h}$$

$\therefore Q_{c_1} > Q_{c_2}$ 가 되므로, 응축능력의 부족으로 이 응축기는 사용이 불가능하다.

20. 6기통 압축기를 쓰는 냉장고가 있다. 외기온도 $t_o = 28℃$에서 6기통 전부가 작동하고 있을 때 증발온도는 $t_1 = -30.5℃$, 응축온도는 $t_2 = 30℃$이고, 그 때의 냉장실 온도는 $t_r = -21.5℃$로 측정되었다. 위의 부하조건에서 냉장고의 냉동부하 Q와 냉각관 내의 냉매 증발온도 t_1 사이의 관계는 다음 선도에서 직선 Q로서 표시되며, 또한 응축온도 30℃에서 압축기의 냉동능력 R 및 압축동력 N과 증발온도 t_1 사이의 관계는 그림의 곡선 R 및 N으로서 표시된다. 그림에서 곡선 R_6 및 N_6은 6기통 운전의 경우의 곡선이고, 곡선 R_4 및 N_4는 2기통을 놀리고 4기통을 운전시키는 경우의 성능을 나타나게 한다. 다음 각 물음에 답하시오.

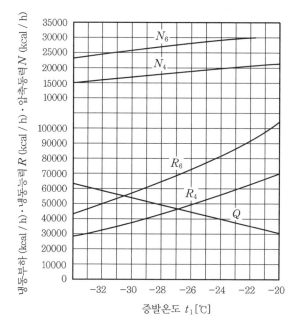

(1) 부하조건에서 6기통 운전의 경우에 대해 냉동기의 성적계수 ε의 값을 정하시오.
(2) 운전조건에서 4기통만으로 운전하면 냉장실 온도는 몇 도로 유지되는가? (단, 응축온도는 변함 없이 30℃인 것으로 한다.)
(3) 2기통을 놀리고 4기통만 운전시키면 냉동기의 성적계수 ε는 어떻게 변하는가?

해답 (1) 냉동능력 R_6은 $-30.5℃$일 때 55000 kcal/h, 압축동력 N_6과의 교점 25833 kcal/h

$$COP = \frac{R_6}{N_6} = \frac{55000}{25833} = 2.129 ≒ 2.13$$

(2) 냉장실 부하 $R_6 = KF(t_{r_6} - t_6)$ ································ ①

$R_4 = KF(t_{r_4} - t_4)$ ·································· ②

4기통 운전 시 냉동능력 R_4, 증발온도 t_4, 냉장실은 t_{r_4}

∴ 6기통과 4기통의 기존 관계 $\dfrac{R_6}{R_4} = \dfrac{t_{r_6} - t_6}{t_{r_4} - t_4}$ ····························· ③

따라서, $t_{r_4} = t_4 + \dfrac{R_4}{R_6} \times (t_{r_6} - t_6)$ 식에서 Q 와 R_4 가 마주치는 점이 -27℃이고,

$R_4 = 45000$ kcal/h이다.

$$\therefore t_{r_4} = -27 + \frac{45000}{55000} \times \{(-21.5) - (-30.5)\} = -19.636 ≒ -19.64℃$$

(3) $t_4 : -27$℃일 때 $N_4 = 18333$ kcal/h

$$COP = \frac{45000}{18333} = 2.454 ≒ 2.45$$

그러므로 6기통보다 4기통이 성적계수가 좋다.

---

21. 냉동장치의 운전상태 및 계산의 활용에 이용되는 몰리에르 선도 $(p-i$ 선도)의 구성 요소의 명칭과 해당되는 단위를 번호에 맞게 기입하시오.

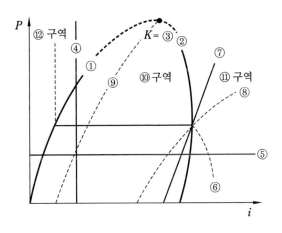

해답

번호	명칭	단위(MKS)
①	포화 액체선	없음
②	건조포화 증기선	없음
③	임계점	없음
④	등엔탈피선	kcal/kg
⑤	등압력선	$kg/cm^2 \cdot abs$
⑥	등온도선	℃
⑦	등엔트로피선	$kcal/kg \cdot K$
⑧	등비체적선	m^3/kg
⑨	등건조도선	없음
⑩	습포화 증기구역	없음
⑪	과열 증기구역	없음
⑫	과냉각 액체구역	없음

22. 브라인에 의한 냉각장치를 설계하고자 한다. 주어진 부하조건에 대하여 냉동부하를 산정하고, 브라인에 대해서는 그 유량, 온도 등이 다음과 같이 결정되었다. 다음 각 물음에 답하시오.

─────── [조 건] ───────

1. 브라인 유량 $V_b = 360 \, \text{L/min}$
2. 브라인 쿨러 입구 브라인 온도 $t_{b_1} = -16\text{℃}$
3. 브라인 쿨러 출구 브라인 온도 $t_{b_2} = -19\text{℃}$
4. 브라인 비중량 $\gamma = 1240 \, \text{kg/m}^3$
5. 브라인 비열 $C = 2.835 \, \text{kJ/kg} \cdot \text{K}$

(1) 브라인 쿨러의 냉동부하 ϕ_o [kJ/h] 를 구하시오.

(2) 냉매로는 암모니아를 쓰고, 압축기로는 다음 표의 A, B, C의 3기종 중 하나를 선정하는 것으로 한다. 설계에 있어 생각되는 고압부 온도조건에서 압축기의 피스톤 압축량 $1 \, \text{m}^3/\text{h}$ 당의 냉동능력과 증발온도 (℃)의 관계는 그림과 같다.

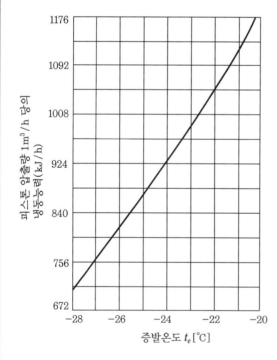

기종	피스톤 압출량 (m³/h)
A	211
B	233
C	269

브라인 쿨러에서의 브라인과 증발온도와의 평균 온도차를 5~6℃로 하는 조건에 대해서 압축기는 A, B, C 중 어느 것을 선정해야 하는가? 또 그 이유를 간단히 설명하시오.

(3) 위의 (2) 항에서 선정한 압축기를 쓰는 경우, 산정된 냉동부하에 대해 필요한 브라인 쿨러의 전열면적 F [m²] 를 산정하시오. (단, 브라인 쿨러의 열통과율 $K = 1596 \, \text{kJ/m}^2 \cdot \text{h} \cdot \text{K}$ 로 취하고, 평균 온도차에는 산술평균 온도차를 취하여 계산한다.)

해답 (1) $\phi = G C \Delta t = 0.36 \times 60 \times 1240 \times 2.835 \times \{(-16)-(-19)\}$
$\qquad = 227797.92\,\mathrm{kJ/h}$

(2) 브라인의 산술 평균온도 $t_m = \dfrac{(-16)+(-19)}{2} = -17.5\,℃$

① 기종 A의 피스톤 압출량 $1\,\mathrm{m^3/h}$ 당의 능력

$$\phi_A = \frac{\phi o}{q_v} = \frac{227797.92}{211} = 1079.61\,\mathrm{kJ/m^3}$$

그림에서 $t_e = -21.5\,℃$ $\qquad \therefore \Delta t = (-17.5)-(-21.5)=4\,℃$

② 기종 B $\phi_B = \dfrac{\phi_o}{q_v} = \dfrac{227797.92}{233} = 977.673 ≒ 977.67\,\mathrm{kJ/m^3}$

그림에서 $t_e = -23\,℃$ $\qquad \therefore \Delta t = (-17.5)-(-23)=5.5\,℃$

③ 기종 C $\phi_C = \dfrac{\phi_o}{q_v} = \dfrac{227797.92}{269} = 846.829 ≒ 846.83\,\mathrm{kJ/m^3}$

그림에서 $t_e = -25.2\,℃$ $\qquad \therefore \Delta t = (-17.5)-(-25.2) = 7.7\,℃$

여기에서 평균온도차는 5~6℃를 요구하므로 기종 B를 선택한다.

(3) $\phi_o = F K \Delta t$ 에서,

$$F = \frac{\phi_o}{K \Delta t} = \frac{227797.92}{1596 \times 5.5} = 25.951 ≒ 25.95\,\mathrm{m^2}$$

---

23. R-22 수랭 횡형 응축기에서 냉매측 열전달률 α_r 를 $8400\,\mathrm{kJ/m^2 \cdot h \cdot K}$로 하고, 냉각수측 열전달률 α_w는 그림에서 얻어지는 것으로 한다. 관 내의 수속은 2.5 m/s, 물때의 저항은 $2.38 \times 10^{-5}\,\mathrm{m^2 \cdot h \cdot K/kJ}$로 할 때, 응축기에서 제거해야 할 열량을 $210000\,\mathrm{kJ/h}$, 냉각수와 냉매와의 평균 온도차를 6.5℃로 하고, 냉각관의 내외면적 비를 3.5로 하는 경우, 냉각관의 외측 냉각면적은 몇 $\mathrm{m^2}$인가? 계산식을 표시해서 답하시오. (단, 답은 소수점 이하는 버린다. 또, 응축기에서 열손실은 없고, 관재의 열저항은 무시한다.)

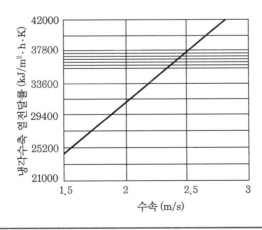

해답 $\dfrac{1}{KA_r} = \dfrac{1}{A_r\,\alpha_r} + \dfrac{1}{A_w\,\alpha_w} + \dfrac{1}{A_w}\,f, \quad \dfrac{1}{K} = \dfrac{1}{\alpha_r} + \dfrac{A_r}{A_w}\left(\dfrac{1}{\alpha_w} + f\right)$

여기서, $\dfrac{A_r}{A_w} = m$인 내외면적비 3.5 → 유효면적비

따라서, $\dfrac{1}{K} = \dfrac{1}{8400} + 3.5\left(\dfrac{1}{37450} + 2.38 \times 10^{-5}\right)$

$\therefore\ K = 3380.599 \fallingdotseq 3380.60\,\mathrm{kJ/m^2 \cdot h \cdot K}$

$Q = A\,K\,\Delta t_m$에서, $A = \dfrac{Q}{K\,\Delta t_m} = \dfrac{210000}{3380.6 \times 6.5} = 9.556 = 9\,\mathrm{m^2}$

---

24. 다음의 냉동기기와 관계가 깊은 것을 [보기]에서 찾아 번호를 ( ) 안에 써넣으시오.

[보 기]
① 압축기와 응축기 사이에 설치	② 수액기
③ 냉매 충진	④ 온도 자동 팽창밸브
⑤ 흡수 냉동기	⑥ 냉매의 역순환
⑦ 냉매 누설검사	⑧ 냉매의 한쪽 방향으로만 통과

(1) 발생기 ( )　　　(2) 유분리기 ( )　　　(3) 액면계 ( )
(4) 4방 밸브 ( )　　　(5) 체크 밸브 ( )　　　(6) 감온통 ( )
(7) 할로겐 토치 ( )　　(8) 게이지 매니폴드 ( )

해답 (1) ⑤,　(2) ①,　(3) ②,　(4) ⑥,　(5) ⑧,　(6) ④,　(7) ⑦,　(8) ③

---

25. 암모니아용 냉동장치의 기본 배관 계통도를 보고 지급된 몰리에르 선도와 함께 운전조건을 참조하여 다음 각 물음에 답하시오.

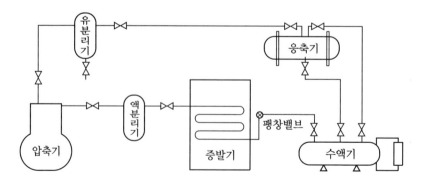

┌─────────────── [조 건] ───────────────┐

  1. 증발온도 : -15℃   2. 응축온도 : 33℃

  3. 과냉각도 : 3℃   4. 흡입상태 : 건조 포화증기

└──────────────────────────────────────┘

(1) 각 지점의 압력 및 엔탈피, 토출가스 온도, 비체적을 기입하시오.

(2) 성적계수를 구하는 식과 답을 쓰시오.

(3) 고압가스 제상을 위한 배관을 완성하시오.

해답 (1) 지급된 몰리에르 선도(NH₃용)를 이용하여 작도하면,

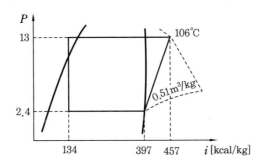

  ① 응축압력 : 13 kg/cm²·abs

  ② 증발압력 : 2.4 kg/cm²·abs

  ③ 팽창밸브 직전의 엔탈피 : 134 kcal/kg

  ④ 흡입가스의 엔탈피 : 397 kcal/kg

  ⑤ 토출가스의 엔탈피 : 457 kcal/kg

  ⑥ 토출가스의 온도 : 106℃

  ⑦ 흡입가스의 비체적 : 0.51 m³/kg

(2) $COP = \dfrac{q}{AW} = \dfrac{397-134}{457-397} \fallingdotseq 4.38$

(3)

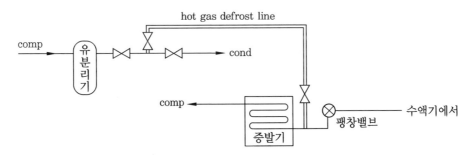

26. 다음 R-22 냉동장치도를 보고 각 물음에 답하시오.

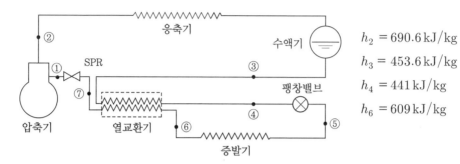

$h_2 = 690.6 \, \text{kJ/kg}$

$h_3 = 453.6 \, \text{kJ/kg}$

$h_4 = 441 \, \text{kJ/kg}$

$h_6 = 609 \, \text{kJ/kg}$

(1) 장치도의 냉매 상태점 ①~⑦ 까지를 $p-h$ 선도 상에 표시하시오.

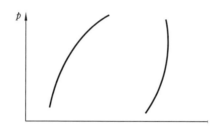

(2) 장치도의 운전상태가 다음과 같을 때 압축기의 축마력(kW)을 구하시오.

(3) $p-h$ 선도 상에서 성적계수(COP)를 구하시오.

[조 건]

1. 냉매순환량 : 50 kg/h 2. 압축효율(η_c) : 0.55 3. 기계효율(η_m) : 0.9

해답 (1)

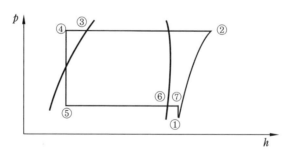

(2) ① 압축기 흡입 측 냉매의 엔탈피

$h_1 = h_6 + (h_3 - h_4) = 609 + (453.6 - 441) = 621.6 \, \text{kJ/kg}$

② 압축기 축동력(kW)

$$L[\text{kW}] = \frac{G(h_2 - h_1)}{\eta_c \cdot \eta_m} = \frac{50 \times (690.9 - 621.6)}{3600 \times 0.55 \times 0.9} = 1.944 \fallingdotseq 1.94 \, \text{kW}$$

(3) $COP = \dfrac{609 - 441}{690.9 - 621.6} = 2.42$

---

27. R-22용 냉동장치의 운전상태가 다음의 몰리에르 선도와 같을 때 주어진 조건을 이용하여 이 장치의 냉동능력 및 소요동력(kW)을 산출하시오. (단, 1RT는 3.9 kW이고 소수점 2자리까지 구한다.)

[조 건]
---

1. 피스톤 압출량(V_a) : 1000 m³/h   2. 체적효율(η_V) : 0.75
3. 압축효율(η_c) : 0.8   4. 기계효율(η_m) : 0.85

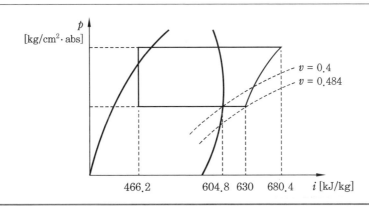

해답 (1) 냉동능력(RT) $= \dfrac{V_a \times q \times \eta_V}{3.9 \times 3600 \times v}$

$= \dfrac{1000 \times (630 - 466.2) \times 0.75}{3.9 \times 3600 \times 0.484} = 18.078 ≒ 18.08\,\mathrm{RT}$

(2) 냉매순환량(G) $= \dfrac{V_a}{v} \times \eta_V = \dfrac{1000 \times 0.75}{0.484} ≒ 1550\,\mathrm{kg/h}$

∴ 소요동력(kW) $= \dfrac{A_w \times G}{\eta_c \times \eta_m} = \dfrac{(680.4 - 630) \times 1550}{3600 \times 0.8 \times 0.85} = 31.911 ≒ 31.91\,\mathrm{kW}$

---

28. 액가스 열교환기(liquid-gas heat exchanger)를 설치한 R-12 냉동장치의 운전조건이 다음의 몰리에르 선도와 같을 때 냉동능력(RT)을 구하는 식과 답을 쓰시오.

[조 건]
---

1. 체적효율(η_V) = 75 %   2. 피스톤 압출량(V_a) = 330 m³/h
3. $v_2 = 0.13$ m³/kg   4. $v_1 = 0.14$ m³/kg
5. e→f 및 b→c의 과정은 열교환기의 출입구 지점이다.
6. 답은 소수점 2자리에서 반올림하시오.
7. 1RT는 3.9 kW이다.

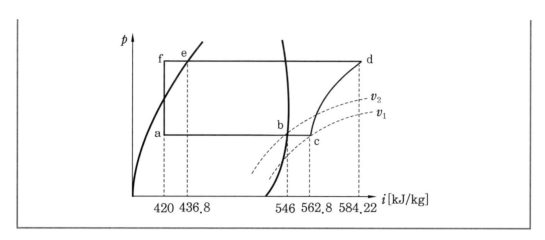

해답 냉동능력(RT) $= \dfrac{V_a \times (i_b - i_a)}{3.9 \times 3600 \times v} \times \eta_V$ 에서,

$$\therefore \text{RT} = \dfrac{330 \times (546 - 420)}{3.9 \times 3600 \times 0.14} \times 0.75 = 15.865 \fallingdotseq 15.9 \, \text{RT}$$

---

29. 다음의 몰리에르 선도는 R-12용 냉동장치의 운전상태로서 열교환기 없이 건식 압축을 하는 냉동 사이클과 동일장치에 열교환기를 설치하고 운전하는 정상적인 냉동 사이클을 나타낸 것이다. 양 사이클의 모든 조건은 동일한 경우에서 냉동능력의 우열(%)을 비교하시오.

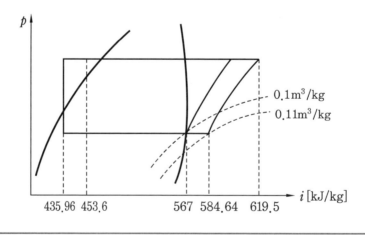

해답 냉동능력을 구하는 산정식 : $Q = \dfrac{V_a \times q \times \eta_V}{v}$

여기서, Q : 냉동능력(kJ/h), V_a : 피스톤 압출량 (m³/h)

q : 냉동효과 (kJ/kg), η_V : 체적효율

v : 흡입가스의 비체적(m³/kg)

(1) 열교환기가 없는 경우의 냉동능력

$$Q = \frac{V_a \times q \times \eta_V}{v} = \frac{V_a \times (567 - 453.6) \times \eta_V}{0.1} = \frac{113.4\, V_a\, \eta_V}{0.1} = 1134\, V_a\, \eta_V$$

(2) 열교환기가 설치된 경우의 냉동능력

$$Q = \frac{V_a \times q \times \eta_V}{v} = \frac{V_a \times (567 - 435.96) \times \eta_V}{0.11} = \frac{131.04\, V_a \eta_V}{0.11} = 1191.27\, V_a \eta_V$$

(3) 성능의 우열 비교

$$Q = \frac{1191.27\, V_a\, \eta_V - 1134\, V_a\, \eta_V}{1134\, V_a\, \eta_V} \times 100 = 5.05\,\%$$

∴ 열교환기를 설치할 경우의 능력이 약 $5.05\,\%$ 증가한다.

30. 피스톤 압출량 189.8 m³/h의 R-22 압축기가 다음 $p-i$ 선도 상의 ABCD A와 같은 냉동 사이클에서 운전되고 있다. 다음 각 물음에 답하시오.

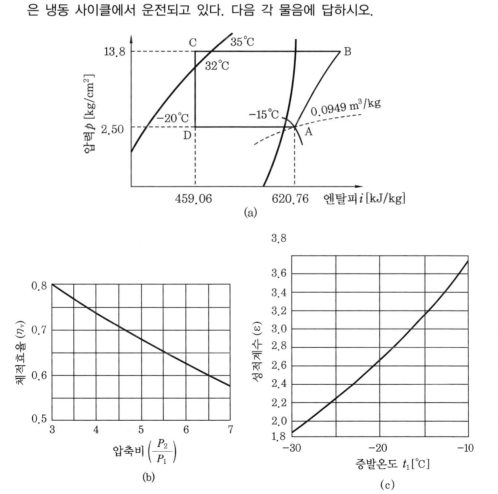
(a)

(b)

(c)

(1) 그림 (a)의 운전상태에 있어서의 압축기의 체적효율은 그림 (b)에서 구하고, 냉매순환량 G [kg/h]를 산정하시오.

(2) 위에서 구한 냉매순환량에 의해 압축기의 냉동능력을 산정하시오.

(3) 응축온도 35℃, 팽창밸브 직전에서의 냉매액의 과냉각도 3℃, 압축기 흡입가스 과열도 5℃라는 조건에서 냉동기의 성적계수 ε 와 증발온도 t_1의 관계는 그림 (c)와 같다. 표시된 운전상태에서의 냉동기의 성적계수 ε 의 값을 그림 (c)에서 추정하여 (2)에서 구한 냉동능력 R에 대하여 필요한 압축동력 N [kJ/h]을 산정하시오.

해답 (1) $a = \dfrac{13.8}{2.5} = 5.52$일 때, $\eta_V = 0.65$ $\therefore G = \dfrac{189.8}{0.0949} \times 0.65 = 1300\,\mathrm{kg/h}$

(2) $1300 \times (620.76 - 459.06) = 210210\,\mathrm{kJ/h}$

(3) $\varepsilon = \dfrac{R}{N} = 2.68$ (그림 (c)에서 증발온도 -20℃일 때)

$\therefore N = \dfrac{210210}{2.68} = 78436.567 \fallingdotseq 78436.57\,\mathrm{kJ/h}$

31. 그림 (a)와 같은 R-12 냉동장치가 그림 (b)와 같은 냉동 사이클로 운전되고, 액가스 열교환기에서 액화냉매와 냉매가스 사이에 액화냉매 1 kg 당 12.6 kJ/kg의 열교환을 하였을 때, 열교환기의 액화 냉매출구(그림의 C점)의 액화 냉매온도(℃) 및 열교환기의 냉매가스 출구(그림의 F점)의 냉매가스 온도(℃), 그리고 압축기의 흡입가스 1 kg 당의 냉동효과(kJ/kg)를 구하시오. (단, 응축온도 40℃, 증발온도 -20℃, 응축기 출구, 즉 열교환기 입구 B점의 액화 냉매온도 35℃, 증발기 출구, 즉 열교환기 입구 E점의 냉매가스 온도 -15℃, 또한 그림에서 A점의 엔탈피는 459.48 kJ/kg, D점의 엔탈피는 565.74 kJ/kg, 그리고 40℃에서의 액화 냉매비열 1.05 kJ/kg·K, -20℃에서의 냉매가스 정압비열 0.63 kJ/kg·K로 한다. 이밖에 열교환기에서는 액과 냉매가스 사이 이외에 외부와의 열 수수는 없는 것으로 한다.)

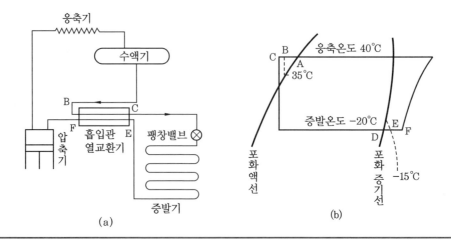

(a)　　　　　　　　　　　　(b)

해답 열교환기에서 $3 = 1 \times C(t_B - t_C) = 1 \times C_p(t_F - t_E)$

(1) C점의 액화 냉매온도 $t_C = 35 - \dfrac{12.6}{1 \times 1.05} = 23℃$

(2) F점의 냉매가스 온도 $t_F = \dfrac{12.6}{1 \times 0.63} + (-15) = 5℃$

(3) 냉동효과 $= i_E - i_C = [565.74 + \{(-15) - (-20)\} \times 0.63]$
$- \{459.48 - 12.6 - 1.05 \times (40 - 35)\} = 568.89 - 451.23 = 117.66 \, \text{kJ/kg}$

---

32. 열교환기를 쓰고 그림 (a)와 같이 구성되는 냉동장치가 있다. 그 압축기 피스톤 압출량 $V = 200 \, \text{m}^3/\text{h}$이다. 이 냉동장치의 냉동 사이클은 그림 (b)와 같고 A, B, C, … 점에서의 각 상태값은 다음 표와 같은 것으로 한다.

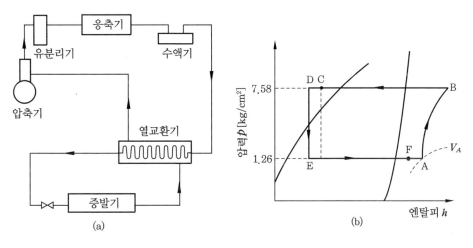

(a)   (b)

상태점	온도 (℃)	엔탈피 i [kJ/kg]	비체적 v [m³/kg]
A	−17	568	0.1372
B	49	601.52	
C	27	446.25	
D	19	438.27	
F	−25	560.03	0.1305

위와 같은 운전조건에서 다음 (1), (2), (3)의 값을 [보기]에 따라 계산식을 표시해 산정하시오. (단, 위의 온도조건에서의 체적효율 $\eta_V = 0.64$, 압축효율 $\eta_c = 0.72$로 한다. 또한 성적계수는 소수점 이하 2자리까지 구하고, 그 이하는 반올림한다.)

┌─────────────── [보 기] ───────────────┐
압축일량 $A_w = i_B - i_A = 601.52 - 568 = 33.52 \, \text{kJ/kg}$
└──────────────────────────────────────┘

(1) 압축기의 냉동능력 R [kJ/h]

(2) 냉동 사이클의 성적계수 ε_o

(3) 냉동기의 성적계수 ε

해답 (1) $R = \dfrac{V}{v_a} \eta_V (i_F - i_E) = \dfrac{200}{0.1372} \times 0.64 \times (560.03 - 438.27)$

$\qquad = 113595.335 \fallingdotseq 113595.34\,\text{kJ/h}$

(2) $\varepsilon_o = \dfrac{i_F - i_E}{i_B - i_A} = \dfrac{560.03 - 438.27}{601.52 - 568} = 3.632 \fallingdotseq 3.63$

(3) $\varepsilon = \varepsilon_o \eta_c = 3.63 \times 0.72 = 2.6136 \fallingdotseq 2.61$

---

33. 어떤 냉동장치의 운전상태를 $p - i$ 선도에 그렸더니 다음 그림처럼 되었다. 이에 대해 다음 계산을 하시오.

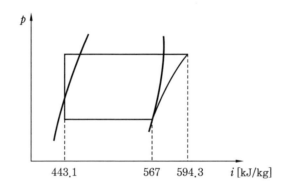

(1) 냉동능력을 37170 kJ/h로 하여 냉매순환량을 구하시오.

(2) 냉각탑의 용량을 3냉각톤으로 해도 되는지 검토하시오. (단, 냉각탑은 표준상태로 운전되고 있다.)

(3) 입구수온을 37℃, 출구수온을 32℃로 하여 냉각수량 (L/min) 을 구하시오. (단, 냉각탑은 표준상태로 운전되고 있다.)

(4) 탑내 통과풍량 (m³/min) 을 구하시오. (단, 수공기비를 1, 공기의 비중량은 1.12 kg/m³로 한다.)

(5) 탑을 원형 단면인 것으로 하여 그 지름(m)을 구하시오. (단, 탑내 풍속을 2 m/s로 한다.)

해답 (1) $G = \dfrac{37170}{567 - 443.1} = 300\,\text{kg/h}$

(2) 1냉각톤이란 냉각탑 입구 37℃, 출구수온 32℃, 대기 습구온도 27℃에서 냉각수 순환량 13 L/min을 기준으로 냉동능력의 약 20 % 더한 값이다. 즉, $Q = 13 \times 60 \times 4.2 \times (37 - 32) = 16380\,\text{kJ/h}$이다.

$\therefore$ 냉각톤 $= \dfrac{(594.3 - 443.1) \times 300}{16380} = 2.769 \fallingdotseq 2.77$이므로 3냉각톤으로 한다.

(3) $\dfrac{3 \times 16380}{4.2 \times (37-32) \times 60} = 39\,\text{kg/min} \fallingdotseq 39\,\text{L/min}$

> **참고** 냉각탑 표준수량 13 L/min×3 = 39 L/min

(4) 수량 L [kg/h], 풍량 G [kg/h], $\dfrac{L}{G}=1$, $L=G=2340\,\text{kg/h}$

$\dfrac{2340}{1.12} = 2089.285\,\text{m}^3/\text{h} = 34.821\,\text{m}^3/\text{min} \fallingdotseq 34.82\,\text{m}^3/\text{min}$

(5) $Q = AV = \dfrac{\pi}{4} D^2 V$ 에서, $D = \sqrt{\dfrac{4Q}{\pi v}}$

$\therefore\ D = \sqrt{\dfrac{34.82 \times 4}{3.14 \times 2 \times 60}} = 0.6079 \fallingdotseq 0.61\,\text{m}$

---

34. 다음 그림 (a)와 같은 배관 계통도로서 표시되는 R-22 냉동장치가 있다. 즉, 액분리기로 분리된 저압 냉매액은 열교환기에서 고압 냉매액에 의해 가열되어 그림의 H와 같은 상태의 증기가 되어, 이것이 액분리기에서 나온 건조 포화증기와 혼합되어 A의 상태로서 압축기에 흡입되는 것으로 한다. 여기서, 증발기에서 나오는 냉매증기가 항상 건조도 0.914인 습증기라는 상태에서 운전이 계속되고, 운전상태에서의 냉동 사이클은 그림 (b)와 같은 것으로 한다. 또 B, C, D, K, M에서의 상태값은 다음 표와 같다. 이와 같은 냉동 사이클에 있어서 냉동효과 R_e [kJ/kg], 압축기 일량 A_w [kJ/kg] 및 성적계수 ε를 계산식을 표시하여 산정하시오.

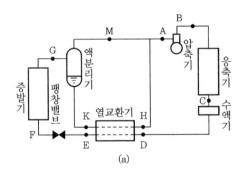
(a)

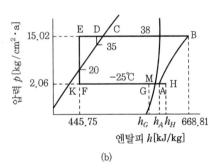
(b)

기호	온도 (℃)	엔탈피(kJ/kg)
B	80	668.81
C	38	470.82
D	35	466.62
E	20	445.75
K (포화액)	−25	391.65
M (건조 포화증기)	−25	616.6

해답 h_G 점의 건조도 $x_G = \dfrac{h_G - h_K}{h_M - h_K} = \dfrac{h_G - 391.65}{h_M - 391.65} = 0.914$

$$h_G = 0.914 \times (616.6 - 391.65) + 391.65 = 597.254 ≒ 597.25\,\mathrm{kJ/kg}$$

(1) 냉동효과 $R_e = h_G - h_F = 597.25 - 445.75 = 151.5\,\mathrm{kJ/kg}$

(2) 압축일의 열당량 $= h_B - h_A$ 에서,

$$h_A = x\,h_M + h_H(1-x) \quad\cdots\cdots\cdots\cdots\cdots\cdots\cdots\cdots\cdots\cdots\cdots\cdots ①$$

$$h_H = \frac{h_D - h_E}{1-x} + h_K \quad\cdots\cdots\cdots\cdots\cdots\cdots\cdots\cdots\cdots\cdots\cdots\cdots ②$$

①에 ②를 대입하면,

$$h_A = x\,h_M + (1-x) \times \left\{ \frac{(h_D - h_E)}{(1-x)} + h_K \right\}$$

$$= 0.914 \times 616.6 + (1-0.914) \times \left\{ \frac{(466.62 - 445.75)}{(1-0.914)} + 391.65 \right\}$$

$$= 618.124 ≒ 618.12\,\mathrm{kJ/kg}$$

$$\therefore A_w = h_B - h_A = 668.81 - 618.12 = 50.69\,\mathrm{kJ/kg}$$

(3) 성적계수 $COP = \dfrac{151.5}{50.69} = 2.988 ≒ 2.99$

---

35. 다음 $p-h$ 선도와 같은 조건에서 운전되는 R−502 냉동장치가 있다. 이 장치의 축 동력이 7 kW, 이론 피스톤 토출량(V)이 66 m³/h, $\eta_V = 0.7$일 때 다음 각 물음에 답하시오.

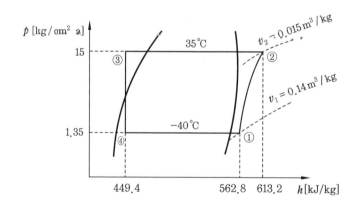

(1) 냉동장치의 냉매순환량(kg/h)을 구하시오.

(2) 냉동능력(kJ/h)을 구하시오.

(3) 냉동장치의 실제 성적계수를 구하시오.

(4) 압축기의 압축비를 구하시오.

해답 (1) $G = \dfrac{V}{v_1} \eta_V = \dfrac{66}{0.14} \times 0.7 = 330 \, \text{kg/h}$

(2) $Q_e = G(h_1 - h_4) = 330 \times (562.8 - 449.4) = 37422 \, \text{kJ/h}$

(3) $\varepsilon_a = \dfrac{Q_e}{LAw} = \dfrac{37422}{7 \times 3600} = 1.485 \fallingdotseq 1.49$

(4) $a = \dfrac{P_2}{P_1} = \dfrac{15}{1.35} = 11.111 \fallingdotseq 11.11$

---

36. 그림 (a)의 배관 계통도와 같은 R-22 냉매액 순환식 냉동장치가 있다. 이 장치에서는 저압 수액기 액면 부근에서 유분이 많은 냉매액을 열교환기로 보내 고온의 고압액으로 가열해서 기름을 냉매에서 분리하여 압축기로 되돌아가게 하고 있다. 이 냉동장치의 냉동 사이클은 그림 (b)와 같고 각 점에서의 엔탈피는 다음 표와 같다. 여기서, 수액기에서 팽창밸브에 이르는 냉매유량이 $q_r = 1000 \, \text{kg/h}$라고 할 때 다음의 값을 계산식을 표시해서 산정하시오. (단, $R_o = q_{r_e}(h_7 - h_6)$와 같이 엔탈피 h 의 항으로 표시한다. 유추출관이나 고압액관에서의 유분리나 유의 온도변화에 따른 열량은 무시하는 것으로 한다.)

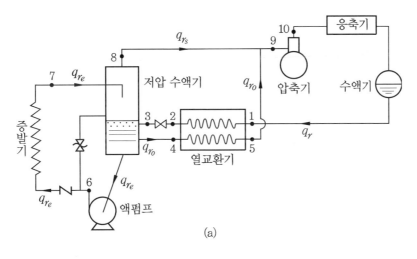

(a)

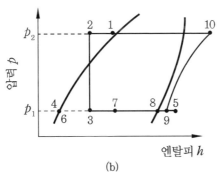

(b)

점	엔탈피 h [kJ/kg]
1	453
2	429.62
4 (포화액)	391.69
5	625.25
8 (건조 포화증기)	615.43

(1) 유추출관 내의 냉매유량 q_{r_o} [kg/h]
(2) 증발기 내의 냉매 증발량 q_{r_e} [kg/h]
(3) 냉동장치의 냉동능력 R_o [kJ/h]
(4) 압축기 흡입증기의 엔탈피 h_9 [kJ/kg]

해답 (1) $q_{r_o}(h_5 - h_4) = q_r(h_1 - h_2)$

$$\therefore \ q_{r_o} = \frac{h_1 - h_2}{h_5 - h_4}\, q_r = \frac{453 - 429.62}{625.25 - 391.69} \times 1000 = 100.102 ≒ 100.10\,\text{kg/h}$$

(2) 팽창밸브 통과 후 액체 냉매 질량

$$q_y = q_r \frac{h_8 - h_2}{h_8 - h_4} = 1000 \times \frac{615.43 - 429.62}{615.43 - 391.69} = 830.472 ≒ 830.47\,\text{kg/h}$$

$$\therefore \ \text{증발기 내의 냉매증발량 } q_{r_e} = 830.47 - 100.1 = 730.37\,\text{kg/h}$$

(3) $R_o = q_{r_e}(h_8 - h_4) = 730.37 \times (615.43 - 391.69) = 163412.983 ≒ 163412.98\,\text{kJ/h}$

(4) $h_9 = \dfrac{q_{r_o} \times h_5 + q_{r_s} \times h_8}{q_r} = \dfrac{100.1 \times 625.25 + (1000 - 100.1) \times 615.43}{1000}$

$\qquad = 616.403 = 616.40\,\text{kJ/kg}$

---

37. 2단 압축 냉동장치의 $p - h$ 선도를 보고 선도 상의 각 상태점을 장치도에 기입하고, 장치구성 요소명을 ( )에 쓰시오.

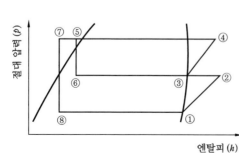

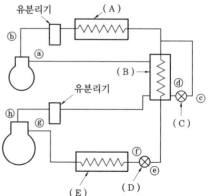

해답 (1) ⓐ-③, ⓑ-④, ⓒ-⑤, ⓓ-⑥, ⓔ-⑦, ⓕ-⑧, ⓖ-①, ⓗ-②
(2) A : 응축기, B : 중간 냉각기, C : 제 1 팽창밸브 (보조 팽창밸브)
     D : 제 2 팽창밸브 (주 팽창밸브), E : 증발기

---

38. 그림과 같이 만액식 증발기를 쓰고 냉매액에 녹아 있는 윤활유를 회수하기 위해 히터 장치 부속의 기름탱크를 갖춘 R−22 냉동장치가 있다. 이 장치가 증발온도 −20℃ 에서 정상운전 시 증발기의 냉동능력은 20 RT이고, 이 때 기름탱크에서의 기름의 유량은 15 kg/h, 히터전력 2 kW 기름탱크에서 나오는 냉매증기 및 유의온도는 37℃ 이다. 저압 수액기에서 압축기로 흡입되는 냉매는 건조 포화증기이고, 또 어떤 배관 에서도 열손실이 없는 것으로 할 때 다음 (1), (2)의 값을 각각 구하시오. (단, 계산에 필요한 수치 및 기호는 다음과 같다. R−22의 상태값 −20℃의 건조포화증기 엔탈피 $h_1 = 617.4$ kJ/kg, −20℃의 포화액 엔탈피 $h_2 = 397.32$ kJ/kg, −20℃의 포화압력에서 과열도가 57℃인 증기의 엔탈피 $h_3 = 669.9$ kJ/kg, 팽창밸브 직전의 고압액 엔탈피 $h_4 = 450.24$ kJ/kg, −20℃의 건조 포화증기 비체적 $v'' = 0.0925$ m³/kg, 윤활유의 비열 $c = 1.85$ kJ/kg·K)

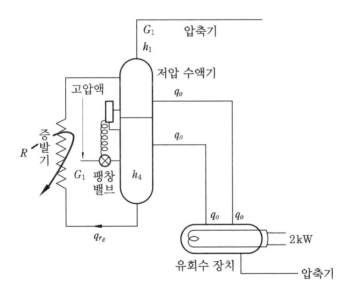

(1) 유분리기에 의해서 필요한 저압 액냉매의 증발량 q_{r_o} [kg/h]
(2) 압축기 흡입 냉매량 (체적) q_v [m³/h]

해답 (1) ① 오일을 따라 축출되는 냉매량 q_o

$$q_o (h_3 - h_2) + 15 \times 1.85 \times \{37 - (-20)\} = 2 \times 3600$$

$$q_o = \frac{2 \times 3600 - 15 \times 1.85 \times 57}{669.9 - 397.32} = 20.611 \fallingdotseq 20.61 \text{kg/h}$$

② q_o를 h_3에서 h_1 까지 과열도를 낮추기 위한 저압액 증발량 $q_o{'}$

$$q_o{'} (h_1 - h_2) = q_o (h_3 - h_1)$$

$$q_o{'} = 20.61 \times \frac{669.9 - 617.4}{617.4 - 397.32} = 4.916 \fallingdotseq 4.92 \, \text{kg/h}$$

③ $q_{r_o} = q_o + q_o{'} = 25.53 \, \text{kg/h}$

(2) 압축기 흡입 냉매량 $q_v [\text{m}^3/\text{h}]$

[풀이] 1. ① 증발기에서 증발하는 냉매질량

$$q_{r_e} = \frac{Q_e}{h_1 - h_2} = \frac{20 \times 3320 \times 4.2}{617.4 - 397.32} = 1267.175 \fallingdotseq 1267.18 \, \text{kg/h}$$

② 흡입 냉매 체적

$$q_v = \frac{h_1 - h_2}{h_1 - h_4} (q_{r_o} + q_{r_e}) \cdot v{''}$$

$$= \frac{617.4 - 397.32}{617.4 - 450.24} \times (25.53 + 1267.18) \times 0.0925 = 157.43 \, \text{m}^3/\text{h}$$

[풀이] 2. ① 공급 냉매량에 따른 팽창밸브 통과 냉매 q_r

$$q_r = \frac{Q_e}{h_1 - h_4} = \frac{20 \times 3320 \times 4.2}{617.4 - 450.24} = 1668.341 \fallingdotseq 1668.34 \, \text{kg/h}$$

② 유분리에 소요되는 냉매에 따른 팽창밸브 통과 냉매량 q_f

$$\frac{q_o + q_o{'}}{q_f} = \frac{h_1 - h_4}{h_1 - h_2} \text{에서} \quad q_f = (q_o + q_o{'}) \frac{h_1 - h_2}{h_1 - h_4}$$

$$q_f = (20.61 + 4.92) \times \frac{617.4 - 397.32}{617.4 - 450.24} = 33.612 \fallingdotseq 33.61 \, \text{kg/h}$$

③ 흡입 냉매 체적

$$q_v = (q_r + q_f) \times v{''} = (1668.34 + 33.61) \times 0.0925 = 157.43 \, \text{m}^3/\text{h}$$

참고 $q_v = \left\{ \left(q_{r_o} + \dfrac{R_o}{h_1 - h_2} \right) \times \left(\dfrac{h_1 - h_2}{h_1 - h_4} \right) \right\} v{''}$

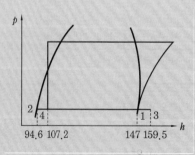

39. 부스터(booster)가 −30℃의 증발기에서 암모니아 건조 포화증기를 흡입하여 단열 압축 후 압축기로 흡입되며, 부스터가 흡입압축하는 보조 증발기의 냉동능력은 15 냉동톤이고, 주 증발기의 냉동능력은 30냉동톤으로 응축압력은 13.77 kg/cm²· abs이며, 증발기 출구의 냉매는 −10℃의 건조 포화증기 상태로 부스터의 토출가스와 함께 혼합되어 압축기에 흡입된다. 팽창밸브 직전의 냉매의 온도는 25℃일 때 이 냉동기의 소요마력(PS)을 산출하시오. (단, 도면과 같이 팽창밸브는 병렬로 되어 있으며, 지급된 암모니아용 몰리에르 선도를 이용한다.)

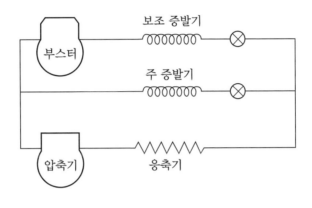

해답 (1) 지급된 암모니아용 몰리에르 선도를 이용하여 구할 수 있는 각 지점의 엔탈피를 구한다 (작도된 $p-i$ 선도 참조).

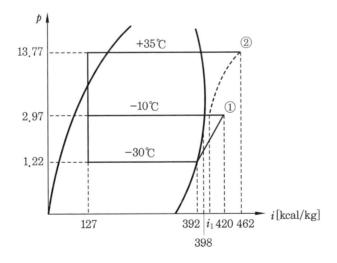

(2) 주 증발기의 냉매순환량(G_1)

$$G_1 = \frac{30 \times 3320}{398 - 127} ≒ 368\,\mathrm{kg/h}$$

(3) 보조 증발기의 냉매순환량(G_2)

$$G_2 = \frac{15 \times 3320}{392 - 127} ≒ 188 \, \text{kg/h}$$

(4) 주 압축기에 흡입되는 혼합기체의 엔탈피(i_1)를 구한다.

$$i_1 = \frac{(420 \times 188) + (398 \times 368)}{368 + 188} ≒ 405 \, \text{kcal/kg}$$

(5) 구해진 i_1의 지점에서 엔트로피선을 따라 주 압축기의 압축 과정을 점선처럼 작도
하면 토출가스의 지점(i_2)을 462 kcal/kg으로 찾을 수 있다.

(6) 냉동기의 소요마력 = 부스터의 마력+주 압축기의 마력이므로,

$$PS = \frac{188 \times (420 - 392) + 556 \times (462 - 405)}{632} ≒ 58 \, \text{PS}$$

참고 주 압축기로 흡입되는 냉매순환량은 보조 증발기와 주 증발기의 순환량의 합이 된다.

---

40. 어느 냉장고 내에 100 W 전등 20개와 2.2 kW 송풍기(전동기 효율 0.85) 2기가 설
치되어 있고, 전등은 1일 4시간 사용, 송풍기는 1일 18시간 사용된다고 할 때, 이들
기기(機器)의 냉동부하(kJ/h)를 구하시오.

해답 $\left(\dfrac{100 \times 20 \times 4}{1000} + \dfrac{2.2}{0.85} \times 2 \times 18 \right) \times \dfrac{3600}{24} = 15176.47 \, \text{kJ/h}$

---

41. R-502를 냉매로 하고 A, B 2대의 증발기를 동일 압축기에 연결해서 쓰는 냉동장
치가 있다. 증발기 A에는 증발압력 조정밸브가 설치되고, A와 B의 운전 조건은 다
음 표와 같으며, 응축온도는 35℃인 것으로 한다.

증발기	냉동부하 (RT)	증발온도 (℃)	팽창밸브 전액온도 (℃)	증발기 출구의 냉매증기 상태
A	2	-10	30	과열도 10℃
B	4	-30	30	건조 포화증기

(1) 이 냉동장치의 냉동 사이클을 $p - h$ 선도 상에 그려서 표시하시오. (단, 배관에
서의 압력손실은 없는 것으로 한다.)

(2) 이 냉동장치의 응축부하는 몇 kcal/h인가? 계산식을 표시하여 답하시오. (단,
압축기의 압축효율은 0.65로 한다.)

해답 (1)

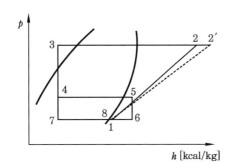

$h_2 = 143$

$h_3 = h_4 = h_7 = 108.8$

$h_5 = 136.3$

$h_8 = 132.2$

① $G_A = \dfrac{R_A}{h_5 - h_4} = \dfrac{2 \times 3320}{136.3 - 108.8} = 241.454 = 241.45 \, \text{kg/h}$

② $G_B = \dfrac{R_B}{h_8 - h_7} = \dfrac{4 \times 3320}{132.2 - 108.8} = 567.521 = 567.52 \, \text{kg/h}$

③ AB 증발기의 혼합가스 엔탈피

$h_1 = \dfrac{G_A \times h_5 + G_B \times h_8}{G_A + G_B} = \dfrac{241.45 \times 136.3 + 567.52 \times 132.2}{241.45 + 567.52}$

$= 133.423 \fallingdotseq 133.42 \, \text{kcal/kg}$

(2) ① $h_2' = h_1 + \dfrac{h_2 - h_1}{\eta_c} = 133.42 + \dfrac{143 - 133.42}{0.65} = 148.158 \fallingdotseq 148.16 \, \text{kcal/kg}$

② 응축부하 $Q = G(h_2' - h_3) = (G_A + G_B)(h_2' - h_3)$

$= (241.45 + 567.52)(148.16 - 108.8)$

$= 31841.059 \fallingdotseq 31841.06 \, \text{kcal/h}$

---

42. 다음과 같은 $p - h$ 선도를 보고 각 물음에 답하시오. (단, 중간 냉각에 냉각수를 사용하지 않는 것으로 하고, 냉동능력은 1 RT (3.9 kW)로 한다.)

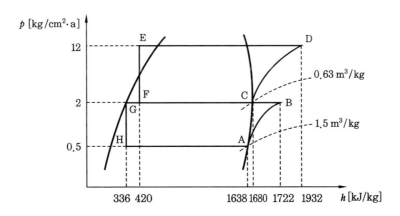

효율 \ 압축비	2	4	6	8	10	24
체적효율(η_V)	0.86	0.78	0.72	0.66	0.62	0.48
기계효율(η_m)	0.92	0.90	0.88	0.86	0.84	0.70
압축효율(η_c)	0.90	0.85	0.79	0.73	0.67	0.52

(1) 저단측의 냉매순환량 G_L [kg/h], 피스톤 토출량 V_L [m³/h], 압축기 소요동력 N_L [kW] 을 구하시오.

(2) 고단측의 냉매순환량 G_H [kg/h], 피스톤 토출량 V_H [m³/h], 압축기 소요동력 N_H [kW] 을 구하시오.

해답 (1) $G_L = \dfrac{1 \times 3.9 \times 3600}{1638 - 336} = 10.783 \fallingdotseq 10.78\,\text{kg/h}$

$V_L = \dfrac{10.78}{0.78} \times 1.5 = 20.7308 \fallingdotseq 20.73\,\text{m}^3/\text{h}$

$N_L = \dfrac{10.78 \times (1722 - 1638)}{3600 \times 0.9 \times 0.85} = 0.328 = 0.33\,\text{kW}$

(2) $h_B' = h_A + \dfrac{h_B - h_A}{\eta_c} = 1638 + \dfrac{1722 - 1638}{0.85} = 1736.823 \fallingdotseq 1736.82\,\text{kJ/kg}$

$G_H = 10.78 \times \dfrac{1736.82 - 336}{1680 - 420} = 11.984 \fallingdotseq 11.98\,\text{kg/h}$

$V_H = \dfrac{11.98}{0.72} \times 0.63 = 10.482 \fallingdotseq 10.48\,\text{m}^3/\text{h}$

$N_H = \dfrac{11.98 \times (1932 - 1680)}{3600 \times 0.88 \times 0.79} = 1.206 \fallingdotseq 1.21\,\text{kW}$

참고 1. 저단 압축비 $a_L = \dfrac{2}{0.5} = 4$일 때 표에서

η_V: 0.78, η_m: 0.90, η_c: 0.85

2. 고단 압축비 $a_H = \dfrac{12}{2} = 6$일 때 표에서

η_V: 0.72, η_m: 0.88, η_c: 0.79

43. 다음 그림 (a), (b)는 응축온도 35℃, 증발온도 −35℃로 운전되는 냉동 사이클을 나타낸 것이다. 이 두 냉동 사이클 중 어느 것이 에너지 절약 차원에서 유리한가를 계산하여 비교하시오.

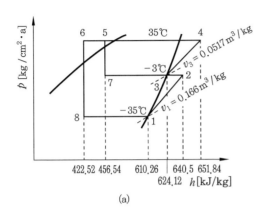

(a)

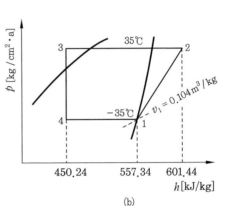

(b)

해답 (1) 저단측 냉매순환량을 $1\,kg/h$라고 가정하고 (a) 사이클 성적계수를 ε_1 이라 하면,

① 저단 압축기 일의 열당량 $= 1 \times (h_2 - h_1)\,[kJ/h]$

② 고단 압축기 일의 열당량 $= 1 \times \dfrac{h_2 - h_6}{h_3 - h_5} \times (h_4 - h_3)\,[kJ/h]$

③ 성적계수 $\varepsilon_1 = \dfrac{1 \times (h_1 - h_8)}{(h_2 - h_1) + \left\{ \dfrac{h_2 - h_6}{h_3 - h_5} \times (h_4 - h_3) \right\}}$

$$= \dfrac{610.26 - 422.52}{(640.5 - 610.26) + \left\{ \dfrac{640.5 - 422.52}{624.12 - 456.54} \times (651.84 - 624.12) \right\}} \fallingdotseq 2.83$$

(2) (b) 사이클의 성적계수를 ε_2 라 하면,

$$\varepsilon_2 = \frac{h_1 - h_4}{h_2 - h_1} = \frac{557.34 - 450.24}{601.44 - 557.34} = 2.428 \fallingdotseq 2.43$$

(3) 비율 $= \dfrac{\varepsilon_1 - \varepsilon_2}{\varepsilon_1} \times 100 = \dfrac{2.83 - 2.43}{2.83} \times 100 = 14.13\%$ 정도

(a) 사이클이 양호하다. 즉, (a) 사이클이 에너지 절약 차원에서 유리하다.

44. 암모니아를 냉매로서 쓰는 2단 압축 1단 팽창식 냉동장치가 다음 조건에서 운전될 때 그 냉동능력은 10냉동톤이라 산정된다. 이때 중간 냉각기용 팽창밸브를 흐르는 냉매량은 몇 kg/h라 추정되는가?(냉동 사이클을 별첨한 $p-i$ 선도 상에 표시하고, 그에 의해 계산식을 표시하여 설명하시오.)

[운전 조건]

1. 응축온도 : 32℃
2. 증발온도 : −32℃
3. 중간 냉각기용 팽창밸브 직전의 액온 : 30℃
4. 주 팽창밸브 직전의 액온 : 2℃
5. 중간압력 : 3.7 kg/cm² · abs
6. 증발기 출구의 냉매상태 : 건조 포화증기 저단 압축기 흡입관에서의 압력 강하도 0.1 kg/cm²
7. 저단 압축기 흡입증기의 과열도 : 10℃
8. 저단 압축기의 압축효율 : 0.78

해답

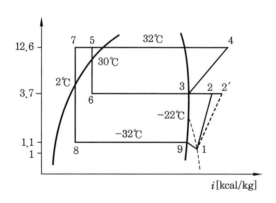

$$\begin{cases} 1:398, \ 2:440, \ 3:400 \\ 5:134, \ 7:102, \ 9:391 \end{cases}$$

$$i_2' = i_1 + \frac{i_2 - i_1}{\eta_c} = 398 + \frac{440 - 398}{0.78} = 451.846 ≒ 451.85\,\text{kcal/kg}$$

$$G_o = \frac{(i_2' - i_3) + (i_6 - i_7)}{i_3 - i_6} \times G_L \text{에서,}$$

$$G_L = \frac{Q_e}{i_9 - i_8}$$

$$= \frac{(451.85 - 400) + (134 - 102)}{400 - 134} \times \frac{10 \times 3320}{391 - 102} = 36.2127 ≒ 36.21\,\text{kg/h}$$

45. R-22의 2단 압축 1단 팽창식 냉동장치가 있어 그 운전상태는 다음과 같다. 이 냉동 장치의 고단측 압축기와 저단측 압축기에 흐르는 냉매순환량의 비를 계산식을 표시 하여 구하시오. (단, 압축은 단열압축으로 하고, 열손실은 무시하기로 하며, 답은 반 올림하여 소수점 이하 2자리까지 구한다. 또한, 별첨한 $p-i$ 선도를 참고로 할 것)

─────── [운전 조건] ───────
1. 증발온도 : -34℃
2. 응축온도 : 42℃
3. 중간압력 포화온도 : 4℃
4. 고단측 팽창밸브 직전 액온도 : 37℃
5. 저단측 팽창밸브 직전 액온도 : 10℃
6. 압축기의 흡입온도는 각각 건조 포화증기로 한다.

[해답] 선도에 운전 조건을 그리면,

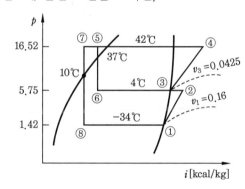

$i_1 = 145.45\,\text{kcal/kg}$
$i_2 = 154.09\,\text{kcal/kg}$
$i_3 = 149.09\,\text{kcal/kg}$
$i_4 = 155\,\text{kcal/kg}$
$i_5 = i_6 = 110.91\,\text{kcal/kg}$
$i_7 = i_8 = 102.73\,\text{kcal/kg}$

(1) 저단 냉매순환량 $G_L = 1\,\text{kg/h}$라고 가정하면,

(2) 고단 냉매순환량 G_H는

$$G_H = 1 \times \frac{154.09 - 102.73}{149.09 - 110.91} = 1.345 \fallingdotseq 1.35\,\text{kg/h}$$

(3) 고·저단 냉매순환량의 비 $= \dfrac{1.35}{1} = 1.35$

고단이 저단보다 1.35배의 냉매가 순환한다.

46. 냉동장치에서 액압축을 방지하기 위하여 운전 조작 시 주의해야 할 사항 3가지를 쓰시오.

[해답] ① 냉동기 기동 시에 흡입지변을 서서히 열어서 조작한다.
② 운전 중 팽창밸브 개구부를 부하량에 맞게 적절히 조정하여 압축기 액흡입을 방지 한다.

③ 운전 중 냉각코일 (중발기)의 적상에 의한 전열방해를 최소화하여 압축기 액흡입을 방지한다. 즉, 적상에 주의하고 제상작업을 하여 전열효과를 양호하게 한다.

---

47. 2단 압축 냉동장치의 운전 조건이 다음의 몰리에르 선도(p - i)와 같을 때 각 물음에 답하시오.

─────────── [조 건] ───────────

1. $i_1 = 1629.6 \, \text{kJ/kg}$ 2. $i_2 = 1818.6 \, \text{kJ/kg}$ 3. $i_3 = 1675.8 \, \text{kJ/kg}$

4. $i_4 = 1877.4 \, \text{kJ/kg}$ 5. $i_5 = i_7 = 537.6 \, \text{kJ/kg}$ 6. $i_6 = i_8 = 420 \, \text{kJ/kg}$

7. 냉동능력(RT)=5   (1RT=3.9kW)

  $v_1 = 1.55 \, \text{m}^3/\text{kg}$, $v_3 = 0.63 \, \text{m}^3/\text{kg}$

8. 저단측 압축기의 체적효율 : 0.7

9. 고단측 압축기의 체적효율 : 0.8

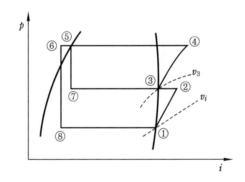

(1) 저단측 압축기의 냉매순환량(G_L)

(2) 고단측 압축기의 냉매순환량(G_H)

(3) 저단측 압축기의 이론적인 피스톤 압출량(V_{aL})

(4) 고단측 압축기의 이론적인 피스톤 압출량(V_{aH})

(5) 냉동장치의 성적계수(COP) (단, 식과 답은 소수점 2자리까지 구한다.)

해답 (1) 저단측 압축기의 냉매순환량(G_L)

$$G_L = \frac{Q}{i_1 - i_8} = \frac{5 \times 3.9 \times 3600}{1629.6 - 420} = \frac{70200}{1209.6} = 58.035 \fallingdotseq 58.04 \, \text{kg/h}$$

(2) 고압측 압축기의 냉매순환량(G_H)

$$G_H = G_L \times \frac{i_2 - i_6}{i_3 - i_7} = 58.04 \times \frac{1818.6 - 420}{1675.8 - 537.6} = 71.318 \fallingdotseq 71.32 \, \text{kg/h}$$

(3) 저단측 압축기의 피스톤 압출량(V_{aL})

$$V_{aL} = \frac{G_L \times v_1}{\eta_V} = \frac{58.04 \times 1.55}{0.7} = 128.517 \fallingdotseq 128.52 \, \text{m}^3/\text{h}$$

(4) 고단측 압축기의 피스톤 압출량 (V_{aH})

$$V_{aH} = \frac{G_H \times v_3}{\eta_V} = \frac{71.32 \times 0.63}{0.8} = 56.164 ≒ 56.16\,\mathrm{m^3/h}$$

(5) 냉동장치의 성적계수 (COP)

$COP = \dfrac{Q}{A_w}$ 에서 고저단측 합계의 압축일의 열당량을 구하면,

① 저단측 압축기의 일의 열당량 (A_{wL})

$$A_{wL} = G_L \times (i_2 - i_1) = 58.04 \times (1818.6 - 1629.6) = 10969.56\,\mathrm{kJ/h}$$

② 고단측 압축기의 일의 열당량 (A_{wH})

$$A_{wH} = G_H \times (i_4 - i_3)$$
$$= 71.32 \times (1877.4 - 1675.8) = 14378.112 ≒ 14378.11\,\mathrm{kJ/h}$$

③ 합계일의 열당량 (A_w)

$$A_w = A_{wL} + A_{wH} = 10969.56 + 14378.11 = 25347.67\,\mathrm{kJ/h}$$

④ 냉동능력 (Q) $= 5 \times 3.9 \times 3600 = 70200\,\mathrm{kJ/h}$

$$\therefore\ COP = \frac{70200}{25347.67} = 2.769 ≒ 2.77$$

---

48. 다음 그림은 쌍둥이형의 흡수식 냉동기의 계통도이다. 각 부분을 통과하는 유체의 명칭을 쓰시오.

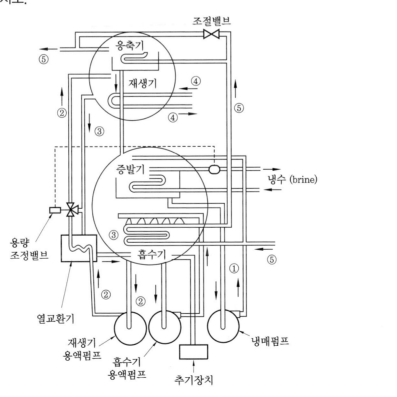

해답 ① 물, ② 희석용액, ③ 농축된 용액, ④ 증기, ⑤ 냉각수

참고 공기조화장치에 주로 사용하는 H_2O와 LiBr을 이용한 흡수식 냉동장치이다.

49. 고내온도가 다른 냉장고 2실을 1대의 압축기를 사용하여 냉각하기 위해 그림 (a)와
같이 고온측의 냉장실 A의 냉각기 흡입관에 증발압력 조정밸브를 설치하여 저온측
냉장실 B의 냉각기 증발온도와 다른 온도로 조정할 경우, 다음 물음에 답하시오.
(단, 냉동 사이클 중의 배관저항 및 열손실은 무시하는 것으로 하고 압축기는 단열
압축을 하는 것으로 한다.)

(1) 다음 그림의 번호 1, 2, 3, ……, 8을 사용하여 그림 (b)의 $p - i$ 선도에 냉동
사이클을 기입하시오.

(2) 다음 그림 중의 번호 1, 2, 3, ……, 8의 상태에 있어서의 엔탈피를 각각 i_1, i_2
i_3, ……, i_8이라 하고 A실과 B실의 냉동부하를 Q_A, Q_B라 하였을 때 각 냉각기
에서의 냉매순환량을 구하시오.

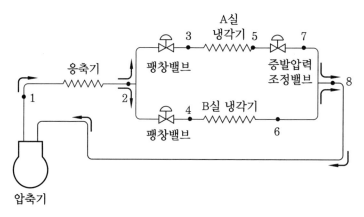

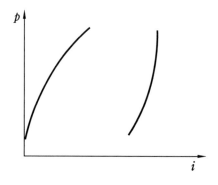

해답 (1)

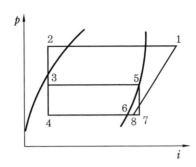

(2) A실, B실의 냉매순환량을 G_A, G_B 라 하면,

$$Q_A = G_A \times (i_5 - i_3) \qquad G_A = \frac{Q_A}{i_5 - i_3} \ [\mathrm{kg/h}]$$

$$Q_B = G_B \times (i_6 - i_4) \qquad G_B = \frac{Q_B}{i_6 - i_4} \ [\mathrm{kg/h}]$$

참고 $i_8 = \dfrac{G_A \times i_7 + G_B \times i_6}{G_A + G_B}$

---

50. 다음은 2단 압축 냉동 사이클을 몰리에르 선도 ($p-h$ 선도) 상에 나타낸 것이다. 이 사이클의 성적계수를 주어진 엔탈피 값을 이용하여 구하시오.

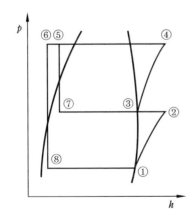

$h_1 = 1617 \ \mathrm{kJ/kg}$

$h_2 = 1860.6 \ \mathrm{kJ/kg}$

$h_3 = 1692.6 \ \mathrm{kJ/kg}$

$h_4 = 1944.6 \ \mathrm{kJ/kg}$

$h_5 = 504 \ \mathrm{kJ/kg}$

$h_6 = 420 \ \mathrm{kJ/kg}$

해답 저단 냉매순환량을 $1 \ \mathrm{kg/h}$라고 가정하면,

① 냉동능력 $= G_L(i_1 - i_8) = (i_1 - i_8) \,[\mathrm{kJ/h}]$

② 저단 압축일의 열당량 $= G_L \times (i_2 - i_1) = (i_2 - i_1)\,[\mathrm{kJ/h}]$

③ 고단 냉매순환량 $= G_L \dfrac{i_2 - i_6}{i_3 - i_5} = \dfrac{i_2 - i_6}{i_3 - i_5}\,[\mathrm{kg/h}]$

④ 고단 압축일의 열당량 $= \dfrac{i_2 - i_6}{i_3 - i_5} \times (i_4 - i_3)\,[\text{kJ/h}]$

⑤ 성적계수 $= \dfrac{i_1 - i_6}{(i_2 - i_1) + \left\{ \dfrac{i_2 - i_6}{i_3 - i_5} \times (i_4 - i_3) \right\}}$

$= \dfrac{1617 - 420}{(1860.6 - 1617) + \left\{ \dfrac{1692.6 - 420}{1944.6 - 504} \times (1944.6 - 1692.6) \right\}} = 2.567 ≒ 2.57$

---

51. 다음 $p - i$ 선도와 같은 냉동 사이클로 운전되는 암모니아 2단 압축 2단 팽창 냉동 장치에서 1냉동톤량의 고단압축기 및 부스터의 소요압출량 (m³/h)과 소요동력(kW)을 구하시오. (단, 중간냉각에 냉각수는 쓰지 않는 것으로 하고 체적효율, 압축효율은 다음 표와 같으며, 기계효율은 고·저단 모두 80 %로 한다. 계산은 소수점 이하 2자리에서 반올림해서 1자리까지 구한다. 1RT는 3.9 kW이다.)

압축비	2	4	6	8	10	12
체적효율	86	78	72	66	62	58.5
압축효율	90	85	79	73	67	61

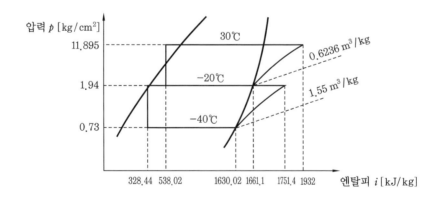

해답 (1) 압축비에 따른 고저단 체적효율 및 압축효율을 보간법에 의해서 풀면,

① 저단 압축비 $= \dfrac{1.94}{0.73} = 2.65 ≒ 2.7$

② 저단 체적효율 $= 86 - (86 - 78) \times \dfrac{2.7 - 2}{4 - 2} = 83.2\,\%$

③ 저단 압축효율 $= 90 - (90 - 85) \times \dfrac{2.7 - 2}{4 - 2} = 88.25 ≒ 88.3\,\%$

④ 고단 압축비 $= \dfrac{11.895}{1.94} = 6.13 ≒ 6.1$

⑤ 고단 체적효율 $= 72 - (72 - 66) \times \dfrac{6.1 - 6}{8 - 6} = 71.7\%$

⑥ 고단 압축효율 $= 79 - (79 - 73) \times \dfrac{6.1 - 6}{8 - 6} = 78.7\%$

(2) 부스터(저단) 압축량과 소요동력

① 냉매순환량 $G_L = \dfrac{3.9 \times 3600}{1630.02 - 328.44} = 10.786 \fallingdotseq 10.8\,\mathrm{kg/h}$

② 압출량 $V_L = \dfrac{10.8 \times 1.55}{0.832} = 20.12 \fallingdotseq 20.1\,\mathrm{m^3/h}$

③ 소요동력 $N_L = \dfrac{10.8 \times (1751.4 - 1630.02)}{3600 \times 0.883 \times 0.8} = 0.515 \fallingdotseq 0.5\,\mathrm{kW}$

(3) 고단 압축기 압출량과 소요동력

① 저단 압축기 토출가스 실제 엔탈피 $= 1630.02 + \dfrac{1751.4 - 1630.02}{0.883}$

$= 1767.483 \fallingdotseq 1767.5\,\mathrm{kJ/kg}$

② 냉매순환량 $G_H = 10.8 \times \dfrac{1767.5 - 328.44}{1661.1 - 538.02} = 13.83 \fallingdotseq 13.8\,\mathrm{kg/h}$

③ 압출량 $V_H = \dfrac{13.8 \times 0.6236}{0.717} = 12.006 \fallingdotseq 12.0\,\mathrm{m^3/h}$

④ 소요동력 $N_H = \dfrac{13.8 \times (1932 - 1661)}{3600 \times 0.787 \times 0.8} = 1.64 \fallingdotseq 1.6\,\mathrm{kW}$

---

52. R-22를 냉매로 하는 2단 압축 1단 팽창 이론 냉동 사이클을 나타내었다. 이 냉동 장치의 냉동능력을 159600 kJ/h라 할 때 각 물음에 답하시오.

[조 건]

1. 저단 압축기 : 압축효율 $\eta_{cL} = 0.72$, 기계효율 $\eta_{mL} = 0.80$
2. 고단 압축기 : 압축효율 $\eta_{cH} = 0.75$, 기계효율 $\eta_{mH} = 0.80$

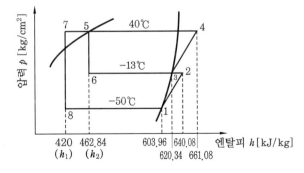

(1) 저단 냉매순환량 G_L [kg/h] 을 구하시오.

(2) 고단 냉매순환량 G_H [kg/h] 를 구하시오.

(3) 성적계수를 구하시오.

해답 (1) $G_L = \dfrac{Q_e}{h_1 - h_7} = \dfrac{159600}{603.96 - 420} = 867.579 \fallingdotseq 867.58 \text{ kg/h}$

(2) $h_2' = h_1 + \dfrac{h_2 - h_1}{\eta_{cL}} = 603.96 + \dfrac{640.08 - 603.96}{0.72} = 654.126 \fallingdotseq 654.13 \text{ kJ/kg}$

$G_H = G_L \times \dfrac{h_2' - h_7}{h_3 - h_5} = 867.58 \times \dfrac{654.13 - 420}{620.34 - 462.84} = 1289.692 \fallingdotseq 1289.69 \text{ kg/h}$

(3) ① 저단 압축일의 열당량 $L_{Aw} = G_L \times \dfrac{h_2 - h_1}{\eta_{cL} \times \eta_{mL}}$ [kJ/h]

② 고단 압축일의 열당량 $H_{Aw} = G_H \times \dfrac{h_4 - h_3}{\eta_{cH} \times \eta_{mH}}$ [kJ/h]

$\therefore \varepsilon = \dfrac{Q_e}{L_{Aw} + H_{Aw}} = \dfrac{Q_e}{\left(G_L \times \dfrac{h_2 - h_1}{\eta_{cL} \times \eta_{mL}} \right) + \left(G_H \times \dfrac{h_4 - h_3}{\eta_{cH} \times \eta_{mH}} \right)}$

$= \dfrac{159600}{\left(867.58 \times \dfrac{640.08 - 603.96}{0.72 \times 0.8} \right) + \left(1289.69 \times \dfrac{661.08 - 620.34}{0.75 \times 0.8} \right)} = 1.124 \fallingdotseq 1.12$

---

53. 증발온도 5℃, 응축온도 35℃인 경우의 냉동능력 R 이 1205400 kJ/h, 축동력 N 이 61.5 kW로 되는 R-12 압축기가 있다. 응축기의 사용조건이 다음과 같을 때 응축기 냉각코일의 길이를 구하시오. (단, 평균온도는 산술평균 온도로 한다.)

━━━━━━━━━━━━━━━━━ [조 건] ━━━━━━━━━━━━━━━━━

1. 형식 : 셸 앤드 튜브식
2. 표면 열전달률 (냉각수측) α_w : 2.33 kW/m²·K
3. 표면 열전달률 (냉매측) α_r : 1.74 kW/m²·K
4. 냉각관 두께 σ_t : 3.0 mm
5. 물때 부착 상황 두께 σ_w : 0.2 mm
6. 물때의 열전도율 λ_w : 9.4×10^{-4} kW/m²·K
7. 관재료의 열전도율 λ_t : 0.35 kW/m²·K
8. 유막 부착 상황 두께 σ_o : 0.01 mm
9. 유막 열전도율 λ_o : 1.4×10^{-4} kW/m²·K
10. 냉각관 지름 : 20 mm
11. 냉각수의 입·출구 온도 t_{w_1} : 20℃, t_{w_2} : 25℃

해답 ① 열저항 $R = \dfrac{1}{K} = \dfrac{1}{\alpha_w} + \dfrac{\sigma_t}{\lambda_t} + \dfrac{\sigma_w}{\lambda_w} + \dfrac{\sigma_o}{\lambda_o} + \dfrac{1}{\sigma_r}$

$$= \frac{1}{2.33} + \frac{0.003}{0.35} + \frac{0.0002}{0.00094} + \frac{0.00001}{0.00014} + \frac{1}{1.74}$$

$$\therefore \text{열통과율 } K = \frac{1}{R} = 0.771 \fallingdotseq 0.77 \, \text{kW/m}^2 \cdot \text{K}$$

② 냉각면적 $F = \dfrac{R+N}{K\Delta t_m} = \dfrac{1205400 + (61.5 \times 3600)}{0.77 \times 3600 \times \left(35 - \frac{20+25}{2}\right)} = 41.177 \fallingdotseq 41.18 \text{m}^2$

$$\therefore \text{냉각코일의 길이 } l = \frac{F}{\pi D} = \frac{41.18}{\pi \times 0.02} = 655.732 \fallingdotseq 655.73 \,\text{m}$$

---

54. 기통비가 2인 콤파운드 R-22 고속 다기통 압축기가 다음 그림에서와 같이 중간 냉각이 불완전한 2단 압축 1단 팽창식으로 운전되고 있다. 이때 중간 냉각기 팽창밸브 직전의 냉매액 온도가 33℃, 저단측 흡입냉매의 비체적이 0.15 m³/kg, 고단측 흡입냉매의 비체적이 0.06 m³/kg이라고 할 때 저단측의 냉동효과(kJ/kg)는 얼마인가?(단, 고단측과 저단측의 체적효율은 같다.)

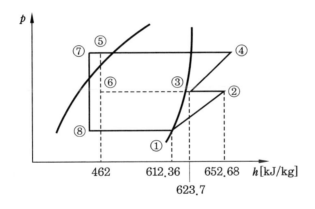

해답 [풀이] 1. ① 고단 냉매순환량 $G_H = G_L \dfrac{h_2 - h_7}{h_3 - h_5}$ 식에서,

$$h_7 = h_2 - \frac{G_H}{G_L}(h_3 - h_5) = h_2 - \frac{\frac{V}{0.06}\eta_v}{\frac{2V}{0.15}\eta_v} \times (h_3 - h_5)$$

$$= 652.68 - \frac{0.15}{2 \times 0.06} \times (623.7 - 462) = 450.555 \,\text{kJ/kg}$$

$$\therefore \text{냉동 효과} = h_1 - h_7 = 612.36 - 450.555 = 161.805 \fallingdotseq 161.81 \,\text{kJ/kg}$$

─── [설 명] ───

1. 저단 냉매순환량 $G_L = \dfrac{2V}{0.15}\eta_V$ [kg/h]

2. 고단 냉매순환량 $G_H = \dfrac{V}{0.06}\eta_V$ [kg/h]

3. 중간 냉각기 냉매순환량 $G_o = G_H - G_L$ [kg/h]

$$= \left(\dfrac{V}{0.06}\eta_V - \dfrac{2V}{0.15}\eta_V\right) = \left(\dfrac{1}{0.06} - \dfrac{2}{0.15}\right)V\eta_V$$

4. 이단 압축장치에서 냉매순환량은 고단이 많고 저단은 비체적이 크므로 흡입 가스 체적은 저단 압출량이 크다.

[풀이] 2. $G_o(h_3 - h_6) = G_L\{(h_2 - h_3) + (h_5 - h_7)\}$ 에서,

$$h_7 = h_5 + (h_2 - h_3) - \dfrac{G_o}{G_L}(h_3 - h_6)$$

$$= 462 + (652.68 - 623.7) - \dfrac{\left(\dfrac{1}{0.06} - \dfrac{2}{0.15}\right)V\eta_V}{\dfrac{2}{0.15}V\eta_V}(623.7 - 462) = 450.555$$

∴ 냉동효과 : $h_1 - h_7 = 612.36 - 450.555 = 161.805 ≒ 161.81\,\mathrm{kJ/kg}$

---

55. 냉동장치에서 응축압력이 낮아져 발생하는 경우가 있다. (1) 어떤 이유로 문제가 발생하는가를 설명하고, (2) 방지방법 3가지를 설명하시오. (증발식 응축기를 사용하고 있다.)

해답 (1) 문제가 발생하는 경우 : 겨울철 또는 중간계절에 외기의 온·습도가 내려가면 응축온도가 내려가 압력이 낮아진다. 이때 냉동장치 운전조건이 변화가 없을 때는 팽창밸브 전후의 압력차가 감소하게 되므로 냉매순환량이 적어져서 냉동능력이 감소한다.

(2) 방지방법
① 증발식 응축기를 병렬로 사용하는 경우 순차적으로 정지시켜서 압력을 유지시킨다.
② 송풍기를 on-off 시켜서 제어한다.
③ 송풍기에 댐퍼를 설치하여 풍량을 조정한다.
④ 살수를 정지하여 응축기를 공랭식으로 사용하면서 송풍기를 on-off 병용시킨다.
⑤ 응축기에 액을 고이게 하여 냉각면적을 감소시킨다.

56. 다음 물음의 답을 답안지에 써넣으시오.

> ─── [보 기] ───
>
> 그림 (a)는 R-22 냉동장치의 계통도이며, 그림 (b)는 이 장치의 평형운전
> 상태에서의 압력(p)-엔탈피(h) 선도이다. 그림 (a)에 있어서 액분리기에서
> 분리된 액은 열교환기에서 증발하여 ⑨의 상태가 되며, ⑦의 증기와 혼합하
> 여 ①의 증기로 되어 압축기에 흡입된다.

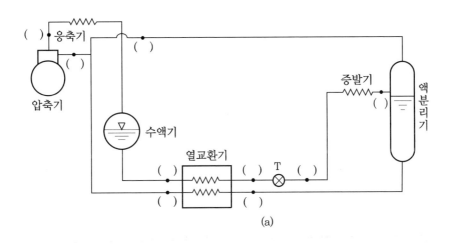

(a)

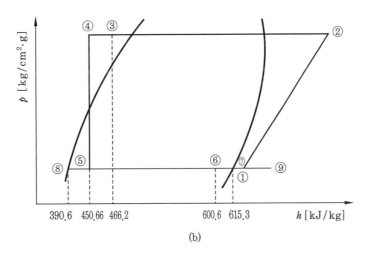

(b)

(1) 그림 (b)의 상태점 ①~⑨를 그림 (a)의 각각에 기입하시오. (단, 흐름방향도 표
시할 것)

(2) 그림 (b)에 표시할 각 점의 엔탈피를 이용하여 ⑨점의 엔탈피 h_9를 구하시오.

(3) 압축기 흡입가스 엔탈피 h_1을 구하시오.

해답 (1)

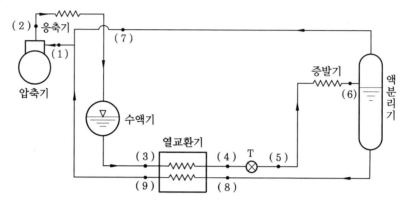

(2) ① 액분리기에서 분리되는 냉매액 $G_y = \dfrac{615.3 - 600.6}{615.3 - 390.6} = 0.0654\,\text{kg/h}$

② h_9의 엔탈피 $= h_8 + \dfrac{h_3 - h_4}{G_y} = 390.6 + \dfrac{466.2 - 450.66}{0.0654} = 628.214 ≒ 628.2\,\text{kJ/kg}$

(3) $h_1 = (1 - G_y) \times h_7 + G_y \cdot h_9$

$= (1 - 0.0654) \times 615.3 + 0.0654 \times 450.66 = 604.532 ≒ 604.53\,\text{kJ/kg}$

---

57. 다음은 핫가스 제상방식의 냉동장치도이다. 제상요령을 설명하시오.

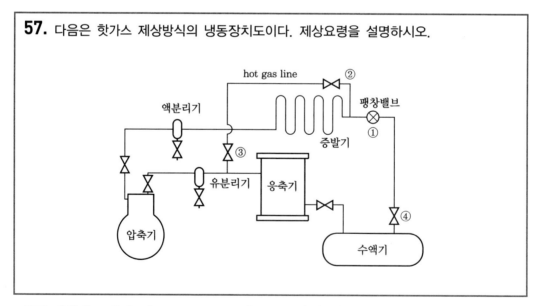

해답 팽창밸브 ①을 닫고 hot gas 도입 valve ③을 열면 소공(감압밸브) ②를 통과한 hot gas는 교축되어 압력이 감소된 과열 증기가 증발기에서 감열로 제상하고 압축기로 회수된다. 제상이 끝나면 제상용 밸브 ③을 닫고 팽창밸브를 조정하여 정상운전을 한다.

58. 프레온 냉동장치에서 1대의 압축기로 증발온도가 다른 2대의 증발기를 냉각 운전하고자 한다. 이때 1대의 증발기에 증발압력 조정밸브를 부착하여 제어하고자 한다면, 아래의 냉동장치도 어디에 증발압력 조정밸브 및 체크 밸브를 부착하여야 하는지 흐름도를 완성하시오. 또, 증발압력 조정밸브의 기능을 간단히 설명하시오.

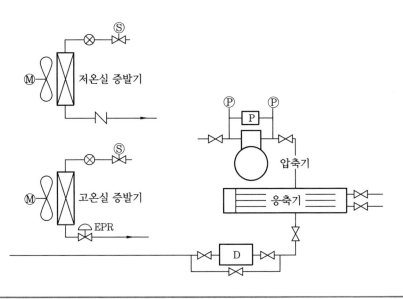

해답 (1) 장치도

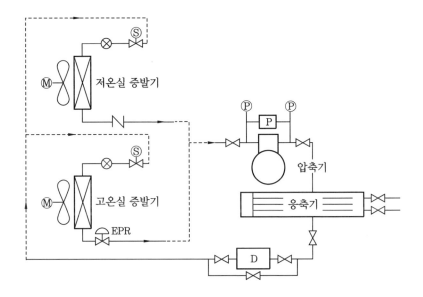

(2) ERR 기능 : 증발압력이 일정압력 이하가 되는 것을 방지하며 밸브 입구 압력에 의해서 작동되고 증발압력이 높으면 열리고 낮으면 닫힌다.

59. 냉동장치의 운전 중에 증발기 냉각관에는 적상(積霜 ; frost)이 되는데 그 이유와 적상이 되었을 때 장치에 나타나는 영향과 제상(除霜 ; defrost)을 위한 일반적인 방법을 기술하시오.

해답 (1) 적상이 되는 이유

　　공기를 냉각하는 증발기의 증발온도가 0℃ 이하인 경우의 냉각관 표면에 공기 중의 수분이 응축 동결되어 서리가 부착(적상)하게 된다.

(2) 적상이 되었을 때 장치에 나타나는 영향

　① 증발온도 (압력) 저하 (전열이 불량하여 냉장실 내 온도가 상승하여 온도 차이가 증가하므로)

　② 토출가스 온도 상승 (압축비 증대), 실린더 과열, 윤활유의 열화

　③ 냉동능력당 소요 동력 증대

　④ 리퀴드 백 (liquid back) 우려

　⑤ 냉동능력 감소

(3) 제상의 방법

　① 고압가스 제상(hot gas defrost)　　② 살수식 제상(water spray defrost)

　③ 전열식 제상(electric heat defrost)

　④ 브라인 분무 제상(brine spray defrost)

　⑤ 온공기 제상(warm air defrost = off cycle defrost)

60. 조건이 다른 2개의 냉장실에 2대의 압축기를 설치하여 필요시에 따라 교체 운전을 할 수 있도록 흡입배관과 그에 따른 밸브를 설치하고 완성하시오.

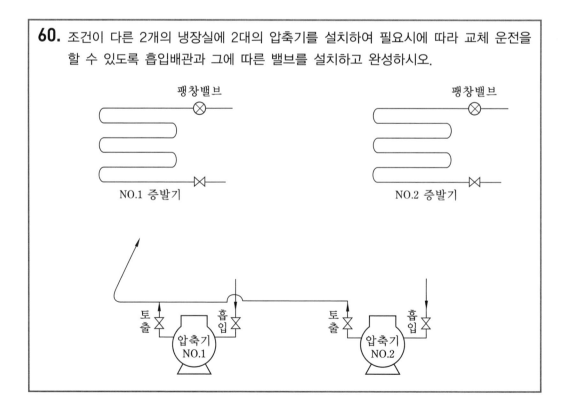

해답

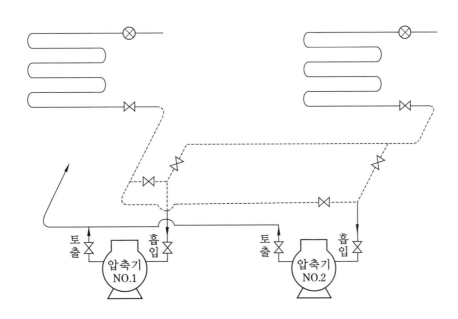

---

61. 아래의 도면은 프레온 냉동장치의 자동반유 계통을 나타낸 것이다.

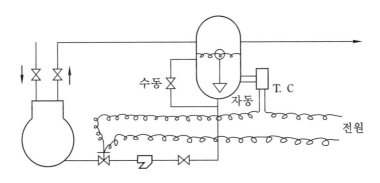

(1) 온도조절기(T.C)의 설치 목적을 기술하시오.
(2) 온도조절기의 작동온도 및 제어하는 역할을 기술하시오.

해답 (1) 유분리기 내의 유온을 유지한다. 일정온도 이하에서 유분리기 내의 고압가스가 응축액화된 채 윤활유와 함께 압축기로 회수되어 윤활유의 점도 저하로 인한 윤활 불능과 오일 포밍의 현상을 방지하고자 설치하고 있다.
(2) 49~54℃의 범위에서 단절·단입의 동작으로 반유관의 전자밸브를 개방시킴으로써 일정한 유온을 유지한 유분리기 내의 윤활유를 압축기 크랭크케이스 내로 회수한다.

62. 2대의 압축기로 운전되는 1단 압축 냉동장치도의 일부에서 물음에 답하시오.

   (1) 압축기 주변의 배관 계통을 완성하시오.

   (2) ①에서 ⑥까지의 명칭을 기입하시오.

   (3) ① 및 ②의 부착 목적을 기술하시오.

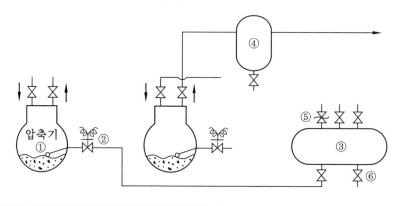

해답 (1) 완성된 배관 계통도 (점선 부분)

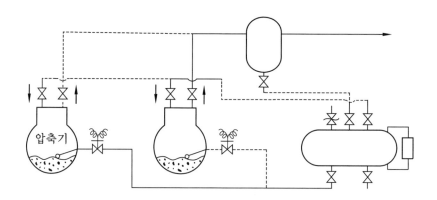

   (2) 명칭

    ① 플로트 밸브 ② 전자밸브   ③ 유류기(오일탱크)   ④ 유분리기

    ⑤ 안전밸브   ⑥ 드레인 밸브(drain valve)

   (3) ①의 부착 목적 : 압축기 크랭크케이스 내의 윤활유의 양(量)을 일정히 유지하기 위함이다.

    ②의 부착 목적 : 다른 제어기기 및 압축기와 조합시켜 전기적인 자동 개폐로 윤활유를 회수하기 위함이다.

> **참고** 전자밸브는 유분리기 및 유류기 내의 T.C 또는 압축기와 연동시켜 응축된 액 냉매가 윤활유와 함께 크랭크케이스 내로 유입되지 않도록 한다.

63. 암모니아용 수동식 유회수장치(oil return system)를 위한 배관 계통도를 점선으로 완성하고 유분리기로 부터 윤활유를 회수하는 조작 방법을 ①, ②, ③의 밸브를 이용하여 실행하시오.

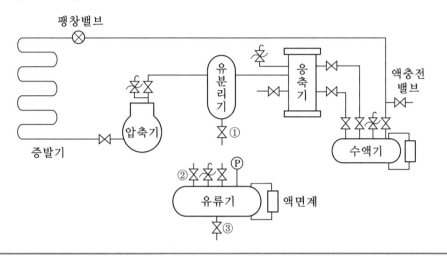

해답 (1)

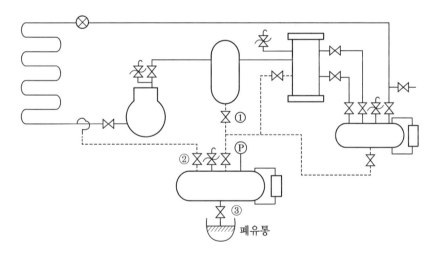

(2) ㈎ 유분리기 배유밸브 ①을 열고,

ㄴ) 윤활유가 유류기 내로 회수되면 ①을 닫는다.

ㄷ) 저압측 연결 밸브 ②를 열어 냉매 가스는 유출시키고 유류기 내를 저압으로 만든다.

ㄹ) 저압이 형성되면 ②를 닫고 밸브 ③을 열어 윤활유를 회수한 후 ③을 닫는다.

참고 1. 유분리기, 응축기, 수액기의 배유밸브(oil drain valve)에서 각각 인출한 흡유관은 개별적으로 유류기에 접속하거나, 공통 헤더(header)에 접속해도 된다.
2. 유류기 내의 액면과 압력변화는 액면계 및 압력계로 확인한다.

64. R-22 냉매를 사용하는 액순환식 증발기의 주의 배관 계통도를 나타낸 구조이다. 운전 중 저압 수액기 내의 윤활유를 회수하기 위한 유회수장치의 배관을 완성하고 번호의 기기 및 배관의 명칭을 기입한 후 회수 방법을 기술하시오.

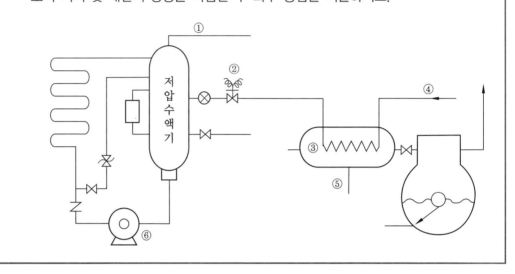

해답 (1) 유회수장치

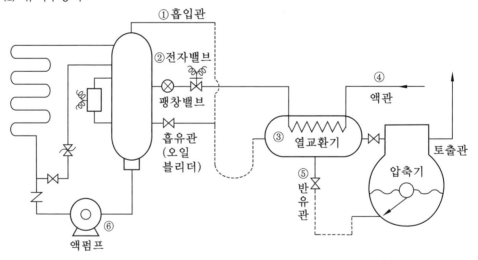

(2) 회수 방법

저압 수액기의 액면 부근에서 인출된 흡유관(oil bleeder : 오일 블리더)의 밸브를 열어 냉매와 윤활유가 용해된 혼합액을 열교환기로 유입시켜 고압액 냉매와의 열교환으로 냉매는 증발시켜 압축기로 흡입시키고 분리된 윤활유는 반유관을 통해 크랭크케이스 내의 플로트 밸브를 거쳐 회수시킨다.

65. 프레온용 만액식 증발기 내의 윤활유를 회수하기 위한 미비된 주변의 배관 계통도를 점선으로 완성하고 R-12 및 R-22 냉매에 따른 오일 블리더(oil bleeder)의 인출 위치의 차이점에 대하여 설명하시오.

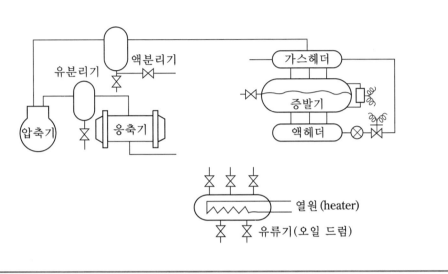

해답 (1) 완성 계통도

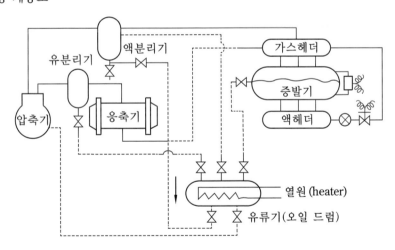

(2) 오일 블리더(oil bleeder)의 인출 위치

① R-12 : 냉매와 윤활유와의 용해성이 크고 비중이 윤활유 및 R-22보다 무거우므로 액면 부근 이하에서 인출함이 이상적이다.

② R-22 : 저온에서 냉매와의 분리 경향이 나타나며, 또한 윤활유를 함유한 층은 상부에 체류하게 되므로 액면 부근에서 인출함이 이상적이다.

66. NH₃용 냉동장치에 설치되는 불응축 가스의 퍼저(non condensible gas purger)
와 관계된 배관 계통도의 일부이다. 물음에 대답하시오.

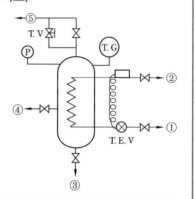

(1) 밸브 ①, ②, ③, ④, ⑤와 연결되는 냉동장
치의 배관 명칭 또는 기기, 기구의 명칭을 기
입하시오.

(2) 밸브의 번호를 이용하여 가스 퍼저를 위한
조작방법을 기술하시오.

(3) 도면에 나타난 T.V(thermo valve)에 대한
역할을 간단히 기술하시오.

(4) 냉각 드럼에 설치된 온도계 및 압력계의 지
침은 무엇의 상태를 표시하는가?

[해답] (1) ① 수액기(액관), ② 흡입관, ③ 수액기, ④ 균압관(응축기 및 수액기의 불응축 가
스 인출관), ⑤ 물통(수조)

(2) ㈎ 밸브 ①을 열어 냉각 드럼 내를 냉각시킨다.

㈏ 밸브 ④를 열어 불응축 가스를 유입시킨다.

㈐ 불응축 가스는 냉각 드럼의 상부에 체류하고 불응축 가스 중의 NH₃ 냉매는 응
축액화되어 하부에 체류한다.

㈑ 밸브 ④를 닫고 ③을 열어 응축액화된 냉매는 수액기로 회수한 후 닫는다.

㈒ 밸브 ⑤를 열어 불응축 가스를 방출시킨다.

(3) 냉각 드럼 내의 온도가 낮아지면 자동적으로 열려 불응축 가스를 방출하고 재차
불응축 가스가 응축기 및 수액기에서 유입되면 온도의 상승에 의해서 자동적으로
닫히는 온도식 자동 방출 밸브이다.

(4) 냉각 드럼 내의 불응축 가스의 존재 여부를 나타낸 것으로 불응축 가스가 냉각 분
리되면 온도계의 지침은 저하하며 드럼 내로 불응축 가스가 유입되면 압력계는 상
승하게 됨으로써 가스 퍼저의 작동상태를 알 수 있다.

[참고] 도면의 가스 퍼저는 반자동식 가스 퍼저의 일종으로 요크형(York type)에 해당된다(기계적
인 수동식 가스 퍼저라고도 한다).

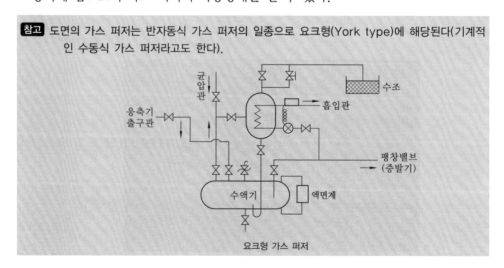

요크형 가스 퍼저

67. 다음의 계통도는 4way valve (4로 밸브)를 이용한 냉동장치이다. 고압가스 제상을 실시하기 위한 전환 위치를 도시하고 유체의 흐름 방향을 화살표로 6개 이상을 표시하시오. (단, 모든 기기 및 배관은 개조하지 않으며 필요한 역류방지밸브(⊣N⊢) 및 팽창밸브(⊣⊗⊢) 이외의 밸브는 생략해도 무방함)

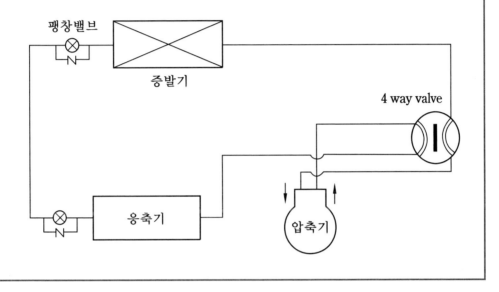

해답 제상을 위한 계통도

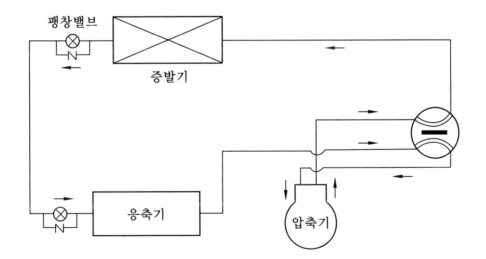

68. 증발식 응축기(Eva-con)를 사용한 암모니아용 냉동장치에 자동식 불응축 가스 퍼저(gas-purger)를 설치하고자 한다.

(1) 도면 중 누락된 배관을 완성하고 설치 이유를 기술하시오. (점선으로 표시)

(2) 장치 내에 불응축 가스가 혼입되는 원인을 기술하시오.

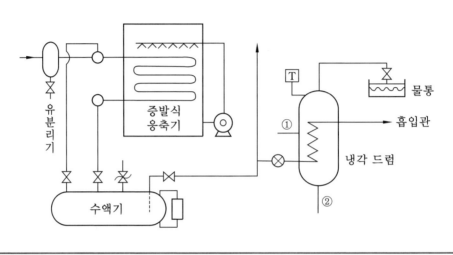

해답 (1) 불응축 가스 퍼저 배관

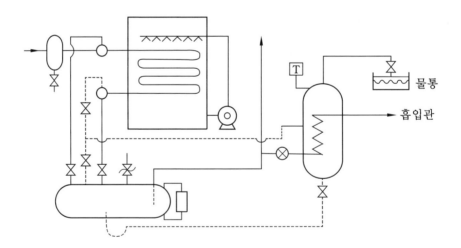

[설치 이유]

① 증발식 응축기에서 불응축 가스가 체류하기 쉬운 장소인 액 헤더(liquid header)와 수액기 상부에서 가스를 인출하며 서로의 압력이 다르므로 양쪽에 밸브를 설치하여 공급원을 변환할 수 있게 한다.

② 냉각 드럼 내에서 응축액화된 냉매는 수액기의 밑 부분으로 회수할 수 있도록 한다. (별도의 플러그가 없으면 윗부분도 가능)

(2) 불응축 가스의 혼입 원인
　① 장치의 신설, 분해, 조립 후에 불충분한 진공작업으로 인한 공기의 잔류
　② 순도가 낮은 냉매 및 윤활유의 충전
　③ 축봉장치의 누설로 인한 공기의 침입
　④ 냉매 및 윤활유의 열분해로 인한 화학가스의 생성
　⑤ 진공상태로 운전될 경우 저압측으로 공기의 침입 가능

참고 증발식 응축기는 다른 응축기에 비해서 냉각관 내에서의 압력강하가 심한 장치이므로 가스 헤더의 압력에 비해서 액 헤더의 압력은 낮아지게 된다.

69. 다음과 같이 설치된 불응축 가스 냉각 드럼(gas-purger)을 수동으로 조작할 때 액분리기의 액이 저압 수액기로 유입되지 않고 있었다면 그 이유와 대책을 간단히 기술하시오.

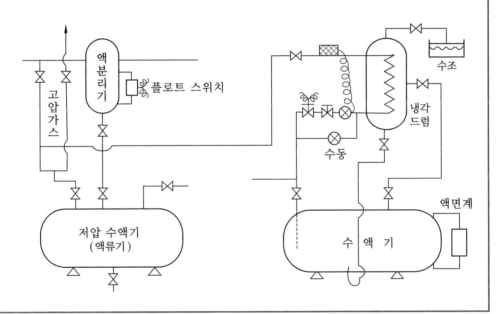

해답 (1) 이유
　　수동조작에 의해 팽창밸브의 개도가 과도한 경우에는 냉각 드럼 내의 압력이 상승하여 저압 수액기 내 압력이 액분리기의 압력보다 높게 되어 액분리기의 액 냉매가 저압 수액기로 순조롭게 유입되지 못한다.
(2) 대책
　　냉각 드럼에서 저압 수액기와 흡입관과의 균압된 관에 연결된 배관을 철거하여 직접 흡입관으로 연결함으로써 냉각 드럼 내의 압력이 저압 수액기에 미치지 않게 해야 한다.

70. 다음과 같이 2대의 증발기를 이용하는 냉동장치에서 고압가스 제상을 위한 배관을 완성하고 필요한 밸브를 ①, ②, ③ … 번호를 붙여 표시한 후 제1증발기의 제상을 위한 조작 순서를 기술하시오.

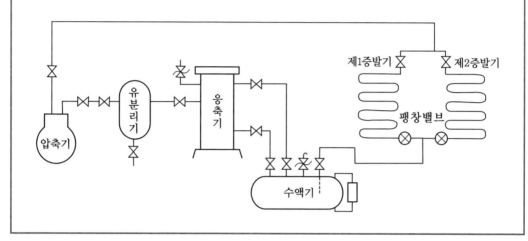

해답 (1) 계통도 완성

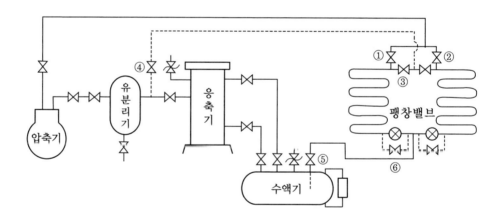

(2) 제1증발기의 제상을 위한 조작 순서

(개) 팽창밸브 (제1증발기 측)를 닫고 증발기 내의 냉매를 압축기로 흡입시킨 후 증발기의 출구 밸브 ①을 닫는다.

(내) 고압가스 제상용 밸브 ③ 및 ④를 연다.

(대) 제상이 시작되면서 수액기 출구 밸브 ⑤를 닫고 바이패스 밸브 ⑥을 열어 제상 중 응축액화된 냉매를 제2증발기로 공급한다.

(래) 제상이 완료되면 밸브 ④ 및 ③을 닫고 ⑥을 닫은 후 ⑤를 연다.

(매) 밸브 ①을 연 후 팽창밸브를 열면서 정상운전을 실시한다.

71. 도면과 같은 냉동장치의 배관 계통도에서 제상용 수액기를 이용한 고압가스 제상 (hot gas defrost)을 위한 배관을 완성하고 필요한 곳에는 스톱밸브 (7개)를 기입하시오.

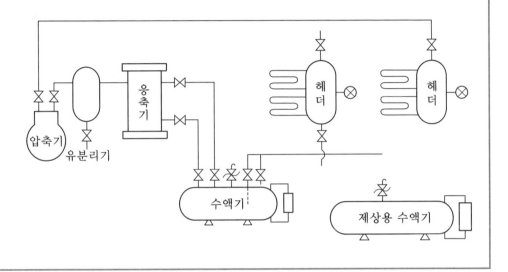

해답

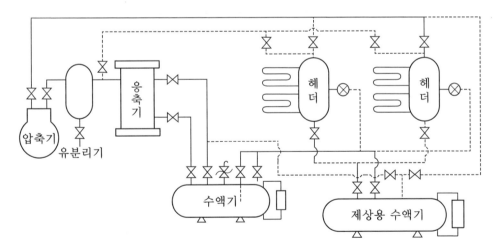

72. 다음의 계통도는 축열조(thermo bank)를 이용한 고압가스 제상을 위한 배관을 설
치하고자 한다.

(1) 미비된 부분을 완성하시오. (제상을 위한 밸브 이외에는 생략해도 무방하다.)

(2) 제상 방법을 기술하시오. (필요한 밸브에는 ①, ②, ③, ④를 붙여 설명)

(3) thermo bank 내의 수온이 상승했을 때 운전방법에 대해 간단히 설명하고 점
선으로 배관을 연결하시오.

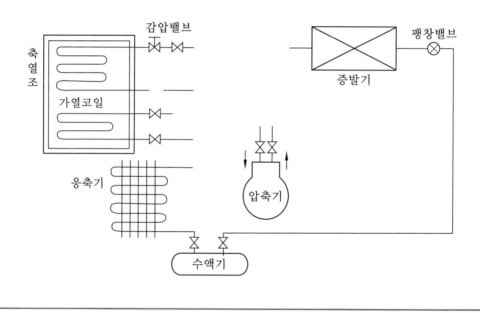

해답 (1) 완성 계통도

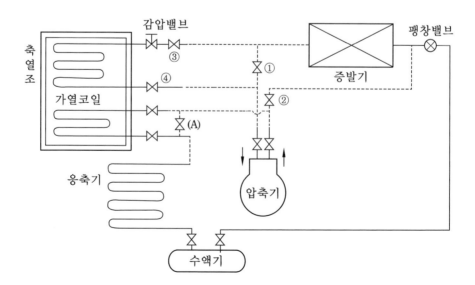

(2) 제상 방법

   ㈎ 정상 운전 중에는 토출가스로 축열조 내의 물을 가열해 둔다.

   ㈏ 제상 시에는 밸브 ①은 닫고 밸브 ② 및 ③, ④를 연다.

   ㈐ 제상 중 응축된 냉매는 축열조 내의 증발기에서 증발한 후 압축기로 흡입된다.

   ㈑ 제상이 완료되면 밸브 ②, ③, ④를 닫고 ①을 열어 정상 운전을 실시한다.

(3) thermo bank(축열조) 내의 수온이 상승했을 때는 점선 (A)와 같은 바이패스 배관을 통하여 직접 응축기로 토출가스를 유도한다.

| 참고 | 1. 가용전(용전)의 합금의 재질과 함량에 따른 용융온도 |

용융온도 (℃)	합금재질(%)				비고
	Pb	Sn	Bi	Cd	
68	25	12.5	50	12.5	Pb : 납
70	17.9	24.5	45.3	12.3	Sn : 주석 Bi : 비스무트
75	27.5	10	27.5	34.5	Cd : 카드뮴

   2. 설치 위치는 액과 기체가 공존하고 있는 곳으로 가스 부분이 이상적이며 압축기 토출 가스의 고온이 직접 미치지 않은 곳

---

73. 증발기가 그림과 같이 설치되어 있고 이 사이를 흡입관이 통하게 될 경우 배관을 연결하고 압축기로 오일회수(oil return)가 잘 되도록 하시오.

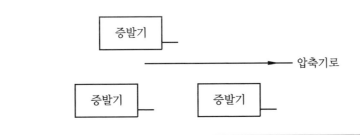

해답 다음 그림과 같이 연결하고 오일회수를 위해 하향구배를 준다.

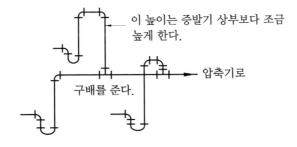

74. 다단압축기 흡입·토출배관을 그림과 같이 연결하였다. 잘못된 곳이 있으면 다시 연결하시오.

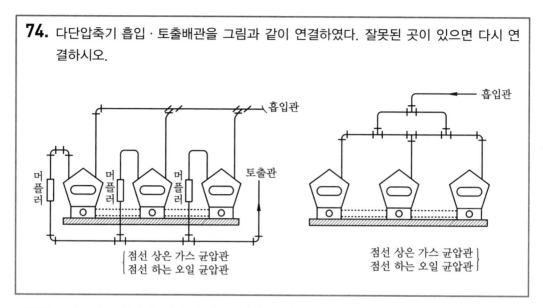

해답 그림에서 토출관은 아주 옳다. 그러나 흡입관은 오른쪽 그림과 같이 배관해야 한다.

보일러 설비 유지보수

3-1 난방 설비와 용량

(1) 보일러 용량

① 상당 증발량(equivalent evaporation) : 발생증기의 압력, 온도를 병기하는 대신에 어떤 기준의 증기량으로 환산한 것 (100℃ 물의 증발잠열 626.7W이다.)

$$q = G(h_2 - h_1) \text{ [kJ/h]}$$

$$G_e = \frac{G(h_2 - h_1)}{0.6267 \times 3600} \text{ [kg/h]}$$

여기서, G : 실제 증발량 (kg/h)

G_e : 상당 증발량 (kg/h)

h_1 : 급수 엔탈피(kJ/kg)

h_2 : 발생증기 엔탈피(kJ/kg)

② 보일러 마력(boiler horsepower) : 급수온도가 100°F (약 37.78℃)이고 보일러 증기의 계기압력이 70 PSI (약 4.92 atg)일 때 한 시간당 34.51 LB/h (약 15.65 kg/h)가 증발하는 능력을 1보일러 마력(BHP)이라 한다. 즉, 1 BHP = 15.65×539 ≒ 8436 kcal/h이고(9.8kW), EDR = $\frac{8436}{650} = \frac{9.8}{0.7558}$ ≒ 13 m²이다.

(2) 보일러 부하

① 난방부하(q_1) : 증기난방인 경우는 1 m² EDR 당 755.8W(650 kcal/h) 혹은 증기응축량 1.2 kg/m²·h로 계산하고, 온수난방인 경우는 수온에 의한 환산치를 사용하여 계산한다.

② 급탕, 급기부하(q_2)

㉮ 급탕부하 : 급탕량 1 L당 약 60 kcal/h(251 kJ/h) 로 계산한다.

㉯ 급기부하 : 세탁설비, 부엌 등이 급기를 필요로 할 경우 그 증기량의 환산열량으로 계산한다.

③ 배관부하(q_3) : 난방용 배관에서 발생하는 손실열량으로 ($q_1 + q_2$)의 20 % 정도로 계산한다.

④ 예열부하(q_4) : $q_1 + q_2 + q_3$에 대한 예열계수를 적용할 것

⑤ 보일러 출력 표시법

㉮ 정격출력 : $q_1 + q_2 + q_3 + q_4$

㉯ 상용출력 : $q_1 + q_2 + q_3$

㉰ 방열기 용량 : $q_1 + q_2$ (정미출력)

⑥ 보일러 효율(efficiency of boiler ; η_B)

$$\eta_B = \frac{G(h_2 - h_1)}{G_f \cdot H_l} = \eta_c \cdot \eta_h = 0.85 \sim 0.98$$

여기서, η_c : 절탄기, 공기예열기가 없는 것($\eta_c = 0.60 \sim 0.80$)

η_h : 절탄기, 공기예열기가 있는 것($\eta_h = 0.85 \sim 0.90$)

3-2   방열기 (radiator)

(1) 방열기의 종류

① 주형 방열기(column radiator) : 1절(section)당 표면적으로 방열면적을 나타내며, 2주, 3주, 3세주형, 5세주형의 4종류가 있다.

② 벽걸이형 방열기(wall radiator) : 가로형과 세로형의 2가지로서 주철 방열기이다.

③ 길드형 방열기(gilled radiator) : 방열면적을 증가시키기 위해 파이프에 핀이 부착되어 있다.

④ 대류형 방열기(convector) : 강판제 캐비닛 속에 컨벡터(주철 또는 강판제) 또는 핀 튜브의 가열기를 장착하여 대류작용으로 난방을 하는 것으로 효율이 좋다.

(2) 방열량 계산

① 표준 방열량

㉮ 증기 : 열매온도 102℃ (증기압 1.1 ata), 실내온도 18.5℃일 때의 방열량

$$Q = K(t_s - t_1) = 8 \times (102 - 18.5) ≒ 650\,\text{kcal/m}^2 \cdot \text{h}\,(755.8\text{W})$$

여기서, K : 방열계수 (증기 : 8 kcal/m²·h·℃, 온수 : 7.2 kcal/m²·h·℃)

t_s : 증기온도 (℃), t_1 : 실내온도 (℃)

㉯ 온수 : 열매온도 80℃, 실내온도 18.5℃일 때의 방열량

$$Q = K(t_w - t_1) = 7.2(80 - 18.5) ≒ 450\,\text{kcal/m}^2 \cdot \text{h}\,(523.3\text{W/m}^2)$$

여기서, K : 방열계수, t_w : 열매온도 (℃), t_1 : 실내온도 (℃)

② 표준 방열량의 보정

$$Q' = Q / C$$

$$C = \left(\frac{102 - 18.5}{t_s - t_1} \right)^n : 증기난방, \quad C = \left(\frac{80 - 18.5}{t_w - t_1} \right)^n : 온수난방$$

여기서, Q' : 실제상태의 방열량 $(\text{kJ/m}^2 \cdot \text{h})$
　　　　Q : 표준 방열량 $(\text{kJ/m}^2 \cdot \text{h})$
　　　　C : 보정계수
　　　　n : 보정지수 (주철·강판제 방열기 : 1.3, 대류형 방열기 : 1.4, 파이프 방열기 : 1.25)

3-3　팽창탱크 (expansion tank)

(1) 온수의 팽창량

$$\Delta v = \left(\frac{1}{\rho_2} - \frac{1}{\rho_1} \right) v \ [\text{L}]$$

여기서, Δv : 온수의 팽창량 (L)
　　　　ρ_2 : 가열한 온수의 밀도 (kg/L)
　　　　ρ_1 : 불을 때기 시작할 때의 물의 밀도 (kg/L)
　　　　v : 난방장치 내에 함유되는 전수량 (L)

(2) 팽창탱크의 용량

① 개방식 팽창탱크 (open type expansion tank)

$$V = \alpha \cdot \Delta v = \alpha \left(\frac{1}{\rho_2} - \frac{1}{\rho_1} \right) v \ [\text{L}]$$

여기서, V : 팽창탱크의 용량
　　　　α : 2~2.5 (팽창탱크의 용량은 온수 팽창량의 2~2.5배)

② 밀폐식 팽창탱크 (closed type expansion tank)

　(가) 공기층의 필요압력

$$P = h + h_s + \frac{h_p}{2} + 2\,\text{mAq}$$

여기서, P : 밀폐식 팽창탱크의 필요압력(게이지압)에 상당하는 수두 (mAq)
　　　　h : 밀폐식 팽창탱크 내 수면에서 장치의 최고점까지의 거리 (m)
　　　　h_s : 소요온도에 대한 포화증기압 (게이지압)에 상당하는 수두 (mAq)
　　　　h_p : 순환펌프의 양정 (m)

⑷ 밀폐식 팽창탱크의 체적

$$V = \frac{\Delta v}{\dfrac{P_o}{P_o + 0.1h} - \dfrac{P_o}{P_a}} \text{ [L]}$$

여기서, V : 밀폐식 팽창탱크의 체적 (L)

　　　　 Δv : 온수의 팽창량 (개방식과 같다) (L)

　　　　 P_o : 대기압 ($= 1\,\text{kg/cm}^2$)

　　　　 P_a : 최대 허용압력 (절대압력) (kg/cm^2)

　　　　 h : 밀폐탱크 내 수면에서 장치의 최고점까지의 거리 (m)

3-4 　복사난방의 설계

(1) 평균복사온도 (MRT)

$$MRT = \frac{\Sigma(t_s \cdot A + t_p \cdot A_p)}{\Sigma(A + A_p)} \text{ [℃]}$$

여기서, t_s : 실내의 비가열면의 표면온도 (℃)

　　　　 $t_s = t_i - \dfrac{k}{\alpha_i}(t_i - t_0)$ [℃]

　　　　 t_i : 실내온도 (℃), t_0 : 외기온도 (℃)

　　　　 k : 비가열면의 열관류율 ($\text{kJ/m}^2 \cdot \text{h} \cdot \text{K}$)

　　　　 α_i : 실내측 비가열면의 열전달률 ($\text{kJ/m}^2 \cdot \text{h} \cdot \text{K}$)

　　　　 A : 실내의 비가열면의 표면적(m^2)

　　　　 t_p : 패널 표면의 온도 (℃), A_p : 패널 표면적(m^2)

(2) 비가열면의 평균복사온도

$$UMRT = \frac{\Sigma t_s \cdot A}{\Sigma A} \text{ [℃]}$$

(3) 복사난방실의 열환경 평가 효과온도

$$t_e = 0.58 t_i + 0.48\,MRT - 2.2 \text{ [℃]}$$

(4) 가열면에서의 복사에 의한 방열량과 대류에 의한 방열량

① 복사에 의한 방열량

$$q_r = 4.3 \left\{ \left(\frac{t_p + 273}{100} \right)^4 - \left(\frac{UMRT + 273}{100} \right)^4 \right\} \times 4.2 \text{ [kJ/m}^2 \cdot \text{h]}$$

참고　MKS 단위 $\text{kcal/m}^2 \cdot \text{h}$에 4.2를 곱하여 SI 단위 $\text{kJ/m}^2 \cdot \text{h}$가 된다.

② 대류에 의한 방열량

$$q_r = k\,(t_p - t_i)^n \ [\mathrm{kJ/m^2 \cdot h}]$$

여기서, $k,\ n$: 정수

$$\left[\begin{array}{l} \text{천장 패널}: k = 0.12,\ n = 1.25 \\ \text{바닥 패널}: k = 1.87,\ n = 1.31 \\ \text{벽 패널}: k = 1.53,\ n = 1.32 \end{array} \right]$$

③ 가열면의 총 방열량

$$q = q_r + q_c \ [\mathrm{kJ/m^2 \cdot h}]$$

④ 필요 방열면적

$$A = \frac{H}{q} \ [\mathrm{m^2}]$$

여기서, H : 방의 난방부하 $(\mathrm{kJ/h})$

⑤ 구조체에 매설한 파이프에서 실내측으로 흐르는 방향

$$q = \frac{\lambda}{l}(t_a - t)\,[\mathrm{kJ/m^2 \cdot h}]$$

여기서, λ : 가열 구성 재료의 열전도율 $(\mathrm{kJ/m \cdot h \cdot K})$
l : 가열면 구성 재료의 두께 (m)
t_a : 가열면 구성 재료의 뒷 표면온도 $(\mathrm{℃})$
t : 가열면 구성 재료의 실내측 표면온도 $(\mathrm{℃})$

⑥ 반대측으로 흐르는 열손실

$$q_L = \frac{\lambda'}{l'}(t_a - t_0)\,[\mathrm{kJ/m^2 \cdot h}]$$

여기서, λ' : 실내와 반대측의 열전도율 $(\mathrm{kJ/m \cdot h \cdot K})$
l' : 실내와 반대측의 두께(m)
t_0 : 실내와 반대측 표면온도 $(\mathrm{℃})$

⑦ 매설된 파이프에서의 방열량

$$q = KA\,(t_p - t)\ [\mathrm{kJ/h}]$$

$$q_L = K'A\,(t_p - t_0)\ [\mathrm{kJ/h}]$$

㈎ 가열측 겉보기 열관류율

$$\frac{1}{K} = \frac{(a+b)}{2\lambda_0} + \frac{l}{\lambda}\ \ [\mathrm{m^2 \cdot h \cdot K/kJ}]$$

㈏ 반대측 겉보기 열관류율

$$\frac{1}{K'} = \frac{(c+d)}{2\lambda_0} + \frac{l'}{\lambda'}\ \ [\mathrm{m^2 \cdot h \cdot K/kJ}]$$

3-5   열교환기(heat exchangr)

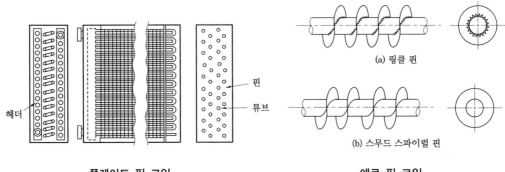

플레이트 핀 코일

(a) 링클 핀

(b) 스무드 스파이럴 핀

에로 핀 코일

넓은 의미에서는 공기냉각코일, 가열코일을 비롯하여 냉동기의 증발기, 응축기 등도 포함되나, 공조기에서는 증기와 물, 물과 물, 공기와 공기의 것을 말하고, 종류는 원통 다관식, 플레이트형, 스파이럴형의 3종류가 있다.

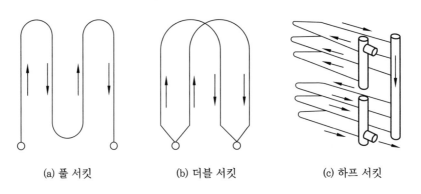

(a) 풀 서킷   (b) 더블 서킷   (c) 하프 서킷

코일의 배열 방식

(1) 열교환기의 용량과 전열면적

$$q_h = W \cdot C \cdot (t_2 - t_1) = K \cdot F \cdot MTD$$

$$F = \frac{q_h}{K \cdot MTD} = \frac{W \cdot C \cdot (t_2 - t_1)}{K \cdot MTD}$$

여기서, q_h : 열교환량 (kJ/h), W : 물순환량 (kg/h)

C : 물의 비열(kJ/kg·K), t_1, t_2 : 물의 입·출구 온도 (℃)

F : 전열면적(m²), MTD : 평균온도차 (℃)

(2) 평균온도차

$$MTD = \frac{(t_s - t_1) - (t_s - t_2)}{\ln \dfrac{(t_s - t_1)}{(t_s - t_2)}} \quad \text{또는} \quad \Delta t_m = t_s - \frac{(t_1 + t_2)}{2}$$

여기서, t_s : 가열 증기온도($^\circ\text{C}$)

(3) 열전달계수($\text{kJ/m}^2 \cdot \text{h} \cdot \text{K}$)

$$\frac{1}{K} = \frac{1}{\alpha_L} + \alpha_a + \frac{1}{\alpha_o} + \alpha_d$$

여기서, α_L : 관내측 열전달률($\text{kJ/m}^2 \cdot \text{h} \cdot \text{K}$)

α_a : 관내측 스케일 핵타($\text{m}^2 \cdot \text{h} \cdot \text{K/kJ}$)

α_o : 관외측 열전달률($\text{kJ/m}^2 \cdot \text{h} \cdot \text{K}$)

α_d : 관외측 스케일 핵타($\text{m}^2 \cdot \text{h} \cdot \text{K/kJ}$)

단, 동체측은 증기, 관내측은 온수로 하고 증기측의 스케일 핵타 $= 2.38 \times 10^{-5}\,\text{m}^2 \cdot \text{h} \cdot$ K/kJ, 온수측의 스케일 핵타 $= 9.52 \times 10^{-4}\,\text{m}^2 \cdot \text{h} \cdot \text{K/kJ}$로 했을 경우이다.

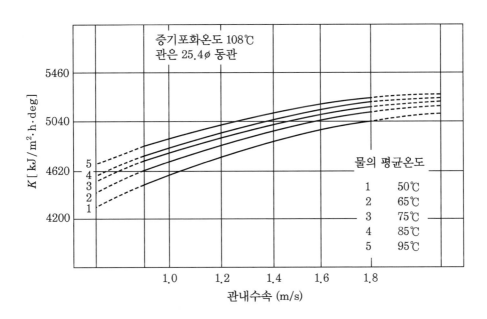

증기-온수 열교환기의 전열계수

01. 대류형 방열기의 온수 입구온도 80℃, 출구온도 70℃, 실내온도를 20℃로 할 때 방열량은 얼마인가?

해답 표준 방열량의 보정 $Q' = \dfrac{Q}{C_s}$, 보정계수 $C_s = \left(\dfrac{t_{ho}' - t_{ro}}{t_h - t_r}\right)^n$

$$Q' = \frac{0.523 \times 3600}{\left(\dfrac{80 - 18.5}{\dfrac{80 + 70}{2} - 20}\right)^{1.4}} = 1631.542 = 1631.54 \text{ kJ/m}^2 \cdot \text{h}$$

여기서, n : 보정지수 $\begin{cases} 주철 \cdot 강판제 \ 1.3 \\ 대류형 \ 1.4 \\ 파이프 \ 1.25 \end{cases}$

Q' : 실제 방열량

t_h : 열매 평균온도

Q : 표준 방열량

t_r : 실내온도

t_{ro} : 설계 실내온도 18.5℃

$t_{ho}'\begin{cases} 온수일 \ 때 \ 열매온도 \ 80℃ \\ 증기일 \ 때 \ 열매온도 \ 102℃ \end{cases}$

02. 그림과 같은 보일러 급수펌프설비에서 환수온도가 90℃인 경우, 핫 웰(hot well)의 수위는 펌프보다 얼마나 높게 해 주어야 하는가?(단, 펌프가 필요로 하는 NPSH는 1.8 mAq이고, 흡입관의 마찰손실은 3 mAq로 한다. 또한, 여유율을 1.4로 하고, 90℃의 물의 비중량은 965 kg/m³, 포화증기압은 7150 kg/m²이다.)

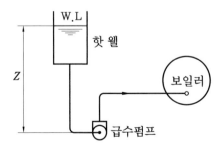

해답 ① 펌프 설비가 확보할 유효 흡입양정(NPSH)

$H = 1.4 \times 1.8 = 2.52\,\mathrm{m}$

② 핫 웰 수위의 필요 높이

$$Z = \left(\frac{P_r}{r} + H + h\right) - \frac{P_a}{r} = \left(\frac{7150}{965} + 2.52 + 3\right) - \frac{10332}{965} = 2.2\,\mathrm{m}$$

∴ 핫 웰의 수위는 펌프보다 2.2 m 높게 하여야 한다.

---

03. 그림과 같은 배관에서 증기헤더의 압력은 3.5 kg/cm²·g, 플래시 탱크의 압력이 1 kg/cm²·g, 환수관의 입상높이 3 m, 증기관의 실제길이 60 m, 환수관의 실제길이 30 m인 경우, 열교환기용 트랩의 작동압력차를 구하시오. (단, 배관 상당길이는 실제길이의 100 %이며, 트랩 입구의 압력강하는 0.5 kg/cm²·100 m이고, 트랩 출구의 압력강하는 0.3 kg/cm²·100 m이다.)

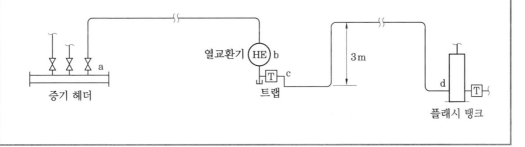

해답 (1) 트랩의 입구측 압력(P_1)

① 증기관의 전압력강하는 실제길이가 60 m이므로 상당 배관길이는 120 m이고, 압력강하 $\Delta P = 0.5 \times \dfrac{120}{100} = 0.6\,\mathrm{kg/cm^2}$

② $P_1 = 3.5 - 0.6 = 2.9\,\mathrm{kg/cm^2}$

(2) 트랩의 출구측 압력(P_2)

① 환수관의 전압력강하는 실제길이가 30 m이므로 상당길이는 그 2배로 하고, 압력강하 $\Delta P' = 0.3 \times \dfrac{60}{100} = 0.18\,\mathrm{kg/cm^2}$

② $P_2 = 1 + 0.18 + \dfrac{3}{10} ≒ 1.5\,\mathrm{kg/cm^2}$

(3) 작동 압력차(P)

$P = P_1 - P_2 = 2.9 - 1.5 = 1.4\,\mathrm{kg/cm^2}$

04. 다음과 같은 증기배관의 관말 트랩의 응축수량은 얼마인가? 〔단, 관지름 : 150 A, 배관 길이 : 20 m, 증기압력 3.7 kg/cm² · g일 때 증발잠열은 2125.2 kJ/kg (실온 : 20℃, 관의 비열 : 0.462 kJ/kg · K, 관의 열전도율 : 29.4 kJ/m · h · K, 증기온도 : 150℃) 관의 1 m 당 중량 : 20 kg, 시동에서 정상상태로 되는 시간 : 15분〕

해답　$G = 20 \times 20 = 400 \text{kg}$

예열 응축수량 $G_{C_1} = \dfrac{C_p \, G \, (t_2 - t_1)}{R \, T}$

$\qquad\qquad\qquad = \dfrac{0.462 \times 400 \, (150 - 20)}{2125.2 \times 0.25} = 45.217 ≒ 45.22 \, \text{kg/h}$

난방 응축수량 $G_{C_2} = \dfrac{\lambda \, l \, (t_2 - t_1)}{R}$

$\qquad\qquad\qquad = \dfrac{29.4 \times 20 \, (150 - 20)}{2125.2} \times \dfrac{1}{2} = 17.984 ≒ 17.98 \, \text{kg/h}$

총 응축수량 $G_C = G_{C_1} + G_{C_2} = 45.22 + 17.98 = 63.2 \, \text{kg/h}$

05. 열매온도 및 실내온도가 표준상태와 다른 경우에 강판제 패널형 증기난방 방열기의 상당 방열면적(EDR)을 구하시오. (단, 방열기의 전방열량은 9240 kJ/h이고 실온이 20℃, 증기온도는 104℃, 증기의 표준 방열량은 755.8 W/m²이다.)

해답　$Q' = \dfrac{Q}{C_s}, \quad C_s = \left(\dfrac{102 - 18.5}{t_s - t_r} \right)^n = \left(\dfrac{83.5}{104 - 20} \right)^{1.3} = 0.992268$

$Q' = \dfrac{0.7558 \times 3600}{0.992268} = 2741.081 ≒ 2741.08 \, \text{kW/m}^2$

$\therefore \text{EDR} = \dfrac{9240}{2741.08} = 3.369 ≒ 3.37 \, \text{m}^2$

06. 증기 대수 원통 다관형(셸 튜브형) 열교환기에서 2100000 kJ/h, 입구수온 60℃, 출구 수온 70℃일 때 관의 전열면적은 얼마인가? (단, 사용 증기온도는 103℃, 관의 열관류율은 7560 kJ/m² · h · K이다.)

해답　① 대수 평균 온도차 $\Delta_1 = 103 - 60 = 43℃$

$\qquad\qquad\qquad\qquad\quad \Delta_2 = 103 - 70 = 33℃$

$\qquad\qquad MTD = \dfrac{43 - 33}{\ln \dfrac{43}{33}} = 37.779 ≒ 37.78℃$

　② 전열면적 $= \dfrac{2100000}{7560 \times 37.78} = 7.352 ≒ 7.35 \, \text{m}^2$

07. 증기배관에서 벨로스형 감압 밸브 주위부품을 [보기]에서 찾아 ○ 안에 기입하시오.

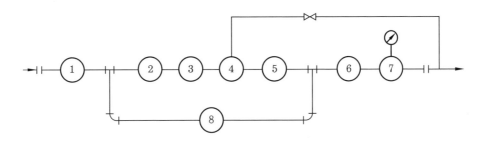

─── [보 기] ───

| 슬루스 밸브 | 벨로스형 감압 밸브 | 스트레이너 |
| 안전 밸브 | 압력계 | 구형 밸브 |

해답 ① 압력계   ② 슬루스 밸브
③ 스트레이너   ④ 벨로스형 감압 밸브
⑤ 슬루스 밸브   ⑥ 안전 밸브
⑦ 압력계   ⑧ 구형 밸브

08. 다음 그림의 증기난방에 대한 증기공급 배관지름 (① ~ ③)을 구하시오. (단, 증기압은 $0.3\,kg/cm^2$, 압력강하 $r = 0.01kg/cm^2 \cdot 100\,m$로 한다.)

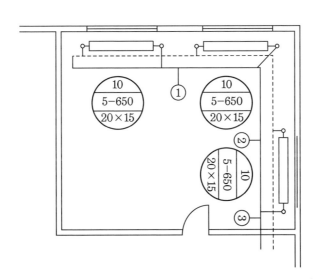

저압증기관의 관지름

관지름 (mm)	저압증기관의 용량 (EDR m²)									
	순구배·횡주관 및 하향급기 입관 (복관식 및 단관식)						역구배 횡주관 및 상향급기 입관			
	r = 압력강하 (kg/cm²·100 m)						복관식		단관식	
	0.005	0.01	0.02	0.05	0.1	0.2	입관	횡주관	입관	횡주관
20	2.1	3.1	4.5	7.4	10.6	15.3	4.5	–	3.1	–
25	3.9	5.7	8.4	14	20	29	8.4	3.7	5.7	3.0
32	7.7	11.5	17	28	41	59	17.0	8.2	11.5	6.8
40	12	17.5	26	42	61	88	26	12	17.5	10.4
50	22	33	48	80	115	166	48	21	33	18
65	44	64	94	155	225	325	90	51	63	34
80	70	102	150	247	350	510	130	85	96	55
90	104	150	218	360	520	740	180	134	135	85
100	145	210	300	500	720	1040	235	192	175	130
125	260	370	540	860	1250	1800	440	360		240
150	410	600	860	1400	2000	2900	770	610		
200	850	1240	1800	2900	4100	5900	1700	1340		
250	1530	2200	3200	5100	7300	10400	3000	2500		
300	3450	3500	5000	8100	11500	17000	4800	4000		

주철방열기의 치수와 방열면적

형식	치수 (mm)			1매당 상당 방열면적 F (m²)	내용적 (L)	중량 (공) (kg)
	높이 H	폭 b	길이 L			
2주	950	187	65	0.35	3.60	12.3
	800	187	65	0.29	2.85	11.3
	700	187	65	0.25	2.50	8.7
	650	187	65	0.23	2.30	8.2
	600	187	65	0.12	2.10	7.7
3주	950	228	65	0.42	2.40	15.8
	800	228	65	0.35	2.20	12.6
	700	228	65	0.30	2.00	11.0
	650	228	65	0.27	1.80	10.3
	600	228	65	0.25	1.65	9.2
3세주	800	117	50	0.19	0.80	6.0
	700	117	50	0.16	0.73	5.5
	650	117	50	0.15	0.70	5.0
	600	117	50	0.13	0.60	4.5
	500	117	50	0.11	0.54	3.7
5세주	950	203	50	0.40	1.30	11.9
	800	203	50	0.33	1.20	10.0
	700	203	50	0.28	1.10	9.1
	650	203	50	0.25	1.00	8.3
	600	203	50	0.23	0.90	7.2
	500	203	50	0.19	0.85	6.9

해답 (1) 방열기 1대의 방열면적 10×0.25 (5세주 650 mm의 방열면적)=2.5 m²이므로

① 구간의 방열면적은 2.5 m²이고,

② 구간의 방열면적은 2×2.5=5 m²이며,

③ 구간의 방열면적은 3×2.5=7.5 m²가 된다.

(2) 표에서 구간별 배관지름은

① 구간 20 A, ② 구간 25 A, ③ 구간 32 A이다.

---

09. 손실열량 2688000 kJ/h인 아파트가 있다. 다음의 설계조건에 의한 열교환기의 (1) 코일 전열면적, (2) 가열코일의 길이, (3) 열교환기 동체의 안지름을 계산하시오. (단, 2 pass 열교환기로 온수의 비열은 생략하며, 소수점 이하는 반올림한다.)

[설계조건]

1. 스팀압력 : 2 kg/cm², 119℃ (t_1, t_2를 같은 온도로 본다.)

2. 온수 공급온도 : 70℃

3. 온수 환수온도 : 60℃

4. 온수 평균유속 : 1 m/s

5. 가열코일 : 동관, 바깥지름(D) : 20 mm, 안지름(d) : 17.2 mm (두께 1.4 mm)

6. 평균 온도차 : $MTD = \dfrac{\Delta t_1 - \Delta t_2}{2.3\log\left(\dfrac{\Delta t_1}{\Delta t_2}\right)}$

7. 코일피치 $p = 2D$

8. 코일 1가닥의 길이 : 2 m

9. 총괄 전열계수 : K

10. 1 kcal는 4.2 kJ이다.

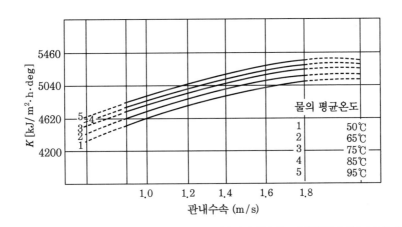

해답 (1) $MTD = \dfrac{59-49}{2.3\log\dfrac{59}{49}} = \dfrac{10}{0.1857} = 54\,℃$

$\Delta t_1 = 119 - 60 = 59\,℃$, $\Delta t_2 = 119 - 70 = 49\,℃$

$\therefore$ 면적 $A = \dfrac{2688000}{4704 \times 54} = 10.582 ≒ 11\,\mathrm{m}^2$

(2) 코일 길이 $l = \dfrac{A}{\pi D} = \dfrac{11}{\pi \times 0.02} ≒ 175\,\mathrm{m}$

(3) 코일의 가닥수 $N = \dfrac{175}{2} = 87.5 ≒ 88 \rightarrow 2\,\mathrm{pass}$이므로 88가닥

$\therefore$ 열교환기 동체 안지름 $D_e = \dfrac{P}{3}(\sqrt{69 + 12N} - 3) + D$

$= \dfrac{2 \times 20}{3}(\sqrt{69 + 12 \times 88} - 3) + 20 = 427.2 ≒ 427\,\mathrm{mm}$

---

10. 어떤 건물의 난방부하가 방열기 용량 1050000 kJ/h로 산정되었다. 이 경우 주철제 보일러 설비를 하는 것으로 할 때 다음 각 물음에 답하시오. (단, 배관손실 및 시화 부하계수 1.4, 보일러 효율 68 %, 중유의 저발열량 41160 kJ/kg, 비중 0.92, 이론 공기량 10.0 m³/kg, 공기비 1.3, 보일러실 내 공기온도 15℃, 기압 760 mmHg이다.)

(1) 보일러의 정격출력　　　　　　　(2) 오일 버너의 용량

(3) 연소에 필요한 공기량　　　　　　(4) 환산 증발량 (2263.8 kJ/kg)

해답 (1) 정격출력 $= 1050000 \times 1.4 = 1470000\,\mathrm{kJ/h}$

(2) 용량 $= \dfrac{1470000}{41160 \times 920 \times 0.68} = 0.057088\,\mathrm{m}^3/\mathrm{h} ≒ 57.09\,\mathrm{L/h}$

(3) 필요 공기량 $= \dfrac{57.09}{1000} \times 920 \times 10 \times 1.3 \times \dfrac{273 + 15}{273} ≒ 720.3\,\mathrm{m}^3/\mathrm{h}$ (샤를의 법칙 적용)

(4) 환산 증발량 $= \dfrac{1470000}{2263.8} = 649.3506 ≒ 649.35\,\mathrm{kg/h}$

---

11. 주철제 증기 보일러 2기가 있는 장치에서 방열기의 상당방열 면적이 1500 m²이고, 급탕온수량이 5000 L/h이다. 급수온도 10℃, 급탕온도 60℃, 보일러 효율 80 %, 압력 0.6 kg/cm²의 증발잠열량이 2228.94 kJ/kg일 때 다음 물음에 답하시오.

(1) 주철제 방열기를 사용하여 난방할 경우 방열기 절수를 구하시오. (단, 방열기 절 당 면적은 0.26 m²이다.)

(2) 배관부하를 난방부하의 10 %라고 한다면 보일러의 상용출력(kJ/h)은? (단, 표준방열량은 2790 kJ/m² · h 이다.)

(3) 예열부하를 840000 kJ/h라고 한다면 보일러 1대당 정격출력(kJ/h)은 얼마인가?

(4) 시간당 응축수 회수량 (kg/h)은 얼마인가?

해답 (1) 절수 $= \dfrac{1500}{0.26} = 5769.23 \fallingdotseq 5770 절$

(2) 보일러의 상용출력

① 실제난방부하 $= 5770 \times 0.26 \times 2790 = 4185558 \, \text{kJ/h}$

② 급탕부하 $= 5000 \times 4.2 \times (60 - 10) = 1050000 \, \text{kJ/h}$

③ 상용출력 $= (4185558 \times 1.1) + 1050000 = 5654113.8 \, \text{kJ/h}$

(3) 1대당 정격출력 $= (5654113.8 + 840000) \times \dfrac{1}{2} = 3247056.9 \, \text{kJ/h}$

(4) 응축수량 $= \dfrac{3247056.9 \times 2}{2228.94} = 2913.543 \fallingdotseq 2913.54 \, \text{kg/h}$

---

12. 증기난방에서 전 방열면적 350 m², 급탕량 600 L/h, 급탕온도 60℃일 때, 사용할 수 있는 주철제 보일러의 부하는 몇 kJ/h인가? (단, 배관손실 20 %, 석탄 발열량 23100 kJ/h, 예열부하는 25 %, 급수비열 4.2 kJ/kg · K, 증기표준방열량 2790 kJ/m² · h이다.)

해답 ① 난방부하 $q_1 = 350 \times 2790 = 976500 \, \text{kJ/h}$

② 급탕·급기부하 $q_2 = 600 \times 4.2 \times 60 = 151200 \, \text{kJ/h}$

③ 배관부하 $q_3 = (976500 + 151200) \times 0.2 = 225540 \, \text{kJ/h}$

④ 예열부하 $q_4 = (976500 + 151200 + 225540) \times 0.25 = 338310 \, \text{kJ/h}$

⑤ 보일러 부하 $q_B = q_1 + q_2 + q_3 + q_4 = 976500 + 151200 + 225540 + 338310$
$\qquad\qquad\qquad = 1691550 \, \text{kJ/h}$

---

13. 20000 kg/h의 공기를 압력 0.35 kg/cm² · G의 증기로 0℃에서 50℃까지 가열할 수 있는 에로핀 열교환기가 있다. 주어진 설계조건을 이용하여 각 물음에 답하시오.

───── [조 건] ─────

• 전면풍속 $V_t = 3 \, \text{m/s}$ • 증기온도 $t_s = 108.2 \, ℃$

• 출구 공기온도 보정계수 $K_t = 1.19$

• 코일 열통과율 $K_c = 2830.8 \, \text{kJ/m}^2 \cdot \text{h} \cdot \text{K}$

• 증발잠열 $q_e = 2242.8 \, \text{kJ/kg} \, (0.35 \, \text{kg/cm}^2 \cdot \text{G})$

• 비중량 $\gamma = 1.2 \, \text{kg/m}^3$

• 공기정압비열 $C_p = 1.008 \, \text{kJ/kg} \cdot \text{K}$ • 대수평균온도차 Δ_{tm} (향류)을 사용

(1) 전면 면적 $A_f \, [\text{m}^2]$을 구하시오. (2) 가열량 $q_H \, [\text{kJ/h}]$을 구하시오.

(3) 열수 N (열)을 구하시오. (4) 증기소비량 $L_s \, [\text{kg/h}]$을 구하시오.

해답 (1) 전면 면적 $A_f = \dfrac{20000}{1.2 \times 3 \times 3600} = 1.543 ≒ 1.54\ \text{m}^2$

(2) 가열량 $q_H = 20000 \times 1.008 \times (50 \times 1.19 - 0) = 1199520\ \text{kJ/h}$

(3) 열수

① 대수평균온도차 $\Delta_{tm} = \dfrac{\Delta_1 - \Delta_2}{\ln\dfrac{\Delta_1}{\Delta_2}}$ 식에서

$\Delta_1 = 108.2 - 0 = 108.2\,℃,\qquad \Delta_2 = 108.2 - 50 \times 1.19 = 48.7\,℃$

$\therefore \Delta_{tm} = \dfrac{108.2 - 48.7}{\ln\dfrac{108.2}{48.7}} = 74.533 ≒ 74.53\,℃$

② 열수 $N = \dfrac{1199520}{2830.8 \times 1.54 \times 74.53} = 3.69 ≒ 4\ 열$

(4) 증기소비량 $L_s = \dfrac{1199520}{2242.8} = 534.831 ≒ 534.83\ \text{kg/h}$

---

14. 온수난방 장치가 다음 조건과 같이 운전되고 있을 때 물음에 답하시오.

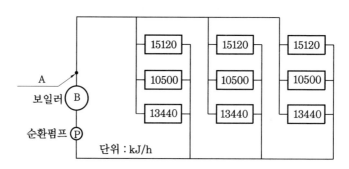

──────── [조 건] ────────
- 방열기 출입구의 온수온도차는 10℃로 한다.
- 방열기 이외의 배관에서 발생되는 열손실은 방열기 전체 용량의 20%로 한다.
- 보일러 용량은 예열부하의 여유율 30%로 포함한 값이다.
- 그 외의 손실은 무시한다.
- 온수의 비열은 4.2 kJ/kg · K이다.

(1) A점의 온수 순환량(L/min)을 구하시오.

(2) 보일러 용량(kcal/h)을 구하시오.

해답 (1) 온수 순환량 $= \dfrac{(15120 \times 3) + (10500 \times 3) + (13440 \times 3)}{4.2 \times 10 \times 60} = 46.5\ \text{kg/min} ≒ 46.5\ \text{L/min}$

(2) 보일러 용량 $= \{(15120 \times 3) + (10500 \times 3) + (13440 \times 3)\} \times 1.2 \times 1.3 = 182800.8\ \text{kJ/h}$

15. 환산증발량이 10000 kg/h인 노통연관식 증기 보일러의 사용압력 (게이지 압력)이 5 kg/cm²일 때 보일러의 실제증발량을 구하시오. (단, 급수의 엔탈피 $h = 336$ kJ/kg, h_1 : 포화수의 엔탈피, h_2 : 포화증기의 엔탈피, r : 증발잠열, 100℃ 물의 증발잠열은 2262.96 kJ/kg이다.)

절대압력 (kg/cm²)	포화온도 (℃)	엔탈피 h [kJ/kg]		
		h_1	h_2	$r = h_2 - h_1$
4	142.92	603.54	2745.37	2141.83
5	151.11	638.95	2755.33	2116.38
6	158.08	669.23	2763.31	2094.08
7	164.17	695.81	2769.86	2074.05

해답 실제증발량 $G_a = \dfrac{10000 \times 2262.96}{2763.31 - 336} = 9322.913 \fallingdotseq 9322.91 \text{ kg/h}$

16. 다음 그림과 같은 온수난방 설비에 대하여 다음 각 항의 값을 구하시오. 답에는 계산 과정도 명시하시오.

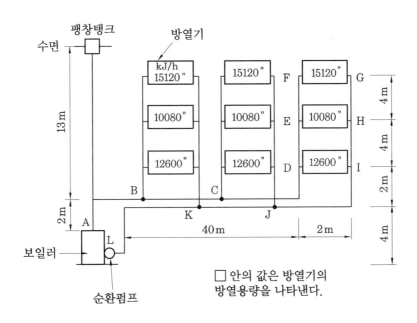

□ 안의 값은 방열기의 방열용량을 나타낸다.

[조 건]

1. 방열기 출입구 온도차 : 10 deg (℃)
2. 배관손실 : 방열기 방열용량의 20 %
3. 순환펌프 양정 : 4 m
4. 보일러, 방열기 및 방열기 주변의 지관을 포함한 배관 국부저항의 상당길이는 직관길이의 100 %로 한다.
5. 예열부하 할증률은 30 %로 한다.
6. 배관의 관지름 선정은 다음 표에 의한다 (표 안의 값의 단위는 L/min).
7. 온도차에 의한 자연순환수두는 무시한다.
8. 배관길이가 표시되어 있지 않은 곳은 무시한다.
9. 온수비열은 4.2 kJ/kg · K이다.)

압력강하 (mmAq/m)	관지름 (A)					
	10	15	25	32	40	50
5	2.3	4.5	8.3	17.0	26.0	50.0
10	3.3	6.8	12.5	25.0	39.0	75.0
20	4.5	9.5	18.0	37.0	55.0	110.0
30	5.8	12.6	23.0	46.0	70.0	140.0
50	8.0	17.0	30.0	62.0	92.0	180.0

(1) 전 순환수량 (L/min)
(2) B−C 간의 관지름 (mm)
(3) 보일러 용량 (kcal/h)

해답 (1) $\dfrac{15120}{4.2 \times 10 \times 60} \times 3 = 18\,\text{L/min}$

$\dfrac{10080}{4.2 \times 10 \times 60} \times 3 = 12\,\text{L/min}$

$\dfrac{12600}{4.2 \times 10 \times 60} \times 3 = 15\,\text{L/min}$

∴ 합계 45 L / min

(2) B−C 간의 관지름

① 보일러에서 최원 방열기까지의 거리
= 2 + 40 + 2 + 4 + 4 + 4 + 4 + 2 + 2 + 40 + 4 = 108 m

② 국부저항 상당길이는 직관길이의 100 %이므로 108 m 순환펌프 양정 4 m이므로
압력강하 = $\dfrac{4000}{108 + 108} = 18.518\,\text{mmAq/m}$

③ 위의 표에서 10 mmAq (압력강하는 작은 것을 선택함)의 난을 사용해서 순환수
량 30 L/min (B−C 간)이므로 관지름은 40 mm

(3) 보일러 용량

방열기 합계(15120+10080+12600)×3=113400 kJ/h, 배관손실 20 %, 할증률
30 %를 포함한 정격출력 113400×1.2×1.3=176904 kJ/h

---

17. 다음은 저압증기 난방설비용 방열기 용량 및 증기 공급관 (복관식)을 나타낸 것이다.
설계조건과 주어진 증기관 용량표를 이용하여 각 물음에 답하시오.

> ──────────── [조 건] ────────────
>
> 1. 보일러의 상용 게이지압력 P_b는 0.3 kg/cm² 이며, 가장 먼 방열기의 필요
>   압력 P_r은 0.25 kg/cm², 보일러로부터 가장 먼 방열기까지의 거리는 50
>   m이다.
> 2. 배관의 이음, 굴곡, 밸브 등의 직관 상당길이는 직관길이의 100 %로 한
>   다. 또한, 증기 횡주관의 경우 관말 압력강하를 방지하기 위하여 관지름은
>   50 A 이상으로 설계한다.

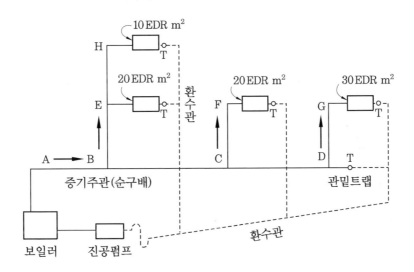

저압 증기관의 용량표 (상당 방열면적 m² 당)

압력 강하	순구배 횡관 및 하향급기 수직관 (복관식 및 단관식)						역구배 횡관 및 상향급기 수직관			
	$R=$ 압력강하 $(kg/cm^2 \cdot 100\,m)$						복관식		단관식	
관지름 (A)	0.005	0.01	0.02	0.05	0.1	0.2	수직관	횡관	수직관	횡관
	A	B	C	D	E	F	G [+1]	H [+3]	I [+2]	J [+3]
20	2.1	3.1	4.5	7.4	10.6	15.3	4.5	–	3.1	–
25	3.9	5.7	8.4	14	20	29	8.4	3.7	5.7	3.0
32	7.7	11.5	17	28	41	59	17.0	8.2	11.5	6.8
40	12	17.5	26	42	61	83	26	12	17.5	10.4
50	22	33	48	80	115	166	48	21	33	18
65	44	64	94	155	225	325	90	51	63	34
80	70	102	150	247	350	510	130	85	96	56
90	104	150	218	360	520	740	180	134	135	85
100	145	210	300	500	720	1040	235	192	175	130
125	260	370	540	860	1250	1800	440	360		240
150	410	600	860	1400	2000	2900	770	610		
200	850	1240	1800	2900	4100	5900	1700	1310		
250	1530	2200	3200	3200	7300	10400	3000	2500		
300	2450	3500	3500	5000	11500	17000	4800	4000		

(1) 가장 먼 방열기까지의 허용 압력손실을 구하시오.

(2) 증기 공급관의 각 구간별 관지름을 결정하고 주어진 표를 완성하시오.

해답 (1) $\Delta P_e = \dfrac{100(P_b - P_r)}{l + l'} = \dfrac{100(0.3 - 0.25)}{50 + 50} = 0.05 \ kg/cm^2 \cdot 100\,m$

(2)

	구간	EDR[m²]	허용 압력손실$(kg/cm^2 \cdot 100m)$	관지름 (A) [mm]
증기 횡주관	A–B	80	0.05	50
	B–C	50	0.05	50
	C–D	30	0.05	50
상향 수직관	B–E	30	0.05	50
	E–H	10	0.05	32
	C–F	20	0.05	40
	D–G	30	0.05	50

18. 다음과 같은 온수난방설비에서 각 물음에 답하시오. (단, 방열기 입·출구 온도차는 10℃, 국부저항 상당관길이는 직관길이의 50 %, 1 m 당 마찰손실수두는 15 mmAq, 온수의 비열은 4.2 kJ/kg · K이다.)

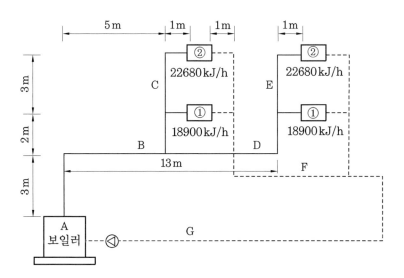

(1) 순환펌프의 전마찰손실수두 (mmAq)를 구하시오. (단, 환수관의 길이는 30 m이다.)

(2) ①과 ②의 온수 순환량 (L/min)을 구하시오.

(3) 각 구간의 온수 순환량을 구하시오.

구간	B	C	D	E	F	G
온수 순환량 (L/min)						

해답 (1) 전마찰손실수두

　① 공급관 길이＝3+13+2+3+1=22 m

　② 마찰손실수두＝(22+30)×1.5×15=1170 mmAq

(2) ①과 ②의 온수 순환량

　① 순환량＝$\dfrac{18900}{4.2 \times 10 \times 60}$＝7.5 kg/min＝7.5 L/min

　② 순환량＝$\dfrac{22680}{4.2 \times 10 \times 60}$＝9 kg/min＝9 L/min

(3)

구간	B	C	D	E	F	G
온수 순환량 (L/min)	33	9	16.5	9	16.5	33

19. 다음에 열거하는 난방용 기기가 기능을 발휘할 수 있도록 기호를 서로 연결하여 배관 계통도를 완성하시오.

- 증기 보일러 :

- 방열기 :

- 보급수 펌프 :

- 증기 트랩 :

- 응축수 탱크 :

- 증기분배 헤더 :

- 경수 연화장치 :

해답

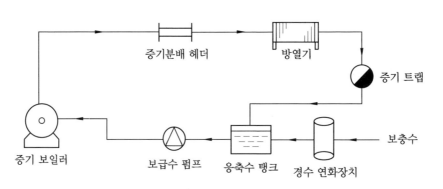

습공기 선도

습공기 선도의 종류

(1) $i - x$ 선도

엔탈피와 절대습도의 양을 사교좌표로 취하여 그린 것으로 $i - x$ 선도의 구성 및 그래프는 다음과 같다.

$$열수분비\ u = \frac{i_2 - i_1}{x_2 - x_1} = \frac{di}{dx}$$

여기서, i_1 : 상태 1인 공기의 엔탈피(kcal/kg)

i_2 : 상태 2인 공기의 엔탈피(kcal/kg)

x_1 : 상태 1인 공기의 절대습도 (kg/kg′)

x_2 : 상태 2인 공기의 절대습도 (kg/kg′)

이 열수분비(u)를 이용하면 공기의 상태 변화가 선도 상에서 일정방향으로 주어지게 된다. 즉, 수분비 u_1인 변화는 선도 상에서 u_2의 눈금과 ⊕ 표의 중점을 잇는 직선과 평행방향으로 된다. 이 중심점은 u 눈금의 기준이 되어 있으므로 기준점(reference point)이라 한다.

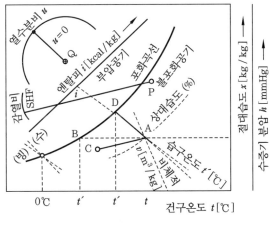

$i - x$ 선도의 구성

(2) $t - x$ 선도

$i - x$ 선도와 비슷한 점이 많으나 실용상 편리하도록 간략하게 되어 있다.

$t - x$ 선도는 열수분비(u) 대신에 감열비 SHF(sensible heat factor)가 표시되어 상태 변화 방향을 표시하는 것이다.

$$SHF = \frac{q_s}{q_s + q_l}$$

여기서, q_s : 감열량, q_l : 잠열량

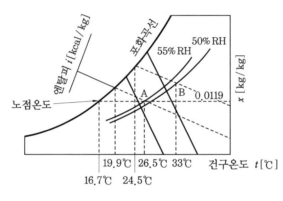

$t - x$ **선도의 구성**

(3) $t - i$ 선도

물과 공기가 접촉하면서의 변화 과정을 나타낸 것으로 공기 세정기(air washer)나 냉각탑(cooling tower) 등의 해석에 이용된다.

(4) 공기 선도의 기본 상태 변화의 판독

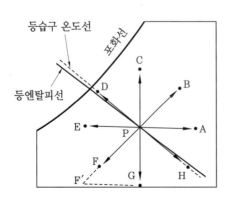

PA : 가열 변화
PB : 가열 가습 변화
PC : 등온 가습 변화
PD : 가습 냉각 변화(단열 가습)
PE : 냉각 변화
PF : 감습 냉각 변화
PG : 등온 감습 변화
PH : 가열 감습 변화

4-2 공기 선도의 실제 및 계산

(1) 가열, 냉각

① 감열식

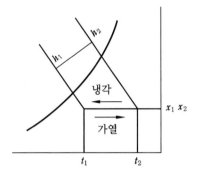

$$q_s = G\,C_p(t_2 - t_1) = G(h_2 - h_1)\,[\text{kJ/h}]$$

여기서, G : 질량

C_p : 비열(kJ/kg·K) (공기 비열 0.24)

$t_1,\ t_2$: 건구온도 (℃)

$h_1,\ h_2$: 엔탈피(kJ/kg)

② 잠열식 : 절대습도의 변화가 없으므로 잠열이 없다.

(2) 혼 합

실내환기를 1, 환기풍량을 Q_1, 외기를 2, 외기풍량을 Q_2 라고 한다면 혼합공기 3의 온도, 습도 및 엔탈피는 다음과 같다.

$$t_3 = \frac{t_1 \cdot Q_1 + t_2 \cdot Q_2}{Q_1 + Q_2}, \quad x_3 = \frac{x_1 \cdot Q_1 + x_2 \cdot Q_2}{Q_1 + Q_2}, \quad i_3 = \frac{i_1 \cdot Q_1 + i_2 \cdot Q_2}{Q_1 + Q_2}$$

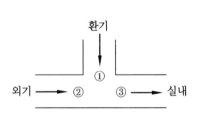

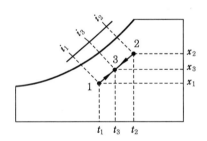

(3) 가습, 감습

① 수분량

$$L = G\,(x_2 - x_1)\,[\text{kg/h}]$$

② 잠열량

$$q = G\,(i_2 - i_1)$$
$$= Q \times 1.2 \times 2500\,(x_2 - x_1)\,[\text{kJ/h}]$$

여기서, L : 가습량 (kg/h), G : 공기량 (kg/h)

Q : 풍량 (m³/h), x : 절대습도 (kg/kg′)

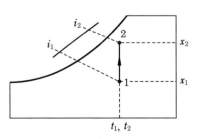

(4) 가열, 가습

$$q_T = q_s + q_l = G(i_2 - i_1)$$
$$= G(i_3 - i_1) + G(i_2 - i_3)$$
$$= G C_p(t_2 - t_1) + G \cdot R(x_2 - x_1)$$
$$L = G(x_2 - x_1)$$

여기서, q_T : 전열량 (kJ/h), q_s : 감열량 (kJ/h)

q_l : 잠열량 (kJ/h), x : 절대습도 (kg/kg′)

G : 공기량 (kg/h), L : 가습량 (kg/h)

R : 물의 증발잠열 (kJ/kg)

(※ 0℃ 물의 증발잠열 : 2500 kJ/kg)

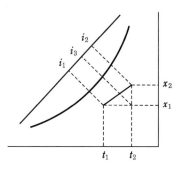

(5) 가습 방법

① 순환수 분무 가습 (단열 가습, 세정) : 순환수를 단열하여 공기 세정기(air washer) 에서 분무할 경우에 입구공기 'A'는 선도에서 점 'A'를 통과하는 습구온도 선상을 포화곡선을 향하여 이동한다. 여기서 열 출입은 일정하며 $(i_A = i_B)$, 이것을 단열 변화 (단열 가습)라 한다. 공기 세정기의 효율 100 %가 되면 통과공기는 최종적으로 포화공기가 되어 점 'B'의 상태로 되나, 실제로는 효율 100 % 이하이기 때문에 선도 에서 'C'의 상태가 되고, 일반적으로 공기 세정기의 효율은 분무노즐의 열수가 1열 인 경우 65~80 %, 2열인 경우 80~98 %이다. 공기 세정기의 가습효율 = $\dfrac{A - C}{A - B}$ 이다.

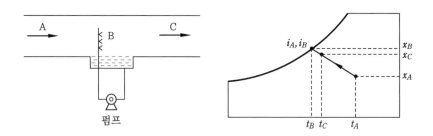

② 온수 분무 가습 : 공기의 상태변화는 단열가습선보다 위쪽으로 변화한 AB선으로 통 과공기의 온도변화는 분무수의 온도와 수량에 의해서 결정되지만 건구온도는 낮아 지고 습구온도와 절대습도, 엔탈피 등은 상승된다. AC선은 증기가습이고 가습기 출 구는 상대습도 100 %인 포화습공기까지는 불가능하므로 실제 변화는 D와 E 상태가 된다.

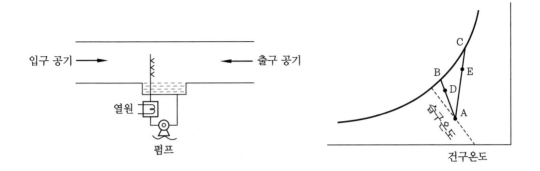

③ 증기 가습 : 포화증기를 공기에 직접 분무하는 것으로 가습효율은 그의 100 %에 해당되고, 열수분비$\left(u = \dfrac{di}{dx}[\text{kcal/kg}]\right)$ 선과 가습선 A점에서 B점으로 긋는 선과 평행을 이룬다.

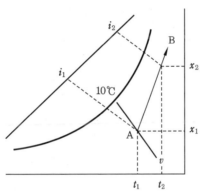

(6) 장치의 노점온도와 바이패스 팩터

① A점의 노점온도는 대기상태에서는 D점이다.
② 점 A에서 B의 상태로 냉각하는 경우 냉각코일의 노점온도는 선분 AB의 연장선에서 포화곡선과 만나는 점 C가 노점온도가 되며, 또한 냉각코일의 표면온도이다.
③ CF(contant factor)는 냉각 또는 가열코일과 접촉하고 통과하는 공기의 비율을 말하며, A에서 B의 상태이다. 즉, $CF = \dfrac{A - B}{A - C}$ 이다.

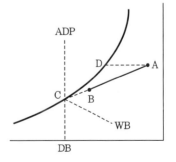

④ BF(bypass factor)는 냉각 또는 가열코일과 접촉되지 않고 통과한 공기의 비율을 말하며 B에서 C의 상태이다. 즉, $BF = \dfrac{B - C}{A - C}$ 이다.

(7) 습공기 선도

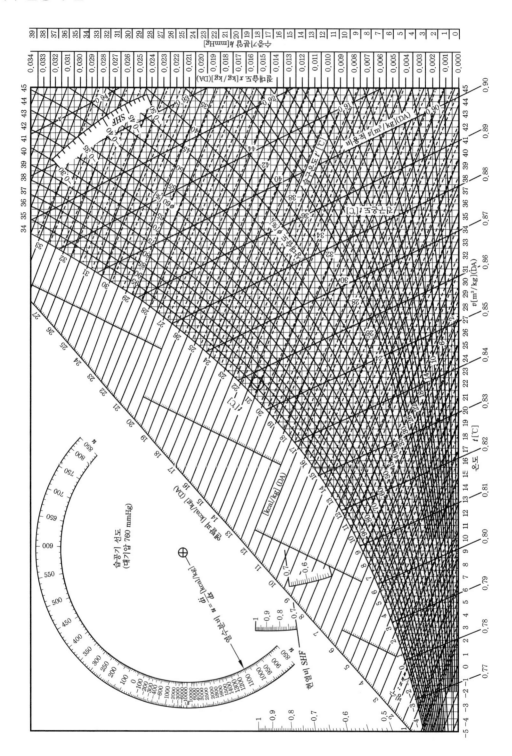

01. 다음과 같은 공기조화장치에서 냉각코일의 부하를 계산하는 식을 구하시오. (단, G_F : 외기량, G : 전풍량이다.)

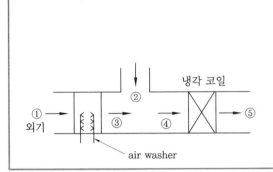
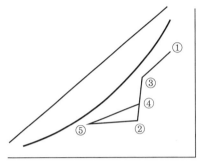

해답 냉각코일 부하$(q_c) = G(h_4 - h_5) = G(h_4 - h_2) + G(h_2 - h_5)$
$$= G_F(h_3 - h_2) + G(h_2 - h_5)$$
$$= G_F(h_1 - h_2) - G_F(h_1 - h_3) + G(h_2 - h_5)$$
$$= 외기부하 - 예랭열량 + 취득열량$$

02. 다음 그림 (a)와 같은 공기조화기의 공기 상태 변화를 습공기 선도 상에 나타내면 그림 (b)와 같이 되고, 현열부하(q_s) 가 23788.8 kJ/h라고 할 때 각 물음에 답하시오. (단, 1 kcal는 4.2 kJ이고, 공기비열은 1.01 kJ/kg · K이다.)

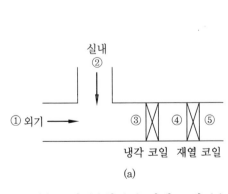
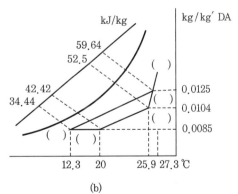

(1) 그림 (b)의 ( ) 안에 그림 (a)에 대응되는 숫자를 쓰시오.
(2) 필요 풍량 (kg/h)을 구하시오.

(3) 외기부하 (kJ/h)를 구하시오.
(4) 냉각 제습량 (kg/h)을 구하시오.
(5) 냉각코일의 냉각부하 (kJ/h)를 구하시오.

해답 (1)

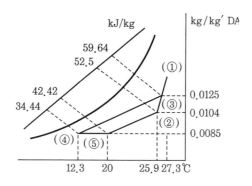

(2) $Q = \dfrac{23788.8}{1.01 \times (25.9 - 20)} = 3992.079 \fallingdotseq 3992.08 \, \text{kg/h}$

(3) $q_o = 3992.08 \times (59.64 - 52.5) = 28503.451 \fallingdotseq 28503.45 \, \text{kJ/h}$

(4) $L = 3992.08 \times (0.0125 - 0.0085) = 15.968 \fallingdotseq 15.97 \, \text{kg/h}$

(5) $q_C = 3992.08 \times (59.64 - 34.44) = 100600.416 \fallingdotseq 100600.42 \, \text{kJ/h}$

---

03. 다음 그림과 같은 공기조화장치의 운전상태일 때 실내로의 송풍량 (m³/h) 및 공기 냉각기의 냉수량 (kg/h)을 구하시오. (단, 계산 과정에 필요한 사이클을 공기 선도에 반드시 나타내시오.)

[조 건]

1. 실내 온·습도 : ① 건구온도 26℃, ② 상대습도 50 %
2. 외기 온·습도 : 건구온도 33℃, 습구온도 27℃
3. 실내 냉방부하 : ① 현열부하 11600 kcal/h, ② 잠열부하 2050 kcal/h
4. 취입 외기량 : 실내 송풍량의 30 %
5. 취출구 공기온도 : 16℃
6. 송풍기 소비전력 : 1 kW
7. 급기 덕트에서의 열취득 : 300 kcal/h (단, 환기덕트의 열손실은 무시한다.)
8. 공기 냉각기 : ① 입구온도 6℃, ② 출구온도 12℃
9. 공기의 비열 : 1 kJ/kg · K
10. 1 kcal는 4.2 kJ이다.
11. 냉각수 비열 4.2 kJ/kg · K이다.

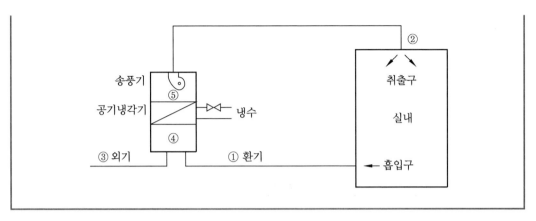

해답 (1) 송풍량 $Q = \dfrac{11600 \times 4.2}{1.2 \times 1 \times (26 - 16)} = 4060\,\mathrm{m^3/h}$

(2) 냉각코일 입구온도 $t_4 = (0.3 \times 33) + (0.7 \times 26) = 28.1\,℃$

(3) 공기냉각기 출구온도 $t_5 = 16 - \dfrac{(300 \times 4.2) + (1 \times 3600)}{1.2 \times 4060 \times 1} = 15.002 ≒ 15.00\,℃$

(4) 현열비 $SHF = \dfrac{11600 \times 4.2}{4.2 \times (11600 + 2050)} = 0.849 ≒ 0.85$

(5) 공기냉각기 냉수량 $G_w = \dfrac{4060 \times 1.2 \times (14.8 - 9.5) \times 4.2}{4.2 \times (12 - 6)}$

$\qquad\qquad\qquad\qquad = 4303.6\,\mathrm{kg/h}$

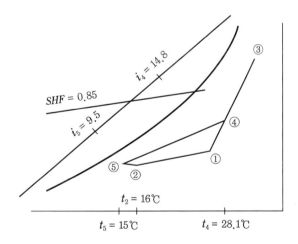

04. 그림과 같은 공기조화장치에서 주어진 조건을 참고하여 다음 각 물음에 답하시오.

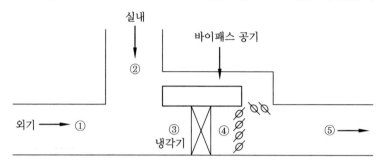

구분	t [℃]	ϕ [%]	x [kg/kg′]	h [kJ/kg]
실내	26	50	0.0105	53.13
외기	32	65	0.0197	82.82
외기량비	$k_F = 0.25$			
바이패스 공기량비	$k_B = 0.2$ (환기량)			
진폭량	10000 kg/h			
냉각코일	표면온도 $t_s = 10℃$ ($h_s = 29.4$ kJ/kg), BF=0.2 (직접 팽창)			

(1) 공기선도 상에 장치도에 따른 상태 변화를 표시하시오.

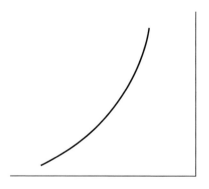

(2) 혼합공기 ③의 상태를 계산하시오.

(3) 냉각기 출구의 ④의 상태를 구하시오.

(4) 혼합공기 ⑤의 상태를 구하시오.

(5) 냉각기 부하 q_{CC} 를 구하시오. (kJ/h)

(6) 실내부하 q_r 를 구하시오. (kJ/h)

(7) 외기부하 q_o 를 구하시오. (kJ/h)

해답 (1)

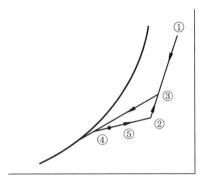

(2) $t_3 = \dfrac{26 \times 0.6 + 32 \times 0.25}{0.85} = 27.764 ≒ 27.76℃$

$h_3 = \dfrac{53.13 \times 0.6 + 82.82 \times 0.25}{0.85} = 61.862 ≒ 61.86\,\text{kJ/kg}$

참고 바이패스 공기량 0.2는 환기량 중의 20 %이므로 급기량 중의 비율은 15 %가 된다.

(3) $t_4 = 0.2 \times 27.76 + 0.8 \times 10 = 13.552 ≒ 13.55℃$

$h_4 = 0.2 \times 61.86 + 0.8 \times 29.4 = 35.892 ≒ 35.89\,\text{kJ/kg}$

(4) $t_5 = 0.15 \times 26 + 0.85 \times 13.55 = 15.417 ≒ 15.42℃$

$h_5 = 0.15 \times 53.13 + 0.85 \times 35.89 = 38.476 ≒ 38.48\,\text{kJ/kg}$

(5) $q_{CC} = 0.85 \times 10000 \times (61.86 - 35.89) = 220745\,\text{kJ/h}$

(6) $q_r = 10000 \times (53.13 - 38.48) = 146500\,\text{kJ/h}$

(7) $q_o = 0.25 \times 10000 \times (82.82 - 53.13) = 74225\,\text{kJ/h}$

$= 0.85 \times 10000 \times (61.86 - 53.13) = 74205\,\text{kJ/h}$

---

05. 겨울철 실내 취득열량은 전등·인체 열량을 합쳐서 감열 q_S =130000 kcal/h이고, 잠열 g_l = 56000 kcal/h로 하고, 내벽에서의 열손실은 무시한다. 취출풍량은 133600 kg/h이고, 실내·외 조건은 다음과 같을 때 heating load와 가습량은 얼마인가? (단, 외기와 환기는 1 : 3이고, 가습은 증기가습으로 u = 650 kcal/kg이며, 실내공기 유입온도는 30℃이다. 여기서, 가습은 heating 후에 하고, 1kcal는 4.2kJ로 한다.)

구분	t [℃]	ϕ[%]	x [kg/kg′]	i [kcal/kg]
옥외	0	38	0.00145	0.8
실내	20	50	0.00726	9.2

[해답] (1) 히터 부하 $q_H = G \times (i_4 - i_3) = 133600 \times (10.6 - 7.1) \times 4.2 = 1963920 \,\text{kJ/h}$

(2) 가습량 $L = G \times (x_5 - x_4) = 133600 \times (0.0089 - 0.0058) = 414.16 \,\text{kg/h}$

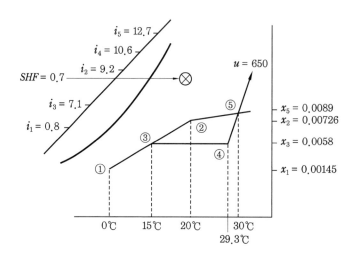

[해설] 선도 작성법

1. 외기 ①과 환기 ②의 혼합공기

$$t_3 = \frac{0 \times 1 + 20 \times 3}{4} = 15\,℃$$

2. $SHF = \dfrac{130000 \times 4.2}{4.2 \times (130000 + 56000)} = 0.6989 \fallingdotseq 0.70$

②와 건구온도 30℃까지는 SHF와 평행하게 한다.

3. ③에서 히터열량은 절대습도의 변화가 없으므로 ⑤에서 열수분비와 나란히 연결하면 ④의 점을 얻을 수 있다.

---

06. 다음과 같은 설계조건으로 냉방하고자 할 때 각 물음에 답하시오.

─────────── [조 건] ───────────

1. 실내조건 : 26℃ DB, 50 % RH, $h_1 = 12.6 \,\text{kcal/kg}$

2. 외기조건 : 32.9℃ DB, 27℃ WB, $h_2 = 20.2 \,\text{kcal/kg}$

3. 실내부하

① 현열부하 : 12250 kcal/h

② 잠열부하 : 3820 kcal/h

4. 필요 외기량 : 800 m³/h

5. 공기의 비열은 1kJ/kg · K

6. 1 kcal는 4.2 kJ이다.

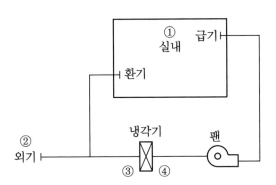

(1) 급기량 $(\mathrm{m^3/h})$을 구하시오. (단, ④의 공기상태 $RH = 90\,\%$ 이다.)

(2) ③의 공기상태점(건구온도, 엔탈피)을 구하시오.

(3) 냉각기의 냉각열량 $(\mathrm{kJ/h})$을 구하시오.

해답 (1) ① $SHF = \dfrac{12250 \times 4.2}{4.2 \times (12250 + 3820)} = 0.762 ≒ 0.76$

　　　② $Q = \dfrac{12250 \times 4.2}{1.2 \times 1 \times (26 - 14)} = 3572.916 ≒ 3572.92\,\mathrm{m^3/h}$

(2) ① $t_3 = \dfrac{(3572.92 - 800) \times 26 + 800 \times 32.9}{3572.92} = 27.544 ≒ 27.54℃$

　　　② $i_3 = \dfrac{(3572.92 - 800) \times 12.6 \times 4.2 + 800 \times 20.2 \times 4.2}{3572.92} = 60.067 ≒ 60.07\,\mathrm{kJ/kg}$

(3) $3572.92 \times 1.2 \times (14.32 - 8.8) \times 4.2 = 99401.492 ≒ 99401.49\,\mathrm{kJ/h}$

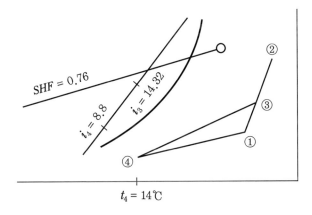

07. 그림과 같은 공기조화 사이클 (난방)에서 외기조건 0℃ (DB), $\phi = 50\%$, 실내조건을 22℃ (DB), $\phi = 50\%$, 공기도입량 2000 CMH, 환기량 7100 CMH이다. 열손실 부하 (q_S)를 30000 kcal/h, 현열비를 0.8이라 할 때 사이클과 습·공기 선도를 참고하여 각 물음에 답하시오. (단, 공기의 비중량은 1.2 kg/m³, 정압비열은 1.008 kJ/kg·K이고, 반드시 습·공기 선도 상에 사이클을 나타내어야 한다.)

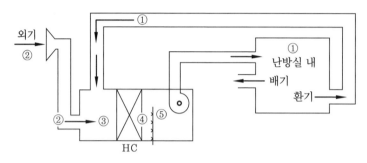

(1) 외기와 환기의 혼합점의 상태(건구온도, 절대습도)를 구하시오.

(2) 취출온도를 구하시오.

(3) 증기 가습인 경우 ($u = 650$ kcal/kg)의 가열 코일의 출구 공기상태(건구온도, 절대습도, 상대습도)를 구하시오.

(4) 가습량(kg/h)은 얼마인가?

해답 (1) $\dfrac{2000 \times 0 + 7100 \times 22}{2000 + 7100} = 17.16\,℃$

(2) $22 + \dfrac{30000 \times 4.2}{1.2 \times 1.008 \times (2000 + 7100)} = 33.45\,℃$

(3) 가열기 출구의 건구온도 : 32.8℃, 상대습도 : 22%, 절대습도 : 0.0068

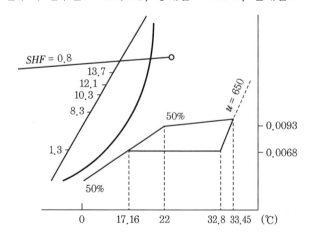

(4) 가습량 $L = (2000 + 7100) \times 1.2 \times (0.0093 - 0.0068) = 27.3$ kg/h

참고 1 kcal는 4.2 kJ로 하고, 공기비열을 1.008 kJ/kg·K로 하여 SI 단위로 계산할 수 있다.

08. 다음은 공급(supply) 공기를 모두 외기로 공급하는 공조기를 사용한 시스템이다. 다음과 같은 조건일 때 선도를 사용하여 답하시오.

[조 건]

1.	구분	건구온도 (℃)	상대습도 (%)
	실내	22	50
	외기	0	50

2. 실내 난방부하 $q_s = 43200\,\text{kcal/h}$, $q_l = 0\,\text{kcal/h}$
3. 급기량은 10000 CMH이다.
4. 가습은 증기이며, 사용 증기 엔탈피는 640 kcal/kg이다.

(1) 취출공기의 건구온도는 얼마인가?
(2) 이 시스템을 공기 선도 상에 표시하시오.
(3) 공조기 내의 온수 코일의 가열량은 몇 kJ/h인가?
(4) 가습량은 몇 kg/h인가? (단, 공기는 표준공기 상태이다.)

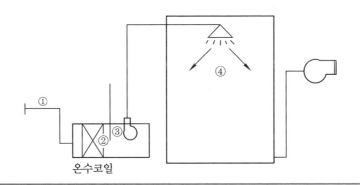

온수코일

해답 (1) 취출온도 $= 22 + \dfrac{43200 \times 4.2}{1.2 \times 1.008 \times 10000} = 37\,℃$

(2)

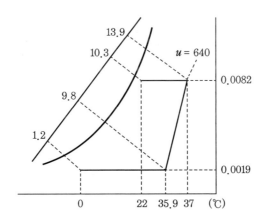

(3) 온수 코일 가열량 $= 1.2 \times 10000 \times (9.8 - 1.2) \times 4.2 = 433440\,\mathrm{kJ/h}$

(4) 가습량 $= 1.2 \times 10000 \times (0.0082 - 0.0019) = 75.6\,\mathrm{kg/h}$

> **참고** 1 kcal는 4.2 kJ로 하고, 공기비열을 1.008 kJ/kg·K로 하여 SI 단위로 계산할 수 있다.

---

09. 다음 조건에서 이 방을 냉방하는 데에 필요한 송풍량(m³/h) 및 냉각열량(kcal/h)을 구하시오.

> ────── [조 건] ──────
>
> 1. 외기조건 : 건구온도 33℃, 노점온도 25℃
> 2. 실내조건 : 건구온도 26℃, 상대습도 50 %
> 3. 실내부하 : 감열부하 210000 kJ/h, 잠열부하 42000 kJ/h
> 4. 도입 외기량 : 송풍 공기량의 30 %
> 5. 냉각기 출구의 공기상태는 상대습도 90 %로 한다.
> 6. 송풍기 및 덕트 등에서의 열부하는 무시한다.
> 7. 송풍공기의 비열은 1.008 kJ/kg·K, 비용적은 0.83 m³/kg′로 하여 계산한다. 또한, 별첨하는 공기 선도를 사용하고, 계산 과정도 기입한다.

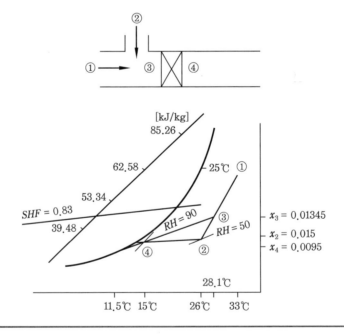

해답 (1) $SHF = \dfrac{210000}{210000 + 42000} = 0.833$

(2) 외기와 환기의 혼합온도 $\ t_3 = 33 \times 0.3 + 26 \times 0.7 = 28.1℃$

(3) 실내 송풍량 $\ G = \dfrac{210000}{1.008 \times (26 - 15)} = 18939.39\,\mathrm{kg/h}$

$$Q = \frac{210000}{1.008 \times 1/0.83 \times (26-15)} = 15719.696 \fallingdotseq 15719.70 \, \mathrm{m^3/h}$$

(4) 냉각열량 $q_{CC} = G(h_3 - h_4) = 18939.39 \times (62.58 - 39.48) = 437499.909 \fallingdotseq 437499.91 \, \mathrm{kJ/h}$

(5) 외기부하 $q_o = G(h_3 - h_2) = 18939.39 \times (62.58 - 53.34) = 174999.963 \fallingdotseq 174999.96 \, \mathrm{kJ/h}$

(6) 실내 취득열량 $q_r = G(h_2 - h_4) = 18939.39 \times (53.34 - 39.48) = 262499.806 \fallingdotseq 262499.81 \, \mathrm{kJ/h}$

(7) 감습량 $L = G(x_3 - x_4) = 18939.39 \times (0.01345 - 0.0095) = 74.81 \, \mathrm{kg/h}$

 ※ 위의 (5), (6), (7) 외에도 외기잠열과 실내 취득잠열 등을 구할 수 있다.

> **참고** 1 kcal는 4.2 kJ로 하고, 공기비열을 1.008 kJ/kg · K로 하여 SI 단위로 계산할 수 있다.

10. 어떤 방의 감열부하가 30000 kcal/h, 잠열부하가 10000 kcal/h인 경우, 감열비를 계산하여 공기 선도 상에서 장치 노점온도를 구하고, 또는 감습 공기량 (m³/h) 및 제습량 (kg/h)을 산출하시오. (단, 실내조건은 27℃ DB, $RH = 50\,\%$, 냉각기의 $BF = 0.3$으로 한다.)

해답

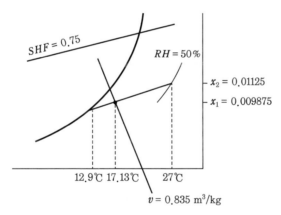

$$SHF = \frac{30000 \times 4.2}{4.2 \times (30000 + 10000)} = 0.75$$

(1) 냉각코일 출구온도 $= 12.9 + 0.3 \times (27 - 12.9) = 17.13\,℃$

(2) 송풍량 $G = \dfrac{30000 \times 4.2}{1.008 \times (27 - 17.13)} = 12664.64 \, \mathrm{kg/h}$

$$Q = Gv = 12664.64 \times 0.835 = 10574.97 \, \mathrm{m^3/h}$$

(3) 제습량 $L = G \times (x_2 - x_1) = 12664.64 \times (0.01125 - 0.009875)$

$$= 17.4138 \fallingdotseq 17.41 \, \mathrm{kg/h}$$

> **참고** 1 kcal는 4.2 kJ로 하고, 공기비열을 1.008 kJ/kg · K로 하여 SI 단위로 계산할 수 있다.

11. 다음 그림과 같이 혼합, 냉각, 재열을 하는 공기조화기가 있다. 이에 대해 다음 각 물음에 답하시오.

[조 건]

1. 외기 : 건구온도 32℃, 습구온도 27℃, 도입 외기량 2000 m³/h
2. 실내 : 건구온도 26℃, 상대습도 50 %
3. 부하 : 실내 전부하 32000 kcal/h, 실내 잠열부하 11200 kcal/h
4. 냉각코일 출구 : 노점 제어를 하여 건구온도 13℃, 상대습도 90 %로 일정하다.
5. 송풍기 및 덕트 등에서의 열취득은 무시한다.
6. 습공기의 비열은 0.24 kcal/kg (DA) deg, 비용적을 0.83 m³/kg (DA)으로 한다. 여기서, kg (DA)은 습공기 중의 건조공기 중량(kg)을 표시하는 기호 이다. 또한, 별첨의 습공기 선도를 사용하여 답은 계산 과정을 기입한다.

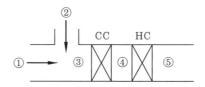

(1) 재열코일의 출구공기 상태를 건구온도 (℃)와 상대습도 (%)로 나타내시오.
(2) 필요 송풍량 (m³/h)을 구하시오.
(3) 냉각코일의 부하 (kcal/h)를 구하시오.
(4) 재열코일의 부하를 구하시오.

해답 $SHF = \dfrac{(32000 - 11200) \times 4.2}{32000 \times 4.2} = 0.65$

(1) 선도에서 t_5는 16℃이고 $RH = 75\%$

(2) 송풍량 $G = \dfrac{(32000 - 11200) \times 4.2}{1.008 \times (26 - 16)} = 8666.67 \, \text{kg/h}$

$Q = \dfrac{(32000 - 11200) \times 4.2}{1.008 \times \dfrac{1}{0.83} \times (26 - 16)} = 7193.33 \, \text{m}^3/\text{h}$

(3) $t_3 = \dfrac{32 \times 2000 + 26 \times (7193.33 - 2000)}{7193.33} = 27.668 \doteqdot 27.67℃$

냉각코일 부하 $q_{CC} = G(h_3 - h_4) = 8666.67 \times (14.7 - 8.2) \times 4.2 = 236600.091 \doteqdot 236600.09 \, \text{kJ/h}$

(4) 재열코일 부하 $q_{HC} = G(h_5 - h_4) = 8666.67 \times (8.9 - 8.2) \times 4.2 = 25480.009 \doteqdot 25480.01 \, \text{kJ/h}$

[공기 선도 작성법]

㈎ 습구온도 27℃, 건구온도 32℃의 점 ①을 선정한다.

㈏ 건구온도 26℃, 상대습도 50 %, 점 ②를 선정한다.

㈐ 점 ②에서 점 ⑤의 선은 SHF와 나란히 긋는다.

㈜ 점 ④ 는 건구온도 13℃, *RH* 90 %에서 점 ⑤ 는 재열이므로 절대습도 선과 나란히 그어서 점 ⑤ 를 선정한다.

㈕ 급기량을 계산하고, 외기 도입량과의 혼합점 ③ 을 선정한다.

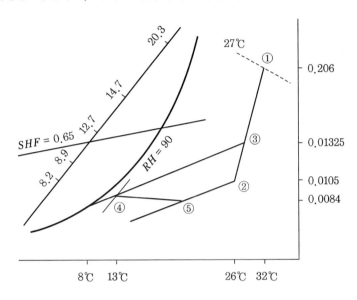

참고 1 kcal는 4.2 kJ로 하고, 공기비열을 1.008 kJ/kg · K로 하여 SI 단위로 계산할 수 있다.

12. 다음 그림과 같은 공조장치를 아래의 [조건]으로 냉방 운전할 때 공기 선도를 이용하여 그림의 번호를 공기조화 process에 나타내고, 실내 송풍량 및 공기 냉각기에 공급하는 냉각수량을 계산하시오. (단, 환기덕트에 의한 공기의 온도 상승은 무시하고, 풍량은 비체적을 0.83 m³/kg (DA)로 계산한다.)

[조 건]

1. 실내 온습도 : 건구온도 26℃, 상대습도 50 %
2. 외기상태 : 건구온도 33℃, 습구온도 27℃
3. 실내 냉방부하 : 현열부하 10000 kcal/h, 잠열부하 1200 kcal/h
4. 취입 외기량 : 급기풍량의 25%
5. 실내와 취출공기의 온도차 : 10℃
6. 송풍기 및 급기덕트에 의한 공기의 온도 상승 : 1℃
7. 공기의 비중량 : 1.2 kg/m³
8. 공기의 정압비열 : 1.008 kJ/kg · K

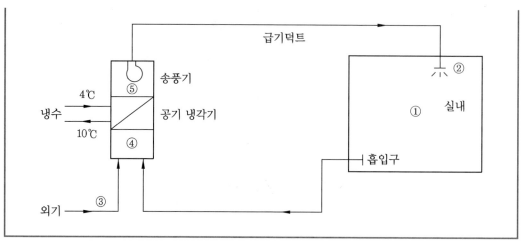

해답 (1)

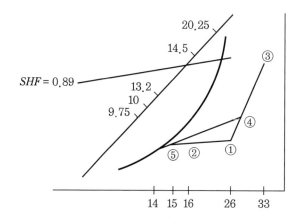

(2) $SHF = \dfrac{10000}{10000+1200} = 0.8928 = 0.89$

$t_4 = 33 \times 0.25 + 26 \times 0.75 = 27.75\,℃$

$t_2 = 26 - 10 = 16\,℃$

$t_5 = 16 - 1 = 15\,℃$

$Q = \dfrac{10000 \times 0.83 \times 4.2}{1.008 \times 10} = 3458.333 = 3458.33\,\mathrm{m^3/h}$

(3) $L = \dfrac{3458.33 \times (14.5 - 9.75) \times 4.2}{0.83 \times 4.2 \times (10-4) \times 60} = 54.9767 = 54.98\,\mathrm{kg/min}$

참고   1 kcal는 4.2 kJ로 하고, 공기비열 1.008 kJ/kg · K, 냉각수 비열 4.2로 하여 SI 단위로 계산할 수 있다.

13. 다음과 같은 공조장치가 아래 [조건]으로 운전되고 있다. 각 물음에 답하시오. (단, 송풍기 입구와 취출구 온도, 흡입구와 공조기 입구온도는 각각 동일하며, 물(水)가 습에 의한 공기의 상태 변화는 습구온도 선상에 일정한 상태로 변화한다.)

--- [조 건] ---

1. 실내온도 : 22℃
2. 실내 상대습도 : 45 %
3. 실내 급기량(V_s) : 10000 m³/h
4. 취입 외기량(V_o) : 2000 m³/h
5. 외기온도 : 5℃, 상대습도 45 %
6. 실내 난방부하 : 현열부하(q_s) = 17400 kcal/h, 잠열부하(q_l) = 3600 kcal/h
7. 온수 입구온도 : 45℃, 출구온도 40℃
8. 공기의 정압비열(C_P) : 1.008 kJ/kg·K
9. 공기의 비중량(γ_a) : 1.2 kg/m³
10. 물의 증발잠열(γ) : 2500 kJ/kg

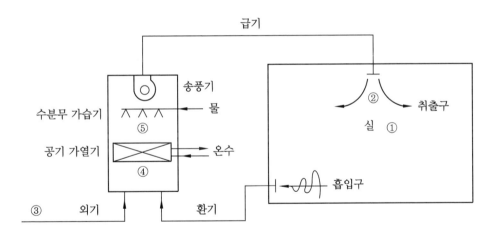

(1) 장치도에 나타낸 운전상태 ①~⑤를 공기 선도 상에 나타내시오.
(2) 공기 가열기의 가열량(kcal/h)을 구하시오.
(3) 온수량(kg/h)을 구하시오.
(4) 가습기의 가습량(kg/h)을 구하시오.

해답 (1) ① $t_4 = \dfrac{(22 \times 8000) + (5 \times 2000)}{10000} = 18.6℃$

　　② $SHF = \dfrac{17400 \times 4.2}{4.2 \times (17400 + 3600)} = 0.828 ≒ 0.83$

③ $t_2 = t_1 + \dfrac{q_s}{V_s \cdot \gamma_a \cdot C_P} = 22 + \dfrac{17400 \times 4.2}{10000 \times 1.2 \times 1.008} = 28.04\,℃$

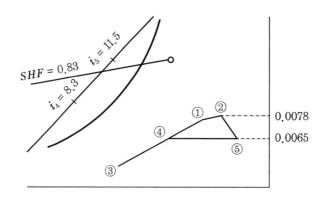

(2) 가열량 $H = V_s \cdot \gamma_a (i_5 - i_4)$

$\qquad\qquad = 10000 \times 1.2 \times (11.5 - 8.3) \times 4.2 = 161280\,\text{kJ/h}$

(3) 온수량 $G_W = \dfrac{161280}{4.2 \times (45 - 40)} = 7680\,\text{kg/h}$

(4) 가습량 $L = 10000 \times 1.2 \times (0.0078 - 0.0065) = 15.6\,\text{kg/h}$

05 배관 설비 유지보수

Chapter

5-1 펌프 (pump)

(1) 운전동력

① 수동력

$$L[\text{PS}] = \frac{\gamma \cdot Q \cdot H}{75}, \quad L[\text{kW}] = \frac{\gamma \cdot Q \cdot H}{102}$$

② 축동력

$$L_a = \frac{수동력}{\eta}$$

(2) 펌프의 양정 (lift) : mAq, mH

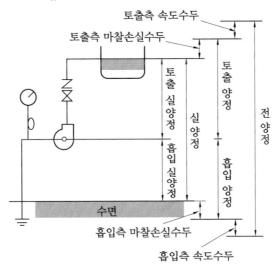

① 전양정

$$H = h_a + h_p + h_f + h_v + h_t$$

여기서, H : 펌프의 소요양정(mAq)

h_v : 속도수두차 (흡입유속이 2 m/s 이하일 때는 무시)

h_a : 실양정(토출 흡입면의 고저차 : mAq)

h_f : 배관 마찰손실수두 (mAq)

h_p : 압력수두차 (양면이 대기개방일 때는 0) $= \dfrac{P_1 - P_2}{\gamma}$

h_t : 국부 손실수두 (mAq) (밸브, 엘보, 응축기, 쿨링 타워 등의 기내 손실수두)

② 펌프를 직렬연결하면 양정은 증가하고 송수량은 일정하며, 또 펌프를 병렬연결하면 양정은 일정하고 송수량은 증가한다.

(3) 상사법칙

① 송수량 $Q_2 = \dfrac{N_2}{N_1} \cdot Q_1 [\mathrm{m^3/min}]$

② 전양정 $H_2 = \left(\dfrac{N_2}{N_1}\right)^2 \cdot H_1 [\mathrm{mAq}]$

③ 축동력 $P_2 = \left(\dfrac{N_2}{N_1}\right)^3 \cdot P_1 [\mathrm{kW}]$

여기서, N_1, N_2 : 회전수 H_1, H_2 : 양정, η_1, η_2 : 효율

        Q_1, Q_2 : 수량 P_1, P_2 : 축동력

> **참고**   상사법칙은 회전수 변화 20 % 이내에서 성립한다.

(4) 온수 순환펌프의 계산

① 지연순환식 (중력순환식)

자연수두 $H = 1000\,(\rho_r - \rho_f)\,h\,[\mathrm{mmAq}]$

여기서, h : 탕비기에의 복귀관 중심에서 급탕 최고위치까지의 높이(m)

        ρ_r : 탕비기에의 복귀 탕수의 밀도 (kg/L)

        ρ_f : 탕비기 출구의 열탕의 밀도 (kg/L)

② 강제순환식 : 순환펌프의 전양정은 급탕 주관 및 제일 먼 곳의 급탕 분기관을 거쳐 복귀관에서 저탕조로 돌아오는 가장 먼 순환의 전관로의 관지름과 유량 (순환 탕량) 에서 전손실수두를 구해서 정한다.

펌프의 전양정 $H = 0.01\left(\dfrac{L}{2} + l\right)[\mathrm{m}]$

여기서, L : 급탕관의 전배관길이(m), l : 복귀관의 전배관길이(m)

③ 온수 순환펌프의 수량 (水量)

$$W = \frac{60\,Q\rho\,C\Delta t}{1000} \qquad\qquad Q = \frac{W}{60\,\Delta t}$$

여기서, W : 배관과 펌프 및 기타 손실열량 (kJ/h), Q : 순환수량 (L/min)

        C : 탕의 비열(kJ/kg·K), ρ : 탕의 밀도 (kg/m³)

        Δt : 급탕·반탕의 온도차 (℃) (Δt 는 강제순환식일 때 5~10℃ 정도)

5-2 배관

(1) 저압 증기관 환수관 용량표(kg/h)

관지름(B)	횡관 압력강하(kg/cm²/100 m)											
	0.007		0.01		0.015		0.03		0.06		0.12	
	건식	습식	건식	진공식 습식	건식	진공식 습식	건식	진공식 습식	건식	진공식 습식	건식	진공식 습식
3/4	−	−	−	19	−	45	−	65	−	91		129
1	28	57	32	65	36	80	47	113	52	159		224
1 1/4	59	97	68	111	76	136	99	193	110	272		385
1 1/2	94	153	107	176	120	216	154	306	172	431		610
2	213	318	243	370	261	454	336	644	374	910		1290
2 1/2	345	535	394	620	432	762	560	1080	620	1520		2150
3	662	853	710	990	794	1220	1020	1730	1140	2430		3430
3 1/2	894	1250	1000	1480	1140	1820	1470	2580	1630	3630		5130
4	1330	1760	1520	2040	1700	2500	2200	3540	2440	5000		7030
5				3580		4400		6220		8800		12400
6				5720		7030		10000		14100		19900
입관												
3/4	22		22	65	22	80	22	113	22	159		224
1	51		51	111	51	136	51	193	51	272		385
1 1/4	113		113	176	113	216	113	306	113	431		610
1 1/2	170		170	370	170	454	170	644	170	910		1290
2	340		340	620	340	762	340	1080	340	1520		2150
2 1/2				990		1220		1730		2430		3430
3				1480		1820		2580		3630		5130
3 1/2				2040		2500		3540		5000		7030
4				3580		4400		6220		8800		12400
5				5720		7030		10000		14100		19900

(2) 물에 대한 마찰저항 선도

① 관지름(mm) 또는 (A)

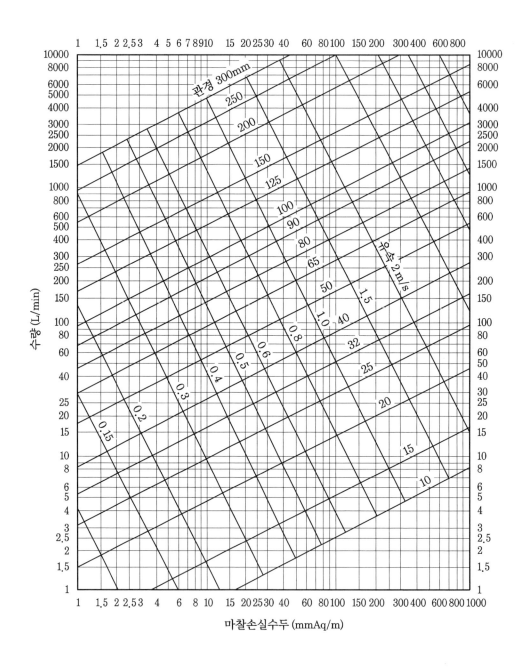

② 관지름 inch 또는 (B)

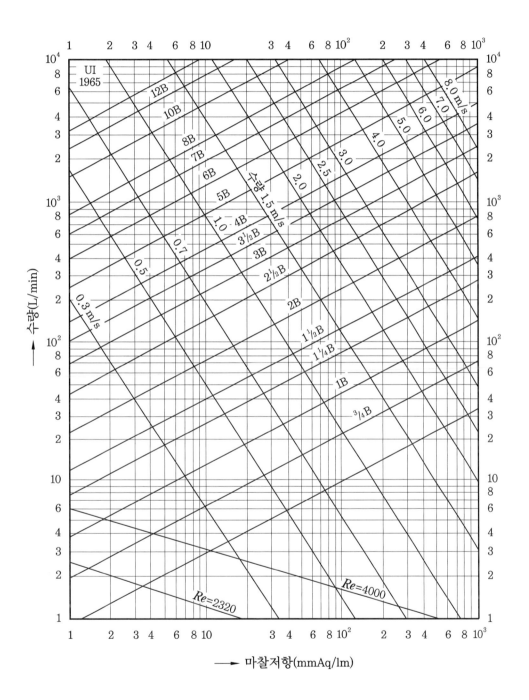

01. R-12용 냉동장치의 액관이 수액기로부터 증발기까지 7 m 입상된 No. 1 증발기와 10 m 입상된 No. 2 증발기의 경우에 액관 중에서 플래시 가스(flash gas)의 발생 여부를 산출하시오. (단, 액냉매의 비중량은 1250 kg/m³이며, 액관 중의 유동저항은 No. 1 증발기의 경우에는 0.04 kg/cm²이고, No. 2 증발기의 경우에는 0.05 kg/cm²이며, 팽창밸브 직전의 액냉매의 온도는 30℃이고, 과냉각도는 5℃이다.)

액화 프레온 냉매의 포화온도와 압력 대조표

온도(℃)	압력(kg/cm²·abs)	온도(℃)	압력(kg/cm²·abs)
25℃	6.64	35℃	8.63
30℃	7.58	40℃	9.77

해답 (1) 액온이 30℃, 과냉각도가 5℃이므로 수액기 내의 온도는 35℃에 해당하는 8.63 kg/cm²·abs이다. 팽창밸브 직전의 포화압력은 7.58 kg/cm²·abs이므로 이 압력의 이하에서는 플래시 가스가 발생한다. 따라서, 액관 중의 압력강하는 다음의 압력강하 이상이 되면 플래시 가스가 발생하게 되므로 그 여부를 산출한다.

$8.63 - 7.58 = 1.05 \, kg/cm^2 \cdot a$

(2) No. 1 증발기까지의 액관 중의 압력강하

$\dfrac{1250}{10000} \times 7 + 0.04 = 0.915 \, kg/cm^2 \cdot a$

∴ 플래시 가스가 발생하지 않는다.

(3) No. 2 증발기까지의 액관 중의 압력강하

$\dfrac{1250}{10000} \times 10 + 0.05 = 1.3 \, kg/cm^2 \cdot a$

∴ 플래시 가스가 발생한다.

02. 송수량이 5000 L/min, 전양정 25 m, 펌프의 효율이 65 %일 때 양수펌프의 축동력 (kW)을 구하시오.

해답 축동력 = $\dfrac{1000 \times 5 \times 25}{102 \times 60 \times 0.65} = 31.4 \, kW$

03. 냉동능력이 15냉동톤(RT)인 R-12용 냉동장치의 운전조건이 흡입가스 온도 5℃, 응축온도 40℃일 때 다음의 R-12용 흡입가스관의 배관 결정도와 포화압력을 참조하여 각 물음에 답하시오. (단, 5℃ = 3.6959 kg/cm²·abs, 6℃ = 3.8135 kg/cm²·abs)

(1) 이 배관의 관 상당길이가 50 m라 할 때 그 압력손실이 1℃가 되는 흡입가스의 관지름(mm)은 얼마인가?

(2) 실제의 압력손실은 몇 ℃인가?

(3) 압력강하는 몇 kg/cm²인가?

R-12용 흡입 관지름 결정도

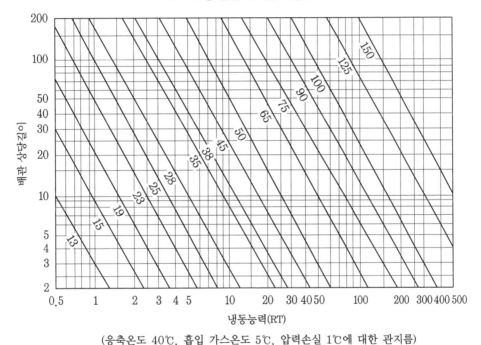

(응축온도 40℃, 흡입 가스온도 5℃, 압력손실 1℃에 대한 관지름)

해답 (1) 15냉동톤의 세로축과 관 상당길이가 50 m인 가로축과의 교차점은 관지름 50 mm와 65 mm 사이이므로 관지름 65 mm로 결정한다.

(2) 15냉동톤과 관지름 65 mm의 교차점에서 관 상당길이 80 m가 되며, 이 선도는 압력손실 1℃에 대한 것이므로 실제의 관 상당길이 50 m는 $1℃ \times \dfrac{50}{80} = 0.625$이므로 0.63℃이다.

(3) 포화온도 1℃의 차압은 3.8135 - 3.6959 = 0.1176이므로, 0.63 × 0.1176 = 0.07408로 압력강하는 0.0741 kg/cm²이다.

04. R-12 냉동장치의 응축기와 증발기 사이에서 응축온도 100℉, 관과 밸브류 등의 압력손실이 12.07 PSI이고, 이때 입상관의 높이가 16.2 m일 때 액관에서의 과냉각도를 구하시오. (단, 입상관 1.8 m당 1 PSI의 압력손실이 있다. 다음 표를 이용한다.)

R-12의 포화온도 (℉) 와 포화압력 (PSI)

온도(℉)	압력(PSI)	온도(℉)	압력(PSI)	온도(℉)	압력(PSI)
82	87.16	90	99.79	98	113.54
84	90.22	92	103.12	100	117.16
86	93.34	94	106.52	102	120.86
88	96.53	96	110.00		

해답 ① 액관에서의 압력강하 $= 12.07 + 16.2 \times \dfrac{1}{1.8} = 21.07\,\text{PSI}$

② 액관 압력 $= 117.16 - 21.07 = 96.09\,\text{PSI}$

③ 액관 온도 $= 86 + \dfrac{96.09 - 93.34}{96.53 - 93.34} \times (88 - 86) = 87.72\,℉$

④ 과냉각도 $= 100 - 87.72 = 12.28\,℉$

05. 배관길이 120 m의 도중에 엘보 12개, 게이트 밸브 1개, 스톱 밸브 3개, 앵글 밸브 2개가 배관되었을 경우 총 관길이는 얼마인가? (단, 관지름은 65 mm이고, 다음 표를 이용한다.)

국부저항의 해당 길이 (m)

관지름	15	20	25	32	40	50	65	80	100	125	150
엘보	0.5	0.6	0.9	1.1	1.4	1.6	1.9	2.5	3.6	4.2	4.8
치즈 T	0.3	0.4	0.5	0.7	0.8	1.0	1.2	1.5	2.0	2.5	3.0
치즈 T	1.2	1.4	1.7	2.3	2.9	3.6	4.2	5.2	7.3	8.8	10.0
치즈 T (틀린 지름 1/2″)	0.5	0.6	0.9	1.1	1.4	1.6	1.9	2.5	3.6	4.2	4.8
치즈(틀린 지름 1/4″)	0.4	0.6	0.7	0.9	1.1	1.2	1.7	2.1	2.8	3.6	4.2
게이트 밸브 (전개)	0.1	0.2	0.2	0.2	0.3	0.4	4.0	0.5	0.7	0.9	1.1
스톱 밸브 (전개)	5.5	7.6	9.1	12.1	13.6	18.2	21.2	26.0	36.0	42.0	51.0
앵글 밸브 (전개)	2.7	4.0	4.5	6.0	7.0	8.2	10.3	13.0	16.0	18.2	32.3
리턴 밴드	0.4	0.7	0.8	1.0	1.2	1.7	2.2	8.8	–	–	–
방열기(보일러)	0.9	1.4	1.9	2.4	2.8	3.8	4.7	5.7	–	–	–
온수용 방열기 밸브	1.6	2.2	2.8	3.6	4.2	5.3					

해답 ① 관길이 = 120 m
② 엘보 = 1.9×12 = 22.8 m
③ 게이트 밸브 = 4×1 = 4 m
④ 스톱 밸브 = 21.2×3 = 63.6 m
⑤ 앵글 밸브 = 10.3×2 = 20.6 m
∴ 총 관길이 = 231 m

06. 공랭식 응축기를 사용하는 R-12용 냉동장치의 능력이 50 US RT일 때 첨부된 관지름 결정도와 보정표를 이용하여 다음 각 물음에 답하시오.

[사용 조건]

1. 응축온도 : 50℃
2. 증발온도 : 5℃
3. 직관의 실제길이 : 25 m
4. 관지름 : 65 mm, 엘보 : 10개(관 상당길이 개당 1.5 m)
5. 관지름 : 65 mm, 글로브 밸브 : 1개(관 상당길이 개당 2.2 m)
6. 50℃ 포화압력 : 12.386 kg/cm²
7. 49℃ 포화압력 12.108 kg/cm²

R-12용 토출가스 관지름 결정도

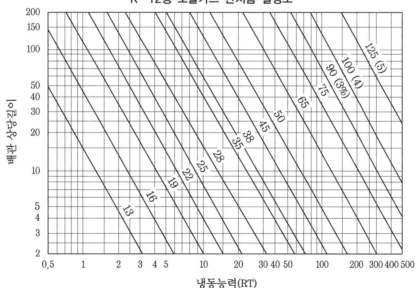

(응축온도 40℃, 흡입 가스온도 5℃, 압력손실 1℃에 대한 관지름)

프레온-12용 토출관 상태변화의 보정값

응축온도	포화흡입온도 (℃)										
	-40	-35	-30	-25	-20	-15	-10	-5	0	5	10
	계수										
25	1.5	1.5	1.5	1.4	1.4	1.4	1.3	1.3	1.3	1.3	1.3
30	1.4	1.4	1.3	1.3	1.3	1.3	1.2	1.2	1.2	1.2	1.1
35	1.3	1.3	1.2	1.2	1.2	1.2	1.1	1.1	1.1	1.1	1.1
40	1.2	1.2	1.2	1.1	1.1	1.1	1.1	1.0	1.0	1.0	1.0
45	1.1	1.1	1.1	1.1	1.0	1.0	1.0	1.0	1.0	0.9	0.9
50	1.0	1.0	1.0	1.0	0.9	0.9	0.9	1.9	1.9	0.8	0.8

㈜ 흡입온도 5℃, 응축온도 40℃, 이외의 온도변화에 대해서는 표의 계수를 냉동톤에 곱하여 결정도에서 구한다.

(1) 토출관 지름 (mm)
(2) 압력손실(℃)
(3) 압력강하 (kg/cm²)

해답 (1) 토출관 지름 : 65 mm
(2) 압력손실 : 0.53℃
(3) 압력강하 : 0.147 kg/cm²

참고 1. 50 USRT을 한국 냉동톤으로 환산하면 $50 \times \dfrac{3024}{3320} = 45.54\,\mathrm{RT}$

2. 응축온도 50℃, 흡입가스 온도 5℃에 대한 보정값은 0.8이다.

3. 실제길이의 50 %를 증가(1.5배) 하여 관 상당길이를 가정한다.
   25×1.5≒38 m

4. 36.43 RT와 관 상당길이 38 m와의 교점은 50 mm와 65 mm 사이이므로 관지름은 65 mm로 결정

5. 관지름 65 mm와 36.43 RT에 대한 1℃의 관 상당길이는 80 m 까지이다.

6. 관지름 65 mm로 가정한 실제 배관에 요하는 관 상당길이는 엘보 10개×1.5 m = 15 m, 글로브 밸브 1개×2.2 m이므로 15+2.2+25 = 42.2 m이다.

7. 관지름 65 mm로 할 경우 1℃에 대한 관 상당길이는 80 m이므로 계산된 관 상당길이 42.2 m 보다 길게 되므로 1℃의 손실 이내가 되어 충분하다.

8. 압력손실은 $1℃ \times \dfrac{42.2}{80} ≒ 0.53℃$ 이다.

9. 압력강하는 50℃일 때 12.386 kg/cm²이고, 49℃일 때 12.108이므로 12.386-12.108=0.278 kg/cm²이다.
   ∴ 0.278 × 0.53 = 0.147 kg/cm²가 된다.

07. [표 1]과 [표 2]를 이용하여 길이 30 m의 직관부의 온도가 0℃에서 120℃까지 변화하는 경우의 팽창량을 강관과 동관에 대하여 구하시오.

[표 1] 각종 재료의 평균 팽창계수 (mm/mm · ℃ × 10⁻⁶)

재료 \ 온도 범위	−100~0	0~+100	0~200	0~300	0~400
알루미늄	21.0	24.0	24.7	25.5	26.1
황동	16.6	17.5	18.0	18.5	18.9
동	15.7	16.6	16.9	17.3	17.8
탄소강 (C : 0.3~04 %)	10.5	11.5	11.9	12.6	13.3

[표 2] 관길이 10 m 당의 팽창량 (mm/10 m)

온도(℃)	강관 (C : 0.2~0.3 %)	동관	온도(℃)	강관 (C : 0.2~0.3 %)	동관
−50	−5.3	−7.9	60	6.9	10.0
−40	−4.2	−6.3	70	8.1	11.6
−30	−3.2	−4.7	80	9.2	13.3
−20	−2.1	−3.1	90	10.4	14.9
−10	−1.1	−1.6	100	11.5	16.6
0	0	0	110	13.1	18.6
10	1.2	1.7	120	14.3	20.3
20	2.3	3.3	130	15.5	22.0
30	3.5	5.0	140	16.7	23.6
40	4.6	6.6	150	17.9	25.4
50	5.8	8.3			

해답 (1) [표 1]에 의한 경우 0℃에서 200℃까지의 평균 팽창계수는 강관이 11.9×10^{-6}이고, 동관이 16.9×10^{-6}이다.

　① 강관 $= 1000 \times 30 \times 0.0000119 \times (120 - 0) = 42.8$ mm

　② 동관 $= 1000 \times 30 \times 0.0000169 \times (120 - 0) = 60.8$ mm

(2) [표 2]에 의해서 구하면,

　① 강관 $= \dfrac{30}{10} \times (14.3 - 0) = 42.9$ mm

　② 동관 $= \dfrac{30}{10} \times (20.3 - 0) = 60.9$ mm

08. 다음 그림과 같은 쿨링 타워의 냉각수 배관계에서 직관부의 전장을 60 m, 순환수량을 300 L/min로 하여 냉각수 순환펌프의 양정과 축동력을 구하시오. (단, 배관의 국부저항은 직관부 *l*의 50 %로 한다.)

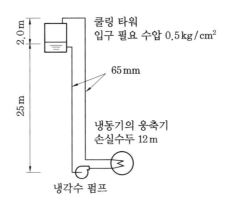

쿨링 타워
입구 필요 수압 0.5 kg/cm²

65 mm

냉동기의 응축기
손실수두 12 m

냉각수 펌프

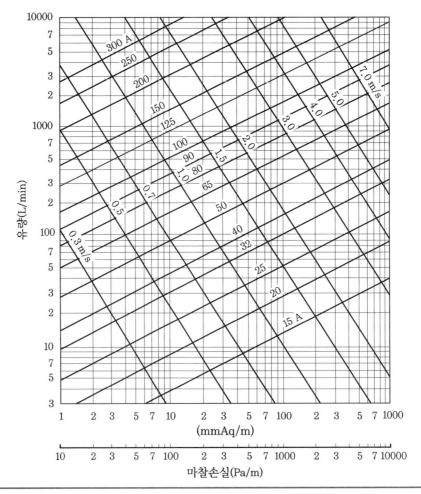

해답 (1) 전양정

① 직관 및 국부저항 포함길이= $60 \times 1.5 = 90\,\mathrm{m}$

② 선도에서 관지름 65 mm, 수량 300 L/min의 마찰손실수두는 35.7 mmAq/m이므로, $90 \times 0.0357 = 3.213 = 3.21\,\mathrm{mAq}$

③ 실양정 2 mAq, 냉각탑 입구압력 0.5 kgf/cm²=5 mAq, 응축기 손실수두 12 mAq 이므로,

전양정 $= 3.21 + 2 + 5 + 12 = 22.21\,\mathrm{mAq}$

(2) 동력 $L_{\mathrm{kW}} = \dfrac{\gamma \cdot Q \cdot H}{102} = \dfrac{1000 \times 0.3 \times 22.21}{102 \times 60} = 1.0887 = 1.09\,\mathrm{kW}$

---

09. 다음 그림은 냉수 시스템의 배관지름을 결정하기 위한 계통이다. 그림을 참조하여 각 물음에 답하시오.

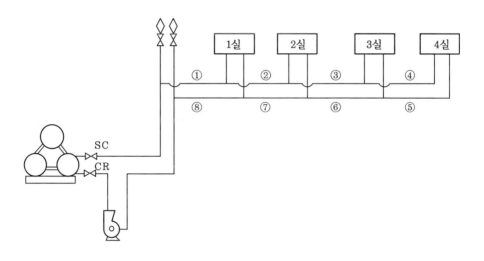

부하 집계표

실명	현열부하 (kJ/h)	잠열부하 (kJ/h)
1실	50400	12600
2실	105000	21000
3실	63000	12600
4실	126000	25200

냉수배관 ①~⑧에 흐르는 유량을 구하고, 주어진 마찰저항 도표를 이용하여 관지름을 결정하시오. (단, 냉수의 공급·환수 온도차는 5℃, 비열은 4.2 kJ/kg · K로 하고, 마찰저항 R은 30mmAq/m이다.)

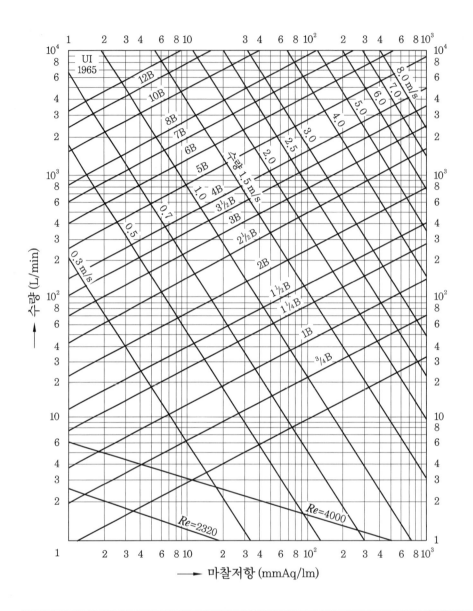

배관 번호	유량 (L/min)	관지름 (B)
①, ⑧		
②, ⑦		
③, ⑥		
④, ⑤		

해답

배관 번호	유량 (L/min)	관지름 (B)
①, ⑧	330	3
②, ⑦	280	3
③, ⑥	180	$2\frac{1}{2}$
④, ⑤	120	2

참고

1실: $G_w = \dfrac{50400 + 12600}{4.2 \times 5 \times 60} = 50\,\text{L/min}$

2실: $G_w = \dfrac{105000 + 21000}{4.2 \times 5 \times 60} = 100\,\text{L/min}$

3실: $G_w = \dfrac{63000 + 12600}{4.2 \times 5 \times 60} = 60\,\text{L/min}$

4실: $G_w = \dfrac{126000 + 25200}{4.2 \times 5 \times 60} = 120\,\text{L/min}$

10. 다음과 같은 냉수배관이 있다. 각 물음에 답하시오.

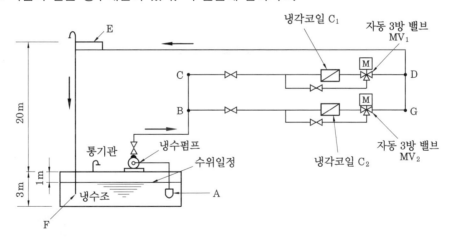

─── [조 건] ───

1. 냉각코일의 부하 : $C_1 = 378000\,\text{kJ/h}$, $C_2 = 210000\,\text{kJ/h}$
2. 냉각코일의 수온 : 입구 = 8℃, 출구 = 13.5℃
3. 직관길이
   ① A−B 사이 : 20 m 　② B−C−D 사이 : 10 m
   ③ B−G−D 사이 : 10 m 　④ D−E 사이 : 40 m
   ⑤ E−F 사이 : 22 m
4. 국부저항 : $C_1 = 4\,\text{mAq}$, $C_2 = 3\,\text{mAq}$, $MV_1 = 6\,\text{mAq}$, $MV_2 = 4.5\,\text{mAq}$
5. 펌프 및 배관 등에서의 열취득은 무시한다.

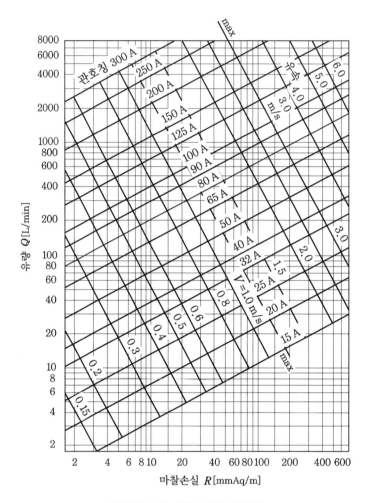

강관의 수에 대한 마찰손실수두

(1) 각 코일 (C_1 코일, C_2 코일) 에 대한 순환수량 (L/min)을 구하시오.

(2) 그림의 A-B, B-C, G-D 각 구간의 관지름 (A), 유속 (m/s), 단위길이당 마찰저항 (mmAq/m)을 구하시오. (단, 유속은 2.5 m/s 이하, 단위길이당 마찰저항은 30~60 mmAq/m의 범위로 한다.)

(3) 냉수펌프의 양정(head)을 구하시오. (단, 게이트 밸브 (gate valve), 곡선부분 등의 국부저항 상당길이는 직관길이의 100 %로 하며, 양정 계산에 10 %의 여유를 주는 것으로 한다.)

해답 (1) C_1 코일 순환수량 $= \dfrac{378000}{4.2 \times (13.5 - 8) \times 60} = 272.727 \, \mathrm{kg/min} = 272.73 \, \mathrm{L/min}$

C_2 코일 순환수량 $= \dfrac{210000}{4.2 \times (13.5 - 8) \times 60} = 151.515 \, \mathrm{kg/min} = 151.52 \, \mathrm{L/min}$

$\therefore$ 전체 순환량 $= 272.73 + 151.52 = 424.25 \, \mathrm{L/min}$

(2)

구간	수량 (L/min)	관지름 (A)	유속 (m/s)	단위길이당 저항
A-B	424.25	80	1.43	43
B-C	272.73	65	1.29	40
G-D	151.52	50	1.13	43

(3)

구간	직관길이 (m)	상당길이 (m)	단위길이당 저항 (mAq/m)	저항(mAq)		
				관	코일과 밸브	합계
A-B	20	20	0.043	1.72	−	1.72
D-E	40	40	0.043	3.44	−	3.44
B-C-D	10	10	0.04	0.8	10	10.8
B-G-D	10	10	0.043	0.86	7.5	8.36

$$\therefore \ 전양정 = (1.72 + 3.44 + 10.8) \times 1.1 + (20 + 1) = 38.556\,\mathrm{mAq}$$

---

11. 프레온 압축기 흡입관(suction riser)에 있어서 이중 입상관(double suction riser)을 사용하는 경우가 있다. 이중 입상관의 배관도를 그리고, 그 역할을 설명하시오.

해답 (1) 이중 입상관 배관도

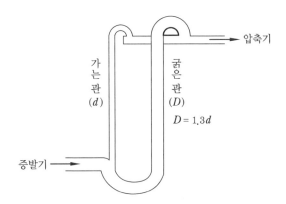

(2) 역할 : 프레온 냉동장치에서 오일(oil)의 회수를 용이하게 하기 위하여 이중 입상 배관을 한다.

12. 동관으로 된 루프(loop) 및 오프셋(offset)의 치수를 주어진 다음 표를 이용하여 구하시오. (단, 흡입배관 온도 −40℃, 상온 35℃, 배관 지름 65 mm, 직관부 길이를 30 m로 한다.)

[표 1] 배관직관장 10 m에 대한 열팽창 길이

온도차 (℃)	동관 (mm)	온도차 (℃)	동관 (mm)
0	0	100	17.07
25	4.21	125	21.34
50	8.42	150	25.94
75	12.75	175	30.40

[표 2] 루프, 오프셋의 표준치수 (m)

동관의 호칭지름	동관의 팽창, 수축량 mm에 대한 L 치수 (m)			
	37.5	50.0	62.5	75
45	0.6	0.7	0.8	0.9
50	0.6	0.8	0.9	1.0
65	0.7	0.8	1.0	1.1
75	0.8	0.9	1.0	1.2
100	0.9	1.0	1.1	1.2

해답 ① 온도차 $\Delta t = 35 - (-40) = 75℃$ 에서, [표 1]에서 열팽창 길이는 12.75 mm

② 직관부에 대한 열팽창 길이는 $\dfrac{12.75}{10} \times 30 = 38.25\,\mathrm{mm}$

③ [표 2]에서 호칭지름 65 mm에서 동관의 L 치수는 38.25 mm가 없으므로 다른 저항치 등을 고려하여 수축량 50 mm의 0.8을 택한다.

④ loop의 경우 최소 $2L = 2 \times 0.8 = 1.6\,\mathrm{m}$ 이상

⑤ 오프셋의 경우 최소 $3L = 3 \times 0.8 = 2.4\,\mathrm{m}$ 이상

∴ 루프 : 1.6 m 이상, 오프셋 : 2.4 m 이상

13. R-22를 사용하는 2단 압축 1단 팽창 냉동장치가 있다. 다음 조건을 이용해 물음에 답하시오. (단, 응축기 출구에서 제1팽창밸브 입구에 이르는 동안 열출입은 없고, 압력강하는 마찰손실 및 정압강하만 고려하고 마찰손실은 다음 식에 의한다.)

$$\Delta P = \lambda \frac{l}{D} \frac{U^2}{2g} \gamma$$

여기서, λ (마찰계수) : 0.03, g (중력가속도) : 9.8 m/s^2
U (유체의 평균유속) : 1.2 m/s, γ : 비중량, D : 관의 안지름

--- [조 건] ---

1. 응축온도 : 35℃
2. 과냉각액온도 : 30℃
3. 냉매액관
   ① 관의 안지름 : 20 mm
   ② 곡관부(1개당 관 상당길이 0.4 m) : 5개
   ③ 직관부의 길이 : 5 m
   ④ 밸브(1개당 관 상당길이 5 m) : 1개
   ⑤ 팽창밸브 입구에서 수액기 내 액면까지의 높이 : 4 m
4. R-22 포화액의 특성

온도 (℃)	압력(kg/cm^2)	비중량 (kg/m^3)
30	12.156	1171
35	13.819	1150

(1) 수액기에서 제1팽창밸브(중간냉각기 앞 팽창밸브) 입구에 이르는 사이의 압력 강하를 구하시오.
(2) 제1팽창밸브 입구에서의 플래시 가스의 유무(有無)를 판정하시오.

해답 (1) ① 배관 전상당길이 $l = 5 + (0.4 \times 5) + (5 \times 1) = 12 \,\mathrm{m}$

② 마찰손실 $\Delta P = \lambda \dfrac{l}{D} \dfrac{U^2}{2g} \gamma = 0.03 \times \dfrac{12}{0.02} \times \dfrac{1.2^2}{2 \times 9.8} \times 1171 \fallingdotseq 1548.59 \,\mathrm{kg/m^2}$

③ 압력강하 $= \gamma H + \Delta P = (1171 \times 4) + 1548.59 = 6232.59 \,\mathrm{kg/m^2} \fallingdotseq 0.62 \,\mathrm{kg/cm^2}$

(2) ① 압력강하 허용기준 $= 13.819 - 12.156 = 1.663 \fallingdotseq 1.66 \,\mathrm{kgf/cm^2}$

② 판정 : 압력강하 허용기준(1.66 kgf/cm^2)보다 수액기에서 팽창밸브 입구의 압력 강하(0.62 kgf/cm^2)가 작으므로 플래시 가스는 발생하지 않는다.

14. 다음 그림은 터보 냉동기의 용량이 150 USRT일 때 냉각수 배관 계통을 나타낸 것이다. 각 물음에 답하시오.

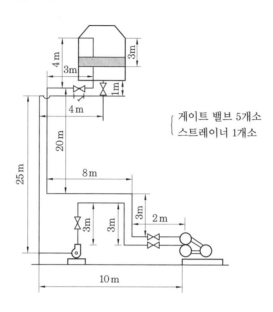

게이트 밸브 5개소
스트레이너 1개소

관지름	글로브 밸브	앵글 밸브	게이트 밸브	스윙 체크 밸브[1]	90°[2] 표준 엘보	45°[2] 표준 엘보	티	티 직통		
								티	티 (이경) $d \frac{3}{4} d$	티 (이경) $d \frac{1}{2} d$
1/3	5.2	1.8	0.2	1.5	0.4	0.2	0.8	0.3	0.4	0.4
1/2	5.5	2.1	0.2	1.8	0.5	0.2	0.9	0.3	0.4	0.6
3/4	6.7	2.7	0.3	2.4	0.6	0.3	1.2	0.4	0.6	0.5
1	8.8	3.7	0.3	3.1	0.8	0.4	1.5	0.5	0.7	0.8
1 1/4	11.6	4.6	0.5	4.3	1.0	0.5	2.1	0.7	0.9	1.0
1 1/2	13.1	5.5	0.6	4.8	1.2	0.6	2.4	0.8	1.1	1.2
2	16.8	7.3	0.7	6.1	1.5	0.8	3.1	1.0	1.4	1.5
2 1/2	21.0	8.8	0.9	7.6	1.8	1.0	3.7	1.3	1.7	1.8
3	25.6	10.7	1.0	9.1	2.3	1.2	4.6	1.5	2.1	2.3
3 1/2	30.5	12.5	1.2	10.7	2.7	1.4	5.5	1.8	2.4	2.7
4	36.6	14.3	1.4	12.7	3.1	1.6	6.4	2.0	2.7	3.1
5	42.7	17.7	1.8	15.2	4.0	2.0	7.6	2.5	3.7	4.0
6	51.8	21.3	2.1	18.3	4.9	2.4	9.1	3.1	4.3	4.9
8	67.1	25.9	2.7	24.4	6.1	3.1	12.2	4.0	5.5	6.1
10	85.3	32.0	3.7	30.5	7.6	4.0	15.2	4.9	7.0	7.6
12	97.5	39.6	4.0	36.6	9.1	4.9	18.3	5.8	7.9	9.1
14	110	47.2	4.6	41.2	10.4	5.5	20.7	7.0	9.1	10.4
16	125	54.9	5.2	45.7	11.6	6.1	23.8	7.9	10.7	11.6
18	140	61.0	5.8	50.3	12.8	7.0	25.9	8.8	12.2	12.8
20	158	71.6	6.7	61.0	15.2	7.9	30.5	10.1	13.4	15.2
24	186	80.8	7.6	73.2	18.3	9.1	35.1	12.2	15.2	18.3

주 [1] 밸브의 저항은 전개시의 것. 45° Y형 밸브는 앵글 밸브의 저항과 동일하다.
[2] 각 구경 상당의 밸브 시트를 지닌 리프트 체크 밸브는 글로브 밸브의 저항과 동일하다.

(1) 냉각수의 처리열량이 16380 kJ/h, USRT이고, 냉각수 출·입구의 온도차가 5℃ 일 때 냉각수의 순환량은 얼마인가? (단, 물의 비열은 4.2 kJ/kg·K, 비중량은 1 kg/L로 한다.)

(2) 냉각수 펌프의 전양정을 구하시오. (단, 배관의 굽힘부, 이음부 등에 의한 할증은 직관의 50 %, 쿨링 타워 노즐의 압력손실은 3 mAq, 콘덴서 내 코일의 압력손실은 6 mAq, 게이트 밸브와 스트레이너(동일 지름의 티 직통으로 가정)는 위의 표를 참조하여 구한다. (단, 관지름은 6 B이고, R =30 mmAq/m이다.))

해답 (1) 냉각수 순환량 $= \dfrac{150 \times 16380}{4.2 \times 5 \times 60 \times 1} = 1950 \, \text{L} / \text{min}$

(2) 전양정 $= 3 + 13.28 = 16.28 \, \text{mAq}$

참고 ① 실양정 $= 3 \, \text{mAq}$

② 마찰손실 $= (129 + 13.6) \times \dfrac{30}{1000} + 3 + 6 = 13.278 \fallingdotseq 13.28 \, \text{mAq}$

• 배관 상당길이 $= (3 + 3 + 10 + 2 + 3 + 8 + 20 + 3 + 4 + 1 + 4 + 25) \times 1.5 = 129 \, \text{m}$

• 밸브와 여과기 $= (2.1 \times 5) + (3.1 \times 1) = 13.6 \, \text{m}$

• 노즐 압력손실 $= 3 \, \text{mAq}$

• 코일 압력손실 $= 6 \, \text{mAq}$

---

15. 다음과 같은 공조기 수배관에서 각 구간의 관지름과 펌프용량을 결정하시오. (단, 허용마찰손실은 R = 80 mmAq/m이며, 국부저항 상당길이는 직관길이와 동일한 것으로 한다.)

구간	직관길이
A−B	50 m
B−C	5 m
C−D	5 m
D−E	5 m
E′−F	10 m

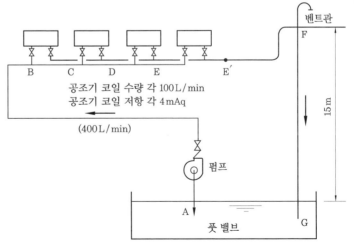

관지름에 따른 유량($R = 80\,\mathrm{mmAq/m}$)

관지름 (mm)	32	40	50	65	80
유량 (L/min)	90	180	380	570	850

(1) 각 구간의 빈곳을 완성하시오.

구간	유량 (L/min)	R [mmAq/m]	관지름 (mm)	직관길이 l [m]	상당길이 l' [m]	마찰저항 P [mmAq]	비고
A−B		80					−
B−C		80					−
C−D		80					−
D−E		80					−
E′−F		80					−
F−G		80		15	−	−	실양정

(2) 펌프의 양정 H [m] 과 수동력 P [kW] 을 구하시오.

해답 (1)

구간	유량 (L/min)	R [mmAq/m]	관지름 (mm)	직관길이 l [m]	상당길이 l' [m]	마찰저항 P [mmAq]	비고
A−B	400	80	65	50	50	8000	−
B−C	300	80	50	5	5	800	−
C−D	200	80	50	5	5	800	−
D−E	100	80	40	5	5	800	−
E′−F	400	80	65	10	10	1600	−
F−G	400	80	65	15	−	−	실양정

(2) 펌프의 양정 H [m], 수동력 P [kW]

① 양정 $H = \{8000 + (800 \times 3) + 1600\} \times \dfrac{1}{1000} + 4 + 15 = 31\,\mathrm{mAq}$

② 수동력 $P = \dfrac{1000 \times 0.4 \times 31}{102 \times 60} = 2.026 \fallingdotseq 2.03\,\mathrm{kW}$

16. 다음과 같은 배관 계통도에서 E점에 에어벤트 (필요수압 2 mAq)를 설치하려고 한다. 각 물음에 답하시오.

──────── [조 건] ────────
1. 배관길이 : A−B : 10 m, B−C : 45 m, D−E : 15 m
 E−F : 15 m, F−G : 15 m, H−A : 15 m
2. 마찰손실 : [열교환기 : 4 mAq, 가열코일 : 3 mAq, 배관 : 4 mAq/100 m]

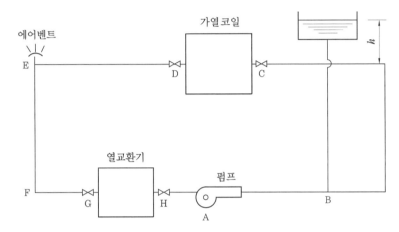

(1) 팽창탱크의 높이(h)는 몇 m로 하면 되는가?
(2) 펌프의 양정(H)은 얼마인가?
(3) 펌프 흡입측 압력은 몇 mAq인가?
(4) 배관계를 흐르는 유량이 3 m³/h일 때 펌프를 구동하기 위한 축동력(kW)을 구하시오. (단, 펌프의 효율은 70 %, 물의 비중량 $\gamma = 1000\,\mathrm{kg/m^3}$이다.)

[해답] (1) ① 배관 B−C간 마찰손실 $= \dfrac{4}{100} \times 45 = 1.8\,\mathrm{mAq}$

② 가열코일 C−D 손실 $= 3\,\mathrm{mAq}$

③ 배관 D−E간 마찰손실 $= \dfrac{4}{100} \times 15 = 0.6\,\mathrm{mAq}$

④ 에어벤트 수압 $= 2\,\mathrm{mAq}$

⑤ 높이(h) $= 1.8 + 3 + 0.6 + 2 = 7.4\,\mathrm{mAq}$

㊟ E 점에서 공기가 배출되게 하기 위하여 배관 B−C−D−E간의 마찰손실수두에 에어벤트 필요정압을 가산한다.

(2) $H = \{10 + 45 + (15 \times 4)\} \times \dfrac{4}{100} + 4 + 3 = 11.6\,\mathrm{mAq}$

㊟ 순환손실수두가 양정이다.

(3) ① 배관 E−G 마찰손실 $= \dfrac{4}{100} \times 30 = 1.2\,\mathrm{mAq}$

② 배관 H−A 마찰손실 $= \dfrac{4}{100} \times 15 = 0.6\,\mathrm{mAq}$

③ 열교환기 마찰손실＝4 mAq

④ 펌프 흡입측 압력＝(2＋15)－(1.2＋0.6＋4)＝11.2 mAq

㊟ E점의 압력에 정수두를 가산한 압력에 배관 E－F－H－A 간의 마찰손실압력을 제외한 압력이다.

(4) $L_{kW} = \dfrac{\gamma \cdot Q \cdot H}{102 \cdot \eta} = \dfrac{1000 \times 3 \times 11.6}{102 \times 0.7 \times 3600} = 0.136 \fallingdotseq 0.14\,kW$

---

17. 30 RT R-22 냉동장치에서 냉매액관의 관 상당길이가 80 m일 때 배관손실을 1℃ 이내로 하기 위한 관지름과 실제 압력손실을 구하시오.

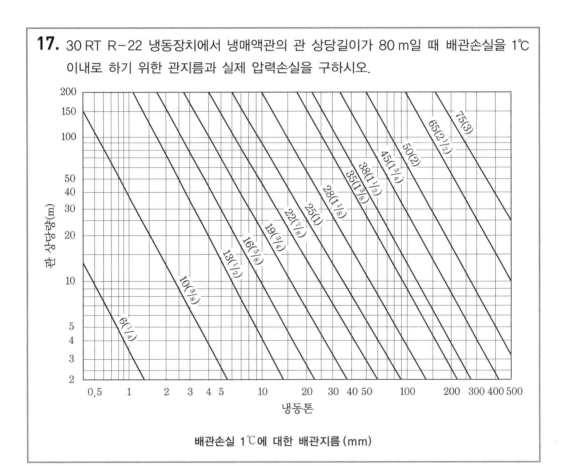

배관손실 1℃에 대한 배관지름 (mm)

해답 ① 냉동능력 30 RT와 관 상당길이 80 m가 만나는 교점을 읽으면 관지름은 35 mm를 약간 넘게 된다.

② 문제에서 배관손실을 1℃ 이내로 하기 위해서는 관지름 38 mm를 써야 한다.

③ 압력손실은 관지름을 38 mm로 결정하였을 때 냉동능력 30 RT와 만나는 교점을 읽으면 약 118 m가 된다.

④ 선도는 압력손실 1℃에 대한 관지름이므로 80 m일 때의 압력손실은 $1℃ \times \dfrac{80}{118} = 0.68℃$ 가 된다.

㊟ 냉매액관의 부속품이나 배관의 압력손실이 많으므로 될수록 배관손실은 0.5℃ 이 하로 하는 것이 바람직하다.

(1) 축류형 취출구

① 노즐형(nozzle effuser) : 분기 덕트에 접속하여 급기하는 것으로 도달거리가 길고 구조가 간단하며, 또한 소음이 적고 토출풍속 5 m/s 이상으로도 사용되며, 실내공간이 넓은 경우 벽에 부착하여 횡방향으로 토출하고 천장이 높은 경우 천장에 부착하여 하향 토출할 때도 있다.

② 펑커 루버(punka louver) : 선박 환기용으로 제작된 것으로 목을 움직여서 토출기류의 방향을 바꿀 수 있으며, 토출구에 달혀 있는 댐퍼로 풍량조절도 쉽게 할 수 있다.

③ 베인(vane) 격자형 : 각형의 몸체(frame)에 폭 20~25 mm 정도의 얇은 날개(vane)를 토출면에 수평 또는 수직으로 설치하여 날개 방향 조절로 풍향을 바꿀 수 있다.

⑦ 고정베인형 : 날개가 고정된 것

㉯ 가로베인형(유니버설형) : 베인을 움직일 수 있게 한 것으로 벽면에 설치하지만 천장에 설치한 것을 로 보이형(low-boy-type), 팬 코일 유닛과 같이 창 밑에 설치하는 경우도 있다.

㉰ 그릴(grille) : 토출구 흡입구에 셔터(shutter)가 없는 것

㉱ 레지스터(register) : 토출구 흡입구에 셔터가 있는 것

④ 라인(line)형 토출구

⑦ 브리즈 라인형(breeze line) : 토출부분에 있는 홈(slot)의 종횡비가 커서 선의 개념을 통한 실내디자인에 조화시키기 쉽고 외주부의 천장 또는 창틀 위에 설치하여 출입구의 에어 커튼(air curtain) 및 외주부 존(perimeter zone)의 냉·난방부하를 처리하도록 하며, 토출구 내에 있는 블레이드(blade)의 조절로 토출기류의 방향을 바꿀 수가 있다.

㉯ 캄 라인형(calm line) : 종형비가 큰 토출구로서 토출구 내에 디플렉터(deflector)가 있어서 정류작용을 하며 흡입용으로 이용 시 디플렉터를 제거하여야 한다.

㈐ T-line형 : 천장이나 구조체에 T-bar를 고정시키고 그 홈 사이에 토출구를 설치한 것으로 내실부 또는 외주부의 어디서나 사용할 수 있고 흡입구로 사용할 때는 토출구 속의 베인을 제거해야 한다.

㈑ 슬롯 (slot)형 : 종횡비(aspect ratio)가 대단히 크고 폭이 좁으며, 길이가 1 m 이상 되는 것으로 평면 분류형의 기류를 토출한다. 트로퍼(troffer)형은 슬롯형 토출구를 조명기구와 조합한 것으로 조명등의 외관으로 토출구의 역할까지 겸하고 있어 더블 셀 타입 조명기구라 한다.

㈒ 다공판 (multivent)형 : 천장에 설치하여 작은 구멍을 개공률 10 % 정도 뚫어서 토출구로 만든 것이다 (천장판의 일부 또는 전면에 걸쳐서 개공률 3~4 % 정도로서 지름 1 mm 이하의 많은 구멍을 뚫어서 토출구로 만든 통기 흡음판도 이 기구의 일종이다).

(2) 복류형 취출구

① 팬 (pan) 형 : 천장의 덕트 개구단의 아래쪽에 원형 또는 원추형의 판을 달아서 토출풍량을 부딪히게 하여 천장면에 따라서 수평으로 공기를 보내는 것이다 (팬의 위치를 상하로 이동시켜 조정이 가능하고 유인비 및 발생 소음이 적다).

② 아네모스탯 (anemostat) 형 : 팬형의 결점을 보강한 것으로 천장 디퓨저라 한다 (확산 반경이 크고 도달거리가 짧다).

(3) 흡입구

① 벽과 천장 설치형으로 격자형(고정 베인형)이 가장 많이 사용되고 있으며, 그외에 천장에 T-라인을 사용하고 천장 속에 리턴 체임버로 하여 직접 천장 속으로 흡인시킨다.

② 바닥 설치형으로 버섯 모양의 머시룸(mushroom)형 흡입구로서 바닥면의 오염공기를 흡입하도록 되어 있고, 바닥 먼지로 함께 흡입하기 때문에 필터와 냉각코일을 더럽히므로 먼지를 침전시킬 수 있는 저속기류의 세틀링 체임버(settling chamber)를 갖추어야 한다.

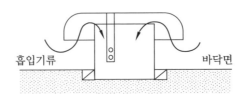

머시룸 (mushroom) 형 흡입구

6-2 실내공기 분포

(1) 토출기류의 성질과 토출풍속

$$Q_1 V_1 = (Q_1 + Q_2) V_2$$

여기서, Q_1 : 토출공기량 (m^3/s) $\qquad$ Q_2 : 유인공기량 (m^3/s)
$\qquad\quad$ V_1 : 토출풍속 (m/s) $\qquad\qquad$ V_2 : 혼합공기의 풍속 (m/s)

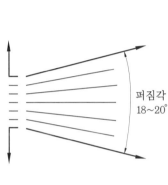

토출공기의 퍼짐각

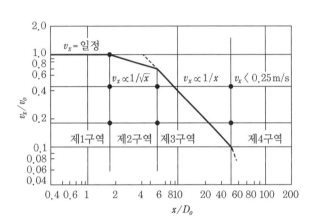

토출기류의 4구역

위의 그림에서 v_0 은 토출풍속이고, v_x 는 토출구에서의 거리 $x\,[m]$ 에 있어서 토출기류의 중심풍속 (m/s) 이며, D_0 은 토출구의 지름 (m) 이다.

① 제1구역 : 중심풍속이 토출풍속과 같은 영역 $(v_x = v_0)$ 으로 토출구에서 D_0 의 $2\sim 4$배 $(x/D_0 = 2\sim 4)$ 정도의 범위이다.

② 제2구역 : 중심풍속이 토출구에서의 거리 x 의 평방근에 역비례하는 $(v_x \propto 1/\sqrt{x})$ 범위이다.

③ 제3구역 : 중심풍속이 토출구에서의 거리 x 에 역비례하는 $(v_x \propto 1/x)$ 영역으로써 공기조화에서 일반적으로 이용되는 것은 이 영역의 기류이다.

$$x = 10\sim 100\,D_0$$

④ 제4구역 : 중심풍속이 벽체나 실내의 일반 기류에서 영향을 받는 부분으로 기류의 최대풍속은 급격히 저하하여 정체한다.

⑤ 취출 흡입구 면적

$$A = \frac{Q}{3600k \cdot V}\,[m^2]$$

여기서, Q : 취출 공기량 (m^3/h), $\quad V$: 취출속도 (m/s)
$\qquad\quad$ k : 계수 (자유면적비로 축류계수를 포함하여 일반적으로 0.8 정도)

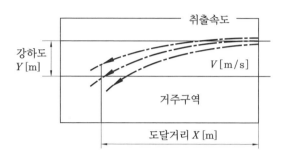

취출상태

⑥ 도달거리 (throw) : 토출구에서 토출기류의 풍속이 0.25 m/s로 되는 위치까지의 거리이다.

⑦ 최대 강하거리 : 냉풍 및 온풍을 토출할 때 토출구에서 도달거리에 도달하는 동안 일어나는 기류의 강하 및 상승을 말하며, 이를 강하도 (drop) 및 최대상승거리 또는 상승도 (rise)라 한다.

⑧ 유인비 (entrainment ratio) : 토출공기(1차 공기)량에 대한 혼합공기(1차 공기＋2차 공기)량의 비 $\dfrac{Q_1 + Q_2}{Q_1}$ 이다.

⑨ 토출구의 허용 토출풍속

실의 용도		허용 토출풍속 (m/s)
방송국		1.5~2.5
주택, 아파트, 교회, 극장, 호텔, 고급 사무실		2.5~3.75
개인 사무실		4.0
영화관		5.0
일반 사무실		5.0~6.25
상점	2층 이상	7.0
	1층	10.0

(2) 흡입기류의 성질

① 흡입구의 설치위치는 실내의 천장, 벽면 등이 많으나 출입문, 벽면에 그릴 또는 언더컷(undercut)을 설치하여 복도를 걸쳐 흡입하는 경우도 있다.

② 실내의 흡입구는 거주구역 가까이 설치할 때는 흡입구에서 발생하는 소음 문제와 풍속이 너무 빠르면 드래프트를 느끼게 되므로 흡입풍속을 너무 크지 않도록 한다.

③ 바닥에 설치하는 머시룸 등은 바닥 먼지류를 함께 흡입하므로 공기를 환기로 재이용하는 경우에는 바람직하지 못하다.

④ 흡입구의 허용 흡입풍속

흡입구의 위치		허용 흡입풍속 (m/s)
거주구역보다 윗부분		4 이상
거주구역 내	부근에 좌석이 없는 경우	3~4
	좌석이 있는 경우	2~3
출입문에 설치한 그릴		1~1.5
출입문의 언더컷		1~1.5

(3) 실내기류 분포

① 실내기류와 쾌적감 : 공기조화를 행하고 있는 실내에서 거주자의 쾌적감은 실내공기의 온도, 습도 및 기류에 의하여 좌우되며, 일반적으로 바닥면에서 높이 1.8 m 정도까지의 거주구역의 상태가 쾌적감을 좌우한다.

② 드래프트 (draft) : 습도와 복사가 일정한 경우에 실내기류와 온도에 따라서 인체의 어떤 부위에 차가움이나 과도한 뜨거움을 느끼는 것

③ 콜드 드래프트 (cold draft) : 겨울철 외기 또는 외벽면을 따라서 존재하는 냉기가 토출기류에 의해 밀려 내려와서 바닥을 따라 거주구역으로 흘러 들어오는 것으로 다음과 같은 원인이 현상을 더 크게 한다.

㉮ 인체 주위의 공기온도가 너무 낮을 때

㉯ 인체 주위의 기류속도가 클 때

㉰ 주위 공기의 습도가 낮을 때

㉱ 주위 벽면의 온도가 낮을 때

㉲ 겨울철 창문의 틈새를 통한 극간풍이 많을 때

④ ASHRAE 에서는 거주구역 내의 인체에 대한 쾌적상태를 나타내는 데 바닥 위 750 mm, 기류 0.15 m/s일 때 공기온도 24℃를 기준으로 유효 드래프트 온도 (effective draft temperature)를 정의하고 있다.

$$EDT = (t_x - t_c) - 8(V_x - 0.15)$$

여기서, EDT : 유효 드래프트 온도 (℃)

t_c, t_x : 실내 평균온도 및 실내의 어떤 국부온도 (℃)

V_x : 실내의 어떤 장소 x 에서의 미풍속 (m/s)

> **참고** EDT 가 −1.7~1.1℃의 범위에서 기류속도가 0.35 m/s 이내이면 앉아있는 거주자가 쾌적감을 느낀다고 한다.

⑤ 공기확산 성능계수 (air diffusion performance index : ADPI) : 전 측정점수에 대한 쾌적감을 주는 범위 내에 있는 측정점수의 비

6-3　덕트의 설계

(1) 동압(dynamic pressure)과 정압(static pressure)

① 덕트 내의 공기가 흐를 때 에너지 보존의 법칙에 의한 베르누이(Bernoulli)의 정리가 성립된다 (p는 정압이고 $\dfrac{v^2}{2g}\gamma$를 동압, $p + \dfrac{v^2}{2g}\gamma$를 전압이라 한다).

$$p_1 + \frac{v_1^2}{2g}\gamma = p_2 + \frac{v_2^2}{2g}\gamma + \Delta p$$

여기서, γ : 공기의 비중량 (kg/m³)

$\qquad g$: 중력가속도 (m/s²)

$\qquad p,\ v$: 덕트 내의 임의의 점에 있어서의 압력(kg/m² 또는 mmAq) 및 공기의 속도(m/s)로서 첨자 1, 2는 각 점을 나타낸다.

$\qquad \Delta p$: 공기가 2점 간을 흐르는 동안에 생기는 압력손실(kg/m²)

$$\left(\text{정압}\,(p_s),\quad \text{동압}\,(p_v) = \frac{v^2}{2g}\gamma,\quad \text{전압}\,(p_t) = p_s + \frac{v^2}{2g}\gamma\right)$$

② 베르누이의 정리에서 비중량 γ를 사용한 동압식(1 atm, 20℃에서 $\gamma = 1.2\,\mathrm{kg/m^3}$)

$$p_v = \frac{v^2}{2g}\gamma \fallingdotseq \left(\frac{v}{4.05}\right)^2 [\mathrm{kg/m^2}]$$

③ 밀도 $\rho\,[\mathrm{kg/m^3}]$를 기본으로 할 때는 $1\,\mathrm{kg/m^2} \fallingdotseq 9.8\,\mathrm{Pa}$이므로,

$$\text{동압식}\quad p_v = \frac{v^2}{2}\rho\,[\mathrm{Pa}]$$

(2) 덕트의 연속법칙

$$A_1 \cdot v_1 \cdot \gamma_1 = A_2 \cdot v_2 \cdot \gamma_2$$

여기서, A : 관 단면적(m²)

$\qquad \gamma$: 유체의 비중량 (kg/m³)

$\qquad v$: 유속 (m/s)

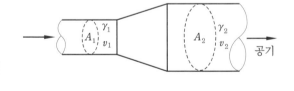

즉, 각 단면을 흐르는 유체의 질량은 동일하다.

(3) 마찰저항과 국부저항

① 직관형 덕트의 마찰저항

$$\Delta p_f = \lambda \cdot \frac{l}{d} \cdot \frac{v^2}{2g} \cdot \gamma$$

여기서, λ : 마찰계수, l : 덕트 길이(m), d : 덕트 지름(m)

$\qquad \gamma$: 공기 비중량 (kg/m³), v : 풍속 (m/s)

② 장방형 덕트에서 원형 덕트 지름으로의 환산식

$$d_e = 1.3 \left[\frac{(a \cdot b)^5}{(a+b)^2} \right]^{\frac{1}{8}}$$

여기서, d_e : 장방형 덕트의 상당지름 (원형 덕트 지름), a : 장변, b : 단변

③ 국부저항에 의한 전압력손실 $\Delta p_t = \zeta_T \dfrac{\gamma}{2g} v_1^{\,2} = \zeta_T \dfrac{\gamma}{2g} v_2^{\,2} \,[\mathrm{mmAq}]$

④ 국부저항에 의한 정압손실 $\Delta p_s = \zeta_s \dfrac{\gamma}{2g} v_1^{\,2} = \zeta_s \dfrac{\gamma}{2g} v_2^{\,2} \,[\mathrm{mmAq}]$

(4) 덕트의 마찰저항 도표

① 덕트의 마찰저항 (20℃, 60 %, 760 mmHg)

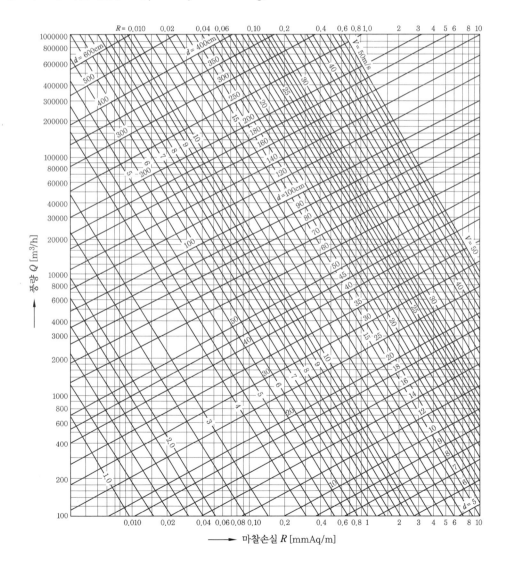

② 장방형 덕트와 원형 덕트의 환산표

장변＼단변	5	10	15	20	25	30	35	40	45	50	55	60	65	70	75	80	85	90	95	100	105	110	115	120	125	130	135	140	145	150
5	5.5																													
10	7.6	10.9																												
15	9.1	13.3	16.4																											
20	10.3	15.2	18.9	21.9																										
25	11.4	16.9	21.0	24.4	27.3																									
30	12.2	18.3	22.9	26.6	29.9	32.8																								
35	13.0	19.5	24.5	28.6	32.2	35.4	38.3																							
40	13.8	20.7	26.0	30.5	34.3	37.8	40.9	43.7																						
45	14.4	21.7	27.4	32.1	36.3	40.0	43.3	46.4	49.2																					
50	15.0	22.7	28.7	33.7	38.1	42.0	45.6	48.8	51.8	54.7																				
55	15.6	23.6	29.9	35.1	39.8	43.9	47.7	51.1	54.3	57.3	60.1																			
60	16.2	24.5	31.0	36.5	41.4	45.7	49.6	53.3	56.7	59.8	62.8	65.6																		
65	16.7	25.3	32.1	37.8	42.9	47.4	51.5	55.3	58.9	62.2	65.3	68.3	71.1																	
70	17.2	26.1	33.1	39.1	44.3	49.0	53.3	57.3	61.0	64.4	67.7	70.8	73.7	76.5																
75	17.7	26.8	34.1	40.2	45.7	50.6	55.0	59.2	63.0	66.6	69.7	73.2	76.3	79.2	82.0															
80	18.1	27.5	35.0	41.4	47.0	52.0	56.7	60.9	64.9	68.7	72.2	75.5	78.7	81.8	84.7	87.5														
85	18.5	28.2	35.9	42.4	48.2	53.4	58.2	62.6	66.8	70.6	74.3	77.8	81.1	84.2	87.2	90.1	92.9													
90	19.0	28.9	36.7	43.5	49.4	54.8	59.7	64.2	68.6	72.6	76.3	79.9	83.3	86.6	89.7	92.7	95.6	98.4												
95	19.4	29.5	37.5	44.5	50.6	56.1	61.1	65.9	70.3	74.4	78.3	82.0	85.5	88.9	92.1	95.2	98.2	101.1	103.9											
100	19.7	30.1	38.4	45.4	51.7	57.4	62.6	67.4	71.9	76.2	80.2	84.0	87.6	91.1	94.4	97.6	100.7	103.7	106.5	109.3										
105	20.1	30.7	39.1	46.4	52.8	58.6	64.0	68.9	73.5	77.8	82.0	85.9	89.7	93.2	96.7	100.0	103.1	106.2	109.1	112.0	114.8									
110	20.5	31.3	39.9	47.3	53.8	59.8	65.2	70.3	75.1	79.6	83.8	87.8	91.6	96.3	98.8	102.2	105.5	108.6	111.7	114.6	117.5	120.3								
115	20.8	31.8	40.6	48.1	54.8	60.9	66.5	71.7	76.6	81.2	85.5	89.6	93.6	97.3	100.9	104.4	107.8	111.0	114.1	117.2	120.1	122.9	125.7							
120	21.2	32.4	41.3	49.0	55.8	62.0	67.7	73.1	78.0	82.7	87.2	91.4	95.4	99.3	103.0	106.6	110.0	113.3	116.5	119.6	122.6	125.6	128.4	131.2						
125	21.5	32.9	42.0	49.9	56.8	63.1	68.9	74.4	79.5	84.3	88.8	93.1	97.3	101.2	105.0	108.6	112.2	115.6	118.8	122.0	125.1	128.1	131.0	133.9	136.7					
130	21.9	33.4	42.6	50.6	57.7	64.2	70.1	75.7	80.8	85.7	90.4	94.8	99.0	103.1	106.9	110.7	114.3	117.7	121.1	124.4	127.5	130.6	133.6	136.5	139.3	142.1				
135	22.2	33.9	43.3	51.4	58.6	65.2	71.3	76.9	82.2	87.2	91.9	96.4	100.7	104.9	108.8	112.6	116.3	119.9	123.3	126.7	129.9	133.0	136.1	139.1	142.0	144.8	147.6			
140	22.5	34.4	43.9	52.2	59.5	66.2	72.4	78.1	83.5	88.6	93.4	98.0	102.4	106.6	110.7	114.6	118.3	122.0	125.5	128.9	132.2	135.4	138.5	141.6	144.6	147.5	150.3	153.0		
145	22.8	34.9	44.5	52.9	60.4	67.2	73.5	79.3	84.8	90.0	94.9	99.6	104.1	108.4	112.5	116.5	120.3	124.0	127.6	131.1	134.5	137.7	140.9	144.0	147.1	150.3	152.9	155.7	158.5	
150	23.1	35.3	45.2	53.6	61.2	68.1	74.5	80.5	86.1	91.3	96.3	101.1	105.7	110.0	114.3	118.3	122.2	126.0	129.7	133.2	136.7	140.0	143.3	146.4	149.5	152.6	155.5	158.4	162.2	164.0
155	23.4	35.8	45.7	54.4	62.1	69.1	75.6	81.6	87.3	92.6	97.4	102.6	107.2	111.7	116.0	120.1	124.1	127.9	131.7	135.3	138.8	142.2	145.5	148.8	151.9	153.0	150.0	101.0	100.0	100.7
160	23.7	36.2	46.3	55.1	62.9	70.6	76.6	82.7	88.5	93.9	99.1	104.1	108.8	113.3	117.7	121.9	125.9	129.8	133.6	137.3	140.9	144.4	147.8	151.1	154.3	157.5	160.5	163.5	166.5	169.3
165	23.9	36.7	46.9	55.7	63.7	70.9	77.6	83.8	89.7	95.2	100.5	105.5	110.3	114.9	119.3	123.6	127.7	131.7	135.6	139.3	143.0	146.5	150.0	153.3	156.6	159.8	163.0	166.0	169.0	171.9
170	24.2	37.1	47.5	56.4	64.4	71.8	78.5	84.9	90.8	96.4	101.8	106.9	111.8	116.4	120.9	125.3	129.5	133.5	137.5	141.3	145.0	148.6	152.1	155.6	158.9	162.2	165.3	168.5	171.5	174.5
175	24.5	37.5	48.0	57.1	65.2	72.6	79.5	85.9	91.9	97.6	103.1	108.2	113.2	118.0	122.5	127.0	131.2	135.3	139.3	143.2	147.0	150.7	154.2	157.7	161.1	164.4	167.7	170.8	173.9	177.0
180	24.7	37.9	48.5	57.7	66.0	73.5	80.4	86.9	93.0	98.8	104.3	109.6	114.6	119.5	124.1	128.6	132.9	137.1	141.2	145.1	148.9	152.7	156.3	159.8	163.3	166.7	170.0	173.2	176.4	179.4
185	25.0	38.3	49.1	58.4	66.7	74.3	81.4	87.9	94.1	100.0	105.6	110.9	116.0	120.9	125.6	130.2	134.6	138.8	143.0	147.0	150.9	154.7	158.3	161.9	165.4	168.9	172.2	175.5	178.7	181.9
190	25.3	38.7	49.6	59.0	67.4	75.1	82.2	88.9	95.2	101.2	106.8	112.2	117.4	122.4	127.2	131.8	136.2	140.5	144.7	148.8	152.7	156.6	160.3	164.0	167.6	171.0	174.4	177.8	181.0	184.2
195	25.5	39.1	50.1	59.6	68.1	75.9	83.1	89.9	96.3	102.3	108.0	113.5	118.7	123.8	128.5	133.3	137.9	142.5	146.5	150.6	154.6	158.5	162.3	166.0	169.6	173.2	176.6	180.0	183.3	186.6
200	25.8	39.5	50.6	60.2	68.8	76.7	84.0	90.8	97.3	103.4	109.2	114.7	120.0	125.2	130.1	134.8	139.4	143.8	148.1	152.3	156.4	160.4	164.2	168.0	171.7	175.3	178.8	182.2	185.6	188.9
210	26.3	40.3	51.6	61.4	70.2	78.3	85.7	92.7	99.3	105.6	111.5	117.2	122.6	127.9	132.9	137.8	142.5	147.0	151.5	155.8	160.0	164.0	168.0	171.9	175.7	179.3	183.0	186.5	189.9	193.3
220	26.7	41.0	52.5	62.5	71.5	79.7	87.4	94.5	101.3	107.6	113.7	119.5	125.1	130.5	135.7	140.6	145.5	150.2	154.7	159.1	163.4	167.6	171.6	175.6	179.5	183.3	187.0	190.6	194.2	197.7
230	27.2	41.7	53.4	63.6	72.8	81.2	89.0	96.3	103.1	109.7	115.9	121.8	127.5	133.0	138.3	143.4	148.4	153.2	157.8	162.3	166.7	171.0	175.2	179.3	183.2	187.1	190.9	194.7	198.3	201.9
240	27.6	42.4	54.3	64.7	74.0	82.6	90.5	98.0	105.0	111.6	118.0	124.1	129.9	135.5	140.9	146.1	151.2	156.1	160.8	165.5	170.0	174.4	178.6	182.8	186.9	190.9	194.8	198.6	202.3	206.0
250	28.1	43.0	55.2	65.8	75.3	84.0	92.0	99.6	106.8	113.6	120.0	126.2	132.2	137.9	143.4	148.8	153.9	158.9	163.8	168.5	173.1	177.6	182.0	186.3	190.4	194.5	198.5	202.4	206.2	210.0
260	28.5	43.7	56.0	66.8	76.4	85.3	93.5	101.2	108.5	115.4	122.0	128.3	134.4	140.2	145.9	151.3	156.6	161.7	166.7	171.5	176.2	180.8	185.2	189.6	193.9	198.0	202.1	206.1	210.0	213.9
270	28.9	44.3	56.9	67.8	77.6	86.6	95.0	102.8	110.2	117.3	124.0	130.4	136.6	142.5	148.3	153.8	159.2	164.4	169.5	174.4	179.2	183.9	188.4	192.9	197.2	201.5	205.7	209.7	213.7	217.7
280	29.3	45.0	57.7	68.8	78.7	87.9	96.4	104.3	111.9	119.0	125.9	132.4	138.7	144.7	150.6	156.2	161.7	167.0	172.2	177.2	182.1	186.9	191.5	196.1	200.5	204.9	209.1	213.3	217.4	221.4
290	29.7	45.6	58.5	69.7	79.8	89.1	97.7	105.8	113.5	120.8	127.8	134.4	140.8	146.9	152.9	158.6	164.2	169.6	174.8	180.0	185.0	189.8	194.5	199.2	203.7	208.1	212.5	216.7	220.9	225.0
300	30.1	46.2	59.2	70.6	80.9	90.3	99.0	107.8	115.1	122.5	129.5	136.3	142.8	149.0	155.5	160.9	166.6	172.1	177.5	182.7	187.7	192.7	197.5	202.2	206.8	211.3	215.8	220.1	224.3	228.5

장방형 덕트의 원형 덕트로의 환산표 (계속)

150	164.0																														
155	166.7	169.4																													
160	169.3	172.1	174.9																												
165	171.9	174.8	177.6	180.4																											
170	174.5	177.4	180.3	183.1	185.8																										
175	177.0	180.0	182.9	185.7	188.6	191.3																									
180	179.4	182.5	185.4	188.4	191.2	194.0	196.8																								
185	181.9	184.9	188.0	190.9	193.8	196.7	199.5	202.2																							
190	184.2	187.4	190.4	193.4	196.4	199.3	202.1	204.9	207.7																						
195	186.2	189.7	192.9	195.9	198.9	201.9	204.8	207.6	210.4	213.2																					
200	188.9	192.1	195.3	198.4	201.4	204.4	207.3	210.2	213.1	215.9	218.6																				
205	191.1	194.4	197.6	200.8	203.9	206.9	209.9	212.8	215.7	218.6	221.3	224.1																			
210	193.3	196.7	199.9	203.1	206.3	209.3	212.4	215.4	218.3	221.2	224.0	226.8	229.6																		
215	195.5	198.9	202.2	205.5	208.6	211.8	214.8	217.9	220.9	223.8	226.7	229.5	232.3	235.0																	
220	197.7	201.1	204.5	207.7	211.0	214.1	217.3	220.3	223.4	226.3	229.2	232.1	235.0	237.7	240.5																
225	199.8	203.3	206.7	210.0	213.3	216.5	219.7	222.8	225.8	228.8	231.8	234.7	237.6	240.4	243.2	246.0															
230	201.9	205.4	208.9	212.2	215.5	218.8	222.0	225.2	228.3	231.3	234.3	237.3	240.2	243.1	245.9	248.7	251.4														
235	204.0	207.5	211.0	214.4	217.8	221.1	224.3	227.5	230.7	233.8	236.8	239.8	242.8	245.7	248.5	251.4	254.1	256.9													
240	206.0	209.6	213.1	216.6	220.0	223.3	226.6	229.9	233.0	236.2	239.3	242.3	245.3	248.2	251.1	254.0	256.8	259.6	262.4												
245	208.0	211.7	215.2	218.7	222.2	225.6	228.8	232.2	235.4	238.6	241.7	244.7	247.8	250.9	253.9	256.8	259.5	262.3	265.1	267.8											
250	210.0	213.7	217.3	220.8	224.3	227.8	231.1	234.4	237.7	240.9	244.1	247.2	250.2	253.3	256.2	259.2	262.1	264.9	267.8	270.5	273.3										
255	211.9	215.7	219.3	222.9	226.4	229.9	233.3	236.7	240.0	243.2	246.4	249.6	252.7	255.7	258.7	261.7	264.7	267.5	270.4	273.2	276.0	278.8									
260	213.9	217.6	221.3	225.0	228.5	232.1	235.5	238.9	242.2	245.5	248.7	251.9	255.1	258.2	261.2	264.2	267.2	270.1	273.0	275.9	278.7	281.5	284.2								
265	215.8	219.6	223.3	227.0	230.6	234.1	237.6	241.1	244.5	247.8	251.0	254.3	257.4	260.6	263.7	266.7	269.7	272.7	275.6	278.5	281.3	284.2	286.9	289.7							
270	217.7	221.5	225.3	229.0	232.7	236.2	239.8	243.2	246.7	250.0	253.3	256.6	259.8	263.0	266.1	269.2	272.2	275.2	278.2	281.1	284.0	286.8	289.6	292.4	295.2						
275	219.5	223.4	227.2	231.0	234.7	238.3	241.9	245.4	248.8	252.2	255.6	258.9	262.1	265.3	268.5	271.6	274.7	277.7	280.7	283.6	286.6	289.4	292.3	295.1	297.9	300.6					
280	221.4	225.3	229.2	232.9	236.7	240.3	243.9	247.5	251.0	254.4	257.8	261.1	264.4	267.6	270.8	274.0	277.1	280.1	283.2	286.2	289.1	292.0	294.9	297.8	300.6	303.3	306.1				
285	223.2	227.2	231.1	234.9	238.6	242.3	246.0	249.6	253.1	256.6	260.0	263.3	266.7	270.0	273.2	276.3	279.5	282.6	285.6	288.7	291.6	294.6	297.5	300.4	303.2	306.0	308.8	311.6			
290	225.0	229.0	232.9	236.8	240.6	244.3	248.0	251.6	255.2	258.7	262.1	265.5	268.9	272.2	275.5	278.7	281.9	285.0	288.1	291.1	294.1	297.1	300.1	303.0	305.8	308.7	311.5	314.3	317.0		
295	226.8	230.8	234.8	238.7	242.5	246.3	250.0	253.7	257.3	260.8	264.3	267.7	271.1	274.5	277.7	281.0	284.2	287.4	290.5	293.6	296.6	299.6	302.6	305.5	308.4	311.3	314.2	317.0	319.7	322.5	
300	228.5	232.6	236.6	240.6	244.4	248.2	252.0	255.7	259.3	262.9	266.4	269.9	273.3	276.7	280.0	283.3	286.5	289.7	292.9	296.0	299.1	302.1	305.1	308.1	311.0	313.9	316.8	319.6	322.4	325.2	328.0

③ 단면 변형 분기 합류 등의 저항 (국부 저항계수, 상당길이 등의 값)

명칭	그림	계산식	저항계수 등			
단형 벤드 90°		$\Delta P_r = \lambda \dfrac{l_e}{d} \dfrac{v^2}{2g} \gamma$	r/W \ H/W	0.5	0.75	1.0	1.5
			0.25	$l_e/W=25$	12	7	3.5
			0.5	33	16	9	4
			1.0	45	19	11	4.5
			4.0	90	35	17	6

명칭	그림	계산식	$H/W=0.25$	$l_e/W=25$
단형 엘보 90°		상동	0.5	49
			1.0	75
			4.0	110

명칭	그림	계산식	R/W	R_1/W	R_2/W	ζ
베인부 단형 엘보 (소형 베인)		$\Delta P_r = \zeta \dfrac{v^2}{2g} \gamma$	0.5	0.2	0.4	0.45
			0.75	0.4	0.7	0.12
			1.0	0.7	1.0	0.10
			1.5	1.3	1.6	0.15

원형 덕트의 분류

직통관 1→2 $\Delta P_r = \zeta_1 \dfrac{v_1^2}{2g}\gamma$

v_2/v_1	0.3	0.5	0.8	0.9
ζ_1	0.09	0.075	0.03	0

분기관 1→3 $\Delta P_r = \zeta_2 \dfrac{v_3^2}{2g}\gamma$

v_3/v_1	0.2	0.4	0.6	0.8	1.0	1.2
ζ_2	28.0	7.5	3.7	2.4	1.8	1.5

분류 (원통형 취출)

직통관 1→2   위의 직통관과 동일

분기관 1→3 $\Delta P_r = \zeta_2 \dfrac{v_3^2}{2g}\gamma$

v_3/v_1	0.6	0.7	0.8	1.0	1.2
ζ_2	1.98	1.27	0.88	0.50	0.39

위 표는 $A_1/A_3=8.2$일 때이며, $A_1/A_3=2$일 때는 위 표보다 약 30 % 더한다.

분류 (사향 취출) θ=45°

직통관 1→2 $\Delta P_r = \zeta_1 \dfrac{v_1^2}{2g}\gamma$ $\zeta_1 = 0.05{\sim}0.06$

분기관 1→3 $\Delta P_r = \zeta_2 \dfrac{v_3^2}{2g}\gamma$

A_1/A_3 \ v_3/v_1	0.4	0.6	0.8	1.0	1.2
1.0	3.2	1.02	0.52	0.47	
3.0	3.7	1.4	0.75	0.51	0.42
8.2			0.79	0.57	0.47

분류 (사방향 취출) θ=60°

직통관 1→2 $\Delta P_r = \zeta_1 \dfrac{v_1^2}{2g}\gamma$ 상동 $\zeta = -0.01{\sim}0.1$

분기관 1→3 $\Delta P_r = \zeta_2 \dfrac{v_3^2}{2g}\gamma$

A_1/A_3 \ v_3/v_1	0.4	0.6	0.8	1.0	1.2
1.0	4.0	1.6	0.95	0.65	
3.0	4.9	1.95	1.08	0.72	0.55
8.2			1.55	1.07	0.82

단형 덕트의 분기

직통관 1→2 $\Delta P_r = \zeta_1 \dfrac{v_1^2}{2g}\gamma$

$v_2/v_1 < 1.0$ 대체로 무시할 수 있음

$v_2/v_1 \geqq 1.0, \quad \zeta = 0.46 - 1.24x + 0.93x^2$

$x = (v_3/v_1) \times (a/b)^{1/4}$

분기관 1→3 $\Delta P_r = \zeta_2 \dfrac{v_1^2}{2g}\gamma$

x	0.25	0.5	0.75	1.0	1.25
ζ_2	0.3	0.2	0.3	0.4	0.65

단, $x = (v_3/v_1) \times (a/b)^{1/4}$

원형 덕트의 합류 (직각합류)

직통관 1→3 $\Delta P_r = \zeta \dfrac{v_3^2}{2g}\gamma$

A_3/A_1 \ v_1/v_3	0.2	0.4	0.6	0.8	1.0
1.0	0.5	0.4	0.3	0.18	0.04
3.0	1.25	1.0	0.77	0.5	0.3

합류관 2→3 $\Delta P_r = P_{r_2} - P_{r_3} = \zeta_2 \dfrac{v_3^2}{2g}\gamma$

A_3/A_2 \ v_2/v_3	0.4	0.6	0.8	1.0	1.2	1.5
1.0	0.20	0.56	0.85	1.13		
1.5	0	0.33	0.68	1.03	1.39	
3.0	-0.32	0	0.34	0.70	1.04	1.72
4.0	-0.42	-0.18	0.21	0.48	0.88	1.48

원형 덕트의 합류 (45° 합류)

직통관 1→3 $\Delta P_r = \zeta_1 \dfrac{v_3^2}{2g}\gamma$

A_3/A_1 \ v_1/v_3	0.2	0.4	0.6	0.8	1.0
1.0	-0.17	0.06	0.19	0.17	0.04
3.0	-1.50	-0.70	-0.20	0.10	0
8.2	-5.70	-2.90	-1.10	-0.10	0

합류관 2→3 $\Delta P_r = \zeta_2 \dfrac{v_3^2}{2g}\gamma$

A_3/A_2 \ v_2/v_3	0.4	0.6	0.8	1.0	1.2
1.0	0	0.22	0.37	0.37	0.20
3.0	-0.36	-0.10	0.15	0.40	0.75
8.2	-0.56	-0.32	-0.05	0.24	0.55

단형 덕트의 합류

직통관 1→3 $\Delta P_r = \zeta_1 \dfrac{v_3^2}{2g}\gamma$

A_1/A_2 \ v_1/v_3	0.4	0.6	0.8	1.0	1.2	1.5
0.75	-1.2	-0.3	0.35	0.8	1.1	
0.67	-1.7	-0.9	0.3	0.1	0.45	0.7
0.6	-2.1	-1.3	-0.8	-0.4	0.1	0.2

합류관 2→3 $\Delta P_r = \zeta_2 \dfrac{v_3^2}{2g}\gamma$

v_2/v_3	0.4	0.6	0.8	1.0	1.2	1.5
ζ_2	-1.30	-0.90	-0.5	0.1	0.55	1.4

(5) 덕트 설계 시 주의사항

① 덕트 풍속은 15 m/s 이하, 정압 50 mmAq 이하의 저속덕트를 이용하여 소음을 줄인다.

② 재료는 아연도금철판, 알루미늄판 등을 이용하여 마찰저항손실을 줄인다.

③ 종횡비(aspect ratio)는 최대 10 : 1 이하로 하고 가능한 한 6 : 1 이하로 하며, 또한 일반적으로 3 : 2이고 한 변의 최소길이는 15 cm 정도로 억제한다.

④ 압력손실이 적은 덕트를 이용하고 확대각도는 20° 이하(최대 30°), 축소각도는 45° 이하로 할 것

⑤ 덕트 분기되는 지점은 댐퍼를 설치하여 압력 평형을 유지시킨다.

(6) 등마찰손실법 (등압법)

① 덕트 1 m 당 마찰손실과 동일값을 사용하여 덕트 치수를 결정한 것으로 선도 또는 덕트 설계용으로 개발한 계산으로 결정할 수 있다.

② 1 m 당 마찰저항손실이 저속덕트에서 급기덕트의 경우 0.1∼0.12 mmAq/m, 환기 덕트의 경우 0.08∼0.1 mmAq/m 정도이고, 고속덕트에서는 1 mmAq/m 정도이며, 주택 또는 음악 감상실은 0.07 mmAq/m, 일반건축은 0.1 mmAq/m, 공장과 같이 소음 제한이 없는 곳은 0.15 mmAq/m이다.

(7) 정압 재취득법

① 급기덕트에서는 일반적으로 주덕트에서 말단으로 감에 따라서 분기부를 지나면 차츰 덕트 내 풍속은 줄어든다. 베르누이의 정리에 의하여 풍속이 감소하면 그 동압의 차만큼 정압이 상승하기 때문에 이 정압 상승분을 다음 구간의 덕트의 압력손실에 이용하면 덕트의 각 분기부에서 정압이 거의 같아지고 토출풍량이 균형을 유지한다. 이와 같이 분기덕트를 따낸 다음의 주덕트에서의 정압 상승분을 거기에 이어지는 덕트의 압력손실로 이용하는 방법을 정압 재취득법이라고 한다.

$$\Delta p = K \left(\frac{v_1^2}{2g} \gamma - \frac{v_2^2}{2g} \gamma \right)$$

여기서, 정압 재취득계수 K 의 값은 일반적으로 1이지만, 실험에 의하면
0.5∼0.9 정도이고 단면 변화가 없는 경우 0.8 정도로 한다.

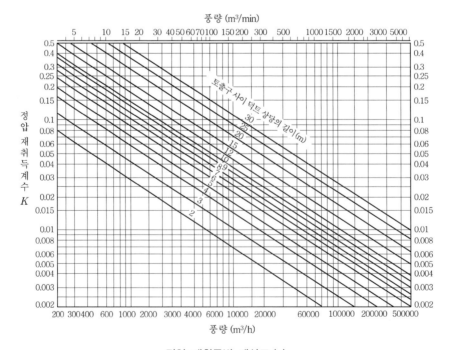

정압 재취득법 계산도 (a)

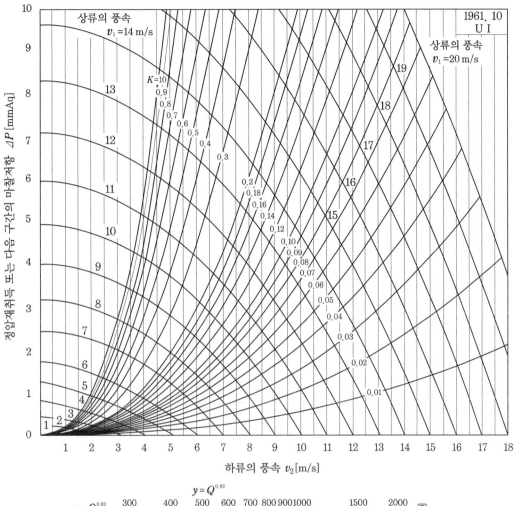

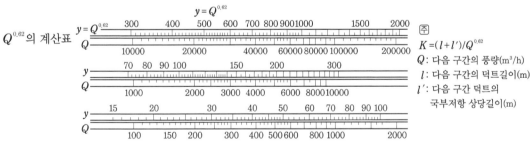

정압 재취득법 계산도 (b)

② 각 토출구와 접속되는 분기덕트의 치수는 정압 재취득법 계산도 (a)를 이용하여 각
토출구 사이의 덕트 상당길이와 구간풍량으로 K 값을 구한다. 그리고 K 는 다음 식
으로 구할 수 있다.

$$K = \frac{l_e}{Q^{0.62}}$$

여기서, l_e : 각 토출구 사이의 덕트 상당길이(m)

$\qquad Q^{0.62}$: 구간풍량 $(\mathrm{m^3/h})$

③ 정압 재취득 계산도 (b)를 이용하여 앞에서 구한 K 와 구간풍속 v_1 과의 교점에서 수직선을 아래로 긋고 구간풍속 v_2 를 구하여 다음 식으로 덕트의 지름을 구할 수 있다.

$$A = \frac{Q}{v_2 \times 3600} = a \times b$$

여기서, A : 덕트의 단면적 $(\mathrm{m^2})$

$\qquad Q$: 풍량 $(\mathrm{m^3/h})$

$\qquad v_2$: 풍속 $(\mathrm{m/s})$

$\qquad a,\ b$: 덕트의 변길이(m) (종횡비는 $1:2.5$ 이하로 한다.)

풍속 v_2 를 다음 구간의 v_1 로 하여 같은 방법으로 하류측의 풍속을 결정하고, 덕트 치수를 결정한다.

(8) 전압법

① 정압법에서는 덕트 내에서의 풍속 변화에 따른 정압의 상승, 강하 등을 고려하지 않고 있기 때문에 급기덕트의 하류측에서 정압 재취득에 의한 정압이 상승하여 상류측보다 하류측에서의 토출풍량이 설계치보다 많아지는 경우가 있다. 이와 같은 불합리한 상태를 없애기 위하여 각 토출구에서의 전압이 같아지도록 덕트를 설계하는 방법을 전압법이라고 한다.

② 전압법은 가장 합리적인 덕트 설계법이지만 일반적으로 정압법에 의하여 설계한 덕트계를 검토하는 데 이용되고 있으며, 전압법을 사용하게 되면 정압 재취득법은 필요가 없게 된다.

(9) 등속법

① 덕트 주관이나 분기관의 풍속을 다음 표에 제시한 권장풍속 내의 임의의 값으로 선정하여 덕트 치수를 결정하는 방법이다.

② 등속법은 정확한 풍량 분배가 이루어지지 않기 때문에 일반 공조에서는 이용하지 않으며 주로 공장의 환기용이나 분체 수송용 덕트 등에 사용되고 있다.

③ 송풍기 용량을 구하기 위해서 덕트 전체 구간의 압력손실을 구해야 된다.

④ 덕트 내에서 분진이 침적되지 않는 풍속

분진의 종류	항목	풍속(m/s)
매우 가벼운 분진	가스, 증기, 연기, 차고 등의 배기가스 배출	10
중간 정도 비중의 건조분진	목재, 섬유, 곡물 등의 취급시 발생한 먼지 배출	15
일반 공업용 분진	연마, 연삭, 스프레이 도장, 분체작업장 등의 먼지 배출	20
무거운 분진	납, 주조작업, 절삭작업장 등에서 발생한 먼지 배출	25
기타	미분탄의 수송 및 시멘트 분말의 수송	20~35

6-4 송풍기

송풍기는 압력 상승이 $0.1\,\mathrm{kg/cm^2}$ 이하는 팬(fan)이라 하고, $0.1{\sim}1\,\mathrm{kg/cm^2}$ 사이의 것은 블로어(blower)라고 한다.

(1) 송풍기에 관한 공식

① 소요동력

$$L\,[\mathrm{kW}] = \frac{P_t \cdot Q}{102\,\eta_t \times 3600}$$

$$P_t = P_v + P_s$$

여기서, P_t : 전압 $(\mathrm{kg/m^2})$, Q : 풍량 $(\mathrm{m^3/h})$, η_t : 전압효율

P_v : 동압 $(\mathrm{kg/m^2})$, P_s : 정압 $(\mathrm{kg/m^2})$

② 다익 송풍기 번호(No.)

$$\mathrm{No.} = \frac{\text{날개의 지름}\,(\mathrm{mm})}{150\,\mathrm{mm}}$$

③ 축류형 송풍기 번호(No.)

$$\mathrm{No.} = \frac{\text{날개의 지름}\,(\mathrm{mm})}{100\,\mathrm{mm}}$$

(2) 송풍기의 법칙

공기 비중이 일정하고 같은 덕트장치일 때	$N \to N_1$ (비중 = 일정)	$Q_1 = \dfrac{N_1}{N}\,Q$ $P_1 = \left(\dfrac{N_1}{N}\right)^2 P$ $\mathrm{HP}_1 = \left(\dfrac{N_1}{N}\right)^3 \mathrm{HP}$
	$d \to d_1$ (N = 일정)	$Q_1 = \left(\dfrac{d_1}{d}\right)^3 Q$ $P_1 = \left(\dfrac{d_1}{d}\right)^2 P$ $\mathrm{HP}_1 = \left(\dfrac{d_1}{d}\right)^5 \mathrm{HP}$
필요압력이 일정할 때	$\gamma \to \gamma_1$	$N_1 = N\sqrt{\dfrac{\gamma}{\gamma_1}}$ $Q_1 = Q\sqrt{\dfrac{\gamma}{\gamma_1}}$ $\mathrm{HP}_1 = \mathrm{HP}\sqrt{\dfrac{\gamma}{\gamma_1}}$
송풍량이 일정할 때	$\gamma \to \gamma_1$	$P_1 = \dfrac{\gamma_1}{\gamma}\,P$ $\mathrm{HP}_1 = \dfrac{\gamma_1}{\gamma}\,\mathrm{HP}$
송풍 공기질량 일정	$\gamma \to \gamma_1$	$Q_1 = \dfrac{\gamma}{\gamma_1}\,Q$ $N_1 = \dfrac{\gamma}{\gamma_1}\,N$ $P_1 = \dfrac{\gamma}{\gamma_1}\,P$ $\mathrm{HP}_1 = \left(\dfrac{\gamma}{\gamma_1}\right)^2 \mathrm{HP}$
송풍 공기질량 일정	$t \to t_1$ $P \to P_1$	$Q_1 = \sqrt{\dfrac{P_1}{P}\dfrac{(t_1+273)}{(t+273)}}\;Q$ $N_1 = N\sqrt{\dfrac{P_1}{P}\dfrac{(t_1+273)}{(t+273)}}$ $\mathrm{HP}_1 = \mathrm{HP}\sqrt{\left(\dfrac{P_1}{P}\right)^3\left(\dfrac{(t_1+273)}{(t+273)}\right)}$

㉜ Q : 공기량 (m³/h), P : 정압 (mmAq), N : 회전수 (rpm)
γ : 비중량 (kg/m³), t : 공기온도 (℃), d : 송풍기 임펠러 지름 (mm)

예상문제

01. 다음 용어를 설명하시오.

(1) 송풍기의 전압

(2) 송풍기의 정압

(3) 리밋 로드 팬(limit load fan)

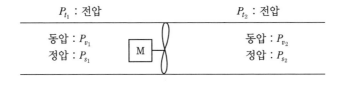

해답 (1) 송풍기의 흡입측에서 토출측까지의 사이에서 전압력이 올라가는 상승값을 송풍기의 전압이라 하는데, 이 전압이란 공기가 갖는 위치에너지를 압력의 형으로 나타낸 정압(靜壓)과 운동에너지를 압력의 형으로 나타낸 동압(動壓)의 합계이다. 이것을 식으로 나타내면 다음과 같다. (단, 첨자 1은 흡입측, 2는 토출측을 나타낸다.)

$$P_t = P_{t_2} - P_{t_1} = P_s + P_v = (P_{v_2} + P_{s_2}) - (P_{v_1} + P_{s_1})$$

(2) 송풍기의 전압에서 토출측의 동압을 뺀 것을 송풍기의 정압이라고 하며, 다음 식으로 표시한다.

$$P_s = P_t - P_v = (P_{t_2} - P_{t_1}) - P_v = \{(P_{s_2} + P_{v_2}) - P_{t_1}\} - P_v = P_{s_2} - P_{t_1}$$

(3) 터보 팬(turbo fan)이나 리밋 로드 팬(limit load fan)에서는 풍량이 증가해도 축동력에 일정한 최고한도가 있어 그 이상 풍량이 증가해도 축동력이 감소한다. 이와 같이 축동력에 일정한 한계를 가진 특성을 리밋 로드 특성이라고 하며, 이것은 선정에 있어 유리한 특성이다.

참고 $P_{v_1} = \dfrac{V_1{}^2}{2g}\gamma, \quad P_{v_2} = P_v = \dfrac{V_2{}^2}{2g} \cdot \gamma$

02. 다익형 송풍기(일명 시로코팬)는 그 크기에 따라서 2, $2\frac{1}{2}$, 3, …… 등으로 표시한다. 이때 이 번호의 크기는 어느 부분에 대한 얼마의 크기를 말하는가?

해답 송풍기의 크기를 임펠러의 지름으로 표시하는 것으로서 150의 배수를 No.로 표시한 것이다. 즉, 150 mm는 No. 1, 300 mm는 No. 2이다.

03. 500 rpm으로 운전되는 송풍기가 300 m³/min, 전압 40 mmAq, 동력 3.5 kW의 성능을 나타내고 있는 것으로 한다. 이 송풍기의 회전수를 1할 증가시키면 어떻게 되는가를 계산하시오.

해답 송풍기 상사법칙에 의해서,

① 풍량 $Q_2 = \left(\dfrac{N_2}{N_1}\right) \times Q_1 = \dfrac{500 \times 1.1}{500} \times 300 = 330\,\mathrm{m^3/min}$

② 전압 $P_2 = \left(\dfrac{N_2}{N_1}\right)^2 \times P_1 = \left(\dfrac{500 \times 1.1}{500}\right)^2 \times 40 = 48.4\,\mathrm{mmAq}$

③ 동력 $L_2 = \left(\dfrac{N_2}{N_1}\right)^3 \times L_1 = \left(\dfrac{500 \times 1.1}{500}\right)^3 \times 3.5 = 4.658 \fallingdotseq 4.66\,\mathrm{kW}$

04. 흡입측에 30 mmAq (전압)의 저항을 갖는 덕트가 접속되고, 토출측은 평균풍속 10 m/s로 직접 대기에 방출하고 있는 송풍기가 있다. 이 송풍기의 축동력을 구하시오. (단, 풍량은 900 m³/h, 정압효율은 0.5로 한다.)

해답 송풍기 정압 $P_s = P_t - P_v$에서 토출측 정압 P_{s_2}는 대기 방출형이므로 0 mmAq가 된다.

즉, $P_{t_2} = P_{s_2} + P_{v_2} = 0 + \dfrac{V^2}{2g}\gamma = \dfrac{10^2}{2 \times 9.8} \times 1.2 = 6.12\,\mathrm{mmAq}$

전압 $P_t = P_{t_2} - P_{t_1} = 6.12 - (-30) = 36.12\,\mathrm{mmAq}$

$P_s = 36.12 - 6.12 = 30\,\mathrm{mmAq}$

$\therefore$ 동력 $L\,[\mathrm{kW}] = \dfrac{P_s \times Q}{102 \times \eta_s} = \dfrac{30 \times 900}{102 \times 3600 \times 0.5} = 0.147 \fallingdotseq 0.15\,\mathrm{kW}$

05. 다음 용어를 설명하시오.
  (1) 스머징(smudging)
  (2) 앤티 스머징 링(anti-smudging ring)
  (3) 도달거리(throw)
  (4) 최대 강하거리(drop)
  (5) 최대 상승거리(rise)
  (6) 취출기류의 4역(域)

해답 (1) 스머징 : 천장 취출구 등에서 취출기류 또는 유인된 실내공기 중의 먼지에 의해서 취출구의 주변이 더렵혀지는 것
  (2) 앤티 스머징 링 : 취출구 주변이 더렵혀지는 것(스머징)을 방지하기 위하여 천장 디퓨즈의 주위에 링(ring)을 붙여서 스머징을 방지하는 것

(3) 도달거리 : 취출구에서 0.25 m/s의 풍속이 되는 위치까지의 거리

(4) 최대 강하거리 : 취출구에서 도달거리에 도달할 때까지 풍속이 낮아지는 것

(5) 최대 상승거리 : 취출구에서 도달거리에 도달할 때까지 풍속이 상승하는 것

(6) 취출기류의 4역(域)

  ① 제1역 : 중심풍속이 취출풍속과 같게 되는 영역이며 취출구로부터 취출구경의 2~6배의 범위

  ② 제2역 : 중심풍속이 취출구로부터 거리의 평방근에 역비례하는 영역

  ③ 제3역 : 중심풍속이 취출구로부터의 거리에 역비례하는 영역이며 일반적으로 취출구경의 10~100배의 범위

  ④ 제4역 : 중심풍속이 벽이나 실내의 일반기류에 영향이 되는 부분이며 기류의 최대풍속이 급격히 저하하여 정체된다.

---

06. 사무실 체적이 9 m×6 m×3.5 m, 환기횟수가 6회/h일 때 벽에 만드는 흡입구의 크기를 구하시오. (단, 흡입구는 2개로 하고 자유면적은 0.85, 흡입속도는 1.5 m/s로 한다.)

해답 흡입 공기량 $Q = nV = 6 \times 9 \times 6 \times 3.5 = 1134\,\mathrm{m^3/h}$

그러므로, 1개당 흡입 공기량은 $\dfrac{1134}{2} = 567\,\mathrm{m^3/h}$

흡입구의 크기 $A = \dfrac{Q_o}{3600 k v_o} = \dfrac{567}{3600 \times 0.85 \times 1.5} = 0.1235294 = 123.53 \times 10^{-3}\,\mathrm{m^2}$

---

07. 전원의 주파수가 40 cycle일 때, 어떤 송풍기를 송풍량 370 m³/min, 정압 25 mmAq, 회전수 350 rpm, 전동기 3 kW로서 운전한다. 이 송풍기를 80 cycle의 지방에서 운전하는 경우 회전수 및 풍량과 정압 및 동력은 어떻게 되는가?

해답 유도 전동기의 회전수는 교류전원의 사이클에 비례하므로 80 cycle의 지방에서 송풍기의 회전수

(1) 회전수 $N_2 = \dfrac{80}{40} \times 350 = 700\,\mathrm{rpm}$

(2) 풍량 $Q_2 = \left(\dfrac{N_2}{N_1}\right) Q_1 = \dfrac{700}{350} \times 370 = 740\,\mathrm{m^3/min}$

(3) 정압 $P_2 = \left(\dfrac{N_2}{N_1}\right)^2 P_1 = \left(\dfrac{700}{350}\right)^2 \times 25 = 100\,\mathrm{mmAq}$

(4) 동력 $L_2 = \left(\dfrac{N_2}{N_1}\right)^3 L_1 = \left(\dfrac{700}{350}\right)^3 \times 3 = 24\,\mathrm{kW}$

08. 다음 그림은 에어 덕트(air duct)에 쓰이는 흡음장치의 특성곡선을 그린 것이다.
흡음장치의 종류를 쓰고 설명하시오.

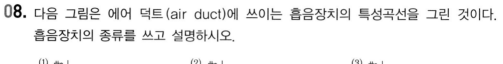

해답 (1) 내장 덕트 : 다공질 흡음재의 흡음성을 이용한 것이며, 다공질 흡음재의 특성상 고
음부에는 효과가 있으나 저음부에는 소음효과가 적다.
(2) ① 셀형, 플레이트형 : 덕트 단면을 흡음재로 작게 구획함으로써 이것을 방지하여
흡음효과를 크게 한 것으로 저음부의 소음효과는 내장 덕트와 같이 적다.
② 흡음 체임버(chamber) : 단면 덕트의 급변에 의한 음의 반사, 체임버 내에서의
음에너지 밀도의 저하, 다공질 재료의 내장에 의한 흡음으로 감쇄효과를 내는 것
으로 저음부의 소음효과가 적다.
(3) 엘보 : 덕트의 직각 굴곡부분에서는 덕트벽으로부터의 반사음과 진행음이 서로 간
섭하여 감쇄효과가 생기는데, 이 부분에 다공질 흡음재를 내장하면 소음효과가 더
욱 크게 된다.

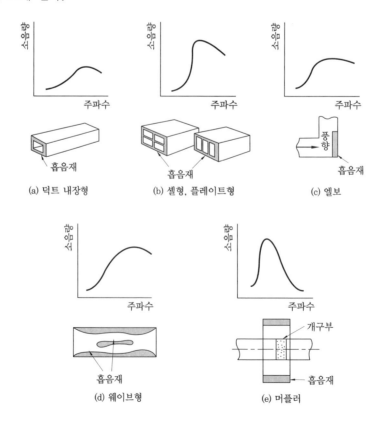

(a) 덕트 내장형　　　(b) 셀형, 플레이트형　　　(c) 엘보

(d) 웨이브형　　　(e) 머플러

09. 다음 표를 이용하여 그림과 같은 원형 덕트의 직각 분기부에 있어서 $v_1 = 10\,\mathrm{m/s}$, $v_2 = 8\,\mathrm{m/s}$, $v_3 = 6\,\mathrm{m/s}$일 때의 1에서 2까지, 1에서 3까지의 정압변화를 구하시오.

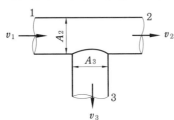

직통관 (1→2)	v_2/v_1	0.3	0.5	0.8	0.9
$\Delta p_T = \zeta_1 \dfrac{{v_1}^2}{2g}\gamma$	ζ_1	0.09	0.075	0.03	0
분기관 (1→3)					
$\Delta p_T = \zeta_2 \dfrac{{v_3}^2}{2g}\gamma$	v_3/v_1	0.2	0.4	0.6	0.8	1.0	1.2
	ζ_2	28.0	7.50	3.7	2.4	1.8	1.5

해답 (1) 1에서 2까지의 직통부 저항은 위의 표에서 $\dfrac{v_2}{v_1} = \dfrac{8}{10} = 0.8$이므로 $\zeta_1 = 0.03$

그러므로 직통부의 저항 $P_{TA} = \zeta_1 \dfrac{{v_1}^2}{2g}\gamma = 0.03\dfrac{10^2}{2\times 9.8}\times 1.2 = 0.183\,\mathrm{mmAq}$

(2) 1에서 3까지의 분기부 저항은 위의 표에서 $\dfrac{v_3}{v_1} = \dfrac{6}{10} = 0.6$이므로 $\zeta_2 = 3.7$

그러므로 분기부의 저항 $\Delta P_{TB} = \zeta_2 \dfrac{{v_3}^2}{2g}\gamma = 3.7\dfrac{6^2}{2\times 9.8}\times 1.2 = 8.15\,\mathrm{mmAq}$

(3) 1에서 2까지의 정압변화는 분기부 전후의 동압차에서 국부저항을 **뺀** 것이므로,

$\Delta P_{TA} - \dfrac{\gamma}{2g}({v_1}^2 - {v_2}^2) = 0.183 - \dfrac{1.2}{2\times 9.8}(10^2 - 8^2) = -2.021\,\mathrm{mmAq}$

즉, 정압이 증가하고, 정압 재취득이 된다.

(4) 1에서 3까지의 정압변화는 마찬가지로,

$\Delta P_{TB} - \dfrac{r}{2g}({v_1}^2 - {v_3}^2) = 8.15 - \dfrac{1.2}{2\times 9.8}(10^2 - 6^2) = 4.23\,\mathrm{mmAq}$가 된다.

즉, 4.23 mmAq 만큼 정압이 감소하게 된다.

10. 기계 환기법의 3가지 방법에 대하여 설명하시오.

(1) 병용식(제 1 종 환기법)

(2) 압입식(제 2 종 환기법)

(3) 흡출식(제 3 종 환기법)

해답 (1) 제1종 환기법 : 송풍기 및 배풍기에 의한 환기법
(2) 제2종 환기법 : 송풍기만으로 환기하는 방식
(3) 제3종 환기법 : 배풍기만으로 환기하는 방식

참고 제4종 환기법 : 적당한 자연 환기구를 설치하고 배기통에 의한 자연 환기법

---

11. 1000 c/s에서 18 dB 소음을 하는 데에 필요한 내장소음 덕트에 사용하는 가장 적당한 흡음재를 다음의 ㉮, ㉯, ㉰, ㉱에서 고르시오.

--- [조 건] ---

1. 치수와 형상은 다음 그림과 같다.

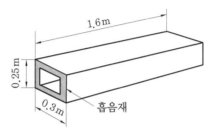

2. 계산식

$$R = 1.05\,\alpha^{1.4}\frac{Pl}{A}\ (\text{Sabune의 식})$$

여기서, R : 소음량(dB), P : 둘레길이(m), l : 덕트길이(m)
A : 단면적(m^2), $\alpha^{1.4}$: 흡음률

흡음재	1000 c/s에서의 흡음률	$\alpha^{1.4}$
㉮	0.67	0.57
㉯	0.71	0.62
㉰	0.78	0.71
㉱	0.80	0.73

해답 $P = 0.25\times2+0.3\times2 = 1.1\,\text{m}$, $A = 0.25\times0.3 = 0.075\,\text{m}^2$, $l = 1.6\,\text{m}$
적어도 18 dB는 소음해야 하므로,

$$18 \leq 1.05\alpha^{1.4}\times\frac{1.1\times1.6}{0.075}$$

$$\alpha^{1.4} \geq \frac{0.075\times18}{1.05\times1.1\times1.6} = 0.73$$

∴ ㉱를 선정해야 한다.

12. 표준 대기압에서 20℃(비중량 1.205 kg/m³)의 공기 360 m³/min은 정압 30 mmAq로서 보내는 14 PS 전동기로 운전하고, 회전수가 350 rpm인 송풍기가 있다. 공기의 온도가 50℃(비중량 1.0923 kg/m³)로 되었을 때 (1) 동일한 회전수로 운전할 경우 정압 및 필요동력을 구하고, 50℃의 공기를 (2) 동일중량만 송풍하면 ① 회전수, ② 풍량, ③ 정압, ④ 동력은 어떻게 되는가?

해답 (1) 동일한 회전수일 때(송풍량이 일정할 때)

$$P_2 = \frac{\gamma_2}{\gamma_1}P_1 = \frac{1.0923}{1.205}\times 30 = 27.2 \text{ mmAq}$$

$$H_{P_2} = \frac{\gamma_2}{\gamma_1}H_{P_1} = \frac{1.0923}{1.205}\times 14 = 12.69 \text{ PS}$$

(2) 동일 중량만 송풍하면,

① 회전수 $N_2 = \frac{\gamma_1}{\gamma_2}N_1 = \frac{1.205}{1.0923}\times 350 = 386 \text{ rpm}$

② 풍량 $Q_2 = \frac{\gamma_1}{\gamma_2}Q_1 = \left(\frac{1.205}{1.0923}\right)\times 360 = 397.14 \text{ m}^3/\text{min}$

③ 정압 $P_2 = \left(\frac{\gamma_1}{\gamma_2}\right)P_1 = \left(\frac{1.205}{1.0923}\right)\times 30 = 33.1 \text{ mmAq}$

④ 동력 $H_{P_2} = \left(\frac{\gamma_1}{\gamma_2}\right)^2 H_{P_1} = \left(\frac{1.205}{1.0923}\right)^2 \times 14 = 17.04 \text{ PS}$

13. 풍량 16000 m³/h를 풍속 9 m/s로 운반하는 원형 덕트에 대하여 다음 각 물음에 답하시오.

(1) 원형 덕트와 같은 풍량, 같은 저항을 갖는 aspect ratio가 2인 직사각형 단면 덕트의 크기를 구하시오. (단, $d_e = 1.3\left\{\frac{(ab)^5}{(a+b)^2}\right\}^{\frac{1}{8}}$ 을 이용한다. a, b는 장방형 덕트의 짧은 변, 긴 변의 길이이다)

(2) 원형 덕트와 같은 풍량, 같은 저항을 갖는 반원형 단면 덕트의 지름을 구하시오.

해답 (1) 원형 덕트 지름 $D = \sqrt{\frac{4\times 16000}{\pi \times 9 \times 3600}} = 0.7931 \text{ m} \fallingdotseq 79.31 \text{ cm}$

$d_e = 1.3\left\{\frac{(ab)^5}{(a+b)^2}\right\}^{\frac{1}{8}}$ 에서 $\frac{b}{a} = 2$ 이므로,

$b = 2a$를 대입하여 풀면, $a = 52.06 \text{ cm}$, $b = 104.12 \text{ cm}$

(2) $R = \frac{\pi+2}{\pi}\times d_e = \frac{\pi+2}{\pi}\times 79.31 = 129.825 \fallingdotseq 129.83 \text{ cm}$

14. 다음 그림과 같은 건물에 온풍로 난방을 한다. 실내의 감열 손실량은 도면에 표시된 A－E실에서는 각각 21000 kJ/h, F는 25200 kJ/h로 한다. 이 손실열량에는 침입 외기 이외의 외기부하는 포함되어 있지 않다. 이 건물의 덕트 경로가 도면과 같은 경우 다음 각 물음에 답하시오.

─── [조 건] ───

1. 실내온도 : 20℃, 엔탈피 : 34.9 kJ/kg (건조공기), 외기온도 : 0℃, 엔탈피 : 3.8 kJ/kg (건조공기), 덕트는 모두 원형 덕트로 하고 마찰손실은 $R = 0.10$ mmAq/m으로 한다. 온풍로의 저항은 필터를 포함하여 15 mmAq로 하고, 온풍로 출구의 공기온도는 50℃로 한다. 덕트 내에서의 온도강하는 무시하고 송풍기의 정압효율 E는 45 %로 한다.

2. 기타 조건

① $R=0.10$ mmAq/m에 대한 원형 덕트의 지름은 다음 표에 의한다.

풍량 (m³/h)	200	400	600	800	1000	1200	1400	1600	1800
지름 (mm)	152	195	227	252	276	295	316	331	346
풍량 (m³/h)	2000	2500	3000	3500	4000	4500	5000	5500	6000
지름 (mm)	360	392	418	444	465	488	510	528	545

② $kW = \dfrac{Q' \times \Delta P}{102E}$　(Q' [m³/s], ΔP [mmAq])

③ 공기의 비열 $C_p = 1.01$ kJ/kg · K, 공기의 비중량은 1.2 kg/m³으로 한다.

④ 흡입구와 취출구 저항은 각 2 mmAq

⑤ 배관손실 및 예열부하 20 %

⑥ 곡률부 저항은 직통부의 50 %로 한다.

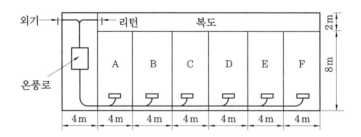

(1) 덕트 각 부의 치수를 구하시오.
(2) 온풍로의 송풍기 풍량, 정압, 사용모터의 동력을 구하시오.
(3) 외기 혼합량을 송풍량의 30 %로 하고 온풍로의 정격출력을 구하시오.

해답 (1) 각 실의 필요 송풍량

① A~E 실의 각 취출풍량 : $Q_1 = \dfrac{21000}{1.2 \times 1.01 \times (50-20)} = 577.557 \fallingdotseq 577.56\,\mathrm{m^3/h}$

② F 실 취출풍량 : $Q_2 = \dfrac{25200}{1.2 \times 1.01 \times (50-20)} = 693.069 \fallingdotseq 693.07\,\mathrm{m^3/h}$

구분	풍량 (m³/h)	원형 덕트 지름 (mm)
온풍로에서 A 실 입구	3580.87	465
A 실에서 B 실 입구	3003.31	444
B 실에서 C 실 입구	2425.75	392
C 실에서 D 실 입구	1848.19	360
D 실에서 E 실 입구	1270.63	316
E 실에서 F 실 입구	693.07	252

③ 복도에서 리턴량 $3580.87 \times 0.7 = 2506.609\,\mathrm{m^3/h}$, 덕트지름 $\phi = 418$

④ 외기량 $= 1074.261\,\mathrm{m^3/h}$, 덕트지름 $\phi = 295$

(2) ① 풍량은 (1) 에서 $3580.87\,\mathrm{m^3/h}$

② 필요정압

• 덕트부 총길이 $= 2 + 8 + 28 = 38\,\mathrm{m}$

• 직통부 마찰손실 $= 38 \times 0.1\,\mathrm{mmAq/m} = 3.8\,\mathrm{mmAq}$

• 곡률부 마찰손실은 직관의 50 %이므로 $3.8 \times 0.5 = 1.9\,\mathrm{mmAq}$

• 취출 흡입구 $= 2 + 2 = 4\,\mathrm{mmAq}$

• 온풍로 저항 $= 15\,\mathrm{mmAq}$

• 필요전압 $= 3.8 + 1.9 + 4 + 15 = 24.7\,\mathrm{mmAq}$

• 송풍기 동압 $Q = AV$ 에서,

$V = \dfrac{4Q}{\pi D^2} = \dfrac{4 \times 3580.87}{3.14 \times (0.465)^2 \times 3600} = 5.8601 \fallingdotseq 5.86\,\mathrm{m/s}$

$P_v = \dfrac{v^2}{2g}\gamma = \dfrac{5.86^2}{2 \times 9.8} \times 1.2 = 2.102 \fallingdotseq 2.10\,\mathrm{mmAq}$

• 정압 $P_s = P_t - P_v = 24.7 - 2.1 = 22.6\,\mathrm{mmAq}$

③ 동력 $L_{\mathrm{kW}} = \dfrac{Q' \cdot \Delta P}{102E} = \dfrac{3580.87 \times 22.6}{102 \times 0.45 \times 3600} = 0.489 \fallingdotseq 0.49\,\mathrm{kW}$

(3) 온풍로의 정격출력

① $\begin{cases} \text{A−E 열손실} : 21000 \times 5 = 105000\,\mathrm{kJ/h} \\ \text{F 열손실} : 25200\,\mathrm{kJ/h} \end{cases} 130200\,\mathrm{kJ/h}$

② 외기부하 $= 1074.261 \times 1.2 \times (34.9 - 3.8) = 40091.4205 \fallingdotseq 40091.42\,\mathrm{kJ/h}$

③ 필요출력 $= 130200 + 40091.42 = 170291.42\,\mathrm{kJ/h}$

④ 정격출력 $= 170291.42 \times 1.2 = 204349.704 \fallingdotseq 204349.70\,\mathrm{kJ/h}$

15. 다음 그림과 같은 배기덕트 계통에 있어서 풍량은 2000 m³/h이고, ①, ②, ③, ④ 의 각 위치전압 및 정압이 다음 표와 같다면 (1) 송풍기 전압 (mmAq), (2) 송풍기 정압 (mmAq), (3) 덕트계의 손실압력(mmAq), (4) 송풍기의 공기동력(kW)을 구하시오. (단, ② 및 ③ 위치와 송풍기 사이의 손실압력은 무시하며, 또한 전압효율은 0.9로 한다.)

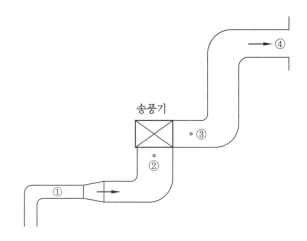

위치	전압(mmAq)	정압(mmAq)
①	-8.5	-18.4
②	-20.1	-25.7
③	9.2	6.1
④	4.8	0

해답 (1) 송풍기의 전압 $P_T = P_{T_3} - P_{T_2} = 9.2 - (-20.1) = 29.3\,\mathrm{mmAq}$

(2) 송풍기의 정압 $P_S = P_T -$ 동압 $= 29.3 - (9.2 - 6.1) = 26.2\,\mathrm{mmAq}$

또는, $P_S = P_{S_3} - P_{T_2} = 6.1 - (-20.1) = 26.2\,\mathrm{mmAq}$

(3) 덕트 내의 손실압력 = 송풍기의 전압 $= 29.3\,\mathrm{mmAq}$

(4) 송풍기의 공기동력 $L = \dfrac{QP_T}{102 \times 3600 \times \eta_T} = \dfrac{2000 \times 29.3}{102 \times 3600 \times 0.9} \fallingdotseq 0.177\,\mathrm{kW}$

16. 다음 그림과 같은 덕트 계통에서 A, B, C, D, E점의 정압 및 전압을 구하시오. 또한, 필요한 송풍기 전압 및 송풍기 정압은 얼마가 되는가? (단, 덕트는 원형 단면이고, B 및 C점과 송풍기 사이의 압력손실은 무시하고, 그 밖의 덕트의 압력손실 P 는 다음 식으로 구하는 것으로 한다.)

$$\Delta P = \left(\Sigma\lambda\frac{l}{d} + \Sigma\zeta\right)\frac{\gamma}{2g}V^2 \fallingdotseq \left(\Sigma\lambda\frac{l}{d} + \Sigma\zeta\right)\left(\frac{V}{4}\right)^2 [\mathrm{mmAq}]$$

여기서, v : 덕트 내 공기유속(m/s), γ : 공기의 비중량(kg/m³)

g : 중력의 가속도(m/s²), λ : 덕트 내의 마찰계수

l : 덕트길이(m), d : 덕트 지름(m)

ζ : 굴곡부 등의 저항계수(그림에 그 값이 표시됨.)

───── [조 건] ─────

1. 흡입측 덕트의 직관부에 대해서 $\sum \lambda \dfrac{l}{d} = 3$

   토출측 덕트의 직관부에 대해서 $\sum \lambda \dfrac{l}{d} = 2$

2. 확대관의 출구는 단순 개구로 하고, 자연풍에 의한 풍압은 고려하지 않는다.

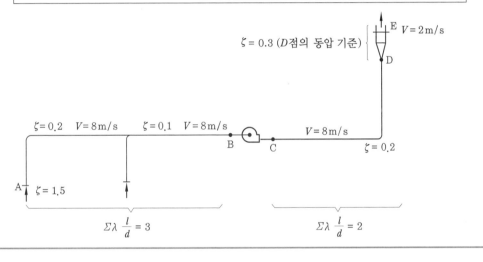

해답 (1) 각 점에서 전압 및 정압

위치	A	B	C	D	E
전압(mmAq)	−6	−19.2	8.875	4.075	0.25
정압(mmAq)	−10	−23.2	4.875	0.075	0

(2) 송풍기 전압 $= 8.875 - (-19.2) = 28.075$ mmAq

(3) 송풍기 정압 $= 4.875 - (-19.2) = 24.075$ mmAq

해설 ① A점의 압력

$$\Delta P_{tA} = -(0 + 1.5) \times \left(\frac{8}{4}\right)^2 = -6\,\text{mmAq (흡입압력)}$$

$$\Delta P_{sA} = -6 - \left(\frac{8}{4}\right)^2 = -10\,\text{mmAq}$$

② B점의 압력

$$\Delta P_{tB} = -[3 + (1.5 + 0.2 + 0.1)] \times \left(\frac{8}{4}\right)^2 = -19.2\,\text{mmAq}$$

$$\Delta P_{sB} = -19.2 - \left(\frac{8}{4}\right)^2 = -23.2\,\text{mmAq}$$

③ C점의 압력

$$\Delta P_{tC} = (2+0.2)\times\left(\frac{8}{4}\right)^2 + (0+0.3)\times\left(\frac{2}{4}\right)^2 = 8.875\,\mathrm{mmAq}$$

$$\Delta P_{sC} = 8.875 - \left(\frac{8}{4}\right)^2 = 4.875\,\mathrm{mmAq}$$

④ D점의 압력

$$\Delta P_{tD} = \left(\frac{8}{4}\right)^2 + (0+0.3)\times\left(\frac{2}{4}\right)^2 = 4.075\,\mathrm{mmAq}$$

$$\Delta P_{sD} = 4.075 - \left(\frac{8}{4}\right)^2 = 0.075\,\mathrm{mmAq}$$

⑤ E점의 압력

$$\Delta P_{tE} = \left(\frac{2}{4}\right)^2 = 0.25\,\mathrm{mmAq}$$

ΔP_{sE} : 대기방출 될 때는 정압은 0 mmAq이다.

> **참고** 송풍기 정압 $= 28.075 - \left(\frac{8}{4}\right)^2 = 24.075\,\mathrm{mmAq}$

17. 다음 그림과 같은 급기장치를 보고 각 물음에 답하시오.

(1) 덕트 지름

(2) 송풍기 능력(단, 각 취출구의 풍량은 모두 같은 것으로 하고, 지관 덕트 내의 마찰저항손실은 0.1 mmAq/m, 환기횟수는 10회/h, 각 부분의 정압손실 및 송풍기 능력은 [표 1], [표 2]와 같으며, 정압효율 및 풍속은 50 %와 6 m/s로 한다.)

[표 1] 정압손실

공기 도입구	에어필터	공기 취출구	굴곡부
풍속 $V[\mathrm{m/s}] = 2\,\mathrm{m/s}$ 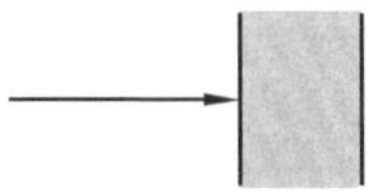 $\Delta P = 0.75\times\left(\frac{V}{4.05}\right)^2 [\mathrm{mmAq}]$	10 mmAq	5 mmAq	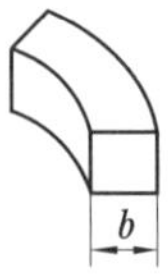 1개당 상당길이 $= 10\times b$ (분기부의 저항을 무시한다.)

[표 2] 송풍기 능력

편흡입 No. 2				편흡입 No. 2$\frac{1}{2}$			
mmAq / m³/min	13	16	22	mmAq / m³/min	13	16	22
65.4	0.619 kW	0.664	0.761	63.8	0.373 kW	0.410	0.500
75	0.850 kW	0.910	1.029	77.7	0.567 kW	0.627	0.724
84.6	1.149 kW	1.209	1.343	84.7	0.679 kW	0.746	0.873

(3) 그림에서 FAN−A 구간 도중의 빗금 친 부분에 송풍기 소음을 1000 c/s에서 16 dB 감쇠시키기 위하여 소음장치를 설치하는 것으로 할 때 필요로 하는 내장길이를 구하시오. (단, 소음량은 다음 계산식으로 구하고, 흡음재의 흡음률은 [표 3]과 같은 것으로 한다. 또, 흡입재는 암면 보온판의 두께가 2.5 cm인 것을 사용한다.)

$$R = 1.04 a^{1.4} \frac{Pl}{A} \ \text{(Sabune의 실험식)}$$

여기서, R : 소음량 (dB), P : 둘레길이(m), l : 덕트길이(m)
　　　　A : 단면적(m²), α : 흡음률

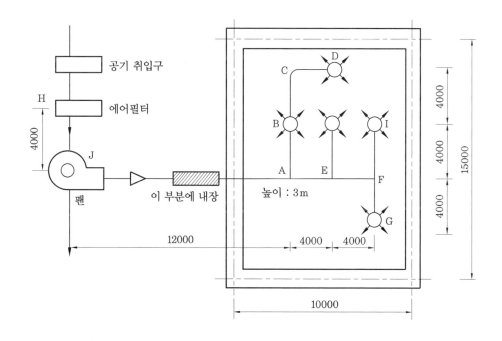

[표 3] 내장의 흡음능력 산정자료

구분	두께(cm)	1000 Hz에 있어서의 흡음률 α	$\alpha^{1.4}$
암면 보온판	2.5	0.71	0.62
	5.0	0.67	0.57
암면+구멍뚫린 방음판	2.5	0.78	0.71
	5.0	0.80	0.73

[표 4] 급기덕트 규격표

풍량(m^3/h)	원형지름 (mm)	각형 덕트 (mm)	풍량(m^3/h)	원형지름 (mm)	각형 덕트 (mm)
5000	500	950×250	2500	400	650×200
4800	480	850×250	2000	360	550×200
4500	470	800×250	1800	340	500×200
4000	460	750×250	1200	290	500×150
3800	450	750×250	1000	270	450×150
3500	440	700×250	900	260	400×150
3000	420	650×250	700	230	500×100
2700	400	750×200			

(1)

구간	풍량 (m^3/h)	저항손실 R [mmAq/m]	덕트 지름 (cm)	각형 덕트 $a \times b$ [cm]
H−J				
J−A				
A−B				
B−D				
A−E				
E−F				
F−G				
F−I				

(2)

구간	저항 R [mmAq/m]	직관길이 l [m]	해당길이 l' [m]	R $l + l'$ [mmAq]
H−J			—	
J−A			—	
A (굴곡)		—		
A−B			—	
B−C			—	
C (굴곡)		—		
C−D			—	

해답 (1)

구간	풍량 (m³/h)	저항손실 R [mmAq/m]	덕트 지름 [cm]	각형 덕트 $a \times b$ [cm]
H−J	4500	0.1	47	80×25
J−A	4500	0.1	47	80×25
A−B	1800	0.1	34	50×20
B−D	900	0.1	26	40×15
A−E	2700	0.1	40	75×20
E−F	1800	0.1	34	50×20
F−G	900	0.1	26	40×15
F−I	900	0.1	26	40×15

(2)

구간	저항 R [mmAq/m]	직관길이 l [m]	해당길이 l' [m]	R $l + l'$[mmAq]
H−J	0.1	4	−	0.4
J−A	0.1	12	−	1.2
A (굴곡)	0.1	−	10×0.2=2	0.2
A−B	0.1	4	−	0.4
B−C	0.1	4	−	0.4
C (굴곡)	0.1	−	10×0.15=1.5	0.15
C−D	0.1	4	−	0.4

① 공기 흡입구 $\Delta P = 0.75 \times \left(\dfrac{2}{4.05} \right)^2 = 0.18 \, \text{mmAq}$

② 에어필터 10 mmAq

③ 공기 취출구 5 mmAq

• 전압 18.33 mmAq

• 동력 $= \dfrac{4500 \times 16.14}{102 \times 3600 \times 0.5} = 0.397 \fallingdotseq 0.40 \, \text{kW}$

• 송풍기 동압 $= \left(\dfrac{v}{4.05} \right)^2 = \left(\dfrac{6}{4.05} \right)^2 = 2.194 \, \text{mmAq}$

• 송풍기 정압 $= 18.33 - 2.194 = 16.14 \, \text{mmAq}$

[표 2]에서 정압 22 mmAq, 풍량 77.7 m³/min의 편흡입 $2\frac{1}{2}$ 선택

(3) $R = 1.04 \dfrac{Pl}{A} a^{1.4} = 1.04 \times \dfrac{(0.8 + 0.25) \times 2}{0.8 \times 0.25} \times l \times 0.62$

$l = \dfrac{16}{6.77} \fallingdotseq 2.36 \, \text{m}$

∴ 소음 내장길이 2.36 m 이상

18. 다음 그림과 같은 배기덕트 계통에서 측정한 결과 풍량은 3000 m³/h이고, ①, ②, ③, ④의 각 점에서의 전압과 정압은 다음 표와 같다. 이 때 다음 각 항을 구하시오. (단, ②−송풍기−③ 사이의 압력손실은 무시하고, 1 kW = 367200 kg·m/h로 한다.)

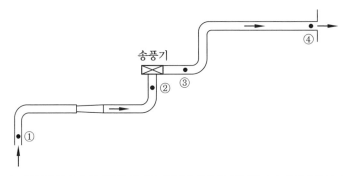

위치	전압(mmAq)	정압(mmAq)
①	−7.5	−16.3
②	−16.1	−20.8
③	10.6	5.9
④	4.7	0

(1) 송풍기 전압 (mmAq)
(2) 송풍기 정압 (mmAq)
(3) 덕트계의 압력손실 (mmAq)
(4) 송풍기의 공기동력

해답 (1) $P_t = P_{td} - P_{ts} = 10.6 - (-16.1) = 26.7\,\text{mmAq}$

(2) 정압 $P_s = P_t - P_{vd} = P_{sd} - P_{t_s} = 5.9 - (-16.1) = 22\,\text{mmAq}$

(3) 덕트계 압력손실＝송풍기 전압＝26.7 mmAq

(4) 공기동력 $= \dfrac{Q \times P_t}{367200} = \dfrac{3000 \times 26.7}{367200} = 0.2181 ≒ 0.22\,\text{kW}$

19. 오염가스가 발생하는 방의 환기계획에 있어 다음 각 물음에 답하시오. (단, 실내 공기의 오염물질 허용농도는 M_a [m³/m³], 외기 중의 오염물질 농도를 M_o [m³/m³], 필요 외기량을 Q [m³/h], 실내에서 발생하는 오염물질을 V [m³/h] 라 하면 $M_a \geq M_o + \dfrac{V}{Q}$ 식에 의한다.)

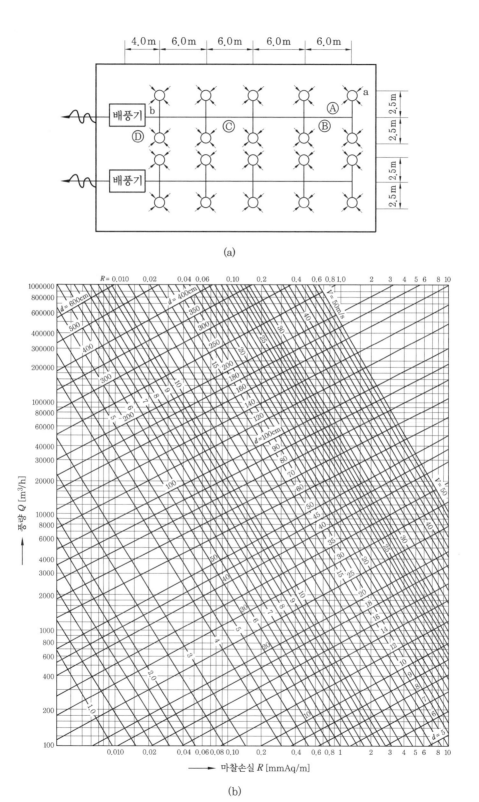

(a)

(b)

[조 건]
1. 흡입구의 흡입풍량은 모두 같은 것으로 한다.
2. 덕트는 모두 원형 덕트로, 직관 덕트 내의 마찰저항은 0.1 mmAq/m으로 한다.
3. 각 부분의 국부저항
   ① 공기 흡입구는 3 mmAq로 한다.
   ② 덕트의 곡관부 및 합류부분 등의 국부저항 합계는 그것을 연락하는 직관 덕트 길이의 0.5배를 상당길이로 한다.
4. 덕트 지름의 선정은 그림 (b)에 의한다.
---

(1) 바닥면적 600 m², 천장높이 4 m의 자동차 정비공장에서 항상 10대의 자동차가 엔진을 작동한 상태에 있는 것으로 한다. 자동차의 배기가스 중의 일산화탄소량을 1대당 1 m³/h, 외기 중의 일산화탄소 농도를 0.0001 % (용적실 내의 일산화탄소 허용농도를 0.01 %) 용적이라 하면, 필요 외기량 (환기량)은 어느 정도가 되는가? 또, 환기횟수로 따지면 몇 회가 되는가? (단, 자연환기는 무시한다.)
(2) 그림 (a)의 방에 대해 필요 환기량을 25000 m³/h라 가정하고, 2계통의 배기장치는 완전히 같은 규모로 할 때 다음 각 항을 구하시오.
① Ⓐ, Ⓑ, Ⓒ, Ⓓ 각 부의 덕트지름 (cm)
② a−b 사이의 압력손실 (mmAq)

해답 (1) $Q = \dfrac{V}{M_a - M_o} = \dfrac{1 \times 10}{0.0001 - 0.000001} = 101010.101 \, \text{m}^3/\text{h}$

환기횟수 $n = \dfrac{101010.101}{4 \times 600} = 42.087 \fallingdotseq 42.09$회

(2) ① 각 흡입구 풍량 $= \dfrac{25000}{20} = 1250 \, \text{m}^3/\text{h}$

덕트 지름 결정

덕트 부분	A	B	C	D
풍량 (m³/h)	1250	2500	7500	12500
지름 (cm)	30.88	39.17	61.54	74.45

② 직관길이 $l = 2.5 + 6 + 6 + 6 + 6 + 4 = 30.5 \, \text{m}$
덕트 상당길이 $= 30.5 + (30.5 \times 0.5) = 45.75 \, \text{m}$
덕트 내의 마찰손실 $= 45.75 \times 0.1 = 4.575 \, \text{mmAq}$
흡입구 저항 $= 3 \, \text{mmAq}$
a−b 사이의 압력손실 $= 4.575 + 3 = 7.575 \fallingdotseq 7.58 \, \text{mmAq}$

20. 송풍기 총풍량 6000 m³/h, 송풍기 출구 풍속을 7 m/s로 하는 다음의 덕트 시스템에서 등마찰손실법에 의하여 Z-A-B, B-C, C-D-E 구간의 원형 덕트의 크기와 덕트 풍속을 구하시오.

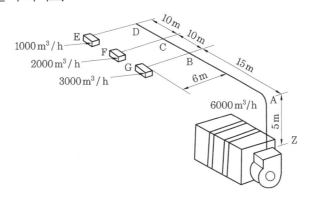

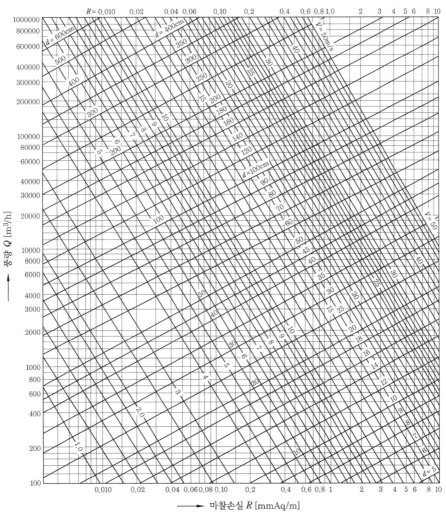

구간	원형 덕트 크기(cm)	풍속 (m/s)
Z−A−B		
B−C		
C−D−E		

해답

구간	원형 덕트 크기 (cm)	풍속 (m/s)
Z−A−B	57	−
B−C	43.75	5.83
C−D−E	28.5	4.5

21. 다음 그림과 같은 공조설비에서 송풍기의 필요정압(static pressure)은 몇 mmAq 인가?

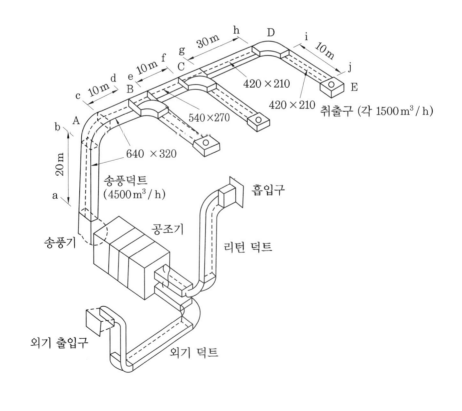

곡부의 상당길이

H/W	r/W			
	0.5	0.75	1.0	1.5
0.25	$l_e/W=25$	12	7	1.5
0.5	33	16	9	4
1.0	45	19	11	4.5
2.0	60	24	13	5
4.0	90	35	17	6

[조 건]

1. 덕트의 압력강하 $R=0.15\,\mathrm{mmAq/m}$이다 (등압법).
2. 송풍기의 토출동압 $3.0\,\mathrm{mmAq}$
3. 취출구의 저항 (전압) $5.0\,\mathrm{mmAq}$
4. 곡부 (曲部)의 상당길이 (l_e)는 표에 나타낸다.
5. 곡부의 곡률반지름 (r)을 W의 1.5배로 한다.
6. 공조기의 저항 (전압) $30\,\mathrm{mmAq}$, 리턴 덕트 (return duct)의 저항 (전압) $8\,\mathrm{mmAq}$, 외기덕트의 저항 (전압) $8\,\mathrm{mmAq}$이다.
7. 송풍덕트 분기부 (BC) 직통부 (直通部)의 저항 (전압)은 무시한다.

해답 ① 직통 덕트 손실 = $(20+10+10+30+10)\times0.15=12\,\mathrm{mmAq}$

② A 곡부 손실

$$\frac{H}{W}=\frac{320}{640}=0.5,\ \frac{r}{W}=1.5,\ l_e/W=4$$

$$l_e=4\times W=4\times640=2560\,\mathrm{mm}=2.56\,\mathrm{m}$$

$$R_A=2.56\times0.15=0.384\,\mathrm{mmAq}$$

③ D 곡부 손실

$$\frac{H}{W}=\frac{210}{420}=0.5,\ \frac{r}{W}=1.5$$

$$l_e=4\times420=1680\,\mathrm{mm}=1.68\,\mathrm{m},\ R_D=1.68\times0.15=0.252\,\mathrm{mmAq}$$

④ 토출 덕트 손실 = $12+0.384+0.252+5=17.636\fallingdotseq17.64\,\mathrm{mmAq}$

⑤ 흡입 덕트 손실 = $30+8+8=46\,\mathrm{mmAq}$

⑥ 송풍기 전압 = $17.64-(-46)=63.64\,\mathrm{mmAq}$

⑦ 송풍기 정압 = $63.64-3=60.64\,\mathrm{mmAq}$

22. 다음과 같은 사무소 건물에 설치된 덕트를 설계하시오. (단, 송풍기 토출풍속 8 m/s, 덕트 높이 30 cm)

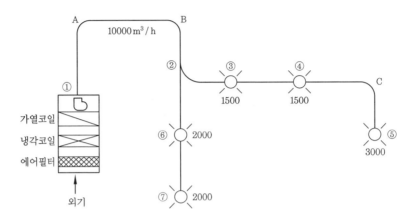

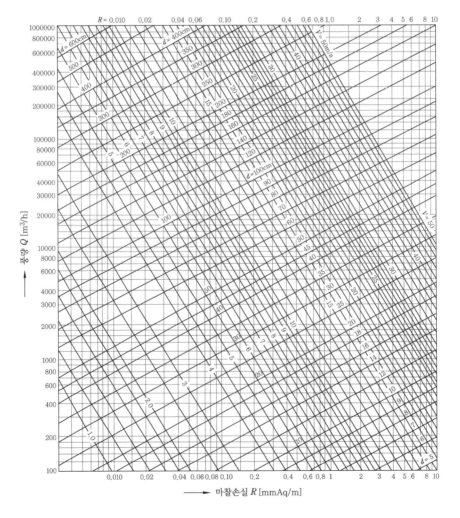

구간	풍량 (m³/h)	단위저항 (mmAq/m)	덕트 지름 (cm)	장방형 덕트	길이 (m)	마찰저항 (mmAq)	풍속 (m/s)
①-②		0.095		×30	10		
②-③		0.1		×30	3		
③-④		0.1		×30	7		
④-⑤		0.1		×30	10		
②-⑥		0.15		×30	15		
⑥-⑦		0.15		×30	10		

엘보 A, B, C	저항계수		국부저항 ΔP [mmAq]	Y_1 Y_2	저항계수		국부저항 ΔP [mmAq]
	$Y_A = 0.4$		ΔP_A		Y_1	Y_2	
	$Y_B = 0.4$		ΔP_B				
	$Y_C = 0.25$		ΔP_C		0	0.4	

취출구 (③,④,⑤, ⑥, ⑦)	Y (저항계수)	전면풍속	국부저항 ΔP [mmAq]	외기 취입구 저항	5 mmAq	냉각코일	20mmAq
	1.9	4.2 m/s		에어필터	8 mmAq	가열코일	7mmAq

주경로 (①~⑤)의 저항		mmAq
송풍기 동압	mmAq	송풍기 정압	mmAq

단변 / 장변	5	10	15	20	25	30	35	40	45	50	55	60
5	5.5											
10	7.6	10.9										
15	9.1	13.3	16.4									
20	10.3	15.2	18.9	21.9								
25	11.4	16.9	21.0	24.4	27.3							
30	12.2	18.3	22.9	26.6	29.9	32.8						
35	13.0	19.5	24.5	28.6	32.2	35.4	38.3					
40	13.8	20.7	26.0	30.5	34.3	37.8	40.9	43.7				
45	14.4	21.7	27.4	32.1	36.3	40.0	43.3	46.4	49.2			
50	15.0	22.7	28.7	33.7	38.1	42.0	45.6	48.8	51.8	54.7		
55	15.6	23.6	29.9	35.1	39.8	43.9	47.7	51.1	54.3	57.3	60.1	
60	16.2	24.5	31.0	36.5	41.4	45.7	49.6	53.3	56.7	59.8	62.8	65.6
65	16.7	25.3	32.1	37.8	42.9	47.4	51.5	55.3	58.9	62.2	65.3	68.3
70	17.2	26.1	33.1	39.1	44.3	49.0	53.3	57.3	61.0	64.4	67.7	70.8
75	17.7	26.8	34.1	40.2	45.7	50.6	55.0	59.2	63.0	66.6	69.7	73.2

80	18.1	27.5	35.0	41.4	47.0	52.0	56.7	60.9	64.9	68.7	72.2	75.5
85	18.5	28.2	35.9	42.4	48.2	53.4	58.2	62.6	66.8	70.6	74.3	77.8
90	19.0	28.9	36.7	43.5	49.4	54.8	59.7	64.2	68.6	72.6	76.3	79.9
95	19.4	29.5	37.5	44.5	50.6	56.1	61.1	65.9	70.3	74.4	78.3	82.0
100	19.7	30.1	38.4	45.4	51.7	57.4	62.6	67.4	71.9	76.2	80.2	84.0
105	20.1	30.7	39.1	46.4	52.8	58.6	64.0	68.9	73.5	77.8	82.0	85.9
110	20.5	31.3	39.9	47.3	53.8	59.8	65.2	70.3	75.1	79.6	83.8	87.8
115	20.8	31.8	40.6	48.1	54.8	60.9	66.5	71.7	76.6	81.2	85.5	89.6
120	21.2	32.4	41.3	49.0	55.8	62.0	67.7	73.1	78.0	82.7	87.2	91.4
125	21.5	32.9	42.0	49.9	56.8	63.1	68.9	74.4	79.5	84.3	88.8	93.1
130	21.9	33.4	42.6	50.6	57.7	64.2	70.1	75.7	80.8	85.7	90.4	94.8
135	22.2	33.9	43.3	51.4	58.6	65.2	71.3	76.9	82.2	87.3	91.9	96.4
140	22.5	34.4	43.9	52.2	59.5	66.2	72.4	78.1	83.5	88.6	93.4	98.0
145	22.8	34.9	44.5	52.9	60.4	67.2	73.5	79.3	84.8	90.0	94.9	99.6
150	23.1	35.3	45.2	53.6	61.2	68.1	74.5	80.5	86.1	91.3	96.3	101.1
155	23.4	35.8	45.7	54.4	62.1	69.1	75.6	81.6	87.3	92.6	97.4	102.6
160	23.7	36.2	46.3	55.1	62.9	70.6	76.6	82.7	88.5	93.9	99.1	104.1
165	23.9	36.7	46.9	55.7	63.7	70.9	77.6	83.8	89.7	95.2	100.5	105.5

해답

구간	풍량 (m³/h)	단위저항 (mmAq/m)	덕트지름 (cm)	장방형 덕트	길이 (m)	마찰저항 (mmAq)	풍속 (m/s)
①-②	10000	0.095	69.1	155×30	10	0.95	5.97
②-③	6000	0.1	57.1	100×30	3	0.3	5.56
③-④	4500	0.1	51.23	80×30	7	0.7	5.21
④-⑤	3000	0.1	43.13	55×30	10	1	5.05
②-⑥	4000	0.15	45	60×30	15	2.25	6.17
⑥-⑦	2000	0.15	34	35×30	10	1.5	5.29

엘보 A, B, C	저항계수		국부저항 ΔP[mmAq]		저항계수		국부저항 ΔP [mmAq]
					Y_1	Y_2	
	$Y_A=0.4$		$\Delta P_A=0.87$				
	$Y_B=0.4$		$\Delta P_B=0.87$		0	0.4	0.87
	$Y_C=0.25$		$\Delta P_C=0.39$				

취출구 (③, ④, ⑤, ⑥, ⑦)	Y (저항계수)	전면풍속	국부저항 ΔP[mmAq]	외기 취입구 저항	5mmAq	냉각코일	20mmAq
	1.9	4.2 m/s	2.05	에어필터	8mmAq	가열코일	7mmAq

주경로 (①~⑤)의 저항	8mmAq		
송풍기 동압	3.92 mmAq	송풍기 정압	44.08 mmAq

㊟ 풍속은 장방형 덕트 풍속으로 한다.

참고
1. 엘보 국부저항

$$\Delta P_A = 0.4 \times \frac{5.97^2}{2 \times 9.8} \times 1.2 = 0.87 \, \text{mmAq}$$

$$\Delta P_C = 0.25 \times \frac{5.05^2}{2 \times 9.8} \times 1.2 = 0.39 \, \text{mmAq}$$

2. 분기관 국부저항

$$\Delta P_2 = 0.4 \times \frac{5.97^2}{2 \times 9.8} \times 1.2 = 0.87 \, \text{mmAq}$$

3. 취출구 국부저항

$$\Delta P = 1.9 \times \frac{4.2^2}{2 \times 9.8} \times 1.2 = 2.052 \, \text{mmAq}$$

4. 주 경로 ① ~ ⑤ 저항

$$0.95 + 0.3 + 0.7 + 1 + 0.87 + 0.87 + 0.39 + 0.87 + 2.05 = 8 \, \text{mmAq}$$

5. 송풍기 정압

① 송풍기 동압 $= \dfrac{8^2}{2 \times 9.8} \times 1.2 = 3.918 = 3.92 \, \text{mmAq}$

② 덕트 전압 $= 8 + 5 + 8 + 20 + 7 = 48 \, \text{mmAq}$

③ 송풍기 정압 $= 48 - 3.92 = 44.08 \, \text{mmAq}$

---

23. 다음과 같은 덕트 시스템을 등손실법(equal friction method)으로 덕트의 각 구간을 설계하여 표를 완성하시오. (단, 급기 주덕트 (①-A-②)의 풍속은 8 m/s이고, 환기 주덕트 (④-⑤)의 풍속은 4 m/s이다. 급기 덕트는 각 취출의 취출량이 1350 m³/h이고, 환기덕트의 흡입량은 각 3780 m³/h이다. 직사각형 단면 덕트의 크기는 aspect ratio가 2인 구간 (④-⑤)의 급기·환기 덕트에서만 구한다.)

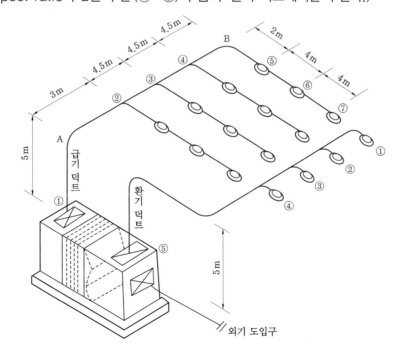

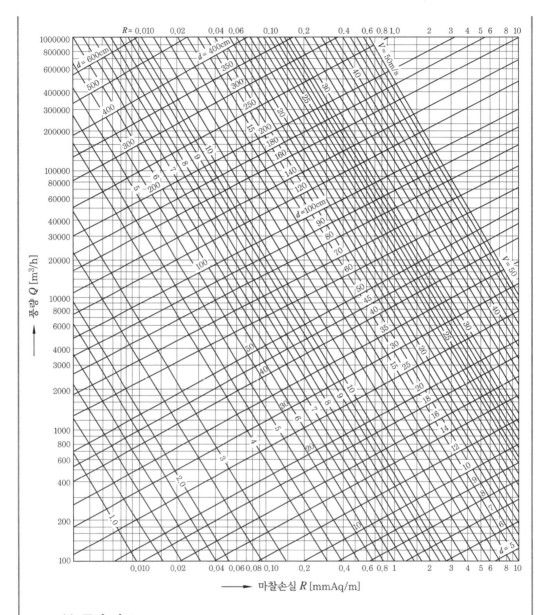

(1) 급기 덕트

구간	풍량(m³/h)	원형 덕트(cm)	사각 덕트
① - ②			−
② - ③			−
③ - ④			−
④ - ⑤			
⑤ - ⑥			−
⑥ - ⑦			−

(2) 환기 덕트

구간	풍량 (m³/h)	원형 덕트 (cm)	사각 덕트
④ − ⑤			
③ − ④			−
② − ③			−
① − ②			−

해답 (1) 급기 덕트

구간	풍량 (m³/h)	원형 덕트 (cm)	사각 덕트
① − ②	16200	87.77	−
② − ③	12150	79.5	−
③ − ④	8100	66.52	−
④ − ⑤	4050	52.13	68.44×34.22
⑤ − ⑥	2700	43.92	−
⑥ − ⑦	1350	34.45	−

(2) 환기 덕트

구간	풍량 (m³/h)	원형 덕트 (cm)	사각 덕트
④ − ⑤	15120	117.53	154.3×77.15
③ − ④	11340	104.17	−
② − ③	7560	90.8	−
① − ②	3780	70.3	−

참고 1. 등손실법에 의해서 찾을 것

2. 덕트 환산식 $d_e = 1.3 \left\{ \dfrac{(a\,b)^5}{(a+b)^2} \right\}^{\frac{1}{8}}$

공조 설비

냉방부하

(1) 외벽, 지붕에서의 태양복사 및 전도에 의한 부하 (kcal/h)

① 침입열량 = 면적 (m^2) × 열관류율 $(kJ/m^2 \cdot h \cdot K)$ × 상당온도차 $(^\circ C)$

$$= F \cdot K \cdot \Delta t_e \,[kJ/h]$$

② 상당온도차 : 일사를 받는 외벽체를 통과하는 열량을 산출하기 위해 실내·외 온도차에 축열계수를 곱한 것으로서 지역과 시간 및 방위(방향)에 따라서 그 값이 다르다.

보정 상당 외기온도차 $\Delta t_e{}' = \Delta t_e + (t_o{}' - t_i{}') - (t_o - t_i)$

여기서, $\Delta t_e{}'$: 보정 상당온도차 $(^\circ C)$, Δt_e : 상당온도차

$t_i{}'$: 실제 실내온도, t_i : 설계 실내온도

$t_o{}'$: 실제 외기온도, t_o : 설계 외기온도

(2) 유리로 침입하는 열량

① 복사열량 (일사량) : 면적 (m^2) × 최대 일사량 $(kJ/m^2 \cdot h)$ × 차폐계수

② 전도대류열량 : 창면적당 전도대류열량 $(kJ/m^2 \cdot h)$ × 면적 (m^2)

③ 전도열량 : 면적 (m^2) × 유리열관류율 $(kJ/m^2 \cdot h \cdot K)$ × 실내·외 온도차 $(^\circ C)$

(3) 틈새바람에 의한 열량

· 감열 = 풍량 (m^3/h) × 비중량 $(1.2\,kg/m^3)$ × 비열 $(1\,kJ/kg \cdot K)$

　　　　× 실내·외 온도차 $(^\circ C)$

· 잠열 = 풍량 (m^3/h) × 비중량 $(1.2\,kg/m^3)$ × 잠열 $(2500\,kJ/kg)$

　　　　× 실내·외 절대습도차 (kg/kg')

① 환기 횟수에 의한 방법 : 이 방법은 주택이나 점포, 상가 등의 소규모 건물에 자주 사용되며, 다음 식에 의해 계산한다.

$$Q = n \cdot V$$

여기서, Q : 환기량 (m^3/h), n : 환기 횟수 (회/h), V : 실체적 (m^3)

환기 횟수는 건축구조에 따라 달라지며 일반적으로 0.5~1.0회를 사용하는데, 정확한 계산법은 아니지만 간단하므로 자주 이용된다.

② crack 법 (극간길이에 의한 방법) : 창 둘레의 극간길이 L [m]에 극간길이 $1\,\mathrm{m}$ 당의 극간풍량을 곱하여 구한다. 이 방법은 외기의 풍속과 풍압을 고려하고, 창문의 형식에 따라 누기량이 정해진다.

③ 창면적에 의한 방법 : 창의 면적 또는 문의 면적을 구하여 극간용량을 계산하는 방법으로서 창의 크기 및 기밀성, 바람막이의 유무에 따라 극간풍이 달라진다.

$$Q\,[\mathrm{m^3/h}] = A\,[\mathrm{m^2}] \times g_f\,[\mathrm{m^3/h \cdot m^2}]$$

여기서, A : 창문 면적($\mathrm{m^2}$), g_f : 면적당 극간풍량

④ 출입문의 극간풍 : 현관의 출입문은 사람에 의하여 개폐될 때마다 많은 풍량이 실내로 유입된다. 특히, 건물 자체의 연돌효과로 인해 현관은 부압이 되며, 극간풍량은 증가한다.

⑤ 건물 내 개방문 : 건물 내의 실(室)과 복도, 실과 실 사이의 문으로서 양측의 온도차가 발생하여 극간풍이 발생한다.

(4) 내부에서 발생하는 열량

① 인체에서 발생하는 열량

현열 = 재실인원수 × 1인당 발생현열량 (kJ/h)
잠열 = 재실인원수 × 1인당 발생잠열량 (kJ/h)

② 전동기 (실내 운전시) [kJ/h] = 전동기 입력(kVA) × 1 kJ/s

전동기 입력(kVA) = 전동기 정격출력(kW) × 부하율 × $\dfrac{1}{\text{전동기 효율}}$

③ 조명부하

백열등 (kJ/h) = W × 전등 수 × 1 J/s
형광등 (kJ/h) = W × 전등 수 × 1.25 × 1 J/s

> **참고** 형광등 1 kW 의 열량은 점등관 안전기 등의 열량을 합산하여 3600×1.25 ≒ 4500 kJ/h 이다.

④ 실내기구 발생열 (현열) [kJ/h] = 기구 수 × 실내기구 발생현열량 (kJ/h)

(5) 장치 내의 취득열량

① 급기 덕트의 열취득 : 실내 취득감열량 × (1~3) %
② 급기 덕트의 누설 손실 : 시공오차로 인한 누설(송풍량 × 5 % 정도)
③ 송풍기 동력에 의한 취득열량 : 송풍기에 의해 공기가 가압될 때 주어지는 에너지의 일부가 열로 변환된다.

④ 장치 내 취득열량의 합계가 일반적인 경우 취득감열의 10 %이고, 급기 덕트가 없거나 짧은 경우에는 취득감열의 5 % 정도이다.

> **참고** 실내 전열취득량(q_r) = 실내 현열부하(q_s) + 실내 잠열부하(q_l)
> ① q_s = 실내 현열소계+여유율+장치 내 취득열량
> ② q_l = 실내 잠열소계+여유율+(기타 부하)

(6) 외기부하

실내환기 또는 기계환기의 필요에 따라 외기를 도입하여 실내공기의 온 · 습도에 따라 조정해야 한다.

$$감열 \ q_s = Q_o \, \gamma \ C_p \, (t_o - t_i) \ [\mathrm{kJ/h}]$$
$$잠열 \ q_l = G \, R \, (x_o - x_i) \ [\mathrm{kJ/h}]$$

여기서, Q_o : 외기도입량$(\mathrm{m^3/h})$, G : 외기도입 공기 질량$(\mathrm{kg/h})$
γ : 비중량$(\mathrm{kg/m^3})$, C_p : 공기 비열$(\mathrm{kJ/kg \cdot K})$
R : 0℃ 물의 증발잠열$(2500\,\mathrm{kJ/kg})$
t_o, t_i : 실내 · 외 공기의 건구온도$(℃)$
x_o, x_i : 실내 · 외 공기의 절대습도$(\mathrm{kg/kg'})$

(7) 냉각코일부하 (냉방부하)

$$q_{CC} = 실내 \ 취득열량 + 기기 \ 취득열량 + 재열부하 + 외기부하 \ (\mathrm{kJ/h})$$

7-2 난방부하

(1) 전도 대류에 의한 손실

구조체에 의한 열손실, 즉 벽, 지붕 및 천장, 바닥, 유리창, 문 등

$$q = K \cdot F \cdot \Delta t$$

(2) 극간풍량 (틈새바람)에 의한 손실

$$q = G \cdot C \cdot \Delta t + G \cdot \Delta x \cdot R$$

(3) 장치에 의한 열손실

실내 손실열량의 3~7 %로 본다.

(4) 외기부하

① 재실인원 또는 기계실에 필요한 환기에 의한 손실 등이 있다.

② 전도대류 손실열량

$$q = 면적(\text{m}^2) \times 열관류율(\text{kJ/m}^2 \cdot \text{h} \cdot \text{K}) \times 실내 \cdot 외\ 온도차(\text{℃}) \times 방위계수$$

③ 방위계수는 북·북서·서 등은 1.2, 북동·동·남서 등은 1.1, 남동·남 등은 1.0이 일반적이다.

7-3 부하 계산에 따른 각종 도표

(1) 상당 외기온도차

① 콘크리트벽(℃)

벽체 형식 단면 형상	방위	시각 (태양시)														
		6	7	8	9	10	11	12	13	14	15	16	17	18	19	20
(외기온도)−(실내온도)		0.4	1.8	3.3	4.9	5.9	6.5	6.8	7.2	7.2	7.5	6.8	5.8	4.7	3.4	2.7
[형식 I] • 일반 콘크리트의 외벽 두께 20 mm 이하 • 경량 콘크리트의 외벽 두께 20 mm 이하	수평	3.6	11.0	18.6	25.5	30.9	34.2	35.5	35.5	32.6	28.6	22.8	15.9	8.7	3.7	2.8
	N·그늘	4.3	5.1	4.4	6.1	7.4	8.2	8.6	8.9	8.9	8.9	8.3	9.6	9.0	3.7	2.8
	NE	11.7	16.9	17.5	15.7	12.5	8.3	8.6	8.9	8.9	8.9	8.1	6.9	5.4	3.6	2.8
	E	12.7	20.1	22.7	22.3	19.4	14.6	8.7	8.9	8.9	8.9	8.1	6.9	5.4	3.6	2.8
	SE	6.6	13.0	17.1	19.3	19.3	17.3	13.6	9.1	8.9	8.9	8.1	6.9	5.4	3.6	2.8
	S	0.8	2.4	4.2	8.6	12.2	14.6	15.5	15.4	13.8	11.6	8.2	6.9	5.4	3.6	2.8
	SW	0.8	2.4	4.2	6.1	7.4	8.3	13.4	17.8	20.7	22.2	21.1	17.8	11.6	3.8	2.8
	W	0.8	2.4	4.2	6.1	7.4	8.2	8.6	15.0	20.7	25.0	26.7	24.8	17.8	3.9	2.8
	NW	0.8	2.4	4.2	6.1	7.4	8.2	8.6	8.9	13.3	18.4	21.3	21.5	16.7	3.9	2.8
[형식 II] • 일반 콘크리트의 외벽 두께 20~70 mm • 경량 콘크리트의 외벽 두께 20~60 mm	수평	1.1	4.6	10.7	17.6	24.1	29.3	32.8	34.4	34.2	32.1	28.4	23.0	16.6	10.2	5.8
	N·그늘	1.3	3.4	4.3	4.8	5.9	7.1	7.9	8.4	8.7	8.8	8.7	8.8	9.1	7.7	4.9
	NE	3.2	9.9	14.6	16.0	15.0	12.3	9.8	9.1	9.0	8.9	8.7	8.0	6.9	5.5	4.1
	E	3.4	11.2	17.6	20.8	21.1	18.8	14.6	10.9	9.6	9.1	8.8	8.0	6.9	5.5	4.1
	SE	1.9	6.6	11.8	15.8	18.1	18.4	16.7	13.6	10.7	9.5	8.9	8.1	7.0	5.5	4.1
	S	0.3	1.0	2.3	4.7	8.1	11.4	13.7	14.8	14.8	13.6	11.4	9.0	7.3	5.6	4.1
	SW	0.3	1.0	2.3	4.0	5.7	7.0	9.2	13.0	16.8	19.7	21.0	20.2	17.1	11.5	6.3
	W	0.3	1.0	2.3	4.0	5.7	7.0	7.9	10.0	14.7	19.6	23.5	25.1	23.1	16.1	8.1
	NW	0.3	1.0	2.3	4.0	5.7	7.0	7.9	8.4	9.9	13.4	17.3	20.0	19.7	14.5	7.5
[형식 III] • 일반 콘크리트의 외벽 두께 70~110 mm • 경량 콘크리트의 외벽 두께 60~80 mm	수평	0.8	2.5	6.4	11.6	17.5	23.0	27.6	30.7	32.3	32.1	30.3	36.9	22.0	16.5	11.4
	N·그늘	0.8	2.1	6.4	3.9	4.8	5.9	6.8	7.6	8.1	8.4	8.6	8.6	8.9	8.4	6.7
	NE	1.6	5.6	10.0	12.8	13.8	13.0	11.4	10.3	9.7	9.4	9.1	8.6	7.8	6.8	5.5
	E	1.7	5.3	11.7	16.0	18.3	18.5	16.6	13.7	11.8	10.6	9.8	9.0	8.1	6.9	5.6
	SE	1.1	3.6	7.5	11.4	14.5	16.3	16.4	15.0	12.9	11.3	10.2	9.3	8.2	7.0	5.6
	S	0.5	0.7	1.5	2.9	5.4	8.2	10.8	12.7	13.6	13.6	12.5	10.8	9.2	7.5	5.9
	SW	0.5	0.7	1.5	2.7	4.1	5.4	7.1	9.8	13.1	16.2	18.5	19.3	18.2	15.1	10.8
	W	0.5	0.7	1.5	2.7	4.1	5.4	6.6	8.0	11.1	15.1	19.1	21.9	22.5	19.5	13.9
	NW	0.5	0.7	1.5	2.7	4.1	5.4	6.6	7.4	8.5	10.7	13.9	16.8	18.2	16.5	12.0

[형식 IV]	수평	1.7	2.6	4.9	8.5	12.8	17.3	21.4	24.8	27.2	28.4	28.2	26.6	23.7	20.0	16.1
• 일반 콘크리트의	N·그늘	1.3	1.9	2.6	3.2	3.9	4.8	5.6	6.4	7.0	7.5	7.8	8.0	8.3	8.2	7.2
외벽 두께	NE	1.7	4.1	7.1	9.5	10.9	11.2	10.6	10.1	9.8	9.6	9.4	9.0	8.4	7.6	6.7
110~160 mm	E	1.8	4.6	8.3	11.7	14.2	15.3	14.9	13.6	12.4	11.6	10.9	10.1	9.3	8.3	7.1
	SE	1.4	2.9	5.4	8.3	11.0	12.9	13.8	13.6	12.6	11.7	11.0	10.2	9.3	8.3	7.2
• 경량 콘크리트의	S	1.1	1.1	1.4	2.3	4.0	6.0	8.1	9.9	11.2	11.7	11.6	10.8	9.8	8.6	7.4
외벽 두께	SW	1.3	1.3	1.6	2.3	3.2	4.3	5.6	7.6	10.2	12.8	15.0	16.3	16.4	14.9	12.4
80~150 mm	W	1.5	1.4	1.7	2.4	3.3	4.3	5.3	6.5	8.7	11.8	15.0	17.7	19.1	18.1	15.0
	NW	1.4	1.3	1.6	2.3	3.2	4.3	5.2	6.1	7.0	8.8	11.2	13.6	15.2	14.9	12.6
[형식 V]	수평	3.7	3.6	4.3	6.1	8.7	11.9	15.2	18.4	21.2	23.3	24.6	24.8	23.9	22.0	19.6
• 일반 콘크리트의	N·그늘	2.0	2.1	2.4	2.8	3.2	3.8	4.5	5.1	5.7	6.3	6.7	7.1	7.4	7.6	7.3
외벽 두께	NE	2.2	3.1	4.7	6.5	8.1	9.0	9.4	9.4	9.4	9.3	9.2	9.1	8.8	8.3	7.7
160~230 mm	E	2.3	3.3	5.3	7.7	10.0	11.7	12.6	12.6	12.2	11.8	11.3	10.8	10.2	9.5	8.7
	SE	2.2	2.6	3.8	5.5	7.5	9.4	10.8	11.6	11.6	11.4	11.1	10.6	10.1	9.4	8.6
• 경량 콘크리트의	S	2.1	1.8	1.8	2.1	2.9	4.1	5.6	7.1	8.4	9.5	10.0	10.0	9.7	9.2	8.4
외벽 두께	SW	2.8	2.4	2.3	2.5	2.9	3.5	4.3	5.5	7.2	9.1	11.1	12.8	13.8	13.9	15.0
150~210 mm	W	3.2	2.7	2.5	2.7	3.0	3.6	4.3	5.1	6.4	8.3	10.7	13.1	15.0	15.8	15.0
	NW	2.8	2.4	2.3	2.4	2.9	3.5	4.1	4.8	5.6	6.7	8.2	10.1	11.8	12.7	12.3
[형식 VI]	수평	6.7	6.1	6.1	6.7	8.0	9.9	12.0	14.3	16.6	18.5	20.0	20.9	21.1	20.6	19.6
• 일반 콘크리트의	N·그늘	3.0	2.9	2.9	3.0	3.2	3.6	4.0	4.4	4.9	5.3	5.7	6.1	6.4	6.7	6.7
외벽 두께	NE	3.3	3.6	4.3	5.4	6.4	7.3	7.8	8.1	8.3	8.4	8.5	8.5	8.5	8.3	7.9
230~300 mm	E	3.7	3.9	4.9	6.2	7.7	9.1	10.0	10.5	10.7	10.7	10.6	10.4	10.1	9.7	9.2
	SE	3.5	3.5	4.0	4.9	6.1	7.3	8.5	9.3	9.8	10.0	10.0	9.9	9.7	9.4	8.9
• 경량 콘크리트의	S	3.3	3.0	2.8	2.8	3.1	3.7	4.6	5.6	6.6	7.4	8.1	8.4	8.6	9.4	8.1
외벽 두께	SW	4.5	4.0	3.7	3.5	3.6	3.8	4.2	4.9	5.9	7.2	8.6	9.9	11.0	11.5	11.4
210~280 mm	W	5.1	4.5	4.1	3.9	3.9	4.1	4.4	4.8	5.6	6.7	8.3	10.0	11.5	12.6	12.8
	NW	4.3	3.9	3.6	3.4	3.5	3.7	4.1	4.5	5.0	5.6	6.7	7.9	9.2	10.1	10.4

㈜ ① 설계 실온은 26℃로 한다.
　② 설계 실온이 26℃가 아닌 경우에는 표의 값에 (26℃는 설계 실온)을 더한다.
　③ 슬레이트조, 목조 등 50 kg/m² 정도의 외벽은 형식 I 로 계산한다.
　④ 모르타르, 프레임 구조 등 100 kg/m² 정도의 외벽은 형식 II 로 계산한다.

② 벽돌 또는 목조 건물(℃)

구조	방위	시각																
		8 AM		10 AM		12 AM		2 PM		4 PM		6 PM		8 PM		10 PM		12 PM	
		D	L	D	L	D	L	D	L	D	L	D	L	D	L	D	L	D	L
목조	NE	12.2	5.6	13.3	6.7	7.8	5.6	6.7	5.6	7.8	7.8	7.8	7.8	5.6	5.6	3.3	2.2	1.1	1.1
	E	16.7	7.8	20	10	17.8	8.9	6.7	6.7	7.8	7.8	7.8	7.8	5.6	5.6	3.3	3.3	1.1	1.1
	SE	7.2	3.3	14.4	8.9	15.6	10	13.3	8.9	8.9	7.8	7.8	7.8	5.6	5.6	3.3	2.2	1.1	1.1
	S	-2.2	-2.2	2.2	0	12.2	6.7	16.7	11.1	14.4	11.1	8.9	7.8	5.6	5.6	3.3	3.3	1.1	1.1
	SW	-2.2	-2.2	0	-1.1	8.3	2.2	14.4	12.2	22.2	15.6	23.3	15.6	13.3	11.1	3.3	2.2	1.1	1.1
	W	-2.2	-2.2	0	0	3.3	3.3	11.1	6.7	22.2	15.6	26.7	18.9	12.2	12.2	4.4	4.4	1.1	1.1
	NW	-2.2	-2.2	0	-1.1	3.3	2.2	6.7	5.6	13.3	11.1	22.2	14.4	18.9	13.3	3.3	2.2	1.1	1.1
	N·그늘	-2.2	-2.2	-1.1	-1.1	2.2	2.2	5.6	5.6	7.8	7.8	6.7	6.7	4.4	4.4	2.2	2.2	0	0

재료	방위																		
10 cm 벽돌 또는 목조에 인조석	NE	-1.1	-2.2	13.3	6.7	11.1	5.6	5.6	3.3	6.7	5.6	7.8	7.8	6.7	6.7	5.6	5.6	3.3	2.2
	E	1.1	0	16.7	7.8	17.2	9.4	7.8	7.8	6.7	6.7	7.8	7.8	6.7	6.7	5.6	4.4	3.3	3.3
	SE	1.1	-1.1	11.1	5.6	15.6	8.9	14.4	8.9	-10	7.8	7.8	7.8	6.7	6.7	5.6	4.4	3.3	3.3
	S	-2.2	-2.2	-1.1	-1.1	6.7	3.3	13.3	8.9	14.4	10	11.1	8.9	6.7	6.7	4.4	4.4	2.2	2.2
	SW	0	-1.1	0	-1.1	1.1	1.1	6.7	4.4	17.8	11.1	20	14.4	18.9	13.3	5.6	4.4	3.3	3.3
	W	0	-1.1	0	0	2.2	1.1	5.6	4.4	14.4	10	22.2	15.6	23.3	15.6	8.9	7.8	3.3	3.3
	NW	-2.2	-2.2	-1.1	-1.1	1.1	1.1	4.4	3.3	6.7	6.7	16.7	12.2	18.9	13.3	6.7	5.6	3.3	3.3
	N·그늘	-2.2	-2.2	-1.1	-1.1	0	0	3.3	3.3	5.6	5.6	6.7	6.7	6.7	6.7	4.4	4.4	2.2	2.2
20 cm 타일 또는 20 cm 신더 블록	NE	0	0	0	0	11.1	5.6	8.9	5.6	5.6	3.3	6.7	5.6	7.8	6.7	6.7	5.6	4.4	4.4
	E	2.2	1.1	6.7	2.2	13.3	6.7	14.4	7.8	11.1	6.7	6.7	5.6	7.8	6.7	7.8	5.6	5.6	4.4
	SE	1.1	0	1.1	0	8.9	4.4	11.1	6.7	11.1	7.8	7.8	6.7	7.8	6.7	6.7	5.6	4.4	3.3
	S	0	0	0	0	1.1	0	6.7	3.3	13.3	7.8	14.4	8.9	11.1	7.8	6.7	5.6	4.4	3.3
	SW	1.1	0	1.1	0	1.1	0	3.3	2.2	6.7	5.6	14.4	10	16.7	11.1	14.4	10	4.4	3.3
	W	2.2	1.1	2.2	1.1	2.2	1.1	3.3	2.2	5.6	4.4	10	7.8	16.7	12.2	17.8	12.2	10	7.8
	NW	0	0	0	0	1.1	0	2.2	1.1	4.4	3.3	6.7	5.6	12.2	10	16.7	12.2	5.6	4.4
	N·그늘	-1.1	-1.1	-1.1	-1.1	-1.1	-1.1	0	0	3.3	3.3	5.6	5.6	5.6	5.6	5.6	5.6	3.3	3.3
20 cm 벽돌 또는 30 cm 타일 또는 30 cm 신더블록	NE	1.1	1.1	1.1	1.1	5.6	1.1	8.9	4.4	7.8	4.4	5.6	3.3	5.6	4.4	5.6	5.6	5.6	4.4
	E	4.4	3.3	4.4	3.3	7.8	4.4	10	5.6	10	5.6	7.8	4.4	7.8	5.6	7.8	5.6	6.7	5.6
	SE	4.4	2.2	3.3	2.2	3.3	2.2	7.8	5.6	10	6.7	8.9	6.7	6.7	5.6	6.7	5.6	6.7	5.6
	S	2.2	1.1	2.2	1.1	2.2	1.1	2.2	1.1	5.6	3.3	8.9	5.6	8.9	6.7	6.7	5.6	6.7	4.4
	SW	4.4	2.2	3.3	2.2	3.3	2.2	4.4	2.2	5.6	3.3	6.7	4.4	11.1	6.7	13.3	8.9	11.1	7.8
	W	4.4	2.2	3.3	2.2	3.3	3.3	4.4	3.3	5.6	3.3	7.8	4.4	11.1	8.9	13.3	8.9	13.3	8.9
	NW	1.1	1.1	1.1	1.1	1.1	1.1	2.2	1.1	3.3	2.2	4.4	3.3	5.6	4.4	8.9	7.8	10	7.8
	N·그늘	0	0	10	0	0	0	0	0	1.1	1.1	3.3	3.3	4.4	4.4	4.4	4.4	3.3	3.3
30 cm 벽돌	NE	4.4	3.3	4.4	3.3	4.4	2.2	4.4	2.2	5.6	2.2	6.7	3.3	6.7	3.3	5.6	3.3	5.6	3.3
	E	6.7	4.4	6.7	4.4	6.7	4.4	5.6	3.3	6.7	4.4	7.8	5.6	7.8	5.6	7.8	4.4	7.8	4.4
	SE	5.6	3.3	5.6	3.3	5.6	3.3	5.6	3.3	5.6	3.3	6.7	4.4	7.8	5.6	7.8	5.6	6.7	4.4
	S	4.4	3.3	4.4	3.3	3.3	2.2	3.3	2.2	3.3	2.2	4.4	2.2	5.6	3.3	6.7	4.4	6.7	4.4
	SW	5.6	3.3	5.6	3.3	5.6	3.3	5.6	3.3	5.6	3.3	5.6	4.4	5.6	4.4	6.7	4.4	7.8	5.6
	W	6.7	4.4	6.7	4.4	6.7	4.4	5.6	3.3	5.6	3.3	5.6	3.3	5.6	3.3	6.7	4.4	8.9	5.6
	NW	4.4	3.3	4.4	3.3	4.4	2.2	4.4	2.2	4.4	2.2	4.4	2.2	4	3.3	5.6	3.3	5.6	3.3
	N·그늘	2.2	2.2	1.1	1.1	1.1	1.1	1.1	1.1	1.1	1.1	1.1	1.1	1.1	1.1	2.2	2.2	3.3	3.3
20 cm 콘크리트 또는 석재 또는 15~20 cm 콘크리트 블록	NE	2.2	1.1	2.2	0	8.9	4.4	7.8	4.4	5.6	3.3	6.7	4.4	6.7	5.6	5.6	4.4	4.4	3.3
	E	3.3	2.2	7.8	4.4	13.3	6.7	13.3	6.7	10	5.6	7.8	5.6	7.8	5.6	6.7	5.6	5.6	4.4
	SE	3.3	1.1	3.3	2.2	8.9	5.6	10	6.7	10	6.7	7.8	6.7	6.7	5.6	6.7	5.6	5.6	4.4
	S	1.1	0.5	1.1	0.5	2.2	0.5	6.7	3.3	8.9	6.7	10	6.7	7.8	6.7	5.6	4.4	4.4	3.3
	SW	3.3	1.1	2.2	1.1	3.3	1.1	4.4	2.2	7.8	5.6	12.2	8.9	13.3	8.9	12.2	8.9	5.6	4.4
	W	3.3	2.2	3.3	2.2	3.3	2.2	4.4	3.3	6.7	4.4	11.1	7.8	15.6	10	14.4	10	7.8	5.6
	NW	2.2	1.1	2.2	0	2.2	1.1	2.2	2.2	3.3	3.3	6.7	5.6	11.1	7.8	12.2	8.9	4.4	3.3
	N·그늘	0	0	0	0	0	0	1.1	1.1	2.2	2.2	3.3	3.3	4.4	4.4	3.3	3.3	2.2	2.2
30 cm 콘크리트 또는 석재	NE	3.3	2.2	3.3	1.1	3.3	1.1	7.8	4.4	7.8	4.4	5.6	4.4	5.6	4.4	6.7	5.6	5.6	4.4
	E	5.6	3.3	4.4	3.3	5.6	3.3	10	5.6	10	6.7	8.9	5.6	6.7	5.6	7.8	5.6	7.8	5.6
	SE	4.4	2.2	4.4	2.2	3.3	2.2	7.8	4.4	8.9	5.6	8.9	5.6	6.7	5.6	6.7	5.6	6.7	5.6
	S	3.3	2.2	2.2	1.1	2.2	1.1	2.2	1.1	5.6	3.3	7.8	5.6	8.9	6.7	7.8	5.6	5.6	4.4
	SW	4.4	2.2	4.4	2.2	3.3	2.2	3.3	2.2	4.4	3.3	5.6	4.4	10	7.8	11.1	7.8	10	6.7
	W	5.6	3.3	4.4	3.3	4.4	3.3	5.6	3.3	5.6	3.3	6.7	4.4	8.9	5.6	13.3	7.8	12.2	7.8
	NW	3.3	2.2	3.3	1.1	3.3	1.1	3.3	2.2	3.3	2.2	4.4	3.3	5.6	4.4	10	6.7	11.1	7.8
	N·그늘	0	0	0	0	0	0	0	0	1.1	1.1	2.2	2.2	3.3	3.3	4.4	4.4	3.3	3.3

㊟ D는 암색, L은 명색

③ 지붕에 대한 상당온도차(℃)

일사광선에 노출된 지붕										
구조 및 종류		시각								
		오전			오후					
		8	10	12	2	4	6	8	10	12
경구조 지붕	2.5 cm 목조 또는 2.5 cm 목조＋ 2.5 cm 또는 5 cm 단열재	6.7	21.2	30	34.4	27.8	14.4	5.6	2.2	0
중(中) 구조 지붕	5 cm 콘크리트 또는 5 cm 콘크리트＋2.5~5 cm 단열재 또는 5 cm 목재	3.3	16.7	26.7	32.2	27.8	17.8	7.8	3.3	1.1
	5 cm 석고 또는 5 cm 석고＋2.5 cm 단열재 2.5 cm 목조 5 cm 목조＋10 cm 암면 10 cm 석고	0	11.1	22.2	28.9	30	23.3	1.1	5.6	3.3
	10 cm 콘크리트 또는 10 cm 콘크리트＋5 cm 단열재	0	11.1	21.2	27.8	28.9	22.2	12.2	6.7	3.3
중(重) 구조 지붕	15 cm 콘크리트	2.2	3.3	13.3	21.1	25.6	24.4	17.8	10.0	6.7
	15 cm 콘크리트＋5 cm 단열재	3.3	3.3	11.1	18.9	23.3	24.4	18.9	11.1	7.8
물로 덮인 지붕	5 cm의 물이 있는 경구조 지붕	0	2.2	8.9	12.2	10	7.8	5.6	1.1	0
	5 cm의 물이 있는 중(重) 구조 지붕	−1.1	−1.1	−2.2	5.6	7.8	8.9	7.8	5.6	3.3
	15 cm의 물이 있는 모든 지붕	−1.1	0	0	3.3	5.6	5.6	4.4	2.2	0
물에 젖은 지붕	경구조	0	2.2	6.7	10	8.9	7.8	5.6	1.1	0
	중(重) 구조	−1.1	−1.1	1.1	4.4	6.7	7.8	6.7	5.6	3.3
그늘진 구조										
경구조		−2.2	0	3.3	6.7	7.8	6.7	4.4	1.1	0
중(中) 구조		−2.2	−1.1	1.1	4.4	6.7	6.7	5.6	3.3	1.1
중(重) 구조		−1.1	−1.1	0	2.2	4.4	5.6	5.6	4.4	2.2

(2) 유리면에 침입하는 열량

① 일사열량(한 겹 유리)

위도	시각 AM → ↓		열획득 (kcal/m²·h)								
			N	NE	E	SE	S	SW	W	NW	수평
북위 30°	6	6	67.8	166	293	141	13.5	13.5	13.5	13.5	46.1
	7	5	62.4	420	515	298	27.1	27.1	27.1	27.1	193
	8	4	43.4	402	556	369	38	35.3	35.3	35.3	372
	9	3	43.4	288	488	369	57	40.7	40.7	40.7	530
	10	2	46.1	146	348	315	92.3	46.1	43.4	43.4	655
	11	1	48.8	54.3	106	212	122	51.5	48.8	48.8	725
	12		48.8	51.5	51.5	95	133	95	51.5	51.5	750
북위 40°	5	7	8.1	19	16.3	5.4	0	0	0	0	2.7
	6	6	70.5	315	355	182	19	16.3	16.3	16.3	67.8
	7	5	43.4	404	529	337	29.8	27.1	27.1	27.1	209
	8	4	38	350	556	424	48.8	32.6	32.6	32.6	372
	9	3	40.7	214	488	440	114	38	38	38	510
	10	2	43.4	84	345	402	187	43.4	43.4	43.4	622
	11	1	46.1	48.8	157	307	244	62.4	46.1	46.1	685
	12		46.1	46.1	51.5	174	266	174	51.5	46.1	704
북위 50°	5	7	54.3	146	146	54.3	8.1	8.1	8.1	8.1	16.3
	6	6	67.8	320	405	220	21.7	19	19	19	92.4
	7	5	32.6	378	535	371	32.6	27.1	27.1	27.1	217
	8	4	35.3	290	449	465	87	32.6	32.6	32.6	350
	9	3	38	146	478	497	195	38	38	38	470
	10	2	40.7	48.8	337	473	299	43.4	40.7	40.7	559
	11	1	43.4	43.4	155	388	470	114	43.4	43.4	616
	12		43.4	43.4	48.8	260	391	260	48.8	43.4	635
	PM → ↑		N	NW	W	SW	S	SE	E	NE	수평

② 전도 대류에 의한 열량(한 겹 유리)

건구 온도	위도	열취득 (kcal/m²·h)								
		N	NE	E	SE	S	SW	W	NW	수평
5 AM	23.3		−16.3	−16.3	−16.3	−16.3	−16.3	−16.3	−16.3	−16.3	−16.3
6	23.3		−13.5	−10.8	−10.8	−13.5	−13.5	−16.3	−16.3	−16.3	−13.5
7	23.9		−13.5	−5.4	−5.4	−8.1	−13.5	−13.5	−13.5	−13.5	−8.1
8	25.0		−8.1	0	2.7	0	−5.4	−8.1	−8.1	−8.1	0
9	26.7		0	5.4	10.8	8.1	2.7	0	0	0	8.1
10	28.3	북위 30, 40, 50	8.1	10.8	16.3	16.3	13.5	8.1	8.1	8.1	21.7
11	30.6		21.7	21.7	27.1	29.8	27.1	24.4	21.7	21.7	35.3
12	32.2		32.6	32.6	32.6	35.3	38	35.3	32.6	32.6	43.4
1 PM	33.9		40.7	40.7	40.7	43.4	46.1	46.1	46.1	40.7	54.3
2	34.4		43.4	43.4	43.4	43.4	48.8	51.5	51.5	46.1	57
3	35.0		46.1	46.1	46.1	46.1	51.5	57	57	51.5	57

4	34.4		43.4	43.4	43.4	43.4	46.1	54.3	54.3	51.5	51.5
5	33.9		40.7	40.7	40.7	40.7	40.7	48.8	51.5	48.8	46.1
6	32.8	북위	35.3	35.3	35.3	35.3	35.3	38	40.7	40.7	35.3
7	30.6	30, 40, 50	21.7	21.7	21.7	21.7	21.7	21.7	21.7	21.7	21.7
8	29.4		16.3	16.3	16.3	16.3	16.3	16.3	16.3	16.3	16.3
9	28.3		8.1	8.1	8.1	8.1	8.1	8.1	8.1	8.1	8.1

③ 차폐계수

차폐의 종류		일사 쪽의 색깔	차폐계수
캔버스 차양		밝은 암색 또는 중간색	0.25
캔버스 차양 (상부 및 양쪽이 건물에 붙어 있는 것)		밝은 암색 또는 중간색	0.35
내부 부착 롤러형 차양	(전폐)	흰색, 크림색	0.41
내부 부착 롤러형 차양	(전폐)	중간색	0.62
내부 부착 롤러형 차양	(전폐)	암색	0.81
내부 부착 롤러형 차양	(반폐)	흰색, 크림색	0.71
내부 부착 롤러형 차양	(반폐)	중간색	0.81
내부 부착 롤러형 차양	(반폐)	암색	0.91
내부 부착 베니션 블라인드	45° 경사	흰색, 크림색	0.56
내부 부착 베니션 블라인드	45° 경사	알루미늄색	0.45
내부 부착 베니션 블라인드	45° 경사	중간색	0.65
내부 부착 베니션 블라인드	45° 경사	암색	0.75
외부 부착 베니션 블라인드 (유리 전부를 덮게 한 것)	45° 경사	흰색, 크림색	0.51
외부 부착 베니션 블라인드 (유리면의 2/3를 덮게 한 것)	45° 경사	흰색, 크림색	0.43
		암색	녹색
외부 부착 차양 스크린	태양 고도 10°	0.52	0.46
외부 부착 차양 스크린	태양 고도 20°	0.40	0.32
외부 부착 차양 스크린	태양 고도 30°	0.25	0.24
외부 부착 차양 스크린	태양 고도 40°	0.15	0.22

④ 유리 열통과율

유리의 종류	K [kcal/m²·h·℃]
보통 유리	5.5
이중 유리(공극 6.3 mm)	3.0
이중 유리(공극 12.7 mm)	2.7
이중 유리(공극 100 mm)	2.6
유리 플러그 (145×145×100 mm 두께)	2.9
사모펜(5 mm 유리 + 공극 6 mm + 5 mm 유리)	2.8

(3) 실내 발생열량

① 인체에서 발생하는 열량(kcal/h·인)

작업 상태	실온(℃)		28		27		26		24		21	
	적용장소	전발열량	현열	잠열	현열	잠열	현열	잠열	현열	잠열	현열	잠열
정좌	극장	80	40	40	44	36	48	32	52	28	59	21
가벼운 작업	학교	91	41	50	44	47	48	43	55	36	62	29
사무소 안에서의 가벼운 보행	사무소·호텔·백화점	102	41	61	45	57	49	53	56	46	65	37
섰다, 앉았다, 걸었다 하는 일	은행	114	41	73	45	69	50	64	58	56	66	48
앉은 동작	레스토랑	125	43	82	51	74	56	69	64	61	73	52
착석 작업	가벼운 작업 (공장)	170	43	127	51	119	56	114	67	103	83	87
보통의 댄스	댄스홀	194	51	143	56	138	62	132	74	120	91	103
보행(4.8 km/h)	공장의 중작업	227	61	166	69	158	57	152	87	140	104	123
볼링	볼링장	330	102	228	106	224	109	221	119	211	138	192

② 조도와 실의 단위면적당 소비전력(W/m²)

건물의 종류		조도(lx)		조명전력(W/m²)	
		일반	고급	일반	고급
사무소	사무실	400~500	700~800	20~30	50~55
	은행 영업실	750~850	1000~1500	60~70	70~100
극장 등의 관람석 로비	관객석	100~150	150~200	10~15	15~20
	로비	150~200	200~250	10~15	20~25
상점	점포 내	500~600	800~1000	30~40	55~70
백화점과 슈퍼마켓	1층, 지하실	800~1200		80~100	
	2층 이상	600~1000		60~80	
학교	교실	150~200	250~350	10~15	25~35
병원	객실	100~150	150~200	8~12	15~20
	진료실	300~400	700~1000	25~35	50~70
호텔	객식	80~150	80~150	15~30	15~30
	로비	100~200	100~200	20~40	20~40
공장	작업장	150~250	300~450	10~20	25~40
주택	거실	200~250	250~350	15~30	25~35

㊟ 조명은 호텔은 백열등, 기타는 형광등 기준이다.

③ 기구 발생량(kJ/h)

구분	발생 현열	발생 잠열
전등, 전열(kW 당)	3600	0
형광등 (출력 kW 당)	4500	0
전동기 1/8~1/2 HP (HP 당)	4450	0
1/2~3 HP (HP 당)	3900	0
3~20 HP (HP 당)	3100	0
가스커피 끓기(길이 40 cm)	5250	5250
가스커피 끓기(길이 30 cm)	3150	3150
가정용 가스오븐	8400	4200
미용원용 헤어드라이어	2100~21000	0
분젠 등	2100	546
증기 소독기(0.6×0.3×0.3 m)	2520	1260

01. 다음 그림과 같은 지하 2층의 난방부하를 계산하시오. 설계조건은 다음과 같다.

[설계조건]

1. 외기온도 : −10℃
2. 실내온도 : 18℃
3. 상층 실내온도 : 18℃
4. 실면적 : 15 m×10 m
5. 천장높이 : 3.2 m
6. 필요 환기량 (기계 환기) : 10 m³/ h · m²
7. 지중온도
   ① 지하 3.5 m : 3℃, ② 지하 7 m : 5.5℃
8. 열통과율 : K
9. 벽면 : 5.04 kJ/m² · h · K
10. 바닥 : 3.78 kJ/m² · h · K
11. 천장 : 10.92 kJ/m² · h · K

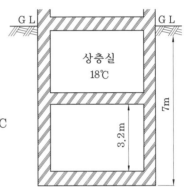

【해답】 벽체 외면 평균 지중온도 $t_e = \dfrac{3+5.5}{2} ≒ 4.25℃$

면적			열통과율 (kJ/m² · h · K)	온도차 (℃)	손실열량 (kJ/h)
벽	(15×3.2)×2 (10×3.2)×2	}160	5.04	18−4.25=13.75	11088
바닥	15×10=150		3.78	18−5.5=12.5	7087.5
천장	15×10=150		10.92	0	0
환기(환기량)	10×150=1500 m³/h		1.2×1	18−(−10)=28	50400
				난방부하의 합계	68575.5

02. 다음 그림과 같은 방의 실내 손실열량을 구하고, 빈칸을 채우시오. (단, 상·하층 및 같은 층의 각 실은 모두 난방하고 있다. 또한, 벽체의 열통과율 K [kJ /m²·h·K는 외벽=12.6, 내벽=10.5, 문=8.4, 천장·바닥=8.4, 유리=23.1이고, 환기횟수는 1회/h, 잠열부하 및 방위별 부가계수는 무시하기로 한다.)

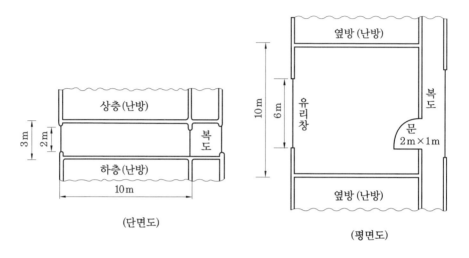

(단면도)

(평면도)

(1) 전열부하

구분		면적	K $[kJ/m^2 \cdot h \cdot K]$	온도차 t [℃]	손실열량 (kJ/h)
동	내벽		10.5		
	문		8.4		
서	외벽		12.6		
	유리		23.1		
남	내벽		10.5		
북	내벽		10.5		
천장			8.4		
바닥			8.4		
				계	

(2) 환기부하 $= 1.2 \times n \times V$(실용적 m³) $\times \Delta t$ [℃]

$= 1.2 \times (\ \ ) \times (\ \ ) \times (\ \ ) = (\ \ )$ kJ/h

난방부하 합계 ( ) kJ/h

해답 (1)

구분		면적	K [kJ/m²·h·K]	온도차 t [℃]	손실열량 (kJ/h)
동	내벽	28	10.5	10	2940
	문	2	8.4	10	168
서	외벽	18	12.6	30	6804
	유리	12	23.1	30	8316
남	내벽	30	10.5	0	0
북	내벽	30	10.5	0	0
천장		100	8.4	0	0
바닥		100	8.4	0	0
				계	18228

(2) 환기부하 $= 1.2 \times (1) \times (300) \times (30) = 10800 \text{ kJ/h}$

난방부하 합계 (29028) kJ/h

참고 난방부하= 18228+10800=29028 kJ/h

03. 다음과 같은 조건의 건물 중간층 난방부하를 구하시오.

───── [조 건] ─────

1. 열관류율 (kJ/m²·h·K) : 천장 (3.53), 바닥 (6.89), 문 (14.28), 유리창 (23.94)
2. 난방실의 실내온도 : 25℃, 비난방실의 온도 : 5℃

   외기온도 : −10℃, 상·하층 난방실의 실내온도 : 25℃
3. 벽체 표면의 열전달률

구분	표면 위치	대류의 방향	열전달률 (kJ/m²·h·K)
실내측	수직	수평 (벽면)	33.6
실외측	수직	수직·수평	84

4. 방위계수

방위	방위계수
북쪽, 외벽, 창, 문	1.1
남쪽, 외벽, 창, 문, 내벽	1.0
동쪽, 서쪽, 창, 문	1.05

5. 환기횟수 : 난방실 − 1회/h, 비난방실 − 3회/h
6. 공기의 비열 : 1 kJ/kg·K, 공기 비중량 : 1.2 kg/m³

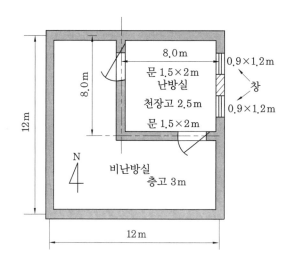

벽체의 종류	구조	재료	두께 (mm)	열전도율 (kJ/m·h·K)
외벽		타일	10	4.62
		모르타르	15	5.54
		콘크리트	120	5.92
		모르타르	15	5.54
		플라스터	3	2.18
내벽		콘크리트	100	5.54

(1) 외벽과 내벽의 열관류율을 구하시오.
(2) 다음 부하계산을 하시오.
 ① 벽체를 통한 부하 　　　　　 ② 유리창을 통한 부하
 ③ 문을 통한 부하 　　　　　　 ④ 극간풍 부하 (환기횟수에 의함)

해답 (1) ① 외벽을 통한 열관류율

$$R_o = \frac{1}{K_o} = \frac{1}{33.6} + \frac{0.01}{4.62} + \frac{0.015}{5.54} + \frac{0.12}{5.92} + \frac{0.015}{5.54} + \frac{0.003}{2.18} + \frac{1}{84}$$

$$\therefore K_o = \frac{1}{R_o} = 14.105 \doteqdot 14.11 \ \text{kJ/m}^2 \cdot \text{h} \cdot \text{K}$$

② 내벽을 통한 열관류율

$$R_r = \frac{1}{K_r} = \frac{1}{33.6} + \frac{0.1}{5.54} + \frac{1}{33.6}$$

$$\therefore K_r = \frac{1}{R_r} = 12.890 \doteqdot 12.89 \ \text{kJ/m}^2 \cdot \text{h} \cdot \text{K}$$

(2) ① 외벽 $\begin{cases} 북 = (8 \times 3) \times 14.11 \times \{25 - (-10)\} \times 1.1 = 13037.64 \, \text{kJ/h} \\ 동 = \{(8 \times 3) - (0.9 \times 1.2 \times 2)\} \times 14.11 \times \{25 - (-10)\} \times 1.05 \end{cases}$

$\qquad\qquad\qquad = 11324.968 = 11324.97 \, \text{kJ/h}$

$\quad$ 내벽 $\begin{cases} 남 = \{(8 \times 2.5) - (1.5 \times 2)\} \times 12.89 \times (25 - 5) = 4382.6 \, \text{kJ/h} \\ 서 = \{(8 \times 2.5) - (1.5 \times 2)\} \times 12.89 \times (25 - 5) = 4382.6 \, \text{kJ/h} \end{cases}$

$\qquad$ ※ 벽체 침입열량 $= 13037.64 + 11324.97 + 4382.6 + 4382.6$

$\qquad\qquad\qquad\qquad = 33127.81 \, \text{kJ/h}$

② 창문 $= (0.9 \times 1.2 \times 2) \times 23.94 \times \{25 - (-10)\} \times 1.05$

$\qquad = 1900.357 = 1900.36 \, \text{kJ/h}$

③ 문 $= (1.5 \times 2 \times 2) \times 14.28 \times (25 - 5) = 1713.6 \, \text{kJ/h}$

④ 극간부하 $= (8 \times 8 \times 2.5 \times 1) \times 1.2 \times 1 \times \{25 - (-10)\} = 6720 \, \text{kJ/h}$

$\qquad$ ※ 난방부하 $= 33127.81 + 1900.36 + 1713.6 + 6720 = 43461.77 \, \text{kJ/h}$

---

04. 냉수코일에서 물량은 18180 L/h이고 열수는 10, 관수는 12개, 플루서킷으로서 다음 그림을 이용해서 물 저항을 구하면 어떻게 되겠는가? (단, 코일의 유효길이는 1500 mm, 코일 3대를 사용한다.)

코일의 물 저항

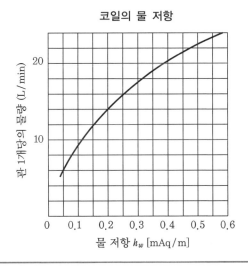

해답 코일이 3대이므로 관수는 $12 \times 3 = 36$개이고, 18180 L/h $= 303$ L/min이므로 관 1개당의 물량은 $\dfrac{303}{36} = 8.42$ L/min이다. 위의 그림에 의해 물 저항 $h_w = 0.08$ mAq/m, 관내의 물 저항 $H_w = h_w\{Nl + 1.2(N+1)\}$ 이다.

$\qquad$ 여기서, h_w : 위의 그림에 의해 구해지는 물 저항 (mAq/m)

$\qquad\qquad$ l : 유효길이 (m)

$\qquad\qquad$ N : 열수 (double socket에서는 1/2로 한다.)

$\quad \therefore H_w = 0.08\{10 \times 1.5 + 1.2(10+1)\} = 2.256$ mAq

05. 각 실의 난방부하를 계산한 결과 다음 평면도에 기입한 것과 같이 되었다. 각 구간의 증기관 및 환수관의 관지름을 [표 1] 및 [표 2]를 사용하여 결정하시오. (단, 난방은 저압 진공식 증기난방으로 하고 방열량은 2730 kJ/m² · h이며, 증기관, 환수관 모두 압력강하는 100 m에 대해 0.02 kg/cm²로 한다.)

구간	EDR [m²]	증기관 지름	환수관 지름
a − b			
b − c			
c − d			
d − e			
e − f			

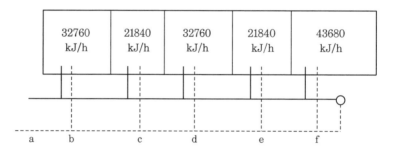

[표 1] 저압증기 환수관의 관지름 (횡주관)

저압증기의 환수관 용량 (EDR [m²])									
관지름 (mm)	압력강하 $R = 0.005$		0.01		0.02		0.05		0.1
	습식	건식	습식 및 진공식	건식	습식 및 진공식	건식	습식 및 진공식	건식	진공식
20	22.3	−	31.6		44.5	−	69.6	−	99.4
25	39	19.5	58.3	26.9	77	34.4	121	42.7	176
32	67	42	93	54.8	130	70.5	209	88	297
40	106	65	149	89	209	114	334	139	464
50	223	149	316	195	436	246	696	297	975
65	372	242	520	334	734	408	1170	492	1640
80	585	446	826	594	1190	724	1860	910	2650
90	863	640	1225	835	1760	1020	2780	1300	3900
100	1210	955	1710	1250	2410	1580	3810	1950	5380
125	2140	−	2970	−	4270	−	6600	−	9300
150	3100	−	4830	−	6780	−	10850	−	15200

[표 2] 저압 증기관의 관지름

관지름 (mm)	저압 증기관의 용량 (EDR [m²])									
	순구배·횡주관 및 하향 급기 입관 (복관식 및 단관식)						역구배 횡주관 및 상향 급기 입관			
	R = 압력강하 (kg/cm²/100 m)						복관식		단관식	
	0.005	0.01	0.02	0.05	0.1	0.2	입관	횡주관	입관	횡주관
20	2.1	3.1	4.5	7.4	10.6	15.3	4.5	—	3.1	—
25	3.9	5.7	8.4	14	20	29	8.4	3.7	5.7	3.0
32	7.7	11.5	17	28	41	59	17.0	8.2	11.5	6.8
40	12	17.5	26	42	61	88	26	12	17.5	10.4
50	22	33	48	80	115	166	48	21	33	18
65	44	64	94	155	225	325	90	51	63	34
80	70	102	150	247	350	510	130	85	96	55
90	104	150	218	360	520	740	180	134	135	85
100	145	210	300	500	720	1040	235	192	175	130
125	260	370	540	860	1250	1800	440	360		240
150	410	600	860	1400	2000	2900	770	610		
200	850	1240	1800	2900	4100	5900	1700	1340		
250	1530	2200	3200	5100	7300	10400	3000	2500		
300	3450	3500	5000	8100	11500	17000	4800	4000		

해답

구간	EDR [m²]	증기 관지름	환수 관지름
a − b	56	65	25
b − c	44	50	20
c − d	36	50	20
d − e	24	40	20
e − f	16	32	20

참고 난방부하 EDR

$$\frac{32760}{2730} = 12\,\text{m}^2, \quad \frac{21840}{2730} = 8\,\text{m}^2, \quad \frac{43680}{2730} = 16\,\text{m}^2$$

06. 다음 도면과 같은 온수난방장치에 대한 순환펌프의 소요양정은 다음 표의 계산결과에 따라 3.5 mAq로 되었다. 순환펌프의 운전 중 점 ①, ②, ⑤ 및 방열기 N의 출구 최상부 N′에서의 압력수두 (mAq)를 구하시오. (단, 팽창탱크는 개방식으로 하고, 탱크 내의 수면변동은 생각하지 않아도 된다. 답에는 계산 과정도 명시한다.)

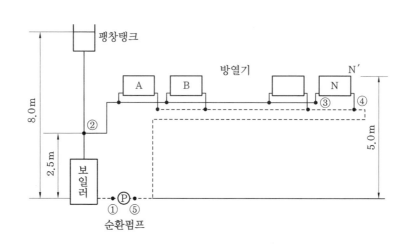

구간	①-②	②-③	③-N′	N′-④	④-⑤	합계
순환 손실수두 (mAq)	0.25	1.55	0.10	0.05	1.55	3.5

해답 (1) 점 ① 수두 : ①-② 간 손실수두 0.25와 팽창탱크 8m, $(8+0.25)=8.25$ mAq
(2) 점 ② 수두 : ②에서 팽창탱크 높이, $8-2.5=5.5$ mAq
(3) 점 ⑤ 수두 : ①의 압력수두에 순환 펌프 양정 3.5를 뺀 값, $8.25-3.5=4.75$ mAq
(4) 점 N′ 수두 : $(8-5)$에 ②-N′간 수두를 뺀 값, $(8-5)-(1.55+0.1)=1.35$ mAq

07. 다음 그림은 사무소 건물의 기준 층에 위치한 실의 일부를 나타낸 것이다. 각종 설계조건으로부터 대상실의 냉방부하를 산출하고자 한다. 주어진 조건을 이용하여 냉방부하를 계산하시오. (단, 유리창 일사열량은 1 kcal를 4.2 kJ로 하여 계산한다.)

[설계조건]
1. 외기조건 : 32℃ DB, 70 % RH
2. 실내 설정조건 : 26℃ DB, 50 % RH
3. 열관류율
   ① 외벽 : 2.1 kJ/m²·h·K ② 유리창 : 23.1 kJ/m²·h·K
   ③ 내벽 : 8.4 kJ/m²·h·K ④ 유리창 차폐계수 = 0.71
4. 재실인원 : 0.2 인/m²
5. 인체 발생열 : 현열 205.8 kJ/h·인, 잠열 222.6 kJ/h·인
6. 조명부하 : 형광등 20 W/m² (단, 형광등의 발생열 4.2 kJ/h·W)
7. 틈새바람에 의한 외풍은 없는 것으로 하며, 인접실의 실내조건은 대상실과 동일하다.

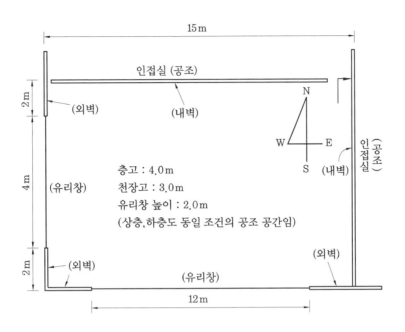

[표 1] 유리창에서의 일사열량 (kcal/m²·h)

시간 \ 방위	수평	N	NE	E	SE	S	SW	W	NW
10	629	39	101	312	312	101	39	39	39
12	726	43	43	43	103	156	103	43	43
14	629	39	39	39	39	101	312	312	101
16	379	28	28	28	28	28	343	493	349

[표 2] 상당온도차 (하기 냉방용 (deg))

시간 \ 방위	수평	N	NE	E	SE	S	SW	W	NW
10	12.8	3.9	10.9	14.2	11.0	4.0	3.2	3.3	5.2
12	21.4	5.6	10.6	14.9	13.8	8.1	5.6	5.3	5.2
14	27.2	7.0	9.8	12.4	12.6	11.2	10.2	8.7	7.0
16	26.2	7.6	9.4	10.9	11.0	11.6	15.0	15.0	11.2

(1) 설계조건에 의해 12시, 14시, 16시의 냉방부하를 구하시오.

  ① 구조체에서의 부하

  ② 유리를 통한 일사에 의한 열부하

  ③ 실내에서의 부하

> (2) 실내 냉방부하의 최대 발생시각을 결정하고, 이때의 현열비를 구하시오.
> (3) 최대 부하 발생시의 취출풍량(m^3/h)을 구하시오. (단, 취출온도는 15℃, 공기의 비열 $1\,kJ/kg \cdot K$, 공기의 비중량 $1.2\,kg/m^3$로 한다. 또한, 실내의 습도 조절은 고려하지 않는다.)

해답 (1) ① 구조체에서의 부하

벽체	방위	면적 (m^2)	열관류율 (kJ/ $m^2 \cdot h \cdot K$)	12시		14시		16시	
				Δt	kJ/h	Δt	kJ/h	Δt	kJ/h
외벽	S	36	2.1	8.1	612.36	11.2	846.72	11.6	876.96
유리창	S	24	23.1	6	3326.4	6	3326.4	6	3326.4
외벽	W	24	2.1	5.3	267.12	8.7	438.48	15	756
유리창	W	8	23.1	6	1108.8	6	1108.8	6	1108.8
				계	5314.68	계	5720.4	계	6068.16

② 유리를 통한 일사에 의한 취득열량

종류	방위	면적	차폐 계수	12시		14시		16시	
				일사량	kJ/h	일사량	kJ/h	일사량	kJ/h
유리창	S	24	0.71	156×4.2	11164.608	101×4.2	7228.368	28×4.2	2003.904
유리창	W	8	0.71	43×4.2	1025.808	312×4.2	7443.072	493×4.2	11761.008

③ 실내에서의 부하
- 인체 : $(15 \times 8 \times 0.2 \times 205.8) + (15 \times 8 \times 0.2 \times 222.6) = 10281.6\,kJ/h$
- 조명 : $15 \times 8 \times 20 \times 4.2 = 10080\,kJ/h$

(2) 최대 부하 발생시각은 14시
  ① 현열 $= 5720.4 + (15 \times 8 \times 0.2 \times 205.8) + 14671.44 + 10080 = 35411.04\,kJ/h$
  ② 잠열 $= 15 \times 8 \times 0.2 \times 222.6 = 5342.4\,kJ/h$
  ③ 현열비 $= \dfrac{35411.04}{35411.04 + 5342.4} = 0.868 ≒ 0.87$

(3) $q_S = Q\,\gamma\,C_p\,(t_r - t_c)$

$Q = \dfrac{35411.04}{1.2 \times 1 \times (26-15)} = 2682.654 ≒ 2682.65\,m^3/h$

08. 그림과 같은 온풍로 난방에서 다음 각 물음에 답하시오. (단, 공기의 비열은 1.008 kJ/kg · K로 하고, 답에는 계산 과정도 기입한다.)

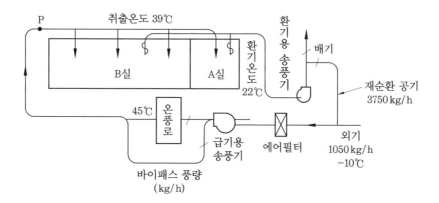

(1) A실의 실내부하(kJ/h)

(2) 외기부하(kJ/h)

(3) 바이패스 풍량(kg/h)

(4) 온풍로 출력(kJ/h)

(5) A실의 취출구에서 방출되는 송풍기 소음의 중심 주파수 210 c/s (Hz)의 옥타브 벤드 파워레벨(dB)

[조 건]

1. 덕트 도중에서의 열손실 및 잠열부하는 무시한다.

2. 각 취출구에서의 풍량은 같다.

3. 덕트의 P점에서 송풍기 소음 파워레벨은 중심 주파수 210 c/s (Hz)의 옥타브 벤드에 대해 81 dB이다. 또한, P점과 각 취출구 간의 덕트에 의한 자연감음 및 덕트 취출구에서의 발생소음은 무시한다.

4. 취출구는 모두 750 mm×250 mm의 베인 격자 취출구로 한다.

5. 분기에 의한 파워레벨 감소는 다음 근사식으로 계산한다. (단, log 2 = 0.3010, log 3 = 0.4771, log 4 = 0.6021)

$$L_B = 10 \log \frac{G_i}{\Sigma G_i}$$

여기서, L_B : 분기에 의한 파워레벨 감소 (dB)

G_i : 분기풍량 (kg/h)

ΣG_i : 분기풍량의 합계 (kg/h)

6. 덕트의 개구단 반사에 의한 감음량은 다음 그림에서 구한다.

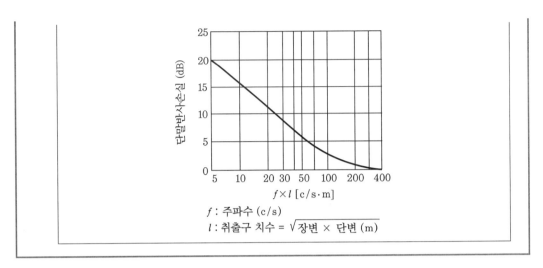

f : 주파수 (c/s)

l : 취출구 치수 = $\sqrt{장변 \times 단변}$ (m)

해답 (1) $\dfrac{3750+1050}{4} = 1200\,\text{kg/h}$ 부하 $= 1200 \times 1.008 \times (39-22) = 20563.2\,\text{kJ/h}$

(2) 외기부하 $= 1050 \times 1.008 \times \{22-(-10)\} = 33868.8\,\text{kJ/h}$

(3) $t_m = \dfrac{3750 \times 22 + 1050 \times (-10)}{3750+1050} = 15\,℃$

  $x =$ 바이패스 풍량, $4800 \times 39 = (4800-x) \times 45 + x \times 15$, $x = 960\,\text{kg/h}$

(4) 풍량 $4800 - 960 = 3840\,\text{kg/h}$

  출력 $3840 \times 1.008 \times (45-15) = 116121.6\,\text{kJ/h}$

(5) 분기에 의한 파워레벨 감소 L_B 는

$$L_B = 10\log\frac{1200}{4800} = 10\log\frac{1}{4} = 10\log 4^{-1} = -10\log 4 = -10 \times 0.6021 = -6.021\,\text{dB}$$

그림에서 반사에 의한 감음량 $f \times l = 210 \times \sqrt{0.75 \times 0.25} = 210 \times 0.433 = 90.93$

∴ 그림에서 단말반사손실은 2.5 dB이므로,

  파워레벨은 $81-(6.021+2.5) = 72.479 ≒ 72.48\,\text{dB}$

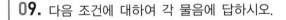

09. 다음 조건에 대하여 각 물음에 답하시오.

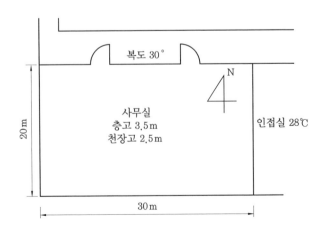

[조 건]

구분	건구온도 (℃)	상대습도 (%)	절대습도 (kg/kg′)
실내	27	50	0.0112
실외	32	68	0.0206

1. 상·하층은 사무실과 동일한 공조상태이다.

2. 남쪽 및 서쪽벽은 외벽이 40 %이고, 창면적이 60 %이다.

3. 열관류율

   ① 외벽 : 12.222 kJ/m^2·h·K

   ② 내벽 : 14.7 kJ/m^2·h·K

   ③ 내부문 : 14.7 kJ/m^2·h·K

4. 유리는 6 mm 반사유리이고, 차폐계수는 0.65이다.

5. 인체 발열량

   ① 현열 : 197.4 kJ/h·인, ② 잠열 : 235.2 kJ/h·인

6. 침입외기에 의한 실내환기 횟수 : 0.5회/h

7. 실내 사무기기 : 200 W×5개, 실내조명 (형광등) : 20 W/m^2

8. 실내인원 : 0.2 인/m^2, 1인당 필요 외기량 : 25 m^3/h·인

9. 공기의 비중량은 1.2 kg/m^3, 정압비열은 1.008 kJ/kg·K이다.

10. 보정된 외벽의 상당외기 온도차 : 남쪽 8.4℃, 서쪽 5℃

11. 유리를 통한 열량의 침입은 1 kcal를 4.2 kJ로 계산한다.

[kcal/h]

구분 \ 방위	동	서	남	북
직달일사 I_{GR}	28.7	171.9	58.2	28.7
전도대류 I_{GC}	43.2	82.4	58.2	43.2

(1) 실내부하를 구하시오.

   ① 벽체를 통한 부하　　　② 유리를 통한 부하

   ③ 인체부하　　　　　　　④ 조명부하

   ⑤ 실내 사무기기 부하　　⑥ 틈새부하

(2) 위의 계산결과가 현열취득 q_s =151956 kJ/h, 잠열취득 q_l =51198 kJ/h라고 가정할 때 SHF를 구하시오.

(3) 실내취출 온도차가 10℃라 할 때 실내의 필요 송풍량 (m^3/h)을 구하시오.

(4) 환기와 외기를 혼합하였을 때 혼합온도를 구하시오.

해답 (1) ① $\begin{cases} \text{남외벽} = (30\times3.5\times0.4)\times12.222\times8.4 = 4311.921 ≒ 4311.92\,\text{kJ/h} \\ \text{서외벽} = (20\times3.5\times0.4)\times12.222\times5 = 1711.08\,\text{kJ/h} \\ \text{북쪽벽} = (2.5\times30)\times14.7\times(30-27) = 3307.5\,\text{kJ/h} \\ \text{동쪽벽} = (2.5\times20)\times14.7\times(28-27) = 735\,\text{kJ/h} \end{cases}$

합계 열량 : 10065.5 kJ/h

② 남쪽창 $\begin{cases} \text{일사량} = (30\times3.5\times0.6)\times58.2\times4.2\times0.65 = 10009.82\,\text{kJ/h} \\ \text{전도대류} = (30\times3.5\times0.6)\times58.2\times4.2 = 15399.72\,\text{kJ/h} \end{cases}$

서쪽창 $\begin{cases} \text{일사량} = (20\times3.5\times0.6)\times171.9\times4.2\times0.65 = 19710.05\,\text{kJ/h} \\ \text{전도대류} = (20\times3.5\times0.6)\times82.4\times4.2 = 14535.36\,\text{kJ/h} \end{cases}$

합계 열량 : 59654.95 kJ/h

③ $\begin{cases} \text{재실인원} = 20\times30\times0.2 = 120\text{명} \\ \text{감열} = 120\times197.4 = 23688\,\text{kJ/h} \\ \text{잠열} = 120\times235.2 = 28224\,\text{kJ/h} \end{cases}$

④ $(20\times30\times20)\times\dfrac{1}{1000}\times4200 = 50400\,\text{kJ/h}$

⑤ $200\times5\times\dfrac{1}{1000}\times3600 = 3600\,\text{kJ/h}$

⑥ $\begin{cases} \text{환기량} = (20\times30\times2.5)\times0.5 = 750\,\text{m}^3/\text{h} \\ \text{감열} = 750\times1.2\times1.008\times(32-27) = 4536\,\text{kJ/h} \\ \text{잠열} = 750\times1.2\times597.3\times4.2\times(0.0206-0.0112) = 21223.26\,\text{kJ/h} \end{cases}$

(2) $SHF = \dfrac{151956}{151956+51198} = 0.7479 ≒ 0.75$

(3) $Q = \dfrac{151956}{1.2\times1.008\times10} = 12562.5\,\text{m}^3/\text{h}$

(4) 재실인원에 의한 외기 도입량

$25\times120 = 3000\,\text{m}^3/\text{h}$

$t_m = \dfrac{27\times(12562.5-3000)+3000\times32}{12562.5} = 28.194 ≒ 28.19\,\text{℃}$

참고 ① 감열 = $3000\times1.008\times1.2\times(32-27) = 18144\,\text{kJ/h}$
② 잠열 = $3000\times1.2\times597.3\times4.2\times(0.0206-0.0112) = 84893.05\,\text{kJ/h}$

---

10. 어떤 사무소 공간의 냉방부하를 산정한 결과 현열부하 q_s = 5760 kcal/h, 잠열부하 q_l = 1440 kcal/h이었으며, 표준 덕트방식의 공기조화 시스템을 설계하고자 한다. 외기 취입량을 500 m³/h, 취출 공기온도를 16℃로 하였을 경우 다음 각 물음에 답하시오. (단, 실내 설계조건 26℃ DB, 50 % RH, 외기 설계조건 32℃ DB, 70 % RH, 공기의 비열 C_p = 0.24 kcal/kg·℃, 공기의 비중량 γ = 1.2 kg/m³이다.)

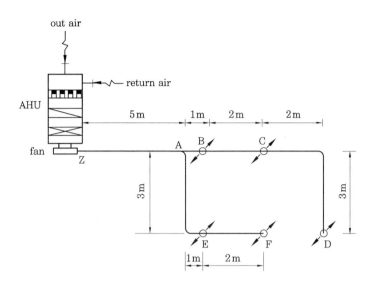

(1) 냉방풍량을 구하시오.

(2) 이때의 현열비 및 공조기 내에서 실내공기 ①과 외기 ②가 혼합되었을 때 혼합
공기 ③의 온도를 구하고, 공기조화 사이클을 습공기 선도 상에 도시하시오. (단,
공기 선도를 이용한다.)

(3) 실내에 설치한 덕트 시스템을 위의 그림과 같이 설계하고자 한다. 각 취출구의
풍량이 동일할 때 장방형 덕트의 크기를 결정하고, Z−F 구간의 마찰손실을 구하
시오. (단, 마찰손실 $R=0.1\,\text{mmAq/m}$, 중력가속도 $g=9.8\,\text{m/s}$, Z−F 구간의
밴드 부분에서 $r/W=1.5$로 한다.) [덕트 설비에서 장방형 덕트 환산표 참조]

구간	풍량 (m³/h)	원형 덕트 지름 (cm)	장방형 덕트 (cm)	풍속 (m/s)
Z−A			×25	
A−B			×25	
B−C			×25	
C−D			×15	
A−E			×25	
E−F			×15	

명칭	그림	계산식	저항계수			
장방형 엘보 (90°)		$\Delta p_t = \lambda \dfrac{l'}{d}\dfrac{v^2}{2g}\gamma$	H/W	r/W=0.5	0.75	1.0	1.5
			0.25	l'/W=25	12	7	3.5
			0.5	33	16	9	4
			1.0	45	19	11	4.5
			4.0	90	35	17	6

장방형 덕트의 분기		직통부 $(1 \rightarrow 2)$ $\Delta p_t = \zeta \dfrac{v_1{}^2}{2g} \gamma$	$v_2/v_1 < 1.0$일 때는 대개 무시한다. $v_2/v_1 \geqq 1.0$일 때, $\zeta_r = 0.46 - 1.24\,x + 0.93\,x^2$ $x = \left(\dfrac{v_2}{v_1}\right) \times \left(\dfrac{a}{b}\right)^{1/4}$					
		분기부 $(1 \rightarrow 3)$ $\Delta p_t = \zeta_B \dfrac{v_1{}^2}{2g} \gamma$	x	0.25	0.5	0.75	1.0	1.25
			ζ_B	0.3	0.2	0.2	0.4	0.65
			다만, $x = \left(\dfrac{v_3}{v_1}\right) \times \left(\dfrac{a}{b}\right)^{1/4}$					

해답 (1) $Q = \dfrac{q_S}{\gamma \, C_p \, \Delta t}$

$\qquad = \dfrac{5760}{1.2 \times 0.24 \times (26 - 16)} = 2000 \, \mathrm{m^3/h}$

(2) $SHF = \dfrac{5760}{5760 + 1440} = 0.8$

$\quad t_3 = \dfrac{1500 \times 26 + 500 \times 32}{2000} = 27.5 \, ℃$

$\quad i_3 = \dfrac{1500 \times 12.3 + 500 \times 20.5}{2000} = 14.35 \, \mathrm{kcal/kg}$

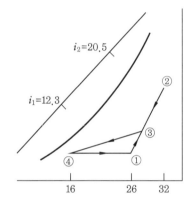

(3)

구간	풍량 $(\mathrm{m^3/h})$	원형 덕트 지름 (cm)	장방형 덕트 (cm)	풍속 (m/s)
Z–A	2000	36	45×25	4.94
A–B	1200	29	30×25	4.44
B–C	800	25	25×25	3.56
C–D	400	22.5	30×15	2.47
A–E	800	25	25×25	3.56
E–F	400	22.5	30×15	2.47

① 직관손실 $= (5 + 3 + 1 + 2) \times 0.1 = 1.1 \, \mathrm{mmAq}$

② 장방형 벤드 $\Delta P_t = \lambda \dfrac{l'}{d} \dfrac{v^2}{2g} \gamma$ 에서,

$\quad \dfrac{H}{W} = \dfrac{25}{25} = 1, \quad \dfrac{r}{W} = 1.5$일 때 $\dfrac{l'}{W} = 4.5, \ l' = 0.25 \times 4.5 = 1.125 \, \mathrm{m}$

$\quad \Delta P_t = 0.1 \times \dfrac{1.125}{0.25} \times \dfrac{3.56^2}{2 \times 9.8} \times 1.2 = 0.349 \fallingdotseq 0.35 \, \mathrm{mmAq}$

③ 장방형 덕트 분기

분기부 $\Delta P_t = \zeta_B \dfrac{v_1^2}{2g}\gamma$

$x = \dfrac{v_3}{v_1}\times\left(\dfrac{a}{b}\right)^{1/4} = \dfrac{3.56}{4.94}\times\left(\dfrac{25}{25}\right)^{1/4} = 0.7206 \fallingdotseq 0.72$

∴ ζ_B는 $x = 0.75$에서 0.2

$\Delta P_t = 0.2\times\dfrac{4.94^2}{2\times9.8}\times1.2 = 0.298 \fallingdotseq 0.30\,\mathrm{mmAq}$

④ Z − F의 마찰손실 $P_t = 1.1 + 0.35 + 0.3 = 1.75\,\mathrm{mmAq}$

참고 직통관 : $\dfrac{V_2}{V_1} = \dfrac{4.44}{4.94} = 0.9,\ \ 0.9 < 1$이므로 ζ는 무시

$\Delta P_t = \zeta\dfrac{v^2}{2g}\gamma = \dfrac{v^2}{2g}\gamma = \dfrac{4.94^2}{2\times9.8}\times1.2 = 1.494 \fallingdotseq 1.49\,\mathrm{mmAq}$

---

11. 다음 그림과 같은 건구온도 0℃, 상대습도 40 %의 외기와 건구온도 20℃, 상대습도 50 %의 실내환기를 1:1로 혼합하고 가열기에 의해 건구온도 23℃까지 가열하고, 17℃의 물을 분무하여 절대습도 0.0084의 공기로 하고, 다시 재열기에 의해 가열하여 실내 공기보다 12℃ 높은 온도의 공기로 만들 경우 다음 그림의 각 점 ㉠∼㉮의 비엔탈피와 건구온도 ㉢∼㉭을 습공기 선도를 이용하여 구하시오. (단, 공기 선도를 이용한다.)

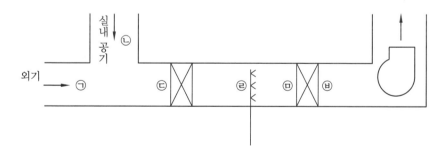

(1) 그림의 각 점 ㉠∼㉮의 비엔탈피를 (   ) 안에 기입하시오.

㉠ (   )   ㉡ (   )   ㉢ (   )

㉣ (   )   ㉤ (   )   ㉮ (   )

(2) 그림의 ㉢ 점, ㉤ 점의 건구온도를 (   ) 안에 기입하시오.

㉢ (   )   ㉤ (   )

해답 (1) ㉠ 0.8, ㉡ 9.2, ㉢ 5.05, ㉣ 8.16, ㉤ 9.85, ㉮ 12.8

(2) ㉢ 10, ㉤ 19.8

12. 어떤 건물에서 서쪽에 면한 방의 유리창을 통해 들어오는 열량을 구하시오. (단, 유리의 열통과율은 21.84 kJ/m²·h·K, 면적은 20 m², 유리는 한 겹, 실내측에 중간색의 베니션 블라인드를 치는 것으로 한다. 또 시각은 16시, 그때의 외기온도는 33℃, 실온은 27℃로 하고, 일사량은 1 kcal를 4.2 kJ로 한다.)

[표 1] 유리창의 일사량(kcal/m²·h) (북위 37도, 7월말)

방위 \ 시각	6	7	8	9	10	11	12	13	14	15	16	17	18
북(N)	68	50	38	38	42	42	42	42	42	38	38	50	68
북동(NE)	294	383	337	230	107	44	42	42	42	38	36	28	13
동(E)	322	466	485	427	292	129	42	42	42	38	36	28	13
남동(SE)	142	264	324	332	285	200	95	43	42	38	36	28	13
남(S)	13	28	37	59	95	133	147	133	95	59	37	28	13
남서(SW)	13	28	36	38	42	43	95	200	285	332	324	264	142
서(W)	13	28	36	38	42	42	42	129	292	427	485	466	322
북서(NW)	13	28	36	38	42	42	42	44	107	230	337	383	294
수평(flat)	58	206	368	513	616	681	707	681	616	513	368	206	58

[표 2] 차폐계수(k_s)

종류	색조	보통유리	후판유리 (6 mm)
안쪽에 베니션 블라인드	밝은색 중간색 어두운색	0.56 0.65 0.75	0.56 0.65 0.74
안쪽에 롤러 블라인드	밝은색 중간색 어두운색	0.41 0.62 0.81	0.41 0.62 0.80
바깥쪽에 베니션 블라인드	밝은색 { 바깥, 밝은색 안쪽, 어두운색	0.15 0.13	0.14 0.12
바깥쪽에 차양	밝은색 { 바깥, 밝은색 안쪽, 어두운색	0.20 0.25	0.19 0.24

㈜ 1. 블라인드는 창문에 완전히 내려친 것
　2. 풍속 2.2 m/s, 햇빛 투사각 30°
　3. 차양은 양쪽 및 윗부분에 통풍이 있는 것. 건물에 밀착시킨 캔버스 차양의 경우에는 위 값의 1.4배로 한다.

해답 (1) 전도열량 $q_1 = KA\,(t_o - t_i) = 21.84 \times 20 \times (33 - 27) = 2620.8\,\text{kJ/h}$

(2) 일사열량 $q_2 = I_{gR}\,k_s\,A = 485 \times 4.2 \times 0.65 \times 20 = 26481\,\text{kJ/h}$

(3) 전열량 $q = q_1 + q_2 = 2620.8 + 26481 = 29101.8\,\text{kJ/h}$

---

13. 어떤 일반 사무실의 취득열량 및 외기부하를 산출하였더니, 다음과 같이 되었다. 이 자료에 의해 (1)~(6)의 값을 구하시오. (단, 취출 온도차는 11℃로 하고, 공기 비열은 1kJ/kg · K로 한다.)

항목	감열(kJ/h)	잠열(kJ/h)
벽체를 통한 열량	25200	0
유리창을 통한 열량	33600	0
바이패스 외기의 열량	588	2520
재실자의 발열량	4032	5040
형광등의 발열량	10080	0
외기부하	5880	20160

(1) 실내취득 감열량 (kJ/h) (단, 여유율은 10 %로 한다.)

(2) 실내취득 잠열량 (kJ/h) (단, 여유율은 10 %로 한다.)

(3) 송풍기 풍량 (m³/min)   (4) 냉각 코일부하 (kJ/h)

(5) 냉동기 용량 (kJ/h)   (6) 냉각탑 용량 (1냉각톤은 4.5 kW이다.)

해답 (1) $q_S = (25200 + 33600 + 588 + 4032 + 10080) \times 1.1 = 80850\,\text{kJ/h}$

(2) $q_L = (2520 + 5040) \times 1.1 = 8316\,\text{kJ/h}$

(3) $Q = \dfrac{80850}{1.2 \times 1 \times 11 \times 60} = 102.083 \fallingdotseq 102.08\,\text{m}^3/\text{min}$

(4) $q_c = q_S + q_L + q_o = 80850 + 8316 + (5880 + 20160) = 115206\,\text{kJ/h}$

(5) $q_R = 115206 \times 1.05 = 120966.3\,\text{kJ/h}$

(6) 냉각톤 $= \dfrac{120966.3 \times 1.2}{4.5 \times 3600} = 8.9604 \fallingdotseq 8.96$ 톤

※ 냉동기 용량은 냉각 코일부하의 5 % 가산한다.

---

14. 다음 주어진 조건에 따라 사무실 냉방부하를 계산하시오.

――――――― [조 건] ―――――――

1. 천장 (옥상층임)의 $K = 7.14\,\text{kJ/m}^2 \cdot \text{h} \cdot \text{K}$

2. 바닥 : 하층 공조로 계산 (본 사무실과 동일온도 조건임)

3. 문 : 목재 패널 $K = 10.08\,\text{kJ/m}^2 \cdot \text{h} \cdot \text{K}$

4. 창문 : 1중 보통유리, 내측 베니션 블라인드 진한색

5. 조명 : 50 W/m² (형광등)

6. 인원수 : 5 m²/인

7. 계산시각 : 오후 4 : 00

8. 층고와 천장고는 동일하게 간주한다.

9. 환기횟수는 [표 1]에 따른다.

10. 16시 일사량 서쪽 1889.58 kJ/m²·h이고, 남쪽 150.78 kJ/m²·h이다.

11. 16시 유리창 전도 대류열량 서쪽 171.36, 남쪽 139.44 kJ/m²·h이다.

[표 1] 실내용적에 따른 환기횟수

실내용적 $V[\mathrm{m^3}]$	500 이하	500~1000	1000~2000	2000 이상
환기횟수 (회/h)	0.7	0.6	0.5	0.42

[표 2] 인체로부터의 발열 집계표 (kcal/h·인)

작업 상태	실온		27℃		26℃		21℃	
	예	전발열량	H_S	H_L	H_S	H_L	H_S	H_L
정좌	공장	88	49	39	53	35	65	23
사무소 업무	사무소	113	50	63	54	59	72	41
착석작업	공장 경작업	189	56	135	62	127	92	97
보행 4.8 km/h	공장 중작업	252	76	176	83	169	116	136
볼링	볼링장	365	117	248	121	244	153	212

[표 3] 외벽 및 지붕의 상당 외기 온도차 $\Delta t_e(t_o : 31.7℃, \ t_i : 26℃)$

구분	시각	H	N	NE	E	SE	S	SW	W	HW	지붕
콘크리트	8	4.7	2.3	4.5	5.0	3.5	1.6	2.4	2.8	2.1	7.5
	9	6.8	3.0	7.5	8.7	5.9	1.9	2.5	2.9	2.5	7.5
	10	10.2	3.6	10.2	12.5	8.9	2.7	3.0	3.3	3.0	8.4
	11	14.5	4.2	12.0	15.5	11.7	4.1	3.7	3.9	3.7	10.2
	12	19.3	4.9	12.6	17.1	14.0	5.9	4.5	4.6	3.4	12.9
	13	24.0	5.6	12.3	17.2	15.3	8.0	5.6	5.4	5.2	16.0
	14	28.2	6.3	11.9	16.4	15.5	9.9	7.5	6.5	6.0	19.4
	15	31.4	6.8	11.4	15.2	14.8	14.4	10.0	8.6	6.9	22.7
	16	33.5	7.3	11.1	14.2	14.0	12.2	12.8	11.6	8.6	25.6
	17	34.2	7.6	10.1	13.3	13.1	12.3	15.3	15.1	11.0	27.7
	18	33.4	7.9	10.3	12.4	12.2	11.8	17.2	18.3	13.6	29.0
	19	31.1	8.3	9.7	11.4	14.3	11.0	17.9	20.4	15.7	29.3
	20	27.7	8.3	8.9	10.3	10.2	9.9	17.1	20.3	16.1	28.5

[표 4] 차폐계수

종류		K_1
보통판유리		1.00
후판유리		0.91
내측 베니션 블라인드		
(1중 보통유리)	엷은색	0.56
	중간색	0.65
	진한색	0.75
외측 베니션 블라인드		
(1중 보통유리)	엷은색	0.12
	중간색	0.15
	진한색	0.22

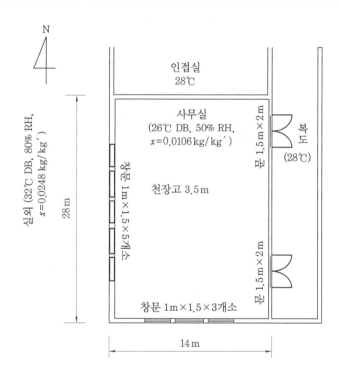

N

인접실
28℃

사무실
(26℃ DB, 50% RH,
$x=0.0106\,kg/kg'$)

천장고 3.5m

복도
(28℃)

문 1.5m×2m

문 1.5m×2m

창문 1m×1.5×5개소

창문 1m×1.5×3개소

실외 (32℃ DB, 80% RH, $x=0.0248\,kg/kg'$)

28 m

14 m

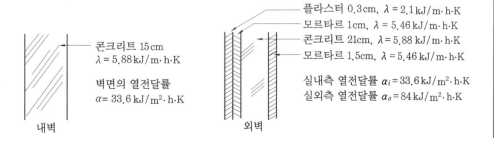

콘크리트 15cm
$\lambda = 5.88\,kJ/m\cdot h\cdot K$

벽면의 열전달률
$\alpha = 33.6\,kJ/m^2\cdot h\cdot K$

내벽

플라스터 0.3cm, $\lambda = 2.1\,kJ/m\cdot h\cdot K$
모르타르 1cm, $\lambda = 5.46\,kJ/m\cdot h\cdot K$
콘크리트 21cm, $\lambda = 5.88\,kJ/m\cdot h\cdot K$
모르타르 1.5cm, $\lambda = 5.46\,kJ/m\cdot h\cdot K$

실내측 열전달률 $\alpha_i = 33.6\,kJ/m^2\cdot h\cdot K$
실외측 열전달률 $\alpha_o = 84\,kJ/m^2\cdot h\cdot K$

외벽

(1) 유리를 통하는 부하
(2) 벽체를 통하는 부하
(3) 환기횟수로 인한 극간부하 (단, 공기 비중량은 1.2 kg/m³, 정압비열은 1.008 kJ/kg·K이고, 1 kcal는 4.2 kJ로 환산한다.)
(4) 인체부하
(5) 조명부하
(6) 냉방부하 (취득열량의 20 % 여유율을 줄 것)

해답 (1) 유리를 통한 부하
① 일사량
$$\begin{cases} 서 : 1889.58 \times (1 \times 1.5 \times 5) \times 0.75 = 10628.898 ≒ 10628.90 \, kJ/h \\ 남 : 150.78 \times (1 \times 1.5 \times 3) \times 0.75 = 508.872 ≒ 508.87 \, kJ/h \end{cases}$$
② 전도량 대류
$$\begin{cases} 서 : 171.36 \times (1 \times 1.5 \times 5) = 12789 \, kJ/h \\ 남 : 139.44 \times (1 \times 1.5 \times 3) = 627.48 \, kJ/h \end{cases}$$

(2) 벽체를 통하는 부하
① 열통과율
$$\begin{cases} 내벽 : \dfrac{1}{K} = \dfrac{1}{33.6} + \dfrac{1}{33.6} + \dfrac{0.15}{5.88}, \; K = 11.76 \, kJ/m^2 \cdot h \cdot K \\ 외벽 : \dfrac{1}{K} = \dfrac{1}{33.6} + \dfrac{1}{84} + \dfrac{0.015}{5.46} + \dfrac{0.21}{5.88} + \dfrac{0.01}{5.46} + \dfrac{0.003}{2.1}, \; K = 12.012 \, kJ/m^2 \cdot h \cdot K \end{cases}$$
② 상당 외기 온도차에 의한 보정 온도차
$$\Delta t_e' = \Delta t_e + (t_o' - t_o) - (t_i' - t_i)$$
16시 상당 외기 온도 표에서 서쪽 11.6℃, 남쪽 12.2℃, 지붕 25.6℃이므로,
- 서쪽 $\Delta t_e' = 11.6 + (32 - 31.7) - (26 - 26) = 11.9℃$
- 지붕 $\Delta t_e = 25.6 + (32 - 31.7) - (26 - 26) = 25.9℃$
- 남쪽 $\Delta t_e' = 12.2 + (32 - 31.7) - (26 - 26) = 12.5℃$

③ 벽체부하
- 서 외벽 $= (28 \times 3.5 - 1 \times 1.5 \times 5) \times 12.012 \times 11.9 = 12936.323 ≒ 12936.32 \, kJ/h$
- 남 외벽 $= (14 \times 3.5 - 1 \times 1.5 \times 3) \times 12.012 \times 12.5 = 6681.675 ≒ 6681.68 \, kJ/h$
- 문 $= (1.5 \times 2 \times 2) \times 10.08 \times (28 - 26) = 120.96 \, kJ/h$
- 지붕 $= (28 \times 14) \times 7.14 \times 25.9 = 492490.992 ≒ 492490.99 \, kJ/h$
- 동 내벽 $= \{(28 \times 3.5) - (1.5 \times 2 \times 2)\} \times 11.76 \times (28 - 26) = 2163.84 \, kJ/h$
- 북 내벽 $= (14 \times 3.5) \times 11.76 \times (28 - 26) = 1152.48 \, kJ/h$

(3) 극간부하 : [표 1]에서 $14 \times 28 \times 3.5 = 1372 \, m^3$에 의한 환기횟수는 0.5회
① 감열 $q_s = 0.5 \times 1372 \times 1.2 \times 1.008 \times (32 - 26) = 4978.713 ≒ 4978.71 \, kJ/h$
② 잠열 $q_l = 0.5 \times 1372 \times 1.2 \times 597.3 \times 4.2 \times (0.0248 - 0.0106)$
$\qquad = 29324.828 ≒ 29324.83 \, kJ/h$

(4) 인체부하
① 인명수 $= 28 \times 14 \times \dfrac{1}{5} = 78.4$
② 감열 $q_S = 78.4 \times 54 \times 4.2 = 17781.12 \, kJ/h$
③ 잠열 $q_L = 78.4 \times 59 \times 4.2 = 19427.52 \, kJ/h$

(5) 조명부하 $= (14 \times 28) \times \dfrac{50}{1000} \times 1000 \times 4.2 = 82320\,\text{kJ/h}$

(6) 냉방부하
  ① 현열부하 $= 13044.15 + 95546.304 + 4978.722 + 17781.12 + 82320$
    $= 213670.296 \fallingdotseq 213670.30\,\text{kJ/h}$
  ② 잠열부하 $= 29324.84 + 19427.52 = 48752.36\,\text{kJ/h}$
  ③ 냉방부하 $= (213670.3 + 48752.36) \times 1.2 = 314907.192 \fallingdotseq 314907.19\,\text{kJ/h}$

참고   1 kcal를 4.2 kJ로 환산하면 SI 단위로 풀이가 된다.

15. 그림과 같은 공기조화설비의 계통도가 있다. 해당란에 도면의 번호를 ( ) 안에 기입하시오.

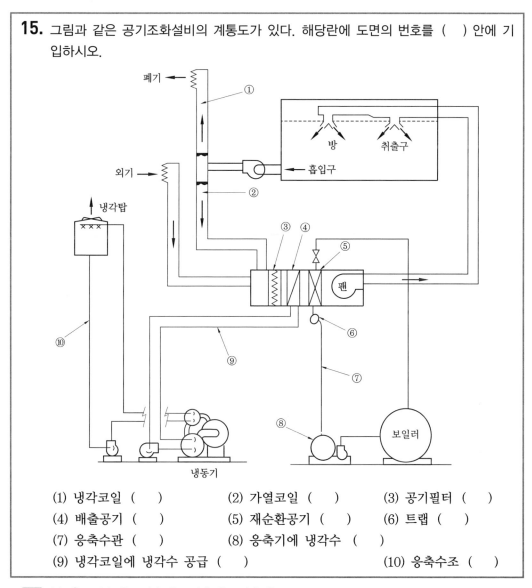

(1) 냉각코일 (　) 　(2) 가열코일 (　) 　(3) 공기필터 (　)
(4) 배출공기 (　) 　(5) 재순환공기 (　) 　(6) 트랩 (　)
(7) 응축수관 (　) 　(8) 응축기에 냉각수 (　)
(9) 냉각코일에 냉각수 공급 (　) 　(10) 응축수조 (　)

해답 (1) ④ 　(2) ⑤ 　(3) ③ 　(4) ① 　(5) ②
(6) ⑥ 　(7) ⑦ 　(8) ⑩ 　(9) ⑨ 　(10) ⑧

16. 다음과 같은 철근 콘크리트 사무실(18 m×12 m)의 취득열량을 주어진 도표를 이용하여 구하시오.

───────── [조 건] ─────────

1.	구분	건구온도 (℃)	상대습도 (%)	절대습도 (kg/kg′)	엔탈피 (kJ/kg)
	실내	26	50	0.0105	53.046
	외기	31.7	66	0.0196	82.236

2.	구분	구조	$K[\mathrm{kJ/m^2 \cdot h \cdot K}]$
	외벽	두께 15 cm 콘크리트, 글라스 울 25 mm	3.99
	내벽	두께 20 cm 콘크리트 블록	7.686
	유리창	1중, 보통(3 mm) 유리 알루미늄 섀시	23.1
	문	스테인리스 스틸 2중	11.34

3. 상·하층은 동일하게 공조한다.

4. 복도의 온도는 실온과 외기온의 중간값으로 하고, 외기는 16시의 외기 조건으로 한다.

5. 서쪽 창에는 어두운 색 베니션 블라인드를 설치한다(내측에 부착, 차폐 계수는 0.75).

6. 유리창은 미닫이 섀시문 B형을 쓰며, 풍속은 4 m/s로 한다.

7. 조명기구는 25 W/m²이고, 4.2 kJ/Wh로 한다.

8. 재실인원은 1인당 바닥면적 5 m²으로 본다.

9. 1 kcal를 4.2 kJ로 환산한다.

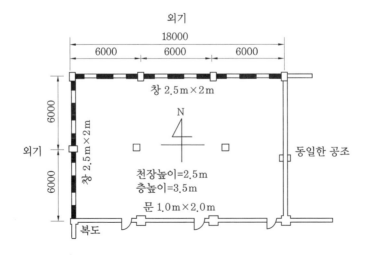

[표 1] 보통 유리 (3 mm) 에서의 일사량 (kcal/m²·h)   (tr=26℃, 7월 23일)

	시각	H	N	NE	E	SE	S	SW	W	NW
I_{GR}	8	351.1	35.0	313.3	449.9	308.3	35.9	35.9	35.9	35.9
	9	450.1	40.0	215.3	392.9	315.4	58.4	40.0	40.0	40.0
	10	575.4	42.7	100.4	276.9	276.9	100.5	42.7	42.7	42.7
	11	635.0	44.3	44.3	130.9	197.9	134.7	44.3	44.3	44.3
	12	655.2	44.8	44.8	44.8	101.3	147.4	101.3	44.8	44.8
	13	635.0	44.3	41.3	44.3	44.3	134.7	197.9	130.9	44.3
	14	575.4	42.7	42.7	42.7	42.7	100.5	276.9	276.9	100.4
	15	450.1	40.0	40.0	40.0	40.0	58.4	315.4	392.9	215.3
	16	351.1	35.0	35.9	35.9	35.9	35.9	303.3	449.9	313.3
	17	204.6	54.1	30.2	30.2	30.2	30.2	251.8	433.2	353.0
	18	73.9	76.0	21.5	21.5	21.5	21.5	139.3	294.4	270.6
I_{GC}	8	23.2	16.7	22.6	24.0	22.5	16.6	16.6	16.6	16.6
	9	32.9	24.7	29.7	34.7	30.9	25.7	24.7	24.7	24.7
	10	40.3	31.1	33.8	36.9	36.9	33.8	31.1	31.1	31.1
	11	44.4	34.5	31.5	38.2	39.2	38.3	34.5	34.5	34.5
	12	47.0	36.8	36.8	36.8	39.5	40.8	39.5	36.8	36.8
	13	47.9	37.9	37.9	37.9	37.9	41.7	42.6	41.6	37.9
	14	47.1	37.9	37.9	37.9	37.9	40.7	43.8	43.8	40.7
	15	46.0	37.9	37.9	37.9	37.9	38.9	44.0	44.8	42.8
	16	39.8	33.2	33.2	33.2	33.2	33.2	39.1	40.6	39.1
	17	33.1	29.8	28.5	28.5	28.5	28.5	33.5	35.4	34.6
	18	23.9	24.2	22.1	22.1	22.1	22.1	25.1	26.7	26.4

[표 2] 알루미늄 섀시의 틈새풍량 (m³/ m²·h)

풍속 (m/s)		2	4	6	8	10
풍압(mmAq)		0.184	0.735	1.65	2.94	4.59
미닫이문	A	0.070	0.16	0.25	0.25	0.46
	B	1.42	2.0	2.4	2.4	3.0
	C	5.1	7.0	8.4	8.4	10.5
외미닫이문	A	—	0.021	0.039	0.059	0.077
	B	0.067	0.11	0.16	0.21	0.26
	C	0.078	0.18	0.28	0.40	0.52

여닫이문	A	0.070	0.094	0.112	0.13	0.44
	B	0.44	0.23	0.30	0.40	0.52
	C	0.068	0.19	0.34	0.52	0.72
오르내리창	A	0.030	0.040	0.049	0.056	0.062
	B	0.050	0.14	0.27	0.42	0.60
	C	0.23	0.56	0.93	1.30	1.70
회전창	A	0.012	0.031	0.058	0.090	0.12
	B	0.054	0.15	0.27	0.40	0.56
	C	0.22	0.50	0.61	1.01	1.05

[표 3] 인체로부터의 발생열량(kcal/h)

작업상태	적용장소 실온 (℃)	감열					잠열				
		28	27	25.5	24	21	28	27	25.5	24	21
보좌 착석경작업	극장	44	49	53	58	65	44	39	35	30	24
	학교	45	49	54	60	69	55	51	46	40	31
사무소작업 가벼운 보행	사무소, 호텔, 백화점, 소매점	45	50	54	61	71	67	62	58	51	41
섰다, 앉았다 함 착석 (식사) 착석작업 보통의 댄스 보행직업 중작업	은행	45	50	55	64	72	80	75	70	61	53
	레스토랑	48	55	60	70	80	90	83	78	68	58
	공장 (경작업)	48	55	61	74	91	140	133	127	114	97
	댄스홀	55	61	69	81	100	158	152	144	132	113
	공장 (중작업)	67	75	82	95	115	184	175	168	155	135
	볼링, 공장	113	117	122	132	153	252	248	244	234	213

[표 4] 보정된 상당 외기온도

동	서	남	북	지붕
14.2℃	16.6℃	7.3℃	8.4℃	25.6℃

해답 (1) 구조체를 통한 취득열량

① 서쪽 외벽 $= 3.99 \times (12 \times 3.5 - 2.5 \times 2 \times 4) \times 16.6 = 1457.148 = 1457.15 \, \text{kJ/h}$

② 서쪽창 $\begin{cases} \text{일사량} = 0.75 \times (2.5 \times 2 \times 4) \times 449.9 \times 4.2 = 28343.7 \, \text{kJ/h} \\ \text{대류} = 2.5 \times 2 \times 4 \times 40.6 \times 4.2 = 3410.4 \, \text{kJ/h} \end{cases}$

③ 남쪽 내벽 $= 7.686 \times (18 \times 2.5 - 1 \times 2 \times 3) \times \left(\dfrac{26 + 31.7}{2} - 26 \right)$

$\qquad = 854.296 = 854.30 \, \text{kJ/h}$

④ 남쪽문 $= 1 \times 2 \times 3 \times 11.34 \times \left(\dfrac{26 + 31.7}{2} - 26 \right) = 193.914 \fallingdotseq 193.91 \, \text{kJ/h}$

⑤ 북쪽 외벽 $= 3.99 \times (18 \times 3.5 - 2.5 \times 2 \times 6) \times 8.4 = 1106.028 \fallingdotseq 1106.03 \, \text{kJ/h}$

⑥ 북쪽창 $\begin{cases} \text{일사량} = (2.5 \times 2 \times 6) \times 35 \times 4.2 = 4410 \, \text{kJ/h} \\ \text{대류} = 2 \times 2.5 \times 6 \times 33.2 \times 4.2 = 4183.2 \, \text{kJ/h} \end{cases}$

⑦ 구조체 취득 총열량 $= 1457.15 + 28343.7 + 3410.4 + 854.3 + 193.91 + 1106.03 +$
$\qquad\qquad\qquad\qquad 4410 + 4183.2 = 43958.69 \, \text{kJ/h}$

(2) 틈새바람에 의한 열량

① 극간풍량 $\begin{cases} \text{북쪽창} = 2.5 \times 2 \times 6 \times 2 = 60 \, \text{m}^3\text{/h} \\ \text{서쪽창} = 2.5 \times 2 \times 4 \times 2 = 40 \, \text{m}^3\text{/h} \end{cases}$

② 현열 $= 1.2 \times 1.008 \times (60 + 40) \times (31.7 - 26) = 689.472 \fallingdotseq 689.47 \, \text{kJ/h}$

③ 잠열 $= (60 + 40) \times 1.2 \times 597.3 \times 4.2 \times (0.0196 - 0.0105)$
$\qquad = 2739.456 \fallingdotseq 2739.46 \, \text{kJ/h}$

(3) 재실인원에 의한 열량

① 재실인원 $= (18 \times 12) \times \dfrac{1}{5} = 43.2$ 명

② 1인당 인체에 의한 감열과 잠열을 도표의 구한 값에서 보간법에 의하면,

- 감열 $= \left[50 + (54 - 50) \times \dfrac{27 - 26}{27 - 25.5} \right] \times 4.2 = 221.2 \, \text{kJ/h}$

- 잠열 $= \left[58 + (62 - 58) \times \dfrac{26 - 25.5}{27 - 25.5} \right] \times 4.2 = 249.186 \fallingdotseq 249.19 \, \text{kJ/h}$

- 감열량 $= 43.2 \times 221.2 = 9555.84 \, \text{kJ/h}$

- 잠열량 $= 43.2 \times 249.19 = 10765.008 \fallingdotseq 10765.01 \, \text{kJ/h}$

(4) 조명 $= 18 \times 12 \times 25 \times 4.2 = 22680 \, \text{kJ/h}$

(5) 총현열량 $= 43958.69 + 689.47 + 9555.84 + 22680 = 76884 \, \text{kJ/h}$

(6) 총잠열량 $= 2739.46 + 10765.01 = 13504.47 \, \text{kJ/h}$

(7) 총취득열량 $= 76884 + 13504.47 = 90388.47 \, \text{kJ/h}$

Chapter 08 원가 관리

8-1 적산과 견적

공사비를 산출하는 일을 적산(survey) 또는 견적(estimate ; calculate)이라고 불러 왔는데 명확한 정의가 있는 것이 아니었고, 적산과 견적은 같은 의미로 사용되기도 하였다. 그러나 적산은 금액으로 환산하기 이전의 재료의 산출 수단과 그 경과를 말하고, 견적은 적산으로 결과된 공사요소를 금액적으로 확정 표시한 것을 의미한다.

8-2 적산의 종류

(1) 발주 업무용 적산
① 예산 편성을 위한 적산
② 발주 공사의 예정 가격을 정하기 위한 적산
③ 설계 변경을 위한 적산
④ 정산을 위한 적산

(2) 수주 업무용 적산
① 공사 입찰을 위한 적산
② 계약용 제출견적을 위한 적산
③ 실행예산 편성을 위한 적산
④ 외주자 정산을 위한 적산

8-3 공사비 구성

(1) 재료비

재료비는 직접 재료비와 간접 재료비로 구분된다. 직접 재료비는 공사 목적물의 실체를 형성하는 재료 및 외주 가공품의 상품적 가치를 말한다. 특히 적산이 곤란한 품목은 잡품 및 소모품으로 분류하여 강관금액의 2~5%로 계상하도록 규정하고 있다.

간접 재료비는 공사에 보조적으로 소비되는 재료 또는 공구와 같은 소모성 물품에 대한 가치를 말한다. 일반공구와 시험용 계측기기류에 대한 손료는 표준 품셈의 적용 기준에 따라 직접 공사에 참여하는 노무비의 3%까지 공구손료로 설계 내역상에 계산하고 있다.

(2) 노무비

직접 노무비와 간접 노무비로 분류되며, 직접 노무비는 공사현장에서 계약목적을 완수하기 위하여 직접 작업에 종사하는 종업원 및 노무자에게 지급하는 급료, 노임과 제수당, 상여금과 퇴직급여 충당금을 합한 금액이다. 이는 표준품셈의 기준에 따라 산출하며 직접 설계내역상에 계상한다.

이에 반해 간접 노무비는 직접 작업에 종사하지는 않으나 공사 현장에서 보조 업무를 하고 있는 노무자 종업원과 현장 사무소 직원의 급료, 노임과 제수당, 상여금, 퇴직급여 충당금 등의 합계액으로 시설 공사업에서는 직접 노무비의 15%를 초과할 수 없도록 규정하고 있다.

(3) 경비

전력비, 운반비, 기계경비, 가설비, 지급임차료, 보험료, 보관료, 안전관리비, 기타 경비 등이다. 특히 계상하기 곤란한 기타 경비는 순공사비의 5% 이내에서 계산할 수 있다.

(4) 일반관리비

공사 현장을 지원하고 있는 본사와 같은 중앙 부서에도 제반 비용이 소요되므로 이를 공사비에 포함시켜야 한다. 이와 같이 기업의 유지를 위한 관리활동 부문에서 발생하는 제비용으로 임직원 급료, 감가 상각비, 운반비 및 차량비를 포함한다.

일반관리비율

시설공사		전기통신 전문공사	
공사금액	일반관리비율 (%)	공사금액	일반관리비율 (%)
5억원 미만	7.0	6천만원 미만	7.0
5억원 이상 30억원 미만	6.5	6천만원 이상 3억원 미만	6.5
30억원 이상	6.0	3억원 이상	6.0

(5) 이윤

공사원가와 일반관리비는 계약 목적물을 완성하고 기업의 유지를 위하여 필요한 최소 항목으로 구성되어 있다. 이윤은 공사원가와 일반관리비를 합한 금액에 10%를 초과할 수 없도록 규정하고 있다. 이상에서 설명한 공사원가, 일반관리비 및 이윤을 합한 금액이 공사비가 된다. 이를 항목별로 계산하여 원가계산 서식에 기입하여 공사비를 산출한다.

8-4   적산 방법

① 공사 내용을 파악한다.
② 기기, 재료 등의 물량을 산출한다.
  ㈎ 일위대가표를 작성한다.
  ㈏ 재료의 산출근거를 작성한다.
  ㈐ 공종별로 물량을 집계한다.
  ㈑ 내역서를 작성한다.
  ㈒ 직접 공사비를 계산한다.
  ㈓ 공사비를 계산한다.

재료의 할증률

종류	할증률 (%)	종류	할증률 (%)	종류	할증률 (%)
일반 볼트	5	소형형강	5	스테인리스강판	10
강판	10	봉강 (棒鋼)	5	스테인리스강관	5
강관	5	평강대강	5		
대형형강	7	리벳제품	5		

예상문제

01. 다음 덕트시공의 취출구 공량을 산출하시오.

품명	규격(mm×mm)	개수
F·D 방화댐퍼	1200×400	10
	600×400	20
V·D 풍량댐퍼	800×400	15
	600×400	25
도어그릴	600	25
	1200	50
점검구	–	100

품명	규격(mm×mm)	덕트공(인)
F·D 방화댐퍼	$0.1\,m^2$ 이하	0.55
	$0.1\,m^2$ 증마다	0.15 가산
V·D 풍량댐퍼	$0.1\,m^2$ 이하	0.50
	$0.1\,m^2$ 증마다	0.12 가산
도어그릴	$1\,m^2$ 이내	0.74
	$1\,m^2$ 이상	1.20
점검구	(손이 들어갈 정도)	0.50

품명	규격	산출근거
F·D 방화댐퍼	$0.48\,m^2$ $0.24\,m^2$	
V·D 풍량댐퍼	$0.32\,m^2$ $0.24\,m^2$	
도어그릴	1 m 이내 1 m 이상	
점검구	–	

해답

품명	규격	산출근거
F·D 방화댐퍼	$0.48\,m^2$ $0.24\,m^2$	$10\times(0.55+0.15\times3.8)=11.2$인 $20\times(0.55+0.15\times1.4)=15.2$인
V·D 풍량댐퍼	$0.32\,m^2$ $0.24\,m^2$	$15\times(0.5+0.12\times2.2)=11.46$인 $25\times(0.5+0.12\times1.4)=16.7$인
도어그릴	1 m 이내 1 m 이상	$25\times0.74=18.5$인 $50\times1.2=60$인
점검구	–	$100\times0.5=50$인

※ 증분계산 : 예 $F \cdot D\,(0.48\,m^2)$: $\dfrac{0.48-0.1}{0.1}=3.8$

02. 난방배관 평면도를 보고 물량을 산출한 결과가 다음과 같을 때 난방배관공사에 필요한 공량을 산출하시오. (단, 소수점 둘째자리까지 계산하시오)

(1) 물량산출 시

품명	규격	단위	수량	비고
주철제 방열기	16절	조	10	
주철제 방열기	24절	조	4	
방열기용 밸브	20 mm	개	14	
방열기 트랩	15 mm	개	14	
강관	50 mm	m	40	
강관	40 mm	m	20	
강관	25 mm	m	60	

(2) 품셈

① 방열기 신설

규격	단위	배관공 (인)	보통인부 (인)
주철제 방열기 20절 이하	조	1.10	0.10
주철제 방열기 21절 이상	조	1.50	0.10

② 밸브류 설치

규격	단위	배관공 (인)	보통인부 (인)
지름 15~50 mm	개	0.07	–
지름 65~100 mm	개	0.25	–

③ 트랩 및 유량계 설치

규격	단위	배관공 (인)	보통인부 (인)
트랩 및 유량계 15 mm	개	0.70	0.10
트랩 및 유량계 20 mm	개	1.00	0.10

④ 강관배관

규격	단위	배관공 (인)	보통인부 (인)
강관 50 mm	m	0.248	0.063
강관 40 mm	m	0.200	0.056
강관 25 mm	m	0.147	0.037

	배관공 (인)	보통인부 (인)
① 방열기 신설		
② 밸브류 설치		
③ 트랩 설치		
④ 강관배관 (50 mm)		
강관배관 (40 mm)		
강관배관 (25 mm)		
계		

해답

	배관공 (인)	보통인부 (인)
① 방열기 신설	16절 : $10 \times 1.1 = 11$ 24절 : $4 \times 1.5 = 6$	16절 : $10 \times 0.1 = 1$ 24절 : $4 \times 0.1 = 0.4$
② 밸브류 설치	$14 \times 0.07 = 0.98$	
③ 트랩 설치	$14 \times 0.7 = 9.8$	$14 \times 0.1 = 1.4$
④ 강관배관 (50 mm)	$40 \times 0.248 = 9.92$	$40 \times 0.063 = 2.52$
강관배관 (40 mm)	$20 \times 0.2 = 4$	$20 \times 0.056 = 1.12$
강관배관 (25 mm)	$60 \times 0.147 = 8.82$	$60 \times 0.037 = 2.22$
계	50.52	8.66

03. 어느 건물의 기준층 배관을 적산한 결과 다음과 같은 산출 근거가 나왔다. 이 배관공사에 대한 내역서를 작성하시오. (단, 강관부속류의 가격은 직관가격의 50%, 지지철물의 가격은 직관가격의 10%, 배관의 할증률은 10%, 공구손료는 인건비의 3%이다.)

(1) 산출근거서(정미량)

품명	규격	직관길이 및 수량
백강관	25 mm	40 m
백강관	50 mm	50 m
게이트 밸브	청동제 10 kg/cm^2, 50 mm	4개

(2) 품셈

① 강관배관(m당)

규격	배관공 (인)	보통인부 (인)
25 mm	0.147	0.037
50 mm	0.248	0.063

② 밸브류 설치 : 개소당 0.07인

(3) 단가

품명	규격	단위	단가 (원)
백강관	25 mm	m	1,200
백강관	50 mm	m	1,500
게이트 밸브	50 mm	개	9,000

배관공 : 45,000원/인   보통인부 : 25,000원/인

(4) 내역서

품명	규격	단위	수량	단가	금액
백강관	25 mm	m			
백강관	50 mm	m			
게이트 밸브	청동제 $10 \, kg/cm^2$, 50 mm	개			
강관부속류					
지지철물류					
인건비	배관공	인			
인건비	보통인부	인			
공구손료		식			
계					

해답

품명	규격	단위	수량	단가	금액
백강관	25 mm	m	44	1200	52800
백강관	50 mm	m	55	1500	82500
게이트 밸브	청동제 $10 \, kg/cm^2$, 50 mm	개	4	9000	36000
강관부속류	직관 가격의 50 %				67650
지지철물류	직관 가격의 10 %				13530
인건비	배관공	인	18.28	45000	822600
인건비	보통인부	인	4.63	25000	115750
공구손료	인건비의 3 %	식			28150.5
계					1218980.5

04. SCH #50(스케줄 No. 50)의 파이프를 가스 용접하려고 한다. 용접 부위가 10개일 때 일위대가표를 작성하고 소요되는 금액을 산출하시오. (단, 수압시험 및 교정을 위하여 본공량에 5%를 가산한다.)

표준 품셈 (개소당)

품명	단위	수량
산소	l	45
아세틸렌	l	40
용접봉	kg	0.03
플랜트 용접공	인	0.17
특별인부	인	0.06
기구손료	노무비의 3%	

단가

품명	규격	단위	금액
산소	99% 120 kg/cm^2 이상 6,000 l (기체)	병	6000
아세틸렌	98% 용접용 1kg=853 l	kg	6000
용접봉	2.8ϕ	kg	1200
플랜트 용접공		인	45000
특별인부		인	25000

(1) 일위대가표

품명	규격	수량	단위	재료비 단가	재료비 금액	노무비 단가	노무비 금액	총액
산소								
아세틸렌								
용접봉								
기구손실료								
인건비								
소계								

(2) 소요금액

해답 (1) 일위대가표

품명	규격	수량	단위	재료비		노무비		총액
				단가	금액	단가	금액	
산소	99 % 120 kg/cm² 이상	45	l	1	45			
아세틸렌	98 % 용접용	40	l	7.03	281.2			
용접봉	2.8ϕ	0.03	kg	1200	36			
기구손실료	노무비의 3%	−	−	−	288.23			
인건비	플랜트 용접공	0.1785	인	−	−	45000	8032.5	
	특별인부	0.063	인	−	−	25000	1575	
소계					650.43		9607.5	10257.93

(2) 소요금액 $= 10257.93 \times 10 = 102579.3$ 원

참고 ① 산소 $1l$ 당 단가 $= \dfrac{6000}{6000} = 1$ 원

② 아세틸렌 $1l$ 당 단가 $= \dfrac{6000}{853} = 7.03$ 원

③ 노무비 $= 8032.5 + 1575 = 9607.5$ 원

④ 기구손실료 $= 9607.5 \times \dfrac{3}{100} = 288.225 ≒ 288.23$ 원

⑤ 플랜트 용접공 $= 0.17 \times 1.05 = 0.1785$ 인

⑥ 특별인부 $= 0.06 \times 1.05 = 0.063$ 인

05. 다음 그림과 같은 저속덕트 평면도에서 덕트의 제작 설치와 댐퍼류, 취출구, 플렉시블 호스 등의 설치에 필요한 인부를 산출하시오. (단, 보온은 하지 않는 것으로 한다.)

─────── [조 건] ───────
- 저속덕트의 철판두께는 0.5 mm
- 저속덕트 두께 0.5 mm인 경우 제작 및 설치공은 m² 당 0.5인
- 플렉시블 호스덕트 설치공은 1 m당 0.1인
- 댐퍼류는 개소당 0.1 m² 마다 0.5인, 1.0 m² 증가마다 0.12인 가산
- 취출구 150 mm인 경우 0.7 인/개

구분	인원 (인)
덕트공	
플렉시블 덕트 시공	
댐퍼류 설치공	
취출구 설치공	
계	

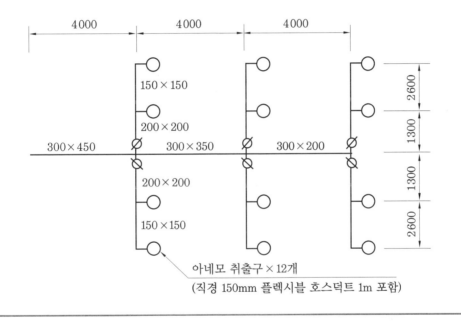

아네모 취출구 × 12개

(직경 150mm 플렉시블 호스덕트 1m 포함)

해답

구분	인원 (인)
덕트공	30.8×0.5=15.4
플렉시블 덕트 시공	12×0.1=1.2
댐퍼류 설치공	6×0.5=3
취출구 설치공	12×0.7=8.4
계	28

참고 덕트 면적＝{(4×0.15×2.6)×6}＋{(4×0.2×1.3)×6}＋{2×(0.3＋0.45)×4}
＋{2×(0.3＋0.35)×4}＋{2×(0.3＋0.2)×4}＝30.8 m^2

06. 다음의 덕트설비도에서 아연철판의 양[m²]과 덕트공 [인]을 구하고 자재비와 노무비를 산출하시오. (단, 덕트 부속류에 대한 사항은 고려하지 않는다.)

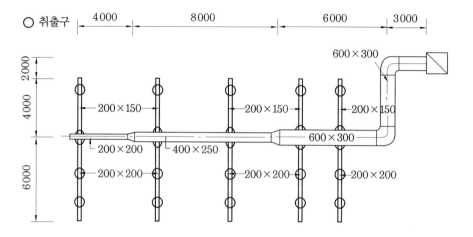

─────── [조 건] ───────

• 덕트 내 기류속도 13 m/s
• 장방형 덕트
• 취출구는 플렉시블 덕트호스로 연결한다 (125φ).
• 덕트공은 덕트의 제작 및 설치에 관한 사항임.

각형 덕트 제작 및 설치 노무량 품셈   (m² 당 덕트공)

규격		제작	설치	제작 및 설치
아연철판 (피츠버그접수)	호칭두께 0.5 m/m	0.24	0.20	0.44
	호칭두께 0.6 m/m	0.26	0.21	0.47
	호칭두께 0.8 m/m	0.28	0.22	0.50
	호칭두께 1.0 m/m	0.33	0.27	0.60
	호칭두께 1.2 m/m	0.37	0.31	0.68
	호칭두께 1.6 m/m	0.48	0.39	0.87

단가표

명칭	규격 (mm)	단가 (원)
아연도철판	0.5	2,800
	0.6	2,600
	0.8	2,400
	1.0	2,200
	1.2	1,900
덕트공 (인)		13,500

해답 (1) 두께별 재료의 양 (m²) 산정

덕트 크기	철판 두께 (mm)	재료 양 (m²)
600×300	0.6	$2(0.6+0.3)\times(3+6+6)=27\ \mathrm{m}^2$
400×250	0.5	$2(0.4+0.25)\times 8+2(0.2+0.2)\times(4+6+6+6$ $+6+6)+2(0.2+0.15)\times(4+4+4+4+4)$ $=51.6\ \mathrm{m}^2$
200×200		
200×150		

(2) 덕트공 (인) 산정

철판 두께	두께별 덕트공 (인)	총 덕트공 (인)
0.6	$27\times 0.47=12.69$	$12.69+22.70\fallingdotseq 36$
0.5	$51.6\times 0.44=22.70$	

(3) 자재비 및 노무비 산출

구분	비용 (원)
자재비	$(51.6\times 2800)+(27\times 2600)=214,680$
노무비	$36\times 13,500=486,000$

07. 그림과 같은 증기난방에 있어 물음에 답하시오. (단, 증기압력은 0.3 kg/cm², 압력강
하 $R=0.01$ kg/cm²/100 m로 한다.)
  (1) 배관경 (①, ②, ③)을 구하시오.
  (2) 소요자재 물량을 구하시오.

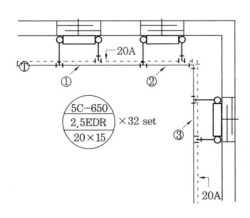

저압증기관의 용량표 [상당방열 면적(m²)]

관지름 (mm)	순구배 수평관 및 하향급기 수직관 (복관식 및 단관식)						역구배 수평관 및 상향급기 수직관			
	$R = 0.01 \, (\text{kg/cm}^2/100 \, \text{m})$						복관식		단관식	
	0.005	0.01	0.02	0.05	0.1	0.2	수직관	수평관	수직관	수평관
	A	B	C	D	E	F	G	H	I	J
20	2.1	3.1	4.5	7.4	10.6	15.3	4.5	–	3.1	–
25	3.9	5.7	8.4	14	20	29	8.4	3.7	5.7	3.0
32	7.7	11.5	17	28	41	59	17	8.2	11.5	6.8
40	12	17.5	26	42	61	88	26	12	17.5	10.4
50	22	33	48	80	115	166	48	21	33	18
65	44	64	94	155	225	325	90	51	63	34
80	70	102	150	247	350	510	130	85	96	55
100	145	210	300	500	720	1,040	235	192	175	130
125	260	370	540	860	1,250	1,800	440	360		240
150	410	600	860	1,400	2,000	2,900	770	610		
200	850	1,240	1,800	2,900	4,100	5,900	1,700	1,340		
250	1,530	2,200	3,200	5,100	7,300	10,400	3,000	2,500		
300	2,450	3,500	5,000	8,100	11,500	17,000	4,800	4,000		

해답 (1) 증기난방에서 압력강하 R과 EDR을 구하여 표에서 배관지름을 찾는다.

① $R = 0.01$과 $2.5EDR$ 관지름은 20 mm

② $R = 0.01$과 $5EDR$ 관지름은 25 mm

③ $R = 0.01$과 $7.5EDR$ 관지름은 32 mm

(2) 자재

품명	규격	수량	단위
방열기	5세주 $2.5EDR$	3	개
티	32×25×20	1	개
	25×20×20	1	개
	20×20×20	1	개
	20×20×15	3	개
엘보	25	1	개
	20	1	개
트랩	관말 트랩	1	개
	방열기 트랩	3	개

08. 그림과 같은 덕트 평면을 보고 덕트 공사에 필요한 직접 재료비, 직접 인건비를 계산하시오.

─────────────── [조 건] ───────────────

- 덕트 금속판의 재료할증률 28 % 적용
- 덕트 제작설치의 공량할증률 20 % 적용
- 덕트 크기별 철판두께는 저속덕트 기준
- 덕트 제작 설치에 필요한 재료비 (철판면적 m^2 당)

철판 두께(mm)	0.5	0.6	0.8
재료비 (원)	5400	6000	6800

- 덕트 제작 설치에 필요한 공량 (철판면적 m^2 당)

철판 두께(mm)	0.5	0.6	0.8
덕트공 (인)	0.44	0.48	0.50

- 덕트공의 노임단가는 25000원 적용

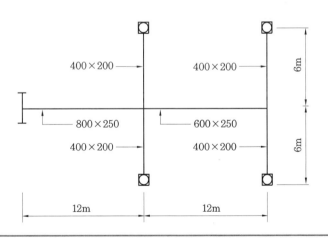

해답 (1) 직접 재료비

철판 두께	덕트 규격	길이	면적	할증(28 %)	재료비 단가	덕트 재료비
0.5	400×200	24 m	28.8 m^2	36.86 m^2	5400	199,044원
0.6	600×250	12 m	20.4 m^2	26.11 m^2	6000	156,660원
0.8	800×250	12 m	25.2 m^2	32.26 m^2	6800	219,368원
					합계	575,072원

(2) 직접 인건비

철판 두께	면적	공량 (20 % 할증)	단가	노무비
0.5	28.8 m^2	$0.44 \times 28.8 \times 1.2 = 15.21$	25000	380,250
0.6	20.4 m^2	$0.48 \times 20.4 \times 1.2 = 11.75$	25000	293,750
0.8	25.2 m^2	$0.5 \times 25.2 \times 1.2 = 15.12$	25000	378,000
			합 계	1,052,000원

과년도 출제 문제

2010년도 시행 문제

01. 어떤 사무소에 표준 덕트 방식의 공기조화 시스템을 아래 조건과 같이 설계하고자 한다. (16점)

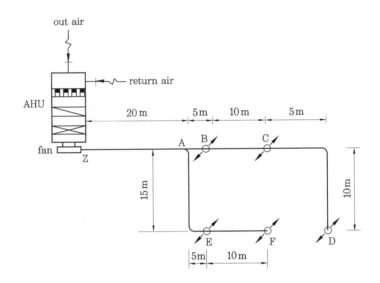

(1) 실내에 설치한 덕트 시스템을 위의 그림과 같이 설계하고자 한다. 각 취출구의 풍량이 동일할 때 장방형 덕트의 크기를 결정하고, Z-F 구간의 마찰손실을 구하시오.(단, 마찰손실 $R = 0.1$ mmAq/m, 중력가속도 $g = 9.8$ m/s, 취출구 저항 5 mmAq, 댐퍼저항 5 mmAq, 공기비중량 1.2 kg/m³이다.)

구간	풍량(m³/h)	원형 덕트 지름(mm)	장방형 덕트(mm)	풍속(m/s)
Z-A	18000		1000×	
A-B	10800		1000×	
B-C	7200		1000×	
C-D	3600		1000×	
A-E	7200		1000×	
E-F	3600		1000×	

(2) 송풍기 토출 정압을 구하시오. (단, 국부저항은 덕트 길이의 50 %이다.)

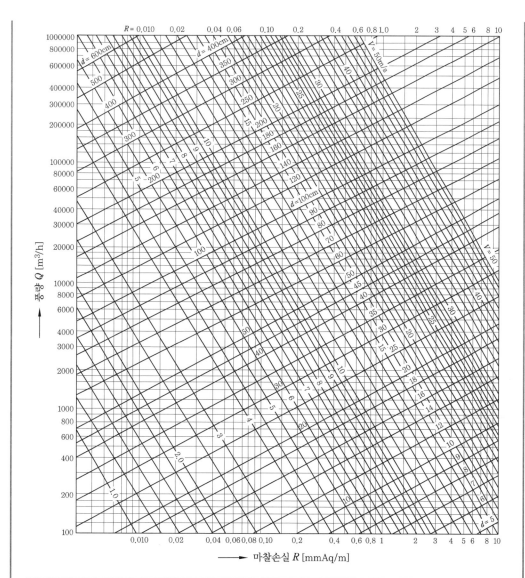

장변 \ 단변	10	15	20	25	30	35	40	45	50	55	60	65	70	75	80	85	90	95	100
10	10.9																		
15	13.3	16.4																	
20	15.2	18.9	21.9																
25	16.9	21.0	24.4	27.3															
30	18.3	22.9	26.6	29.9	32.8														
35	19.5	24.5	28.6	32.2	35.4	38.3													
40	20.7	26.0	30.5	34.3	37.8	40.9	43.7												
45	21.7	27.4	32.1	36.3	40.0	43.3	46.4	49.2											
50	22.7	28.7	33.7	38.1	42.0	45.6	48.8	51.8	54.7										
55	23.6	29.9	35.1	39.8	43.9	47.7	51.1	54.3	57.3	60.1									
60	24.5	31.0	36.5	41.4	45.7	49.6	53.3	56.7	59.8	62.8	65.6								
65	25.3	32.1	37.8	42.9	47.4	51.5	55.3	58.9	62.2	65.3	68.3	71.1							
70	26.1	33.1	39.1	44.3	49.0	53.3	57.3	61.0	64.4	67.7	70.8	73.7	76.5						

75	26.8	34.1	40.2	45.7	50.6	55.0	59.2	63.0	66.6	69.7	73.2	76.3	79.2	82.0				
80	27.5	35.0	41.4	47.0	52.0	56.7	60.9	64.9	68.7	72.2	75.5	78.7	81.8	84.7	87.5			
85	28.2	35.9	42.4	48.2	53.4	58.2	62.6	66.8	70.6	74.3	77.8	81.1	84.2	87.2	90.1	92.9		
90	28.9	36.7	43.5	49.4	54.8	59.7	64.2	68.6	72.6	76.3	79.9	83.3	86.6	89.7	92.7	95.6	198.4	
95	29.5	37.5	44.5	50.6	56.1	61.1	65.9	70.3	74.4	78.3	82.0	85.5	88.9	92.1	95.2	98.2	101.1	103.9
100	30.1	38.4	45.4	51.7	57.4	62.6	67.4	71.9	76.2	80.2	84.0	87.6	91.1	94.4	97.6	100.7	103.7	106.5	109.3
105	30.7	39.1	46.4	52.8	58.6	64.0	68.9	73.5	77.8	82.0	85.9	89.7	93.2	96.7	100.0	103.1	106.2	109.1	112.0
110	31.3	39.9	47.3	53.8	59.8	65.2	70.3	75.1	79.6	83.8	87.8	91.6	95.3	98.8	102.2	105.5	108.6	111.7	114.6
115	31.8	40.6	48.1	54.8	60.9	66.5	71.7	76.6	81.2	85.5	89.6	93.6	97.3	100.9	104.4	107.8	111.0	114.1	117.2
120	32.4	41.3	49.0	55.8	62.0	67.7	73.1	78.0	82.7	87.2	91.4	95.4	99.3	103.0	106.6	110.0	113.3	116.5	119.6
125	32.9	42.0	49.9	56.8	63.1	68.9	74.4	79.5	84.3	88.8	93.1	97.3	101.2	105.0	108.6	112.2	115.6	118.8	122.0
130	33.4	42.6	50.6	57.7	64.2	70.1	75.7	80.8	85.7	90.4	94.8	99.0	103.1	106.9	110.7	114.3	117.7	121.1	124.4
135	33.9	43.3	51.4	58.6	65.2	71.3	76.9	82.2	87.2	91.9	96.4	100.7	104.9	108.8	112.6	116.3	119.9	123.3	126.7
140	34.4	43.9	52.2	59.5	66.2	72.4	78.1	83.5	88.6	93.4	98.0	102.4	106.6	110.7	114.6	118.3	122.0	125.5	128.9
145	34.9	44.5	52.9	60.4	67.2	73.5	79.3	84.8	90.0	94.9	99.6	104.1	108.4	112.5	116.5	120.3	124.0	127.6	131.1
150	35.3	45.2	53.6	61.2	68.1	74.5	80.5	86.1	91.3	96.3	101.1	105.7	110.0	114.3	118.3	122.2	126.0	129.7	133.2
155	35.8	45.7	54.4	62.1	69.1	75.6	81.6	87.3	92.6	97.4	102.6	107.2	111.7	116.0	120.1	124.1	127.9	131.7	135.3
160	36.2	46.3	55.1	62.9	70.6	76.6	82.7	88.5	93.9	99.1	104.1	108.8	113.3	117.7	121.9	125.9	129.8	133.6	137.3
165	36.7	46.9	55.7	63.7	70.9	77.6	83.8	89.7	95.2	100.5	105.5	110.3	114.9	119.3	123.6	127.7	131.7	135.6	139.3
170	37.1	47.5	56.4	64.4	71.8	78.5	84.9	90.8	96.4	101.8	106.9	111.8	116.4	120.9	125.3	129.5	133.5	137.5	141.3

해답 (1)

구간	풍량(m³/h)	원형 덕트 지름(mm)	장방형 덕트(mm)	풍속(m/s)
Z-A	18000	850	1000×650	7.69
A-B	10800	710	1000×450	6.67
B-C	7200	600	1000×350	5.71
C-D	3600	462.5	1000×250	4
A-E	7200	600	1000×350	5.71
E-F	3600	462.5	1000×250	4

(2) ① 토출 전압 $= (20 + 15 + 5 + 10) \times 1.5 \times 0.1 + 5 + 5 = 17.5$ mmAq

② 토출 정압 $= 17.5 - \dfrac{7.69^2}{2 \times 9.8} \times 1.2 = 13.879 ≒ 13.88$ mmAq

---

02. 다음과 같은 증기 코일 순환 시스템에서 증기 코일의 입구온도, 증기 코일의 출구온도 및 코일의 정면 면적을 구하시오. (단, 외기 도입량은 20 %이다.) (9점)

─────── [조건] ───────

1. 풍량 : 14400 m³/h   2. 난방용량 : 630000 kJ/h

3. 외기 도입온도 : -5℃   4. 순환 공기온도 : 20℃

5. 코일 통과풍속 : 3 m/s   6. 공기 비중량 : 1.2 kg/m³

7. 공기 비열 : 1.008 kJ/kg·K

해답 (1) 증기 코일의 입구온도 = $\{0.2 \times (-5)\} + (0.8 \times 20) = 15\,℃$

(2) 증기 코일의 출구온도 = $15 + \dfrac{630000}{14400 \times 1.2 \times 1.008} = 51.168 ≒ 51.17\,℃$

(3) 정면 면적 = $\dfrac{14400}{3 \times 3600} = 1.333 ≒ 1.33\ \text{m}^2$

---

03. 1단압축, 1단팽창의 이론 사이클로 운전되고 있는 R-22 냉동장치가 있다. 이 냉동장치는 증발온도 -10℃, 응축온도 40℃, 압축기 흡입증기는 과열증기상태이고 엔탈피 및 비체적은 아래 선도와 같으며 냉동능력 163800 kJ/h일 때 피스톤 토출량 m³/h를 구하시오. (단, 체적효율은 60 %이다.) (6점)

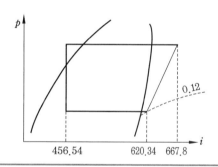

해답 피스톤 토출량 $V = \dfrac{163800 \times 0.12}{(620.34 - 456.54) \times 0.6} = 200\ \text{m}^3/\text{h}$

---

04. 암모니아 냉동장치에서 사용되는 가스 퍼저(불응축가스 분리기)에서 아래의 그림에 있는 접속구 A-E는 각각 어디에 연결되는지 例와 같이 나타내시오.

(例 F-압축기 토출관) (15점)

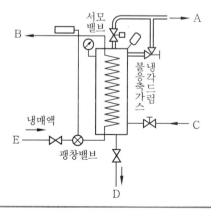

해답 A-수조, B-압축기 흡입관, C-응축기와 수액기 상부 불응축가스 도입관, D-수액기, E-수액기 출구 액관

05. 다음 그림과 같은 R-22 장치도를 보고 물음에 답하시오. (7점)

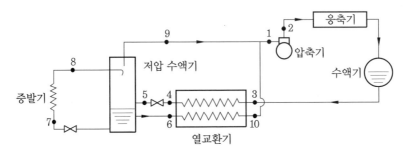

(1) $P-h$ 선도를 그리고 번호를 기입하시오.

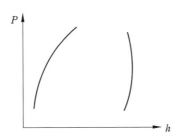

(2) 성능계수(COP)를 구하시오.

해답 (1)

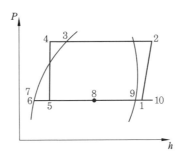

(2) $COP = \dfrac{h_8 - h_7}{h_2 - h_1}$

06. 응축기의 전열면적 1 m²당 송풍량이 280 m³/h이고 열통과율이 151.2 kJ/m²·h·K일 때, 응축기 입구 공기온도가 20℃, 출구 공기온도가 26℃라면 응축온도는 몇 ℃인 가? (단, 공기 비중량 1.2 kg/m³, 비열 1.008 kJ/kg·K이고 평균온도차는 산술평균온 도로 한다.) (6점)

해답 ① 평균온도차 $\Delta_m = t_c - \dfrac{20 + 26}{2} = \dfrac{280 \times 1.2 \times 1.008 \times (26 - 20)}{151.2 \times 1}$

② 응축온도 $t_c = \dfrac{280 \times 1.2 \times 1.008 \times (26 - 20)}{151.2 \times 1} + \dfrac{20 + 26}{2} = 36.44\ ℃$

07. 횡형 셸 앤드 로핀 튜브 수랭식 응축기에서 수측 열관류율(q_w)은 21000 kJ/m²·h·K, 냉매측 열관류율(q_r)은 8400 kJ/m²·h·K, 냉각관의 유효 내외 면적비(m)가 3일 때 냉매 전열면 기준 열통과율 (kJ/m²·h·K)을 구하시오. (5점)

해답 ① 열저항 $R = \dfrac{1}{K} = \dfrac{1}{8400} + \dfrac{1}{21000} \times 3 \ [\text{m}^2 \cdot \text{h} \cdot \text{K/kJ}]$

② 열통과율 $K = \dfrac{1}{R} = 3818.1818 ≒ 3818.18 \ \text{kJ/m}^2 \cdot \text{h} \cdot \text{K}$

08. 겨울철에 냉동장치 운전 중에 고압측 압력이 갑자기 낮을 경우 장치 내에서 일어나는 현상을 3가지 쓰고 그 이유를 각각 설명하시오. (18점)

해답 ① 현상 : 냉동장치의 각 부가 정상임에도 불구하고 냉각이 불충분하여진다.
 – 이유 : 응축기 냉각 공기온도가 낮아짐으로 응축압력이 낮아지는 것이 원인이다.
② 현상 : 냉매순환량이 감소한다.
 – 이유 : 증발압력이 일정한 상태에서 고저압의 차압이 적어서 팽창밸브 능력이 감소하는 것이 원인이다.
③ 현상 : 단위능력당 소요동력 증가
 – 이유 : 냉동능력에 알맞은 냉매량을 확보하지 못하므로 운전시간이 길어지는 것이 원인이다.

참고 [대책]
① 냉각풍량을 감소시켜 응축압력을 높인다.
② 액냉매를 응축기에 고이게 함으로써 유효 냉각 면적을 감소시킨다.
③ 압축기 토출가스를 압력제어 밸브를 통하여 수액기로 바이패스시킨다.

09. 다음 조건에 대하여 각 물음에 답하시오. (18점)

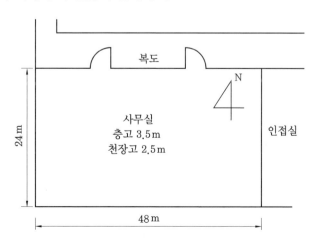

구분	건구온도(℃)	절대습도(kg/kg′)
실내	26	0.0107
실외	31	0.0186

- 인접실과 하층은 동일한 공조상태이다.
- 지붕 열통과율 $K = 6.342 \text{ kJ/m}^2 \cdot \text{h} \cdot \text{K}$이고, 상당 외기 온도차 $t_e = 3.9\,℃$이다.
- 조명은 바닥면적당 20 W/m^2, 4.2 kJ/Wh, 제거율 0.25이다.
- 외기도입량은 바닥면적당 $5 \text{ m}^3/\text{h} \cdot \text{m}^2$이다.
- 인명수 $0.5인/\text{m}^2$, 인체 발생 현열 $210 \text{ kJ/h} \cdot 인$, 잠열 $264.6 \text{ kJ/h} \cdot 인$이다.
- 공기의 비중량 1.2 kg/m^3, 비열 $1.008 \text{ kJ/kg} \cdot \text{K}$이다.

(1) 인체 발열부하(kJ/h) ① 현열, ② 잠열을 구하시오.
(2) 조명부하(kJ/h)를 구하시오.
(3) 지붕부하(kJ/h)를 구하시오.
(4) 외기부하(kJ/h) ① 현열, ② 잠열을 구하시오.

해답 (1) 인체부하
① 현열 $= (24 \times 48) \times 0.5 \times 210 = 120960 \text{ kJ/h}$
② 잠열 $= (24 \times 48) \times 0.5 \times 264.6 = 152409.6 \text{ kJ/h}$
(2) 조명부하 $= (24 \times 48) \times 20 \times 4.2 \times (1 - 0.25) = 72576 \text{ kJ/h}$
(3) 지붕부하 $= 6.342 \times (24 \times 48) \times 3.9 = 28493.337 ≒ 28493.34 \text{ kJ/h}$
(4) 외기부하
① 현열 $= (24 \times 48) \times 5 \times 1.2 \times 1.008 \times (31 - 26) = 34836.48 \text{ kJ/h}$
② 잠열 $= (24 \times 48) \times 5 \times 1.2 \times 597.3 \times 4.2 \times (0.0186 - 0.0107)$
$= 136984.877 ≒ 136984.88 \text{ kJ/h}$

▶ 2010. 7. 4 시행　　※ 이 문제는 수검자의 기억을 통하여 복원된 것입니다.

01. 실내온도 26℃, 실외측 온도 32℃, 벽체의 면적이 120 m²이고 아래와 같은 벽체 구조일 때 열통과율(kJ/m²·h·K)과 침입열량(열통과량 ; kJ/h)을 구하여라.　　(6점)

번호	재료	두께(mm)	열전도율 (kJ/m·h·K)
①	시멘트 모르타르	15	5.46
②	콘크리트	150	5.88
③	시멘트 모르타르	15	5.46
④	목재	3	2.1

표면 열전달률

	열전달률 $(kJ/m^2 \cdot h \cdot K)$
실외	84
실내	29.4

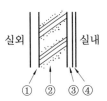

해답 (1) 열통과율

① 열저항 $R = \dfrac{1}{K} = \dfrac{1}{84} + \dfrac{0.015}{5.46} + \dfrac{0.15}{5.88} + \dfrac{0.015}{5.46} + \dfrac{0.003}{2.1} + \dfrac{1}{29.4}$ $[m^2 \cdot h \cdot K/kJ]$

② 열통과율 $K = \dfrac{1}{R} = 12.762 ≒ 12.76 \ kJ/m^2 \cdot h \cdot K$

(2) 열통과량

$q = 12.76 \times 120 \times (32 - 26) = 9187.2 \ kJ/h$

---

02. 증기 난방설비에서 아래와 같은 운전 조건일 때 다음 물음에 답하시오. (18점)

[운전 조건]

- 외기온도 6℃
- 실내온도 20℃
- 환기온도 18℃
- 코일입구 공기 혼합온도 15℃
- 가열 코일 후 온도 35℃
- 실취출구 온도 32℃
- 배관손실은 보일러 발열량의 25 %
- 수증기 증발잠열 2268 kJ/kg
- 연료 소비량 12.5 L/h이고, 1 L당 발열량 33600 kJ/L·h
- 송풍량 10000 kg/h이고, 공기비열 1.008 kJ/kg·K

(1) 실내 손실열량(kJ/h)
(2) 급기덕트 손실열량(kJ/h)
(3) 외기도입량(kg/h)
(4) 가열 코일 소비증기량(kg/h)
(5) 보일러효율(%)

해답 (1) 실내 손실열량 $= 10000 \times 1.008 \times (32 - 20) = 120960 \ kJ/h$

(2) 급기덕트 손실열량 $= 10000 \times 1.008 \times (35 - 32) = 30240 \ kJ/h$

(3) 외기도입량 $15 = \dfrac{(10000 - x) \times 18 + 6x}{10000}$

$\therefore x = \dfrac{180000 - 150000}{18 - 6} = 2500 \ kg/h$

(4) 증기소비량 $= \dfrac{10000 \times 1.008 \times (35 - 15)}{2268} = 88.888 = 88.89 \ kg/h$

(5) 보일러효율 $= \dfrac{10000 \times 1.008 \times (35 - 15) \times 1.25}{12.5 \times 33600} \times 100 = 60 \ \%$

03. 냉동능력 $R = 14700$ kJ/h인 R-22 냉동 시스템의 증발기에서 냉매와 공기의 평균 온도차가 8℃로 운전되고 있다. 이 증발기는 내외 표면적비 $m = 8.3$, 공기측 열전달률 $\alpha_a = 126$ kJ/m²·h·K, 냉매측 열전달률 $\alpha_r = 2520$ kJ/m²·h·K의 플레이트 핀 코일이고, 핀 코일 재료의 열전달 저항은 무시한다. 각 물음에 답하시오.　　(12점)

(1) 증발기의 외표면 기준 열통과율 K[kJ/m²·h·K]은?

(2) 증발기 내경이 23.5 mm일 때, 증발기 코일 길이는 몇 m인가?

해답 (1) 외표면 기준(공기측) 열통과율

① 열저항 $R_o = \dfrac{1}{K_o} = \dfrac{1}{126} + \dfrac{1}{2520} \times \dfrac{8.3}{1}$ [m²·h·K/kJ]

② 공기측 열통과율 $K_o = \dfrac{1}{R_o} = 89.045 ≒ 89.05$ kJ/m²·h·K

(2) 증발기 코일 길이

① 내표면적 $= \dfrac{14700}{89.05 \times 8 \times 8.3} = 2.486 ≒ 2.49$ m²

② 코일 길이 $= \dfrac{2.49}{3.14 \times 0.0235} = 33.744 ≒ 33.74$ m

---

04. 어떤 사무소 공조설비 과정이 다음과 같다. 물음에 답하시오.　　(16점)

──── [다음] ────

- 마찰손실 $R = 0.1$ mmAq
- 국부저항계수 $\zeta = 0.29$
- 1개당 취출구 풍량 3000 m³/h
- 송풍기 출구 풍속 $V = 13$ m/s
- 정압효율 50 %
- 에어필터 저항 5 mmAq
- 가열 코일 저항 15 mmAq
- 냉각기 저항 15 mmAq
- 송풍기 저항 10 mmAq
- 취출구 저항 5 mmAq

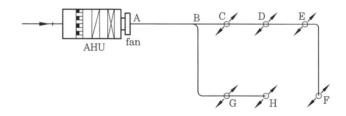

- 덕트 구간 길이

　A~B : 60 m, B~C : 6 m, C~D : 12 m, D~E : 12 m,

　E~F : 20 m, B~G : 18 m, G~H : 12 m

(1) 실내에 설치한 덕트 시스템을 위의 그림과 같이 설계하고자 한다. 각 취출구의
풍량이 동일할 때, 장방형 덕트의 크기를 결정하고 풍속을 구하시오. (단, 공기
비중량 1.2 kg/m³, 중력가속도 9.8 m/s²이다.)

구간	풍량(m³/h)	원형 덕트 지름(cm)	장방형 덕트(cm)	풍속(m/s)
A-B			×35	
B-C			×35	
C-D			×35	
D-E			×35	
E-F			×35	

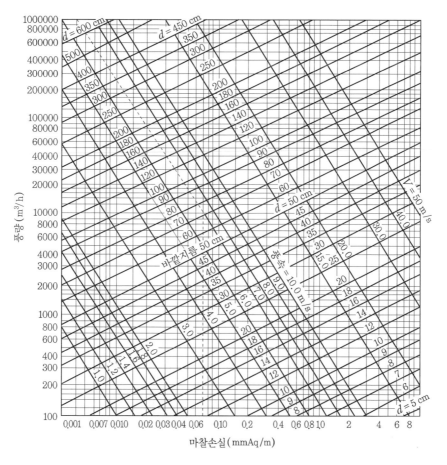

(2) 송풍기 정압(mmAq)을 구하시오.
(3) 송풍기 동력(kW)을 구하시오.

장방형 덕트와 원형 덕트의 환산표

장변＼단변	5	10	15	20	25	30	35	40	45	50	55	60	65	70	75	80	85	90	95	100	105	110	115	120	125	130	135	140	145	150
5	5.5																													
10	7.6	10.9																												
15	9.1	13.3	16.4																											
20	10.3	15.2	18.9	21.9																										
25	11.4	16.9	21.0	24.4	27.3																									
30	12.2	18.3	22.9	26.6	29.9	32.8																								
35	13.0	19.5	24.5	28.6	32.2	35.4	38.3																							
40	13.8	20.7	26.0	30.5	34.3	37.8	40.9	43.7																						
45	14.4	21.7	27.4	32.1	36.3	40.0	43.3	46.4	49.2																					
50	15.0	22.7	28.7	33.7	38.1	42.0	45.6	48.8	51.8	54.7																				
55	15.6	23.6	29.9	35.1	39.8	43.9	47.7	51.1	54.3	57.3	60.1																			
60	16.2	24.5	31.0	36.5	41.4	45.7	49.6	53.3	56.7	59.8	62.8	65.6																		
65	16.7	25.3	32.1	37.8	42.9	47.4	51.5	55.3	58.9	62.2	65.3	68.3	71.1																	
70	17.2	26.1	33.1	39.1	44.3	49.0	53.3	57.3	61.0	64.4	67.7	70.8	73.7	76.5																
75	17.7	26.8	34.1	40.2	45.7	50.6	55.0	59.2	63.0	66.6	69.7	73.2	76.3	79.2	82.0															
80	18.1	27.5	35.0	41.4	47.0	52.0	56.7	60.9	64.9	68.7	72.2	75.5	78.7	81.8	84.7	87.5														
85	18.5	28.2	35.9	42.4	48.2	53.4	58.2	62.6	66.8	70.6	74.3	77.8	81.1	84.2	87.2	90.1	92.9													
90	19.0	28.9	36.7	43.5	49.4	54.8	59.7	64.2	68.6	72.6	76.3	79.9	83.3	86.6	89.7	92.7	95.6	98.4												
95	19.4	29.5	37.5	44.5	50.6	56.1	61.1	65.9	70.3	74.4	78.3	82.0	85.5	88.9	92.1	95.2	98.2	101.1	103.9											
100	19.7	30.1	38.4	45.4	51.7	57.4	62.6	67.4	71.9	76.2	80.2	84.0	87.6	91.1	94.4	97.6	100.7	103.7	106.5	109.3										
105	20.1	30.7	39.1	46.4	52.8	58.6	64.0	68.9	73.5	77.8	82.0	85.9	89.7	93.2	96.7	100.0	103.1	106.2	109.1	112.0	114.8									
110	20.5	31.3	39.9	47.3	53.8	59.8	65.2	70.3	75.1	79.6	83.8	87.8	91.6	95.3	98.8	102.2	105.5	108.6	111.7	114.6	117.5	120.3								
115	20.8	31.8	40.6	48.1	54.8	60.9	66.5	71.7	76.6	81.2	85.5	89.6	93.6	97.3	100.9	104.4	107.8	111.0	114.1	117.2	120.1	122.9	125.7							
120	21.2	32.4	41.3	49.0	55.8	62.0	67.7	73.1	78.0	82.7	87.2	91.4	95.4	99.3	103.0	106.6	110.0	113.3	116.5	119.6	122.6	125.6	128.4	131.2						
125	21.5	32.9	42.0	49.9	56.8	63.1	68.9	74.4	79.5	84.3	88.8	93.1	97.3	101.2	105.0	108.6	112.2	115.6	118.8	122.0	125.1	128.1	131.0	133.9	136.7					
130	21.9	33.4	42.6	50.6	57.7	64.2	70.1	75.7	80.8	85.7	90.4	94.8	99.0	103.1	106.9	110.7	114.3	117.7	121.1	124.4	127.5	130.6	133.6	136.5	139.3	142.1				
135	22.2	33.9	43.3	51.4	58.6	65.2	71.3	76.9	82.2	87.2	91.9	96.4	100.7	104.9	109.0	112.6	116.3	119.9	123.3	126.7	129.9	133.0	136.1	139.1	142.0	144.8	147.6			
140	22.5	34.4	43.9	52.2	59.5	66.2	72.4	78.1	83.5	88.6	93.4	98.0	102.4	106.6	110.7	114.6	118.3	122.0	125.5	128.9	132.2	135.4	138.5	141.6	144.6	147.5	150.3	153.0		
145	22.8	34.9	44.5	52.9	60.4	67.2	73.5	79.3	84.8	90.0	94.9	99.6	104.1	108.4	112.5	116.5	120.3	124.0	127.6	131.1	134.5	137.7	140.9	144.0	147.1	150.3	152.9	155.7	158.5	
150	23.1	35.3	45.2	53.6	61.2	68.1	74.5	80.5	86.1	91.3	96.3	101.1	105.7	110.0	114.3	118.3	122.2	126.0	129.7	133.2	136.7	140.0	143.3	146.4	149.5	152.6	155.5	158.4	162.2	164.0
155	23.4	35.8	45.7	54.4	62.1	69.1	75.6	81.6	87.3	92.6	97.4	102.6	107.2	111.7	116.0	120.1	124.1	127.9	131.7	135.3	138.8	142.2	145.5	148.8	151.9	155.0	158.0	161.0	163.9	166.7
160	23.7	36.2	46.3	55.1	62.9	70.6	76.6	82.7	88.5	93.9	99.1	104.1	108.8	113.3	117.7	121.9	125.9	129.8	133.6	137.3	140.9	144.4	147.8	151.1	154.3	157.5	160.5	163.5	166.5	169.3
165	23.9	36.7	46.9	55.7	63.7	70.9	77.6	83.8	89.7	95.2	100.5	105.5	110.3	114.9	119.3	123.6	127.7	131.7	135.6	139.3	143.0	146.5	150.0	153.3	156.6	159.8	163.0	166.0	169.0	171.9
170	24.2	37.1	47.5	56.4	64.4	71.8	78.5	84.9	90.8	96.4	101.8	106.9	111.8	116.4	120.9	125.3	129.5	133.5	137.5	141.3	145.0	148.6	152.1	155.6	158.9	162.2	165.3	168.5	171.5	174.5
175	24.5	37.5	48.0	57.1	65.2	72.6	79.5	85.9	91.9	97.6	103.1	108.2	113.2	118.0	122.5	127.0	131.2	135.3	139.3	143.2	147.0	150.7	154.2	157.7	161.1	164.4	167.7	170.8	173.9	177.0
180	24.7	37.9	48.5	57.7	66.0	73.5	80.4	86.9	93.0	98.8	104.3	109.6	114.6	119.5	124.1	128.6	132.9	137.1	141.2	145.1	148.9	152.7	156.3	159.8	163.3	166.7	170.0	173.2	176.4	179.4
185	25.0	38.3	49.1	58.4	66.7	74.3	81.4	87.9	94.1	100.0	105.6	110.9	116.0	120.9	125.6	130.2	134.6	138.8	143.0	147.0	150.9	154.7	158.3	161.9	165.4	168.9	172.2	175.5	178.7	181.9
190	25.3	38.7	49.6	59.0	67.4	75.1	82.2	88.9	95.2	101.2	106.8	112.2	117.4	122.4	127.2	131.8	136.2	140.5	144.7	148.8	152.7	156.6	160.3	164.0	167.6	171.0	174.4	177.8	181.0	184.2
195	25.5	39.1	50.1	59.6	68.1	75.9	83.1	89.9	96.3	102.3	108.0	113.5	118.7	123.8	128.5	133.3	137.9	142.5	146.5	150.6	154.6	158.5	162.3	166.0	169.6	173.2	176.6	180.0	183.3	186.6
200	25.8	39.5	50.6	60.2	68.8	76.7	84.0	90.8	97.3	103.4	109.2	114.7	120.0	125.2	130.1	134.8	139.4	143.8	148.1	152.3	156.4	160.4	164.2	168.0	171.7	175.3	178.8	182.2	185.6	188.9
210	26.3	40.3	51.6	61.4	70.2	78.3	85.7	92.7	99.3	105.6	111.5	117.2	122.6	127.9	132.9	137.8	142.5	147.0	151.5	155.8	160.0	164.0	168.0	171.9	175.7	179.3	183.0	186.5	189.9	193.3
220	26.7	41.0	52.5	62.5	71.5	79.7	87.4	94.5	101.3	107.7	113.7	119.5	125.1	130.5	135.7	140.6	145.5	150.2	154.7	159.1	163.4	167.6	171.6	175.6	179.5	183.3	187.0	190.6	194.2	197.7
230	27.2	41.7	53.4	63.6	72.8	81.2	89.0	96.3	103.1	109.7	115.9	121.8	127.5	133.0	138.3	143.4	148.4	153.2	157.8	162.3	166.7	171.0	175.2	179.3	183.2	187.1	190.9	194.7	198.3	201.9
240	27.6	42.4	54.3	64.7	74.0	82.6	90.5	98.0	105.0	111.6	118.0	124.1	129.9	135.5	140.9	146.1	151.2	156.1	160.8	165.5	170.0	174.4	178.6	182.8	186.9	190.9	194.8	198.6	202.3	206.0
250	28.1	43.0	55.2	65.8	75.3	84.0	92.0	99.6	106.8	113.6	120.0	126.2	132.2	137.9	143.4	148.8	153.9	158.9	163.8	168.5	173.1	177.6	182.0	186.3	190.4	194.5	198.5	202.4	206.2	210.0
260	28.5	43.7	56.0	66.8	76.4	85.3	93.5	101.2	108.5	115.4	122.0	128.3	134.4	140.2	145.9	151.3	156.6	161.7	166.7	171.5	176.2	180.8	185.2	189.6	193.9	198.0	202.1	206.1	210.0	213.9
270	28.9	44.3	56.9	67.8	77.6	86.6	95.0	102.8	110.2	117.3	124.0	130.4	136.6	142.5	148.3	153.8	159.2	164.4	169.5	174.4	179.2	183.9	188.4	192.9	197.2	201.5	205.7	209.7	213.7	217.7
280	29.3	45.0	57.7	68.8	78.7	87.9	96.4	104.3	111.9	119.0	125.9	132.4	138.7	144.7	150.6	156.2	161.7	167.0	172.2	177.2	182.1	186.9	191.5	196.1	200.5	204.9	209.1	213.3	217.4	221.4
290	29.7	45.6	58.5	69.7	79.8	89.1	97.7	105.8	113.5	120.8	127.8	134.4	140.8	146.9	152.9	158.6	164.2	169.6	174.8	180.0	185.0	189.8	194.5	199.2	203.7	208.1	212.5	216.7	220.9	225.0
300	30.1	46.2	59.2	70.6	80.9	90.3	99.0	107.8	115.1	122.5	129.5	136.3	142.8	149.0	155.5	160.9	166.6	172.1	177.5	182.7	187.7	192.7	197.5	202.2	206.8	211.3	215.8	220.1	224.3	228.5

해답 (1)

구간	풍량(m³/h)	원형 덕트 지름(cm)	장방형 덕트(cm)	풍속(m/s)
A-B	18000	83	195×35	7.33
B-C	12000	74.29	150×35	6.35
C-D	9000	63.33	105×35	6.80
D-E	6000	54	75×35	6.35
E-F	3000	42.06	45×35	5.29

(2) 송풍기 정압

① 직통 덕트 손실 = $(60+6+12+12+20) \times 0.1 = 11$ mmAq

② 밴드 저항 손실 = $0.29 \times \dfrac{5.29^2}{2 \times 9.8} \times 1.2 = 0.496 = 0.50$ mmAq

③ 흡입측 손실 압력 = $5+15+15+10 = 45$ mmAq

④ 송풍기 동압 = $\dfrac{13^2}{2 \times 9.8} \times 1.2 = 10.346 ≒ 10.35$ mmAq

⑤ 송풍기 정압 = $\{(11+0.5+5)-(-45)\} - 10.35 = 51.15$ mmAq

(3) 송풍기 동력 = $\dfrac{51.15 \times 18000}{102 \times 0.5 \times 3600} = 5.014 ≒ 5.01$ kW

---

05. 2단 압축 1단 팽창 암모니아 냉매를 사용하는 냉동장치가 응축온도 30℃, 증발온도 −32℃, 제1 팽창밸브 직전의 냉매액 온도 25℃, 제2 팽창밸브 직전의 냉매액 온도 0℃, 저단 및 고단 압축기 흡입증기를 건포화증기라고 할 때 다음 각 물음에 답하시오. (단, 저단 압축기 냉매 순환량은 1 kg/h이다.) (15점)

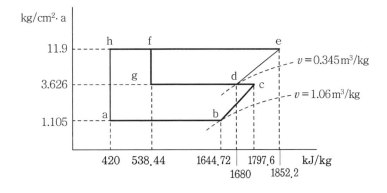

(1) 냉동장치의 장치도를 그리고 각 점(a~h)의 상태를 나타내시오.
(2) 중간냉각기에서 증발하는 냉매량을 구하시오.
(3) 중간냉각기의 기능 3가지를 쓰시오.

해답 (1) 냉동장치도

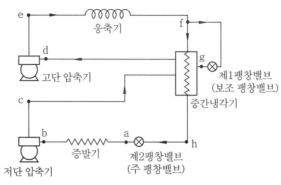

(2) 중간냉각기에서 증발하는 냉매량

$$G_o = G_L \frac{(h_c - h_d) + (h_g - h_a)}{h_d - h_g} = 1 \times \frac{(1797.6 - 1680) + (538.44 - 420)}{1680 - 538.44}$$

$$= 0.206 ≒ 0.21 \text{ kg/h}$$

(3) 중간냉각기의 기능

① 팽창밸브 직전의 액냉매를 과냉각시켜서 플래시 가스의 발생을 감소시켜 냉동
   효과를 증가시킨다.

② 저단 압축기 토출가스 온도의 과열도를 감소시켜서 고단 압축기의 과열 압축을
   방지하여 토출가스 온도의 상승을 감소시킨다.

③ 고단 압축기의 액압축을 방지한다.

---

06. 다기통 압축기로 사용한 R−22용 냉동장치에 있어서 증발기의 열부하가 감소함에 따
라 언로더(unloader)가 작동하여 아래 운전 조건과 같은 상태로 변화된다. 언로더가
작동된 후, 압축기의 소요동력은 언로더 작동 전보다 약 몇 % 정도 감소되는가?(9점)

운전 조건

항목	언로더 작동 전	언로더 작동 후
압축기 흡입측 냉매증기 엔탈피 h_1 [kJ/kg]	619.5	621.6
압축기 흡입측 냉매증기 비체적 v_1 [m³/kg]	0.140	0.120
단열압축 후 압축기 냉매증기 엔탈피 h_2 [kJ/kg]	693	686.7
피스톤 압축량 V [m³/h]	300	200
체적효율 η_v	0.70	0.75
압축효율 η_c	0.75	0.78
기계효율 η_m	0.80	0.82

해답 (1) 언로더 작동 전 소요동력 $L_1 = \dfrac{300}{0.14} \times 0.7 \times \dfrac{693 - 619.5}{0.75 \times 0.8} = 183750 \text{ kJ/h}$

(2) 언로더 작동 후 압축열량 $L_2 = \dfrac{200}{0.12} \times 0.75 \times \dfrac{686.7 - 621.6}{0.78 \times 0.82}$

$$= 127227.955 \fallingdotseq 127227.96 \text{ kJ/h}$$

(3) 감소율 $= \dfrac{183750 - 127227.96}{183750} \times 100 = 30.76\ \%$

---

07. 송풍기 상사법칙에서 비중량이 일정하고 같은 덕트 장치의 회전수가 N_1 에서 N_2 로 변경될 때 풍량(Q), 전압(P), 동력(L)에 대하여 설명하시오. (9점)

해답 ① 풍량 $Q_2 = \dfrac{N_2}{N_1} Q_1$ 으로 회전수 변화에 비례한다.

② 전압 $P_2 = \left(\dfrac{N_2}{N_1}\right)^2 P_1$ 으로 회전수 변화량의 제곱에 비례한다.

③ 동력 $L_2 = \left(\dfrac{N_2}{N_1}\right)^3 L_1$ 으로 회전수 변화량의 세제곱에 비례한다.

---

08. 수랭응축기의 응축온도 43℃, 냉각수 입구온도 32℃, 출구온도 37℃에서 냉각수 순환량이 320 L/min이다. (단, 냉각수의 비열은 4.2 kJ/kg이다.) (9점)

(1) 응축열량(kJ/h)을 구하여라.

(2) 전열면적이 20 m²이라면 열통과율은 몇 kJ/m²·h·K인가? (단, 응축온도와 냉각수 평균온도는 산술평균온도차로 한다.)

(3) 응축 조건이 같은 상태에서 냉각수량을 400 L/min으로 하면 응축온도는 몇 ℃인가?

해답 (1) 응축열량 $= 320 \times 60 \times 4.2 \times (37 - 32) = 403200 \text{ kJ/h}$

(2) 열통과율 $= \dfrac{403200}{20 \times \left(43 - \dfrac{32 + 37}{2}\right)} = 2371.764 \fallingdotseq 2371.76 \text{ kJ/m}^2\cdot\text{h}\cdot\text{K}$

(3) 응축온도

① 냉각수 출구수온 $t_2 = 32 + \dfrac{403200}{400 \times 4.2 \times 60} = 36\ ℃$

② 응축온도 $= \dfrac{403200}{2371.76 \times 20} + \dfrac{32 + 36}{2} = 42.500 \fallingdotseq 42.50\ ℃$

09. 30 RT R-22 냉동장치에서 냉매액관의 관 상당길이가 80 m일 때 배관손실을 1℃ 이내로 하기 위한 관지름과 실제 압력손실을 구하시오. (6점)

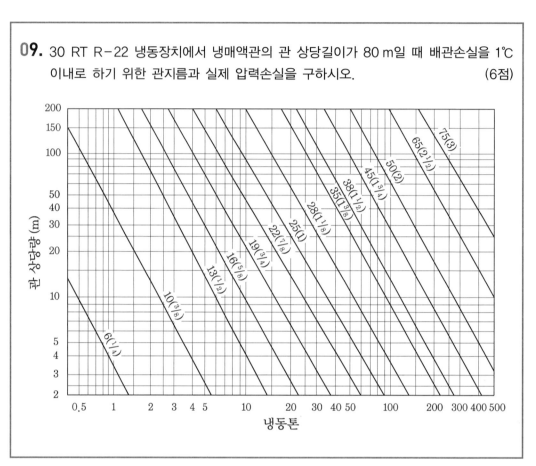

해답 ① 냉동능력 30 RT와 관 상당길이 80 m가 만나는 교점을 읽으면 관지름은 35 mm를 약간 넘게 된다.

② 문제에서 배관손실을 1℃ 이내로 하기 위해서는 관지름 38 mm를 써야 한다.

③ 압력손실은 관지름을 38 mm로 결정하였을 때 냉동능력 30 RT와 만나는 교점을 읽으면 약 118 m가 된다.

④ 선도는 압력손실 1℃에 대한 관지름이므로 80 m일 때의 압력손실은 $1℃ \times \dfrac{80}{118}$ = 0.68 ℃가 된다.

> 참고 냉매액관의 부속품이나 배관의 압력손실이 많으므로 될수록 배관손실은 0.5℃ 이하로 하는 것이 바람직하다.

▶ **2010. 9. 12 시행**   ※ 이 문제는 수검자의 기억을 통하여 복원된 것입니다.

01. 아래 그림을 이용하여 2단 압축 1단 팽창 장치도와 2단 압축 2단 팽창 장치도를 완성하시오.   (10점)

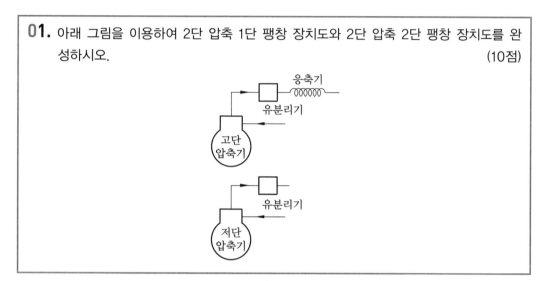

해답 ① 2단 압축 1단 팽창도

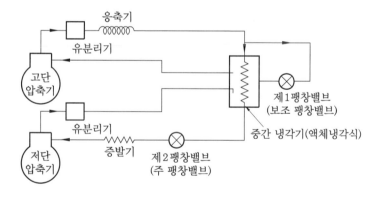

② 2단 압축 2단 팽창도

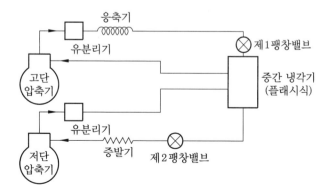

02. 다음은 액회수 장치도를 나타낸 것이다. 미완성 계통도를 완성시키시오.   (6점)

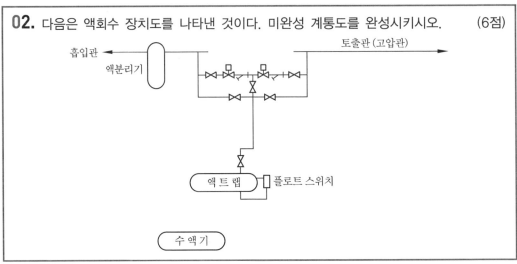

해답

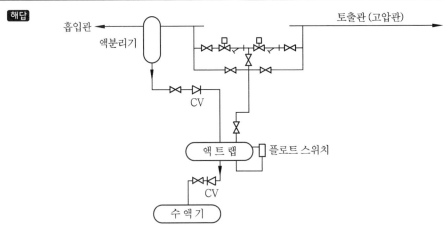

03. 그림과 같은 온풍로 난방에서 다음 각 물음에 답하시오. (단, 취출구의 풍량은 동일하고 덕트 도중에서의 열손실 및 잠열부하는 무시하며, 공기의 정압 비열은 1.008 kJ/kg · K이다.)   (20점)

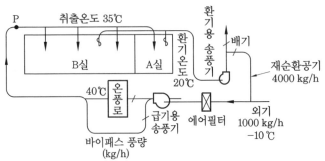

(1) A실의 실내부하 (kJ/h)　　　　(2) 외기부하 (kJ/h)

(3) 바이패스 풍량 (kg/h)　　　　(4) 온풍로 출력 (kJ/h)

해답 (1) $\dfrac{4000+1000}{4}\times 1.008\times(35-20)=18900$ kJ/h

(2) $1000\times 1.008\times\{20-(-10)\}=30240$ kJ/h

(3) ① 송풍기 입구 평균온도 $=\dfrac{(4000\times 20)+\{1000\times(-10)\}}{4000+1000}=14$ ℃

   ② 바이패스 풍량 $14BF+(1-BF)\times 40=35$ 식에서,

   풍량 $=\dfrac{40-35}{40-14}\times 5000=961.538 ≒ 961.54$ kg/h

(4) $(5000-961.54)\times 1.008\times(40-14)=105839.959 ≒ 105839.96$ kJ/h

---

04. 다음 [조건]과 같은 제빙공장에서의 제빙부하(kJ/h)와 냉동부하(RT)를 구하시
오.   (12점)

┌──────────────────── [조건] ────────────────────┐
│ 1. 제빙실 내의 동력부하 : 5 kW×2대   │
│ 2. 제빙실의 외부로부터 침입열량 : 14700 kJ/h   │
│ 3. 제빙능력 : 1일 5톤 생산   │
│ 4. 1일 결빙시간 : 8시간   │
│ 5. 얼음의 최종온도 : -10℃   │
│ 6. 원수온도 : 15℃   │
│ 7. 얼음의 융해잠열 : 336 kJ/kg   │
│ 8. 안전율 : 10 %   │
│ 9. 물의 정압비열은 4.2 kJ/kg·K   │
│ 10. 얼음의 정압비열은 2.1 kJ/kg·K   │
└──┘

해답 (1) 제빙부하

   ① 15℃ 원료수가 0℃의 물로 되는 데 제거하는 열량

   $q_1=5000\times 4.2\times(15-0)=315000$ kJ/8h

   ② 0℃의 물이 0℃의 얼음으로 되는 데 제거하는 열량

   $q_2=5000\times 336=1680000$ kJ/8h

   ③ 0℃의 얼음이 -10℃의 얼음으로 되는 데 제거하는 열량

   $q_3=5000\times 2.1\times\{0-(-10)\}=105000$ kJ/8h

   ④ 제빙부하 $=\dfrac{315000+1680000+105000}{8}=262500$ kJ/h

(2) 냉동부하 $=\{(5\times 2\times 3600)+14700+262500\}\times 1.1\times\dfrac{1}{3320\times 4.2}$

   $=24.707 ≒ 24.71$ RT

05. 두께 100 mm의 콘크리트벽 내면에 200 mm의 발포스티로폼 방열을 시공하고, 그 내면에 20 mm의 판을 댄 냉장고가 있다. 이 냉장고의 고내 온도는 −20℃, 외기온도는 30℃일 경우 각 물음에 답하시오. (10점)

재료명	열전도율 (kJ/m·h·K)
콘크리트	3.99
발포스티로폼	0.168
판	0.63

벽면	열전달률 (kJ/m²·h·K)
외벽면	84
내벽면	21

(1) 이 벽의 열관류율(kJ/m²·h·K)은 얼마인가?
(2) 이 냉장고의 벽면적이 100 m²일 경우 그 전열량(kJ/h)은 얼마인가?

해답 (1) ① 열저항

$$R = \frac{1}{K} = \frac{1}{84} + \frac{0.1}{3.99} + \frac{0.2}{0.168} + \frac{0.02}{0.63} + \frac{1}{21} \ [\text{m}^2\cdot\text{h}\cdot\text{K/kJ}]$$

② 열관류율

$$K = \frac{1}{R} = 0.765 = 0.77 \ \text{kJ/m}^2\cdot\text{h}\cdot\text{K}$$

(2) 전열량

$$q = 0.77 \times 100 \times \{30 - (-20)\} = 3850 \ \text{kJ/h}$$

06. 어느 건물의 난방 부하에 의한 방열기의 용량이 1260000 kJ/h일 때 주철제 보일러 설비에서 보일러의 정격출력(kJ/h), 오일 버너의 용량(L/h)과 연소에 필요한 공기량(m³/h)을 구하시오. (단, 배관 손실 및 불때기 시작 때의 부하계수 1.2, 보일러 효율 0.7, 중유의 저발열량 41160 kJ/kg, 비중량 0.92 kg/L, 연료의 이론 공기량 12.0 m³/kg, 공기과잉률 1.3, 보일러실의 온도 13℃, 기압 760 mmHg이다.) (9점)

(1) 보일러 정격출력
(2) 오일 버너의 용량(L/h)
(3) 공기량(m³/h)

해답 (1) 보일러의 정격출력 = 1260000 × 1.2 = 1512000 kJ/h

(2) 오일 버너의 용량 = $\dfrac{1512000}{41160 \times 0.92 \times 0.7}$ = 57.0414 ≒ 57.041 L/h

(3) 공기량 = $\dfrac{273 + 13}{273} \times 57.041 \times 0.92 \times 12 \times 1.3$ = 857.6358 ≒ 857.636 m³/h

07. 300인을 수용할 수 있는 강당이 있다. 현열부하 Q_s = 210000 kJ/h, 잠열부하 Q_L = 84000 kJ/h일 때 주어진 조건을 이용하여 실내풍량(kg/h) 및 냉방부하 (kJ/h)를 구하고 공기감습 냉각용 냉수 코일의 전면면적(m^2), 코일 길이(m)를 구하시오. (단, 공기의 정압비열은 1.008 kJ/kg·K이다.) (16점)

[조건]

①

	건구온도(℃)	상대습도(%)	엔탈피(kJ/kg)
외기	32	68	84.84
실내	27	50	55.44
취출공기	17	–	41.16
혼합공기 상태점	–	–	65.52
냉각점	14.9	–	39.06
실내 노점온도	12	–	–

② 신선 외기도입량은 1인당 20 m^3/h이다.

③ 냉수 코일 설계조건

	건구온도 (℃)	습구온도 (℃)	노점온도 (℃)	절대습도 (kg/kg′)	엔탈피 (kJ/kg)
코일 입구	28.2	22.4	19.6	0.0144	65.52
코일 출구	14.9	14.0	13.4	0.0097	39.06

- 코일의 열관류율 k = 2998.8 kJ/m^2·h·K
- 코일의 통과속도 V = 2.2 m/s
- 앞면 코일 수 : 18본이며, 1 m에 대한 면적 A는 0.688 m^2

해답 (1) 송풍량 $Q = \dfrac{210000}{1.008 \times (27-17)} = 20833.333 ≒ 20833.33$ kg/h

(2) 냉방부하 $q_{cc} = 20833.33 \times (65.52 - 39.06) = 551249.911 ≒ 551249.91$ kJ/h

(3) 전면면적 $F = \dfrac{20833.33}{1.2 \times 3600 \times 2.2} = 2.192 ≒ 2.19$ m^2

(4) 코일 길이

① 평균 온도차 $\Delta t_m = \dfrac{28.2 + 14.9}{2} - 13.4 = 8.15$ ℃

② 코일 길이 $l = \dfrac{551249.91}{2998.8 \times 8.15 \times 0.688 \times 18} = 1.821 ≒ 1.82$ m

참고 코일 출구 노점온도를 코일 표면 온도로 본다.

08. ① 의 공기상태 $t_1 = 25\,℃$, $x_1 = 0.022\,\text{kg/kg}'$, $h_1 = 91.98\,\text{kJ/kg}$, ② 의 공기상태 $t_2 = 22\,℃$, $x_2 = 0.006\,\text{kg/kg}'$, $h_2 = 37.8\,\text{kJ/kg}$일 때 공기 ① 을 25 %, 공기 ② 를 75 %로 혼합한 후의 공기 ③ 의 상태(t_3, x_3, h_3)를 구하고, 공기 ① 과 공기 ③ 사이의 열수분비를 구하시오. (8점)

해답 (1) 혼합 후 공기 ③ 의 상태
- $t_3 = (0.25 \times 25) + (0.75 \times 22) = 22.75\,℃$
- $x_3 = (0.25 \times 0.022) + (0.75 \times 0.006) = 0.01\,\text{kg/kg}'$
- $h_3 = (0.25 \times 91.98) + (0.75 \times 37.8) = 51.345\,\text{kJ/kg}$

(2) 열수분비 $u = \dfrac{h_1 - h_3}{x_1 - x_3} = \dfrac{91.98 - 51.345}{0.022 - 0.01} = 3386.25\,\text{kJ/kg}$

09. R-22 냉동장치가 아래 냉동 사이클과 같이 수랭식 응축기로부터 교축 밸브를 통한 핫가스의 일부를 팽창 밸브 출구측에 바이패스하여 용량제어를 행하고 있다. 이 냉동장치의 냉동능력 $\phi_o[\text{kJ/h}]$를 구하시오. (단, 팽창 밸브 출구측의 냉매와 바이패스된 후의 냉매의 혼합엔탈피는 h_5, 핫가스의 엔탈피 $h_6 = 635.46\,\text{kJ/kg}$이고, 바이패스양은 압축기를 통과하는 냉매유량의 20 %이다. 또 압축기의 피스톤 압출량 $V = 200\,\text{m}^3/\text{h}$, 체적 효율 $\eta = 0.6$이다.) (9점)

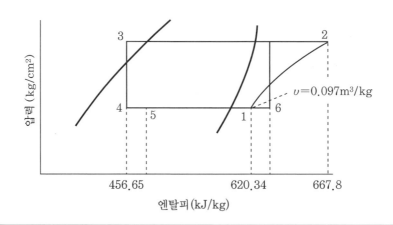

해답 ① 증발기 입구 엔탈피 $h_5 = (0.2 \times 635.46) + (0.8 \times 456.65) = 492.324\,\text{kJ/kg}$

② 냉동능력 $= \dfrac{200}{0.097} \times 0.6 \times (620.34 - 492.324) = 158370.309 \fallingdotseq 158370.3\,\text{kJ/h}$

2011년도 시행 문제

01. 다음과 같은 공조시스템 및 계산조건을 이용하여 A실과 B실을 냉방할 경우 각 물음에 답하시오.   (20점)

─────── [조건] ───────
1. 외기 : 건구온도 33℃, 상대습도 60 %
2. 공기냉각기 출구 : 건구온도 16℃, 상대습도 90 %
3. 송풍량
   ① A실 : 급기 5000 m³/h, 환기 4000 m³/h
   ② B실 : 급기 3000 m³/h, 환기 2500 m³/h
4. 신선 외기량 : 1500 m³/h
5. 냉방부하
   ① A실 : 현열부하 63000 kJ/h, 잠열부하 6300 kJ/h
   ② B실 : 현열부하 31500 kJ/h, 잠열부하 4200 kJ/h
6. 송풍기 동력 : 2.7 kW
7. 덕트 및 공조시스템에 있어 외부로부터의 열취득은 무시한다.
8. 공기의 정압비열은 1.008 kJ/kg·K로 한다.
9. 공기 선도에서 1 kcal는 4.2 kJ로 환산한다.

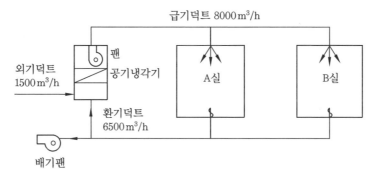

(1) 급기의 취출구 온도를 구하시오.
(2) A실의 건구온도 및 상대습도를 구하시오.
(3) B실의 건구온도 및 상대습도를 구하시오.
(4) 공기냉각기 입구의 건구온도를 구하시오.
(5) 공기냉각기의 냉각열량을 구하시오.

해답 (1) 취출구 온도 $= \dfrac{2.7 \times 3600}{8000 \times 1.2 \times 1.008} + 16 = 17.004 \fallingdotseq 17℃$

(2) ① $SHF = \dfrac{63000}{63000 + 6300} = 0.909 \fallingdotseq 0.91$

　　② A 실 온도 $t_A = \dfrac{63000}{5000 \times 1.2 \times 1.008} + 17 = 27.416 \fallingdotseq 27.42℃$

　　③ A 실 습도 47.5 %

(3) ① $SHF = \dfrac{31500}{31500 + 4200} = 0.882 \fallingdotseq 0.88$

　　② B 실 온도 $t_B = \dfrac{31500}{3000 \times 1.2 \times 1.008} + 17 = 25.680 \fallingdotseq 25.68℃$

　　③ B 실 습도 51.25 %

(4) ① $SHF = \dfrac{63000 + 31500}{(63000 + 6300) + (31500 + 4200)} = 0.9$

　　② A 실과 B 실 출구 혼합온도 $= \dfrac{5000 \times 27.42 + 3000 \times 25.68}{8000} = 26.767 \fallingdotseq 26.77℃$

　　③ 냉각기 입구온도 $= \dfrac{6500 \times 26.77 + 1500 \times 33}{8000} = 27.938 \fallingdotseq 27.94℃$

(5) $q_{CC} = 8000 \times 1.2 \times (14.2 - 10) \times 4.2 = 169344 \, \text{kJ/h}$

참고 공기 선도에 그려보면 다음과 같다.

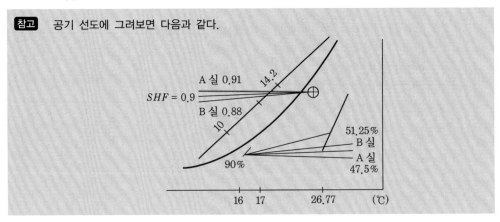

02. 어떤 일반 사무실의 취득열량 및 외기부하를 산출하였더니, 다음과 같이 되었다. 이 자료에 의해 (1)~(6)의 값을 구하시오. (단, 취출 온도차는 11℃로 한다.)　　(20점)

항목	감열(kJ/h)	잠열(kJ/h)
벽체를 통한 열량	25200	0
유리창을 통한 열량	33600	0
바이패스 외기의 열량	588	2520
재실자의 발열량	4032	5040
형광등의 발열량	10080	0
외기부하	5880	20160

(1) 실내취득 감열량 (kJ/h) (단, 여유율은 10 %로 한다.)
(2) 실내취득 잠열량 (kJ/h) (단, 여유율은 10 %로 한다.)
(3) 송풍기 풍량 (m³/min)
(4) 냉각 코일부하 (kJ/h)
(5) 냉동기 용량 (kJ/h)
(6) 냉각탑 용량 (냉각톤) (단, 1냉각톤은 16380 kJ/h이다.)

해답 (1) $q_S = (25200 + 33600 + 588 + 4032 + 10080) \times 1.1 = 80850 \, \text{kJ/h}$

(2) $q_L = (2520 + 5040) \times 1.1 = 8316 \, \text{kJ/h}$

(3) $Q = \dfrac{80850}{1.2 \times 1.008 \times 11 \times 60} = 101.273 \fallingdotseq 101.27 \, \text{m}^3/\text{min}$

(4) $q_c = q_S + q_L + q_o = 80850 + 8316 + (5880 + 20160) = 115206 \, \text{kJ/h}$

(5) $q_R = 115206 \times 1.05 = 120966.3 \, \text{kJ/h}$

(6) 냉각톤 $= \dfrac{120966.3 \times 1.2}{16380} = 8.862 \fallingdotseq 8.86$ 톤

※ 냉동기 용량은 냉각 코일부하의 5 % 가산한다.

---

03. 시간당 최대 급수량 (양수량)이 12000 L/h일 때 고가 탱크에 급수하는 펌프의 전양정(m) 및 소요동력(kW)을 구하시오. (단, 흡입관, 토출관의 마찰손실은 실양정의 25 %, 펌프 효율은 60 %, 펌프 구동은 직결형으로 전동기 여유율은 10 %로 한다.)

(10점)

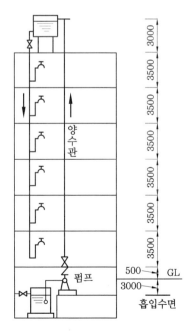

해답 ① 전양정 $H = \{(3 \times 2) + 0.5 + (3.5 \times 6)\} \times 1.25 = 34.375 \text{ mAq}$

② 소요동력 $N = \dfrac{1000 \times 34.375 \times 12}{102 \times 0.6 \times 3600} \times 1.1 = 2.0595 = 2.060 \text{ kW}$

---

04. 피스톤 압출량 50 m³/h의 압축기를 사용하는 R-22 냉동장치에서 다음과 같은 값으로 운전될 때 각 물음에 답하시오. (8점)

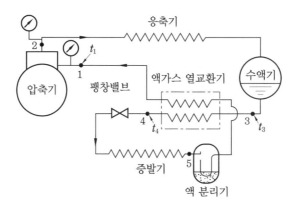

[조건]

• $v_1 = 0.143 \text{ m}^3/\text{kg}$

• $t_3 = 25\,℃$ • $t_4 = 15\,℃$

• $h_1 = 619.5 \text{ kJ/kg}$ • $h_4 = 444.36 \text{ kJ/kg}$

• 압축기의 체적효율 : $\eta_v = 0.68$

• 증발압력에 대한 포화액의 엔탈피 : $h' = 385.98 \text{ kJ/kg}$

• 증발압력에 대한 포화증기의 엔탈피 : $h'' = 613.2 \text{ kJ/kg}$

• 응축액의 온도에 의한 내부에너지 변화량 : 1.26 kJ/kg·K

(1) 증발기의 냉동능력(kcal/h)을 구하시오.

(2) 증발기 출구의 냉매증기 건조도(x)값을 구하시오.

해답 (1) ① 수액기 출구 $h_3 = 444.36 + \{1.26 \times (25 - 15)\} = 456.96 \text{ kJ/kg}$

② 증발기 출구 엔탈피 $h_5 = h_1 - (h_3 - h_4)$

$$= 619.54 - (456.96 - 444.36) = 606.9 \text{ kJ/kg}$$

③ 냉동능력 $Q_e = \dfrac{50}{0.143} \times 0.68 \times (606.9 - 444.36)$

$$= 38645.874 = 38645.87 \text{ kJ/h}$$

(2) 건조도 $x = \dfrac{606.9 - 385.98}{613.2 - 385.98} = 0.972 = 0.97$

참고　$P - h$ 선도

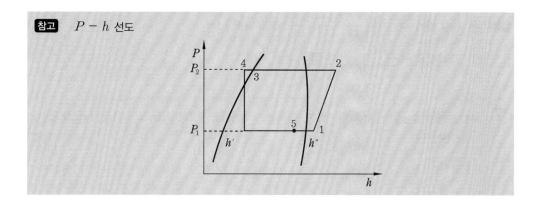

---

05. 다음과 같은 조건의 어느 실을 난방할 경우 물음에 답하시오. (단, 공기의 비중량은 1.2 kg/m³, 공기의 정압 비열은 1.008 kJ/kg·K이다.)　　　　(9점)

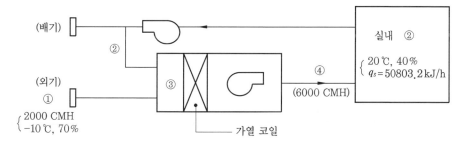

(1) 혼합공기(③점)의 온도를 구하시오.
(2) 취출공기(④점)의 온도를 구하시오.
(3) 가열코일의 용량(kJ/h)을 구하시오.

해답　(1) $t_3 = \dfrac{2000 \times (-10) + (6000 - 2000) \times 20}{6000} = 10\,℃$

(2) $t_4 = 20 + \dfrac{50803.2}{6000 \times 1.2 \times 1.008} = 27\,℃$

(3) $q_H = 6000 \times 1.2 \times 1.008 \times (27 - 10) = 123379.2$ kJ/h

---

06. 바닥면적 100 m², 천장고 3 m인 실내에서 재실자 60명과 가스 스토브 1대가 설치되어 있다. 다음 각 물음에 답하시오. (단, 외기 CO_2 농도 400 ppm, 재실자 1인당 CO_2 발생량 20 L/h, 가스 스토브 CO_2 발생량 600 L/h이다.)　　　　(8점)

(1) 실내 CO_2 농도를 1000 ppm으로 유지하기 위해서 필요한 환기량(m³/h)을 구하시오.
(2) 이때 환기횟수(회/h)를 구하시오.

해답 (1) 필요환기량 = $\dfrac{(60 \times 0.02) + 0.6}{0.001 - 0.0004} = 3000 \mathrm{m}^3/\mathrm{h}$

(2) 환기횟수 = $\dfrac{3000}{100 \times 3} = 10$ 회/h

---

07. 다음 그림과 같은 냉동장치에서 압축기 축동력은 몇 kW인가? (단, 1 kcal는 4.2 kJ로 환산한다.)　　　　　　　　　　　　　　　(15점)

(1) 장치도

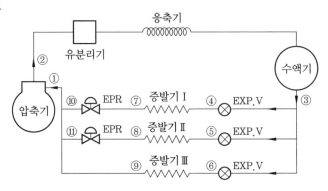

(2) 증발기의 냉동능력 (RT)

증발기	I	II	III
냉동톤	1	2	2

(3) 냉매의 엔탈피 (kJ/kg)

구분	h_2	h_3	h_7	h_8	h_9
h	681.66	457.8	625.8	621.6	617.4

(4) 압축 효율 0.65, 기계효율 0.85

해답 (1) 냉매순환량

① 증발기 I $= \dfrac{3320 \times 4.2}{625.8 - 457.8} = 83 \ \mathrm{kg/h}$

② 증발기 II $= \dfrac{2 \times 3320 \times 4.2}{621.6 - 457.8} = 170.256 ≒ 170.26 \ \mathrm{kg/h}$

③ 증발기 III $= \dfrac{2 \times 3320 \times 4.2}{617.4 - 457.8} = 174.736 ≒ 174.74 \ \mathrm{kg/h}$

(2) 흡입가스 엔탈피

$h_1 = \dfrac{(83 \times 625.8) + (170.26 \times 621.6) + (174.74 \times 617.4)}{83 + 170.26 + 174.74}$

$= 620.699 ≒ 620.70 \ \mathrm{kJ/kg}$

(3) 축동력 $= \dfrac{(83 + 170.26 + 174.74) \times (681.66 - 620.7)}{3600 \times 0.65 \times 0.85} = 13.117 ≒ 13.12 \ \mathrm{kW}$

참고

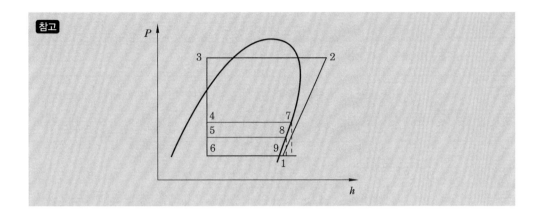

---

08. 다음과 같은 벽체의 열관류율(kcal/m²·h·℃)을 계산하시오. (5점)

[표 1] 재료표

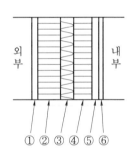

재료 번호	재료 명칭	재료 두께 (mm)	열전도율 (kJ/m·h·K)
①	모르타르	20	4.704
②	시멘트 벽돌	100	2.814
③	글라스 울	50	0.126
④	시멘트 벽돌	100	2.814
⑤	모르타르	20	4.704
⑥	비닐벽지	2	0.84

[표 2] 벽 표면의 열전달률(kJ/m²·h·K)

실내측	수직면	31.5
실외측	수직면	84

해답 열저항 $R = \dfrac{1}{31.5} + \dfrac{0.02}{4.704} + \dfrac{0.1}{2.814} + \dfrac{0.05}{0.126} + \dfrac{0.1}{2.814} + \dfrac{0.02}{4.704} + \dfrac{0.002}{0.84} + \dfrac{1}{84}$

$[\mathrm{m^2 \cdot h \cdot K/kJ}]$

∴ 열관류율 $K = \dfrac{1}{R} = 1.913 \fallingdotseq 1.91\,\mathrm{kJ/m^2 \cdot h \cdot K}$

---

09. 공기 냉각기의 공기유량 1000 kg/h, 입구 온·습도 28℃, 60 %(엔탈피 62.16 kJ/kg), 출구 온·습도 16℃, 60 %(엔탈피 42 kJ/kg)일 때 냉각기의 냉각열량 (kJ/h)은 얼마인가? (5점)

해답 냉각코일 부하 $q_{cc} = 1000 \times (62.16 - 42) = 20160\,\mathrm{kJ/h}$

01. 다음 [조건]과 같이 혼합, 냉각을 하는 공기조화기가 있다. 이에 대해 다음 각 물음에 답하시오.   (18점)

─────────────── [조건] ───────────────

1. 외기 : 건구온도 33℃, 상대습도 65%

2. 실내 : 건구온도 27℃, 상대습도 50%

3. 부하 : 실내 전부하 189000 kJ/h, 실내 잠열부하 50400 kJ/h

4. 송풍기 부하는 실내 취득 현열부하의 12% 가산할 것

5. 실내 필요 외기량은 송풍량의 $\dfrac{1}{5}$ 로 하며, 실내인원 120명, 1인당 25.5 m³/h

6. 습공기의 비열은 1.008 kJ/kg·K (DA) deg, 비용적을 0.83 m³/kg (DA)으로 한다. 여기서, kg (DA)은 습공기 중의 건조공기 중량(kg)을 표시하는 기호이다. 또한, 별첨의 습공기 선도를 사용하여 답은 계산 과정을 기입한다.

7. 습공기 선도의 1 kcal는 4.2 kJ로 환산한다.

(1) 상대습도 90%일 때 실내 송풍온도(취출온도)는 몇 ℃인가?

(2) 실내풍량(m³/h)을 구하시오.

(3) 냉각코일 입구 혼합온도를 구하시오.

(4) 냉각코일 부하는 몇 kJ/h인가?

(5) 외기부하는 몇 kJ/h인가?

(6) 냉각코일의 제습량은 몇 kg/h인가?

해답 (1) 실내 송풍 온도

① 습공기 선도

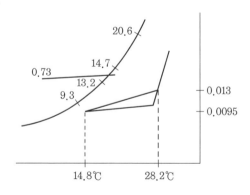

② 현열비 $SHF = \dfrac{189000 - 50400}{189000} = 0.733 ≒ 0.73$

③ 송풍온도 = 14.8℃

(2) 실내풍량 $= \dfrac{189000 - 50400}{1.008 \times (27 - 14.8)} \times 1.12 \times 0.83 = 10477.049 \fallingdotseq 10477.05 \ \text{m}^3/\text{h}$

(3) 냉각코일 입구 혼합온도 $= \dfrac{1}{5} \times 33 + \dfrac{4}{5} \times 27 = 28.2 \ ℃$

(4) 냉각코일 부하 $= \dfrac{10477.05}{0.83} \times (14.7 - 9.3) \times 4.2 = 286288.547 \fallingdotseq 286288.55 \ \text{kJ/h}$

(5) 외기부하 $= (120 \times 25.5) \times \dfrac{1}{0.83} \times (20.6 - 13.2) \times 4.2$

$\qquad = 114584.096 \fallingdotseq 114584.10 \ \text{kJ/h}$

(6) 냉각코일 제습량 $= \dfrac{10477.05}{0.83} \times (0.013 - 0.0095) = 44.1803 \fallingdotseq 44.18 \ \text{kg/h}$

---

02. 냉매의 물음에 대해 답하시오. (12점)

(1) 냉매의 표준비점이란 무엇인가? 간단히 답하시오.

(2) 표준비점이 낮은 냉매(예를 들면 R-22)를 사용할 경우, 비점이 높은 냉매를 사용할 경우와 비교한 장점과 단점을 설명하시오.

해답 (1) 표준대기압에서의 포화온도

(2) ① 장점
  • 비점이 높은 냉매를 사용하는 경우보다 피스톤 토출량(piston displacement)이 작아지므로 압축기가 소형으로 된다.
  • 비점이 높은 냉매를 사용하는 경우보다 진공운전이 되기 어려우므로, 보다 저온용에 적합하다.

  ② 단점 : 비점이 높은 냉매보다 응축압력이 높아진다.

참고 1. 표준비점이 높은 냉매(예를 들면 R-11)를 사용하는 경우 장점과 단점
  ① 장점
    • 고압이 낮다.
    • 고저압의 압력차가 적어 원심식 압축기에 적합하다.
  ② 단점
    • 압축기가 대형이 된다(피스톤 토출량이 크다).
    • 진공운전이 되기 쉬우므로, 저온용에 적합하지 않다.
  2. 비등점이 낮은 냉매는 응축압력, 즉 고압이 높으므로 압축비가 크지만 저온을 얻을 수 있고 비등점이 높은 냉매는 비중량이 대부분 크므로 원심 냉동장치에 적합한 냉매로서 주로 공기조화용에 사용된다.

---

03. R-22 냉동장치에서 응축압력이 14.6 kg/cm² · g (포화온도 40℃), 냉각수량 800 L/min, 냉각수 입구온도 32℃, 냉각수 출구온도 36℃, 열통과율 3192 kJ/m² · h · K일 때 냉각면적(m²)을 구하시오. (단, 냉매와 냉각수의 평균온도차는 산술평균 온도차로 하며, 냉각수의 비열은 4.2 kJ/kg · K이고, 비중량은 1.0 kg/L이다.) (6점)

해답 냉각면적 $= \dfrac{(800 \times 60 \times 1) \times 4.2 \times (36-32)}{3192 \times \left(40 - \dfrac{32+36}{2}\right)} = 42.1052 \fallingdotseq 42.11 \, \mathrm{m^2}$

---

04. 단일 덕트 방식의 공기조화 시스템을 설계하고자 할 때 어떤 사무소의 냉방부하를 계산한 결과 현열부하 $q_s = 24192\,\mathrm{kJ/h}$, 잠열부하 $q_l = 6048\,\mathrm{kJ/h}$였다. 주어진 조건을 이용하여 물음에 답하시오. (10점)

───────── [조건] ─────────

1. 설계조건
   ① 실내 : 26℃ DB, 50 % RH
   ② 실외 : 32℃ DB, 70 % RH
2. 외기 취입량 : $500\,\mathrm{m^3/h}$
3. 공기의 비열 : $C_p = 1.008\,\mathrm{kJ/kg \cdot K}$
4. 취출 공기온도 : 16℃
5. 공기의 비중량 : $Y = 1.2\,\mathrm{kg/m^3}$

(1) 냉방풍량을 구하시오.
(2) 현열비 및 실내공기 (①) 과 실외공기 (②) 의 혼합온도를 구하고, 공기조화 cycle 을 습공기 선도 상에 도시하시오.

해답 (1) 냉방풍량 $Q = \dfrac{24192}{1.2 \times 1.008 \times (26-16)} = 2000\,\mathrm{m^3/h}$

(2) ① 현열비 $= \dfrac{24192}{24192+6048} = 0.8$

　② 혼합공기 $t_3 = \dfrac{(1500 \times 26) + (500 \times 32)}{2000} = 27.5\,℃$

　③ 습공기 선도 (공기 선도를 이용하여 그리면 아래와 같다.)

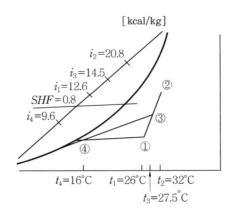

05. 두께 100 mm 의 콘크리트벽 내면에 200 mm 의 발포스티로폼 방열을 시공하고, 그 내면에 20 mm 의 판을 댄 냉장고가 있다. 이 냉장고의 고내 온도는 −30℃, 외기 온도 32℃일 경우 각 물음에 답하시오. (10점)

재료명	열전도율 (kJ/m·h·K)
콘크리트	3.99
발포스티로폼	0.168
판	0.63

벽면	열전달률 (kJ/m²·h·K)
외벽면	84
내벽면	21

(1) 이 벽의 열관류율 (kJ/m²·h·K)은 얼마인가?
(2) 이 냉장고의 벽면적이 100m² 일 경우 그 전열량 (kJ/h)은 얼마인가?

해답 (1) ① 열저항

$$R = \frac{1}{K} = \frac{1}{84} + \frac{0.1}{3.99} + \frac{0.2}{0.168} + \frac{0.02}{0.63} + \frac{1}{21}\,[\mathrm{m^2 \cdot h \cdot K/kJ}]$$

② 열관류율

$$K = \frac{1}{R} = 0.7648 \fallingdotseq 0.765\,\mathrm{kJ/m^2 \cdot h \cdot K}$$

(2) 전열량

$$q = 0.765 \times 100 \times \{32 - (-30)\} = 4743\,\mathrm{kJ/h}$$

06. 증기배관에서 벨로스형 감압 밸브 주위부품을 ○ 안에 기입하시오. (12점)

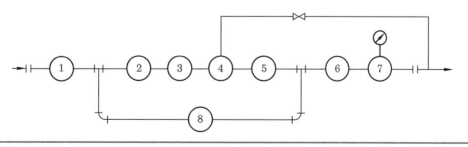

해답 ① 압력계　　② 슬루스 밸브　　③ 스트레이너　　④ 벨로스형 감압 밸브
⑤ 슬루스 밸브　　⑥ 안전 밸브　　⑦ 압력계　　⑧ 구형 밸브 (니들 밸브)

07. 냉장실의 냉동부하 25200 kJ/h, 냉장실 내 온도를 −20℃로 유지하는 나관 코일식 증발기 천장 코일의 냉각관 길이(m)를 구하시오. (단, 천장 코일의 증발관 내 냉매의 증발온도는 −28℃, 외표면적 0.19 m²/m, 열통과율은 29.4 kJ/m² · h · K이다.) (6점)

해답 냉각관 길이 $= \dfrac{25200}{29.4 \times \{(-20)-(-28)\}} \times \dfrac{1}{0.19} = 563.909 = 563.91 \text{ m}$

---

08. 500 rpm으로 운전되는 송풍기가 300 m³/min, 전압 40 mmAq, 동력 3.5 kW의 성능을 나타내고 있는 것으로 한다. 이 송풍기의 회전수를 20 % 증가시키면 어떻게 되는가를 계산하시오. (12점)

해답 송풍기 상사법칙에 의해서,

① 풍량 $Q_2 = \left(\dfrac{N_2}{N_1}\right) \times Q_1 = \dfrac{500 \times 1.2}{500} \times 300 = 360 \text{ m}^3/\text{min}$

② 전압 $P_2 = \left(\dfrac{N_2}{N_1}\right)^2 \times P_1 = \left(\dfrac{500 \times 1.2}{500}\right)^2 \times 40 = 57.6 \text{ mmAq}$

③ 동력 $L_2 = \left(\dfrac{N_2}{N_1}\right)^3 \times L_1 = \left(\dfrac{500 \times 1.2}{500}\right)^3 \times 3.5 = 6.048 \fallingdotseq 6.05 \text{kW}$

---

09. 유인 유닛 방식과 팬코일 유닛 방식의 특징을 설명하시오. (8점)

해답 (1) 유인 유닛 방식(induction unit system)의 특징

① 장점

㉮ 비교적 낮은 운전비로 개실 제어가 가능하다.

㉯ 1차 공기와 2차 냉·온수를 별도로 공급함으로써 재실자의 기호에 알맞은 실온을 선정할 수 있다.

㉰ 1차 공기를 고속덕트로 공급하고, 2차측에 냉·온수를 공급하므로 열 반송에 필요한 덕트 공간을 최소화한다.

㉱ 중앙공조기는 처리풍량이 적어서 소형으로 된다.

㉲ 제습, 가습, 공기여과 등을 중앙기계실에서 행한다.

㉳ 유닛에는 팬 등의 회전부분이 없으므로 내용연수가 길고, 일상점검은 온도 조절과 필터의 청소뿐이다.

㉴ 송풍량은 일반적인 전공기 방식에 비하여 적고 실내부하의 대부분은 2차 냉수에 의하여 처리되므로 열 반송 동력이 작다.

㉵ 조명이나 일사가 많은 방의 냉방에 효과적이고 계절에 구분 없이 쾌감도가 높다.

② 단점

㉮ 1차 공기량이 비교적 적어서 냉방에서 난방으로 전환할 때 운전 방법이 복잡하다.

㉯ 송풍량이 적어서 외기냉방 효과가 적다.

㉰ 자동제어가 전공기 방식에 비하여 복잡하다.

㉱ 1차 공기로 가열하고 2차 냉수로 냉각(또는 가열)하는 등 가열, 냉각을 동시에 행하여 제어하므로 혼합손실이 발생하여 에너지가 낭비된다.

㉲ 팬 코일 유닛과 같은 개별운전이 불가능하다.

㉳ 설비비가 많이 든다.

㉴ 직접난방 이외에는 사용이 곤란하고 중간기에 냉방운전이 필요하다.

(2) 팬코일 유닛 방식 (fan coil unit system)의 특징
　① 장점
　　㈎ 공조기계실 및 덕트 공간이 불필요하다.
　　㈏ 사용하지 않는 실의 열원 공급을 중단시
　　　킬 수 있으므로 실별 제어가 용이하다.
　　㈐ 재순환공기의 오염이 없다.
　　㈑ 덕트가 없으므로 증설이 용이하다.
　　㈒ 자동제어가 간단하다.
　　㈓ 4관식의 경우 냉·난방을 동시에 할 수
　　　있고 절환이 불필요하다.

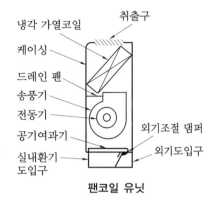

팬코일 유닛

　② 단점
　　㈎ 기기 분산으로 유지관리 및 보수가 어렵다.
　　㈏ 각 실 유닛에 필터 배관, 전기배선 설치가 필요하므로 정기적인 청소가 요구된다.
　　㈐ 환기량이 건축물 설치방향, 풍향, 풍속 등에 좌우되므로 환기가 좋지 못하다 (자
　　　연환기를 시킨다).
　　㈑ 습도 제어가 불가능하다.
　　㈒ 코일에 박테리아, 곰팡이 등의 서식이 가능하다.
　　㈓ 동력 소모가 크다 (소형 모터가 다수 설치됨).
　　㈔ 유닛이 실내에 설치되므로 실공간이 적어진다.
　　㈕ 외기냉방이 불가능하다.

☞. **다음과 같이 답하여도 된다.**
　① 유인 유닛 방식 : 실내의 유닛에는 송풍기가 없고, 고속으로 보내져 오는 1차 공기
　　를 노즐로부터 취출시켜서 그 유인력에 의해서 실내공기를 흡입하여 1차 공기와 혼
　　합해 취출하는 방식
　② 팬코일 유닛 방식 : 각 실에 설치된 유닛에 냉수 또는 온수를 코일에 순환시키고 실
　　내공기를 송풍기에 의해서 유닛에 순환시킴으로써 냉각 또는 가열하는 방식

참고 유인 유닛 방식은 송풍기가 없고, 팬코일 유닛은 송풍기가 설치된다.

---

10. 전열면적 $A = 60 \text{ m}^2$의 수랭응축기가 응축온도 $t_c = 32\,℃$, 냉각수량 $G = 500$
L/min, 입구 수온 $t_{w_1} = 23\,℃$, 출구 수온 $t_{w_2} = 31\,℃$로서 운전되고 있다. 이 응축기
를 장기 운전하였을 때 냉각관의 오염이 원인이 되어 냉각수량을 640 L/min로 증
가하지 않으면 원래의 응축온도를 유지할 수 없게 되었다. 이 상태에 대한 수랭응축
기의 냉각관의 열통과율은 약 몇 kJ/m²·h·K인가? (단, 냉매와 냉각수 사이의 온
도차는 산술평균 온도차를 사용하고 열통과율과 냉각수량 외의 응축기의 열적상태
는 변하지 않는 것으로 하고, 냉각수 비열은 4.2 kJ/kg·K로 한다.)　　　　(6점)

해답 ① 응축열량 $Q_c = (500 \times 60) \times 4.2 \times (31 - 23) = 1008000$ kJ/h

② 오염된 후 냉각수 출구 수온 $= 23 + \dfrac{1008000}{640 \times 60 \times 4.2} = 29.25$ ℃

③ 열통과율 $= \dfrac{1008000}{60 \times \left(32 - \dfrac{23 + 29.25}{2}\right)} = 2859.574 ≒ 2859.57$ kJ/m² · h · K

▶ 2011. 10. 16 시행　　　※ 이 문제는 수검자의 기억을 통하여 복원된 것입니다.

---

01. 흡수식 냉동장치의 냉동능력이 120 RT이고 재생기의 증기 사용량 950 kg/h, 증발잠열량 2478 kJ/kg, 냉수온도 입구 10℃ 출구 5℃, 냉각수온도 입구 32℃ 출구 40℃이고, 물의 비열 4.2 kJ/kg · K, 냉동능력 1 RT는 13944 kJ/h이다. 다음 물음에 답하시오.　　　(12점)

 (1) 냉각수량은 몇 L/min인가?　　　　　　(2) 냉수량은 몇 L/min인가?

해답 (1) 냉각수량 $= \dfrac{950 \times 2478}{4.2 \times (40 - 32) \times 60} = 1167.708$ kg/min ≒ 1167.71 L/min

 (2) 냉수량 $= \dfrac{120 \times 13944}{4.2 \times (10 - 5) \times 60} = 1328$ kg/min ≒ 1328 L/min

---

02. 공기의 건구온도(DB) 27℃, 상대습도(RH) 65%, 절대습도(x) 0.0125 kg/kg′일 때 습공기의 엔탈피를 구하시오. (단, 0℃ 수분의 증발잠열 2508.66 kJ/kg, 수증기와 공기 정압비열은 1.848, 1.008 kJ/kg · K이다.)　　　(7점)

해답 엔탈피 $= 1.008 \times 27 + 0.0125 \times \{2508.66 + (1.848 \times 27)\} = 59.194 ≒ 59.19$ kJ/kg

---

03. 24시간 동안에 30℃의 원료수 5000 kg을 −10℃의 얼음으로 만들 때 냉동기 용량 (냉동톤)을 구하시오. (단, 냉동기 안전율은 10 %로 하고 물의 응고잠열은 334.42 kJ/kg, 물과 얼음의 비열은 4.2, 2.1 kJ/kg · K, 1 RT는 13944 kJ/h이다.)　(5점)

해답 냉동톤 $= \dfrac{5000 \times \{(4.2 \times 30) + 334.42 + (2.1 \times 10)\} \times 1.1}{24 \times 13944} = 7.9103 ≒ 7.91$ RT

---

04. 장치노점이 10℃인 냉수 코일이 20℃ 공기를 12℃로 냉각시킬 때 냉수 코일의 Bypass Factor (BF)를 구하시오.　　　(5점)

해답 $BF = \dfrac{12-10}{20-10} = 0.2$

---

05. 주어진 설계조건을 이용하여 사무실 각 부분에 대하여 손실열량을 구하시오.
(20점)

┌─────────────── [설계조건] ───────────────┐

1. 설계온도(℃) : 실내온도 19℃, 실외온도 −1℃, 복도온도 10℃
2. 열통과율(kJ/m²·h·K) : 외벽 13.44, 내벽 14.7, 바닥 7.98, 유리(2 중) 9.24, 문 14.7
3. 방위계수
   −북쪽, 북서쪽, 북동쪽 : 1.15
   −동남쪽, 남서쪽 : 1.05
   −동쪽, 서쪽 : 1.10
   −남쪽, 실내쪽 : 1.0
4. 환기횟수 : 1회/h
5. 천장 높이와 층고는 동일하게 간주한다.
6. 공기의 정압비열 : 1.008 kJ/kg·K, 공기의 비중량 : 1.2 kg/m³

└──┘

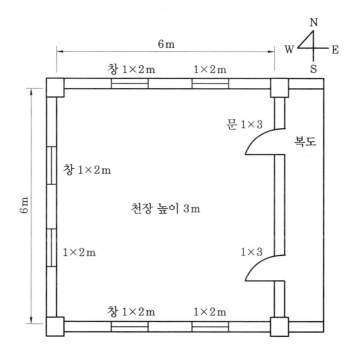

구분	열관류율 $(kJ/m^2 \cdot h \cdot K)$	면적 (m^2)	온도차 ($\degree C$)	방위계수	부하 (kJ/h)
동쪽 내벽					
동쪽 문					
서쪽 외벽					
서쪽 창					
남쪽 외벽					
남쪽 창					
북쪽 외벽					
북쪽 창					
환기부하					
난방부하					

해답

구분	열관류율 $(kJ/m^2 \cdot h \cdot K)$	면적 (m^2)	온도차 ($\degree C$)	방위계수	부하 (kJ/h)
동쪽 내벽	14.7	12	9	1	1587.6
동쪽 문	14.7	6	9	1	793.8
서쪽 외벽	13.44	14	20	1.1	4139.52
서쪽 창	9.24	4	20	1.1	813.12
남쪽 외벽	13.44	14	20	1	3763.2
남쪽 창	9.24	4	20	1	739.2
북쪽 외벽	13.44	14	20	1.15	4327.68
북쪽 창	9.24	4	20	1.15	850.08
환기부하	$1 \times (6 \times 6 \times 3) \times 1.2 \times 1.008 \times \{19-(-1)\} = 2612.736 \fallingdotseq 2612.74$				
난방부하	$1587.6 + 793.8 + 4139.52 + 813.12 + 3763.2 + 739.2 + 4327.68 + 850.08 + 2612.74 = 19626.94$				

06. 어느 벽체의 구조가 다음과 같은 [조건]을 갖출 때 각 물음에 답하시오.   (12점)

┌─────────────────── [조건] ───────────────────┐

1. 실내온도 : 25℃, 외기온도 : −5℃
2. 벽체의 구조
3. 공기층 열 컨덕턴스 : $21.84\,\text{kJ/m}^2 \cdot \text{h} \cdot \text{K}$
4. 외벽의 면적 : $40\,\text{m}^2$

└───┘

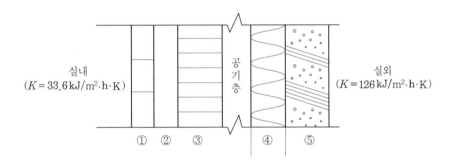

재료	두께(m)	열전도율 $(\text{kJ/m} \cdot \text{h} \cdot \text{K})$
① 타일	0.01	4.62
② 시멘트 모르타르	0.03	4.62
③ 시멘트 벽돌	0.19	5.04
④ 스티로폼	0.05	0.126
⑤ 콘크리트	0.10	5.88

(1) 벽체의 열통과율 $(\text{kJ/m}^2 \cdot \text{h} \cdot \text{K})$을 구하시오.
(2) 벽체의 손실열량 (kJ/h)을 구하시오.
(3) 벽체의 내표면 온도 $(℃)$를 구하시오.

해답 (1) 열통과율

① 열저항 $\dfrac{1}{K} = \dfrac{1}{33.6} + \dfrac{0.01}{4.62} + \dfrac{0.03}{4.62} + \dfrac{0.19}{5.04} + \dfrac{0.05}{0.126} + \dfrac{1}{21.84} + \dfrac{0.1}{5.88} + \dfrac{1}{126}$

$\qquad = 0.5438\,\text{m}^2 \cdot \text{h} \cdot \text{K/kJ}$

② 열통과율 $K = 1.838 ≒ 1.84\ \text{kJ/m}^2 \cdot \text{h} \cdot \text{K}$

(2) 손실열량 $q = 1.84 \times 40 \times \{25 - (-5)\} = 2208\ \text{kJ/h}$

(3) 표면온도 $= 1.84 \times 40 \times \{25 - (-5)\} = 33.6 \times 40 \times (25 - t_s)$

$\qquad \therefore\ t_s = 25 - \dfrac{1.84 \times 40 \times 30}{33.6 \times 40} = 23.357 ≒ 23.36℃$

07. 덕트 시스템을 다음과 같이 설계하고자 한다. 각 취출구의 풍량이 동일할 때 주어진 구간의 값들을 결정하고 Z - F 구간의 마찰손실을 구하시오. (단, 공기의 비중량은 1.2 kg/m³, 중력가속도 $g = 9.8$ m/s², 마찰손실 $R = 0.1$ mmAq/m, A-E 벤드 부분의 $\dfrac{r}{W} = 1.5$이며, 송풍량은 2000 m³/h이다.) (17점)

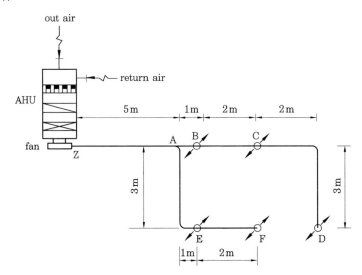

장변\단변	10	15	20	25	30	35	40	45	50	55	60	65	70	75	80	85	90	95	100
10	10.9																		
15	13.3	16.4																	
20	15.2	18.9	21.9																
25	16.9	21.0	24.4	27.3															
30	18.3	22.9	26.6	29.9	32.8														
35	19.5	24.5	28.6	32.2	35.4	38.3													
40	20.7	26.0	30.5	34.3	37.8	40.9	43.7												
45	21.7	27.4	32.1	36.3	40.0	43.3	46.4	49.2											
50	22.7	28.7	33.7	38.1	42.0	45.6	48.8	51.8	54.7										
55	23.6	29.9	35.1	39.8	43.9	47.7	51.1	54.3	57.3	60.1									
60	24.5	31.0	36.5	41.4	45.7	49.6	53.3	56.7	59.8	62.8	65.6								
65	25.3	32.1	37.8	42.9	47.4	51.5	55.3	58.9	62.2	65.3	68.3	71.1							
70	26.1	33.1	39.1	44.3	49.0	53.3	57.3	61.0	64.4	67.7	70.8	73.7	76.5						
75	26.8	34.1	40.2	45.7	50.6	55.0	59.2	63.0	66.6	69.7	73.2	76.3	79.2	82.0					
80	27.5	35.0	41.4	47.0	52.0	56.7	60.9	64.9	68.7	72.2	75.5	78.7	81.8	84.7	87.5				
85	28.2	35.9	42.4	48.2	53.4	58.2	62.6	66.8	70.6	74.3	77.8	81.1	84.2	87.2	90.1	92.9			
90	28.9	36.7	43.5	49.4	54.8	59.7	64.2	68.6	72.6	76.3	79.9	83.3	86.6	89.7	92.7	95.6	198.4		
95	29.5	37.5	44.5	50.6	56.1	61.1	65.9	70.3	74.4	78.3	82.0	85.5	88.9	92.1	95.2	98.2	101.1	103.9	
100	30.1	38.4	45.4	51.7	57.4	62.6	67.4	71.9	76.2	80.2	84.0	87.6	91.1	94.4	97.6	100.7	103.7	106.5	109.3
105	30.7	39.1	46.4	52.8	58.6	64.0	68.9	73.5	77.8	82.0	85.9	89.7	93.2	96.7	100.0	103.1	106.2	109.1	112.0
110	31.3	39.9	47.3	53.8	59.8	65.2	70.3	75.1	79.6	83.8	87.8	91.6	95.3	98.8	102.2	105.5	108.6	111.7	114.6
115	31.8	40.6	48.1	54.8	60.9	66.5	71.7	76.6	81.2	85.5	89.6	93.6	97.3	100.9	104.4	107.8	111.0	114.1	117.2
120	32.4	41.3	49.0	55.8	62.0	67.7	73.1	78.0	82.7	87.2	91.4	95.4	99.3	103.0	106.6	110.0	113.3	116.5	119.6
125	32.9	42.0	49.9	56.8	63.1	68.9	74.4	79.5	84.3	88.8	93.1	97.3	101.2	105.0	108.6	112.2	115.6	118.8	122.0
130	33.4	42.6	50.6	57.7	64.2	70.1	75.7	80.8	85.7	90.4	94.8	99.0	103.1	106.9	110.7	114.3	117.7	121.1	124.4
135	33.9	43.3	51.4	58.6	65.2	71.3	76.9	82.2	87.2	91.9	96.4	100.7	104.9	108.8	112.6	116.3	119.9	123.3	126.7

140	34.4	43.9	52.2	59.5	66.2	72.4	78.1	83.5	88.6	93.4	98.0	102.4	106.6	110.7	114.6	118.3	122.0	125.5	128.9
145	34.9	44.5	52.9	60.4	67.2	73.5	79.3	84.8	90.0	94.9	99.6	104.1	108.4	112.5	116.5	120.3	124.0	127.6	131.1
150	35.3	45.2	53.6	61.2	68.1	74.5	80.5	86.1	91.3	96.3	101.1	105.7	110.0	114.3	118.3	122.2	126.0	129.7	133.2
155	35.8	45.7	54.4	62.1	69.1	75.6	81.6	87.3	92.6	97.4	102.6	107.2	111.7	116.0	120.1	124.1	127.9	131.7	135.3
160	36.2	46.3	55.1	62.9	70.6	76.6	82.7	88.5	93.9	99.1	104.1	108.8	113.3	117.7	121.9	125.9	129.8	133.6	137.3
165	36.7	46.9	55.7	63.7	70.9	77.6	83.8	89.7	95.2	100.5	105.5	110.3	114.9	119.3	123.6	127.7	131.7	135.6	139.3
170	37.1	47.5	56.4	64.4	71.8	78.5	84.9	90.8	96.4	101.8	106.9	111.8	116.4	120.9	125.3	129.5	133.5	137.5	141.3

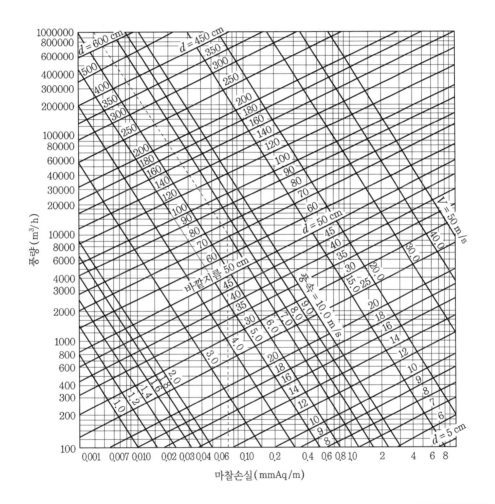

구간	풍량 (m³/h)	원형 덕트 크기 (cm)	장방향 덕트 크기 (cm)	풍속 (m/s)
Z-A			×25	
B-C			×25	
A-E			×25	
E-F			×15	

명칭	그림	계산식	저항계수				
장방형 엘보 (90°)		$\Delta p_t = \lambda \dfrac{l'}{d}\dfrac{v^2}{2g}\gamma$	H/W	r/W=0.5	0.75	1.0	1.5
			0.25	l'/W=25	12	7	3.5
			0.5	33	16	9	4
			1.0	45	19	11	4.5
			4.0	90	35	17	6

명칭	그림	계산식	저항계수					
장방형 덕트의 분기		직통부 (1 → 2) $\Delta p_t = \zeta \dfrac{{v_1}^2}{2g}\gamma$	$\dfrac{v_2}{v_1} < 1.0$ 일 때는 대개 무시한다. $\dfrac{v_2}{v_1} \geqq 1.0$ 일 때, $\zeta_r = 0.46 - 1.24\,x + 0.93\,x^2$ $x = \left(\dfrac{v_2}{v_1}\right) \times \left(\dfrac{a}{b}\right)^{\frac{1}{4}}$					
		분기부 (1 → 3) $\Delta p_t = \zeta_B \dfrac{{v_1}^2}{2g}\gamma$	x	0.25	0.5	0.75	1.0	1.25
			ζ_B	0.3	0.2	0.2	0.4	0.65
			다만, $x = \left(\dfrac{v_3}{v_1}\right) \times \left(\dfrac{a}{b}\right)^{\frac{1}{4}}$					

해답

구간	풍량 (m³/h)	원형 덕트 크기 (cm)	장방향 덕트 크기 (cm)	풍속 (m/s)
Z-A	2000	35	45×25	4.94
B-C	800	24.17	25×25	3.56
A-E	800	24.17	25×25	3.56
E-F	400	19	25×15	2.96

• 계산 과정

① 직관손실 = $(5 + 3 + 1 + 2) \times 0.1 = 1.1$ mmAq

② 장방형 벤드 $\Delta P_t = \lambda \dfrac{l'}{d}\dfrac{v^2}{2g}\gamma$ 에서,

$\dfrac{H}{W} = \dfrac{25}{25} = 1$, $\dfrac{r}{W} = 1.5$일 때

$\dfrac{l'}{W} = 4.5$, $l' = 0.25 \times 4.5 = 1.125$ m

$\Delta P_t = 0.1 \times \dfrac{1.125}{0.2417} \times \dfrac{3.56^2}{2 \times 9.8} \times 1.2 = 0.361 ≒ 0.36$ mmAq

③ 장방형 덕트 분기

분기부 $\Delta P_t = \zeta_B \dfrac{v_1^2}{2g}\gamma$

$x = \dfrac{v_3}{v_1}\times\left(\dfrac{a}{b}\right)^{\frac{1}{4}} = \dfrac{3.56}{4.94}\times\left(\dfrac{25}{25}\right)^{\frac{1}{4}} = 0.7206 ≒ 0.72$

$\therefore \zeta_B$는 $x = 0.75$에서 0.2

$\Delta P_t = 0.2\times\dfrac{4.94^2}{2\times9.8}\times1.2 = 0.298 = 0.30\,\text{mmAq}$

④ Z−F의 마찰손실 $P_t = 1.1 + 0.36 + 0.3 = 1.76\,\text{mmAq}$

---

08. 냉동창고에 썩은 고기 39℃를 5대의 트럭에 실고 −1℃로 냉장한다. 다음 [조건]과 같을 때 냉동부하(kJ/h)를 구하시오. (7점)

> ── [조건] ──
> • 트럭 질량 130 kg/대, 트럭 비열 0.5 kJ/kg·K
> • 고기 질량 330 kg/대, 고기 비열 3.5 kJ/kg·K, 고기 동결 온도 −2℃
> • 팬의 동력 7.5 kW, 조명부하(백열등) 0.2 kW
> • 환기 횟수 12회/24h, 공기 비열 1 kJ/kg·K, 공기 비중량 1.2 kg/m³
> • 창고바닥면적 88 m², 높이 5 m
> • 외기온도 10℃, 실내(창고)온도 −4℃
> 상기 외의 열침입은 없는 것으로 한다.

해답 ① 고기 냉각부하 = $330\times5\times3.5\times\{39-(-1)\} = 231000$ kJ/h

② 트럭 열량 = $130\times5\times0.5\times\{39-(-1)\} = 13000$ kJ/h

③ 환기부하 = $\dfrac{12}{24}\times(88\times5)\times1.2\times1\times\{10-(-4)\} = 3696$ kJ/h

④ 조명 동력부하 = $(7.5+0.2)\times3600 = 27720$ kJ/h

⑤ 냉동부하 = $231000 + 13000 + 3696 + 27720 = 275416$ kJ/h

참고 1 kW = 1 kJ/s 이다.

09. 다음과 같이 응축기의 냉각수 배관을 설계하였다. 각 물음에 답하시오. (15점)

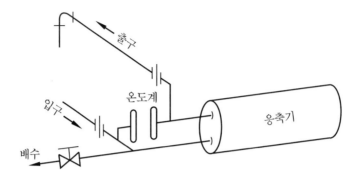

(1) 냉각수 출구배관을 응축기보다 높게 설치한 이유를 설명하시오.

(2) 시수(市水)를 냉각수로 사용할 경우와 사용하지 않을 경우에 따른 자동제어 밸브의 위치는?

  ① 시수를 냉각수로 사용할 경우

  ② 시수를 냉각수로 사용하지 않을 경우

(3) 시수(市水)를 냉각수로 사용할 경우 급수배관에 필히 부착하여야 할 것은 무엇인가?

(4) 응축기 입·출구에 유니언 또는 플랜지를 부착하는 이유를 간단히 설명하시오.

해답 (1) 응축기의 냉각수 코일에 체류할 우려가 있는 기포(공기)를 배제하여 순환수의 흐름을 원활하게 하여 전열작용을 양호하게 한다.

(2) ① 시수를 냉각수로 사용하는 경우 : 자동제어 밸브는 응축기 입구에 설치한다.

   ② 시수를 냉각수로 사용하지 않을 경우 : 자동제어 밸브는 응축기 출구에 설치한다.

(3) 크로스 커넥션(cross connection)을 방지하기 위하여 역류방지밸브(CV)를 설치하여 냉각수가 상수도 배관으로 역류되는 것을 방지한다.

(4) 응축기와 배관의 점검보수 및 세관을 용이하게 하기 위하여 플랜지 또는 유니언 이음을 한다.

참고 응축기에 공급되는 냉각수의 종류에 관계없이 단수 릴레이는 입구측에 부착한다.

2012년도 시행 문제

▶ **2012. 4. 22 시행**   ※ 이 문제는 수검자의 기억을 통하여 복원된 것입니다.

01. 다음과 같은 조건하에서 냉방용 흡수식 냉동장치에서 증발기가 1 RT의 능력을 갖도록 하기 위한 각 물음에 답하시오.   (12점)

[조건]

1. 냉매와 흡수제 : 물+리튬브로마이드
2. 발생기 공급열원 : 80℃의 폐기가스
3. 용액의 출구온도 : 74℃
4. 냉각수 온도 : 25℃
5. 응축온도 : 30℃(압력 31.8 mmHg)
6. 증발온도 : 5℃(압력 6.54 mmHg)
7. 흡수기 출구 용액온도 : 28℃
8. 흡수기 압력 : 6 mmHg
9. 발생기 내의 증기 엔탈피 $h_3' = 3050.88$ kJ/kg
10. 증발기를 나오는 증기 엔탈피 $h_1' = 2936.64$ kJ/kg
11. 응축기를 나오는 응축수 엔탈피 $h_3 = 546.84$ kJ/kg
12. 증발기로 들어가는 포화수 엔탈피 $h_1 = 439.74$ kJ/kg

상태점	온도(℃)	압력(mmHg)	농도 w_t [%]	엔탈피(kJ/kg)
4	74	31.8	60.4	317.52
8	46	6.54	60.4	273.84
6	44.2	6.0	60.4	271.32
2	28.0	6.0	51.2	239.4
5	56.5	31.8	51.2	292.32

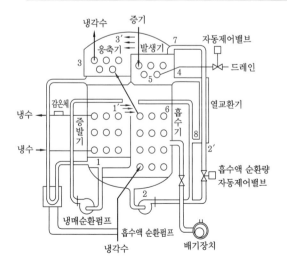

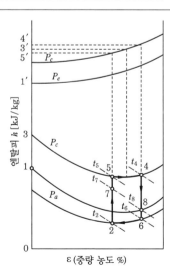

ε (중량 농도 %)

> (1) 다음과 같이 나타내는 과정은 어떠한 과정인지 설명하시오.
> ① 4-8 과정   ② 6-2 과정   ③ 2-7 과정
> (2) 응축기, 흡수기 열량을 구하시오.
> (3) 1 냉동톤당의 냉매 순환량을 구하시오.

[해답] (1) ① 4-8 과정 : 열교환기로 발생기에서 흡수기로 가는 과정이다. 발생기에서 농축된 진한 용액이 열교환기를 거치는 동안 묽은 용액에 열을 방출하여 온도가 낮아지는 과정이다.

② 6-2 과정 : 흡수제인 LiBr이 흡수기에서 냉매인 수증기를 흡수하는 과정이다. 발생기에서 재생된 진한 혼합용액이 열교환기를 거쳐 흡수기로 유입되어 냉각 수관 위로 살포된 상태가 6점이며, 증발되어 흡수기로 온냉매 증기(수증기)를 흡수하여 농도가 묽은 혼합용액 상태가 2점이 된다.

③ 2-7 과정 : 열교환기로 흡수기에서 순환펌프에 의해 발생기로 가는 과정이다. 4-8의 과정과 2-7의 과정을 열교환하는 것으로 발생기에서 재생된 진한 용액은 냉매증기를 많이 흡수하기 위해서는 온도를 낮추어야 하며, 또 흡수작용을 마친 묽은 용액은 발생기에서 가열시켜 재생하므로 반대로 온도를 높여야 하기 때문이다.

(2) ① 응축열량 $= h_3' - h_3 = 3050.88 - 546.84 = 2504.04 \text{ kJ/kg}$

② 흡수열량

• 용액 순환비 $f = \dfrac{\varepsilon_2}{\varepsilon_2 - \varepsilon_1} = \dfrac{60.4}{60.4 - 51.2} = 6.565 ≒ 6.57 \text{ kg/kg}$

• 흡수기 열량 $q_a = (f-1) \cdot h_8 + h_1' - f h_2$
$$= \{(6.57-1) \times 273.84\} + 2936.64 - (6.57 \times 239.4)$$
$$= 2886.678 ≒ 2886.68 \text{ kJ/kg}$$

(3) ① 냉동효과 $q_e = h_1' - h_3 = 2936.64 - 546.84 = 2389.8 \text{ kJ/kg}$

② 냉매 순환량 $G_v = \dfrac{Q_e}{q_e} = \dfrac{1 \times 3320 \times 4.2}{2389.8} = 5.834 ≒ 5.83 \text{ kg/h}$

[참고] 순환비 $f = \dfrac{G}{G_v}$ 에서, 묽은 혼합용액의 유량

$G = G_v \cdot f = 5.83 \times 6.57 = 38.303 ≒ 38.30 \text{ kg/h}$

---

02. 다음은 단일 덕트 공조방식을 나타낸 것이다. 주어진 조건과 습공기 선도를 이용하여 각 물음에 답하시오. (18점)

> ─────── [조건] ───────
> 1. 실내부하
>   ① 현열부하$(q_s) = 109200 \text{ kJ/h}$ ② 잠열부하$(q_l) = 18900 \text{ kJ/h}$
> 2. 실내 : 온도 20℃, 상대습도 50 %   3. 외기 : 온도 2℃, 상대습도 40 %
> 4. 환기량과 외기량의 비는 3 : 1이다.   5. 공기의 비중량 : 1.2 kg/m³
> 6. 공기의 비열 : 1.008 kJ/kg · K   7. 실내 송풍량 : 10000 kg/h
> 8. 덕트 장치 내의 열취득(손실)을 무시한다.   9. 가습은 순환수 분무로 한다.
> 10. 습공기 선도의 엔탈피 1 kcal는 4.2 kJ로 환산한다.

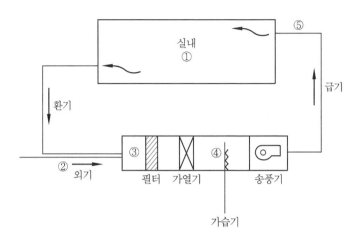

(1) 계통도를 보고 공기의 상태변화를 습공기 선도 상에 나타내고, 장치의 각 위치에 대응하는 점(①~⑤)을 표시하시오.

(2) 실내부하의 현열비(SHF)를 구하시오.

(3) 취출공기온도를 구하시오.

(4) 가열기 용량(kJ/h)을 구하시오.

(5) 가습량(kg / h)을 구하시오.

(6) 습공기 선도상의 엔탈피 1 kcal는 4.2 kJ로 환산한다.

해답 (1) 지급된 습공기 선도에 의해서 작도하면 다음과 같다.

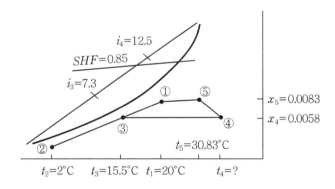

(2) $SHF = \dfrac{109200}{109200 + 18900} = 0.852 ≒ 0.85$

(3) 취출공기온도 $t_s = 20 + \dfrac{109200}{10000 \times 1.008} = 30.833 ≒ 30.83℃$

(4) 가열기 용량 $= 10000 \times (12.5 - 7.3) \times 4.2 = 218400\,kJ / h$

(5) 가습량 $= 10000 \times (0.0083 - 0.0058) = 25\,kg/h$

03. 다음과 같은 조건의 냉동장치 압축기의 분당 회전수를 구하시오. (12점)

> ─────── [조건] ───────
> 1. 압축기 흡입증기의 비체적 : 0.15 m³/kg, 압축기 흡입증기의 엔탈피 : 613.2 kJ/kg
> 2. 압축기 토출증기의 엔탈피 : 688.8 kJ/kg, 팽창밸브 직후의 엔탈피 : 462 kJ/kg
> 3. 냉동능력 : 10 RT, 압축기 체적효율 : 65 %, 1 RT는 13944 kJ/h
> 4. 압축기 기통경 : 120 mm, 행정 : 100 mm, 기통수 : 6기통

해답 (1) 냉동능력 $Q_e = RT \times 13944 = \dfrac{V}{v}\eta_v(h_a - h_e)$

(2) 피스톤 토출량 $V = \dfrac{RT \times 13944 \times v}{\eta_v(h_a - h_e)} = \dfrac{\pi}{4}D^2 L N R 60$

(3) 회전수 $R = \dfrac{4 \times RT \times 13944 \times v}{\pi D^2 L N 60 \times \eta_v(h_a - h_e)}$

$\qquad\qquad = \dfrac{4 \times 10 \times 13944 \times 0.15}{3.14 \times 0.12^2 \times 0.1 \times 6 \times 60 \times 0.65 \times (613.2 - 462)}$

$\qquad\qquad = 522.972 ≒ 522.97 \text{ rpm}$

04. 다음 도면과 같은 온수난방에 있어서 리버스 리턴 방식에 의한 배관도를 완성하시오. (단, A, B, C, D는 방열기를 표시한 것이며, 온수공급관은 실선으로, 귀환관은 점선으로 표시하시오.) (8점)

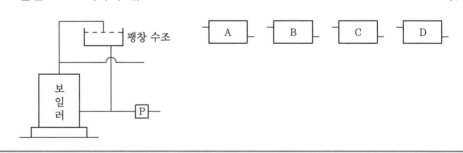

해답

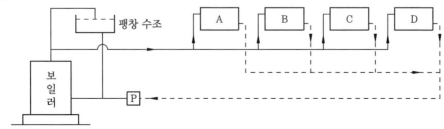

05. 다음 주어진 공기-공기, 냉매회로 절환방식 히트펌프의 구성요소를 연결하여 냉방시와 난방시 각각의 배관흐름도(flow diagram)를 완성하시오. (단, 냉방 및 난방에 따라 배관의 흐름 방향을 정확히 표기하여야 한다.)   (10점)

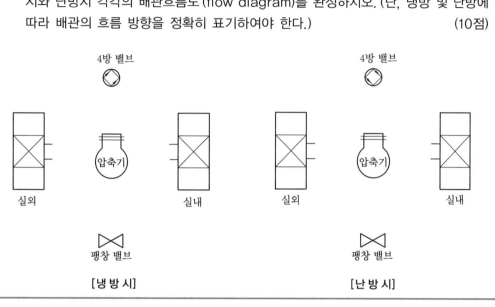

06. 15℃의 물을 0℃의 얼음으로 매시간 50 kg 만드는 냉동기의 냉동능력은 몇 RT인지 구하시오. (단, 물의 잠열은 336 kJ/kg, 물의 비열은 4.2 kJ/kg · K이다.)   (6점)

해답 $RT = \dfrac{50 \times \{4.2 \times (15 - 0) + 336\}}{3320 \times 4.2} = 1.4307 ≒ 1.43\,\mathrm{RT}$

07. 입구 공기온도 $t_1 = 29℃$를 출구 공기온도 $t_2 = 16℃$로 냉각시키는 냉수 코일에서 수량(水量)은 440 L/min, 열수는 8, 관수 20본, 풀 서킷 흐름일 때 관내 냉수의 저항은 몇 mAq인가? (코일의 유효길이 1400 mm, 2대 사용으로 한다.) (6점)

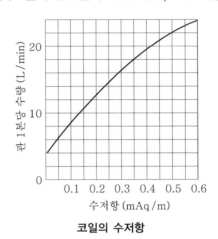

코일의 수저항

해답 (1) 코일이 2대이므로 관수 $= 2 \times 20 = 40$개

(2) 관 한 개당 순환수량 $= \dfrac{440}{40} = 11$ L/min

(3) 그림에서 수저항은 $R = 0.155$ mAq/m

(4) 관내 수저항 $R_w = R \cdot \{N \cdot L + 1.2(N+1)\}$ 식에서, N은 열수, L은 관길이이다.

$R_w = 0.155 \times \{8 \times 1.4 + 1.2(8+1)\} = 3.41$ mAq

08. 30℃(DB), 22 %(RH)인 입구공기 22000 kg/h를 16℃(DB)까지 냉각시키는 데 필요한 직접 팽창코일(DX coil)의 열수를 구하시오. (10점)

─────[조건]─────

1. 냉매 : R-12 2. 증발온도 : 8℃
3. 통과공기풍속 : 2.3 m/s 4. 전면적 : $1.07 \, m^2 \times 2$대
5. 흐름 : 역류형 6. 전면적 $1 \, m^2$, 1열당의 외표면적 : $22.90 \, m^2$
7.

공기속도(m/s)	1.5	2.0	2.5	3.0			입구공기	출구공기
열통과율 $(kJ/m^2 \cdot h \cdot K)$	69.3	81.9	94.5	105		엔탈피 (kJ/kg)	45.36	31.08

8. 입구공기의 노점온도 : 6.2℃

해답 (1) 냉각능력 $Q_e = 22000 \times (45.36 - 31.08) = 314160 \, kJ/h$

(2) 보통 간이 계산법에 의한 열통과율

$$K = 81.99 + (94.5 - 81.99) \times \frac{2.3 - 2}{2.5 - 2} = 89.496 ≒ 89.50 \, \text{kJ/m}^2 \cdot \text{h} \cdot \text{K}$$

(3) 전열면적 $F = \dfrac{314160}{89.5 \times \left(\dfrac{30 + 16}{2} - 8 \right)} = 234.011 ≒ 234.01 \, \text{m}^2$

(4) 열수 (코일이 2대이므로)

1대의 열수 $= \dfrac{234.01}{22.9 \times 2} = 5.11 = 6$열

---

09. 다음과 같이 A, B실을 냉방할 때 각 실의 실온(℃)과 상대습도(%) 및 공조기의 냉각열량(kJ/h)을 구하시오. (18점)

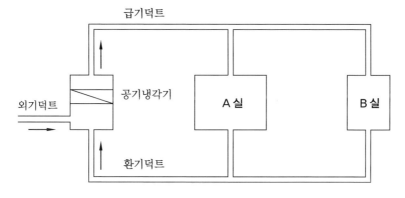

─────────── [조건] ───────────

1. 외기조건 : 30℃ DB, 60 % RH
2. 실내취출조건 : 15℃ DB, 90 % RH
3. 송풍량 : A실 → 3000 m³/h   환기량 : A실 → 2500 m³/h
             B실 → 2000 m³/h   B실 → 1500 m³/h
4. 외기량 : 1000 m³/h
5. 냉방부하 : A실 → q_s 42000 kJ/h   B실 → q_s 21000 kJ/h
                 q_L 4200 kJ/h q_L 4200 kJ/h
6. 덕트 및 송풍기로부터의 열 취득은 무시한다.
7. 공기의 비중량은 1.2 kg/m³, 정압비열은 1.008 kJ/kg · K이다.
8. SHF는 28℃, 50 %를 기준점으로 할 것
9. 습공기 선도상의 엔탈피 1 kcal는 4.2 kJ로 환산한다.

해답 (1) A실

    ① A실 온도 $= 15 + \dfrac{42000}{3000 \times 1.2 \times 1.008} = 26.574 ≒ 26.57$ ℃

    ② A실 $SHF = \dfrac{42000}{42000 + 4200} = 0.909 ≒ 0.91$

③ 공기 선도에서 SHF 0.91 실내온도 26.57℃와의 교점에서 상대습도 47.5%

(2) B실

① B실 온도 $= 15 + \dfrac{21000}{2000 \times 1.2 \times 1.008} = 23.680 ≒ 23.68℃$

② B실 $SHF = \dfrac{21000}{21000 + 4200} = 0.83$

③ 공기 선도에서 SHF 0.83 실내온도 23.68℃와의 교점에서 상대습도 57%

(3) 공조기 냉각 열량

① 실환기혼합온도 $= \dfrac{(3000 \times 26.57) + (2000 \times 23.68)}{3000 + 2000} = 25.414 ≒ 25.41℃$

② 외기혼합공기온도 $= \dfrac{(4000 \times 25.41) + (1000 \times 30)}{5000} = 26.328 ≒ 26.33℃$

③ $SHF = \dfrac{42000 + 21000}{(42000 + 21000) + (4200 + 4200)} = 0.88$

④ 냉각열량 $= 5000 \times 1.2 \times (13.3 - 9.5) \times 4.2 = 95760\,kJ/h$

⑤ 공기 선도

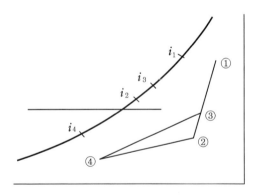

$i_1 = 17\,kcal/kg$
$i_2 = 12.25\,kcal/kg$
$i_3 = 13.3\,kcal/kg$
$i_4 = 9.5\,kcal/kg$

▶ 2012. 7. 8 시행　　※ 이 문제는 수검자의 기억을 통하여 복원된 것입니다.

01. 냉동장치에서 액압축을 방지하기 위하여 운전 조작 시 주의해야 할 사항 3가지를 쓰시오. (6점)

해답 ① 냉동기 기동시에 흡입지변을 서서히 열어서 조작한다.
② 운전 중 팽창변 개구부를 부하량에 맞게 적절히 조정하여 압축기 액흡입을 방지한다.
③ 운전 중 냉각코일(증발기)의 적상에 의한 전열방해를 최소화하여 압축기 액흡입을 방지한다. 즉, 적상에 주의하고 제상작업을 하여 전열효과를 양호하게 한다.

02. 다음 주어진 조건을 이용하여 사무실 건물의 부하를 구하시오. (27점)

─────── [조건] ───────

1. 실내 : 26℃ DB, 50 % RH, 절대습도 0.0248 kg/kg′

2. 외기 : 32℃ DB, 80 % RH, 절대습도 0.0106 kg/kg′

3. 천장 : $K = 7.14$ kJ/m²·h·K

4. 문 : 목재 패널 $K = 10.08$ kJ/m²·h·K

5. 외벽 : $K = 12.012$ kJ/m²·h·K

6. 내벽 : $K = 11.76$ kJ/m²·h·K

7. 바닥 : 하층 공조로 계산 (본 사무실과 동일조건)

8. 창문 : 1중 보통유리 (내측 베니션 블라인드 진한색)

9. 조명 : 형광등 1800 W, 전구 1000 W (주간조명 1/2 점등)

10. 인원수 : 거주 90인

11. 계산시각 : 오전 8시

12. 환기 횟수 : 0.5회/h

13. 8시 일사량 : 동쪽 2335.2 kJ/m²·h, 남쪽 159.6 kJ/m²·h

14. 8시 유리창 전도열량 : 동쪽 11.34 kJ/m²·h, 남쪽 22.68 kJ/m²·h

15. 인체 발열량 1 kcal는 4.2 kJ로 환산한다.

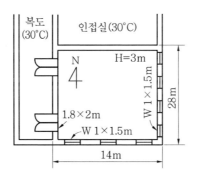

[표 1] 인체로부터의 발열 집계표 (kcal/h · 인)

작업상태	실온		27℃		26℃		21℃	
	예	전발열량	H_S	H_L	H_S	H_L	H_S	H_L
정좌	공장	88	49	39	53	35	65	23
사무소 업무	사무소	113	50	63	54	59	72	41
착석작업	공장의 경작업	189	56	133	62	127	92	97
보행 4.8 km/h	공장의 중작업	252	76	176	83	169	116	136
볼링	볼링장	365	117	248	121	244	153	212

[표 2] 외벽 및 지붕의 상당 외기온도차 Δt_e (t_o : 31.7℃ , t_i : 26℃)

구분	시각	H	N	HE	E	SE	S	SW	W	HW	지붕
콘크리트	8	4.7	2.3	4.5	5.0	3.5	1.6	2.4	2.8	2.1	7.5
	9	6.8	3.0	7.5	8.7	5.9	1.9	2.5	2.9	2.5	7.5
	10	10.2	3.6	10.2	12.5	8.9	2.7	3.0	3.3	3.0	8.4
	11	14.5	4.2	12.0	15.5	11.7	4.1	3.7	3.9	3.7	10.2
	12	19.3	4.9	12.6	17.1	14.0	5.9	4.5	4.6	3.4	12.9
	13	24.0	5.6	12.3	17.2	15.3	8.0	5.6	5.4	5.2	16.0
	14	28.2	6.3	11.9	16.4	15.5	9.9	7.5	6.5	6.0	19.4
	15	31.4	6.8	11.4	15.2	14.8	14.4	10.0	8.6	6.9	22.7
	16	33.5	7.3	11.1	14.2	14.0	12.2	12.8	11.6	8.6	25.6
	17	34.2	7.6	10.1	13.3	13.1	12.3	15.3	15.1	11.0	27.7
	18	33.4	7.9	10.3	12.4	12.2	11.8	17.2	18.3	13.6	29.0
	19	31.1	8.3	9.7	11.4	14.3	11.0	17.9	20.4	15.7	29.3
	20	27.7	8.3	8.9	10.3	10.2	9.9	17.1	20.3	16.1	28.5

[표 3] 차폐계수

종류		K_1
보통판 유리		1.00
후판 유리		0.91
내측 venetian blind (1중 보통유리)	엷은색	0.56
	중간색	0.65
	진한색	0.75
외측 venetian blind (1중 보통유리)	엷은색	0.12
	중간색	0.15
	진한색	0.22

(1) 유리를 통한 부하   (2) 벽체를 통한 부하   (3) 극간부하
(4) 인체부하   (5) 조명부하

해답 (1) 유리를 통한 부하

① 동쪽 유리

• 일사량＝$(1 \times 1.5 \times 4) \times 2335.2 \times 0.75 = 10508.4$ kJ/h

• 전도열량＝$(1 \times 1.5 \times 4) \times 11.34 = 68.04$ kJ/h

② 남쪽 유리

• 일사량＝$(1 \times 1.5 \times 3) \times 159.6 \times 0.75 = 538.65$ kJ/h

• 전도열량＝$(1 \times 1.5 \times 3) \times 22.68 = 102.06$ kJ/h

(2) 벽체를 통한 부하

① 외벽체 침입열량

• 동쪽 보정 상당 외기온도차＝$5 + (32 - 31.7) - (26 - 26) = 5.3$℃

- 남쪽 보정 상당 외기온도차 $=1.6+(32-31.7)-(26-26)=1.9℃$
- 동쪽 $=12.012×\{(28×3)-(1×1.5×4)\}×5.3=4965.7608≒4965.76\ kJ/h$
- 남쪽 $=12.012×\{(14×3)-(1×1.5×3)\}×1.9=855.855≒855.86\ kJ/h$

② 내벽체 침입열량
- 서쪽 $=11.76×\{(28×3)-(1.8×2×2)\}×(30-26)=3612.672≒3612.67\ kJ/h$
- 서쪽문 $=10.08×(1.8×2×2)×(30-26)=290.304≒290.30\ kJ/h$
- 북쪽 $=11.76×(14×3)×(30-26)=1975.68\ kJ/h$

③ 천장으로 침입하는 열량
- 지붕 보정 상당온도차 $=7.5+(32-31.7)-(26-26)=7.8℃$
- 천장 침입열량 $=7.14×(14×28)×7.8=21831.264≒21831.26\ kJ/h$

(3) 극간부하
① 극간풍량 $=0.5×(14×28×3)=588\ m^3/h$
② 감열량 $=588×1.2×1.008×(32-26)=4267.468≒4267.47\ kJ/h$
③ 잠열량 $=588×1.2×597.3×4.2×(0.0248-0.0106)=25135.569≒25135.57\ kJ/h$
④ 극간부하 $=4267.47+25135.57=29403.04\ kJ/h$

(4) 인체부하
① 감열량 $=90×54×4.2=20412\ kJ/h$
② 잠열량 $=90×59×4.2=22302\ kJ/h$
③ 인체부하 $=20412+22302=42714\ kJ/h$

(5) 조명부하 $=\left\{\left(\dfrac{1800}{1000}×4200\right)+\left(\dfrac{1000}{1000}×3600\right)\right\}×\dfrac{1}{2}=5580\ kJ/h$

---

03. 다음 그림은 $-100℃$ 정도의 증발온도를 필요로 할 때 사용되는 2원 냉동 사이클의 $P-h$ 선도이다. $P-h$ 선도를 참고로 하여 각 지점의 엔탈피로서 2원 냉동 사이클의 성적계수(ε)를 나타내시오. (단, 저온 증발기의 냉동능력 : Q_{2L}, 고온 증발기의 냉동능력 : Q_{2H}, 저온부의 냉매 순환량 : G_1, 고온부의 냉매 순환량 : G_2) (10점)

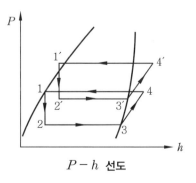

$P-h$ 선도

해답 성적계수 $\varepsilon = \dfrac{Q_{2L}}{G_1(h_4-h_3)+G_2(h_4{}'-h_3{}')}$

04. 다음과 같은 2단 압축 1단 팽창 냉동장치를 보고 $P-h$ 선도 상에 냉동 사이클을 그리고 1~8점을 표시하시오. (8점)

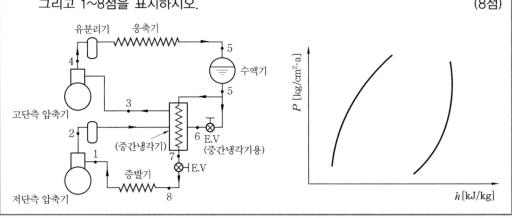

해답

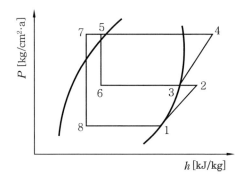

05. 다음 [조건]과 같은 제빙공장에서의 제빙부하(kJ/h)와 냉동부하(RT)를 구하시오. (12점)

───── [조건] ─────

1. 제빙실 내의 동력부하 : 5 kW×2대
2. 제빙실의 외부로부터 침입열량 : 14700 kJ/h
3. 제빙능력 : 1일 5톤 생산
4. 1일 결빙시간 : 8시간
5. 얼음의 최종온도 : -10℃
6. 원수온도 : 15℃
7. 얼음의 융해잠열 : 336 kJ/kg
8. 안전율 : 10 %
9. 원료수와 얼음의 정압비열은 4.2, 2.1 kJ/kg·K이고, 1RT는 13944 kJ/h이다.

해답 (1) 제빙부하

① 15℃ 원료수가 0℃의 물로 되는 데 제거하는 열량

$q_1 = 5000 \times 4.2 \times (15-0) = 315000 \text{ kJ/8h}$

② 0℃의 물이 0℃의 얼음으로 되는 데 제거하는 열량

$q_2 = 5000 \times 336 = 1680000 \text{ kJ/8h}$

③ 0℃의 얼음이 -10℃의 얼음으로 되는 데 제거하는 열량

$q_3 = 5000 \times 2.1 \times \{0-(-10)\} = 105000 \text{ kJ/8h}$

④ 제빙부하 $= \dfrac{315000 + 1680000 + 105000}{8} = 262500 \text{ kJ/h}$

(2) 냉동부하 $= \{(5 \times 3600 \times 2) + 14700 + 262500\} \times 1.1 \times \dfrac{1}{13944}$

$= 24.707 \fallingdotseq 24.71 \text{ RT}$

---

06. 건구온도 32℃, 습구온도 27℃(엔탈피 84.42 kJ/kg)인 공기 21600 kg/h를 12℃의 수돗물(20000 L/h)로서 냉각하여 건구온도 및 습구온도가 20℃ 및 18℃(엔탈피 51.24 kJ/kg)로 되었을 때 코일의 필요 열수를 구하시오. (단, 코일통과풍속 2.5 m/s, 습윤면계수 1.45, 열통과율은 3864 kJ/m²·h·K라 하고, 대수평균온도차를 이용하며, 공기의 통과방향과 물의 통과방향은 역으로 한다.) (10점)

해답 (1) 냉수 코일 출구수온 $t = 12 + \dfrac{21600 \times (84.42 - 51.24)}{20000 \times 4.2} = 20.532$℃

(2) 정면 면적 $A = \dfrac{21600}{2.5 \times 3600 \times 1.2} = 2 \text{ m}^2$

(3) 대수평균온도차

$\Delta_1 = 32 - 20.532 = 11.468$℃

$\Delta_2 = 20 - 12 = 8$℃

$MTD = \dfrac{11.468 - 8}{\ln \dfrac{11.468}{8}} = 9.6301 \fallingdotseq 9.630$℃

(4) 열수 $N = \dfrac{21600 \times (84.42 - 51.24)}{3864 \times 2 \times 9.63 \times 1.45} = 6.641 = 7$ 열

---

07. 플래시 가스(flash gas)의 발생 원인 3가지와 방지책 3가지를 쓰시오. (6점)

해답 (1) 발생 원인

① 액관이 현저하게 입상된 경우

② 액관 지름이 가늘고 긴 경우

③ 배관 부속품(밸브 등)의 규격이 작은 경우

④ 여과기가 막힌 경우

⑤ 주위 온도(열원 등)에 의해 가열되는 경우

⑥ 수액기에 직사 일광이 비쳤을 때

(2) 방지 대책
    ① 열교환기 등을 설치하여 액냉매를 과냉각시킨다.
    ② 액관 지름을 규격에 맞추어 시공하여 압력 손실을 적게 한다.
    ③ 규격에 맞는 배관 부속품으로 시공한다.
    ④ 여과기를 청소 및 교체한다.
    ⑤ 수액기에 차양을 설치한다.
    ⑥ 액관을 보온 피복한다.
    ⑦ 냉각 수온과 수량을 조절한다.

---

08. 반원형 단면 덕트의 지름이 50 cm일 때 같은 저항과 풍량을 갖는 원형 덕트의 지름을 구하시오. (6점)

해답 원형 덕트 지름 $D = \dfrac{\pi}{\pi+2} \cdot R = \dfrac{\pi}{\pi+2} \times 50 = 30.5447 ≒ 30.545 \text{ cm}$

---

09. 다음 배관장치도를 보고 물음에 답하시오. (15점)

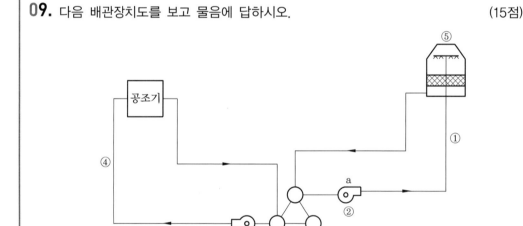

(1) 배관장치도의 ①에서 ⑤까지 명칭을 쓰시오.
(2) 다음 조건에 따라서 그림 a의 전양정을 구하시오.
    ① 배관 직선 길이 75 m   ② 배관 밸브 및 곡관부의 상당길이 25 m
    ③ 노즐 수압 0.5 kg/cm^2 ④ 응축기 손실수두 4 mAq
    ⑤ 배관 마찰 손실 압력 30 mmAq/m   ⑥ 냉각탑 낙차 높이 3 m

해답 (1) ① 냉각수 배관   ② 냉각수 펌프   ③ 냉수(brine) 펌프
        ④ 냉수(brine) 배관   ⑤ 냉각탑

(2) 전양정 $= 3 + (75+25) \times \dfrac{30}{1000} + \dfrac{0.5 \times 10^4}{1000} + 4 = 15 \text{ mAq}$

2012. 10. 14 시행 ※ 이 문제는 수검자의 기억을 통하여 복원된 것입니다.

01. 프레온 압축기 흡입관(suction riser)에 있어서 이중 입상관(double suction riser)을 사용하는 경우가 있다. 이중 입상관의 배관도를 그리고, 그 역할을 설명하시오. (16점)

해답 (1) 이중 입상관 배관도

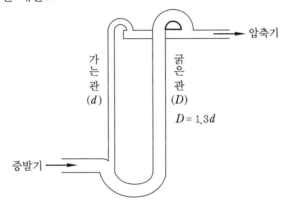

(2) 역할 : 프레온 냉동장치에서 오일(oil)의 회수를 용이하게 하기 위하여 이중 입상배관을 사용한다.

02. 다음의 그림과 같은 암모니아 수동식 가스 퍼저(불응축가스 분리기)에 대한 배관도를 완성하시오. (단, ABC선을 적정한 위치와 점선으로 연결하고, 스톱밸브(stop valve)는 생략한다.) (12점)

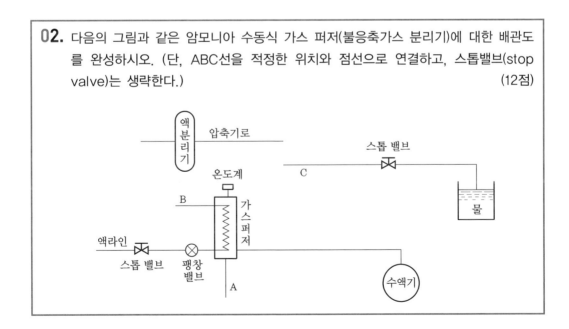

해답

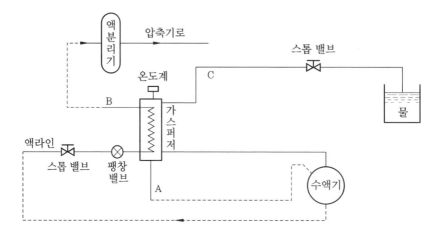

---

03. 다음과 같은 사무실 (1)에 대해 주어진 조건에 따라 각 물음에 답하시오.　　(16점)

─────── [조건] ───────

1. 사무실 (1)
   ① 층 높이 : 3.4 m, ② 천장 높이 : 2.8 m
   ③ 창문 높이 : 1.5 m, ④ 출입문 높이 : 2 m
2. 설계조건
   ① 실외 : 33℃ DB, 68 % RH, $x = 0.0218\,kg/kg'$
   ② 실내 : 26℃ DB, 50 % RH, $x = 0.0105\,kg/kg'$
3. 계산시각 : 오후 2시
4. 유리 : 보통유리 3 mm
5. 내측 베니션 블라인드 (색상은 중간색) 설치
6. 틈새바람이 없는 것으로 한다.
7. 1인당 신선외기량 : 25 m³/h
8. 조명
   ① 형광등 50 W/m², ② 천장 매입에 의한 제거율 없음
9. 중앙 공조 시스템이며, 냉동기＋AHU에 의한 전공기방식
10. 벽체 구조

내벽		[두께]	[열전도율]
	모르타르	30mm	5.04 kJ/m·h·K
	콘크리트	120mm	5.88 kJ/m·h·K
	모르타르	20mm	5.04 kJ/m·h·K
	플라스터	3mm	2.226 kJ/m·h·K

11. 외벽 열통과율 : $12.726\,\mathrm{kJ/m^2 \cdot h \cdot K}$

12. 위·아래층은 동일한 공조상태이다.

13. 복도는 28℃이고, 출입문의 열관류율은 $10.08\,\mathrm{kJ/m^2 \cdot h \cdot K}$이다.

14. 공기 비중량 $\gamma = 1.2\mathrm{kg/m^3}$, 공기의 정압비열 $C_p = 1.008\,\mathrm{kJ/kg \cdot K}$ 이다.

15. 실내측$(\alpha_i) = 31.5\,\mathrm{kJ/m^2 \cdot h \cdot K}$, 실외측$(\alpha_o) = 84\,\mathrm{kJ/m^2 \cdot h \cdot K}$ 이다.

16. 아래 도표 중 인체발열량과 유리일사량은 1 kcal를 4.2 kJ로 환산한다.

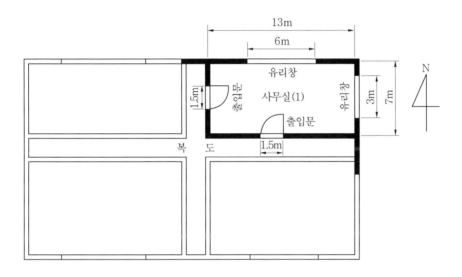

재실인원 1인당의 면적 A_f [m²/인]

	사무소건축		백화점, 상점			레스토랑	극장, 영화관의 관객석	학교의 보통교실
	사무실	회의실	평균	혼잡	한산			
일반 설계치	5	2	3.0	1.0	5.0	1.5	0.5	1.4

인체로부터의 발열설계치 (kcal/h · 인)

작업상태	실온		27℃		26℃		21℃	
	예	전발열량	H_S	H_L	H_S	H_L	H_S	H_L
정좌	극장	88	49	39	53	35	65	23
사무소 업무	사무소	113	50	63	54	59	72	41
착석작업	공장의 경작업	189	56	133	62	127	92	97
보행 4.8 km/h	공장의 중작업	252	76	176	83	169	116	136
볼링	볼링장	365	117	248	121	244	153	212

외벽의 상당 외기온도차

시각	H	N	NE	E	SE	S	SW	W	NW
8	4.9	2.8	7.5	8.6	5.3	1.2	1.5	1.6	1.5
9	9.3	3.7	11.6	14.0	9.4	2.1	2.2	2.3	2.2
10	15.0	4.4	14.2	18.1	13.3	3.7	3.2	3.3	3.2
11	21.1	5.2	15.0	20.4	16.3	6.1	4.4	4.4	4.4
12	27.0	6.1	14.3	20.5	18.0	8.8	5.6	5.5	5.4
13	32.2	6.9	13.1	18.8	18.2	11.3	7.6	6.6	6.4
14	36.1	7.5	12.2	16.6	16.9	13.2	10.6	8.7	7.3
15	38.3	8.0	11.5	14.8	15.1	14.3	14.1	12.3	9.0
16	38.8	8.4	11.0	13.4	13.7	14.3	17.4	16.6	11.8
17	37.4	8.5	10.4	12.2	12.4	13.3	19.9	20.8	15.1
18	34.1	8.9	9.7	11.0	11.2	11.9	20.9	23.9	18.1

보통유리의 일사량 (kcal/m$^2 \cdot$ h)

	시 각	H	N	NE	E	SE	S	SW	W	NW
I_{GR}	6	73.9	76.0	270.5	294.4	139.3	21.5	21.5	21.5	21.5
	7	204.6	54.1	353.0	433.2	251.8	30.2	30.2	30.2	30.2
	8	351.1	36.0	313.3	449.9	308.3	35.9	35.9	35.9	35.9
	9	480.1	40.0	215.3	392.9	315.4	58.4	40.0	40.0	40.0
	10	575.4	42.7	100.4	276.9	276.9	100.5	42.7	42.7	42.7
	11	635.0	44.3	44.3	130.9	197.9	134.7	44.3	44.3	44.3
	12	655.2	44.8	44.8	44.8	101.3	147.4	101.3	44.8	44.8
	13	635.0	44.3	44.3	44.3	44.3	134.7	197.9	130.9	44.3
	14	575.4	42.7	42.7	42.7	42.7	100.5	276.9	276.9	100.4
	15	480.1	40.0	40.0	40.0	40.0	58.4	315.4	392.9	215.3
	16	351.1	36.0	35.9	35.9	35.9	35.9	308.3	449.9	313.3
	17	204.6	54.1	30.2	30.2	30.2	30.2	251.8	433.2	353.0
	18	73.9	76.0	21.5	21.5	21.5	21.5	139.3	294.4	270.6
I_{GC}	6	2.2	2.4	4.7	4.9	3.4	0.4	0.4	0.4	0.4
	7	12.0	8.7	13.4	14.2	12.3	7.4	7.4	7.4	7.4
	8	23.2	16.7	22.6	24.0	22.5	16.6	16.6	16.6	16.6
	9	32.9	24.7	29.7	31.7	30.9	25.7	24.7	24.7	24.7
	10	40.3	31.1	33.8	36.9	36.9	33.8	31.1	31.1	31.1
	11	44.4	34.5	34.5	38.2	39.2	38.3	34.5	34.5	34.5
	12	47.0	36.8	36.8	36.8	39.5	40.8	39.5	36.8	36.8
	13	47.9	37.9	37.9	37.9	37.9	41.7	42.6	41.6	37.9
	14	47.1	37.9	37.9	37.9	37.9	40.7	43.8	43.8	40.7
	15	46.0	37.9	37.9	37.9	37.9	38.9	44.0	44.8	42.8
	16	39.8	33.2	33.2	33.2	33.2	33.2	39.1	40.6	39.1
	17	33.1	29.8	28.6	28.5	28.5	28.5	33.5	35.4	34.6
	18	23.9	24.2	22.1	22.1	22.1	22.1	25.1	26.7	26.4

유리의 차폐계수

종류		차폐계수(k_s)
보통유리		1.00
마판유리		0.94
내측 venetian blind (보통유리)	엷은색	0.56
	중간색	0.65
	진한색	0.75
외측 venetian blind (보통유리)	엷은색	0.12
	중간색	0.15
	진한색	0.22

(1) 내벽체 열통과율(K)

(2) 벽체를 통한 부하

  ① 동   ② 서   ③ 남   ④ 북

(3) 출입문을 통한 부하

(4) 유리를 통한 부하

  ① 동   ② 북

(5) 인체부하

(6) 조명부하

해답 (1) 내벽체 열통과율

① 열저항 $R = \dfrac{1}{K} = \dfrac{1}{31.5} + \dfrac{0.03}{5.04} + \dfrac{0.12}{5.88} + \dfrac{0.02}{5.04} + \dfrac{0.003}{2.226} + \dfrac{1}{31.5}$

② 열통과율 $K = \dfrac{1}{R} = 10.507 ≒ 10.51\,kJ/m^2 \cdot h \cdot K$

(2) 벽체를 통한 부하

① 동 : $12.726 \times \{(7 \times 3.4) - (3 \times 1.5)\} \times 16.6 = 4077.155 ≒ 4077.16\,kJ/h$

② 서 : $10.51 \times \{(7 \times 2.8) - (1.5 \times 2)\} \times (28 - 26) = 348.932 ≒ 348.93\,kJ/h$

③ 남 : $10.51 \times \{(13 \times 2.8) - (1.5 \times 2)\} \times (28 - 26) = 702.068 ≒ 702.07\,kJ/h$

④ 북 : $12.726 \times \{(13 \times 3.4) - (6 \times 1.5)\} \times 7.5 = 3359.664 ≒ 3359.66\,kJ/h$

(3) 출입문을 통한 부하 = $10.08 \times (1.5 \times 2 \times 2) \times (28 - 26) = 120.96\,kJ/h$

(4) 유리를 통한 부하

① 동

  • 일사량 = $42.7 \times 4.2 \times (3 \times 1.5) \times 0.65 = 524.569 ≒ 524.57\,kJ/h$

  • 전도 대류열량 = $37.9 \times 4.2 \times (3 \times 1.5) = 716.31\,kJ/h$

② 북

  • 일사량 = $42.7 \times 4.2 \times (6 \times 1.5) \times 0.65 = 1049.139 ≒ 1049.14\,kJ/h$

  • 전도 대류열량 = $37.9 \times 4.2 \times (6 \times 1.5) = 1432.62\,kJ/h$

(5) 인체부하

① 감열 $= \dfrac{13 \times 7}{5} \times 54 \times 4.2 = 4127.76 \, \text{kJ} / \text{h}$

② 잠열 $= \dfrac{13 \times 7}{5} \times 59 \times 4.2 = 4509.96 \, \text{kJ} / \text{h}$

(6) 조명부하 $= 13 \times 7 \times \dfrac{50}{1000} \times 3600 \times 1.2 = 19656 \, \text{kJ/h}$

---

04. 다음 조건과 같은 제빙공장에서의 제빙부하(kJ/h)와 냉동부하(RT)를 구하시오. (6점)

┌─────────────────── [조건] ───────────────────┐
1. 제빙실 내의 동력부하 : 16.5 kW
2. 제빙실의 외부로부터 침입열량 : 15414 kJ/h
3. 제빙능력 : 1일 10톤 생산
4. 1일 결빙시간 : 20시간
5. 얼음의 최종온도 : −5℃
6. 원수온도 : 15℃
7. 얼음의 융해잠열 : 336 kJ/kg
8. 안전율 : 10 %
9. 원료수와 얼음의 정압비열은 4.2, 2.1 kJ/kg·K이다.
└──┘

해답 (1) 제빙부하 $= \dfrac{10000 \times \{(4.2 \times 15) + 336 + (2.1 \times 5)\}}{20} = 204750 \, \text{kJ} / \text{h}$

(2) 냉동부하 $= \{204750 + (16.5 \times 3600) + 15414\} \times 1.1 \times \dfrac{1}{3320 \times 4.2}$
$= 22.054 \fallingdotseq 22.05 \, \text{RT}$

---

05. 2단 압축 냉동장치의 $p - h$ 선도를 보고 선도 상의 각 상태점을 장치도에 기입하고, 장치구성 요소명을 ( )에 쓰시오. (12점)

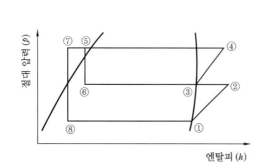

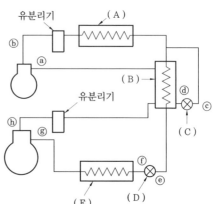

해답 (1) ⓐ-③ ⓑ-④   ⓒ-⑤   ⓓ-⑥
       ⓔ-⑦ ⓕ-⑧   ⓖ-①   ⓗ-②

   (2) A : 응축기   B : 중간 냉각기   C : 제 1 팽창밸브 (보조 팽창밸브)
       D : 제 2 팽창밸브 (주 팽창밸브)   E : 증발기

---

06. 냉매 순환량이 5000kg/h인 표준냉동장치에서 다음 선도를 참고하여 성적계수와 냉동능력을 구하시오.   (12점)

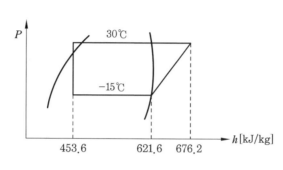

해답 (1) 성적계수 $= \dfrac{621.6 - 453.6}{676.2 - 621.6} = 3.076 ≒ 3.08$

   (2) 냉동능력 $= 5000 \times (621.6 - 453.6) = 840000\,\mathrm{kJ/h}$

---

07. 다음과 같은 공장용 원형 덕트를 주어진 도표를 이용하여 정압 재취득법으로 설계하시오. (단, 토출구 1개의 풍량은 5000 m³/h, 토출구의 간격은 5000 mm, 송풍기 출구의 풍속은 10 m/s로 한다.)   (18점)

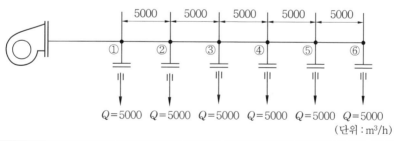

구간	풍량 (m³/h)	K 값	풍속 (m/s)	덕트 단면적(m²)
①	30000			
②	25000			
③	20000			
④	15000			
⑤	10000			
⑥	5000			

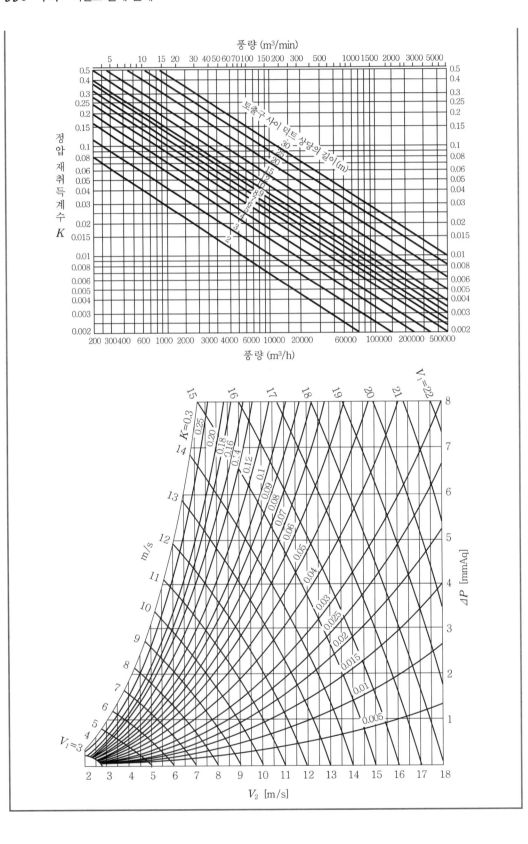

해답

구간	풍량 (m³/h)	K값	풍속 (m/s)	덕트 단면적(m²)
①	30000	0.009	9.5	0.88
②	25000	0.01	9.0	0.77
③	20000	0.012	8.44	0.66
④	15000	0.0143	7.91	0.53
⑤	10000	0.018	7.28	0.38
⑥	5000	0.0271	6.44	0.22

참고 단면적 $A = \dfrac{Q}{3600\,V_2}$, 정압 재취득계수 $K = \dfrac{l_e}{Q^{0.62}}$

여기서, l_e : 각 토출구 사이의 덕트 상당길이 (m), $Q^{0.62}$: 구간풍량 (m³/h)

처음 구간은 K와 $V_1 = 10\,\mathrm{m/s}$ 에서 V_2를 구하고, 다음 구간은 앞구간의 V_2를 V_1으로 하여 풍속을 구한다.

---

08. 공기조화기에서 풍량이 2000 m³/h, 난방코일 가열량 65814 kJ/h, 입구온도 10℃일 때 출구온도는 몇 ℃인가? (단, 공기 비중량 1.2 kg/m³, 비열 1.008 kJ/kg·K이다.) (8점)

해답 출구온도 $= 10 + \dfrac{65818}{2000 \times 1.2 \times 1.008} = 37.204 \fallingdotseq 37.20\,℃$

2013년도 시행 문제

01. 다음 조건에서 이 방을 냉방하는 데에 필요한 송풍량 (m³/h) 및 냉각열량 (kJ/h)을 구하시오. (18점)

[조건]

1. 외기조건 : 건구온도 33℃, 노점온도 25℃
2. 실내조건 : 건구온도 26℃, 상대습도 50 %
3. 실내부하 : 감열부하 210000 kJ/h, 잠열부하 42000 kJ/h
4. 도입 외기량 : 송풍 공기량의 30 %
5. 냉각기 출구의 공기상태는 상대습도 90 %로 한다.
6. 송풍기 및 덕트 등에서의 열부하는 무시한다.
7. 송풍공기의 비열은 1.008 kJ/kg·K, 비용적은 0.83 m³/kg′로 하여 계산한다. 또한, 별첨하는 공기 선도를 사용하고, 계산 과정도 기입한다.
8. 공기선도에서 엔탈피는 1 kcal를 4.2 kJ로 환산한다.

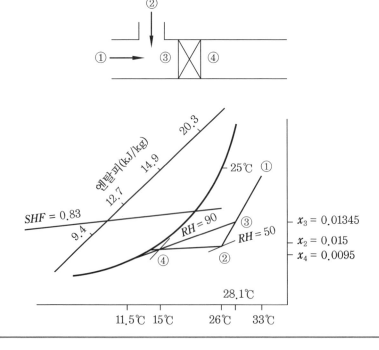

해답 (1) $SHF = \dfrac{210000}{210000 + 42000} = 0.833$

(2) 외기와 환기의 혼합온도 $t_3 = 33 \times 0.3 + 26 \times 0.7 = 28.1\,℃$

(3) 실내 송풍량 $G = \dfrac{210000}{1.008 \times (26 - 15)} = 18939.39\,\mathrm{kg/h}$

$Q = \dfrac{210000}{1.008 \times 1/0.83 \times (26 - 15)} = 15719.696 ≒ 15719.70\,\mathrm{m^3/h}$

(4) 냉각열량 $q_{CC} = G(h_3 - h_4) = 18939.39 \times (14.9 - 9.4) \times 4.2 = 437499.909 ≒ 437499.91\,\mathrm{kJ/h}$

(5) 외기부하 $q_o = G(h_3 - h_2) = 18939.39 \times (14.9 - 12.7) \times 4.2 = 174999.963 ≒ 174999.96\,\mathrm{kJ/h}$

(6) 실내 취득열량 $q_r = G(h_2 - h_4) = 18939.39 \times (12.7 - 9.4) \times 4.2$
$= 262499.945 ≒ 262499.95\,\mathrm{kJ/h}$

(7) 감습량 $L = G(x_3 - x_4) = 18939.39 \times (0.01345 - 0.0095) = 74.81\,\mathrm{kg/h}$

※ 위의 (5), (6), (7) 외에도 외기잠열과 실내 취득잠열 등을 구할 수 있다.

---

02. 다익형 송풍기(일명 시로코팬)는 그 크기에 따라서 $2,\ 2\dfrac{1}{2},\ 3, \cdots$ 등으로 표시한다. 이때 이 번호의 크기는 어느 부분에 대한 얼마의 크기를 말하는가?　　　　(5점)

해답 송풍기의 크기를 임펠러의 지름으로 표시하는 것으로서 150의 배수를 No.로 표시한 것이다. 즉, 150 mm는 No. 1, 300 mm는 No. 2이다.

---

03. 어느 건물의 난방 부하에 의한 방열기의 용량이 1260000 kJ/h일 때 주철제 보일러 설비에서 보일러의 정격출력(kJ/h), 오일 버너의 용량(L/h)과 연소에 필요한 공기량(m³/h)을 구하시오. (단, 배관 손실 및 불때기 시작 때의 부하계수 1.2, 보일러 효율 0.7, 중유의 저발열량 41160 kJ/kg, 비중량 0.92 kg/L, 연료의 이론 공기량 12.0 m³/kg, 공기과잉률 1.3, 보일러실의 온도 13℃, 기압 760 mmHg이다.)

(1) 보일러 정격출력　　　　　　　　　　　　　　　　　　　　(12점)
(2) 오일 버너의 용량 (L/h)
(3) 공기량 (m³/h)

해답 (1) 보일러의 정격출력 $= 1260000 \times 1.2 = 1512000\,\mathrm{kJ/h}$

(2) 오일 버너의 용량 $= \dfrac{1512000}{41160 \times 0.92 \times 0.7}$
$= 57.0414 ≒ 57.041\,\mathrm{L/h}$

(3) 공기량 $= \dfrac{273 + 13}{273} \times 57.041 \times 0.92 \times 12 \times 1.3$
$= 857.6358 ≒ 857.636\,\mathrm{m^3/h}$

04. 주어진 조건을 이용하여 R-12 냉동기의 냉동능력(kJ/h)을 구하시오.   (6점)

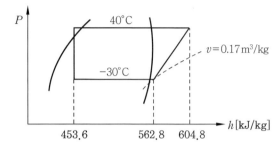

- 실린더 지름 : 80 mm
- 행정거리 : 90 mm
- 회전수 : 1200 rpm
- 체적효율 : 70 %
- 기통수 : 4

해답 냉동능력 $= \dfrac{\dfrac{\pi}{4} \times 0.08^2 \times 0.09 \times 4 \times 1200 \times 60 \times (562.8 - 453.6)}{0.17} \times 0.7$

$= 58553.975 \doteqdot 58553.98 \, \text{kJ/h}$

05. 2단압축 1단팽창 $P-i$ 선도와 같은 냉동사이클로 운전되는 장치에서 다음 물음에 답하시오. (단, 냉동능력은 252000 kJ/h이고 압축기의 효율은 다음 표와 같다.)   (18점)

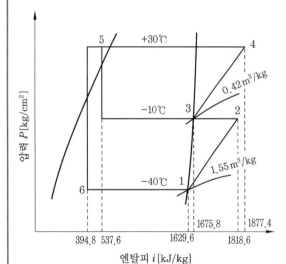

	체적효율	압축효율	기계효율
고단	0.8	0.85	0.93
저단	0.7	0.82	0.95

(1) 저단 냉매 순환량 (G_L) kg/h

(2) 저단 피스톤 토출량 (V_L) m³/h

(3) 저단 소요 동력 (N_L) kJ/h

(4) 고단 냉매 순환량 (G_H) kg/h

(5) 고단 피스톤 압출량 (V_H) m³/h

(6) 고단 소요 동력 (N_H) kJ/h

해답 (1) 저단 냉매 순환량

$$G_L = \frac{Q_e}{i_1 - i_6} = \frac{252000}{537.6 - 394.8} = 204.081 ≒ 204.08 \ \text{kg/h}$$

(2) 저단 피스톤 토출량

$$V_L = \frac{G_L \cdot v_1}{\eta_{v_L}} = \frac{204.08 \times 1.55}{0.7} = 451.891 ≒ 451.89 \ \text{m}^3/\text{h}$$

(3) 저단 소요 동력

$$N_L = \frac{G_L \times (i_2 - i_1)}{\eta_{c_L} \cdot \eta_{m_L}} = \frac{204.08 \times (1818.6 - 1629.6)}{0.82 \times 0.95} = 49513.632 ≒ 49513.63 \ \text{kJ/h}$$

(4) 고단 냉매 순환량

① 저단 압축기 토출가스 엔탈피

$$i_2' = i_1 + \frac{i_2 - i_1}{\eta_{c_L}} = 1629.6 + \frac{1818.6 - 1629.6}{0.82} = 1860.087 ≒ 1860.09 \ \text{kJ/kg}$$

② 고단 냉매 순환량

$$G_H = G_L \times \frac{i_2' - i_6}{i_3 - i_5} = 204.08 \times \frac{1860.09 - 394.8}{1675.8 - 537.6} = 262.728 ≒ 262.73 \ \text{kg/h}$$

(5) 고단 피스톤 압출량

$$V_H = \frac{G_H \cdot v_3}{\eta_{v_H}} = \frac{262.73 \times 0.42}{0.8} = 137.933 ≒ 137.93 \ \text{m}^3/\text{h}$$

(6) 고단 소요 동력

$$N_H = \frac{G_H \times (i_4 - i_3)}{\eta_{c_H} \cdot \eta_{m_H}} = \frac{262.73 \times (1877.4 - 1675.8)}{0.85 \times 0.93} = 67003.628 ≒ 67003.63 \ \text{kJ/h}$$

---

06. 다음 그림과 같은 공조설비에서 송풍기의 필요정압(static pressure)은 몇 mmAq 인가? (13점)

─────────── [조건] ───────────
1. 덕트의 압력강하 $R = 0.15$ mmAq/m이다 (등압법).
2. 송풍기의 토출동압 3.0 mmAq
3. 취출구의 저항(전압) 5.0 mmAq
4. 곡부(曲部)의 상당길이(l_e)는 표에 나타낸다.
5. 곡부의 곡률반지름(r)을 W의 1.5배로 한다.
6. 공조기의 저항(전압) 30 mmAq, 리턴 덕트(return duct)의 저항(전압) 8 mmAq, 외기덕트의 저항(전압) 8 mmAq이다.
7. 송풍덕트 분기부(BC) 직통부(直通部)의 저항(전압)은 무시한다.

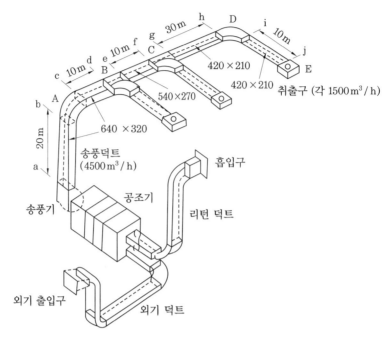

곡부의 상당길이

H/W	r/W			
	0.5	0.75	1.0	1.5
0.25	$l_e / W - 25$	12	7	1.5
0.5	33	16	9	4
1.0	45	19	11	4.5
2.0	60	24	13	5
4.0	90	35	17	6

해답 ① 직통덕트 손실 $= (20+10+10+30+10) \times 0.15 = 12$ mmAq

② A 곡부 손실

$$\frac{H}{W} = \frac{320}{640} = 0.5, \quad \frac{r}{W} = 1.5, \quad l_e / W = 4$$

$$l_e = 4 \times W = 4 \times 640 = 2560 \text{ mm} = 2.56 \text{ m}$$

$$R_A = 2.56 \times 0.15 = 0.384 \text{ mmAq}$$

③ D 곡부 손실

$$\frac{H}{W} = \frac{210}{420} = 0.5, \quad \frac{r}{W} = 1.5$$

$$l_e = 4 \times 420 = 1680 \text{ mm} = 1.68 \text{ m}, \quad R_D = 1.68 \times 0.15 = 0.252 \text{ mmAq}$$

④ 토출덕트 손실 $= 12 + 0.384 + 0.252 + 5 = 17.636 \fallingdotseq 17.64$ mmAq

⑤ 흡입덕트 손실 $= 30 + 8 + 8 = 46\,\text{mmAq}$

⑥ 송풍기 전압 $= 17.64 - (-46) = 63.64\,\text{mmAq}$

⑦ 송풍기 정압 $= 63.64 - 3 = 60.64\,\text{mmAq}$

---

07. 재실자 20명이 있는 실내에서 1인당 CO_2 발생량이 $0.015\,\text{m}^3/\text{h}$일 때 실내 CO_2 농도를 1000 ppm으로 유지하기 위하여 필요한 환기량을 구하시오. (단 외기의 CO_2 농도는 300 ppm이다.)   (6점)

해답 환기량 $Q = \dfrac{20 \times 0.015}{0.001 - 0.0003} = 428.571\,\text{m}^3/\text{h}$

---

08. 혼합, 가열, 가습, 재열하는 공기조화기를 실내와 외기 공기의 혼합 비율이 2 : 1일 때 선도 상에 다음 기호를 표시하여 작도하시오.   (8점)

① 외기온도　　　　　　② 실내온도　　　　　　③ 혼합 상태

④ 1차 온수 코일 출구 상태　　⑤ 가습기 출구 상태　　⑥ 재열기 출구 상태

해답

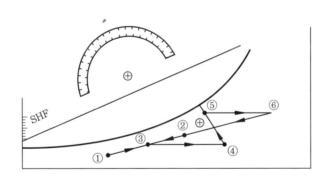

---

09. 다음 길이에 따른 열관류율일 때 길이 10 cm의 열관류율은 몇 $\text{kJ/m}^2 \cdot \text{h} \cdot \text{K}$인가? (단, 두께 길이에 관계없이 열저항은 일정하다.) 소수점 5째자리에서 반올림하여 4자리까지 구하시오.   (5점)

길이 (cm)	열관류율 $(\text{kJ/m}^2 \cdot \text{h} \cdot \text{K})$
4	0.2562
7.5	0.1365

해답 열관류율 $= \dfrac{0.04 \times 0.2562}{0.1} = 0.10248\,\text{kJ/m}^2 \cdot \text{h} \cdot \text{K}$

10. 다음 그림의 증기난방에 대한 증기공급 배관지름(①∼③)을 구하시오. (단, 증기압은 0.3 kg/cm², 압력강하 $r = 0.01$ kg/cm² · 100 m로 한다.) (9점)

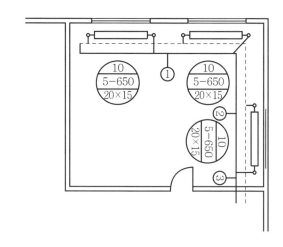

저압증기관의 관지름

관지름 (mm)	저압증기관의 용량 (EDR m²)									
	순구배 횡주관 및 하향급기 입관(복관식 및 단관식)						역구배 횡주관 및 상향급기 입관			
	$r = $압력강하 (kg/cm² · 100 m)						복관식		단관식	
	0.005	0.01	0.02	0.05	0.1	0.2	입관	횡주관	입관	횡주관
20	2.1	3.1	4.5	7.4	10.6	15.3	4.5	–	3.1	–
25	3.9	5.7	8.4	14	20	29	8.4	3.7	5.7	3.0
32	7.7	11.5	17	28	41	59	17.0	8.2	11.5	6.8
40	12	17.5	26	42	61	88	26	12	17.5	10.4
50	22	33	48	80	115	166	48	21	33	18
65	44	64	94	155	225	325	90	51	63	34
80	70	102	150	247	350	510	130	85	96	55
90	104	150	218	360	520	740	180	134	135	85
100	145	210	300	500	720	1040	235	192	175	130
125	260	370	540	860	1250	1800	440	360		240
150	410	600	860	1400	2000	2900	770	610		
200	850	1240	1800	2900	4100	5900	1700	1340		
250	1530	2200	3200	5100	7300	10400	3000	2500		
300	3450	3500	5000	8100	11500	17000	4800	4000		

주철방열기의 치수와 방열면적

형식	치수 (mm)			1매당 상당 방열면적 $F(\text{m}^2)$	내용적 (L)	중량 (공) (kg)
	높이 H	폭 b	길이 L			
2주	950	187	65	0.35	3.60	12.3
	800	187	65	0.29	2.85	11.3
	700	187	65	0.25	2.50	8.7
	650	187	65	0.23	2.30	8.2
	600	187	65	0.12	2.10	7.7
3주	950	228	65	0.42	2.40	15.8
	800	228	65	0.35	2.20	12.6
	700	228	65	0.30	2.00	11.0
	650	228	65	0.27	1.80	10.3
	600	228	65	0.25	1.65	9.2
3세주	800	117	50	0.19	0.80	6.0
	700	117	50	0.16	0.73	5.5
	650	117	50	0.15	0.70	5.0
	600	117	50	0.13	0.60	4.5
	500	117	50	0.11	0.54	3.7
5세주	950	203	50	0.40	1.30	11.9
	800	203	50	0.33	1.20	10.0
	700	203	50	0.28	1.10	9.1
	650	203	50	0.25	1.00	8.3
	600	203	50	0.23	0.90	7.2
	500	203	50	0.19	0.85	6.9

해답 (1) 방열기 1대의 방열면적 10×0.25 (5세주 650 mm의 방열면적)$=2.5\ \text{m}^2$이므로

① 구간의 방열면적은 $2.5\ \text{m}^2$이고

② 구간의 방열면적은 $2 \times 2.5 = 5\ \text{m}^2$이며

③ 구간의 방열면적은 $3 \times 2.5 = 7.5\ \text{m}^2$이 된다.

(2) 표에서 구간별 배관지름은

① 구간 20 A, ② 구간 25 A, ③ 구간 32 A이다.

01. 다음 $p-h$ 선도와 같은 조건에서 운전되는 R−502 냉동장치가 있다. 이 장치의 축동력이 7 kW, 이론 피스톤 토출량 (V)이 66 m³/h, η_V =0.7일 때 다음 각 물음에 답하시오. (16점)

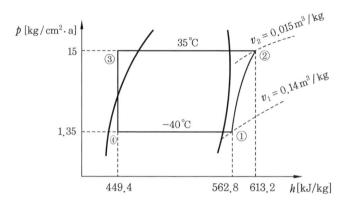

(1) 냉동장치의 냉매순환량 (kg/h)을 구하시오.
(2) 냉동능력(kJ/h)을 구하시오.
(3) 냉동장치의 실제 성적계수를 구하시오.
(4) 압축기의 압축비를 구하시오.

해답 (1) $G = \dfrac{V}{v_1}\, \eta_V = \dfrac{66}{0.14} \times 0.7 = 330\,\mathrm{kg/h}$

(2) $Q_e = G(h_1 - h_4) = 330 \times (562.8 - 449.4) = 37422\,\mathrm{kJ/h}$

(3) $\varepsilon_a = \dfrac{Q_e}{LAw} = \dfrac{37422}{7 \times 3600} = 1.485 \fallingdotseq 1.49$

(4) $a = \dfrac{P_2}{P_1} = \dfrac{15}{1.35} = 11.111 \fallingdotseq 11.11$

02. 온도 21.5℃, 수증기 포화 압력 17.54 mmHg, 상대습도 50 %, 대기압력 760 mmHg이다. 물음에 답하시오. (단, 공기 비열 1.008 kJ/kg·K, 수증기 비열 1.848 kJ/kg·K, 물의 증발잠열 2509.5 kJ/kg이다.) (9점)

(1) 수증기분압 mmHg 를 구하시오.
(2) 절대습도 kg/kg′ 를 구하시오.
(3) 습공기 엔탈피는 몇 kJ/kg인가?

해답 (1) 수증기분압 = $0.5 \times 17.54 = 8.77\,\mathrm{mmHg}$

(2) 절대습도 $= 0.622 \times \dfrac{8.77}{760 - 8.77} = 0.007261 \fallingdotseq 7.26 \times 10^{-3}$ kg/kg′

(3) 습공기 엔탈피 $= 1.008 \times 21.5 + 0.00726 \times \{2509.5 + (1.848 \times 21.5)\}$
$$= 40.179 \fallingdotseq 40.18 \text{ kJ/kg}$$

---

03. 다음 조건과 같은 AHU (공기조화기)의 공기냉각용 냉수코일이 있다. 물음에 답하시오. (단, 장치에서 열손실은 없는 것으로 하고, 공기의 비중량 1.2 kg/m³, 비열 1.008 kJ/kg·K이다.) (20점)

> ──────── [조건] ────────
> 1. 냉각기의 송풍량 : 14400 m³/h   2. 냉방능력 : 420000 kJ/h
> 3. 냉각수량 : 333 L/min   4. 냉각코일 입구 수온 $t_{w1} = 7$℃
> 5. 냉각코일 출구 공기 건구온도 : 14.2℃
> 6. 외기 건구온도 32℃, 상대습도 65 %
> 7. 재순환공기 건구온도 26℃, 상대습도 50 %
> 8. 신선 외기량은 송풍량의 30 %
> 9. 냉각수 정압비열은 4.2 kJ/kg·K이다.
> 10. 공기선도의 엔탈피는 1 kcal를 4.2 kJ로 환산한다.

(1) 냉각코일 입구의 건구온도와 습구온도는 몇 ℃인가?
(2) 냉각코일 출구의 공기 엔탈피는 몇 kJ/kg인가?
(3) 냉각코일 출구의 냉각수 온도는 몇 ℃인가?
(4) 향류 코일일 때 대수평균온도차(MTD)는 몇 ℃인가?

해답 (1) 냉각코일 입구 상태
① 건구온도 $= 0.3 \times 32 + 0.7 \times 26 = 27.8$℃
② 습구온도 : 공기 선도를 그리면 아래와 같고, 습구온도는 21.3℃이다.

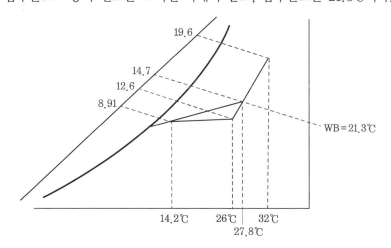

(2) 냉각코일 출구의 공기 엔탈피

① 냉각코일 입구 공기 엔탈피 $= 0.3 \times 19.6 \times 4.2 + 0.7 \times 12.6 \times 4.2 = 61.74 \, \text{kJ/kg}$

② 냉각코일 출구 공기 엔탈피 $= 61.74 - \dfrac{420000}{14400 \times 1.2} = 37.434 \fallingdotseq 37.43 \, \text{kJ/kg}$

(3) 냉각코일 출구 수온

출구 수온 $= 7 + \dfrac{420000}{(0.333 \times 60 \times 1000) \times 4.2} = 12.005 \fallingdotseq 12.00 \, \text{℃}$

(4) 대수평균온도차

① $\Delta_1 = 27.8 - 12 = 15.8 \, \text{℃}$

② $\Delta_2 = 14.2 - 7 = 7.2 \, \text{℃}$

③ 평균온도차 $= \dfrac{15.8 - 7.2}{\ln \dfrac{15.8}{7.2}} = 10.942 = 10.94 \, \text{℃}$

---

04. 다음과 같은 벽체의 열관류율($\text{kJ/m}^2 \cdot \text{h} \cdot \text{K}$)을 계산하시오.　　　　　(6점)

[표 1]　재료표

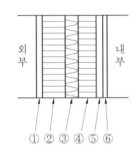

재료 번호	재료 명칭	재료 두께 (mm)	열전도율 ($\text{kJ/m} \cdot \text{h} \cdot \text{K}$)
①	모르타르	20	4.704
②	시멘트 벽돌	100	2.814
③	글라스 울	50	0.126
④	시멘트 벽돌	100	2.814
⑤	모르타르	20	4.704
⑥	비닐벽지	2	0.84

[표 2]　벽 표면의 열전달률($\text{kJ/m}^2 \cdot \text{h} \cdot \text{K}$)

실내측	수직면	31.5
실외측	수직면	84

해답 열저항 $R = \dfrac{1}{31.5} + \dfrac{0.02}{4.704} + \dfrac{0.1}{2.814} + \dfrac{0.05}{0.126} + \dfrac{0.1}{2.814} + \dfrac{0.02}{4.704} + \dfrac{0.002}{0.84} + \dfrac{1}{84}$

　　　$[\text{m}^2 \cdot \text{h} \cdot \text{K/kJ}]$

∴ 열관류율 $K = \dfrac{1}{R} = 1.913 \fallingdotseq 1.91 \, \text{kJ/m}^2 \cdot \text{h} \cdot \text{K}$

---

05. 냉동장치의 동 부착(copper plating) 현상에 대하여 서술하시오.　　　　　(6점)

해답 금속 배관을 구리로 사용하는 탄화, 할로겐화, 수소계 냉매(freon)의 냉동장치에 수분이 혼입되면, 수분과 냉매와의 작용(가수분해 현상)으로 산성이 생성(염산 또는 불화수소산)되며, 이 산성은 공기 중의 산소와 반응한 후 구리를 분말화시켜 냉동장치 내를 순환하면서 장치 중 뜨거운 부분(실린더벽, 피스톤링, 밸브판 축수 메탈 등)에 부착되는 현상

06. 냉동장치 각 기기의 온도변화 시에 이론적인 값이 상승하면 ○, 감소하면 ×, 무관하면 △을 하시오. (15점)

상태변화 ＼ 온도변화	응축온도 상승	증발온도 상승	과열도 증가	과냉각도 증가
성적계수				
압축기 토출가스온도				
압축 일량				
냉동효과				
압축기 흡입가스 비체적				

해답

상태변화 ＼ 온도변화	응축온도 상승	증발온도 상승	과열도 증가	과냉각도 증가
성적계수	×	○	○	○
압축기 토출가스온도	○	△	○	△
압축 일량	○	×	△	△
냉동효과	×	○	○	○
압축기 흡입가스 비체적	△	×	○	△

07. 다음과 같이 주어진 설계조건을 이용하여 사무실 각 부분에 대하여 손실열량을 구하시오. (20점)

━━━━━ [설계조건] ━━━━━

- 설계온도(℃) : 실내온도 20℃, 실외온도 0℃, 인접실온도 20℃, 복도온도 10℃, 상층온도 20℃, 하층온도 6℃
- 열통과율($kJ/m^2 \cdot h \cdot K$) : 외벽 13.44, 내벽 14.7, 바닥 7.98, 유리(2중) 9.24, 문 14.7
- 방위계수
  - 북쪽, 북서쪽, 북동쪽 : 1.15
  - 동남쪽, 남서쪽 : 1.05
  - 동쪽, 서쪽 : 1.10
  - 남쪽 : 1.0
- 환기횟수 : 0.5회/h
- 천장 높이와 층고는 동일하게 간주한다.
- 공기의 정압비열 : 1,008 kJ/kg・K, 공기의 비중량 : 1.2 kg/m³

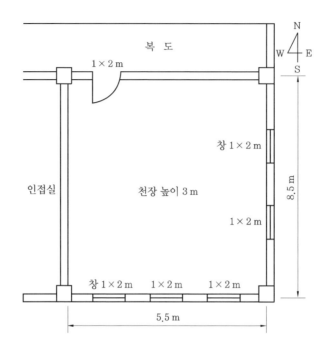

(1) 유리창으로 통한 손실열량(kcal/h)을 구하시오.

   ① 남쪽　　② 동쪽

(2) 외벽을 통한 손실열량(kcal/h)을 구하시오.

   ① 남쪽　　② 동쪽

(3) 내벽을 통한 손실열량(kcal/h)을 구하시오.

   ① 바닥　　② 북쪽　　③ 서쪽

(4) 환기부하는 몇 kcal/h인지 구하시오.

해답 (1) 유리창으로 통한 손실열량

   ① 남쪽 $= 9.24 \times (1 \times 2 \times 3) \times (20-0) \times 1 = 1108.8$ kJ/h

   ② 동쪽 $= 9.24 \times (1 \times 2 \times 2) \times (20-0) \times 1.1 = 813.12$ kJ/h

(2) 외벽을 통한 손실열량

   ① 남쪽 $= 13.44 \times \{(5.5 \times 3)-(1 \times 2 \times 3)\} \times (20-0) \times 1 = 2822.4$ kJ/h

   ② 동쪽 $= 13.44 \times \{(8.5 \times 3)-(1 \times 2 \times 2)\} \times (20-0) \times 1.1 = 6357.12$ kJ/h

(3) 내벽을 통한 손실열량

   ① 바닥 $= 7.98 \times (5.5 \times 8.5) \times (20-6) = 5222.91$ kJ/h

   ② 북쪽 $= 14.7 \times (5.5 \times 3) \times (20-10) = 2425.5$ kJ/h

   ③ 서쪽 $= 14.7 \times (8.5 \times 3) \times (20-20) = 0$ kJ/h

(4) 환기부하 $= 0.5 \times (5.5 \times 8.5 \times 3) \times 1.2 \times 1.008 \times (20-0)$
   $= 1696.464 ≒ 1696.46$ kJ/h

08. 다음 그림과 같은 쿨링 타워의 냉각수 배관계에서 직관부의 전장을 50 m, 순환수량을 300 L/min로 하여 냉각수 순환 펌프의 양정과 축동력을 구하시오. (단, 배관의 국부저항은 직관부 l의 40 %로 한다.) (8점)

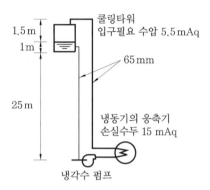

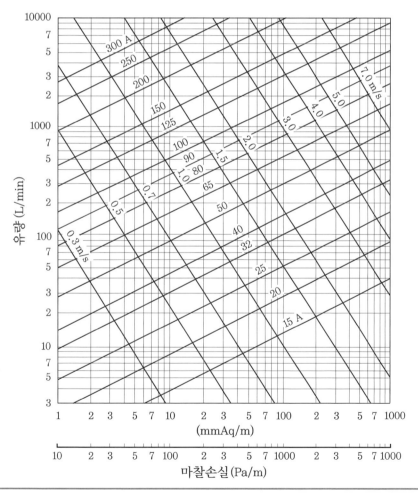

해답 (1) 전양정

① 그림에서 관지름 65 mm, 수량 300 L/min의 마찰손실수두는 34.29 mmAq/m 이고, 유속은 1.47 m/s이다. 배관상당 길이에 의한 손실수두는

$$50 \times 1.4 \times 0.03429 = 2.4003 = 2.40 \text{ mAq}$$

② 속도수두 $= \dfrac{1.47^2}{2 \times 9.8} = 0.11025 \fallingdotseq 0.11 \text{ mAq}$

③ 실양정 1.5 mAq, 냉각탑 입구수두 5.5 mAq, 응축기 손실수두 15 mAq이므로 전양정 $= 1.5 + (5.5 + 15) + 0.11 + 2.4 = 24.51 \text{ mAq}$

(2) 동력 $= \dfrac{1000 \times 0.3 \times 24.51}{102 \times 60} = 1.201 \fallingdotseq 1.20 \text{ kW}$

▶ 2013. 10. 6 시행   ※ 이 문제는 수검자의 기억을 통하여 복원된 것입니다.

---

01. 겨울철에 냉동장치 운전 중에 고압측 압력이 갑자기 낮을 경우 장치 내에서 일어나는 현상을 3가지 쓰고 그 이유를 각각 설명하시오.   (15점)

해답 ① 현상 : 냉동장치의 각 부가 정상임에도 불구하고 냉각이 불충분하여진다.
　　　이유 : 응축기 냉각 공기온도가 낮아짐으로 응축압력이 낮아지는 것이 원인이다.
　　② 현상 : 냉매순환량이 감소한다.
　　　이유 : 증발압력이 일정한 상태에서 고저압의 차압이 적어서 팽창밸브 능력이 감소하는 원인이나.
　　③ 현상 : 단위능력당 소요동력 증가
　　　이유 : 냉동능력에 알맞은 냉매량을 확보하지 못하므로 운전시간이 길어지는 원인이다.

> **참고** 대책
> ① 냉각풍량을 감소시켜 응축압력을 높인다.
> ② 액냉매를 응축기에 고이게 함으로써 유효 냉각 면적을 감소시킨다.
> ③ 압축기 토출가스를 압력제어 밸브를 통하여 수액기로 바이패스시킨다.

---

02. 다음 냉동장치도의 $P - h$ 선도를 그리고 각 물음에 답하시오. (단, 압축기의 체적효율 $\eta_v = 0.75$, 압축효율 $\eta_c = 0.75$, 기계효율 $\eta_m = 0.9$이고 배관에 있어서 압력손실 및 열손실은 무시한다.)   (14점)

─────── [조건] ───────
1. 증발기 A : 증발온도 −10℃, 과열도 10℃, 냉동부하 2 RT (한국냉동톤)
2. 증발기 B : 증발온도 −30℃, 과열도 10℃, 냉동부하 4 RT (한국냉동톤)
3. 팽창밸브 직전의 냉매액 온도 : 30℃
4. 응축온도 : 35℃   5. 1 RT는 13944 kJ/h
6. 냉매선도에서 엔탈피 1 kcal는 4.2 kJ로 환산한다.

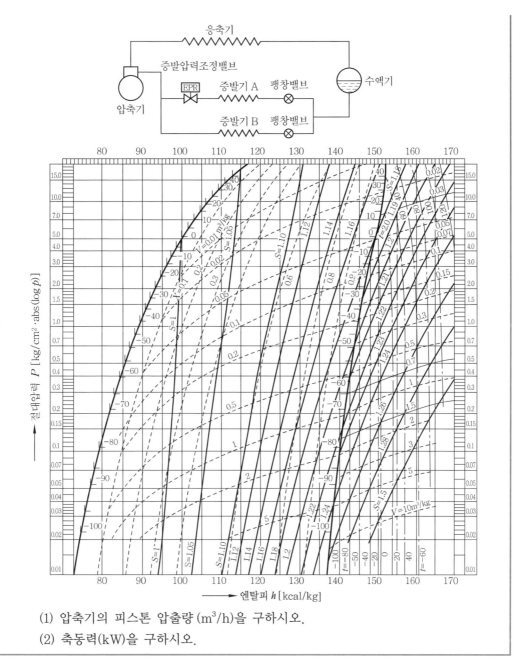

(1) 압축기의 피스톤 압출량(m³/h)을 구하시오.

(2) 축동력(kW)을 구하시오.

해답 (1) 피스톤 압출량

① A 증발기 냉매 순환량 $= \dfrac{2 \times 13944}{(150.5-109.5) \times 4.2} = 161.951 ≒ 161.95 \, \text{kg/h}$

② B 증발기 냉매 순환량 $= \dfrac{4 \times 13944}{(148-109.5) \times 4.2} = 344.935 ≒ 344.94 \, \text{kg/h}$

③ 압축기 입구 엔탈피 $= \dfrac{(161.95 \times 150.5 \times 4.2) + (344.94 \times 148 \times 4.2)}{161.95 + 344.94}$

$= 624.954 ≒ 624.95 \, \text{kJ/kg}$

④ 엔탈피 148.8×4.2 kJ/kg일 때 흡입가스 비체적 0.15 m³/kg

⑤ 피스톤 압출량$= \dfrac{(161.95 + 344.94) \times 0.15}{0.75} = 101.378 ≒ 101.38$ m³/h

(2) 축동력$= \dfrac{(161.95 + 344.94) \times (164 - 148.8) \times 4.2}{3600 \times 0.75 \times 0.9} = 13.316 ≒ 13.32$ kW

참고 $P-h$ 선도를 그리면 다음과 같다.

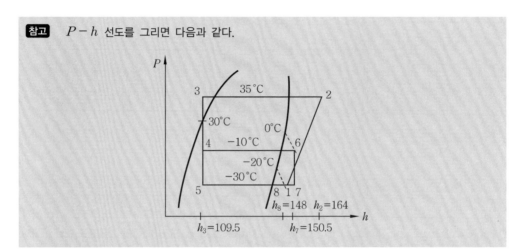

---

03. 바닥면적 100 m², 천장높이 3 m인 실내에서 재실자 60명과 가스 스토브 1대가 설치되어 있다. 다음 각 물음에 답하시오. (단, 외기 CO_2 농도 : 400 ppm, 재실자 1인당 CO_2 발생량 : 20 L/h, 가스 스토브 CO_2 발생량 : 600 L/h) (8점)

(1) 실내 CO_2 농도를 1000 ppm으로 유지하기 위해서 필요한 환기량 (m³/h)을 구하시오.

(2) 이때 환기횟수 (회/h)를 구하시오.

해답 (1) 필요환기량$= \dfrac{(60 \times 0.02) + 0.6}{0.001 - 0.0004} = 3000$ m³/h

(2) 환기횟수$= \dfrac{3000}{100 \times 3} = 10$ 회/h

---

04. 수랭 응축기의 응축 능력이 6 냉동톤일 때 냉각수 입출구 온도차가 4℃이라면 냉각수 순환수량은 몇 L/min인가? (단, 냉각수 비열 4.2 kJ/kg · K, 1 RT는 13944 kJ/h로 한다.) (6점)

해답 냉각수 순환수량$= \dfrac{6 \times 13944}{4.2 \times 4 \times 60} = 83$ kg/min $= 83$ L/min

05. 냉장실의 냉동부하 25200 kJ/h, 냉장실 내 온도를 −20℃로 유지하는 나관 코일식 증발기 천장 코일의 냉각관 길이(m)를 구하시오. (단, 천장 코일의 증발관 내 냉매의 증발온도는 −28℃, 외표면적 0.19 m²/m, 열통과율은 29.4 kJ/h·m²·K이다.)　　(6점)

[해답] 냉각관 길이 $= \dfrac{25200}{29.4 \times \{(-20)-(-28)\}} \times \dfrac{1}{0.19} = 563.909 = 563.91 \, \text{m}$

06. 다음과 같은 공조 시스템에 대해 계산하시오.　　　　　　　　　　(12점)

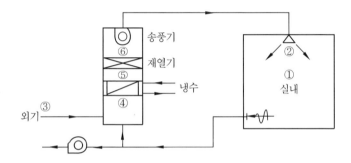

- 실내온도 : 25℃, 실내 상대습도 : 50 %
- 외기온도 : 31℃, 외기 상대습도 : 60 %
- 실내급기풍량 : 6000 m³/h, 취입외기풍량 : 1000 m³/h, 공기비중량 : 1.2 kg/m³
- 취출공기온도 : 17℃, 공조기 송풍기 입구온도 : 16.5℃
- 공기냉각기 냉수량 : 1.4 L/s, 냉수입구온도 (공기냉각기) : 6℃, 냉수출구온도 (공기냉각기) : 12℃
- 재열기 (전열기) 소비전력 : 5 kW
- 공조기 입구의 환기온도는 실내온도와 같다.
- 공기와 냉수의 정압비열은 1.008, 4.2 kJ/kg·K이다.
- 습공기 선도에서 엔탈피는 1 kcal를 4.2 kJ로 환산한다.

(1) 실내 냉방 현열부하 (kJ/h)를 구하시오.
(2) 실내 냉방 잠열부하 (kJ/h)를 구하시오.

[해답] (1) 실내 냉방 현열부하 $= 6000 \times 1.2 \times 1.008 \times (25-17) = 58060.8 \, \text{kJ/h}$

(2) 실내 냉방 잠열부하

① 혼합공기온도 $t_4 = \dfrac{(5000 \times 25)+(1000 \times 31)}{6000} = 26℃$

② 냉각 코일 부하 $q_{cc} = (1.4 \times 3600) \times 4.2 \times (12-6) = 127008 \, \text{kJ/h}$

③ 냉각 코일 출구 엔탈피 $i_5 = 13 \times 4.2 - \dfrac{127008}{6000 \times 1.2} = 36.96 \, \text{kJ/kg} = 8.8 \, \text{kcal/kg}$

④ 냉각 코일 출구온도 $t_5 = 16.5 - \dfrac{5 \times 3600}{6000 \times 1.2 \times 1.008} = 14.019 ≒ 14.02℃$

⑤ 습공기 선도를 그리면 다음과 같다.

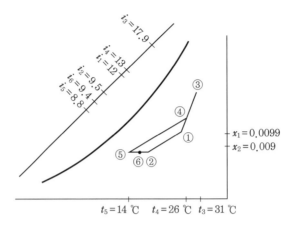

⑥ 잠열부하 $= 6000 \times 1.2 \times 597.3 \times 4.2 \times (0.0099 - 0.009) = 16256.116 ≒ 16256.12 \, kJ/h$

---

07. 어떤 사무소 공조설비 과정이 다음과 같다. 물음에 답하시오. (16점)

───────── [다음] ─────────

- 마찰손실 $R = 0.1 \, mmAq$
- 1개당 취출구 풍량 $3000 \, m^3/h$
- 정압효율 50%
- 가열 코일 저항 $15 \, mmAq$
- 송풍기 저항 $10 \, mmAq$

- 국부저항계수 $\zeta = 0.29$
- 송풍기 출구 풍속 $V = 13 \, m/s$
- 에어필터 저항 $5 \, mmAq$
- 냉각기 저항 $15 \, mmAq$
- 취출구 저항 $5 \, mmAq$

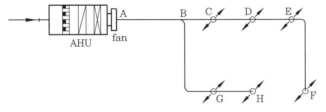

- 덕트 구간 길이

  A~B : 60 m, B~C : 6 m, C~D : 12 m, D~E : 12 m,
  E~F : 20 m, B~G : 18 m, G~H : 12 m

(1) 실내에 설치한 덕트 시스템을 위의 그림과 같이 설계하고자 한다. 각 취출구의 풍량이 동일할 때, 장방형 덕트의 크기를 결정하고 풍속을 구하시오. (단, 공기 비중량 $1.2 \, kg/m^3$, 중력가속도 $9.8 \, m/s^2$이다.)

구간	풍량(m³/h)	원형 덕트 지름(cm)	장방형 덕트(cm)	풍속(m/s)
A−B			×35	
B−C			×35	
C−D			×35	
D−E			×35	
E−F			×35	

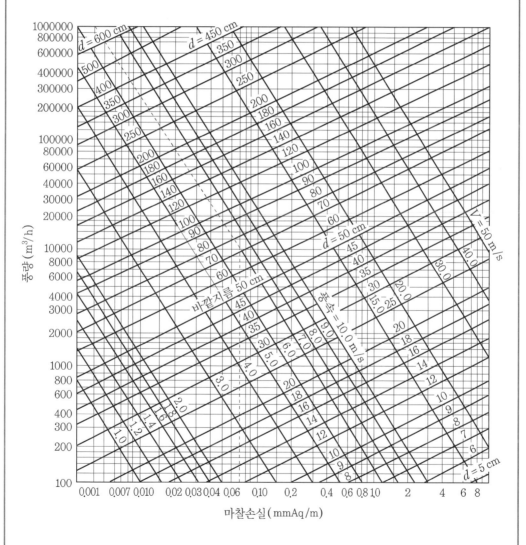

(2) 송풍기 정압(mmAq)을 구하시오.

(3) 송풍기 동력(kW)을 구하시오.

장방형 덕트와 원형 덕트의 환산표

단변 / 장변	5	10	15	20	25	30	35	40	45	50	55	60	65	70	75	80	85	90	95	100	105	110	115	120	125	130	135	140	145	150
5	5.5																													
10	7.6	10.9																												
15	9.1	13.3	16.4																											
20	10.3	15.2	18.9	21.9																										
25	11.4	16.9	21.0	24.4	27.3																									
30	12.2	18.3	22.9	26.6	29.9	32.8																								
35	13.0	19.5	24.5	28.6	32.2	35.4	38.3																							
40	13.8	20.7	26.0	30.5	34.3	37.8	40.9	43.7																						
45	14.4	21.7	27.4	32.1	36.3	40.0	43.3	46.4	49.2																					
50	15.0	22.7	28.7	33.7	38.1	42.0	45.6	48.8	51.8	54.7																				
55	15.6	23.6	29.9	35.1	39.8	43.9	47.7	51.1	54.3	57.3	60.1																			
60	16.2	24.5	31.0	36.5	41.4	45.7	49.6	53.3	56.7	59.8	62.8	65.6																		
65	16.7	25.3	32.1	37.8	42.9	47.4	51.5	55.3	58.9	62.2	65.3	68.3	71.1																	
70	17.2	26.1	33.1	39.1	44.3	49.0	53.3	57.3	61.0	64.4	67.7	70.8	73.7	76.5																
75	17.7	26.8	34.1	40.2	45.7	50.6	55.0	59.2	63.0	66.6	69.7	73.2	76.3	79.2	82.0															
80	18.1	27.5	35.0	41.4	47.0	52.0	56.7	60.9	64.9	68.7	72.2	75.5	78.7	81.8	84.7	87.5														
85	18.5	28.2	35.9	42.4	48.2	53.4	58.2	62.6	66.8	70.6	74.3	77.8	81.1	84.2	87.2	90.1	92.9													
90	19.0	28.9	36.7	43.5	49.4	54.8	59.7	64.2	68.6	72.6	76.3	79.9	83.3	86.6	89.7	92.7	95.6	198.4												
95	19.4	29.5	37.5	44.5	50.6	56.1	61.1	65.9	70.3	74.4	78.3	82.0	85.5	88.9	92.1	95.2	98.2	101.1	103.9											
100	19.7	30.1	38.4	45.4	51.7	57.4	62.6	67.4	71.9	76.2	80.2	84.0	87.6	91.1	94.4	97.6	100.7	103.7	106.5	109.3										
105	20.1	30.7	39.1	46.4	52.8	58.6	64.0	68.9	73.5	77.8	82.0	85.9	89.7	93.2	96.7	100.0	103.1	106.2	109.1	112.0	114.8									
110	20.5	31.3	39.9	47.3	53.8	59.8	65.2	70.3	75.1	79.6	83.8	87.8	91.6	95.3	98.8	102.2	105.5	108.6	111.7	114.6	117.5	120.3								
115	20.8	31.8	40.6	48.1	54.8	60.9	66.5	71.7	76.6	81.2	85.5	89.6	93.6	97.3	100.9	104.4	107.8	111.0	114.1	117.2	120.1	122.9	125.7							
120	21.2	32.4	41.3	49.0	55.8	62.0	67.7	73.1	78.0	82.7	87.2	91.4	95.4	99.3	103.0	106.6	110.0	113.3	116.5	119.6	122.6	125.6	128.4	131.2						
125	21.5	32.9	42.0	49.9	56.8	63.1	68.9	74.4	79.5	84.3	88.8	93.1	97.3	101.2	105.0	108.6	112.2	115.6	118.8	122.0	125.1	128.1	131.0	133.9	136.7					
130	21.9	33.4	42.6	50.6	57.7	64.2	70.1	75.7	80.8	85.7	90.4	94.8	99.0	103.1	106.9	110.7	114.3	117.7	121.1	124.4	127.5	130.6	133.6	136.5	139.3	142.1				
135	22.2	33.9	43.3	51.4	58.6	65.2	71.3	76.9	82.2	87.2	91.9	96.4	100.7	104.9	108.8	112.6	116.3	119.9	123.3	126.7	129.9	133.0	136.1	139.1	142.0	144.8	147.6			
140	22.5	34.4	43.9	52.2	59.5	66.2	72.4	78.1	83.5	88.6	93.4	98.0	102.4	106.6	110.7	114.6	118.3	122.0	125.5	128.9	132.2	135.4	138.5	141.6	144.6	147.5	150.3	153.0		
145	22.8	34.9	44.5	52.9	60.4	67.2	73.5	79.3	84.8	90.0	94.9	99.6	104.1	108.4	112.5	116.5	120.3	124.0	127.6	131.1	134.5	137.7	140.9	144.0	147.1	150.3	152.9	155.7	158.5	
150	23.1	35.3	45.2	53.6	61.2	68.1	74.5	80.5	86.1	91.3	96.3	101.1	105.7	110.0	114.3	118.3	122.2	126.0	129.7	133.2	136.7	140.0	143.3	146.4	149.5	152.6	155.5	158.4	162.2	164.0
155	23.4	35.8	45.7	54.4	62.1	69.1	75.6	81.6	87.3	92.6	97.4	102.6	107.2	111.7	116.0	120.1	124.1	127.9	131.7	135.3	138.8	142.2	145.5	148.8	151.9	155.0	158.0	161.0	163.9	166.7
160	23.7	36.2	46.3	55.1	62.9	70.6	76.6	82.7	88.5	93.9	99.1	104.1	108.8	113.3	117.7	121.9	125.9	129.8	133.6	137.3	140.9	144.4	147.8	151.1	154.3	157.5	160.5	163.5	166.5	169.3
165	23.9	36.7	46.9	55.7	63.7	70.9	77.6	83.8	89.7	95.2	100.5	105.5	110.3	114.9	119.3	123.6	127.7	131.7	135.6	139.3	143.0	146.5	150.0	153.3	156.6	159.8	163.0	166.0	169.0	171.9
170	24.2	37.1	47.5	56.4	64.4	71.8	78.5	84.9	90.8	96.4	101.8	106.9	111.8	116.4	120.9	125.3	129.5	133.5	137.5	141.3	145.0	148.6	152.1	155.6	158.9	162.2	165.3	168.5	171.5	174.5
175	24.5	37.5	48.0	57.1	65.2	72.6	79.5	85.9	91.9	97.6	103.1	108.2	113.2	118.0	122.5	127.0	131.2	135.3	139.3	143.2	147.0	150.7	154.2	157.7	161.1	164.4	167.7	170.8	173.9	177.0
180	24.7	37.9	48.5	57.7	66.0	73.5	80.4	86.9	93.0	98.8	104.3	109.6	114.6	119.5	124.1	128.6	132.9	137.1	141.2	145.1	148.9	152.7	156.3	159.8	163.3	166.7	170.0	173.2	176.4	179.4
185	25.0	38.3	49.1	58.4	66.7	74.3	81.4	87.9	94.1	100.0	105.6	110.9	116.0	120.9	125.6	130.2	134.6	138.8	143.0	147.0	150.9	154.7	158.3	161.9	165.4	168.9	172.2	175.5	178.7	181.9
190	25.3	38.7	49.6	59.0	67.4	75.1	82.2	88.9	95.2	101.2	106.8	112.2	117.4	122.4	127.2	131.8	136.2	140.5	144.7	148.8	152.7	156.6	160.3	164.0	167.6	171.0	174.4	177.8	181.0	184.2
195	25.5	39.1	50.1	59.6	68.1	75.9	83.1	89.9	96.3	102.3	108.0	113.5	118.7	123.8	128.5	133.3	137.9	142.5	146.5	150.6	154.6	158.5	162.3	166.0	169.6	173.2	176.6	180.0	183.3	186.6
200	25.8	39.5	50.6	60.2	68.8	76.7	84.0	90.8	97.3	103.4	109.2	114.7	120.0	125.2	130.1	134.8	139.4	143.8	148.1	152.3	156.4	160.4	164.2	168.0	171.7	175.3	178.8	182.2	185.6	188.9
210	26.3	40.3	51.6	61.4	70.2	78.3	85.7	92.7	99.3	105.6	111.5	117.2	122.6	127.9	132.9	137.8	142.5	147.0	151.5	155.8	160.0	164.0	168.0	171.9	175.7	179.3	183.0	186.5	189.9	193.3
220	26.7	41.0	52.5	62.5	71.5	79.7	87.4	94.5	101.3	107.6	113.7	119.5	125.1	130.5	135.7	140.6	145.5	150.2	154.7	159.1	163.4	167.6	171.6	175.6	179.5	183.3	187.0	190.6	194.2	197.7
230	27.2	41.7	53.4	63.6	72.8	81.2	89.0	96.3	103.1	109.7	115.9	121.8	127.5	133.0	138.3	143.4	148.4	153.2	157.8	162.3	166.7	171.0	175.2	179.3	183.2	187.1	190.9	194.7	198.3	201.9
240	27.6	42.4	54.3	64.7	74.0	82.6	90.5	98.0	105.0	111.6	118.0	124.1	129.9	135.5	140.9	146.1	151.2	156.1	160.8	165.5	170.0	174.4	178.6	182.8	186.9	190.9	194.8	198.6	202.3	206.0
250	28.1	43.0	55.2	65.8	75.3	84.0	92.0	99.6	106.8	113.6	120.0	126.2	132.2	137.9	143.4	148.8	153.9	158.9	163.8	168.5	173.1	177.6	182.0	186.3	190.4	194.5	198.5	202.4	206.2	210.0
260	28.5	43.7	56.0	66.8	76.4	85.3	93.5	101.2	108.5	115.4	122.0	128.3	134.4	140.2	145.9	151.3	156.6	161.7	166.7	171.5	176.2	180.8	185.2	189.6	193.9	198.0	202.1	206.1	210.0	213.9
270	28.9	44.3	56.9	67.8	77.6	86.6	95.0	102.8	110.2	117.3	124.0	130.4	136.6	142.5	148.3	153.8	159.2	164.4	169.5	174.4	179.2	183.9	188.4	192.9	197.2	201.5	205.7	209.7	213.7	217.7
280	29.3	45.0	57.7	68.8	78.7	87.9	96.4	104.3	111.9	119.0	125.9	132.4	138.7	144.7	150.6	156.2	161.7	167.0	172.2	177.2	182.1	186.9	191.5	196.1	200.5	204.9	209.1	213.3	217.4	221.4
290	29.7	45.6	58.5	69.7	79.8	89.1	97.7	105.8	113.5	120.8	127.8	134.4	140.8	146.9	152.9	158.6	164.2	169.6	174.8	180.0	185.0	189.8	194.5	199.2	203.7	208.1	212.5	216.7	220.9	225.0
300	30.1	46.2	59.2	70.6	80.9	90.3	99.0	107.8	115.1	122.5	129.5	136.3	142.8	149.0	155.5	160.9	166.6	172.1	177.5	182.7	187.7	192.7	197.5	102.2	206.8	211.3	215.8	220.1	224.3	228.5

해답 (1)

구간	풍량(m³/h)	원형 덕트 지름(cm)	장방형 덕트(cm)	풍속(m/s)
A−B	18000	83	195×35	7.33
B−C	12000	74.29	150×35	6.35
C−D	9000	63.33	105×35	6.80
D−E	6000	54	75×35	6.35
E−F	3000	42.06	45×35	5.29

(2) 송풍기 정압

① 직통 덕트 손실 = $(60 + 6 + 12 + 12 + 20) \times 0.1 = 11$ mmAq

② 밴드 저항 손실 = $0.29 \times \dfrac{5.29^2}{2 \times 9.8} \times 1.2 = 0.496 = 0.50$ mmAq

③ 흡입측 손실 압력 = $5 + 15 + 15 + 10 = 45$ mmAq

④ 송풍기 동압 = $\dfrac{13^2}{2 \times 9.8} \times 1.2 = 10.346 \fallingdotseq 10.35$ mmAq

⑤ 송풍기 정압 = $\{(11 + 0.5 + 5) - (-45)\} - 10.35 = 51.15$ mmAq

(3) 송풍기 동력 = $\dfrac{51.15 \times 18000}{102 \times 0.5 \times 3600} = 5.014 \fallingdotseq 5.01$ kW

---

08. 다음 그림에서 취출구 및 흡입구의 형식번호 ①~⑨를 아래 보기에서 찾아 답하시오.

(9점)

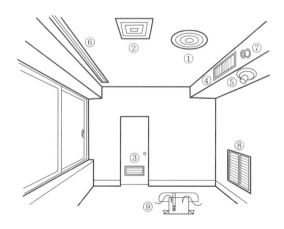

[보기]

- 머시룸형
- 방연 댐퍼
- 펑커 루버
- 라인형
- 노즐형
- 도어 그릴
- 각형 아네모형
- 고정 루버
- 원형 아네모형
- 루버 댐퍼
- 유니버설형

번호	명칭	번호	명칭	번호	명칭
①		④		⑦	
②		⑤		⑧	
③		⑥		⑨	

해답

번호	명칭	번호	명칭	번호	명칭
①	원형 아네모형	④	유니버설형	⑦	노즐형
②	각형 아네모형	⑤	펑커 루버	⑧	고정 루버
③	도어 그릴	⑥	라인형	⑨	머시룸형

09. 열교환기를 쓰고 그림 (a)와 같이 구성되는 냉동장치 냉동능력이 159600kJ/h이고, 이 냉동장치의 냉동 사이클은 그림 (b)와 같고 1, 2, 3, … 점에서의 각 상태값은 다음 표와 같은 것으로 한다. (15점)

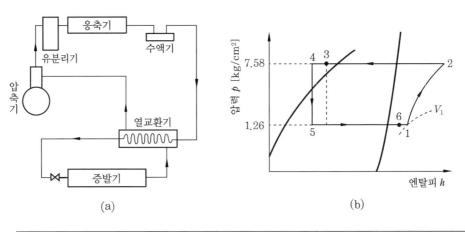

(a)   (b)

상태점	엔탈피 i [kJ/kg]	비체적 v [m³/kg]
h_1	565.96	0.125
h_2	609	
h_5	438.27	
h_6	556.5	0.12

위와 같은 운전조건에서 다음 (1), (2), (3)의 값을 계산식을 표시해 산정하시오. (단, 위의 온도조건에서의 체적효율 $\eta_V = 0.64$, 압축효율 $\eta_c = 0.72$로 한다. 또한 성적계수는 소수점 이하 2자리까지 구하고, 그 이하는 반올림한다.)

(1) 장치 3점의 엔탈피(kJ/kg)를 구하시오.

(2) 장치의 냉매순환량 (kg/h)을 계산하시오.

(3) 피스톤 토출량 (m³/h)을 계산하시오.

(4) 이론적 성적계수 ε_o 를 구하시오.

(5) 실제적 성적계수 ε 를 구하시오.

해답 (1) 3점의 엔탈피 : $h_3 = 438.27 + (565.95 - 556.5) = 447.72\,\text{kJ/kg}$

(2) 냉매순환량 $= \dfrac{159600}{556.5 - 438.27} = 1349.911 \fallingdotseq 1349.91\,\text{kg/h}$

(3) 피스톤 토출량 $= \dfrac{1349.91 \times 0.125}{0.64} = 263.654 \fallingdotseq 263.65\,\text{m}^3/\text{h}$

(4) 이론적 성적계수 $\varepsilon_o = \dfrac{556.5 - 438.27}{609 - 565.95} = 2.746 \fallingdotseq 2.75$

(5) 실제적 성적계수 $\varepsilon = \dfrac{556.5 - 438.27}{609 - 565.95} \times 0.72 = 1.977 \fallingdotseq 1.98$

2014년도 시행 문제

▶ **2014. 4. 20 시행**　　　　※ 이 문제는 수검자의 기억을 통하여 복원된 것입니다.

01. 다음 그림과 같은 분기된 축소 덕트에서 전압(P_t) 2.1 mmAq, 정압재취득(ΔP_s) 2 mmAq, 유속(U_1) 10 m/s, 공기 비중량 1.2kg/m³일 때, 물음에 답하시오.　　(9점)

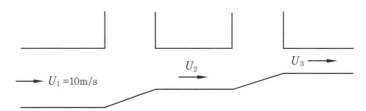

(1) 유속 U_2 [m/s]를 구하시오.

(2) 종횡비(aspect ratio)를 6 : 1 이하로 시공해야 하는 이유를 3가지만 쓰시오.

해답 (1) 유속 U_2

① 공식 $\Delta P_S = \dfrac{\gamma}{2g}(U_1^2 - U_2^2)$ 식에서

② $U_2 = \sqrt{10^2 - \dfrac{2 \times 9.8}{1.2} \times 2} = 8.2056 ≒ 8.21\,\mathrm{m/s}$

(2) aspect ratio를 6 : 1 이하로 시공하는 이유

① 덕트 내의 풍량 분배를 일정하게 한다.

② 덕트의 단면적이 크면 마찰손실이 증가하므로 마찰손실을 작게 하기 위함이다.

③ 덕트 재료 손실 방지

02. 다음과 같은 운전조건을 갖는 브라인 쿨러가 있다. 전열면적이 $20\,\mathrm{m^2}$ 일 때 각 물음에 답하시오. (단, 평균온도차는 산술평균 온도차를 이용한다.)　　(10점)

[조건]

1. 브라인 비중 : 1.24	2. 브라인의 유량 : 200 L/min
3. 쿨러로 나오는 브라인 온도 : -23 ℃	4. 브라인 비열 : 2.814 kJ/kg · K
5. 쿨러로 들어가는 브라인 온도 : -18 ℃	6. 쿨러 냉매 증발온도 : -26 ℃

(1) 브라인 쿨러의 냉동부하 (kJ/h) 를 구하시오.

(2) 브라인 쿨러의 열통과율 (kJ/m² · h · K) 을 구하시오.

해답 (1) 브라인 쿨러의 냉동부하 $= \left(\dfrac{200}{1000} \times 1240 \times 60\right) \times 2.814 \times \{(-18)-(-23)\}$

$$= 209361.6 \, \text{kJ/h}$$

(2) 브라인 쿨러 열통과율 $= \dfrac{209361.6}{20 \times \left\{\dfrac{(-18)+(-23)}{2} - (-26)\right\}}$

$$= 1903.284 \fallingdotseq 1903.28 \, \text{kJ/m}^2 \cdot \text{h} \cdot \text{K}$$

---

03. 2단압축 2단팽창 냉동장치의 그림을 보고 물음에 답하시오. (14점)

(1) 계통도의 상태점을 $p \sim h$ 선도에 기입하시오.

(2) 성적계수를 구하시오. (엔탈피 값은 다음과 같다.)

엔탈피 값 $h_1 = 373.8 \, \text{kJ/kg}$ $h_2 = 1629.6 \, \text{kJ/kg}$ $h_3 = 1818.6 \, \text{kJ/kg}$

            $h_4 = 1764 \, \text{kJ/kg}$ $h_5 = 1675.8 \, \text{kJ/kg}$ $h_6 = 1877.4 \, \text{kJ/kg}$

            $h_8 = 537.6 \, \text{kJ/kg}$

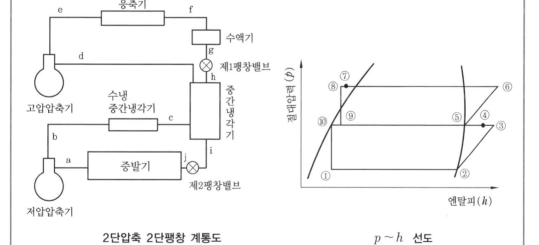

2단압축 2단팽창 계통도 $p \sim h$ 선도

해답 (1) ① - j   ② - a   ③ - b   ④ - c   ⑤ - d

      ⑥ - e   ⑦ - f   ⑧ - g   ⑨ - h   ⑩ - i

(2) 성적계수

   ① 저압 압축기 냉매순환량을 $G_L = 1 \, \text{kg/h}$ 로 가정한다.

   ② 냉동능력 $Q_e = G_L \cdot (h_2 - h_1) = h_2 - h_1 \, [\text{kJ/h}]$

   ③ 저압 압축일량 $N_L = G_L \cdot (h_3 - h_2) = h_3 - h_2 \, [\text{kJ/h}]$

   ④ 고압 압축기 냉매순환량 $G_H = G_L \cdot \dfrac{h_4 - h_{10}}{h_5 - h_8} = \dfrac{h_4 - h_{10}}{h_5 - h_8} \, [\text{kg/h}]$

참고 $h_3 \sim h_4$: 수냉각기에서 냉각된 것이므로 냉매순환량 계산에서 제외되었음.

⑤ 고압 압축 일량 $N_H = G_H \cdot (h_6 - h_5) = \dfrac{h_4 - h_{10}}{h_5 - h_8} \cdot (h_6 - h_5)[\text{kJ/h}]$

⑥ 성적계수 $= \dfrac{Q_e}{N_L + N_H} = \dfrac{h_2 - h_1}{(h_3 - h_2) + \left\{ \dfrac{h_4 - h_{10}}{h_5 - h_8} \cdot (h_6 - h_5) \right\}}$

$= \dfrac{1629.6 - 373.8}{(1818.6 - 1629.6) + \left\{ \dfrac{1764 - 373.8}{1675.8 - 537.6} \times (1877.4 - 1675.8) \right\}} = 2.885 \fallingdotseq 2.89$

---

04. 300 kg의 소고기를 18℃에서 4℃까지 냉각하고, 다시 −18℃까지 냉동하려 할 때 필요한 냉동능력을 산출하시오. (단, 소고기의 동결온도는 −2.2℃, 동결 전의 비열은 3.23 kJ/kg·K, 동결 후의 비열은 1.68 kJ/kg·K, 동결잠열은 232 kJ/kg이다.)　　　(6점)

[해답] ① 18℃에서 −2.2℃까지 냉각 열량

$q_1 = 300 \times 3.23 \times \{18 - (-2.2)\} = 19573.8\ \text{kJ}$

② −2.2℃의 동결잠열

$q_2 = 300 \times 232 = 69600\ \text{kJ}$

③ −2.2℃에서 −18℃까지 동결 열량

$q_3 = 300 \times 1.68 \times \{(-2.2) - (-18)\} = 7963.2\ \text{kJ}$

④ 냉동능력 $= 19573.8 + 69600 + 7963.2 = 97137\ \text{kJ}$

[참고] 냉동능력 $= 300 \times \{(3.23 \times 20.2) + 232 + (1.68 \times 15.8)\} = 97137\ \text{kJ}$

---

05. 취출(吹出)에 관한 다음 용어를 설명하시오.　　　(8점)

　(1) 셔터　　　　　　　　　　　　(2) 전면적 (face area)

[해답] (1) 셔터 (shutter)는 그릴 (grille)의 안쪽에 풍량조절을 할 수 있게 설치한 것으로 그릴에 셔터가 있는 것을 레지스터 (register)라 한다.

(2) 전면적 (face area)은 가로날개, 세로날개 또는 두 날개를 갖는 환기구 또는 취출구의 개구부를 덮는 면판을 말한다.

---

06. 900 rpm으로 운전되는 송풍기가 8000m³/h, 정압 40mmAq, 동력 15 kW의 성능을 나타내고 있는 것으로 한다. 이 송풍기의 회전수를 1080 rpm으로 증가시키면 어 떻게 되는가를 계산하시오.　　　(12점)

[해답] 송풍기 상사법칙에 의해서,

① 풍량 $Q_2 = \left(\dfrac{N_2}{N_1}\right) \times Q_1 = \dfrac{1080}{900} \times 8000 = 9600\,\mathrm{m^3/h}$

② 전압 $P_2 = \left(\dfrac{N_2}{N_1}\right)^2 \times P_1 = \left(\dfrac{1080}{900}\right)^2 \times 40 = 57.6\,\mathrm{mmAq}$

③ 동력 $L_2 = \left(\dfrac{N_2}{N_1}\right)^3 \times L_1 = \left(\dfrac{1080}{900}\right)^3 \times 15 = 25.92\,\mathrm{kW}$

---

07. 환산증발량이 10000 kg/h인 노통연관식 증기 보일러의 사용압력 (게이지 압력)이 5 kg/cm²일 때 보일러의 실제증발량을 구하시오. (단, 급수의 엔탈피 $h = 80$ kcal/kg, h_1 : 포화수의 엔탈피, h_2 : 포화증기의 엔탈피, r : 증발잠열, 1 kcal는 4.2 kJ로 환산한다.) (7점)

절대압력 (kg/cm²)	포화온도 (℃)	엔탈피 h [kcal/kg]		
		h_1	h_2	$r = h_2 - h_1$
4	142.92	143.70	653.66	509.96
5	151.11	152.13	656.03	503.90
6	158.08	159.34	657.93	498.59
7	164.17	165.67	659.49	493.82

해답 실제증발량 $G_a = \dfrac{10000 \times 538.8 \times 4.2}{(657.93 - 80) \times 4.2} = 9322.928\,\mathrm{kg/h}$

---

08. 어느 사무실의 취득열량 및 외기부하를 산출하였더니 다음과 같았다. 각 물음에 답하시오. (단, 급기온도와 실온의 차이는 11℃ 로 하고, 공기의 비중량은 1.2 kg/m³, 공기의 정압비열은 1.008 kJ/kg · K이다. 계산상 안전율은 고려하지 않는다.) (8점)

항목	부하 (kJ/h)	
벽체	외벽 : 6300	내벽 : 3780
유리창 부하	9240	
틈새 부하	현열 : 7560	잠열 : 2100
인체 발열량	현열 : 6300	잠열 : 1260
외기 부하	현열 : 2520	잠열 : 1680

(1) 현열비를 구하시오.
(2) 냉각 코일 부하는 몇 kJ/h인가?

해답 (1) 현열비
　　① 현열량 $= 6300 + 3780 + 9240 + 7560 + 6300 = 33180\,\mathrm{kJ/h}$
　　② 잠열량 $= 2100 + 1260 = 3360\,\mathrm{kJ/h}$
　　③ 현열비 $= \dfrac{33180}{33180 + 3360} = 0.908 ≒ 0.91$
(2) 냉각 코일 부하 $= 33180 + 3360 + (2520 + 1680) = 40740\,\mathrm{kJ/h}$

09. 다음과 같은 급기장치에서 덕트 선도와 주어진 조건을 이용하여 각 물음에 답하시오. (18점)

─────────── [조건] ───────────

1. 직관덕트 내의 마찰저항손실 : 0.1 mmAq/m
2. 환기횟수 : 10회/h
3. 공기 도입구의 정압손실 : 0.5 mmAq/m
4. 에어필터의 정압손실 : 10 mmAq/m
5. 공기 취출구의 정압손실 : 5 mmAq
6. 굴곡부 1개소의 상당길이 : 직경 10배
7. 송풍기의 정압효율(η_t) : 60 %
8. 각 취출구의 풍량은 모두 같다.
9. $R = 0.10$ mmAq/m 에 대한 원형 덕트의 지름은 다음 표에 의한다.

풍량 (m³/h)	200	400	600	800	1000	1200	1400	1600	1800
지름 (mm)	152	195	227	252	276	295	316	331	346
풍량 (m³/h)	2000	2500	3000	3500	4000	4500	5000	5500	6000
지름 (mm)	360	392	418	444	465	488	510	528	545

10. $kW = \dfrac{Q' \times \Delta P}{102 E}$ ($Q'[\text{m}^3/\text{s}]$, $\Delta P[\text{mmAq}]$)

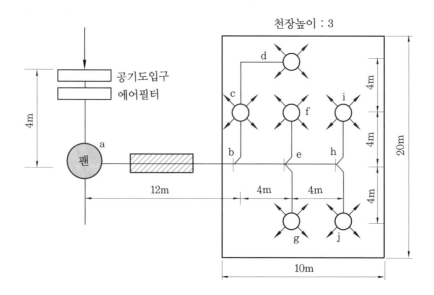

(1) 각 구간의 풍량(m³/h)과 덕트지름(mm)을 구하시오.

구간	풍량(m³/h)	덕트지름(mm)
a-b		
b-c		
c-d		
b-e		

(2) 전 덕트 저항손실(mmAq)을 구하시오.
(3) 송풍기의 소요동력(kW)을 구하시오.

해답 (1) 각 구간의 풍량(m³/h)과 덕트지름(mm)

① 필요 급기량 $= 10 \times (10 \times 20 \times 3) = 6000\,\text{m}^3/\text{h}$

② 각 취출구 풍량 $= \dfrac{6000}{6} = 1000\,\text{m}^3/\text{h}$

③ 각 구간 풍량과 덕트지름

구간	풍량(m³/h)	덕트지름(mm)
a-b	6000	545
b-c	2000	360
c-d	1000	276
b-e	4000	465

(2) 전 덕트 저항손실(mmAq)
① 직관 덕트 손실 $= (12+4+4+4) \times 0.1 = 2.4\,\text{mmAq}$
② 굴곡부 덕트 손실 $= (10 \times 0.276) \times 0.1 = 0.276\,\text{mmAq}$
③ 취출구 손실 $= 5\,\text{mmAq}$
④ 흡입 덕트 손실 $= (4 \times 0.1) + 0.5 + 10 = 10.9\,\text{mmAq}$
⑤ 전 덕트 저항손실 $= 2.4 + 0.276 + 5 + 10.9 = 18.576 ≒ 18.58\,\text{mmAq}$

(3) 송풍기의 소요동력(kW)

$$kW = \frac{18.58 \times 6000}{102 \times 3600 \times 0.6} = 0.5059 ≒ 0.51\,\text{kW}$$

10. 프레온 냉동장치의 수랭식 응축기에 냉각탑을 설치하여 운전상태가 다음과 같을 때 응축기 냉각수의 순환수량을 구하시오. (8점)

[운전조건]

1. 응축온도 : 38℃
2. 응축기 냉각수 입구온도 : 30℃
3. 응축기 냉각수 출구온도 : 35℃
4. 증발온도 : -15℃
5. 냉동능력 : 179760 kJ/h
6. 외기 습구온도 : 27℃
7. 압축동력 : 20 kW
8. 냉각수 정압비열은 4.2 kJ/kg·K

해답 냉각수 순환수량 $= \dfrac{179760 + (20 \times 3600)}{4.2 \times (35 - 30)} = 11988.571 = 11988.57 \, \mathrm{kg/h}$

▶ **2014. 7. 6 시행** ※ 이 문제는 수검자의 기억을 통하여 복원된 것입니다.

---

01. 다음 용어를 설명하시오. (8점)

(1) 스머징(smudging) (2) 도달거리(throw)

(3) 강하거리 (4) 등마찰손실법(등압법)

해답 (1) 스머징 : 천장 취출구 등에서 취출기류 또는 유인된 실내공기 중의 먼지에 의해서 취출구의 주변이 더렵혀지는 것

(2) 도달거리 : 취출구에서 0.25 m/s의 풍속이 되는 위치까지의 거리

(3) 강하거리 : 냉풍 및 온풍을 토출할 때 토출구에서 도달거리에 도달하는 동안 일어나는 기류의 강하 및 상승을 말하며, 이를 강하도(drop) 및 최대상승거리 또는 상승도(rise)라 한다.

(4) 등마찰손실법(등압법) : 덕트 1m당 마찰손실과 동일값을 사용하여 덕트 치수를 결정한 것으로 선도 또는 덕트 설계용으로 개발한 계산으로 결정할 수 있다.

---

02. 일반형 흡수식 냉동기(단중효용식)와 비교한 이중효용 흡수식 냉동장치의 특징(이점) 3가지를 쓰시오. (6점)

해답 (1) 직접연소식(직화식) 방식을 선택하므로 보일러의 병설 없이 온수를 공급할 수 있어서 냉·난방을 겸용할 수 있고 필요에 따라서 냉수와 온수(급탕용 등)가 동시에 공급될 수 있다.

(2) 발생기에서의 열에너지를 효과적으로 활용하여 가열량을 감소시켜서 운전비의 절감을 도모한다.

(3) 1RT 당 냉매액을 발생시키는 데 필요한 가열량(연료소비량)이 일반형(단중효용)에 비하여 65 % 정도가 되며 효율이 상당히 높다.

(4) 응축기에서 냉매 응축량이 감소하게 되므로 냉각수로의 방열량 감소에 수반하여 냉각탑(cooling tower)이 일반형(단중효용)에 비하여 75 % 정도의 용량이 된다.

(5) 일반형(단중효용)에 비하여 냉동 성적계수가 50 % 정도 향상된다.

---

03. 원심식 송풍기의 회전수를 n 에서 n' 로 변화시켰을 때 각 변화에 대해 답하시오.

(1) 정압의 변화 (9점)

(2) 풍량의 변화

(3) 축마력의 변화

해답 (1) 정압의 변화 : $P' = \left(\dfrac{n'}{n}\right)^2 P$, 즉 회전수 변화량의 제곱에 비례한다.

(2) 풍량의 변화 : $Q' = \left(\dfrac{n'}{n}\right) Q$, 즉 회전수 변화량에 비례한다.

(3) 축마력의 변화 : $L' = \left(\dfrac{n'}{n}\right)^3 L$, 즉 회전수 변화량의 3승에 비례한다.

---

04. 암모니아를 냉매로 사용한 2단압축 1단팽창의 냉동장치에서 운전조건이 다음과 같을 때 저단 및 고단의 피스톤 토출량을 계산하시오. (단, 1 RT는 13944 kJ/h이다.)
(10점)

┌─────────────── [조건] ───────────────┐

- 냉동능력 : 20 한국냉동톤
- 저단 압축기의 체적효율 : 75 %
- 고단 압축기의 체적효율 : 80 %
- $h_1 = 399\ \text{kJ/kg}$ • $h_2 = 1650.6\ \text{kJ/kg}$ • $h_3 = 1835.4\ \text{kJ/kg}$
- $h_4 = 1671.6\ \text{kJ/kg}$ • $h_5 = 1923.6\ \text{kJ/kg}$ • $h_6 = 571.2\ \text{kJ/kg}$
- $v_2 = 1.51\ \text{m}^3/\text{kg}$ • $v_4 = 0.4\ \text{m}^3/\text{kg}$

└──────────────────────────────────────┘

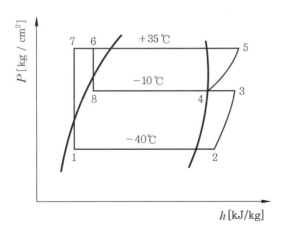

해답 (1) 저단 냉매 순환량 $G_L = \dfrac{20 \times 13944}{1650.6 - 399}\ \text{kg/h}$

저단 피스톤 토출량 $V_L = \dfrac{20 \times 13944}{1650.6 - 399} \times \dfrac{1.51}{0.75} = 448.6085 ≒ 448.609\ \text{m}^3/\text{h}$

(2) 고단 냉매 피스톤 토출량

$$V_H = \dfrac{20 \times 13944 \times (1835.4 - 399) \times 0.4}{(1650.6 - 399) \times (1671.6 - 571.2) \times 0.8} = 145.4275 ≒ 145.428\ \text{m}^3/\text{h}$$

---

05. 어느 사무실의 취득열량 및 외기부하를 산출하였더니 다음과 같았다. 각 물음에 답하시오. (단, 급기온도와 실온의 차이는 11℃로 하고, 공기의 비중량은 1.2 kg/m³, 공기의 정압비열은 1.008 kJ/kg·K이다. 계산상 안전율은 고려하지 않는다.)

(12점)

항목	현열 (kJ/h)	잠열 (kJ/h)
벽체로부터의 열취득	25200	0
유리로부터의 열취득	33600	0
바이패스 외기열량	588	2520
재실자 발열량	4032	5040
형광등 발열량	10080	0
외기부하	5880	20160

(1) 실내 취득 현열량(kJ/h)을 구하시오.

(2) 실내 취득 잠열량(kJ/h)을 구하시오.

(3) 소요 냉방풍량(CMH)을 구하시오.

(4) 냉각 코일 부하(kJ/h)를 구하시오.

해답 (1) 실내 취득 현열량 = 25200 + 33600 + 588 + 4032 + 10080 = 73500 kJ/h

(2) 실내 취득 잠열량 = 2520 + 5040 = 7560 kJ/h

(3) 소요 냉방풍량 = $\dfrac{73500}{1.2 \times 1.008 \times 11}$ = 5523.989 ≒ 5523.99 CMH

(4) 냉각 코일 부하 = 73500 + 7560 + (5880 + 20160) = 107100 kJ/h

---

06. 냉각탑(cooling tower)의 성능 평가에 대한 다음 물음에 답하시오. (10점)

(1) 쿨링 레인지(cooling range)에 대하여 서술하시오.

(2) 쿨링 어프로치(cooling approach)에 대하여 서술하시오.

(3) 냉각탑의 공칭능력을 쓰고 계산하시오.

(4) 냉각탑 설치 시 주의사항 3가지만 쓰시오.

해답 (1) 쿨링 레인지 = 냉각탑 입구 수온 - 냉각탑 출구 수온으로 일반적으로 5℃ 내외(흡수식에서 5~9℃)가 적당하다.

(2) 쿨링 어프로치 = 냉각탑 출구 수온 - 입구 공기 습구 온도로서 5℃ 내외가 적당하며 같은 조건에서 어프로치가 작으면 냉각능력이 크다는 뜻이다.

(3) 공칭능력 : 냉각탑 냉각수 입구 온도 37℃, 출구 수온 32℃, 대기 습구 온도 27℃에서 순환수량 13 L/min을 냉각하는 능력으로 13×60×4.2×(37-32) = 16380 kJ/h를 공칭능력 1냉각톤이라 한다.

$$\text{냉각탑 효율} = \frac{\text{입구 수온} - \text{출구 수온}}{\text{입구 수온} - \text{입구 습구 온도}} = \frac{\text{쿨링 레인지}}{\text{어프로치} + \text{레인지}}$$

(4) 냉각탑 설치 시 주의사항

① 재질의 부식, 수명을 고려하여 내식재료를 선택

② 견고하게 조립, 수평으로 균형 있게 설치하고 반드시 앵커볼트로 기초에 고정

③ 냉각수 낙하 분포가 균일

④ 각 부위 청소, 유지 관리, 보수성을 고려한 space 확보

⑤ 설치 장소의 구조적 강도 check

⑥ 옥상 설치 시 운전중량이 건축구조 계산에 반영되는지 여부 검토

⑦ 다른 열원의 복사열을 받지 않는 장소 선택

⑧ 진동 소음이 주거환경에 영향을 미치지 않을 것(소음, 진동 흡수장치 설치)

⑨ 방음, 방진에 유리한 구조체 위에 설치(jack-up 방진, 스프링식 방진)

⑩ 물의 비산 또는 증발에 의한 증기의 실내 유입 방지

⑪ 물의 비산작용으로 인접건물 피해 방지(비산방지망)

⑫ 굴뚝 등 오염될 수 있는 요인과 격리

⑬ 배기(취출공기)를 다시 흡입하지 않도록 할 것(주위 벽, 장애물, 다른 냉각탑 등에 의해 공기가 재순환하지 않을 것)

⑭ 통풍이 잘 되는 곳에 설치

⑮ 통과 공기의 유동저항이 작도록 제작할 것

⑯ 동절기 동파 대비(방지용 heater 설치)

⑰ 햇빛, 바람의 영향(노화현상)이 적은 재료 선택

⑱ 빗물(산성비 영향), 바람 등으로 인한 영향이 없는 곳에 설치

⑲ 급수가 용이하게 하고, 펌프 흡입관은 수조보다 낮을 것

---

07. 다음 그림과 같은 배기덕트 계통에 있어서 풍량은 2000 m³이고, ①, ②의 각 위치 전압 및 정압이 다음 표와 같다면 (1) 송풍기 전압(mmAq), (2) 송풍기 정압(mmAq)을 구하시오. (단, 송풍기와 덕트 사이의 압력 손실은 무시한다.)　　　　　(5점)

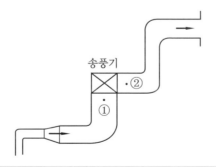

송풍기

위치	전압 (mmAq)	정압 (mmAq)
①	−20.1	−25.7
②	9.2	6.1

[해답] (1) 송풍기 전압 $P_t = P_{t_2} - P_{t_1} = 9.2 - (-20.1) = 29.3\,\mathrm{mmAq}$

(2) 송풍기 정압 $P_s = P_{s_2} - P_{t_1} = 6.1 - (-20.1) = 26.2\,\mathrm{mmAq}$

[참고] ① 송풍기 동압 $P_v = P_t - P_s = 29.3 - 26.2 = 3.1\,\mathrm{mmAq}$

또는 $P_{v_2} = P_{t_2} - P_{s_2} = 9.2 - 6.1 = 3.1\,\mathrm{mmAq}$

즉, 송풍기 동압은 송풍기 출구 동압과 같다.

② 송풍기 정압 $P_s = P_t - (P_{t_2} - P_{s_2}) = 29.3 - (9.2 - 6.1) = 26.2\,\mathrm{mmAq}$

---

08. 주어진 조건을 이용하여 다음 각 물음에 답하시오. (단, 실내송풍량 $G = 5000\,\mathrm{kg/h}$, 실내부하의 현열비 $SHF = 0.86$이고, 공기조화기의 환기 및 전열교환기의 실내측 입구공기의 상태는 실내와 동일하고 공기선도에서 엔탈피 1 kcal는 4.2 kJ로 환산한다. 공기의 정압비열은 $1.008\,\mathrm{kJ/kg \cdot K}$이다.) (20점)

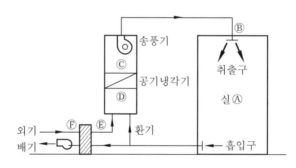

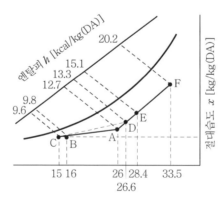

(1) 실내 현열부하 $q_s\,[\mathrm{kJ/h}]$을 구하시오.

(2) 실내 잠열부하 $q_l\,[\mathrm{kJ/h}]$을 구하시오.

(3) 공기 냉각기의 냉각 감습열량 $q_c\,[\mathrm{kJ/h}]$을 구하시오.

(4) 취입 외기량 $G\,[\mathrm{kg/h}]$을 구하시오.

(5) 전열교환기의 효율 $\eta\,[\%]$을 구하시오.

해답 (1) $q_s = 5000 \times 1.008 \times (26 - 16) = 50400\,\text{kJ/h}$

(2) $q_l = 5000 \times (12.7 - 9.8) \times 4.2 - 50400 = 10500\,\text{kJ/h}$

(3) $q_c = 5000 \times (13.3 - 9.6) \times 4.2 = 77700\,\text{kJ/h}$

(4) $5000 \times (13.3 - 12.7) \times 4.2 = G \times (15.1 - 12.7) \times 4.2$

$$\therefore\ G = \frac{5000 \times (13.3 - 12.7) \times 4.2}{(15.1 - 12.7) \times 4.2} = 1250\,\text{kg/h}$$

(5) $\eta = \dfrac{33.5 - 28.4}{33.5 - 26} \times 100 = 68\,\%$

---

09. 다음 그림과 같은 두께 100 mm의 콘크리트벽 내면에 목재로 마무리한 냉장실 외벽이 있다. 각 층의 열전도율 및 열전달률의 값은 다음 표와 같다.

재질	열전도율 $(\text{W/m}^2 \cdot \text{K})$	벽면	열전달률 $(\text{W/m}^2 \cdot \text{K})$
콘크리트	0.85	외표면	20
목재	0.12	내표면	5

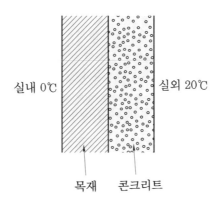

실내 0℃   실외 20℃

목재   콘크리트

실내온도 0℃, 실외온도 20℃에서 절대습도 0.013kg/kg′일 때 외표면에 결로가 생기지 않는 목재 두께는 몇 mm인가? (단, 노점온도는 공기선도를 이용하시오.) (5점)

해답 ① 공기선도에서 절대습도 0.013kg/kg′일 때 노점온도는 18.2℃이다.

② 전열량 $q = 20 \times (20 - 18.2) = 36\,\text{W}\,(\text{J/s})$

③ 열통과율 $K = \dfrac{36}{20 - 0} = 1.8\,\text{W/m}^2\!\cdot\!\text{K}$

④ 목재두께 $t = 0.12 \times \left\{ \dfrac{1}{1.8} - \left(\dfrac{0.1}{0.85} + \dfrac{1}{20} + \dfrac{1}{5} \right) \right\} = 0.022549\text{m} \fallingdotseq 22.55\text{mm}$

10. 냉동능력 179760 kJ/h인 냉동장치에서 응축온도 27℃, 냉각수 입구 수온 30℃, 출구 수온 35℃, 대기 습구 온도 25℃의 장치에서 냉동기 축동력이 15 kW가 소비될 때, (1) 응축부하 (kJ/h)를 구하고, (2) 냉각수 증발잠열이 2100 kJ/kg일 때 증발되는 냉각수량을 구하시오. (14점)

해답 (1) 응축부하= 179760 + (15 × 3600) = 233760 kJ/h

(2) 냉각수 증발량= $\frac{233760}{2100}$ = 111.314 ≒ 111.31 kg/h

▶ 2014. 10. 5 시행   ※ 이 문제는 수검자의 기억을 통하여 복원된 것입니다.

01. 왕복동 압축기의 실린더 지름 120 mm, 피스톤 행정 65 mm, 회전수 1200 rpm, 체적효율 70 % 6기통일 때 다음 물음에 답하시오. (6점)

(1) 이론적 압축기 토출량 (m³/h)을 구하시오.
(2) 실제적 압축기 토출량 (m³/h)을 구하시오.

해답 (1) 이론적 토출량 = $\frac{\pi}{4}$ × 0.12² × 0.065 × 1200 × 6 × 60 = 317.416 ≒ 317.42 m³/h

(2) 실제적 토출량 = $\frac{\pi}{4}$ × 0.12² × 0.065 × 1200 × 6 × 60 × 0.7 = 222.191 ≒ 222.19 m³/h

02. 배관지름이 25 mm이고 수속이 2 m/s, 비중량 1000 kg/m³일 때 다음 물음에 답하시오. (10점)

(1) 배관면적 (m²)을 구하시오 (소수점 5째자리까지).
(2) 송수 유량 (m³/s)을 구하시오 (소수점 5째자리까지).
(3) 송수 질량 (kg/s)을 구하시오 (소수점 2째자리까지).

해답 (1) 배관면적= $\frac{\pi}{4}$ × 0.025² = 0.0004906 ≒ 0.00049 m²

(2) 송수 유량= $\frac{\pi}{4}$ × 0.025² × 2 = 0.0009812 ≒ 0.00098 m³/s

(3) 송수 질량= $\frac{\pi}{4}$ × 0.025² × 2 × 1000 = 0.9812 ≒ 0.98 kg/s

03. 다음과 같은 사무실 (1)에 대해 주어진 조건에 따라 각 물음에 답하시오. (28점)

───────── [조건] ─────────

1. 사무실 (1)
   ① 층 높이 : 3.4 m, ② 천장 높이 : 2.8 m
   ③ 창문 높이 : 1.5 m, ④ 출입문 높이 : 2 m

2. 설계조건
   ① 실외 : 33℃ DB, 68 % RH, $x = 0.0218\,\mathrm{kg/kg'}$
   ② 실내 : 26℃ DB, 50 % RH, $x = 0.0105\,\mathrm{kg/kg'}$

3. 계산시각 : 오후 2시

4. 유리 : 보통유리 3 mm

5. 내측 베니션 블라인드 (색상은 중간색) 설치

6. 틈새바람이 없는 것으로 한다.

7. 1인당 신선외기량 : 25 m³/h

8. 조명
   ① 형광등 50 W/m²
   ② 천장 매입에 의한 제거율 없음

9. 중앙 공조 시스템이며, 냉동기＋AHU에 의한 전공기방식

10. 벽체 구조

외벽		(두께)	(열전도율)
모르타르	-----	30 mm -----	5.04 kJ/m²·h·K
콘크리트	-----	120 mm -----	5.88 kJ/m²·h·K
모르타르	-----	20 mm -----	5.04 kJ/m²·h·K
플라스터	-----	3 mm -----	2.226 kJ/m²·h·K
타일	-----	3 mm -----	0.924 kJ/m²·h·K

11. 내벽 열통과율 : 10.5 kJ/m²·h·K

12. 위·아래층은 동일한 공조상태이다.

13. 복도는 28℃이고, 출입문의 열관류율은 10.08 kJ/m²·h·K이다.

14. 공기 비중량 $\gamma = 1.2\,\mathrm{kg/m^3}$, 공기의 정압비열 $C_p = 1.008\,\mathrm{kJ/kg\cdot K}$
    이다.

15. 실내측$(\alpha_i) = 31.5\,\mathrm{kJ/m^2\cdot h\cdot K}$, 실외측$(\alpha_o) = 84\,\mathrm{kJ/m^2\cdot h\cdot K}$ 이다.

16. 실내 취출 공기 온도 16℃

17. 공기의 정압비열은 1.008 kJ/kg · K이다.

18. 인체발열과 일사량은 1 kcal는 4.2 kJ로 환산한다.

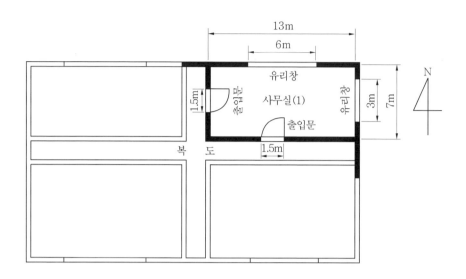

재실인원 1인당의 면적 A_f [m²/인]

	사무소건축		백화점, 상점			레스토랑	극장, 영화관의 관객석	학교의 보통교실
	사무실	회의실	평균	혼잡	한산			
일반 설계치	5	2	3.0	1.0	5.0	1.5	0.5	1.4

인체로부터의 발열설계치 (kcal/h·인)

작업상태	실온			27℃		26℃		21℃	
	예	전발열량		H_S	H_L	H_S	H_L	H_S	H_L
정좌	극장	88		49	39	53	35	65	23
사무소 업무	사무소	113		50	63	54	59	72	41
착석작업	공장의 경작업	189		56	133	62	127	92	97
보행 4.8 km/h	공장의 중작업	252		76	176	83	169	116	136
볼링	볼링장	365		117	248	121	244	153	212

외벽의 상당 외기온도차

시각	H	N	NE	E	SE	S	SW	W	NW
8	4.9	2.8	7.5	8.6	5.3	1.2	1.5	1.6	1.5
9	9.3	3.7	11.6	14.0	9.4	2.1	2.2	2.3	2.2
10	15.0	4.4	14.2	18.1	13.3	3.7	3.2	3.3	3.2
11	21.1	5.2	15.0	20.4	16.3	6.1	4.4	4.4	4.4
12	27.0	6.1	14.3	20.5	18.0	8.8	5.6	5.5	5.4

13	32.2	6.9	13.1	18.8	18.2	11.3	7.6	6.6	6.4
14	36.1	7.5	12.2	16.6	16.9	13.2	10.6	8.7	7.3
15	38.3	8.0	11.5	14.8	15.1	14.3	14.1	12.3	9.0
16	38.8	8.4	11.0	13.4	13.7	14.3	17.4	16.6	11.8
17	37.4	8.5	10.4	12.2	12.4	13.3	19.9	20.8	15.1
18	34.1	8.9	9.7	11.0	11.2	11.9	20.9	23.9	18.1

보통유리의 일사량 (kcal/m²·h)

	시 각	H	N	NE	E	SE	S	SW	W	NW
I_{GR}	6	73.9	76.0	270.5	294.4	139.3	21.5	21.5	21.5	21.5
	7	204.6	54.1	353.0	433.2	251.8	30.2	30.2	30.2	30.2
	8	351.1	36.0	313.3	449.9	308.3	35.9	35.9	35.9	35.9
	9	480.1	40.0	215.3	392.9	315.4	58.4	40.0	40.0	40.0
	10	575.4	42.7	100.4	276.9	276.9	100.5	42.7	42.7	42.7
	11	635.0	44.3	44.3	130.9	197.9	134.7	44.3	44.3	44.3
	12	655.2	44.8	44.8	44.8	101.3	147.4	101.3	44.8	44.8
	13	635.0	44.3	44.3	44.3	44.3	134.7	197.9	130.9	44.3
	14	575.4	42.7	42.7	42.7	42.7	100.5	276.9	276.9	100.4
	15	480.1	40.0	40.0	40.0	40.0	58.4	315.4	392.9	215.3
	16	351.1	36.0	35.9	35.9	35.9	35.9	308.3	449.9	313.3
	17	204.6	54.1	30.2	30.2	30.2	30.2	251.8	433.2	353.0
	18	73.9	76.0	21.5	21.5	21.5	21.5	139.3	294.4	270.6
I_{GC}	6	2.2	2.4	4.7	4.9	3.4	0.4	0.4	0.4	0.4
	7	12.0	8.7	13.4	14.2	12.3	7.4	7.4	7.4	7.4
	8	23.2	16.7	22.6	24.0	22.5	16.6	16.6	16.6	16.6
	9	32.9	24.7	29.7	31.7	30.9	25.7	24.7	24.7	24.7
	10	40.3	31.1	33.8	36.9	36.9	33.8	31.1	31.1	31.1
	11	44.4	34.5	34.5	38.2	39.2	38.3	34.5	34.5	34.5
	12	47.0	36.8	36.8	36.8	39.5	40.8	39.5	36.8	36.8
	13	47.9	37.9	37.9	37.9	37.9	41.7	42.6	41.6	37.9
	14	47.1	37.9	37.9	37.9	37.9	40.7	43.8	43.8	40.7
	15	46.0	37.9	37.9	37.9	37.9	38.9	44.0	44.8	42.8
	16	39.8	33.2	33.2	33.2	33.2	33.2	39.1	40.6	39.1
	17	33.1	29.8	28.6	28.5	28.5	28.5	33.5	35.4	34.6
	18	23.9	24.2	22.1	22.1	22.1	22.1	25.1	26.7	26.4

유리의 차폐계수

종류		차폐계수(k_s)
보통유리		1.00
마판유리		0.94
내측 venetian blind (보통유리)	엷은색	0.56
	중간색	0.65
	진한색	0.75
외측 venetian blind (보통유리)	엷은색	0.12
	중간색	0.15
	진한색	0.22

(1) 외벽체 열통과율(K)
(2) 벽체를 통한 부하
 ① 동 ② 서 ③ 남 ④ 북
(3) 출입문을 통한 부하
(4) 유리를 통한 부하
 ① 동 ② 북
(5) 인체부하
(6) 조명부하
(7) 송풍량($\mathrm{m^3/h}$)을 구하시오.
 ① 현열부하의 총합계($\mathrm{kJ/h}$) ② 송풍량($\mathrm{m^3/h}$)

[해답] (1) 외벽체 열통과율

① 열저항 $R = \dfrac{1}{K} = \dfrac{1}{31.5} + \dfrac{0.03}{5.04} + \dfrac{0.12}{5.88} + \dfrac{0.02}{5.04} + \dfrac{0.003}{2.226} + \dfrac{0.003}{0.924} + \dfrac{1}{84}$

② 열통과율 $K = \dfrac{1}{R} = 12.726 \fallingdotseq 12.73\,\mathrm{kJ/m^2 \cdot h \cdot K}$

(2) 벽체를 통한 부하
 ① 동 : $12.73 \times \{(7 \times 3.4) - (3 \times 1.5)\} \times 16.6 = 4078.437 \fallingdotseq 4078.44\,\mathrm{kJ/h}$
 ② 서 : $10.5 \times \{(7 \times 2.8) - (1.5 \times 2)\} \times (28 - 26) = 348.6\,\mathrm{kJ/h}$
 ③ 남 : $10.5 \times \{(13 \times 2.8) - (1.5 \times 2)\} \times (28 - 26) = 701.4\,\mathrm{kJ/h}$
 ④ 북 : $12.73 \times \{(13 \times 3.4) - (6 \times 1.5)\} \times 7.5 = 3360.72\,\mathrm{kJ/h}$
(3) 출입문을 통한 부하 $= 10.08 \times (1.5 \times 2 \times 2) \times (28 - 26) = 120.96\,\mathrm{kJ/h}$
(4) 유리를 통한 부하
 ① 동
  • 일사량 $= 42.7 \times 4.2 \times (3 \times 1.5) \times 0.65 = 524.567 \fallingdotseq 524.57\,\mathrm{kJ/h}$
  • 전도 대류열량 $= 37.9 \times 4.2 \times (3 \times 1.5) = 716.31\,\mathrm{kJ/h}$
 ② 북
  • 일사량 $= 42.7 \times 4.2 \times (6 \times 1.5) \times 0.65 = 1049.139 \fallingdotseq 1049.14\,\mathrm{kJ/h}$
  • 전도 대류열량 $= 37.9 \times 4.2 \times (6 \times 1.5) = 1432.62\,\mathrm{kJ/h}$

(5) 인체부하

　① 감열 $= \dfrac{13 \times 7}{5} \times 54 \times 4.2 = 4127.76\,\text{kJ/h}$

　② 잠열 $= \dfrac{13 \times 7}{5} \times 59 \times 4.2 = 4509.96\,\text{kJ/h}$

(6) 조명부하 $= (13 \times 7 \times 50) \times 4.2 = 19110\,\text{kJ/h}$

(7) 송풍량

　① 현열량 $= 4078.44 + 348.6 + 701.4 + 3360.72 + 120.96 + 524.57 + 716.31$
　　　　　$+ 1049.14 + 1432.62 + 4127.76 + 19110 = 35570.52\,\text{kJ/h}$

　② 송풍량 $= \dfrac{35570.52}{1.2 \times 1.008 \times (26 - 16)} = 2940.684 \fallingdotseq 2940.68\,\text{m}^3/\text{h}$

---

04. 냉동장치 운전중에 발생되는 현상과 운전관리에 대한 다음 물음에 답하시오.

(1) 플래시가스(flash gas)에 대하여 설명하시오. (10점)

(2) 액압축(liquid hammer)에 대하여 설명하시오.

(3) 안전두(safety head)에 대하여 설명하시오.

(4) 펌프다운(pump down)에 대하여 설명하시오.

(5) 펌프아웃(pump out)에 대하여 설명하시오.

해답 (1) 플래시가스(flash gas) : 응축기에서 액화된 냉매가 증발기가 아닌 곳에서 기화된 가스를 말하며 팽창밸브를 통과할 때 가장 많이 발생되고, 액관에서 발생되는 경우에는 증발기에 공급되는 냉매순환량이 감소하여 냉동능력이 감소한다. 방지법으로 팽창밸브 직전의 냉매를 과냉각(5℃ 정도)시킨다.

(2) 액압축(liquid hammer) : 팽창밸브 개도를 과대하게 열거나 증발기 코일에 적상이 생기거나 냉동부하의 감소로 인하여 증발하지 못한 액냉매가 압축기로 흡입되어 압축되는 현상으로 소음과 진동이 발생되고 심하면 압축기가 파손된다. 파손 방지를 위하여 내장형 안전밸브(안전두)가 설치되어 있다.

(3) 안전두(safety head) : 압축기 실린더 상부 밸브 플레이트(변판)에 설치한 것으로 냉매액이 압축기에 흡입되어 압축될 때 파손을 방지하기 위하여 작동되며 가스는 압축기 흡입측으로 분출된다 (작동압력 = 정상고압 + 2~3 kg/cm²).

(4) 펌프다운(pump down) : 냉동장치 저압측을 수리하거나 장기간 휴지(정지) 시에 저압측의 냉매를 고압측의 수액기로 회수하는 것이다. 이때 저압측 압력은 0.1 kg/cm²·g 가까이로 보존한다.

(5) 펌프아웃(pump out) : 냉동장치 고압측을 수리할 때 냉매를 저압측(증발기) 또는 외부 용기로 숙청하여 보관하는 방법이다(정비가 끝나면 진공시험 후에 정상으로 회수 또는 충전시킨다).

05. 다음 그림은 −100℃ 정도의 증발온도를 필요로 할 때 사용되는 2원 냉동 사이클의 $P-h$ 선도이다. $P-h$ 선도를 참고로 하여 각 지점의 엔탈피로서 2원 냉동 사이클의 성적계수(ε)를 나타내시오. (단, 저온 증발기의 냉동능력 : Q_{2L}, 고온 증발기의 냉동능력 : Q_{2H}, 저온부의 냉매 순환량 : G_1, 고온부의 냉매 순환량 : G_2) (10점)

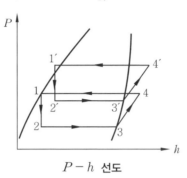

$P-h$ 선도

해답 성적계수 $\varepsilon = \dfrac{Q_{2L}}{G_1(h_4-h_3)+G_2(h_4{}'-h_3{}')}$

06. 다음과 같은 벽체의 열관류율(kcal/m²·h·℃)을 계산하시오. (6점)

[표 1] 재료표

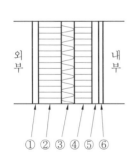

재료 번호	재료 명칭	재료 두께 (mm)	열전도율 (kJ/m·h·K)
①	모르타르	20	4.704
②	시멘트 벽돌	100	2.814
③	글라스 울	50	0.126
④	시멘트 벽돌	100	2.814
⑤	모르타르	20	4.704
⑥	비닐벽지	2	0.84

[표 2] 벽 표면의 열전달률(kJ/m²·h·K)

실내측	수직면	31.5
실외측	수직면	84

해답 열저항 $R = \dfrac{1}{31.5} + \dfrac{0.02}{4.704} + \dfrac{0.1}{2.814} + \dfrac{0.05}{0.126} + \dfrac{0.1}{2.814} + \dfrac{0.02}{4.704} + \dfrac{0.002}{0.84} + \dfrac{1}{84}$

$[\mathrm{m^2 \cdot h \cdot K/kJ}]$

∴ 열관류율 $K = \dfrac{1}{R} = 1.913 ≒ 1.91\,\mathrm{kJ/m^2 \cdot h \cdot K}$

07. 다음 그림과 같이 ABCD로 운전되는 장치가 운전상태가 변하여 A′BCD′로 사이클이 변동하는 경우 장치의 냉동능력과 소요동력은 몇 % 변화하는가? (단, 압축기는 동일한 상태이고, ABCD 운전과정은 A 사이클, A′BCD′ 운전과정을 B 사이클로 한다. 해답은 백분율 %로 표시한다.) (10점)

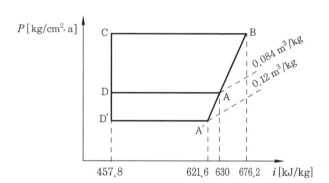

	체적효율	압축효율	기계효율
A	0.7	0.7	0.8
B	0.6	0.6	0.7

해답 (1) 냉동능력 변동률 (피스톤 압출량을 $1\,\mathrm{m^3/h}$로 가정한다.)

① $R_A = \dfrac{1 \times (630 - 457.8)}{0.084} \times 0.7 = 1435\,\mathrm{kJ/h}$

② $R_B = \dfrac{1 \times (621.6 - 457.8)}{0.12} \times 0.6 = 819\,\mathrm{kJ/h}$

③ $\% = \dfrac{R_A - R_B}{R_A} \times 100 = \dfrac{1435 - 819}{1435} \times 100 = 42.9268 \fallingdotseq 42.927\,\%$

④ A 사이클이 B 사이클보다 냉동능력이 $42.927\,\%$ 더 양호하다.

(2) 소요동력 변동률 (냉동능력을 1 RT로 가정한다.)

① $N_A = \dfrac{3320 \times 4.2 \times (676.2 - 630)}{(630 - 457.8) \times 0.7 \times 0.8} = 6680.487 \fallingdotseq 6680.49\,\mathrm{kJ/h}$

② $N_B = \dfrac{3320 \times 4.2 \times (676.2 - 621.6)}{(621.6 - 457.8) \times 0.6 \times 0.7} = 11066.666 \fallingdotseq 11066.67\,\mathrm{kJ/h}$

③ $\% = \dfrac{N_B - N_A}{N_A} \times 100 = \dfrac{11066.67 - 6680.49}{6680.49} \times 100 = 65.6565 \fallingdotseq 65.657\,\%$

④ A 사이클이 B 사이클보다 소요동력이 $65.657\,\%$ 적게 소비된다.

08. 송풍기 총풍량 6000 m³/h, 송풍기 출구 풍속을 7 m/s로 하는 다음의 덕트 시스템에서 등마찰손실법에 의하여 Z-A-B, B-C, C-D-E 구간의 원형 덕트의 크기와 덕트 풍속을 구하시오. (10점)

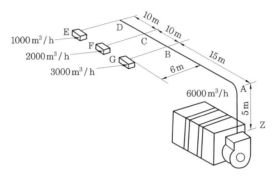

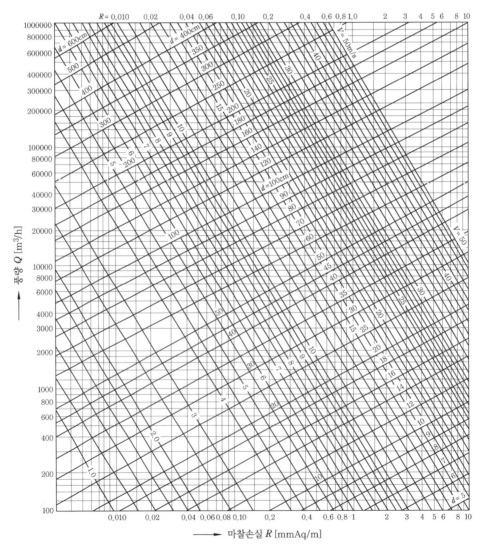

구간	원형 덕트 크기 (cm)	풍속 (m/s)
Z−A−B		
B−C		
C−D−E		

해답

구간	원형 덕트 크기 (cm)	풍속 (m/s)
Z−A−B	57	−
B−C	43.75	5.83
C−D−E	28.5	4.5

09. 건구온도 25℃, 상대습도 50 % 5000 kg/h의 공기를 15℃로 냉각할 때와 35℃로 가열할 때의 열량을 공기 선도에 작도하여 엔탈피로 계산하시오. (단, 공기선도에서 엔탈피는 1 kcal를 4.2 kJ로 환산한다.) (10점)

해답

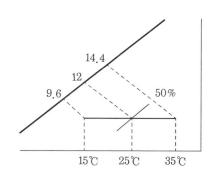

(1) 25℃에서 15℃로 냉각할 때의 열량 = $5000 \times (12 - 9.6) \times 4.2 = 50400 \, \text{kJ/h}$
(2) 25℃에서 35℃로 가열할 때의 열량 = $5000 \times (14.4 - 12) \times 4.2 = 50400 \, \text{kJ/h}$

2015년도 시행 문제

01. 다음과 같이 3중으로 된 노벽이 있다. 이 노벽의 내부온도를 1370℃, 외부온도를 280℃로 유지하고, 또 정상상태에서 노벽을 통과하는 열량을 14700 kJ/m²·h로 유지하고자 한다. 이때 사용온도 범위 내에서 노벽 전체의 두께가 최소가 되는 벽의 두께를 결정하시오. (10점)

해답 [풀이] 1. 푸리에(Fourie)의 열전도법칙에 의하여,

$$\text{벽 I } \quad Q = \lambda_1 F \frac{t_1 - t_{w_1}}{\delta_1} \quad \cdots\cdots\cdots\cdots\cdots\cdots\cdots ①$$

$$\text{벽 II } \quad Q = \lambda_2 F \frac{t_{w_1} - t_{w_2}}{\delta_2} \quad \cdots\cdots\cdots\cdots\cdots\cdots\cdots ②$$

$$\text{벽 III } \quad Q = \lambda_3 F \frac{t_{w_2} - t_2}{\delta_3} \quad \cdots\cdots\cdots\cdots\cdots\cdots\cdots ③$$

①, ②, ③ 식을 대입하여 풀면,

$$Q = \frac{1}{\dfrac{\delta_1}{\lambda_1} + \dfrac{\delta_2}{\lambda_2} + \dfrac{\delta_3}{\lambda_3}} F(t_1 - t_2) = \lambda F \frac{(t_1 - t_2)}{\delta}$$

여기서, $\dfrac{\delta}{\lambda} = \dfrac{\delta_1}{\lambda_1} + \dfrac{\delta_2}{\lambda_2} + \dfrac{\delta_3}{\lambda_3}$

Fourie 식에 의해서,

① $\delta_1 = \dfrac{\lambda_1(t_1 - t_{w_1})}{Q} = \dfrac{6.3 \times (1370 - 980)}{14700} = 0.16714 \, \text{m} = 167.14 \, \text{mm}$

② 단열벽과 철판 사이 온도 $t_{w_2} = t_2 + \dfrac{Q\delta_3}{\lambda} = 280 + \dfrac{14700 \times 0.005}{147} = 280.5\,℃$

③ $\delta_2 = \dfrac{\lambda_2(t_{w_1} - t_{w_2})}{Q} = \dfrac{1.26 \times (980 - 280.5)}{14700} = 0.059957\,\text{m} = 59.957\,\text{mm}$

　$≒ 59.96\,\text{mm}$

④ $\delta = \delta_1 + \delta_2 + \delta_n = 167.14 + 59.96 + 5 = 232.1\,\text{mm}$

[풀이] 2. ① 열관류량 $K = \dfrac{Q}{F\Delta t} = \dfrac{14700}{1 \times (1370 - 280)} = 13.4862\,\text{kJ/m}^2 \cdot \text{h} \cdot \text{K}$

　② 내화벽돌 δ_1 두께 $Q = K \cdot F\Delta t = \dfrac{\lambda_1}{\delta_1} F\Delta t_1$ 에서,

　　$\therefore \delta_1 = \dfrac{\lambda_1 F\Delta t_1}{k \cdot F\Delta t} = \dfrac{6.3 \times (1370 - 980)}{13.4862 \times (1370 - 280)} = 0.167143\,\text{m} = 167.14\,\text{mm}$

　③ 단열벽돌 δ_2 두께 $\dfrac{\delta_2}{\lambda_2} = \dfrac{1}{K} - \dfrac{\delta_1}{\lambda_1} - \dfrac{0.005}{147}$

　　　　　$= \left(\dfrac{1}{13.4862} - \dfrac{0.16714}{6.3} - \dfrac{0.005}{147} \right) \times 1.26$

　　$\therefore \delta_2 = 0.059957\,\text{m} = 59.96\,\text{mm}$

　④ 전체 두께 $\delta = \delta_1 + \delta_2 + 5 = 167.14 + 59.96 + 5 = 232.1\,\text{mm}$

---

02. 다음 그림은 사무소 건물의 기준 층에 위치한 실의 일부를 나타낸 것이다. 각종 설계조건으로부터 대상실의 냉방부하를 산출하고자 한다. 주어진 조건을 이용하여 냉방부하를 계산하시오. (25점)

> ─── [설계조건] ───
>
> 1. 외기조건 : 32℃ DB, 70 % RH
>
> 2. 실내 설정조건 : 26℃ DB, 50 % RH
>
> 3. 열관류율
>
> 　① 외벽 : 2.1 kJ/m²·h·K　　　② 유리창 : 23.1 kJ/m²·h·K
>
> 　③ 내벽 : 8.4 kJ/m²·h·K　　　④ 유리창 차폐계수 = 0.71
>
> 4. 재실인원 : 0.2 인/m²
>
> 5. 인체 발생열 : 현열 205.8 kJ/h·인, 잠열 222.6 kJ/h·인
>
> 6. 조명부하 : 84 kJ/m²·h
>
> 7. 틈새바람에 의한 외풍은 없는 것으로 하며, 인접실의 실내조건은 대상실과 동일하다.
>
> 8. 일사열량 1 kcal는 4.2 kJ로 환산한다.

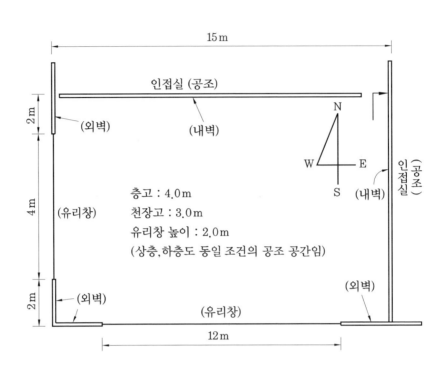

[표 1] 유리창에서의 일사열량 (kcal/m²·h)

시간 \ 방위	수평	N	NE	E	SE	S	SW	W	NW
10	629	39	101	312	312	101	39	39	39
12	726	43	43	43	103	156	103	43	43
14	629	39	39	39	39	101	312	312	101
16	379	28	28	28	28	28	343	493	349

[표 2] 상당온도차 (하기 냉방용 (deg))

시간 \ 방위	수평	N	NE	E	SE	S	SW	W	NW
10	12.8	3.9	10.9	14.2	11.0	4.0	3.2	3.3	5.2
12	21.4	5.6	10.6	14.9	13.8	8.1	5.6	5.3	5.2
14	27.2	7.0	9.8	12.4	12.6	11.2	10.2	8.7	7.0
16	26.2	7.6	9.4	10.9	11.0	11.6	15.0	15.0	11.2

(1) 설계조건에 의해 12시, 14시, 16시의 냉방부하를 구하시오.

① 구조체에서의 부하

② 유리를 통한 일사에 의한 열부하

③ 실내에서의 부하

(2) 실내 냉방부하의 최대 발생시각을 결정하고, 이때의 현열비를 구하시오.

(3) 최대 부하 발생시의 취출풍량(m³/h)을 구하시오. (단, 취출온도는 15℃, 공기의 비열 1.008 kJ/kg·K, 공기의 비중량 1.2 kg/m³로 한다. 또한, 실내의 습도 조절은 고려하지 않는다.)

해답 (1) ① 구조체에서의 부하

벽체	방위	면적 (m²)	열관류율 (kJ/ m²·h·K)	12시		14시		16시	
				Δt	kJ/h	Δt	kJ/h	Δt	kJ/h
외벽	S	36	2.1	8.1	612.36	11.2	846.72	11.6	876.96
유리창	S	24	23.1	6	3326.4	6	3326.4	6	3326.4
외벽	W	24	2.1	5.3	267.12	8.7	438.48	15	756
유리창	W	8	23.1	6	1108.8	6	1108.8	6	1108.8
				계	5314.68	계	5720.4	계	6068.16

② 유리를 통한 일사에 의한 취득열량

종류	방위	면적	차폐계수	12시		14시		16시	
				일사량	kJ/h	일사량	kJ/h	일사량	kJ/h
유리창	S	24	0.71	4.2×156	11164.608	4.2×101	7228.368	4.2×28	2003.904
유리창	W	8	0.71	4.2×43	1025.808	4.2×312	7443.072	4.2×493	11761.008

③ 실내에서의 부하

- 인체 : $(15 \times 8 \times 0.2 \times 205.8) + (15 \times 8 \times 0.2 \times 222.6) = 10281.8$ kJ/h
- 조명 : $15 \times 8 \times 84 = 10080$ kJ/h

(2) 최대 부하 발생시각은 14시

① 현열 = $1362 + (15 \times 8 \times 0.2 \times 205.8) + 3493.2 + 2400 = 35411.04$ kJ/h

② 잠열 = $15 \times 8 \times 0.2 \times 222.6 = 5342.4$ kJ/h

③ 현열비 = $\dfrac{35411.04}{35411.04 + 5342.4} = 0.868 ≒ 0.87$

(3) $q_S = Q \gamma C_p (t_r - t_c)$

$Q = \dfrac{35411.04}{1.2 \times 1.008 \times (26 - 15)} = 2661.363 ≒ 2661.36 \, \text{m}^3/\text{h}$

03. 어떤 방열벽의 열통과율이 1.26 kJ/m²·h·K이며, 벽 면적은 1000 m²인 냉장고가 외기온도 30℃에서 사용되고 있다. 이 냉장고의 증발기는 열통과율이 105 kJ/m²·h·K이고 전열면적은 24 m²이다. 이때 각 물음에 답하시오. (단, 이 식품 이외의 냉장고 내 발생열 부하는 무시하며, 증발온도는 −10℃로 한다.) (14점)

(1) 냉장고 내 온도가 0℃일 때 외기로부터 방열벽을 통해 침입하는 열량은 몇 kJ/h인가?

(2) 냉장고 내 열전달률 21 kJ/m²·h·K, 전열면적 600 m², 온도 10℃인 식품을 보관했을 때 이 식품의 발생열 부하에 의한 고내 온도는 몇 ℃가 되는가?

해답 (1) 방열벽으로 침입하는 열량 $= 1.26 \times 1000 \times (30 - 0) = 37800 \, \text{kJ/h}$

(2) 식품에 의한 고내 온도 $= 105 \times 24 \times \{t - (-10)\}$
$$= 21 \times 600 \times (10 - t)$$
$$= 2520t + 25200 = 126000 - 12600t$$

$$\therefore \ t = \frac{126000 - 25200}{12600 + 25200} = 6.666 \fallingdotseq 6.67 \, ℃$$

04. 다음과 같은 공조기 수배관에서 각 구간의 관지름과 펌프용량을 결정하시오. (단, 허용마찰손실은 $R = 80 \, \text{mmAq/m}$이며, 국부저항 상당길이는 직관길이와 동일한 것으로 한다.) (15점)

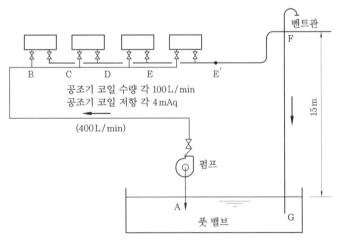

공조기 코일 수량 각 100L/min
공조기 코일 저항 각 4mAq
(400L/min)

구간	직관길이
A−B	50 m
B−C	5 m
C−D	5 m
D−E	5 m
E′−F	10 m

관지름에 따른 유량($R = 80 \, \text{mmAq/m}$)

관지름 (mm)	32	40	50	65	80
유량 (L/min)	90	180	380	570	850

(1) 각 구간의 빈곳을 완성하시오.

구간	유량 (L/min)	R [mmAq/m]	관지름 (mm)	직관길이 l [m]	상당길이 l' [m]	마찰저항 P [mmAq]	비고
A-B		80					-
B-C		80					-
C-D		80					-
D-E		80					-
E'-F		80					-
F-G		80		15	-	-	실양정

(2) 펌프의 양정 H [m] 과 수동력 P [kW] 을 구하시오.

해답 (1)

구간	유량 (L/min)	R [mmAq/m]	관지름 (mm)	직관길이 l [m]	상당길이 l' [m]	마찰저항 P [mmAq]	비고
A-B	400	80	65	50	50	8000	-
B-C	300	80	50	5	5	800	-
C-D	200	80	50	5	5	800	-
D-E	100	80	40	5	5	800	-
E'-F	400	80	65	10	10	1600	-
F-G	400	80	65	15	-	-	실양정

(2) 펌프의 양정 H [m], 수동력 P [kW]

① 양정 $H = \{8000 + (800 \times 3) + 1600\} \times \dfrac{1}{1000} + 4 + 15 = 31\,\mathrm{mAq}$

② 수동력 $P = \dfrac{1000 \times 0.4 \times 31}{102 \times 60} = 2.026 \fallingdotseq 2.03\,\mathrm{kW}$

---

05. 냉동 장치에 사용되는 증발압력 조정밸브(EPR), 흡입압력 조정밸브(SPR), 응축압력 조절밸브(절수밸브; WRV)에 대해서 설치위치와 작동원리를 서술하시오. (13점)

해답 (1) 증발압력 조정밸브 (evaporator pressure regulator)
① 설치위치 : 증발기와 압축기 사이의 흡입관에서 증발기 출구에 설치한다.
② 작동원리 : 밸브 입구 압력에 의해서 작동되고 압력이 높으면 열리고, 낮으면 닫혀서 증발압력이 일정압력 이하가 되는 것을 방지한다.
(2) 흡입압력 조정밸브 (suction pressure regulator)
① 설치위치 : 증발기와 압축기 사이의 흡입관에서 압축기 입구에 설치한다.
② 작동원리 : 밸브 출구 압력에 의해서 작동되고 압력이 높으면 닫히고, 낮으면 열려서 흡입압력이 일정압력 이상이 되는 것을 방지한다.

(3) 응축압력 조절밸브 (절수밸브)
   ① 설치위치 : 응축기 입구 냉각수 배관에 설치한다.
   ② 작동원리 : 압력 작동식과 온도 작동식 급수밸브가 있고, 압축기 토출압력에 의
      해서 응축기에 공급되는 냉각 수량을 증감시켜서 응축압력을 안정시키고, 경제
      적인 운전을 하며 냉동기 정지 시 냉각수 공급도 정지시킨다.

06. 다음 도면은 2대의 압축기를 병렬 운전하는 1단 압축 냉동장치의 일부이다. 토출가
스 배관에 유분리기를 설치하여 완성하시오.   (6점)

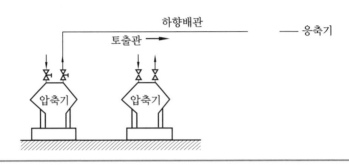

해답

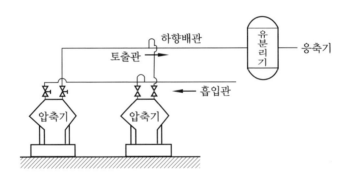

07. 공기조화 부하에서 극간풍 (틈새바람)을 구하는 방법 3가지와 틈새바람을 방지하는
방법 3가지를 서술하시오.   (12점)

해답 (1) 틈새바람을 결정하는 방법
   ① 환기 횟수에 의한 방법
   ② 극간 길이에 의한 방법 (crack법)
   ③ 창면적에 의한 방법
   ④ 출입문의 극간풍
   ⑤ 건물 내의 개방문
(2) 극간풍 (틈새바람)을 방지하는 방법
   ① 에어 커튼 (air curtain)의 사용

② 회전문을 설치

③ 충분한 간격을 두고 이중문을 설치

④ 실내를 가압하여 외부압력보다 높게 유지하는 방법

⑤ 건축의 건물 기밀성 유지와 현관의 방풍실 설치, 중간의 구획 등

08. 다음 그림과 같은 중앙식 공기조화설비의 계통도에서 각 기기의 명칭을 [보기]에서 골라 쓰시오. (5점)

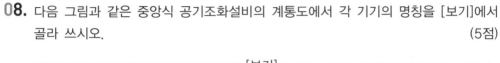

─────── [보기] ───────

1. 송풍기	2. 보일러	3. 냉동기
4. 공기조화기	5. 냉수펌프	6. 냉매펌프
7. 냉각수 펌프	8. 냉각탑	9. 공기가열기
10. 에어 필터	11. 응축기	12. 증발기
13. 공기냉각기	14. 냉매건조기	15. 트랩
16. 가습기	17. 보일러 급수펌프	

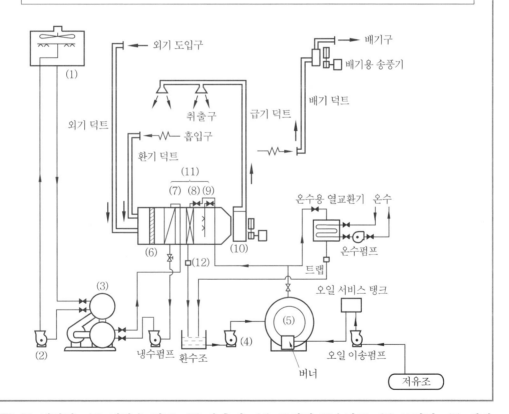

해답 (1) 냉각탑, (2) 냉각수 펌프, (3) 응축기, (4) 보일러 급수펌프, (5) 보일러, (6) 에어 필터, (7) 공기냉각기, (8) 공기가열기, (9) 가습기, (10) 송풍기, (11) 공기조화기, (12) 트랩

▶ **2015. 7. 12 시행**　　　※ 이 문제는 수검자의 기억을 통하여 복원된 것입니다.

01. 흡수식 냉동장치에서 다음 물음에 답하시오.　　　　　　　　　　　(6점)

(1) 빈칸에 냉매와 흡수제를 쓰시오.

냉매	흡수제

(2) 다음 흡수제의 구비 조건 중 맞으면 ○, 틀리면 ×하고 수정하시오.
　① 용액의 증기압이 높을 것 (　　)
　② 용액의 농도변화에 의한 증기압의 변화가 작을 것 (　　)
　③ 재생하는 열량이 낮을 것 (　　)
　④ 점도가 높고 부식성이 높을 것 (　　)

해답 (1)

냉매	흡수제
NH_3	H_2O
H_2O	LiBr

참고 냉매와 흡수제

냉매	흡수제
암모니아 (NH_3)	물 (H_2O)
암모니아 (NH_3)	로단암모니아 (NH_4CHS)
물 (H_2O)	황산 (H_2SO_4)
물 (H_2O)	가성칼리 (KOH) 또는 가성소다 (NaOH)
물 (H_2O)	취화리튬 (LiBr) 또는 염화리튬 (LiCl)
염화에틸 (C_2H_5Cl)	4클로로에탄 (C_2H_2Cl)
트리올 (C_7H_8) 또는 (C_5H_{12})	파라핀유 (油)
메탄올 (CH_3OH)	취화리튬메탄올용액 ($LiBr + CH_3OH$)
R-21 ($CHFCl_2$) 메틸클로라이드 (CH_2Cl_2)	4에틸렌글리콜2메틸에테르 ($CH_3-O-(CH_2)_4-O-CH_3$)

(2) ① 용액의 증기압이 높을 것 (×)

【수정】용액의 증기압이 낮을 것

② 용액의 농도변화에 의한 증기압의 변화가 작을 것 (○)

③ 재생하는 열량이 낮을 것 (×)

【수정】재생에 많은 열량을 필요로 하지 않을 것

④ 점도가 높고 부식성이 높을 것 (×)

【수정】점도가 높지 않고 부식성이 없을 것

참고 흡수제의 구비조건

① 용액(溶液)의 증기압이 낮을 것

② 농도(濃度)변화에 의한 증기압의 변화가 작을 것

③ 증발하지 않거나 증발할 경우 증발온도가 냉매의 증발온도와 차이가 있을 것(같은 압력에서)

④ 재생(再生)에 많은 열량을 필요로 하지 않을 것

⑤ 점도(粘度)가 높지 않을 것

⑥ 부식성이 없을 것

---

02. 송풍기(fan)의 전압 효율이 45 %, 송풍기 입구와 출구에서의 전압차가 120 mmAq 로서, 10200 m³/h의 공기를 송풍할 때 송풍기의 축동력(PS)을 구하시오. (4점)

해답 축동력 $= \dfrac{120 \times 10200}{75 \times 3600 \times 0.45} = 10.074 \text{ PS}$

---

03. 2단 압축 1단 팽창 암모니아 냉매를 사용하는 냉동장치가 응축온도 30℃, 증발온도 −32℃, 제1 팽창밸브 직전의 냉매액 온도 25℃, 제2 팽창밸브 직전의 냉매액 온도 0℃, 저단 및 고단 압축기 흡입증기를 건조포화증기라고 할 때 다음 각 물음에 답하시오. (단, 저단 압축기 냉매 순환량은 1 kg/h이다.) (15점)

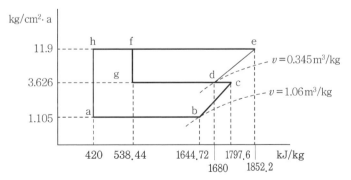

(1) 냉동장치의 장치도를 그리고 각 점(a~h)의 상태를 나타내시오.

(2) 중간냉각기에서 증발하는 냉매량을 구하시오.

(3) 중간냉각기의 기능 3가지를 쓰시오.

해답 (1) 냉동장치도

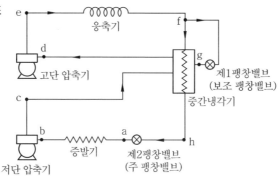

(2) 중간냉각기에서 증발하는 냉매량

$$G_o = G_L \frac{(h_c - h_d) + (h_g - h_a)}{h_d - h_g} = 1 \times \frac{(1797.6 - 1680) + (538.44 - 420)}{1680 - 538.44}$$

$$= 0.206 \fallingdotseq 0.21 \, \text{kg/h}$$

(3) 중간냉각기의 기능

① 팽창밸브 직전의 액냉매를 과냉각시켜서 플래시 가스의 발생을 감소시켜 냉동효과를 증가시킨다.

② 저단 압축기 토출가스 온도의 과열도를 감소시켜서 고단 압축기의 과열 압축을 방지하여 토출가스 온도의 상승을 감소시킨다.

③ 고단 압축기의 액압축을 방지한다.

---

04. 다음과 같은 온수난방설비에서 각 물음에 답하시오. (단, 방열기 입출구 온도차는 10℃, 국부저항 상당관 길이는 직관길이의 50 %, 1 m당 마찰손실수두는 15 mmAq , 물의 정압비열은 4.2 kJ/kg · K이다.) (9점)

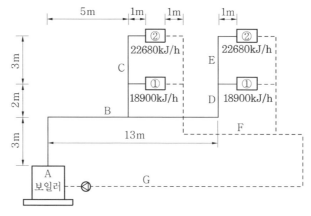

(1) 순환펌프의 전마찰손실수두(mmAq)를 구하시오. (단, 환수관의 길이는 30 m이다.)

(2) ①과 ②의 온수순환량(L/min)을 구하시오.

(3) 각 구간의 온수순환수량을 구하시오.

구간	B	C	D	E	F	G
순환수량 (L/min)						

해답 (1) 전마찰손실수두

$$H = (3 + 13 + 2 + 3 + 1 + 30) \times 1.5 \times 15 = 1170 \text{ mmAq}$$

(2) ①과 ②의 온수순환량

- ①의 온수순환량 $= \dfrac{18900}{4.2 \times 10 \times 60} = 7.5 \text{ kg/min} \fallingdotseq 7.5 \text{ L/min}$

- ②의 온수순환량 $= \dfrac{22680}{4.2 \times 10 \times 60} = 9 \text{ kg/min} \fallingdotseq 9 \text{ L/min}$

- 합계수량 $= 7.5 + 9 = 16.5 \text{ L/min}$

(3) 구간의 온수순환량

구간	B	C	D	E	F	G
순환수량 (L/min)	33	9	16.5	9	16.5	33

05. 다음은 저압증기 난방설비의 방열기 용량 및 증기 공급관 (복관식)을 나타낸 것이다. 설계조건과 주어진 증기관 용량표를 이용하여 물음에 답하시오. (17점)

[조건]

1. 보일러의 상용 게이지 압력 P_b 는 0.3 kg/cm²이며, 가장 먼 방열기의 필요압력 P_r 은 0.25 kg/cm², 보일러로부터 가장 먼 방열기까지의 거리는 50 m이다.

2. 배관의 이음, 굴곡, 밸브 등의 직관 상당길이는 직관길이의 100 %로 한다. 또한 증기 횡주관의 경우 관말 압력강하를 방지하기 위하여 관지름은 50 A 이상으로 설계한다.

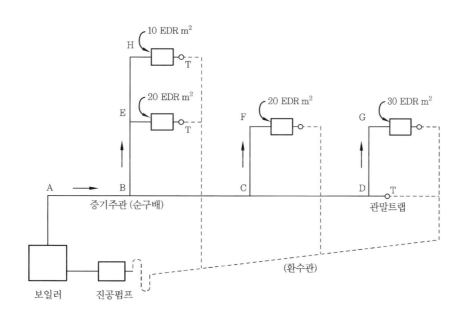

저압 증기관의 용량표 (상당방열면적 m²당)

압력 강하 \ 관지름 (A)	순구배 횡관 및 하향급기 수직관 (복관식 및 단관식)						역구배 횡관 및 상향급기 수직관			
	r : 압력강하 (kg/cm² · 100 m)						복관식		단관식	
	0.005	0.01	0.02	0.05	0.1	0.2	수직관	횡관	수직관	횡관
	A	B	C	D	E	F	G $^{+1}$	H $^{+3}$	I $^{+2}$	J $^{+3}$
20	2.1	3.1	4.5	7.4	10.6	15.3	4.5	–	3.1	–
25	3.9	5.1	8.4	14	20	29	8.4	3.7	5.7	3.0
32	7.7	11.5	17	28	41	59	17	8.2	11.5	6.8
40	12	17.5	26	42	61	88	26	12	17.5	10.4
50	22	33	48	80	115	166	48	21	33	18
65	44	64	94	155	225	325	90	51	63	34
80	70	102	150	247	350	510	130	85	96	55
90	104	150	218	360	520	740	180	134	135	85
100	145	210	300	500	720	1040	235	192	175	130
125	260	370	540	860	1250	1800	440	360		240
150	410	600	860	1400	2000	2900	770	610		
200	850	1240	1800	2900	4100	5900	1700	1340		
250	1530	2200	3200	3200	7300	10400	3000	2500		
300	2450	3500	3500	5000	11500	17000	4800	4000		

(1) 가장 먼 방열기까지의 허용 압력손실을 구하시오.

(2) 증기 공급관의 각 구간별 관지름을 결정하고 주어진 표를 완성하시오.

	구간	EDR [m²]	허용 압력손실 (kg/cm² · 100 m)	관지름 (A) mm
증기 횡주관	A−B			
	B−C			
	C−D			
상향 수직관	B−E			
	E−H			
	C−F			
	D−G			

해답 (1) 가장 먼 방열기까지의 허용 압력손실 수두

$$P = \frac{0.3 - 0.25}{50 + 50} \times 100 = 0.05 \text{ kg/cm}^2 \cdot 100 \text{ m}$$

(2) 증기 공급관의 각 구간별 관지름

	구간	EDR [m²]	허용 압력손실 (kg/cm² · 100 m)	관지름 (A) mm
증기 횡주관	A−B	80	0.05	50
	B−C	50	0.05	50
	C−D	30	0.05	50
상향 수직관	B−E	30	0.05	50
	E−H	10	0.05	32
	C−F	20	0.05	40
	D−G	30	0.05	50

06. 열교환기를 쓰고 그림 (a)와 같이 구성되는 냉동장치가 있다. 그 압축기 피스톤 압
출량 $V = 200$ m³/h이다. 이 냉동장치의 냉동 사이클은 그림 (b)와 같고 1, 2, 3, …
점에서의 각 상태값은 다음 표와 같은 것으로 한다. (10점)

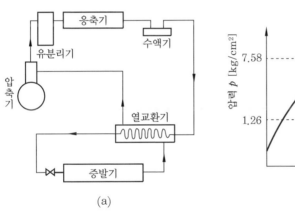

(a)

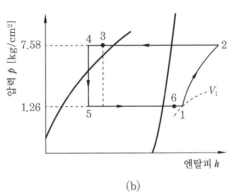

(b)

상태점	엔탈피 i [kJ/kg]	비체적 v [m³/kg]
h_1	565.95	0.125
h_2	609	
h_5	438.27	
h_6	556.5	0.12

위와 같은 운전조건에서 다음 (1), (2), (3)의 값을 계산식을 표시해 산정하시오.
(단, 위의 온도조건에서의 체적효율 $\eta_V = 0.64$, 압축효율 $\eta_c = 0.72$로 한다. 또한 성
적계수는 소수점 이하 2자리까지 구하고, 그 이하는 반올림한다.)

(1) 압축기의 냉동능력 R [kJ/h]

(2) 이론적 성적계수 ε_o

(3) 실제적 성적계수 ε

해답 (1) $R = \dfrac{200}{0.125} \times 0.64 \times (556.5 - 438.27) = 121067.52 \, \text{kJ/h}$

(2) $\varepsilon_o = \dfrac{556.5 - 438.27}{609 - 565.95} = 2.746 \fallingdotseq 2.75$

(3) $\varepsilon = 2.75 \times 0.72 = 1.98$

---

07. R-22 냉동장치에서 응축압력이 14.6 kg/cm$^2 \cdot$g (포화온도 40℃), 냉각수량 800 L/min, 냉각수 입구온도 32℃, 냉각수 출구온도 36℃, 열통과율 3192 kJ/m$^2 \cdot$h$\cdot$K일 때 냉각면적(m^2)을 구하시오. (단, 냉매와 냉각수의 평균온도차는 산술평균 온도차로 하며, 냉각수의 비열은 4.2 kJ/kg$\cdot$K이고, 비중량은 1.0 kg/L 이다.) (6점)

해답 냉각면적 $= \dfrac{(800 \times 60 \times 1) \times 4.2 \times (36 - 32)}{3192 \times \left(40 - \dfrac{32 + 36}{2}\right)} = 42.1052 \fallingdotseq 42.11 \, \text{m}^2$

---

08. ①의 공기상태 $t_1 = 25℃$, $x_1 = 0.022 \, \text{kg/kg}'$, $h_1 = 91.98 \, \text{kJ/kg}$, ②의 공기상태 $t_2 = 22℃$, $x_2 = 0.006 \, \text{kg/kg}'$, $h_2 = 37.8 \, \text{kJ/kg}$ 일 때 공기 ①을 25%, 공기 ②를 75 %로 혼합한 후의 공기 ③의 상태(t_3, x_3, h_3)를 구하고, 공기 ①과 공기 ③ 사이의 열수분비를 구하시오. (8점)

해답 (1) 혼합 후 공기 ③의 상태

- $t_3 = (0.25 \times 25) + (0.75 \times 22) = 22.75 ℃$
- $x_3 = (0.25 \times 0.022) + (0.75 \times 0.006) = 0.01 \, \text{kg/kg}'$
- $h_3 = (0.25 \times 91.98) + (0.75 \times 37.8) = 51.345 \fallingdotseq 51.35 \, \text{kJ/kg}$

(2) 열수분비 $u = \dfrac{h_1 - h_3}{x_1 - x_3} = \dfrac{91.98 - 51.35}{0.022 - 0.01} = 3385.833 \fallingdotseq 3385.83 \, \text{kJ/kg}$

---

09. 액압축(liquid back or liquid hammering)의 발생원인 2가지와 액압축 방지(예방)법 4가지 및 압축기에 미치는 영향 2가지를 쓰시오. (10점)

해답 (1) 액압축의 발생원인

① 부하가 급격히 변동할 때
② 증발기에 유막이 형성되거나 적상 과대
③ 액분리기 기능 불량
④ 흡입지변이 갑자기 열렸을 때
⑤ 팽창밸브의 개도가 클 때

(2) 액압축 방지법

　① 냉동 부하의 변동을 적게 한다.

　② 냉매의 과잉 공급을 피한다 (팽창밸브의 적절한 조정).

　③ 극단적인 습압축을 피한다.

　④ 제상 및 배유 (적상 및 유막 제거)

　⑤ 능력에 대한 냉동기를 이상 운전하지 말 것

　⑥ 액분리기 용량을 크게 하여 기능을 좋게 한다.

　⑦ 열교환기를 설치하여 흡입가스를 과열시킨다.

　⑧ 안전두를 설치하여 순간적 액압축을 방지하여 압축기를 보호한다.

(3) 압축기에 미치는 영향

　① 압축기 헤드에 적상 과다로 토출가스 온도 감소

　② 압축기 축봉부에 과부하 발생, 압축기에 소음과 진동이 발생

　③ 압축기가 파손될 우려가 있다.

---

10. 다음 그림과 같이 예열·혼합·순환수분무가습·가열하는 장치에서 실내현열부하가 14.8 kW이고, 잠열부하가 4.2 kW일 때 다음 물음에 답하시오. (단, 외기량은 전체 순환량의 25 %이다.)

(15점)

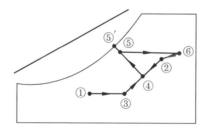

$h_1 = 14 \ \text{kJ/kg}$

$h_2 = 38 \ \text{kJ/kg}$

$h_3 = 24 \ \text{kJ/kg}$

$h_6 = 41.2 \ \text{kJ/kg}$

(1) 외기와 환기 혼합 엔탈피 h_4를 구하시오.

(2) 전체 순환공기량 (kg/h)을 구하시오.

(3) 예열부하 (kW)를 구하시오.

(4) 외기부하 (kW)를 구하시오.

(5) 난방코일부하 (kW)를 구하시오.

해답 (1) 혼합엔탈피 $h_4 = (0.25 \times 24) + (0.75 \times 38) = 34.5 \ \text{kJ/kg}$

(2) 순환공기량 $= \dfrac{(14.8 + 4.2) \times 3600}{41.2 - 38} = 21375 \ \text{kg/h}$

(3) 예열부하 $= 21375 \times 0.25 \times (24 - 14) \times \dfrac{1}{3600} = 14.843 \fallingdotseq 14.8 \ \text{kW}$

(4) 외기부하 $= 21375 \times 0.25 \times (38 - 24) \times \dfrac{1}{3600} = 20.781 \fallingdotseq 20.78 \ \text{kW}$

(5) 난방코일부하 $= 21375 \times (41.2 - 34.5) \times \dfrac{1}{3600} = 39.781 \fallingdotseq 39.78 \ \text{kW}$

참고 순환수분무가스 (단열가습)일 때는 $h_4 = h_5$ 엔탈피가 변화가 없이 일정하다.

▶ **2015. 10. 4 시행**　　　　※ 이 문제는 수검자의 기억을 통하여 복원된 것입니다.

01. 다음 그림과 같은 중앙식 공기조화설비의 계통도에서 각 기기의 명칭을 [보기]에서 골라 쓰시오. (10점)

┌─────────────── [보기] ───────────────┐
1. 송풍기	2. 보일러	3. 냉동기
4. 공기조화기	5. 냉수펌프	6. 냉매펌프
7. 냉각수 펌프	8. 냉각탑	9. 공기가열기
10. 에어 필터	11. 응축기	12. 증발기
13. 공기냉각기	14. 냉매건조기	15. 트랩
16. 가습기	17. 보일러 급수펌프	18. 취출구

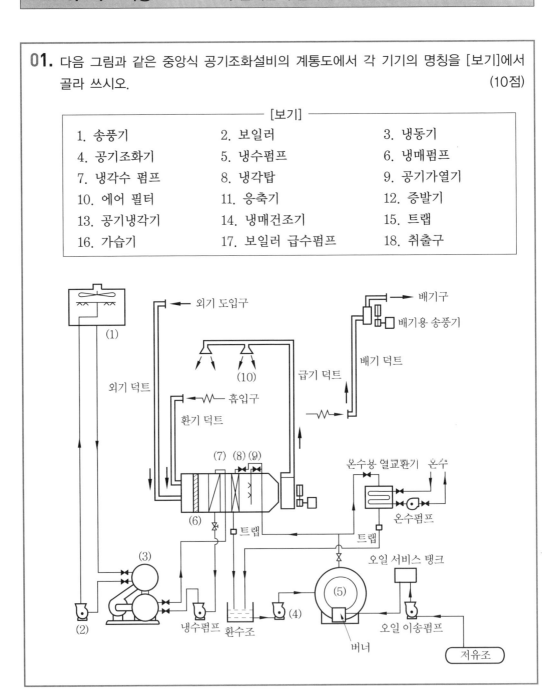

해답 (1) 냉각탑, (2) 냉각수 펌프, (3) 응축기, (4) 보일러 급수펌프, (5) 보일러, (6) 에어 필터, (7) 공기냉각기, (8) 공기가열기, (9) 가습기, (10) 취출구

02. 다음과 같은 운전조건을 갖는 브라인 쿨러가 있다. 전열면적이 25 m²일 때 각 물음에 답하시오. (10점)

———————————— [조건] ————————————
1. 브라인 비중 : 1.24
2. 브라인 비열 : 2.814 kJ/kg·K
3. 브라인의 유량 : 300 L/min
4. 쿨러로 들어가는 브라인 온도 : −18℃
5. 쿨러로 나오는 브라인 온도 : −23℃
6. 쿨러 냉매 증발온도 : −26℃

(1) 브라인 쿨러의 냉동부하 (kJ/h)를 구하시오.
(2) 브라인 쿨러의 열통과율 (kJ/m²·h·K)을 구하시오.

해답 (1) 냉동부하 $= \left(\dfrac{300}{1000} \times 60 \times 1240\right) \times 2.814 \times \{(-18)-(-23)\} = 314042.4\,\text{kJ/h}$

(2) 열통과율 $= \dfrac{314042.4}{25 \times \left\{\dfrac{(-18)+(-23)}{2} - (-26)\right\}} = 2283.943 \fallingdotseq 2283.94\,\text{kJ/h}$

03. 다음은 핫가스 제상방식의 냉동장치도이다. 제상요령을 설명하시오. (7점)

해답 (1) 팽창밸브 ①을 닫는다.
(2) 고압가스밸브 ②와 ③을 열어서 고압가스를 증발기로 유입시킨다.
(3) 밸브 ②는 감압밸브로서 과열증기를 교축시키면 압력은 낮아지지만 온도는 변화가 없으므로, 과열증기가 감열로 제상하고 압축기로 회수된다.
(4) 제상이 끝나면 밸브 ②와 ③을 닫고 팽창밸브 ①을 조정하여 정상 운전한다.

04. 다음과 같은 공조 시스템에 대해 계산하시오. (18점)

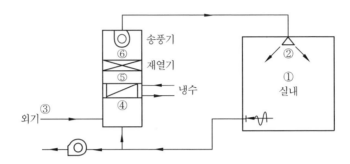

- 실내온도 : 25℃, 실내 상대습도 : 50 %
- 외기온도 : 31℃, 외기 상대습도 : 60 %
- 실내급기풍량 : 6000 m³/h, 취입외기풍량 : 1000 m³/h, 공기비중량 : 1.2 kg/m³
- 취출공기온도 : 17℃, 공조기 송풍기 입구온도 : 16.5℃, 공기정압비열 1.008 kJ/kg · K
- 공기냉각기 냉수량 : 1.4 L/s, 냉수입구온도 (공기냉각기) : 6℃, 냉수출구온도 (공기냉각기) : 12℃, 냉수의 정압비열은 4.2 kJ/kg · K
- 재열기 (전열기) 소비전력 : 5 kW
- 공조기 입구의 환기온도는 실내온도와 같다.
- 습공기 선도의 엔탈피는 1 kcal를 4.2 kJ로 환산한다.

(1) 실내 냉방 현열부하 (kJ/h)를 구하시오.

(2) 실내 냉방 잠열부하 (kJ/h)를 구하시오.

(3) 현열비 (SHF)를 구하시오.

해답 (1) 실내 냉방 현열부하 $= 6000 \times 1.2 \times 1.008 \times (25 - 17) = 58060.8 \, \text{kJ/h}$

(2) 실내 냉방 잠열부하

① 혼합공기온도 $t_4 = \dfrac{(5000 \times 25) + (1000 \times 31)}{6000} = 26 \, ℃$

② 냉각 코일 부하 $q_{cc} = (1.4 \times 3600) \times 4.2 \times (12 - 6) = 127008 \, \text{kJ/h}$

③ 냉각 코일 출구 엔탈피 $i_5 = 13 \times 4.2 - \dfrac{127008}{6000 \times 1.2} = 36.96 \, \text{kJ/kg}$

④ 냉각 코일 출구온도 $t_5 = 16.5 - \dfrac{5 \times 3600}{6000 \times 1.2 \times 1.008} = 14.019 ≒ 14.02 \, ℃$

⑤ 습공기 선도를 그리면 다음과 같다.

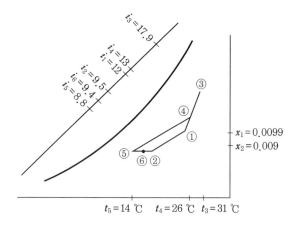

⑥ 잠열부하 $= 6000 \times 1.2 \times 597.3 \times 4.2 \times (0.0099 - 0.009)$

$\qquad = 16256.116 \fallingdotseq 16256.12\,\mathrm{kJ/h}$

(3) 현열비 $SHF = \dfrac{58060.8}{58060.8 + 16256.12} = 0.781 \fallingdotseq 0.78$

---

05. 다음과 같은 냉수코일의 조건을 이용하여 각 물음에 답하시오. (15점)

┌─────────── [냉수코일 조건] ───────────┐

- 코일부하(q_c) : 420000 kJ/h
- 통과풍량(Q_c) : 15000 m³/h
- 단수(S) : 26단
- 풍속(V_f) : 3 m/s
- 유효높이 $a = 992$ mm, 길이 $b = 1400$ mm, 관내경 $d_i = 12$ mm
- 공기입구온도 : 건구온도 $t_1 = 28℃$, 노점온도 $t_1{''} = 19.3℃$
- 공기출구온도 : 건구온도 $t_2 = 14℃$
- 코일의 입·출구 수온차 : 5℃(입구수온 7℃)
- 코일의 열통과율 : 3654 kJ/m²·h·K
- 습면보정계수 C_{WS} : 1.4

└──────────────────────────────────┘

(1) 전면 면적 A_f [m²]를 구하시오.

(2) 냉수량 L [L/min]를 구하시오.

(3) 코일 내의 수속 V_w [m/s]를 구하시오.

(4) 대수 평균온도차(평행류) Δt_m [℃]를 구하시오.

(5) 코일 열수(N)를 구하시오.

계산된 열수(N)	2.26~3.70	3.71~5.00	5.01~6.00	6.01~7.00	7.01~8.00
실제 사용 열수(N)	4	5	6	7	8

해답 (1) 전면 면적 $A_f = \dfrac{15000}{3 \times 3600} = 1.389 \fallingdotseq 1.39\ \mathrm{m}^2$

(2) 냉수량 $L = \dfrac{420000}{4.2 \times 5 \times 60} = 333.333$ kg/min $\fallingdotseq 333.33$ L/min

(3) 코일 내 수속 $V_w = \dfrac{0.33333 \times 4}{3.14 \times 0.012^2 \times 26 \times 60} = 1.89$ m/s

(4) 대수 평균온도차 $\Delta t_m = \dfrac{21 - 2}{\ln \dfrac{21}{2}} = 8.0803 \fallingdotseq 8.08$ ℃

$\Delta_1 = 28 - 7 = 21$℃, $\Delta_2 = 14 - 12 = 2$℃

(5) 코일 열수 $N = \dfrac{420000}{3654 \times 1.39 \times 1.4 \times 8.08} = 7.31 \fallingdotseq 8$열

---

06. 다음 조건에 대하여 각 물음에 답하시오. (20점)

───── [조건] ─────

구분	건구온도 (℃)	상대습도 (%)	절대습도 (kg/kg′)
실내	27	50	0.0112
실외	32	68	0.0206

1. 상·하층은 사무실과 동일한 공조상태이다.
2. 남쪽 및 서쪽벽은 외벽이 40 %이고, 창면적이 60 %이다.
3. 열관류율
   ① 외벽 : 12.222 kJ/m^2·h·K
   ② 내벽 : 14.7 kJ/m^2·h·K
   ③ 내부문 : 14.7 kJ/m^2·h·K
4. 유리는 6 mm 반사유리이고, 차폐계수는 0.65이다.
5. 인체 발열량
   ① 현열 : 197.4 kJ/h·인, ② 잠열 : 235.2 kJ/h·인
6. 침입외기에 의한 실내환기 횟수 : 0.5회/h
7. 실내 사무기기 : 200 W×5개, 실내조명 (형광등) : 20 W/m^2
8. 실내인원 : 0.2 인/m^2, 1인당 필요 외기량 : 25 m^3/h·인
9. 공기의 비중량은 1.2 kg/m^3, 정압비열은 1.008 kJ/kg·K이다.
10. 보정된 외벽의 상당외기 온도차 : 남쪽 8.4℃, 서쪽 5℃
11. 유리를 통한 열량의 침입 (1 kcal를 4.2 kJ로 환산한다.)

(kcal/m^2·h)

구분 ＼ 방위	동	서	남	북
직달일사 I_{GR}	28.7	171.9	58.2	28.7
전도대류 I_{GC}	43.2	82.4	58.2	43.2

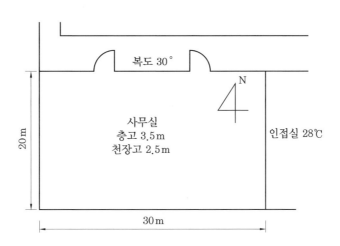

(1) 실내부하를 구하시오.

 ① 벽체를 통한 부하   ② 유리를 통한 부하

 ③ 인체부하   ④ 조명부하

 ⑤ 실내 사무기기 부하   ⑥ 틈새부하

(2) 위의 계산결과가 현열취득 $q_s = 151956 \text{ kJ/h}$, 잠열취득 $q_l = 51198 \text{ kJ/h}$라고 가정할 때 SHF를 구하시오.

(3) 실내취출 온도차가 10℃라 할 때 실내의 필요 송풍량 (m^3/h)을 구하시오.

(4) 환기와 외기를 혼합하였을 때 혼합온도를 구하시오.

해답 (1)

① $\begin{cases} \text{남외벽} = (30 \times 3.5 \times 0.4) \times 12.222 \times 8.4 = 4311.921 \fallingdotseq 4311.92 \text{ kJ/h} \\ \text{서외벽} = (20 \times 3.5 \times 0.4) \times 12.222 \times 5 = 1711.08 \text{ kJ/h} \\ \text{북쪽벽} = (2.5 \times 30) \times 14.7 \times (30-27) = 3307.5 \text{ kJ/h} \\ \text{동쪽벽} = (2.5 \times 20) \times 14.7 \times (28-27) = 735 \text{ kJ/h} \end{cases}$

 합계 열량 : 10065.5 kJ/h

② $\begin{cases} \text{남쪽창} \begin{cases} \text{일사량} = (30 \times 3.5 \times 0.6) \times 58.2 \times 4.2 \times 0.65 = 10009.818 \fallingdotseq 10009.82 \text{ kJ/h} \\ \text{전도대류} = (30 \times 3.5 \times 0.6) \times 58.2 \times 4.2 = 15399.72 \text{ kJ/h} \end{cases} \\ \text{서쪽창} \begin{cases} \text{일사량} = (20 \times 3.5 \times 0.6) \times 171.9 \times 4.2 \times 0.65 = 19710.054 \fallingdotseq 19710.05 \text{ kJ/h} \\ \text{전도대류} = (20 \times 3.5 \times 0.6) \times 82.4 \times 4.2 = 14535.36 \text{ kJ/h} \end{cases} \end{cases}$

 합계 열량 : 59654.95 kJ/h

③ $\begin{cases} \text{재실인원} = 20 \times 30 \times 0.2 = 120 \text{명} \\ \text{감열} = 120 \times 197.4 = 23688 \text{ kJ/h} \\ \text{잠열} = 120 \times 235.2 = 28224 \text{ kJ/h} \end{cases}$

④ $(20 \times 30 \times 20) \times \dfrac{1}{1000} \times 4200 = 50400 \text{ kJ/h}$

⑤ $200 \times 5 \times \dfrac{1}{1000} \times 3600 = 3600 \text{ kJ/h}$

⑥ $\begin{cases} 환기량 = (20 \times 30 \times 2.5) \times 0.5 = 750 \text{ m}^3/\text{h} \\ 감열 = 750 \times 1.2 \times 1.008 \times (32-27) = 4536 \text{ kJ/h} \\ 잠열 = 750 \times 1.2 \times 597.3 \times 4.2 \times (0.0206-0.0112) = 21223.263 ≒ 21223.26 \text{ kJ/h} \end{cases}$

(2) $SHF = \dfrac{151956}{151956 + 51198} = 0.7479 ≒ 0.75$

(3) $Q = \dfrac{151956}{1.2 \times 1.008 \times 10} = 12562.5 \text{ m}^3/\text{h}$

(4) 재실인원에 의한 외기 도입량

$25 \times 120 = 3000 \text{m}^3/\text{h}$

$t_m = \dfrac{27 \times (12562.5 - 3000) + 3000 \times 32}{12562.5} = 28.194 ≒ 28.19 ℃$

> **참고** ① 감열 $= 3000 \times 1.008 \times 1.2 \times (32-5) = 18144 \text{ kJ/h}$
> ② 잠열 $= 3000 \times 1.2 \times 597.3 \times 4.2 \times (0.0206 - 0.0112) = 84893.054 ≒ 84893.05 \text{ kJ/h}$

07. 다음과 같은 공기조화기를 통과할 때 공기상태 변화를 공기 선도 상에 나타내고 번호를 쓰시오. (5점)

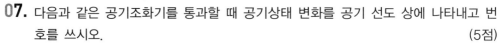

해답

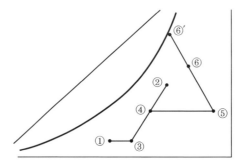

08. 포화공기표를 써서 다음 공기의 엔탈피를 산출하여 그 결과를 보고 어떠한 사실을 알 수 있는가를 설명하시오. (단, 1 kcal는 4.2 kJ로 환산한다.) (5점)

(1) 30℃ DB, 15℃ WB, 17% RH

(2) 25℃ DB, 15℃ WB, 33% RH

(3) 20℃ DB, 15℃ WB, 59% RH

(4) 15℃ DB, 15℃ WB, 100% RH

포화공기표

온도	포화공기의 수증기분압		절대습도	포화공기 의 엔탈피	건조공기 의 엔탈피	포화공기 의 비체적	건조공기 의 비체적
t	p_s	h_s	x_s	i_s	i_a	v_s	v_a
℃	kg/cm^2	mmHg	kg/kg′	kcal/kg′	kcal/kg	m^3/kg′	m^3/kg
11	1.3387×10^{-2}	9.840	8.159×10^{-3}	7.553	2.64	0.8155	0.8050
12	1.4294×10^{-2}	10.514	8.725×10^{-3}	8.138	2.88	0.8192	0.8078
13	1.5264×10^{-2}	11.23	9.326×10^{-3}	8.744	2.12	0.8228	0.8106
14	1.6292×10^{-2}	11.98	9.964×10^{-3}	9.373	3.36	0.8265	0.8135
15	1.7380×10^{-2}	12.78	0.01064×10^{-3}	10.03	3.60	0.8303	0.8163
16	1.8531×10^{-2}	13.61	0.01136	10.70	3.84	0.8341	0.8191
17	1.9749×10^{-2}	14.53	0.01212	11.41	4.08	0.8380	0.8220
18	2.104×10^{-2}	15.42	0.01293	12.14	4.32	0.8420	0.8248
19	2.240×10^{-2}	16.47	0.01378	12.91	4.56	0.8460	0.8276
20	2.383×10^{-2}	17.53	0.01469	13.70	4.80	0.8501	0.8305
21	2.535×10^{-2}	18.65	0.01564	14.53	5.04	0.8543	0.8333
22	2.695×10^{-2}	19.82	0.01666	15.39	5.28	0.8585	0.8361
23	2.864×10^{-2}	21.07	0.01773	16.29	5.52	0.8629	0.8390
24	3.042×10^{-2}	22.38	0.01887	17.23	5.76	0.8673	0.8418
25	3.230×10^{-2}	23.75	0.02007	18.21	6.00	0.8719	0.8446
26	3.427×10^{-2}	25.21	0.02134	19.23	6.24	0.8766	0.8475
27	3.635×10^{-2}	26.74	0.02268	20.30	6.48	0.8813	0.8503
28	3.854×10^{-2}	28.35	0.02410	21.41	6.72	0.8862	0.8531
29	4.084×10^{-2}	30.04	0.02560	22.58	6.96	0.8912	0.8560
30	4.327×10^{-2}	31.83	0.02718	23.80	7.20	0.8963	0.8588

해답 (1) $i_1 = 7.20\times4.2 + (23.80-7.20)\times4.2\times0.17 = 42.084\,\text{kJ/h}$

(2) $i_2 = 6.00\times4.2 + (18.21-6.00)\times4.2\times0.33 = 42.126\,\text{kJ/h}$

(3) $i_3 = 4.80\times4.2 + (13.70-4.80)\times4.2\times0.59 = 42.21\,\text{kJ/h}$

(4) $i_4 = 3.60\times4.2 + (10.03-3.60)\times4.2\times1.00 = 42.126\,\text{kJ/h}$

09. 다음과 같은 조건에 대해 각 물음에 답하시오. (10점)

─────────── [조건] ───────────
- 응축기 입구의 냉매가스의 엔탈피 : 1932 kJ/kg
- 응축기 출구의 냉매액의 엔탈피 : 651 kJ/kg
- 냉매순환량 : 200 kg/h
- 응축온도 : 40℃
- 냉각수 평균온도 : 32.5℃
- 응축기의 전열면적 : 12 m²

(1) 응축기에서 제거해야 할 열량 (kJ/h)을 구하시오.
(2) 응축기의 열통과율 (kJ/m²·h·K)을 구하시오.

해답 (1) 응축기에서 제거하는 열량

$$Q_c = 200 \times (1932 - 651) = 256200 \text{ kJ/h}$$

(2) 응축기 열통과율

$$K = \frac{256200}{12 \times (40 - 32.5)} = 2846.666 \fallingdotseq 2846.67 \text{ kJ/m}^2 \cdot \text{h} \cdot \text{K}$$

2016년도 시행 문제

▶ **2016. 4. 17 시행**　　　※ 이 문제는 수검자의 기억을 통하여 복원된 것입니다.

01. 프레온 냉동장치에서 1대의 압축기로 증발온도가 다른 2대의 증발기를 냉각운전하고자 한다. 이때 1대의 증발기에 증발압력 조정밸브를 부착하여 제어하고자 한다면, 아래의 냉동장치는 어디에 증발압력 조정밸브 및 체크 밸브를 부착하여야 하는지 흐름도를 완성하시오. 또 증발압력 조정밸브의 기능을 간단히 설명하시오. (14점)

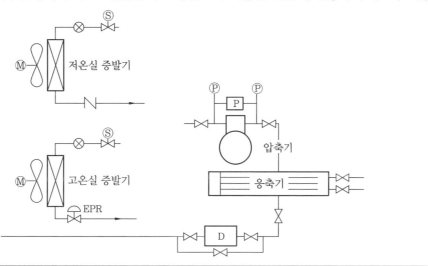

해답 (1) 장치도

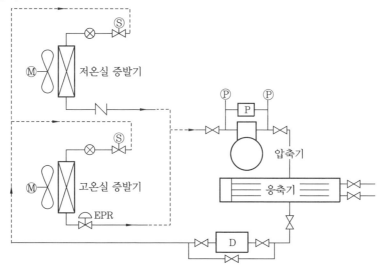

(2) 기능 : 증발압력이 일정 압력 이하가 되는 것을 방지하며 밸브 입구 압력에 의해서 작동되는데 압력이 높으면 열리고 낮으면 닫힌다.

---

02. 그림과 같이 5개의 존(zone)으로 구획된 실내를 각 존의 부하를 담당하는 계통으로 하고, 각 존을 정풍량 방식 또는 변풍량 방식으로 냉방하고자 한다. 각 존의 냉방 현열부하가 표와 같을 때 각 물음에 답하시오. (단, 실내온도는 26℃이고 1 kcal는 4.2 kJ로 환산한다.) (16점)

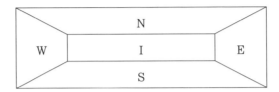

(단위 kcal/h)

존＼시각	8시	10시	12시	14시	16시
N	5100	5700	6000	6200	5600
E	7400	5200	2900	2600	2400
S	5300	7000	9400	7200	6100
W	2000	2600	3300	6000	7700
I	9600	8800	8800	9600	9300

(1) 각 존에 대해 정풍량(CAV) 공조방식을 채택할 경우 실 전체의 송풍량(m^3/h)을 구하시오. (단, 최대 부하 시의 송풍 공기온도는 15℃이다.)

(2) 변풍량(VAV) 공조방식을 채택할 경우 실 전체의 최대 송풍량(m^3/h)을 구하시오. (단, 송풍 공기온도는 15℃이다.)

(3) 아래와 같은 덕트 시스템에서 각 실마다(4개실) (2)항의 변풍량 방식의 송풍량을 송풍할 때 각 구간마다의 풍량(m^3/h) 및 원형 덕트 지름(cm)을 구하시오. (단, 급기용 덕트를 정압법(R =0.1 mmAq/m)으로 설계하고, 각 실마다의 풍량은 같다.)

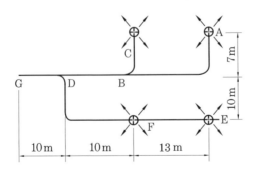

구간	풍량 (m³/h)	원형 덕트 지름 (cm)
A-B (C-B)		
B-D		
E-F		
F-D		
D-G		

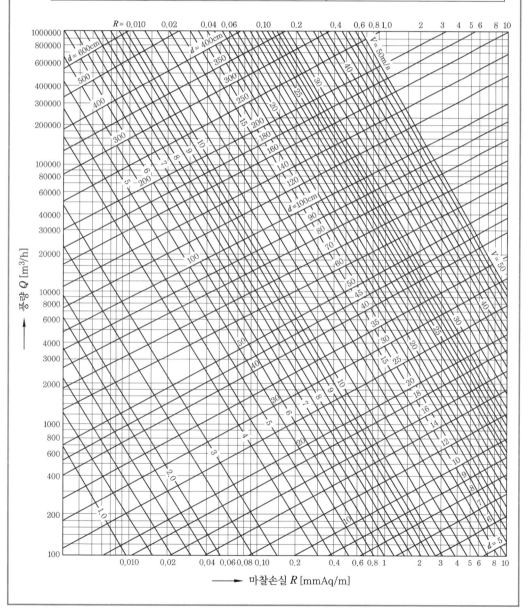

해답 (1) 정풍량 공조방식을 채택할 경우 송풍량

$$Q = \frac{(6200 + 7400 + 9400 + 7700 + 9600) \times 4.2}{1.2 \times 1.008 \times (26 - 15)} = 12720.959 ≒ 12720.96 \ \text{m}^3/\text{h}$$

(2) 변풍량 공조방식을 채택할 경우 송풍량

$$Q_v = \frac{(6200 + 2600 + 7200 + 6000 + 9600) \times 4.2}{1.2 \times 1.008 \times (26 - 15)} = 9974.747 ≒ 9974.75 \ \text{m}^3/\text{h}$$

(3) 변풍량 방식의 송풍량을 송풍할 때 각 구간의 풍량 (m³/h) 및 원형 덕트 지름 (cm)

구간	풍량 (m³/h)	원형 덕트 지름 (cm)
A–B (C–B)	9974.75	68.89
B–D	19949.5	87.75
E–F	9974.75	68.89
F–D	19949.5	87.75
D–G	39899	113.36

---

03. 어느 냉장고 내에 100 W 전등 20개와 2.2 kW 송풍기(전동기 효율 0.85) 2기가 설치되어 있고, 전등은 1일 4시간 사용, 송풍기는 1일 18시간 사용된다고 할 때, 이들 기기(機器)의 냉동부하 (kJ/h)를 구하시오. (7점)

해답 $\left(\dfrac{100 \times 20 \times 3.6 \times 4}{24}\right) + \left(\dfrac{\dfrac{2.2}{0.85} \times 2 \times 3600 \times 18}{24}\right) = 15176.4705 ≒ 15176.47 \text{kJ/h}$

또는

$\left(\dfrac{100 \times 20}{1000} \times 4 + \dfrac{2.2}{0.85} \times 2 \times 18\right) \times \dfrac{3600}{24} = 15176.4705 ≒ 15176.47 \text{kJ/h}$

---

04. 다음 물음의 답을 답안지에 써 넣으시오. (6점)

─────── [보기] ───────

그림 (a)는 R−22 냉동장치의 계통도이며, 그림 (b)는 이 장치의 평형운전 상태에서의 압력(p)−엔탈피(h) 선도이다. 그림 (a)에 있어서 액분리기에서 분리된 액은 열교환기에서 증발하여 ⑨의 상태가 되며, ⑦의 증기와 혼합하여 ①의 증기로 되어 압축기에 흡입된다.

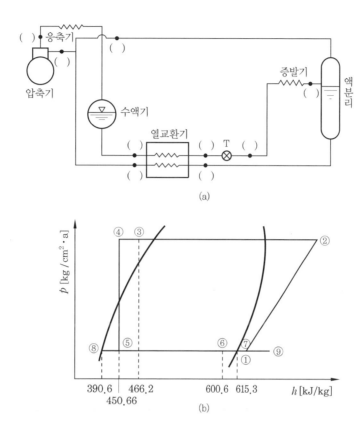

(b)

(1) 그림 (b)의 상태점 ①~⑨를 그림 (a)의 각각에 기입하시오. (단, 흐름방향도 표시할 것)

(2) 그림 (b)에 표시할 각 점의 엔탈피를 이용하여 ⑨점의 엔탈피 h_9 를 구하시오. (단, 액분리에서 분리되는 냉매액은 0.0654 kg/h이다.)

해답 (1)

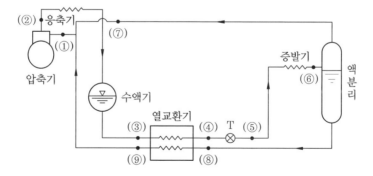

(2) $h_9 = h_8 + \dfrac{h_3 - h_4}{G_y} = 390.6 + \dfrac{466.2 - 450.66}{0.0654} = 628.214 ≒ 628.21\,\mathrm{kJ/h}$

05. 아래와 같은 덕트계에서 각 부의 덕트 치수를 구하고, 송풍기 전압 및 정압을 구하시오. (17점)

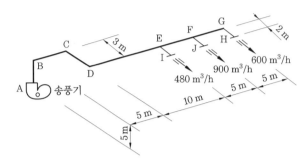

[조건]

1. 취출구 손실은 각 2 mmAq이고, 송풍기 출구풍속은 8 m/s이다.
2. 직관 마찰손실은 0.1 mmAq/m로 한다.
3. 곡관부 1개소의 상당길이는 원형 덕트(지름)의 20배로 한다.
4. 각 기기의 마찰저항은 다음과 같다.
   에어필터 : 10 mmAq, 공기냉각기 : 20 mmAq, 공기가열기 : 7 mmAq
5. 원형 덕트에 상당하는 사각형 덕트의 1변 길이는 20 cm로 한다.
6. 풍량에 따라 제작 가능한 덕트의 치수표

풍량 (m³/h)	원형 덕트 지름 (mm)	사각형 덕트 치수 (mm)
2500	380	650×200
2200	370	600×200
1900	360	550×200
1600	330	500×200
1100	280	400×200
1000	270	350×200
750	240	250×200
560	220	200×200

(1) 각 부의 덕트 치수를 구하시오.

구간	풍량 (m³/h)	원형 덕트 지름 (mm)	사각 덕트 치수 (mm)
A－E			
E－F			
F－H			
F－J			

(2) 송풍기 전압 (mmAq)을 구하시오.

(3) 송풍기 정압 (mmAq)을 구하시오.

해답 (1) 각 부의 덕트 치수

구간	풍량 (m³/h)	원형 덕트 지름 (mm)	사각 덕트 치수 (mm)
A−E	1980	370	600×200
E−F	1500	330	500×200
F−H	600	240	250×200
F−J	900	270	350×200

(2) 송풍기 전압

① 직통 덕트 손실 = $\{(5 \times 4) + 10 + 3 + 2\} \times 0.1 = 3.5$ mmAq

② B, C, D 곡부손실 = $(20 \times 0.37 \times 3) \times 0.1 = 2.22$ mmAq

③ G 곡부손실 = $(20 \times 0.24) \times 0.1 = 0.48$ mmAq

④ 송풍기 전압 = $3.5 + 2.22 + 0.48 + 2) - \{-(10 + 20 + 7)\}$

$= 45.2$ mmAq

(3) 송풍기 정압 = $45.2 - \dfrac{8^2}{2 \times 9.8} \times 1.2$

$= 41.2816 ≒ 41.282$ mmAq

---

06. 다음 ( ) 안에 알맞은 말을 [보기]에서 골라 넣으시오.　　　　　　　(4점)

"표준 냉동장치에서 흡입가스는 (　　①　　)을 따라서 (　　②　　)하여 과열증기가 되어 외부와 열교환을 하고 응축기 출구 (　　③　　)에서 5℃ 과냉각시켜서 (　　④　　)을 따라서 교축작용으로 단열팽창되어 증발기에서 등압선을 따라 포화 증기가 된다. "

-------------------- [보기] --------------------

단열압축	등온압축	습압축
등엔탈피선	등엔트로피선	포화증기선
포화액선	습증기선	등온선

해답 ① 등엔트로피선

② 단열압축

③ 포화액선

④ 등엔탈피선

07. 다음 그림과 같은 공조장치를 아래의 [조건]으로 냉방 운전할 때 공기 선도를 이용하여 그림의 번호를 공기조화 process에 나타내고, 실내 송풍량 및 공기 냉각기에 공급하는 냉각수량을 계산하시오. (단, 환기덕트에 의한 공기의 온도상승은 무시하고, 풍량은 비체적을 0.83 m³/kg(DA)로 계산한다.)   (16점)

[조건]

1. 실내 온습도 : 건구온도 26℃, 상대습도 50%

2. 외기상태 : 건구온도 33℃, 습구온도 27℃

3. 실내 냉방부하 : 현열부하 42000 kJ/h, 잠열부하 5040 kJ/h

4. 취입 외기량 : 급기풍량의 25%

5. 실내와 취출공기의 온도차 : 10℃

6. 송풍기 및 급기덕트에 의한 공기의 온도상승 : 1℃

7. 공기의 비중량 : 1.2 kg/m³

8. 공기의 정압비열 : 1.008 kJ/kg·K

9. 습공기 선도에서 1 kcal는 4.2 kJ로 환산한다.

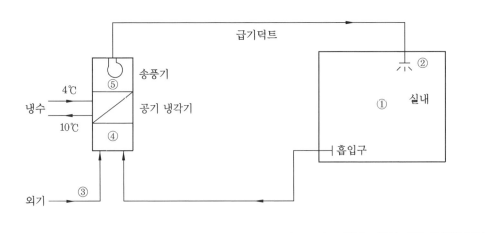

해답 (1)

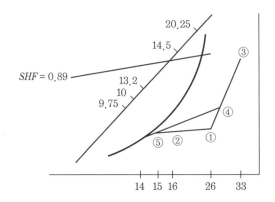

(2) $SHF = \dfrac{42000}{42000 + 5040} = 0.8928 = 0.89$

$t_4 = 33 \times 0.25 + 26 \times 0.75 = 27.75\,℃$

$t_2 = 26 - 10 = 16\,℃$

$t_5 = 16 - 1 = 15\,℃$

$Q = \dfrac{42000 \times 0.83}{1.008 \times 10} = 3458.333 = 3458.33\,\mathrm{m^3/h}$

(3) $L = \dfrac{3458.33 \times (14.5 - 9.75) \times 4.2}{0.83 \times 4.2 \times (10 - 4) \times 60} = 54.9767 = 54.98\,\mathrm{kg/min}$

---

08. 다음 설계조건을 이용하여 각 부분의 손실열량을 시간별(10시, 12시)로 각각 구하시오. (20점)

[조건]
---

1. 공조시간 : 10시간

2. 외기 : 10시 31℃, 12시 33℃, 16시 32℃

3. 인원 : 6인

4. 실내설계 온·습도 : 26℃, 50 %

5. 조명(형광등) : 20 W/m²

6. 각 구조체의 열통과율 K [kJ/m²·h·K] : 외벽 12.6, 칸막이벽 8.4,
   유리창 21

7. 인체에서의 발열량 : 현열 226.8 kJ/h·인, 잠열 247.8 kJ/h·인

8. 유리 일사량 (kJ/m²·h)

	10시	12시	16시
일사량	1302	189	126

9. 상당 온도차(Δt_e)

	N	E	S	W	유리	내벽온도차
10시	5.5	12.5	3.5	5.0	5.5	2.5
12시	4.7	20.0	6.6	6.4	6.5	3.5
16시	7.5	9.0	13.5	9.0	5.6	3.0

10. 유리창 차폐계수 $K_s = 0.70$

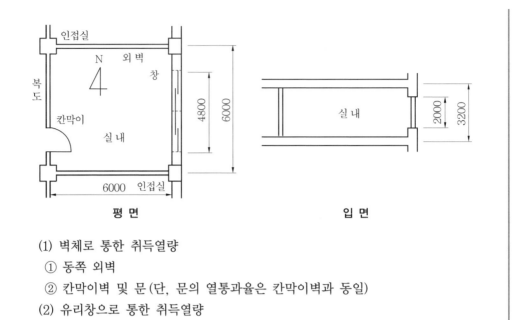

평 면   **입 면**

(1) 벽체로 통한 취득열량

 ① 동쪽 외벽

 ② 칸막이벽 및 문(단, 문의 열통과율은 칸막이벽과 동일)

(2) 유리창으로 통한 취득열량

(3) 조명 발생열량

(4) 인체 발생열량

해답 (1) 벽체로 통한 취득열량

　　① 동쪽 외벽

　　 • 10시일 때 $= 12.6 \times \{(6 \times 3.2) - (4.8 \times 2)\} \times 12.5 = 1512 \, kJ/h$

　　 • 12시일 때 $= 12.6 \times \{(6 \times 3.2) - (4.8 \times 2)\} \times 20 = 2419.2 \, kJ/h$

　　② 칸막이벽 및 문

　　 • 10시일 때 $= 8.4 \times (6 \times 3.2) \times 2.5 = 403.2 \, kJ/h$

　　 • 12시일 때 $= 8.4 \times (6 \times 3.2) \times 3.5 = 564.48 \, kJ/h$

　　※ 10시일 때 열량 $= 1512 + 403.2 = 1915.2 \, kJ/h$

　　　 12시일 때 열량 $= 2419.2 + 564.48 = 2983.68 \, kJ/h$

　(2) 유리창으로 통한 취득열량

　　① 일사량

　　 • 10시일 때 $= 1302 \times (4.8 \times 2) \times 0.7 = 8749.44 \, kJ/h$

　　 • 12시일 때 $= 189 \times (4.8 \times 2) \times 0.7 = 1270.08 \, kJ/h$

　　② 전도열량

　　 • 10시일 때 $= 21 \times (4.8 \times 2) \times 5.5 = 1108.8 \, kJ/h$

　　 • 12시일 때 $= 21 \times (4.8 \times 2) \times 6.5 = 1310.4 \, kJ/h$

　　※ 10시일 때 열량 $= 8749.44 + 1108.8 = 9858.24 \, kJ/h$

　　　 12시일 때 열량 $= 1270.08 + 1310.4 = 2580.48 \, kJ/h$

(3) 조명 발생열량 $= (6 \times 6 \times 20) \times \dfrac{4200}{1000} = 3024\,\text{kJ/h}$

(4) 인체 발생열량 $= 6 \times (226.8 + 247.8) = 2847.6\,\text{kJ/h}$

   ① 현열 $= 6 \times 226.8 = 1360.8\,\text{kJ/h}$

   ② 잠열 $= 6 \times 247.8 = 1486.8\,\text{kJ/h}$

▶ 2016. 6. 26 시행　　　　※ 이 문제는 수검자의 기억을 통하여 복원된 것입니다.

---

01. 다음과 같은 $P-h$ 선도를 보고 각 물음에 답하시오. [단, 중간 냉각에 냉각수를 사용하지 않는 것으로 하고, 냉동능력은 1 RT (13944 kJ/h)로 한다.]　　(10점)

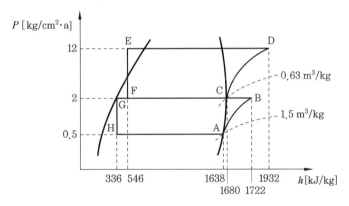

효율 \ 압축비	2	4	6	8	10	24
체적효율 (η_V)	0.86	0.78	0.72	0.66	0.62	0.48
기계효율 (η_m)	0.92	0.90	0.88	0.86	0.84	0.70
압축효율 (η_c)	0.90	0.85	0.79	0.73	0.67	0.52

(1) 저단 측의 냉매순환량 G_L [kg/h], 피스톤 토출량 V_L [m³/h], 압축기 소요동력 N_L [kW]을 구하시오.

(2) 고단 측의 냉매순환량 G_H [kg/h], 피스톤 토출량 V_H [m³/h], 압축기 소요동력 N_H [kW]을 구하시오.

해답 (1) $G_L = \dfrac{13944}{1638 - 336} = 10.709 ≒ 10.71\,\text{kg/h}$

    $V_L = \dfrac{10.71}{0.78} \times 1.5 = 20.596 ≒ 20.60\,\text{m}^3/\text{h}$

    $N_L = \dfrac{10.71 \times (1722 - 1638)}{3600 \times 0.9 \times 0.85} = 0.326 ≒ 0.33\,\text{kW}$

(2) $h_B' = h_A + \dfrac{h_B - h_A}{\eta_c} = 1638 + \dfrac{1722 - 1638}{0.85} = 1736.823 ≒ 1736.82 \, \text{kJ/h}$

$G_H = 10.71 \times \dfrac{1736.82 - 336}{1680 - 546} = 13.23 \, \text{kg/h}$

$V_H = \dfrac{13.23}{0.72} \times 0.63 = 11.576 ≒ 11.58 \, \text{m}^3/\text{h}$

$N_H = \dfrac{13.23 \times (1932 - 1680)}{3600 \times 0.88 \times 0.79} = 1.347 ≒ 1.35 \, \text{kW}$

> **참고** ① 저단 압축비 $a_L = \dfrac{2}{0.5} = 4$일 때 표에서,
>
> $\eta_V : 0.78$, $\eta_m : 0.90$, $\eta_c : 0.85$
>
> ② 고단 압축비 $a_H = \dfrac{12}{2} = 6$일 때 표에서,
>
> $\eta_V : 0.72$, $\eta_m : 0.88$, $\eta_c : 0.79$

---

02. 장치노점이 10℃인 냉수 코일이 20℃ 공기를 12℃로 냉각시킬 때 냉수 코일의 Bypass Factor (BF)를 구하시오. (5점)

해답 $\text{BF} = \dfrac{12 - 10}{20 - 10} = 0.2$

---

03. 다음 그림과 같은 자동차 정비공장이 있다. 이 공장 내에서는 자동차 3대가 엔진 가동상태에서 정비되고 있으며, 자동차 배기가스 중의 일산화탄소량은 1대당 0.12 CMH일 때 주어진 조건을 이용하여 각 물음에 답하시오. (15점)

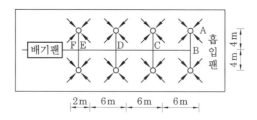

[조건]

1. 외기 중의 일산화탄소량 0.0001 % (용적비), 실내 일산화탄소의 허용농도 0.001 % (용적비)
2. 바닥면적 : 300 m², 천장높이 : 4 m
3. 배기구의 풍량은 모두 같고, 자연환기는 무시한다.
4. 덕트의 마찰손실은 0.1 mmAq/m로 하고 배기구의 총 압력손실은 3 mmAq 로 한다. 또 덕트, 엘보 등의 국부저항은 직관 덕트저항의 50 %로 한다.

(1) 필요 환기량(CMH)을 구하시오.

(2) 환기 횟수는 몇 회(회/h)가 되는가?

(3) 다음 각 구간별 원형 덕트 size [cm]를 주어진 선도를 이용하여 구하시오.

(4) A−F 사이의 압력손실(mmAq)을 구하시오.

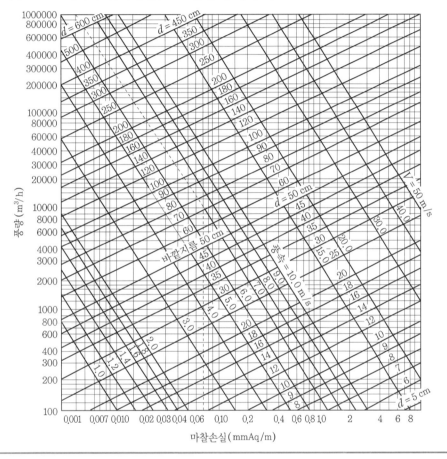

해답 (1) $Q = \dfrac{3 \times 0.12}{0.001 \times 10^{-2} - 0.0001 \times 10^{-2}} = 40000$ CMH

(2) $n = \dfrac{40000}{300 \times 4} = 33.333 \fallingdotseq 33.33$ 회/h

(3)

구간	AB	BC	CD	DE	EF
풍량(CMH)	5000	10000	20000	30000	40000
덕트 지름	50.9	65.56	85.71	100	112

(4) ① 직관 덕트길이 = 2 + 6 + 6 + 6 + 4 = 24 m

② 덕트, 엘보 등의 상당길이 = 24 × 0.5 = 12 m

③ 배기구 손실 = 3 mmAq

④ A−F 사이의 압력손실 = (24 + 12) × 0.1 + 3 = 6.6 mmAq

04. 20 m (가로)×50 m (세로)×4 m (높이)의 냉동공장에서 주어진 설계조건으로 300 t/d의 얼음(−15℃)을 생산하는 경우 다음 각 물음에 답하시오.　　　　(16점)

──────────── [조건] ────────────

1. 원수온도 : 20℃　　　　2. 실내온도 : −20℃
3. 실외온도 : 30℃　　　　4. 환기 : 0.3회/h
5. 형광등 : 15 W/m^2　　6. 실내 작업인원 : 15명(발열량 : 1344 kJ/h · 인)
7. 실외 측 열전달계수 : 84 kJ/m^2·h·K
8. 실내 측 열전달계수 : 33.6 kJ/m^2·h·K
9. 잠열부하 및 바닥면으로부터의 열손실은 무시한다.
10. 건물 구조

구조	종류	두께 (m)	열전도율 (kJ/m·h·K)	구조	종류	두께 (m)	열전도율 (kJ/m·h·K)
벽	모르타르	0.01	5.46	천장	모르타르	0.01	5.46
	블록	0.2	3.906		방수층	0.012	1.008
	단열재	0.025	0.252		콘크리트	0.12	5.46
	합판	0.006	0.42		단열재	0.025	0.252

(1) 벽 및 천장의 열통과율(kJ/m^2·h·K)을 구하시오.
　① 벽　　　　　　② 천장
(2) 제빙부하(kJ/h)를 구하시오.
(3) 벽체부하(kJ/h)를 구하시오.
(4) 천장부하(kJ/h)를 구하시오.
(5) 환기부하(kJ/h)를 구하시오.
(6) 조명부하(kJ/h)를 구하시오.
(7) 인체부하(kJ/h)를 구하시오.

해답 (1) ① 벽의 열저항 $R = \dfrac{1}{K} = \dfrac{1}{84} + \dfrac{0.01}{5.46} + \dfrac{0.2}{3.906} + \dfrac{0.025}{0.252} + \dfrac{0.006}{0.42} + \dfrac{1}{33.6}$

　　벽의 열통과율 $K = \dfrac{1}{R} = 4.803 ≒ 4.80 \, \text{kJ/m}^2·\text{h}·\text{K}$

　② 천장 열저항 $R = \dfrac{1}{K} = \dfrac{1}{84} + \dfrac{0.01}{5.46} + \dfrac{0.012}{1.008} + \dfrac{0.12}{5.46} + \dfrac{0.025}{0.252} + \dfrac{1}{33.6}$

　　천장 열통과율 $K = \dfrac{1}{R} = 5.661 ≒ 5.66 \, \text{kJ/m}^2·\text{h}·\text{K}$

(2) 제빙부하 $= \dfrac{300000}{24} × \{(20×4.2) + 79.68×4.2 + (15×2.1)\} = 5626950 \, \text{kJ/h}$

(3) 벽체부하 $= 4.8 \times \{(20 \times 4 \times 2) + (50 \times 4 \times 2)\} \times \{30 - (-20)\} = 134064 \,\text{kJ/h}$

(4) 천장부하 $= 5.66 \times (20 \times 50) \times \{30 - (-20)\} = 283500 \,\text{kJ/h}$

(5) 환기부하 $= \{(0.3 \times 20 \times 50 \times 4) \times 1.2\} \times 1.008 \times \{30 - (-20)\} = 72576 \,\text{kJ/h}$

(6) 조명부하 $= (20 \times 50 \times 15) \times \dfrac{1}{1000} \times 4200 = 63000 \,\text{kJ/h}$

(7) 인체부하 $= 15 \times 1344 = 20160 \,\text{kJ/h}$

> **참고** 냉동능력 $= 5626950 + 134064 + 283500 + 72576 + 63000 + 20160 = 6200250 \,\text{kJ/h}$

---

05. 냉동능력 $R = 21000 \,\text{kJ/h}$인 R−22 냉동 시스템의 증발기에서 냉매와 공기의 평균온도차가 8℃로 운전되고 있다. 이 증발기는 내외 표면적비 $m = 7.5$, 공기측 열전달률 $\alpha_a = 168 \,\text{kJ/m}^2 \cdot \text{h} \cdot \text{K}$, 냉매측 열전달률 $\alpha_r = 2100 \,\text{kJ/m}^2 \cdot \text{h} \cdot \text{K}$의 플레이트 핀 코일이고, 핀 코일 재료의 열전달 저항은 무시한다. 각 물음에 답하시오. (15점)

(1) 증발기의 외표면 기준 열통과율 $K[\text{kJ/m}^2 \cdot \text{h} \cdot \text{K}]$은?

(2) 증발기 외표면적 $A[\text{m}^2]$는 얼마인가?

(3) 이 증발기의 냉매 회로 수 $n = 4$, 관의 안지름이 15 mm라면 1회로당 코일 길이 l은 몇 m인가?

해답 (1) 증발기 외표면 열통과율

① 열저항 $R = \dfrac{1}{K} = \left(\dfrac{1}{\alpha_r} \cdot \dfrac{A_a}{A_r}\right) + \dfrac{1}{\alpha_a} = \left(\dfrac{1}{2100} \times \dfrac{7.5}{1}\right) + \dfrac{1}{168} \,[\text{m}^2 \cdot \text{h} \cdot \text{K/kJ}]$

② 열통과율 $K = \dfrac{1}{R} = 105 \,\text{kJ/m}^2 \cdot \text{h} \cdot \text{K}$

(2) 증발기 외표면적 $A = \dfrac{21000}{105 \times 8} = 25 \,\text{m}^2$

(3) 1회로당 코일 길이

① 내표면적 $A_i = \dfrac{25}{7.5} \,\text{m}^2$

② 코일 길이 $l = \dfrac{A_i}{n\pi d_i} = \dfrac{\dfrac{25}{7.5}}{4 \times \pi \times 0.015} = 17.6838 \fallingdotseq 17.684 \,\text{m}$

---

06. 건구온도 20℃, 습구온도 10℃의 공기 10000 kg/h를 향하여 압력 1 kg/cm² · g의 포화증기(2730 kJ/kg) 60 kg/h를 분무할 때 공기 출구의 상태를 계산하여라. (단, 선도 상의 엔탈피 1 kcal는 4.2 kJ로 환산한다.) (7점)

해답 ① 건조공기 1 kg에 분무되는 포화증기량

$\Delta x = \dfrac{L}{G} = \dfrac{60}{10000} = 0.006 \,\text{kg/kg}'$

$$\therefore\ x_2 = x_1 + \Delta x = 0.0036 + 0.006$$
$$= 0.0096 \text{ kg/kg}'$$

② 출구 엔탈피
$$i_2 = i_1 + \Delta i = i_1 + (u \cdot \Delta x)$$
$$= 6.9 \times 4.2 + (2730 \times 0.006)$$
$$= 45.36 \text{ kJ/kg}$$

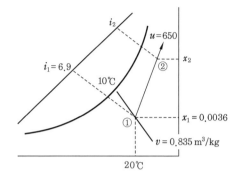

07. 냉매번호 2자리수는 메탄(Methane)계 냉매, 냉매번호 3자리수 중 100단위는 에탄 (Ethane)계 냉매, 냉매번호 500단위는 공비 혼합냉매, 냉매번호 700단위는 무기 물 냉매이며, 700단위 뒤의 2자리의 결정은 분자량의 값이다. 다음 냉매의 종류에 해당하는 냉매번호를 (   ) 안에 기입하시오.　　　　　　　　　　　　　　(7점)

(1) 메틸클로라이드 (   )　　　(2) NH₃ (   )　　　(3) 탄산가스 (   )
(4) CCl_2F_2 (   )　　　　　　(5) 아황산가스 (   )　(6) 물 (   )
(7) $C_2H_4F_2 + CCl_2F_2$ (   )　(8) $C_2Cl_2F_4$ (   )

해답 (1) R-40　　　　　　(2) R-717　　　　　(3) R-744
　　　(4) R-12　　　　　　(5) R-764　　　　　(6) R-718
　　　(7) R-500　　　　　(8) R-114

08. 어느 벽체의 구조가 다음과 같은 조건을 갖출 때 각 물음에 답하시오.　　　(12점)

───────── [조건] ─────────

1. 실내온도 : 25℃, 외기온도 : -5℃
2. 벽체의 구조
3. 공기층 열 컨덕턴스 : $21.84 \text{ kJ/m}^2 \cdot \text{h} \cdot \text{K}$
4. 외벽의 면적 : 40 m^2

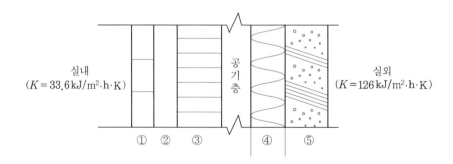

재료	두께(m)	열전도율 (kJ/m·h·K)
① 타일	0.01	4.62
② 시멘트 모르타르	0.03	4.62
③ 시멘트 벽돌	0.19	5.04
④ 스티로폼	0.05	0.126
⑤ 콘크리트	0.10	5.88

(1) 벽체의 열통과율 $(kJ/m^2 \cdot h \cdot K)$을 구하시오.

(2) 벽체의 손실열량 (kJ/h)을 구하시오.

(3) 벽체의 내표면 온도 $(℃)$를 구하시오.

해답 (1) 열통과율

① 열저항 $\dfrac{1}{K} = \dfrac{1}{33.6} + \dfrac{0.01}{4.62} + \dfrac{0.03}{4.62} + \dfrac{0.19}{5.04} + \dfrac{0.05}{0.126} + \dfrac{1}{21.84} + \dfrac{0.1}{5.88} + \dfrac{1}{126}$

$\qquad = 0.5437 \, \text{m}^2 \cdot \text{h} \cdot \text{K/kJ}$

② 열통과율 $K = 1.839 ≒ 1.84 \, \text{kJ/m}^2 \cdot \text{h} \cdot \text{K}$

(2) 손실열량 $q = 1.84 \times 40 \times \{25 - (-5)\} = 2208 \, \text{kJ/h}$

(3) 표면온도 $= 1.84 \times 40 \times \{25 - (-5)\} = 33.6 \times 40 \times (25 - t_s)$

$\qquad \therefore \ t_s = 25 - \dfrac{1.84 \times 40 \times 30}{33.6 \times 40} = 23.357 ≒ 23.36 ℃$

▶ **2016. 10. 9 시행** ※ 이 문제는 수검자의 기억을 통하여 복원된 것입니다.

---

01. 송풍기 총 풍량 6000 m³/h, 송풍기 출구 풍속 8 m/s로 하는 직사각형 단면 덕트 시스템을 등마찰손실법으로 설치할 때 종형비 $(a : b)$가 3 : 1일 때 단면 덕트 길이 (cm)를 구하시오. (8점)

해답 ① 원형 덕트 지름 $de = \sqrt{\dfrac{4Q}{\pi V}} = \sqrt{\dfrac{4 \times 6000}{3.14 \times 8 \times 3600}} = 0.51516 \, \text{m} ≒ 51.52 \, \text{cm}$

② $de = 1.3 \left[\dfrac{(a \times b)^5}{(a + b)^2} \right]^{\frac{1}{8}}$ 식에서 $a = 3b$

$de = 1.3 \left[\dfrac{(3b \times b)^5}{(3b + b)^2} \right]^{\frac{1}{8}} = 1.3 \left(\dfrac{3^5 \times b^{10}}{4^2 \times b^2} \right)^{\frac{1}{8}} = 1.3 \left(\dfrac{3^5}{4^2} \right)^{\frac{1}{8}} \cdot b$

$\therefore \ b = \dfrac{51.52}{1.3} \times \left(\dfrac{4^2}{3^5} \right)^{\frac{1}{8}} = 28.206 ≒ 28.21 \, \text{cm}$

$a = 3b = 3 \times 28.21 = 84.63 \, \text{cm}$

02. 증기 보일러에 부착된 인젝터의 작용을 설명하시오.   (8점)

해답 노즐에 분출하는 증기의 열에너지를 분사력을 이용하여 속도 (운동) 에너지로 전환하여 다시 압력에너지로 바꾸어서 보일러 속으로 급수하는 장치

참고 1. 작동 원리 : 인젝터(injector) 내부에는 증기 노즐, 혼합 노즐, 토출 노즐로 구성되어 있으며, 증기가 증기 노즐로 들어와서 열에너지를 형성하여 증기가 혼합 노즐에 들어오면 인젝터 본체 및 흡수되는 물에 열을 빼앗겨 증기의 체적이 감소되면서 진공상태가 형성되어서 속도 (운동) 에너지가 발생된다. 이 원리에 의해 물이 흡수되고 토출 노즐에서 증기의 압력에너지에 의해서 물을 보일러 속으로 압입(급수)한다.

2. 작동 순서
   ① 인젝터 출구측 급수 정지밸브를 연다.
   ② 급수 흡수밸브를 연다.
   ③ 증기 정지밸브를 연다.
   ④ 인젝터 핸들을 연다.

3. 정지 순서
   ① 인젝터 핸들을 잠근다.
   ② 급수 흡수밸브를 잠근다.
   ③ 증기 정지밸브를 잠근다.
   ④ 인젝터 출구측 급수 정지밸브를 잠근다.

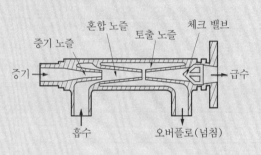

03. 다익형 송풍기(일명 시로코팬)는 그 크기에 따라서 $2, 2\frac{1}{2}, 3, \cdots$ 등으로 표시한다. 이때 이 번호의 크기는 어느 부분에 대한 얼마의 크기를 말하는가?   (5점)

해답 송풍기의 크기를 임펠러의 지름으로 표시하는 것으로서 150의 배수를 No.로 표시한 것이다. 즉, 150 mm는 No. 1, 300 mm는 No. 2이다. 즉 $No = \dfrac{임펠러\ 지름}{150}$ 이다.

㈜ 축류형 송풍기 $No = \dfrac{임펠러\ 지름}{100}$

04. 다음 그림과 같은 2중 덕트 장치도를 보고 공기 선도에 각 상태점을 나타내어 흐름
도를 완성시키시오. (8점)

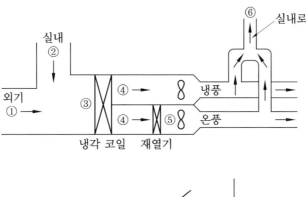

해답

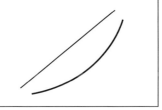

05. 다음 [조건]과 같은 제빙공장에서의 제빙부하(kJ/h)와 냉동부하(RT)를 구하시
오. (8점)

─── [조건] ───
1. 제빙실 내의 동력부하 : 16.5 kW
2. 제빙실의 외부로부터 침입열량 : 15414 kJ/h
3. 제빙능력 : 1일 10톤 생산   4. 1일 결빙시간 : 20시간
5. 얼음의 최종온도 : −5℃   6. 원수온도 : 15℃
7. 얼음의 융해잠열 : 336 kJ/kg   8. 안전율 : 10 %
9. 원료수와 얼음의 정압비열은 4.2, 2.1 kJ/kg · K이다.

해답 (1) 제빙부하 $= \dfrac{10000 \times \{(4.2 \times 15) + 336 + (2.1 \times 5)\}}{20} = 204750\,\text{kJ/h}$

(2) 냉동부하 $= \{204750 + (16.5 \times 3600) + 15414\} \times 1.1 \times \dfrac{1}{3320 \times 4.2}$

$= 22.053 \fallingdotseq 22.05\,\text{RT}$

---

06. 냉매 순환량이 5000 kg/h인 표준냉동장치에서 다음 선도를 참고하여 성적계수와 냉동능력을 구하시오. (12점)

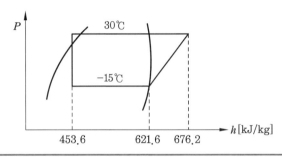

해답 (1) 성적계수 $= \dfrac{621.6 - 453.6}{676.2 - 621.6} = 3.076 \fallingdotseq 3.08$

(2) 냉동능력 $= 5000 \times (621.6 - 453.6) = 840000\,\text{kJ/h}$

---

07. 다음 길이에 따른 열관류율일 때 길이 10 cm의 열관류율은 몇 $\text{kJ/m}^2 \cdot \text{h} \cdot \text{K}$인가? (단, 두께 길이에 관계없이 열저항은 일정하다.) 소수점 5째자리에서 반올림하여 4자리까지 구하시오. (5점)

길이 (cm)	열관류율 $(\text{kJ/m}^2 \cdot \text{h} \cdot \text{K})$
4	0.2562
7.5	0.1365

해답 열관류율 $= \dfrac{0.04 \times 0.2562}{0.1} = 0.10248 \fallingdotseq 0.1025\,\text{kJ/m}^2 \cdot \text{h} \cdot \text{K}$

---

08. 냉장실의 냉동부하 25200 kJ/h, 냉장실 내 온도를 −20℃로 유지하는 나관 코일식 증발기 천장 코일의 냉각관 길이(m)를 구하시오. (단, 천장 코일의 증발관 내 냉매의 증발온도는 −28℃, 외표면적 0.19 m²/m, 열통과율은 29.4 kJ/m²·h·K이다.) (8점)

해답 냉각관 길이 $= \dfrac{25200}{29.4 \times \{(-20) - (-28)\}} \times \dfrac{1}{0.19} = 563.909 = 563.91\,\text{m}$

09. 주어진 조건을 이용하여 다음 각 물음에 답하시오. (단, 실내송풍량 $G = 5000\,\text{kg/h}$, 실내부하의 현열비 $SHF = 0.86$이고, 공기조화기의 환기 및 전열교환기의 실내측 입구공기의 상태는 실내와 동일하고 습공기 선도의 엔탈피 1 kcal는 4.2 kJ로 환산한다. 공기의 정압비열은 1.008 kJ/kg·K이다.) (20점)

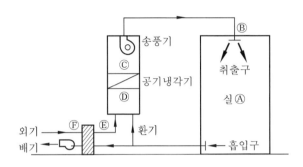

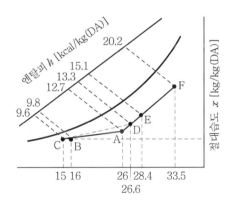

(1) 실내 현열부하 $q_s[\text{kJ/h}]$을 구하시오.

(2) 실내 잠열부하 $q_l[\text{kJ/h}]$을 구하시오.

(3) 공기 냉각기의 냉각 감습열량 $q_c[\text{kJ/h}]$을 구하시오.

(4) 취입 외기량 $G[\text{kg/h}]$을 구하시오.

(5) 전열교환기의 효율 $\eta[\%]$을 구하시오.

해답 (1) $q_s = 5000 \times 1.008 \times (26-16) = 50400\,\text{kJ/h}$

(2) $q_l = 5000 \times 4.2 \times (12.7-9.8) - 50400 = 10500\,\text{kJ/h}$

(3) $q_c = 5000 \times 4.2 \times (13.3-9.6) = 77700\,\text{kJ/h}$

(4) $5000 \times 4.2 \times (13.3-12.7) = G \times (15.1-12.7) \times 4.2$

$\therefore G = \dfrac{5000 \times (13.3-12.7) \times 4.2}{(15.1-12.7) \times 4.2} = 1250\,\text{kg/h}$

(5) $\eta = \dfrac{33.5-28.4}{33.5-26} \times 100 = 68\,\%$

10. 송풍기(fan)의 전압 효율이 45 %, 송풍기 입구와 출구에서의 전압차가 120 mmAq 로서, 10200 m³/h의 공기를 송풍할 때 송풍기의 축동력(PS)을 구하시오.   (5점)

해답 축동력 $= \dfrac{120 \times 10200}{75 \times 3600 \times 0.45} = 10.074 \text{ PS}$

11. 사각 덕트 소음 방지 방법에서 흡음장치에 대한 종류 3가지를 쓰시오.   (8점)

해답 ① 덕트 내장형   ② 셀형, 플레이트형   ③ 엘보형   ④ 웨이브형   ⑤ 머플러형

참고

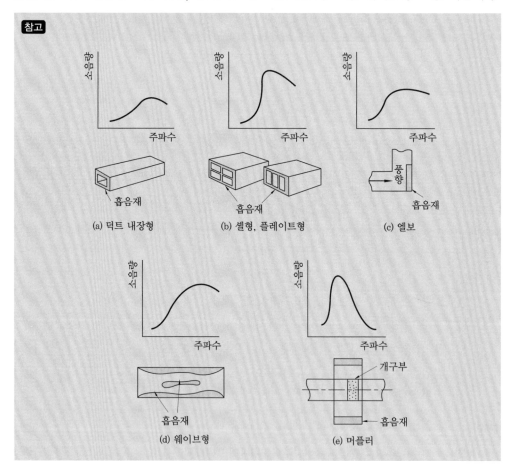

(a) 덕트 내장형   (b) 셀형, 플레이트형   (c) 엘보

(d) 웨이브형   (e) 머플러

12. 냉동능력 360000 kJ/h이고 압축기 동력이 20 kW이다. 압축효율이 0.8일 때 성능 계수를 구하시오.   (5점)

해답 성능(성적)계수 $= \dfrac{360000}{20 \times 3600} \times 0.8 = 4$

2017년도 시행 문제

▶ **2017. 4. 16 시행**   ※ 이 문제는 수검자의 기억을 통하여 복원된 것입니다.

01. 다음 그림은 냉수 시스템의 배관지름을 결정하기 위한 계통이다. 그림을 참조하여 각 물음에 답하시오.   (12점)

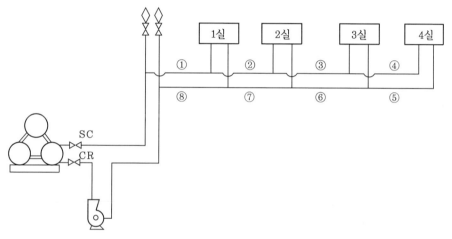

부하 집계표

실명	현열부하 (kJ/h)	잠열부하 (kJ/h)
1실	50400	12600
2실	105000	21000
3실	63000	12600
4실	126000	25200

냉수배관 ①~⑧에 흐르는 유량을 구하고, 주어진 마찰저항 도표를 이용하여 관지름을 결정하시오. (단, 냉수의 공급·환수 온도차는 5℃로 하고, 마찰저항 R은 30 mmAq/m이다.)

배관 번호	유량(L/min)	관지름(B)
①, ⑧		
②, ⑦		
③, ⑥		
④, ⑤		

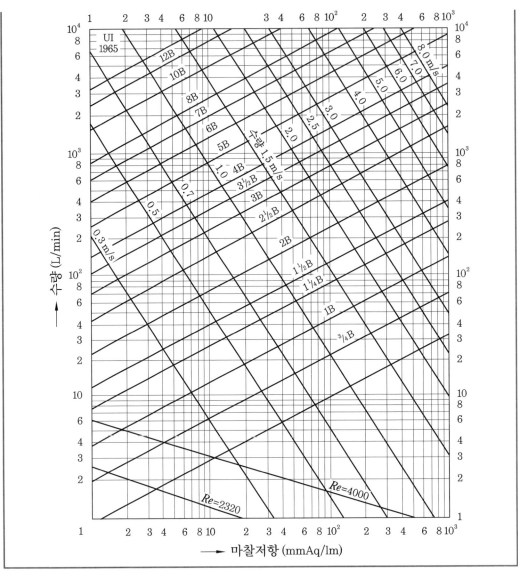

해답

배관 번호	유량(L/min)	관지름(B)
①, ⑧	330	3
②, ⑦	280	3
③, ⑥	180	$2\frac{1}{2}$
④, ⑤	120	2

참고 1실 : $G_w = \dfrac{50400+12600}{4.2\times5\times60} = 50$ L/min 2실 : $G_w = \dfrac{105000+21000}{4.2\times5\times60} = 100$ L/min

3실 : $G_w = \dfrac{63000+12600}{4.2\times5\times60} = 60$ L/min 4실 : $G_w = \dfrac{126000+25200}{4.2\times5\times60} = 120$ L/min

02. 어느 벽체의 구조가 다음과 같은 [조건]을 갖출 때 각 물음에 답하시오. (12점)

┌─────────────── [조건] ───────────────┐

1. 실내온도 : 25℃, 외기온도 : −5℃
2. 벽체의 구조
3. 공기층 열 컨덕턴스 : 21.84 kJ/m²·h·K
4. 외벽의 면적 : 40 m²

└──────────────────────────────────────┘

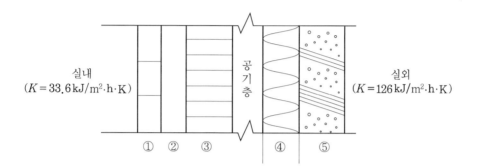

재료	두께(m)	열전도율 (kJ/m·h·K)
① 타일	0.01	4.62
② 시멘트 모르타르	0.03	4.62
③ 시멘트 벽돌	0.19	5.04
④ 스티로폼	0.05	0.126
⑤ 콘크리트	0.10	5.88

(1) 벽체의 열통과율 (kJ/m²·h·K)을 구하시오.

(2) 벽체의 손실열량 (kJ/h)을 구하시오.

(3) 벽체의 내표면 온도 (℃)를 구하시오.

해답 (1) $\dfrac{1}{K} = \dfrac{1}{33.6} + \dfrac{0.01}{4.62} + \dfrac{0.03}{4.62} + \dfrac{0.19}{5.04} + \dfrac{0.05}{0.126} + \dfrac{1}{21.84} + \dfrac{0.1}{5.88} + \dfrac{1}{126}$

$\qquad = 0.5437 \, \text{m}^2 \cdot \text{h} \cdot \text{K} / \text{kJ}$

$\quad \therefore \; K = 1.839 \fallingdotseq 1.84 \, \text{kJ/m}^2 \cdot \text{h} \cdot \text{K}$

(2) $q = 1.84 \times 40 \times \{25 - (-5)\} = 2208 \, \text{kJ/h}$

(3) $1.84 \times 40 \times \{25 - (-5)\} = 33.6 \times 40 \times (25 - t_s)$

$\quad \therefore \; t_s = 25 - \dfrac{1.84 \times 40 \times 30}{33.6 \times 40} = 23.357 \fallingdotseq 23.36 ℃$

03. 혼합, 가열, 가습, 재열하는 공기조화기를 실내와 외기공기의 혼합 비율이 2 : 1일 때 선도 상에 다음 기호를 표시하여 작도하시오. (8점)

① 외기온도
② 실내온도
③ 혼합 상태
④ 1차 온수 코일 출구 상태
⑤ 가습기 출구 상태
⑥ 재열기 출구 상태

해답

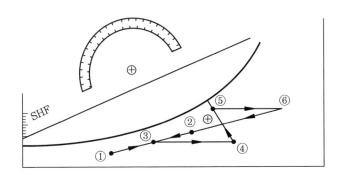

04. 냉동능력 $R = 14700 \text{ kJ/h}$인 R-22 냉동 시스템의 증발기에서 냉매와 공기의 평균온도 차가 8℃로 운전되고 있다. 이 증발기는 내외 표면적비 $m = 8.3$, 공기측 열전달률 $\alpha_a = 126 \text{ kJ/m}^2 \cdot \text{h} \cdot \text{K}$, 냉매측 열전달률 $\alpha_r = 2520 \text{ kJ/m}^2 \cdot \text{h} \cdot \text{K}$의 플레이트 핀 코일 이고, 핀 코일 재료의 열전달 저항은 무시한다. 각 물음에 답하시오. (12점)

(1) 증발기의 외표면 기준 열통과율 $K [\text{kJ/m}^2 \cdot \text{h} \cdot \text{K}]$은?
(2) 증발기 내경이 23.5mm일 때, 증발기 코일 길이는 몇 m인가?

해답 (1) 외표면 기준(공기측) 열통과율

① 열저항 $R_0 = \dfrac{1}{K_0} = \dfrac{1}{126} + \dfrac{1}{2520} \times \dfrac{8.3}{1} \, [\text{m}^2 \cdot \text{K} \cdot \text{h/kJ}]$

② 공기측 열통과율 $K_0 = \dfrac{1}{R_0} = 89.045 ≒ 89.05 \text{ kJ/m}^2 \cdot \text{h} \cdot \text{K}$

(2) 증발기 코일 길이

① 내표면적 $= \dfrac{14700}{89.05 \times 8 \times 8.3} = 2.486 ≒ 2.49 \text{ m}^2$

② 코일 길이 $= \dfrac{2.49}{3.14 \times 0.0235} = 33.744 ≒ 33.74 \text{ m}$

05. 유인 유닛 방식과 팬코일 유닛 방식의 특징을 설명하시오.   (8점)

해답 (1) 유인 유닛 방식(induction unit system)의 특징

① 장점

㉮ 비교적 낮은 운전비로 개실 제어가 가능하다.

㉯ 1차 공기와 2차 냉·온수를 별도로 공급함으로써 재실자의 기호에 알맞은 실온을 선정할 수 있다.

㉰ 1차 공기를 고속덕트로 공급하고, 2차측에 냉·온수를 공급하므로 열 반송에 필요한 덕트 공간을 최소화한다.

㉱ 중앙공조기는 처리풍량이 적어서 소형으로 된다.

㉲ 제습, 가습, 공기여과 등을 중앙기계실에서 행한다.

㉳ 유닛에는 팬 등의 회전부분이 없으므로 내용연수가 길고, 일상점검은 온도 조절과 필터의 청소뿐이다.

㉴ 송풍량은 일반적인 전공기 방식에 비하여 적고 실내부하의 대부분은 2차 냉수에 의하여 처리되므로 열 반송 동력이 작다.

㉵ 조명이나 일사가 많은 방의 냉방에 효과적이고 계절에 구분 없이 쾌감도가 높다.

② 단점

㉮ 1차 공기량이 비교적 적어서 냉방에서 난방으로 전환할 때 운전 방법이 복잡하다.

㉯ 송풍량이 적어서 외기냉방 효과가 적다.

㉰ 자동제어가 전공기 방식에 비하여 복잡하다.

㉱ 1차 공기로 가열하고 2차 냉수로 냉각(또는 가열)하는 등 가열, 냉각을 동시에 행하여 제어하므로 혼합손실이 발생하여 에너지가 낭비된다.

㉲ 팬 코일 유닛과 같은 개별운전이 불가능하다.

㉳ 설비비가 많이 든다.

㉴ 직접난방 이외에는 사용이 곤란하고 중간기에 냉방운전이 필요하다.

(2) 팬코일 유닛 방식(fan coil unit system)의 특징

① 장점

㉮ 공조기계실 및 덕트 공간이 불필요하다.

㉯ 사용하지 않는 실의 열원 공급을 중단시킬 수 있으므로 실별 제어가 용이하다.

㉰ 재순환공기의 오염이 없다.

㉱ 덕트가 없으므로 증설이 용이하다.

㉲ 자동제어가 간단하다.

㉳ 4관식의 경우 냉·난방을 동시에 할 수 있고 절환이 불필요하다.

② 단점

㉮ 기기 분산으로 유지관리 및 보수가 어렵다.

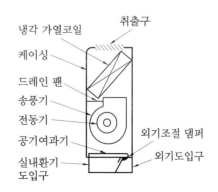

팬코일 유닛

   (내) 각 실 유닛에 필터 배관, 전기배선 설치가 필요하므로 정기적인 청소가 요구된다.

   (대) 환기량이 건축물 설치방향, 풍향, 풍속 등에 좌우되므로 환기가 좋지 못하다 (자연환기를 시킨다).

   (래) 습도 제어가 불가능하다.

   (매) 코일에 박테리아, 곰팡이 등의 서식이 가능하다.

   (배) 동력 소모가 크다 (소형 모터가 다수 설치됨).

   (새) 유닛이 실내에 설치되므로 실공간이 적어진다.

   (애) 외기냉방이 불가능하다.

☞. **다음과 같이 답하여도 된다.**

  ① 유인 유닛 방식 : 실내의 유닛에는 송풍기가 없고, 고속으로 보내져 오는 1차 공기를 노즐로부터 취출시켜서 그 유인력에 의해서 실내공기를 흡입하여 1차 공기와 혼합해 취출하는 방식

  ② 팬코일 유닛 방식 : 각 실에 설치된 유닛에 냉수 또는 온수를 코일에 순환시키고 실내공기를 송풍기에 의해서 유닛에 순환시킴으로써 냉각 또는 가열하는 방식

> **참고** 유인 유닛 방식은 송풍기가 없고, 팬코일 유닛은 송풍기가 설치된다.

---

06. 건구온도 25℃, 상대습도 50% 5000kg/h의 공기를 15℃로 냉각할 때와 35℃로 가열할 때의 열량을 공기선도에 작도하여 엔탈피로 계산하시오. (단, 공기선도의 엔탈피는 1 kcal를 4.2 kJ로 환산한다.) (6점)

해답

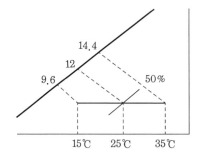

(1) 25℃에서 15℃로 냉각할 때의 열량 $= 5000 \times (12 - 9.6) \times 4.2 = 50400 \, \text{kJ/h}$

(2) 25℃에서 35℃로 가열할 때의 열량 $= 5000 \times (14.4 - 12) \times 4.2 = 50400 \, \text{kJ/h}$

---

07. 900 rpm으로 운전되는 송풍기가 8000m³/h, 정압 40mmAq, 동력 15 kW의 성능을 나타내고 있는 것으로 한다. 이 송풍기의 회전수를 1080 rpm로 증가시키면 어 떻게 되는가를 계산하시오. (9점)

해답 송풍기 상사법칙에 의해서,

① 풍량 $Q_2 = \left(\dfrac{N_2}{N_1}\right) \times Q_1 = \dfrac{1080}{900} \times 8000 = 9600 \text{m}^3/\text{h}$

② 전압 $P_2 = \left(\dfrac{N_2}{N_1}\right)^2 \times P_1 = \left(\dfrac{1080}{900}\right)^2 \times 40 = 57.6 \text{mmAq}$

③ 동력 $L_2 = \left(\dfrac{N_2}{N_1}\right)^3 \times L_1 = \left(\dfrac{1080}{900}\right)^3 \times 15 = 25.92 \text{kW}$

---

08. 피스톤 토출량이 100 m³/h 냉동장치에서 A사이클 (1-2-3-4)로 운전하다 증발온도가 내려가서 B사이클 (1′-2′-3-4′)로 운전될 때 B사이클의 냉동능력과 소요동력을 A사이클과 비교하여라. (14점)

비체적 $v_1 = 0.85 \text{ m}^3/\text{kg}$

$v_1' = 1.2 \text{ m}^3/\text{kg}$

$h_1 = 630 \text{ kJ/kg}$

$h_1' = 621.6 \text{ kJ/kg}$

$h_2 = 676.2 \text{ kJ/kg}$

$h_2' = 693 \text{ kJ/kg}$

$h_3 = 457.8 \text{ kJ/kg}$

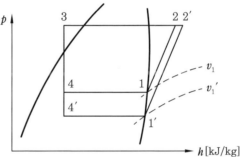

	체적효율(η_v)	기계효율(η_m)	압축효율(η_c)
A사이클	0.78	0.9	0.85
B사이클	0.72	0.88	0.79

해답 (1) 냉동능력 $R = \dfrac{V}{v}\eta_v \cdot q_e$ 식에서

① A사이클 $R_A = \dfrac{100}{0.85} \times 0.78 \times (630 - 457.8) = 15801.882 \fallingdotseq 15801.88 \text{ kJ/h}$

② B사이클 $R_B = \dfrac{100}{1.2} \times 0.72 \times (621.6 - 457.8) = 9828 \text{ kJ/h}$

③ B사이클의 냉동능력이 A사이클보다 작다.

(2) 소요동력 $N = \dfrac{V}{v}\eta_v \cdot \dfrac{A_W}{\eta_m \cdot \eta_C}$ 식에서

① A사이클 $N_A = \dfrac{100}{0.85} \times 0.78 \times \dfrac{676.2 - 630}{0.9 \times 0.85} = 5541.868 \fallingdotseq 5541.87 \text{kJ/h}$

② B사이클 $N_B = \dfrac{100}{1.2} \times 0.72 \times \dfrac{693 - 621.6}{0.88 \times 0.79} = 6162.252 \fallingdotseq 6162.25 \text{kJ/h}$

③ B사이클의 소요동력이 A사이클보다 크다.

09. 어느 사무실의 실내 취득 현열량 350 kW, 잠열량 150 kW 실내 급기온도와 실온 차이가 15℃일 때 송풍량 m³/h를 계산하시오. (단, 공기의 비중량 1.2 kg/m³, 비열 1.01 kJ/kg · K이다.) (3점)

해답 송풍량 $= \dfrac{350 \times 3600}{1.2 \times 1.01 \times 15} = 69306.9306 \fallingdotseq 69306.93 \text{ m}^3/\text{h}$

10. 공조 장치에서 증발기 부하가 100 kW이고 냉각수 순환수량이 0.3 m³/min, 성적계수가 2.5이고 응축기 산술평균온도 5℃에서 냉각수 입구온도 23℃일 때 (1) 응축 필요 부하(kW), (2) 응축기 냉각수 출구온도(℃), (3) 냉매의 응축온도를 구하시오. (12점)

해답 (1) 응축 필요 부하(kW)

    ① 압축동력 $= \dfrac{100}{2.5} = 40 \text{ kW}$

    ② 응축 필요 부하 $= 100 + 40 = 140 \text{ kW}$

  (2) 응축기 냉각수 출구온도 $= 23 + \dfrac{140 \times 3600}{(0.3 \times 60 \times 1000) \times 4.187} = 29.687 \fallingdotseq 29.69 \text{ ℃}$

  (3) 응축온도 $= \dfrac{23 + 29.69}{2} + 5 = 31.345 \fallingdotseq 31.35 \text{℃}$

11. 공기조화 장치에서 주어진 [조건]을 참고하여 실내외 혼합 공기상태에 대한 물음에 답하시오. (4점)

구분	t [℃]	φ [%]	x [kg/kg′]	h [kJ/kg]
실내	26	50	0.0105	53.13
외기	32	65	0.0197	82.824
외기량비	재순환 공기 7 kg, 외기도입량 3 kg			

  (1) 혼합 건구온도 ℃   (2) 혼합 상대습도 %
  (3) 혼합 절대습도 kg/kg′   (4) 혼합 엔탈피 kcal/kg

해답 (1) 혼합 건구온도 $= \dfrac{7 \times 26 + 3 \times 32}{7 + 3} = 27.8 \text{ ℃}$

  (2) 혼합 상대습도 $= \dfrac{7 \times 50 + 3 \times 65}{7 + 3} = 54.5 \text{ %}$

  (3) 혼합 절대습도 $= \dfrac{7 \times 0.0105 + 3 \times 0.0197}{7 + 3} = 0.01326 \text{ kg/kg′}$

  (4) 혼합 엔탈피 $= \dfrac{7 \times 53.13 + 3 \times 82.824}{7 + 3} = 62.038 \fallingdotseq 62.04 \text{ kJ/kg}$

01. 다음과 같은 공조 시스템 및 계산 조건을 이용하여 A실과 B실을 냉방할 경우 각 물음에 답하시오. (15점)

[조건]

1. 외기 : 건구 온도 33℃, 상대 습도 60 %
2. 공기냉각기 출구 : 건구 온도 16℃, 상대 습도 90 %
3. 송풍량
    ① A실 : 급기 5000 m³/h, 환기 4000 m³/h
    ② B실 : 급기 3000 m³/h, 환기 2500 m³/h
4. 신선 외기량 : 1500 m³/h
5. 냉방 부하
    ① A실 : 현열부하 63000 kJ/h, 잠열부하 6300 kJ/h
    ② B실 : 현열부하 31500 kJ/h, 잠열부하 4200 kJ/h
6. 송풍기 동력 : 2.7 kW
7. 덕트 및 공조 시스템에 있어 외부로부터의 열 취득은 무시한다.

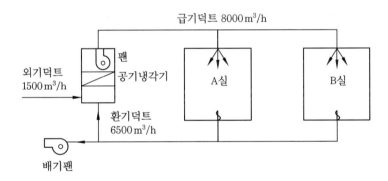

(1) 급기의 취출구 온도를 구하시오.
(2) A실의 건구 온도 및 상대 습도를 구하시오.
(3) B실의 건구 온도 및 상대 습도를 구하시오.
(4) 공기 냉각기 입구의 건구 온도를 구하시오.
(5) 공기 냉각기의 냉각 열량을 구하시오.

해답 (1) 취출구 온도 $= \dfrac{2.7 \times 3600}{8000 \times 1.2 \times 1.008} + 16 = 17.004 ≒ 17.00℃$

(2) ① $SHF = \dfrac{63000}{63000 + 6300} = 0.909 ≒ 0.91$

② A실 온도 $t_A = \dfrac{63000}{5000 \times 1.2 \times 1.008} + 17 = 27.416 \fallingdotseq 27.42\,℃$

③ A실 습도 $47.5\,\%$

(3) ① $SHF = \dfrac{31500}{31500 + 4200} = 0.882 \fallingdotseq 0.88$

② B실 온도 $t_B = \dfrac{31500}{3000 \times 1.2 \times 1.008} + 17 = 25.6805 \fallingdotseq 25.68\,℃$

③ B실 습도 $51.25\,\%$

(4) ① $SHF = \dfrac{63000 + 31500}{(63000 + 6300) + (31500 + 4200)} = 0.9$

② A실과 B실 출구 혼합온도 $= \dfrac{5000 \times 27.42 + 3000 \times 25.68}{8000} = 26.767 \fallingdotseq 26.77\,℃$

③ 냉각기 입구 온도 $= \dfrac{6500 \times 26.77 + 1500 \times 33}{8000} = 27.938 \fallingdotseq 27.94\,℃$

(5) $q_{CC} = 8000 \times 1.2 \times (14.2 - 10) \times 4.2 = 169344\,\text{kJ/h}$

참고 공기 선도에 그려보면 다음과 같다.

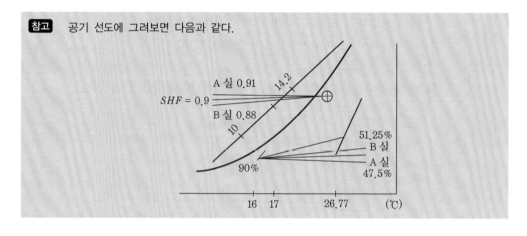

---

02. 어떤 방열벽의 열통과율이 $1.26\,\text{kJ/m}^2 \cdot \text{h} \cdot \text{K}$이며, 벽 면적은 $1200\,\text{m}^2$인 냉장고가 외기 온도 $35\,℃$에서 사용되고 있다. 이 냉장고의 증발기는 열통과율이 $105\,\text{kJ/m}^2 \cdot \text{h} \cdot \text{K}$이고 전열 면적은 $30\,\text{m}^2$이다. 이때 각 물음에 답하시오. (단, 이 식품 이외의 냉장고 내 발생열 부하는 무시하며, 증발 온도는 $-15\,℃$로 한다.) (6점)

(1) 냉장고 내 온도가 $0\,℃$일 때 외기로부터 방열벽을 통해 침입하는 열량은 몇 kcal/h인가?

(2) 냉장고 내 열전달률 $21\,\text{kJ/m}^2 \cdot \text{h} \cdot \text{K}$, 전열 면적 $600\,\text{m}^2$, 온도 $10\,℃$인 식품을 보관했을 때 이 식품의 발생열 부하에 의한 고내 온도는 몇 $℃$가 되는가?

해답 (1) 방열벽으로 침입하는 열량 $= 1.26 \times 1200 \times (35 - 0) = 52920\,\text{kJ/h}$

(2) 식품에 의한 고내 온도 $= 105 \times 30 \times \{t - (-15)\} = 21 \times 600 \times (10 - t)$
$$= 3150t + 47250 = 126000 - 12600t$$

$$\therefore t = \frac{126000 - 47250}{12600 + 3150} = 5\,℃$$

---

03. 다음 조건과 같이 혼합, 냉각을 하는 공기 조화기가 있다. 이에 대해 다음 각 물음에
답하시오.   (12점)

> ┌──────────────── [조건] ────────────────┐
>
> 1. 외기 : 건구온도 33℃, 상대습도 65 %
> 2. 실내 : 건구온도 27℃, 상대습도 50 %
> 3. 부하 : 실내 전부하 189000 kJ/h, 실내 잠열부하 50400 kJ/h
> 4. 송풍기 부하는 실내 취득 현열부하의 12 % 가산할 것
> 5. 실내 필요 외기량은 송풍량의 $\frac{1}{5}$ 로 하며, 실내인원 120명, 1인당 25.5 m³/h
> 6. 습공기의 비열은 1.008 kJ/kg · K (DA) deg, 비용적을 0.83 m³/kg (DA)로
>   한다. 여기서, kg (DA)은 습공기 중의 건조공기 중량 (kg)을 표시하는 기호이
>   다. 또한, 별첨의 습공기 선도를 사용하여 답은 계산 과정을 기입한다.
> 7. 습공기 선도에서 엔탈피는 1 kcal를 4.2 kJ로 환산한다.

(1) 상대 습도 90 %일 때 실내 송풍 온도(취출 온도)는 몇 ℃인가?
(2) 실내 풍량 (m³/h)을 구하시오.
(3) 냉각 코일 입구 혼합온도를 구하시오.
(4) 냉각 코일 부하는 몇 kJ/h인가?
(5) 외기 부하는 몇 kJ/h인가?
(6) 냉각 코일의 제습량은 몇 kg/h인가?

해답 (1) 실내 송풍 온도
    ① 습공기 선도

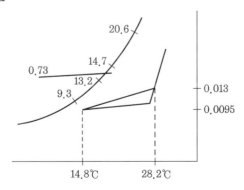

    ② 현열비 $SHF = \dfrac{189000 - 50400}{189000} = 0.733 ≒ 0.73$

(2) 실내 풍량 $= \dfrac{189000 - 50400}{1.008 \times (27 - 14.8)} \times 1.12 \times 0.83 = 10477.049 \fallingdotseq 10477.05 \ \mathrm{m^3/h}$

(3) 냉각 코일 입구 혼합온도 $= \dfrac{1}{5} \times 33 + \dfrac{4}{5} \times 27 = 28.2 \ \mathrm{℃}$

(4) 냉각 코일 부하 $= \dfrac{10477.05}{0.83} \times (14.7 - 9.3) \times 4.2$

$\qquad\qquad = 286288.543 \fallingdotseq 286288.54 \ \mathrm{kJ/h}$

(5) 외기 부하 $= (120 \times 25.5) \times \dfrac{1}{0.83} \times (20.6 - 13.2) \times 4.2$

$\qquad\qquad = 114584.093 \fallingdotseq 114584.09 \ \mathrm{kJ/h}$

(6) 냉각 코일 제습량 $= \dfrac{10477.05}{0.83} \times (0.013 - 0.0095) = 44.1803 \fallingdotseq 44.18 \ \mathrm{kg/h}$

---

04. 2단 압축 냉동장치의 $p - h$ 선도를 보고 선도상의 각 상태점을 장치도에 기입하고, 장치 구성 요소명을 (   )에 쓰시오.　　　　　　　　　　　　　(12점)

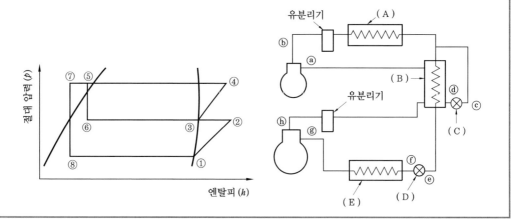

해답 (1) ⓐ-③　　　　ⓑ-④　　　　ⓒ-⑤　　　　ⓓ-⑥
　　　　ⓔ-⑦　　　　ⓕ-⑧　　　　ⓖ-①　　　　ⓗ-②

　　(2) A : 응축기
　　　　B : 중간 냉각기
　　　　C : 제1팽창밸브 (보조 팽창밸브)
　　　　D : 제2팽창밸브 (주 팽창밸브)
　　　　E : 증발기

05. 냉매 순환량이 5000kg/h인 표준 냉동 장치에서 다음 선도를 참고하여 성적 계수와 냉동 능력을 구하시오. (8점)

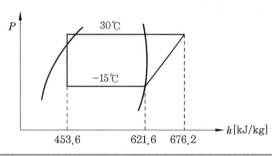

해답 (1) 성적 계수 $= \dfrac{621.6 - 453.6}{676.2 - 621.6} = 3.076 ≒ 3.08$

(2) 냉동 능력 $= 5000 \times (621.6 - 453.6) = 840000\,\mathrm{kJ/h}$

06. 다음 주어진 조건을 이용하여 사무실 건물의 부하를 구하시오. (13점)

[조건]

1. 실내 : 26℃ DB, 50 % RH, 절대습도 0.0248 kg/kg′
2. 외기 : 32℃ DB, 80 % RH, 절대습도 0.0106 kg/kg′
3. 천장 : $K = 7.14\,\mathrm{kJ/m^2 \cdot h \cdot K}$ 4. 문 : 목재 패널 $K = 10.08\,\mathrm{kJ/m^2 \cdot h \cdot K}$
5. 외벽 : $K = 12.012\,\mathrm{kJ/m^2 \cdot h \cdot K}$ 6. 내벽 : $K = 11.76\,\mathrm{kJ/m^2 \cdot h \cdot K}$
7. 바닥 : 하층 공조로 계산 (본 사무실과 동일조건)
8. 창문 : 1중 보통 유리(내측 베니션 블라인드 진한 색)
9. 조명 : 형광등 1800 W, 전구 1000 W (주간 조명 1/2 점등)
10. 인원수 : 거주 90인   11. 계산 시각 : 오전 8시
12. 환기 횟수 : 0.5회/h
13. 8시 일사량 : 동쪽 2335.2 kJ/m²·h, 남쪽 159.6 kJ/m²·h
14. 8시 유리창 전도 열량 : 동쪽 11.34 kJ/m²·h, 남쪽 22.68 kJ/m²·h
15. 인체 발열량은 표에서 1kcal를 4.2 kJ로 환산한다.

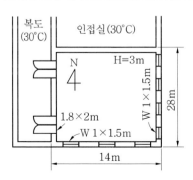

[표 1] 인체로부터의 발열 집계표(kcal/h · 인)

작업 상태		실온	27℃		26℃		21℃	
	예	전발열량	H_S	H_L	H_S	H_L	H_S	H_L
정좌	공장	88	49	39	53	35	65	23
사무소 업무	사무소	113	50	63	54	59	72	41
착석 작업	공장의 경작업	189	56	133	62	127	92	97
보행 4.8 km/h	공장의 중작업	252	76	176	83	169	116	136
볼링	볼링장	365	117	248	121	244	153	212

[표 2] 외벽 및 지붕의 상당 외기온도차 Δt_e (t_o : 31.7℃, t_i : 26℃)

구분	시각	H	N	HE	E	SE	S	SW	W	HW	지붕
콘크리트	8	4.7	2.3	4.5	5.0	3.5	1.6	2.4	2.8	2.1	7.5
	9	6.8	3.0	7.5	8.7	5.9	1.9	2.5	2.9	2.5	7.5
	10	10.2	3.6	10.2	12.5	8.9	2.7	3.0	3.3	3.0	8.4
	11	14.5	4.2	12.0	15.5	11.7	4.1	3.7	3.9	3.7	10.2
	12	19.3	4.9	12.6	17.1	14.0	5.9	4.5	4.6	3.4	12.9
	13	24.0	5.6	12.3	17.2	15.3	8.0	5.6	5.4	5.2	16.0
	14	28.2	6.3	11.9	16.4	15.5	9.9	7.5	6.5	6.0	19.4
	15	31.4	6.8	11.4	15.2	14.8	14.4	10.0	8.6	6.9	22.7
	16	33.5	7.3	11.1	14.2	14.0	12.2	12.8	11.6	8.6	25.6
	17	34.2	7.6	10.1	13.3	13.1	12.3	15.3	15.1	11.0	27.7
	18	33.4	7.9	10.3	12.4	12.2	11.8	17.2	18.3	13.6	29.0
	19	31.1	8.3	9.7	11.4	14.3	11.0	17.9	20.4	15.7	29.3
	20	27.7	8.3	8.9	10.3	10.2	9.9	17.1	20.3	16.1	28.5

(1) 외벽체를 통한 부하   (2) 내벽체를 통한 부하
(3) 극간풍에 의한 부하   (4) 인체부하

해답 (1) 외벽체 침입열량

① 동쪽 보정 상당 외기 온도 차 = 5 + (32 − 31.7) − (26 − 26) = 5.3℃

② 남쪽 보정 상당 외기 온도 차 = 1.6 + (32 − 31.7) − (26 − 26) = 1.9℃

③ 동쪽 = 12.012 × {(28 × 3) − (1 × 1.5 × 4)} × 5.3 = 4965.760 ≒ 4965.76 kJ/h

④ 남쪽 = 12.012 × {(14 × 3) − (1 × 1.5 × 3)} × 1.9 = 855.855 ≒ 855.86 kJ/h

(2) 내벽체 침입열량

① 서쪽 = 11.76 × {(28 × 3) − (1.8 × 2 × 2)} × (30 − 26) = 3612.672 ≒ 3612.67 kJ/h

② 서쪽 문 = 10.08 × (1.8 × 2 × 2) × (30 − 26) = 290.304 ≒ 290.30 kJ/h

③ 북쪽 = 11.76 × (14 × 3) × (30 − 26) = 1975.68 kJ/h

(3) 극간부하

① 극간풍량 = 0.5 × (14 × 28 × 3) = 588 m³/h

② 감열량 = 588 × 1.2 × 1.008 × (32 − 26) = 4267.468 ≒ 4267.47 kJ/h

③ 잠열량＝588×1.2×597.3×4.2×(0.0248−0.0106)＝25135.567≒25135.57 kJ/h

④ 극간부하＝4267.47＋25135.57＝29403.04 kJ/h

(4) 인체부하

① 감열량＝90×54×4.2＝20412 kJ/h

② 잠열량＝90×59×4.2＝22302 kJ/h

③ 인체부하＝20412＋22302＝42714 kJ/h

---

07. 왕복동 압축기의 실린더 지름 120 mm, 피스톤 행정 65 mm, 회전수 1200 rpm, 체적 효율 70 % 6기통일 때 다음 물음에 답하시오.　　　　　　　　　　(6점)

(1) 이론적 압축기 토출량 m^3/h를 구하시오.

(2) 실제적 압축기 토출량 m^3/h를 구하시오.

해답 (1) 이론적 토출량 $= \dfrac{\pi}{4} \times 0.12^2 \times 0.065 \times 1200 \times 6 \times 60 = 317.416 ≒ 317.42\,\mathrm{m^3/h}$

(2) 실제적 토출량 $= \dfrac{\pi}{4} \times 0.12^2 \times 0.065 \times 1200 \times 6 \times 60 \times 0.7$

$\qquad\qquad = 222.191 ≒ 222.19\,\mathrm{m^3/h}$

---

08. 저온 측 냉매는 R-13으로 증발 온도 −100℃, 응축 온도 −45℃, 액의 과냉각은 없다. 고온 측 냉매는 R22로서 증발 온도 −50℃, 응축 온도 30℃이며, 액은 25℃까지 과냉각된다. 이 2원 냉동 사이클의 1냉동톤당의 성적 계수를 계산하시오.(10점)

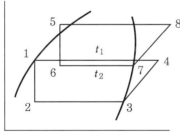

$i_1 = 370.65$
$i_3 = 478.17$
$i_4 = 522.48$
$i_5 = i_6 = 452.592$
$i_7 = 604.38$
$i_8 = 681.24$

[kJ/kg]

해답 (1) 1냉동톤당의 압축기 소요 일량은 $AW = \dfrac{Q}{\varepsilon}$($\varepsilon$는 성적 계수)의 관계에서 저온 측 AW_1 [kJ/h], 고온 측 AW_2 [kJ/h]라면

$$AW_1 = \frac{3320 \times 4.2 \times (522.48 - 478.17)}{478.17 - 370.65} = 5754\,\mathrm{kJ}$$

$$AW_2 = \frac{3320 \times 4.2 \times (522.48 - 370.65)(681.24 - 604.38)}{(478.17 - 370.65)(604.38 - 452.592)} = 9954\,\mathrm{kJ/h}$$

∴ 전 압축 일량 $AW = AW_1 + AW_2 = 5754 + 9954 = 15708\,\mathrm{kJ/h}$

이것을 kW로 환산하면

저온 측 $\dfrac{5754}{3600} = 1.598 \coloneqq 1.60\,\text{kW}$

고온 측 $\dfrac{9954}{3600} = 2.765 \coloneqq 2.77\,\text{kW}$

전 압축 동력 $= 1.6 + 2.77 = 4.37\,\text{kW}$

$\therefore$ 사이클의 이론 성적 계수 $\varepsilon = \dfrac{3320 \times 4.2}{15708} = 0.887 \coloneqq 0.89$

---

09. 다음 덕트에 대한 문장을 읽고 틀린 곳에 밑줄을 긋고 바로 고쳐 쓰시오. (5점)
 (1) 일반적으로 최대 풍속이 20 m/s를 경계로 하여 저속 덕트와 고속 덕트로 구별된다.
 (2) 주택에서 쓰이는 저속 덕트의 주 덕트 내 풍속은 약 3 m/s 이하로 누른다.
 (3) 공공건물에서 쓰이는 저속 덕트의 주 덕트 내 풍속은 15 m/s 이하로 누른다.
 (4) 장방형 덕트의 이스펙트비는 되도록 10 이내로 하는 것이 좋다.
 (5) 장방형 덕트의 굴곡부에서의 내측 반지름비는 일반적으로 1 정도가 쓰인다.

해답 (1) 일반적으로 최대 풍속이 20 m/s를 경계로 하여, 저속 덕트와 고속 덕트로 구별된다. → 고속과 저속은 15 m/s를 경계로 구분된다.
 (2) 주택에서 쓰이는 저속 덕트의 주 덕트 내 풍속은 약 3 m/s 이하로 누른다.
  → 주택에서 풍속 최고 6 m/s 이하이고, 권장 풍속은 3.5~4.5 m/s이다.
 (3) 공공건물에서 쓰이는 저속 덕트의 주 덕트 내 풍속은 15 m/s 이하로 누른다.
  → 공공건물의 주 덕트 풍속은 8 m/s 이하이고, 공장은 6~9 m/s이다.
 (4) 장방형 덕트의 이스펙트비는 되도록 10 이내로 하는 것이 좋다.
  → 이스펙트비는 4 이하로 하는 것이 좋다. 일반적으로 1.5~2 정도가 쓰인다.
 (5) 장방형 덕트의 굴곡부에서의 내측 반지름비는 일반적으로 1 정도가 쓰인다.
  → 내측 반지름비란 덕트 굴곡부에서 내측의 곡률 반지름과 반지름 방향의 덕트 치수와의 비가 일반적으로 0.75 정도이고 0.5 이하일 때는 굴곡부에 안내 베인을 설치한다.

---

10. 바닥 면적 600 m², 천장 높이 4 m의 자동차 정비공장에서 항상 10대의 자동차가 엔진을 작동한 상태에 있는 것으로 한다. 자동차의 배기가스 중의 일산화탄소량을 1대당 1 m³/h, 외기 중의 일산화탄소 농도를 0.0001 % (용적실 내의 일산화탄소 허용 농도를 0.01 %) 용적이라 하면, 필요 외기량(환기량)은 어느 정도가 되는가? 또, 환기 횟수로 따지면 몇 회가 되는가? (단, 자연 환기는 무시한다.) (3점)

해답 (1) $Q = \dfrac{V}{M_a - M_o} = \dfrac{1 \times 10}{0.0001 - 0.000001} = 101010.101\,\text{m}^3/\text{h}$

환기 횟수 $n = \dfrac{101010.101}{4 \times 600} = 42.087 \coloneqq 42.09$ 회

11. 공기 냉동기의 온도에 있어서 압축기 입구가 −5℃, 압축기 출구가 105℃, 팽창기 입구에서 10℃, 팽창기 출구에서 −70℃라면 공기 1 kg당의 성적계수와 냉동 효과는 몇 kJ/kg인가? (단, 공기 비열은 1.005 kJ/kg·K 이다.)　　　　　(6점)

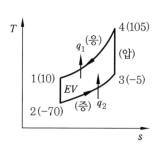

해답 (1) 냉동 효과 $q_2 = C_p(T_3 - T_2) = 1.005 \times (268 - 203) = 65.325\,\text{kJ/kg}$

　(2) 성적계수

　　방출 열량 $q_1 = C_p(T_4 - T_1) = 1.005 \times (378 - 283) = 95.475\,\text{kJ/kg}$

　(3) 성적계수 $\varepsilon = \dfrac{q_2}{q_1 - q_2} = \dfrac{65.325}{95.475 - 63.325} = 2.1666 ≒ 2.167$

12. 공기 조화 장치에서 열원 설비 장치 4가지를 쓰시오.　　　　　(4점)

해답 (1) 냉열원 장치

　　① 증기 압축식 냉동 장치

　　② 흡수식 냉동 장치

　　③ 빙축열 설비

　　④ GHP(가스 히트 펌프)

　　⑤ 시스템 에어컨

　(2) 온열원 장치

　　① 보일러 설비

　　② 증기 설비

　　③ 난방 설비

　　④ 급탕 설비

▶ **2017. 10. 14 시행**　　　※ 이 문제는 수검자의 기억을 통하여 복원된 것입니다.

---

01. 암모니아 응축기에 있어서 다음과 같은 조건일 경우 필요한 냉각 면적을 구하시오. (단, 냉각관의 열전도 저항은 무시하며 소수점 이하 한 자리까지 구하시오.) (4점)

---[조건]---

- 냉매 측의 열전달률 $\alpha_r = 25200 \text{ kJ/m}^2 \cdot \text{h} \cdot \text{K}$
- 냉각수 측의 열전달률 $\alpha_w = 5040 \text{ kJ/m}^2 \cdot \text{h} \cdot \text{K}$
- 물때의 열저항 $f = 0.0000238 \text{ m}^2 \cdot \text{h} \cdot \text{K/kJ}$
- 냉동 능력 $Q_e = 25 \text{ RT}$
- 압축기 소요 동력 $P = 25 \text{ kW}$
- 냉매와 냉각수와의 평균 온도 차 $\Delta t_m = 6\,℃$

해답 (1) 열통과율

① 열 저항 $R = \dfrac{1}{K} = \dfrac{1}{25200} + 0.0000238 + \dfrac{1}{5040}\ [\text{m}^2 \cdot \text{h} \cdot \text{K/kJ}]$

② 열통과율 $K = \dfrac{1}{R} = 3818.3206 ≒ 3818.3 \text{ kJ/m}^2 \cdot \text{h} \cdot \text{K}$

(2) 냉각 면적 $F = \dfrac{(25 \times 3320 \times 4.2) + (25 \times 3600)}{3818.3 \times 6} = 19.144 ≒ 19.1 \text{ m}^2$

---

02. 다음과 같은 냉방부하를 갖는 건물에서 냉동기 부하(RT)를 구하시오. (단, 안전율은 10%이고 냉방부하 1 kcal는 4.2 kJ로 환산한다.) (5점)

실명	냉방부하 (kcal/h)		
	8 : 00	12 : 00	16 : 00
A실	30000	20000	20000
B실	25000	30000	40000
C실	10000	10000	10000
계	65000	60000	70000

해답 냉동기 부하 $= \dfrac{70000 \times 4.2}{3320 \times 4.2} \times 1.1 = 23.192 ≒ 23.19 \text{ RT}$

03. 응축 온도가 43℃인 횡형 수랭 응축기에서 냉각수 입구 온도 32℃, 출구 온도 37℃, 냉각수 순환수량 300 L/min이고 응축기 전열 면적이 20 m²일 때 다음 물음에 답하시오. (단, 응축 온도와 냉각수의 평균 온도 차는 산술 평균 온도 차로 하고 정압비열은 4.2 kJ/kg · K이다.) (9점)

(1) 응축기 냉각 열량은 몇 kJ/h인가?

(2) 응축기 열통과율은 몇 kJ/m² · h · K인가?

(3) 냉각수 순환량 400 L/min일 때 응축 온도는 몇 ℃인가? (단, 응축 열량, 냉각수 입구 수온, 전열 면적, 열통과율은 같은 것으로 한다.)

[해답] (1) 냉각 열량 $Q_c = 300 \times 60 \times 4.2 \times (37 - 32) = 378000$ kJ/h

(2) 열통과율 $k = \dfrac{378000}{20 \times \left(43 - \dfrac{32 + 37}{2}\right)} = 2223.529 ≒ 2223.53$ kJ/m² · h · K

(3) 응축 온도

① 냉각수 출구 온도 $t_{\omega_2} = 32 + \dfrac{378000}{400 \times 60 \times 4.2} = 35.75$ ℃

② 응축 온도 $t_C = \dfrac{378000}{2223.53 \times 20} + \dfrac{32 + 35.75}{2} = 42.374 ≒ 42.37$ ℃

---

04. 다음 그림의 배관 평면도를 입체도로 그리고 필요한 엘보 수를 구하시오. (단, 굽힘 부분에서는 반드시 엘보를 사용한다.) (5점)

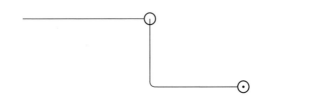

[해답] ① 입체도

② 엘보 수 4개

05. 다음과 같은 2단 압축 1단 팽창 냉동장치를 보고 $P-h$ 선도상에 냉동 사이클을 그리고 1~8점을 표시하시오. (5점)

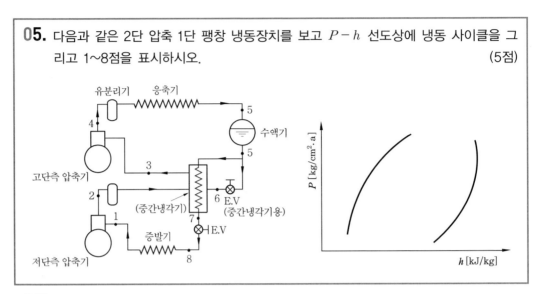

해답

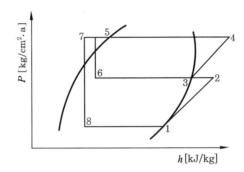

06. 다음과 같은 공기 조화기를 통과할 때 공기 상태 변화를 공기 선도상에 나타내고 번호를 쓰시오. (5점)

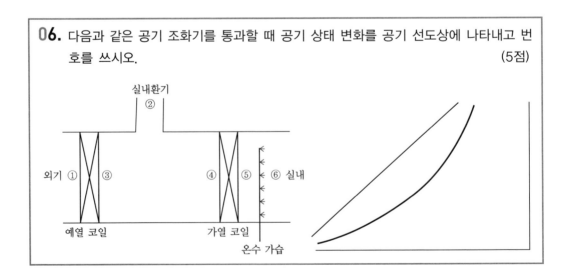

해답

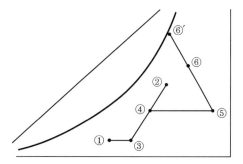

---

07. 왕복동 압축기의 실린더 지름 120 mm, 피스톤 행정 65 mm, 회전수 1200 rpm, 체적 효율 70 % 6기통일 때 압축기 토출량 m³/h를 구하시오. (3점)

해답 토출량 $= \dfrac{\pi}{4} \times 0.12^2 \times 0.065 \times 1200 \times 6 \times 60 \times 0.7 = 222.191 ≒ 222.19\,\mathrm{m^3/h}$

---

08. 다음과 같은 건물의 A실에 대하여 아래 조건을 이용하여 각 물음에 답하시오. (단, 실 A는 최상층으로 사무실 용도이며, 아래층의 난방 조건은 동일하다.) (14점)

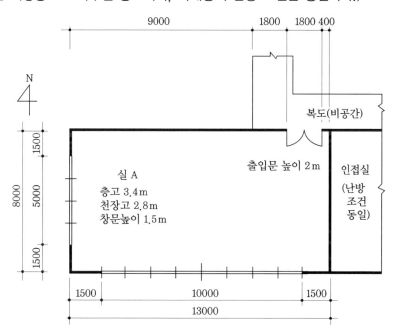

[조건] 1. 난방 설계용 온·습도

	난방	비고
실내	20℃ DB, 50 % RH, $x = 0.00725\,\mathrm{kg/kg}$	비공조실은 실내·외의 중간 온도로 약산함
외기	−5℃ BD, 70 % RH, $x = 0.00175\,\mathrm{kg/kg}$	

2. 유리 : 복층유리(공기층 6 mm), 블라인드 없음, 열관류율 $K = 12.6\,\mathrm{kJ/m^2 \cdot h \cdot K}$

  출입문 : 목제 플래시문, 열관류율 $K = 7.98\,\mathrm{kJ/m^2 \cdot h \cdot K}$

3. 공기의 비중량 $\gamma = 1.2\,\mathrm{kg/m^3}$, 공기의 정압비열 $C_{pe} = 1.008\,\mathrm{kJ/kg \cdot K}$

  수분의 증발잠열(상온) $E_a = 2507.4\,\mathrm{kJ/kg}$, 100℃ 물의 증발잠열 $E_b = 2263.8\,\mathrm{kJ/kg}$

4. 외기 도입량은 $25\,\mathrm{m^3/h \cdot 인}$이다.

5. 외벽

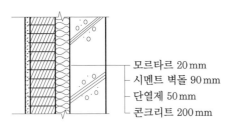

모르타르 20 mm
시멘트 벽돌 90 mm
단열제 50 mm
콘크리트 200 mm

각 재료의 열전도율

재료명	열전도율 (kJ/m·h·K)
1. 모르타르	5.04
2. 시멘트 벽돌	5.04
3. 단열제	0.126
4. 콘크리트	5.88

6. 내벽 열관류율 : $10.878\,\mathrm{kJ/m^2 \cdot h \cdot K}$, 지붕 열관류율 : $1.764\,\mathrm{kJ/m^2 \cdot h \cdot K}$

표면 열전달률

$\alpha_i,\ \alpha_0\,[\mathrm{kJ/m^2 \cdot h \cdot K}]$

표면의 종류	난방 시	냉방 시
내면	30.24	30.24
외면	87.36	81.9

재실인원 1인당 상면적(m²/인)

방의 종류	상면적 (m²/인)	방의 종류		상면적 (m²/인)
사무실(일반)	5.0		객실	18.0
은행 영업실	5.0		평균	3.0
레스토랑	1.5	백화점	혼잡	1.0
상점	3.0		한산	6.0
호텔로비	6.5		극장	0.5

방위계수

방위	N, 수평	E	W	S
방위계수	1.2	1.1	1.1	1.0

환기횟수

실용적 (m³)	500 미만	500~1000	1000~1500	1500~2000	2000~2500	2500~3000	3000 이상
환기횟수 (회/h)	0.7	0.6	0.55	0.5	0.42	0.40	0.35

(1) 외벽 열관류율을 구하시오.

(2) 난방부하를 계산하시오.

  ① 서측　② 남측　③ 북측　④ 지붕　⑤ 내벽　⑥ 출입문

해답 (1) 열 저항 $R = \dfrac{1}{K} = \dfrac{1}{30.24} + \dfrac{0.02}{5.04} + \dfrac{0.09}{5.04} + \dfrac{0.05}{0.126} + \dfrac{0.2}{5.88} + \dfrac{1}{87.36}$

$= 0.4971\,\mathrm{m^2 \cdot h \cdot K/kJ}$

열관류율 $K = \dfrac{1}{R} = 2.011 \fallingdotseq 2.01\,\mathrm{kJ/m^2 \cdot h \cdot K}$

(2) ① 서측
- 외벽 $= 2.01 \times \{(8 \times 3.4) - (5 \times 1.5)\} \times \{20 - (-5)\} \times 1.1 = 1092.168 \fallingdotseq 1092.17\,\mathrm{kJ/h}$
- 유리창 $= 12.6 \times (5 \times 1.5) \times \{20 - (-5)\} \times 1.1 = 2598.75\,\mathrm{kJ/h}$

② 남측
- 외벽 $= 2.01 \times \{(13 \times 3.4) - (10 \times 1.5)\} \times \{20 - (-5)\} \times 1.0 = 1471.68\,\mathrm{kJ/h}$
- 유리창 $= 12.6 \times (10 \times 1.5) \times \{20 - (-5)\} \times 1.0 = 4725\,\mathrm{kJ/h}$

③ 북측
- 외벽 $= 2.01 \times (9 \times 3.4) \times \{20 - (-5)\} \times 1.2 = 1850.688 \fallingdotseq 1850.69\,\mathrm{kJ/h}$

④ 지붕 $= 1.764 \times (8 \times 13) \times \{20 - (-5)\} \times 1.2 = 5503.68\,\mathrm{kJ/h}$

⑤ 내벽 $= 10.878 \times \{(4 \times 2.8) - (1.8 \times 2)\} \times \left\{20 - \dfrac{20 + (-5)}{2}\right\} = 1033.41\,\mathrm{kJ/h}$

⑥ 출입문 $= 7.98 \times (1.8 \times 2) \times \left\{20 - \dfrac{20 + (-5)}{2}\right\} = 359.1\,\mathrm{kJ/h}$

09. 냉장실의 냉동 부하 25200 kJ/h, 냉장실 내 온도를 −20℃로 유지하는 나관 코일식 증발기 천장 코일의 냉각관 길이(m)를 구하시오. (단, 천장 코일의 증발관 내 냉매의 증발 온도는 −28℃, 외표면적 0.19 m²/m, 열통과율은 29.4 kJ/m²·h·K이다.) (4점)

해답 냉각관 길이 $= \dfrac{25200}{29.4 \times \{(-20) - (-28)\}} \times \dfrac{1}{0.19} = 563.909 \fallingdotseq 563.91\,\mathrm{m}$

10. 다음과 같은 조건의 어느 실을 난방할 경우 물음에 답하시오. (단, 공기의 비중량은 1.2 kg/m³, 공기의 정압 비열은 1.008 kJ/kg · K이다.) (6점)

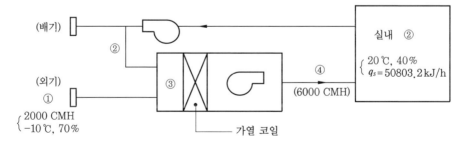

(1) 혼합 공기(③점)의 온도를 구하시오.
(2) 취출 공기(④점)의 온도를 구하시오.
(3) 가열 코일의 용량(kcal/h)을 구하시오.

해답 (1) $t_3 = \dfrac{2000 \times (-10) + (6000 - 2000) \times 20}{6000} = 10\,℃$

(2) $t_4 = 20 + \dfrac{50803.2}{6000 \times 1.2 \times 1.008} = 27\,℃$

(3) $q_H = 6000 \times 1.2 \times 1.008 \times (27 - 10) = 123379.2 \text{ kJ/h}$

---

11. 공기 조화 부하에서 극간풍 (틈새바람)을 구하는 방법 3가지와 틈새바람을 방지하는
방법 3가지를 서술하시오. (6점)

해답 (1) 틈새바람을 결정하는 방법
① 환기 횟수에 의한 방법
② 극간 길이에 의한 방법 (crack법)
③ 창 면적에 의한 방법
④ 출입문의 극간풍
⑤ 건물 내의 개방문
(2) 극간풍 (틈새바람)을 방지하는 방법
① 에어 커튼 (air curtain)의 사용
② 회전문을 설치
③ 충분한 간격을 두고 이중문을 설치
④ 실내를 가압하여 외부 압력보다 높게 유지하는 방법
⑤ 건축의 건물 기밀성 유지와 현관의 방풍실 설치, 중간의 구획 등

---

12. 어느 벽체의 구조가 다음과 같은 조건을 갖출 때 각 물음에 답하시오. (9점)

[조건]

1. 실내 온도 : 27℃, 외기 온도 : 32℃   2. 벽체의 구조
3. 공기층 열 컨덕턴스 : 5.2 W/m²·K   4. 외벽의 면적 : 40 m²

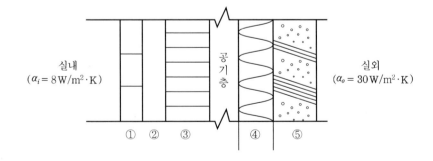

실내
$(\alpha_i = 8\,\text{W/m}^2\cdot\text{K})$

공기층

실외
$(\alpha_o = 30\,\text{W/m}^2\cdot\text{K})$

① ② ③   ④ ⑤

재료	두께(m)	열전도율 (W/m$^2\cdot$K)
① 타일	0.01	1.1
② 시멘트 모르타르	0.03	1.1
③ 시멘트 벽돌	0.19	1.2
④ 스티로폴	0.05	0.03
⑤ 콘크리트	0.10	1.4

(1) 벽체의 열통과율 (W/m$^2\cdot$K)을 구하시오.

(2) 벽체의 침입 열량 (W)을 구하시오.

(3) 벽체의 내표면 온도 (℃)를 구하시오.

해답 (1) $\dfrac{1}{K} = \dfrac{1}{8} + \dfrac{0.01}{1.1} + \dfrac{0.03}{1.1} + \dfrac{0.19}{1.2} + \dfrac{0.05}{0.03} + \dfrac{1}{5.2} + \dfrac{0.1}{1.4} + \dfrac{1}{30}$

$\qquad = 2.2834 \ \mathrm{m}^2\cdot \mathrm{K/W}$

$\qquad \therefore \ K = 0.4379 ≒ 0.438 \ \mathrm{W/m}^2\cdot \mathrm{K}$

(2) $q = 0.438 \times 40 \times (32-27) = 87.6 \, \mathrm{W}$

(3) $0.438 \times 40 \times (32-27) = 8 \times 40 \times (t_s - 27)$

$\qquad \therefore \ t_s = 25 - \dfrac{0.438 \times 40 \times 5}{8 \times 40} = 25.273 ≒ 25.27 \ ℃$

참고 1 W=1 J/S이다.

13. 아래 표기된 제어 기기의 명칭을 쓰시오. (5점)

① TEV	② SV	③ HPS	④ OPS	⑤ DPS

해답 ① TEV : 온도식 팽창 밸브(temperature expansion valve)

② SV : 전자 밸브(solenoid valve)

③ HPS : 고압 차단 스위치(high pressure cut out switch)

④ OPS : 유압 보호 스위치(oil protection switch)

⑤ DPS : 고저압 차단 스위치(dual pressure cut out switch)

14. 조건이 다른 2개의 냉장실에 2대의 압축기를 설치하여 필요시에 따라 교체 운전을 할 수 있도록 흡입 배관과 그에 따른 밸브를 설치하고 완성하시오. (10점)

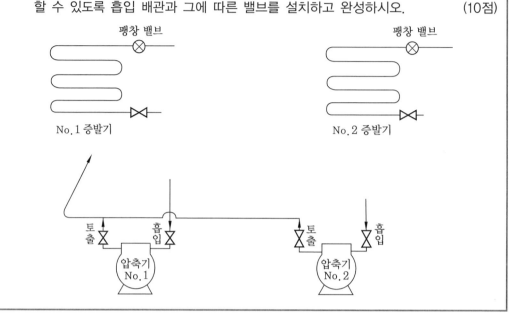

해답

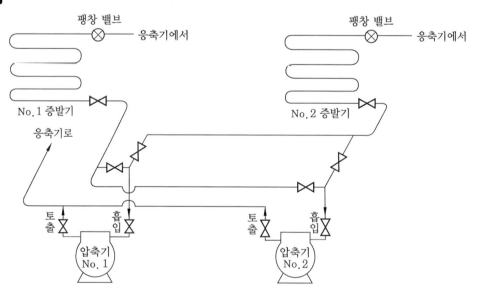

15. 다음 그림과 같은 중앙식 공기 조화 설비의 계통도에서 미완성된 배관도를 완성하고
유체의 흐르는 방향을 화살표로 표시하시오. (10점)

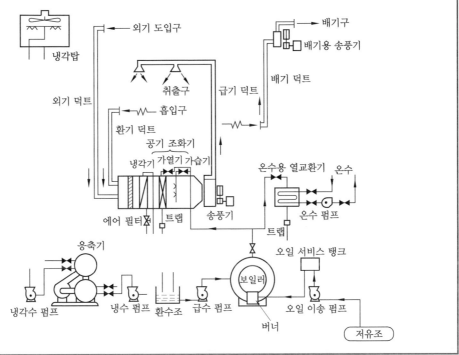

해답

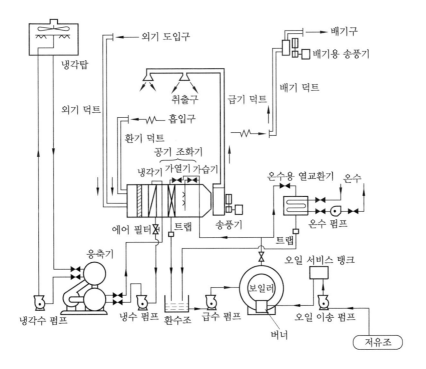

2018년도 시행 문제

▶ **2018. 4. 15 시행**　　　　※ 이 문제는 수검자의 기억을 통하여 복원된 것입니다.

01. 흡입측에 30 mmAq (전압)의 저항을 갖는 덕트가 접속되고, 토출측은 평균풍속 10 m/s로 직접 대기에 방출하고 있는 송풍기가 있다. 이 송풍기의 축동력을 구하시오. (단, 풍량은 900 m³/h, 정압효율은 0.5로 한다.) (2점)

해답 송풍기 정압 $P_s = P_t - P_v$에서 토출측 정압 P_{s_2}는 대기 방출형이므로 0 mmAq가 된다.

즉, $P_{t_2} = P_{s_2} + P_{v_2} = 0 + \dfrac{V^2}{2g}\gamma = \dfrac{10^2}{2 \times 9.8} \times 1.2 = 6.12\,\text{mmAq}$

전압 $P_t = P_{t_2} - P_{t_1} = 6.12 - (-30) = 36.12\,\text{mmAq}$

$\quad P_s = 36.12 - 6.12 = 30\,\text{mmAq}$

∴ 동력 $L\,[\text{kW}] = \dfrac{P_s \times Q}{102 \times \eta_s} = \dfrac{30 \times 900}{102 \times 3600 \times 0.5} = 0.147 ≒ 0.15\,\text{kW}$

02. 다음과 같은 조건의 건물 중간층 난방부하를 구하시오. (16점)

――― [조건] ―――

1. 열관류율(kJ/m²·h·K) : 천장 (3.528), 바닥 (6.888), 문 (14.28), 유리창 (23.94)

2. 난방실의 실내온도 : 25℃, 비난방실의 온도 : 5℃

　외기온도 : −10℃, 상·하층 난방실의 실내온도 : 25℃

3. 벽체 표면의 열전달률

구분	표면위치	대류의 방향	열전달률 (kJ/m²·h·K)
실내측	수직	수평 (벽면)	33.6
실외측	수직	수직·수평	84

4. 방위계수

방위	방위계수
북쪽, 외벽, 창, 문	1.1
남쪽, 외벽, 창, 문, 내벽	1.0
동쪽, 서쪽, 창, 문	1.05

5. 환기횟수 : 난방실 − 1회/h, 비난방실 − 3회/h
6. 공기의 비열 : 1.008 kJ/kg·K, 공기 비중량 : 1.2 kg/m³

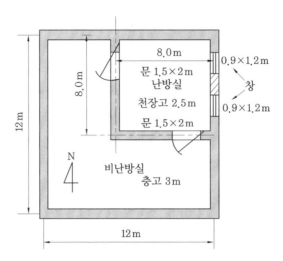

벽체의 종류	구조	재료	두께 (mm)	열전도율 (kJ/m·h·K)
외벽		타일	10	4.62
		모르타르	15	5.544
		콘크리트	120	5.922
		모르타르	15	5.544
		플라스터	3	2.184
내벽		콘크리트	100	5.544

(1) 외벽과 내벽의 열관류율을 구하시오.
(2) 다음 부하계산을 하시오.
  ① 벽체를 통한 부하　　　② 유리창을 통한 부하
  ③ 문을 통한 부하　　　④ 극간풍 부하 (환기횟수에 의함)

해답 (1) ① 외벽을 통한 열관류율

$$\frac{1}{K_o} = \frac{1}{33.6} + \frac{0.01}{4.62} + \frac{0.015}{5.544} + \frac{0.12}{5.922} + \frac{0.015}{5.544} + \frac{0.003}{2.184} + \frac{1}{84}$$

$$= 0.07088 \, \text{m}^2 \cdot \text{h} \cdot \text{K/kJ}$$

$$\therefore \ K_o = 14.108 ≒ 14.11 \, \text{kJ/m}^2 \cdot \text{h} \cdot \text{K}$$

② 내벽을 통한 열관류율

$$\frac{1}{K_r} = \frac{1}{33.6} + \frac{0.1}{5.544} + \frac{1}{33.6} = 0.07756 \ \text{m}^2 \cdot \text{h} \cdot \text{K/kJ}$$

$$\therefore \ K_r = 12.893 \fallingdotseq 12.89 \ \text{kJ/m}^2 \cdot \text{h} \cdot \text{K}$$

(2) ① 외벽 $\begin{cases} \text{북} = (8 \times 3) \times 14.11 \times \{25 - (-10)\} \times 1.1 = 13037.64 \ \text{kJ/h} \\ \text{동} = \{(8 \times 3) - (0.9 \times 1.2 \times 2)\} \times 14.11 \times \{25 - (-10)\} \times 1.05 \end{cases}$

$$= 11324.968 \fallingdotseq 11324.97 \ \text{kJ/h}$$

　　내벽 $\begin{cases} \text{남} = \{(8 \times 2.5) - (1.5 \times 2)\} \times 12.89 \times (25 - 5) = 4382.6 \ \text{kJ/h} \\ \text{서} = \{(8 \times 2.5) - (1.5 \times 2)\} \times 12.89 \times (25 - 5) = 4382.6 \ \text{kJ/h} \end{cases}$

② 창문 = $(0.9 \times 1.2 \times 2) \times 23.94 \times \{25 - (-10)\} \times 1.05 = 1900.357 \fallingdotseq 1900.36 \ \text{kJ/h}$

③ 문 = $(1.5 \times 2 \times 2) \times 14.28 \times (25 - 5) = 1713.6 \ \text{kJ/h}$

④ 극간부하 = $(8 \times 8 \times 2.5 \times 1) \times 1.2 \times 1.008 \times \{25 - (-10)\} = 6773.76 \ \text{kJ/h}$

---

03. 다음은 단일 덕트 공조방식을 나타낸 것이다. 주어진 조건과 습공기 선도를 이용하여 각 물음에 답하시오. (13점)

[조건]

- 실내부하 : 현열부하$(q_s) = 109200 \ \text{kJ/h}$, 잠열부하$(q_l) = 18900 \ \text{kJ/h}$
- 실내 : 온도 20℃, 상대습도 50%
- 외기 : 온도 2℃, 상대습도 40%
- 환기량과 외기량의 비 : 3 : 1
- 공기의 비중량 : 1.2 kg/m³, 공기의 비열 : 1.008 kJ/kg · K
- 실내 송풍량 : 10000 kg/h
- 덕트 장치 내의 열취득(손실)을 무시한다.
- 가습은 순환수 분무로 한다.
- 습공기 선도의 엔탈피 1 kcal는 4.2 kJ로 환산한다.

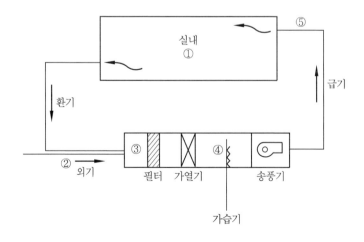

  (1) 계통도를 보고 공기의 상태변화를 습공기 선도 상에 나타내고 장치의 각 위치
   에 대응하는 점 ①~⑤를 표시하시오.
  (2) 실내부하의 현열비(SHF)를 구하시오.
  (3) 취출공기 온도를 구하시오.
  (4) 가열기 용량(kJ/h)을 구하시오.
  (5) 가습량(kg/h)을 구하시오.

해답 (1) 공기의 상태변화를 습공기 선도에 그리면 다음과 같다.

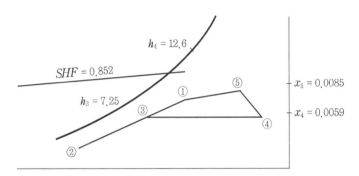

 (2) 외기와 환기 혼합공기온도 $t_3 = \dfrac{(3 \times 20) + (1 \times 2)}{3 + 1} = 15.5\,℃$

  현열비 $SHF = \dfrac{109200}{109200 + 18900} = 0.8524 ≒ 0.852$

 (3) 실내 취출구온도 $t_5 = 20 + \dfrac{109200}{10000 \times 1.008} = 30.8333 = 30.833\,℃$

 (4) 가열기 용량 $q_H = 10000 \times (12.6 - 7.25) \times 4.2 = 224700$ kJ/h

 (5) 가습기 용량 $L = 10000 \times (0.0085 - 0.0059) = 26$ kg/h

---

04. 500 rpm으로 운전되는 송풍기가 300 m³/min, 전압 40 mmAq, 동력 3.5 kW의
  성능을 나타내고 있는 것으로 한다. 이 송풍기의 회전수를 1할 증가시키면 어떻게
  되는가를 계산하시오.   (6점)

해답 송풍기 상사법칙에 의해서,

 ① 풍량 $Q_2 = \left(\dfrac{N_2}{N_1}\right) \times Q_1 = \dfrac{500 \times 1.1}{500} \times 300 = 330$ m³/min

 ② 전압 $P_2 = \left(\dfrac{N_2}{N_1}\right)^2 \times P_1 = \left(\dfrac{500 \times 1.1}{500}\right)^2 \times 40 = 48.4$ mmAq

 ③ 동력 $L_2 = \left(\dfrac{N_2}{N_1}\right)^3 \times L_1 = \left(\dfrac{500 \times 1.1}{500}\right)^3 \times 3.5 = 4.658 ≒ 4.66$ kW

05. 다음과 같은 조건 하에서 운전되는 공기조화기에서 각 물음에 답하시오. (단, 공기의 비중량 $R = 1.2\,\mathrm{kg/m^3}$, 비열 $C_p = 1.004\,\mathrm{kJ/kg \cdot K}$ 이다.) (6점)

───── [조건] ─────

1. 외기 : 32℃ DB, 28℃ WB
2. 실내 : 26℃ DB, 50 % RH
3. 실내 현열부하 : 142800 kJ/h, 실내 잠열부하 : 25200 kJ/h
4. 외기 도입량 : 2000 m³/h

(1) 실내 현열비를 구하시오.
(2) 토출온도와 실내온도의 차를 10.5℃로 할 경우 송풍량(m³/h)을 구하시오.
(3) 혼합점의 온도(℃)를 구하시오.

해답 (1) 실내 현열비 $= \dfrac{142800}{142800 + 25200} = 0.85$

(2) 송풍량 $= \dfrac{142800}{1.004 \times 10.5 \times 1.2} = 11243.386 \fallingdotseq 11243.39\,\mathrm{m^3/h}$

(3) 혼합점의 온도 $= \dfrac{(2000 \times 32) + (11243.39 - 2000) \times 26}{11243.39}$

$\qquad\qquad = 27.067 \fallingdotseq 27.07℃$

---

06. 주철제 승기 보일러 2기가 있는 장치에서 방열기의 싱딩빙열 면적이 1500 m²이고, 급탕온수량이 5000 L/h이다. 급수온도 10℃, 급탕온도 60℃, 보일러 효율 80 %, 압력 0.6 kg/cm²의 증발잠열량이 2228.94 kJ/kg일 때 다음 물음에 답하시오. (8점)

(1) 주철제 방열기를 사용하여 난방할 경우 방열기 절수를 구하시오. (단, 방열기 절당 면적은 0.26 m²이다.)
(2) 배관부하를 난방부하의 10 %라고 한다면 보일러의 상용출력(kJ/h)은?
(3) 예열부하를 840000 kJ/h라고 한다면 보일러 1대당 정격출력(kJ/h)은 얼마인가?
(4) 시간당 응축수 회수량(kg/h)은 얼마인가?

해답 (1) 절수 $= \dfrac{1500}{0.26} = 5769.23 \fallingdotseq 5770$ 절

(2) 보일러의 상용출력
① 실제난방부하 $= 5770 \times 0.26 \times 650 \times 4.2 = 4095546\,\mathrm{kJ/h}$
② 급탕부하 $= 5000 \times 4.2 \times (60 - 10) = 1050000\,\mathrm{kJ/h}$
③ 상용출력 $= (4095546 \times 1.1) + 1050000 = 5555100.6\,\mathrm{kJ/h}$

(3) 1대당 정격출력 $= (5555100.6 + 840000) \times \dfrac{1}{2} = 3197550.3\,\text{kJ/h}$

(4) 응축수량 $= \dfrac{3197550.3 \times 2}{2228.94} = 2869.121914 \fallingdotseq 2869.12\,\text{kg/h}$

---

07. 단일 덕트 방식의 공기조화 시스템을 설계하고자 할 때 어떤 사무소의 냉방부하를 계산한 결과 현열부하 $q_s = 24192\,\text{kJ/h}$, 잠열부하 $q_l = 6048\,\text{kJ/h}$였다. 주어진 조건을 이용하여 물음에 답하시오. (단, 습공기 선도 상의 1 kcal는 4.2 kJ로 환산한다.) (8점)

> ─────────── [조건] ───────────
>
> 1. 설계조건
>   ① 실내 : 26℃ DB, 50 % RH   ② 실외 : 32℃ DB, 70 % RH
> 2. 외기 취입량 : $500\,\text{m}^3/\text{h}$
> 3. 공기의 비열 : $C_p = 1.008\,\text{kJ/kg·K}$
> 4. 취출 공기온도 : 16℃
> 5. 공기의 비중량 : $Y = 1.2\,\text{kg/m}^3$

(1) 냉방 풍량을 구하시오.

(2) 현열비 및 실내공기 (①) 과 실외공기 (②) 의 혼합온도를 구하고, 공기조화 cycle을 습공기 선도 상에 도시하시오.

해답 (1) 냉방 풍량

$$Q = \frac{24192}{1.2 \times 1.008 \times (26 - 16)} = 2000\,\text{m}^3/\text{h}$$

(2) ① 현열비 $= \dfrac{24192}{24192 + 6048} = 0.8$

② 혼합공기

$$t_3 = \frac{(1500 \times 26) + (500 \times 32)}{2000} = 27.5℃$$

③ 습공기 선도

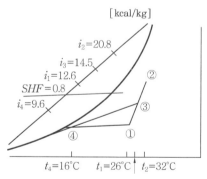

---

08. 펌프에서 수직높이 25 m의 고가수조와 5 m 아래의 지하수까지를 관경 50 mm의 파이프로 연결하여 2 m/s의 속도로 양수할 때 다음 물음에 답하시오. (단, 배관의 마찰손실은 0.3 mAq/100m이다.) (6점)

(1) 펌프의 전양정(m)을 구하시오.

(2) 펌프의 유량(m^3/s)을 구하시오.

(3) 펌프의 축동력(kW)을 구하시오.

해답 (1) 펌프의 전양정(m)

전양정 $H = (25+5) + \left(30 \times \dfrac{0.3}{100}\right) + \dfrac{2^2}{2 \times 9.8} = 30.294 \fallingdotseq 30.29 \text{ mAq}$

(2) 펌프의 유량(m^3/s)

$Q = \dfrac{\pi}{4} \times 0.05^2 \times 2 = 3.926 \times 10^{-3} = 3.93 \times 10^{-3} \text{ m}^3/\text{s}$

(3) 펌프의 축동력(kW)

$N\,[\text{kW}] = \dfrac{1000 \times 3.93 \times 10^{-3} \times 30.29}{102} = 1.167 \fallingdotseq 1.17 \text{ kW}$

---

09. 겨울철에 냉동장치 운전 중에 고압측 압력이 갑자기 낮을 경우 장치 내에서 일어나는 현상을 3가지 쓰고 그 이유를 각각 설명하시오. (12점)

해답 ① 현상 : 냉동장치의 각 부가 정상임에도 불구하고 냉각이 불충분하여진다.
　　－ 이유 : 응축기 냉각 공기온도가 낮아짐으로 응축압력이 낮아지는 것이 원인이다.
② 현상 : 냉매순환량이 감소한다.
　　－ 이유 : 증발압력이 일정한 상태에서 고저압의 차압이 적어서 팽창밸브 능력이 감소하는 것이 원인이다.
③ 현상 : 단위능력당 소요동력 증가
　　－ 이유 : 냉동능력에 알맞은 냉매량을 확보하지 못하므로 운전시간이 길어지는 것이 원인이다.

> **참고** [대책]
> ① 냉각풍량을 감소시켜 응축압력을 높인다.
> ② 액냉매를 응축기에 고이게 함으로써 유효 냉각 면적을 감소시킨다.
> ③ 압축기 토출가스를 압력제어 밸브를 통하여 수액기로 바이패스시킨다.

---

10. 공기조화기에서 풍량이 $2000 \text{ m}^3/\text{h}$, 난방코일 가열량 65814 kJ/h, 입구온도 $10\,℃$일 때 출구온도는 몇 $℃$인가? (단, 공기 비중량 1.2 kg/m^3, 비열 1.008 kJ/kg·K이다.) (2점)

해답 출구온도 $= 10 + \dfrac{65814}{2000 \times 1.2 \times 1.008} = 37.204 \fallingdotseq 37.20\,℃$

---

11. 송풍기(fan)의 전압 효율이 45 %, 송풍기 입구와 출구에서의 전압차가 120 mmAq로서, $10200 \text{ m}^3/\text{h}$의 공기를 송풍할 때 송풍기의 축동력(PS)을 구하시오. (2점)

해답 축동력 $= \dfrac{120 \times 10200}{75 \times 3600 \times 0.45} = 10.074 \text{ PS}$

12. 다음과 같은 조건하에서 냉방용 흡수식 냉동장치에서 증발기가 1RT의 능력을 갖도록 하기 위한 각 물음에 답하시오. (10점)

[조건]

1. 냉매와 흡수제 : 물+리튬브로마이드
2. 발생기 공급열원 : 80℃의 폐기가스
3. 용액의 출구온도 : 74℃
4. 냉각수 온도 : 25℃
5. 응축온도 : 30℃(압력 31.8 mmHg)
6. 증발온도 : 5℃(압력 6.54 mmHg)
7. 흡수기 출구 용액온도 : 28℃
8. 흡수기 압력 : 6 mmHg
9. 발생기 내의 증기 엔탈피 $h_3' = 3050.88 \text{ kJ/kg}$
10. 증발기를 나오는 증기 엔탈피 $h_1' = 2936.64 \text{ kJ/kg}$
11. 응축기를 나오는 응축수 엔탈피 $h_3 = 546.84 \text{ kJ/kg}$
12. 증발기로 들어가는 포화수 엔탈피 $h_1 = 439.74 \text{ kJ/kg}$

상태점	온도(℃)	압력(mmHg)	농도 w_t [%]	엔탈피(kJ/kg)
4	74	31.8	60.4	317.52
8	46	6.54	60.4	273.84
6	44.2	6.0	60.4	271.32
2	28.0	6.0	51.2	239.4
5	56.5	31.8	51.2	292.32

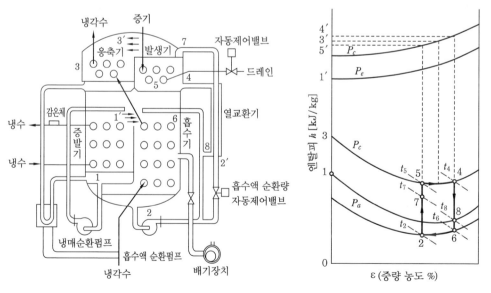

(1) 다음과 같이 나타내는 과정은 어떠한 과정인지 설명하시오.
　① 4-8 과정　　　　② 6-2 과정　　　③ 2-7 과정
(2) 응축기, 흡수기 열량을 구하시오.
(3) 1 냉동톤당의 냉매 순환량을 구하시오.

해답 (1) ① 4−8 과정 : 열교환기로 발생기에서 흡수기로 가는 과정이다. 발생기에서 농축
된 진한 용액이 열교환기를 거치는 동안 묽은 용액에 열을 방출하여 온도가 낮
아지는 과정이다.

② 6−2 과정 : 흡수제인 LiBr이 흡수기에서 냉매인 수증기를 흡수하는 과정이다.
발생기에서 재생된 진한 혼합용액이 열교환기를 거쳐 흡수기로 유입되어 냉각
수관 위로 살포된 상태가 6점이며, 증발되어 흡수기로 온냉매 증기(수증기)를
흡수하여 농도가 묽은 혼합용액 상태가 2점이 된다.

③ 2−7 과정 : 열교환기로 흡수기에서 순환펌프에 의해 발생기로 가는 과정이다. 4−
8의 과정과 2−7의 과정을 열교환하는 것으로 발생기에서 재생된 진한 용액은 냉매
증기를 많이 흡수하기 위해서는 온도를 낮추어야 하며, 또 흡수작용을 마친 묽은 용
액은 발생기에서 가열시켜 재생하므로 반대로 온도를 높여야 하기 때문이다.

(2) ① 응축열량 $= h_3{'} - h_3 = 726.4 - 130.2 = 596.2 \text{ kcal/kg}$

② 흡수열량

• 용액 순환비 $f = \dfrac{\varepsilon_2}{\varepsilon_2 - \varepsilon_1} = \dfrac{60.4}{60.4 - 51.2} = 6.565 \fallingdotseq 6.57 \text{ kg/kg}$

• 흡수기 열량 $q_a = (f - 1) \cdot h_8 + h_1{'} - f h_2$
$= \{(6.57 - 1) \times 273.84\} + 2936.64 - (6.57 \times 239.4028) = 2889.07 \text{ kJ/kg}$

(3) ① 냉동효과 $q_e = h_1{'} - h_3 = 2936.64 - 546.84 = 2389.8 \text{ kJ/kg}$

② 냉매 순환량 $G_v = \dfrac{Q_e}{q_e} = \dfrac{1 \times 3320 \times 4.2}{2389.8} = 5.834 \fallingdotseq 5.83 \text{ kg/h}$

참고 순환비 $f = \dfrac{G}{G_v}$ 에서, 묽은 혼합용액의 유량

$G = G_v \cdot f = 5.83 \times 6.57 = 38.303 \fallingdotseq 38.30 \text{ kg/h}$

---

13. 다음의 그림은 각종 송풍기의 임펠러 형상을 나타낸 것이고, [보기]는 각종 송풍기
의 명칭이다. 이들 중에서 가장 관계가 깊은 것끼리 골라서 번호와 기호를 선으로
연결하시오. (6점)

[해답 예 : (8) − ⓐ]

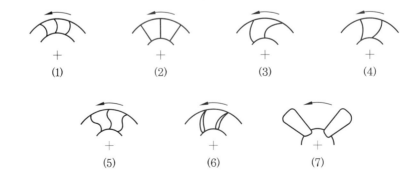

┌──────────────────[보기]──────────────────┐
│ (a) 터보팬 (사일런트형)   (b) 에어로 휠 팬   │
│ (c) 시로코 팬 (다익송풍기)   (d) 리밋 로드 팬   │
│ (e) 플레이트 팬   (f) 프로펠러 팬   │
│ (g) 터보팬 (일반형)   │
└──┘

해답 (1) – (c) 이다. 시로코 팬은 폭이 좁고 가로로 긴, 앞으로 굽은 다수의 날개를 갖는 것이며, 공조용의 대표적인 송풍기로서 저속덕트계에 널리 쓰이고 있다.

(2) – (e) 이다. 플레이트 팬은 방사상의 직선날개를 갖는 것이며, 상당히 높은 압력이 얻어지나, 효율이 낮다. 이것은 분말상 물질의 반송 등에 쓰인다.

(3) – (a) 이다. 사일런트형의 터보팬은 뒤로 굽은 크고 튼튼한 날개를 갖고 있으며, 그 구조상 특히 소음 발생을 방지하는 대책이 강구된다. 고속덕트계에 쓰인다.

(4) – (g) 이다. 일반형의 터보팬도 고속덕트계에 쓰이며, 동일 풍량이라면 사일런트형보다 소형으로 되지만 소음발생이란 점에서 떨어진다.

(5) – (d) 이다. 리밋 로드 팬은 시로코 팬과 터보팬의 날개형을 절충한 것이며, 저속덕트계에 쓰인다.

(6) – (b) 이다. 에어로 휠 팬(aero wheel fan)은 항공기의 날개 단면 모양의 날개를 가진 것이며, 무리한 공기의 흐름을 없애고 고효율 저소음을 꾀한 것이다.

(7) – (f) 이다. 프로펠러 팬은 큰 풍압을 요하지 않는 경우에 쓰이는 것이며 소음이 크다.

이상의 송풍기 중에서 프로펠러 팬을 축류송풍기, 그 밖의 것을 원심송풍기라고 한다.

---

14. R-502를 냉매로 하고 A, B 2대의 증발기를 동일 압축기에 연결해서 쓰는 냉동장치가 있다. 증발기 A에는 증발압력 조정밸브가 설치되고, A와 B의 운전 조건은 다음 표와 같으며, 응축온도는 35℃인 것으로 한다. 이 냉동장치의 냉동 사이클을 $p-h$ 선도 상에 그렸을 때 다음과 같다면 전체 냉매순환량은 몇 g/s인가? (3점)

증발기	냉동부하 (RT)	증발온도 (℃)	팽창밸브 전액온도 (℃)	증발기 출구의 냉매증기 상태
A	2	−10	30	과열도 10℃
B	4	−30	30	건조 포화증기

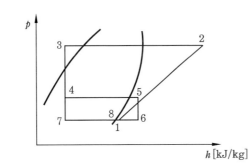

$h_1 = 558.6$

$h_2 = 600.6$

$h_3 = h_4 = h_7 = 456.96$

$h_5 = 572.46$

$h_8 = 555.24$

해답 ① $G_A = \dfrac{R_A}{h_5 - h_4} = \dfrac{2 \times 3320 \times 4.2}{572.46 - 456.96} = 241.454 = 241.45 \, \mathrm{kg/h}$

② $G_B = \dfrac{R_B}{h_8 - h_7} = \dfrac{4 \times 3320 \times 4.2}{555.24 - 456.96} = 567.521 = 567.52 \, \mathrm{kg/h}$

③ 전체 냉매순환량 $= 241.45 + 567.52 = 808.97 \, \mathrm{kg/h}$

$$= \dfrac{808.97 \times 1000}{3600} = 224.713 \fallingdotseq 224.71 \, \mathrm{g/s}$$

---

15. 실내 현열 발생량 $q_s = 31269.6 \, \mathrm{kJ/h}$이고, 실내온도 26℃, 취출구 온도 16℃에서 공기 비중량 1.2 kg/m³, 비열 1.01 kJ/kg · K일 때 취출송풍질량 kg/h은 얼마인가? (2점)

해답 취출송풍질량 $G = \dfrac{31269.6}{1.01 \times (26 - 16)} = 3096 \, \mathrm{kg/h}$

▶ 2018. 6. 30 시행   ※ 이 문제는 수검자의 기억을 통하여 복원된 것입니다.

---

01. 500 rpm으로 운전되는 송풍기가 300 m³/min, 전압 40 mmAq, 동력 3.5 kW의 성능을 나타내고 있는 것으로 한다. 이 송풍기의 회전수를 1할 증가시키면 어떻게 되는가를 계산하시오. (6점)

해답 송풍기 상사법칙에 의해서,

① 풍량 $Q_2 = \left(\dfrac{N_2}{N_1}\right) \times Q_1 = \dfrac{500 \times 1.1}{500} \times 300 = 330 \, \mathrm{m^3/min}$

② 전압 $P_2 = \left(\dfrac{N_2}{N_1}\right)^2 \times P_1 = \left(\dfrac{500 \times 1.1}{500}\right)^2 \times 40 = 48.4 \, \mathrm{mmAq}$

③ 동력 $L_2 = \left(\dfrac{N_2}{N_1}\right)^3 \times L_1 = \left(\dfrac{500 \times 1.1}{500}\right)^3 \times 3.5 = 4.658 \fallingdotseq 4.66 \, \mathrm{kW}$

02. 다음 그림 (a), (b)는 응축온도 35℃, 증발온도 −35℃로 운전되는 냉동 사이클을 나타낸 것이다. 이 두 냉동 사이클 중 어느 것이 에너지 절약 차원에서 유리한가를 계산하여 비교하시오. (9점)

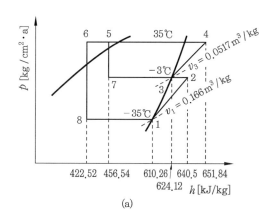

(a)

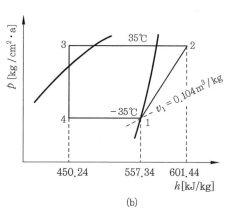

(b)

해답 (1) 저단측 냉매순환량을 $1\,\text{kg/h}$라고 가정하고 (a) 사이클 성적계수를 ε_1이라 하면,

① 저단 압축기 일의 열당량 $= 1 \times (h_2 - h_1)\,[\text{kJ/h}]$

② 고단 압축기 일의 열당량 $= 1 \times \dfrac{h_2 - h_6}{h_3 - h_5} \times (h_4 - h_3)\,[\text{kJ/h}]$

③ 성적계수 $\varepsilon_1 = \dfrac{1 \times (h_1 - h_8)}{(h_2 - h_1) + \left\{ \dfrac{h_2 - h_6}{h_3 - h_5} \times (h_4 - h_3) \right\}}$

$$= \dfrac{610.26 - 422.52}{(640.5 - 610.26) + \left\{ \dfrac{640.5 - 422.52}{624.12 - 456.54} \times (651.84 - 624.12) \right\}}$$

$$= 2.8318 \fallingdotseq 2.832$$

(2) (b) 사이클의 성적계수를 ε_2라 하면,

$$\varepsilon_2 = \dfrac{h_1 - h_4}{h_2 - h_1} = \dfrac{557.34 - 450.24}{601.44 - 557.34} = 2.4285 \fallingdotseq 2.429$$

(3) 비율 $= \dfrac{\varepsilon_1 - \varepsilon_2}{\varepsilon_1} \times 100 = \dfrac{2.832 - 2.429}{2.832} \times 100 = 14.2302 \fallingdotseq 14.23\,\%$ 정도

(a) 사이클이 양호하다. 즉, (a) 사이클이 에너지 절약 차원에서 유리하다.

03. 냉동장치의 운전상태 및 계산의 활용에 이용되는 몰리에르 선도 ($p-i$ 선도) 의 구
성요소의 명칭과 해당되는 단위를 번호에 맞게 기입하시오.   (6점)

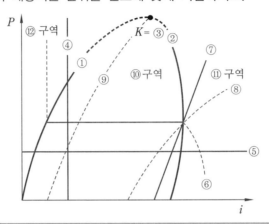

해답

번호	명칭	단위 (MKS)
①	포화 액체선	없음
②	건조포화 증기선	없음
③	임계점	없음
④	등엔탈피선	kcal/kg
⑤	등압력선	kg/cm²·abs
⑥	등온도선	℃
⑦	등엔트로피선	kcal/kg·K
⑧	등비체적선	m³/kg
⑨	등건조도선	없음
⑩	습포화 증기구역	없음
⑪	과열 증기구역	없음
⑫	과냉각 액체구역	없음

04. 24시간 동안에 30℃의 원료수 5000 kg을 −10℃의 얼음으로 만들 때 냉동기 용량
(냉동톤)을 구하시오. (단, 냉동기 안전율은 10 %로 하고, 물의 응고잠열은 334.32
이고, 원료수와 얼음의 비열은 4.2, 2.1 kJ/kg · K이다.)   (4점)

해답 냉동톤 $= \dfrac{5000 \times \{(4.2 \times 30) + 334.32 + (2.1 \times 10)\} \times 1.1}{24 \times 3320 \times 4.2} = 7.9103 \fallingdotseq 7.910 \ \text{RT}$

05. 증기대수 원통 다관형(셸 튜브형) 열교환기에서 열교환량 2100000 kJ/h, 입구 수온 60℃, 출구 수온 70℃일 때 관의 전열면적은 얼마인가？(단, 사용 증기온도는 103℃, 관의 열관류율은 7560 kJ/m²·h·K이다.) (4점)

해답 (1) 대수 평균온도차 $\Delta_1 = 103 - 60 = 43\,℃$

$\Delta_2 = 103 - 70 = 33\,℃$

$$MTD = \frac{\Delta_1 - \Delta_2}{\ln\dfrac{\Delta_1}{\Delta_2}} = \frac{43-33}{\ln\dfrac{43}{33}} = 37.779 ≒ 37.78\,℃$$

(2) 전열면적 $= \dfrac{2100000}{7560 \times 37.78} = 7.352 ≒ 7.35\ \text{m}^2$

06. 다음과 같은 건물의 A실에 대하여 아래 조건을 이용하여 각 물음에 답하시오. (단, 실 A는 최상층으로 사무실 용도이며, 아래층의 난방 조건은 동일하다.) (14점)

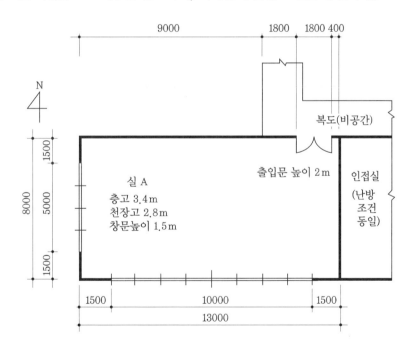

[조건] 1. 난방 설계용 온·습도

	난방	비고
실내	20℃ DB, 50 % RH, $x = 0.00725\ \text{kg/kg}$	비공조실은 실내·외의
외기	−5℃ BD, 70 % RH, $x = 0.00175\ \text{kg/kg}$	중간 온도로 약산함

2. 유리 : 복층유리(공기층 6 mm), 블라인드 없음, 열관류율 $K = 12.6 \, \text{kJ/m}^2 \cdot \text{h} \cdot \text{K}$
  출입문 : 목제 플래시문, 열관류율 $K = 7.98 \, \text{kJ/m}^2 \cdot \text{h} \cdot \text{K}$

3. 공기의 비중량 $\gamma = 1.2 \, \text{kg/m}^3$, 공기의 정압비열 $C_{pe} = 1.008 \, \text{kJ/kg} \cdot \text{K}$
  수분의 증발잠열(상온) $E_a = 2507.4 \, \text{kJ/kg}$, 100℃ 물의 증발잠열 $E_b = 2263.8 \, \text{kJ/kg}$

4. 외기 도입량은 25 $\text{m}^3/\text{h} \cdot$ 인이다.

5. 외벽

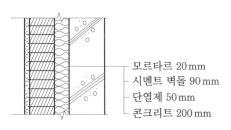

모르타르 20 mm
시멘트 벽돌 90 mm
단열제 50 mm
콘크리트 200 mm

각 재료의 열전도율

재료명	열전도율 (kJ/m·h·K)
1. 모르타르	5.04
2. 시멘트 벽돌	5.04
3. 단열제	0.126
4. 콘크리트	5.88

6. 내벽 열관류율 : $10.878 \, \text{kJ/m}^2 \cdot \text{h} \cdot \text{K}$, 지붕 열관류율 : $1.764 \, \text{kJ/m}^2 \cdot \text{h} \cdot \text{K}$

표면 열전달률
$\alpha_i, \ \alpha_0 [\text{kJ/m}^2 \cdot \text{h} \cdot \text{K}]$

표면의 종류	난방시	냉방시
내면	30.24	30.24
외면	87.36	81.9

재실인원 1인당 상면적(m²/인)

방의 종류	상면적 (m²/인)	방의 종류		상면적 (m²/인)
사무실(일반)	5.0		객실	18.0
은행 영업실	5.0		평균	3.0
레스토랑	1.5	백화점	혼잡	1.0
상점	3.0		한산	6.0
호텔로비	6.5		극장	0.5

방위계수

방위	N, 수평	E	W	S
방위계수	1.2	1.1	1.1	1.0

환기횟수

실용적 (m³)	500 미만	500~ 1000	1000~ 1500	1500~ 2000	2000~ 2500	2500~ 3000	3000 이상
환기횟수 (회/h)	0.7	0.6	0.55	0.5	0.42	0.40	0.35

(1) 외벽 열관류율을 구하시오.

(2) 난방부하를 계산하시오.
  ① 서측 ② 남측 ③ 북측 ④ 지붕 ⑤ 내벽 ⑥ 출입문

해답 (1) 열저항 $R = \dfrac{1}{K} = \dfrac{1}{30.24} + \dfrac{0.02}{5.04} + \dfrac{0.09}{5.04} + \dfrac{0.05}{0.126} + \dfrac{0.2}{5.88} + \dfrac{1}{87.36}$

$\qquad\qquad\qquad = 0.4981\,\mathrm{m^2 \cdot h \cdot K/kJ}$

열관류율 $K = \dfrac{1}{R} = 2.007 \fallingdotseq 2.01\,\mathrm{kJ/m^2 \cdot h \cdot K}$

(2) ① 서측

    • 외벽 $= 2.01 \times \{(8 \times 3.4) - (5 \times 1.5)\} \times \{20 - (-5)\} \times 1.1$

              $= 1088.917 \fallingdotseq 1088.92\,\mathrm{kJ/h}$

    • 유리창 $= 12.6 \times (5 \times 1.5) \times \{20 - (-5)\} \times 1.1 = 2598.75\,\mathrm{kJ/h}$

② 남측

    • 외벽 $= 2.01 \times \{(13 \times 3.4) - (10 \times 1.5)\} \times \{20 - (-5)\} \times 1.0 = 1467.3\,\mathrm{kJ/h}$

    • 유리창 $= 12.6 \times (10 \times 1.5) \times \{20 - (-5)\} \times 1.0 = 4725\,\mathrm{kJ/h}$

③ 북측

    • 외벽 $= 2.01 \times (9 \times 3.4) \times \{20 - (-5)\} \times 1.2 = 1845.18\,\mathrm{kJ/h}$

④ 지붕 $= 1.764 \times (8 \times 13) \times \{20 - (-5)\} \times 1.2 = 5503.68\,\mathrm{kJ/h}$

⑤ 내벽 $= 10.878 \times \{(4 \times 2.8) - (1.8 \times 2)\} \times \left\{ 20 - \dfrac{20 + (-5)}{2} \right\} = 1033.41\,\mathrm{kJ/h}$

⑥ 출입문 $= 7.98 \times (1.8 \times 2) \times \left\{ 20 - \dfrac{20 + (-5)}{2} \right\} = 359.1\,\mathrm{kJ/h}$

---

07. 다음과 같은 벽체의 열관류율을 구하시오. (단, 외표면 열전달률 α_o = 84 kJ/m²·h· K, 내표면 열전달률 α_i = 33.6 kJ/m²·h·K로 한다.) (4점)

재료명	두께 (mm)	열전도율 (kJ/m·h·K)
1. 모르타르	30	5.04
2. 콘크리트	130	5.88
3. 모르타르	20	5.04
4. 스티로폼	50	0.1344
5. 석고보드	10	0.756

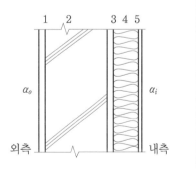

해답 ① 벽체 열저항

$\quad R = \dfrac{1}{K} = \dfrac{1}{84} + \dfrac{0.03}{5.04} + \dfrac{0.13}{5.88} + \dfrac{0.02}{5.04} + \dfrac{0.05}{0.1344} + \dfrac{0.01}{0.756} + \dfrac{1}{33.6}\,\mathrm{m^2 \cdot h \cdot K/kJ}$

② 벽체의 열관류율 $K = \dfrac{1}{R} = 2.178 \fallingdotseq 2.18\,\mathrm{kJ/m^2 \cdot h \cdot K}$

08. 프레온 냉동장치에서 1대의 압축기로 증발온도가 다른 2대의 증발기를 냉각운전하고자 한다. 이때 1대의 증발기에 증발압력 조정밸브를 부착하여 제어하고자 한다면, 아래의 냉동장치는 어디에 증발압력 조정밸브 및 체크 밸브를 부착하여야 하는지 흐름도를 완성하시오. 또 증발압력 조정밸브의 기능을 간단히 설명하시오. (10점)

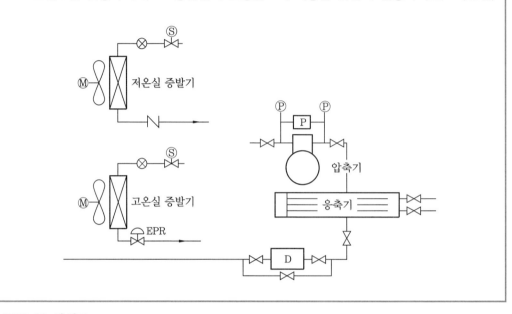

해답 (1) 장치도

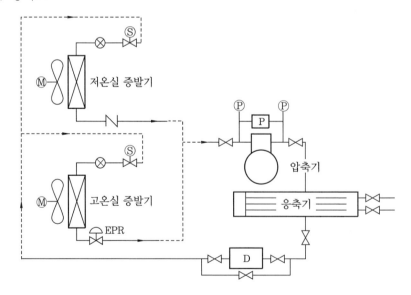

(2) ERR 기능 : 증발압력이 일정 압력 이하가 되는 것을 방지하고 밸브 입구 압력에 의해서 작동되며 압력이 높으면 열리고 낮으면 닫힌다.

09. 그림과 같은 조건의 온수난방 설비에 대하여 물음에 답하시오. (9점)

① 방열기 출입구 온도차 : 10℃

② 배관손실 : 방열기 방열용량의 20 %

③ 순환펌프 양정 : 2 m

④ 보일러, 방열기 및 방열기 주변의 지관을 포함한 배관국부저항의 상당길이는 직
　관길이의 100 %로 한다.

⑤ 배관의 관지름 선정은 표에 의한다. (표 내의 값의 단위는 L/min)

⑥ 예열부하 할증률은 25 %로 한다.

⑦ 온도차에 의한 자연순환 수두는 무시한다.

⑧ 배관길이가 표시되어 있지 않은 곳은 무시한다.

⑨ 온수의 정압비열은 4.2 kJ/kg·K이다.

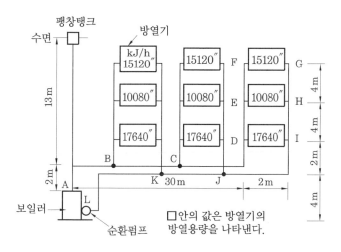

압력강하	관경 (A)					
mmAq/m	10	15	25	32	40	50
5	2.3	4.5	8.3	17.0	26.0	50.0
10	3.3	6.8	12.5	25.0	39.0	75.0
20	4.5	9.5	18.0	37.0	55.0	110.0
30	5.8	12.6	23.0	46.0	70.0	140.0
50	8.0	17.0	30.0	62.0	92.0	180.0

(1) 전 순환수량 (L/min)을 구하시오.

(2) B–C 간의 관지름 (mm)을 구하시오.

(3) 보일러 용량 (kJ/h)을 구하시오.

해답 (1) 전 순환수량 $= \dfrac{(15120+10080+17640)\times 3}{4.2\times 10\times 60} = 51\,\mathrm{kg/min} = 51\,\mathrm{L/min}$

(2) B−C 간의 관지름

① 보일러에서 최원 방열기까지 거리 $= 2 + 30 + 2 + (4 \times 4) + 2 + 2 + 30 + 4 = 88\,\mathrm{m}$

② 국부저항 상당길이는 직관길이의 100 %이므로 88 m이고, 순환 펌프 양정이 2 m이므로, 압력강하 $= \dfrac{2000}{88 + 88} = 11.3636 ≒ 11.364\,\mathrm{mmAq/m}$

③ 표에서 10 mmAg/m (압력강하는 적은 것을 선택함)의 난을 이용해서 순환수량 34 L/min (B−C 간)이므로 관지름은 40 mm이다.

(3) 보일러 용량

방열기 합계 열량에 배관손실 20 %, 예열부하 할증률 25 %를 포함한다.

정격 출력 $= (15120 + 10080 + 17640 \times 3 \times 1.2 \times 1.25 = 192780\,\mathrm{kJ/h}$

---

10. 다음 도면과 같은 온수난방에 있어서 리버스 리턴 방식에 의한 배관도를 완성하시오. (단, A, B, C, D는 방열기를 표시한 것이며, 온수공급관은 실선으로, 귀환관은 점선으로 표시하시오.) (6점)

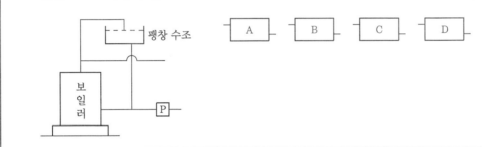

해답

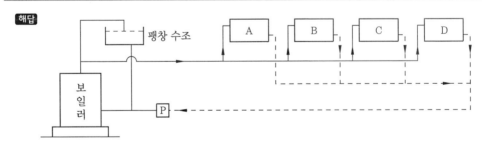

---

11. 다음과 같은 냉각수 배관 시스템에 대해 각 물음에 답하시오. (단, 냉동기 냉동능력은 150 RT, 응축기 수저항은 8 mAq, 배관의 마찰손실은 4 mAq/100 m이고, 냉각수량은 1냉동톤당 13 L/min이다.) (9점)

(관경산출표 4 mAq/100 m 기준)

관경(mm)	32	40	50	65	80	100	125	150
유량(L/min)	90	180	320	500	720	1800	2100	3200

밸브, 이음쇠류의 1개당 상당길이(m)

관경(mm)	게이트밸브	체크밸브	엘보	티	리듀서(1/2)
100	1.4	12	3.1	6.4	3.1
125	1.8	15	4.0	7.6	4.0
150	2.1	18	4.9	9.1	4.9

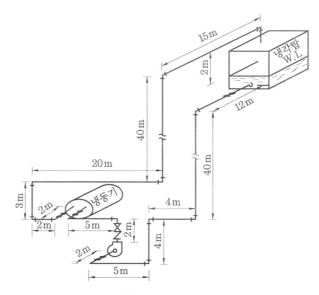

(1) 배관의 마찰손실 ΔP [mAq]를 구하시오. (단, 직관부의 길이는 158 m이다.)

(2) 펌프 양정 H [mAq]를 구하시오.

(3) 펌프의 수동력 P [kW]를 구하시오.

해답 (1) 배관마찰손실

① 배관지름$= 150 \times 13 = 1950$ L/min이므로 표에서 125 mm이다.

② 배관상당길이$= 158 + \{(1 \times 15) + (5 \times 1.8) + (13 \times 4)\} = 234$ m

③ 배관마찰손실$= 234 \times \dfrac{4}{100} = 9.36$ mAq

※ 체크밸브 1개, 게이트밸브 5개, 엘보 13개

(2) 펌프 양정$= 2 + 9.36 + 8 = 19.36$ mAq

(3) 펌프 수동력 $P = \dfrac{1000 \times 1.95 \times 19.36}{102 \times 60} = 6.168 ≒ 6.17$ kW

---

12. 냉동장치에 사용하는 액분리기에 대하여 다음 물음에 답하시오. (6점)

(1) 설치 목적   (2) 설치 위치

해답 (1) 흡입가스 중의 액냉매를 분리하여 냉매 증기만 압축기로 흡입시킴으로써 액압축 (liquid back)을 방지하여 압축기 운전을 안전하게 한다.

(2) 증발기와 압축기 사이에서 증발기 최상부보다 흡입관을 150mm 이상 입상시켜서 설치한다.

---

13. 역카르노 사이클 냉동기의 증발온도 −20℃, 응축온도 35℃일 때, (1) 이론 성적계수와 (2) 실제 성적계수는 약 얼마인가? (단, 팽창밸브 직전의 액온도는 32℃, 흡입가스는 건포화증기이고, 체적효율은 0.65, 압축효율은 0.80, 기계효율은 0.9로 한다.) (4점)

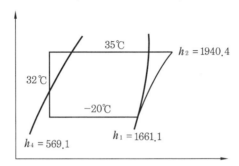

해답 (1) 이론 성적계수 $\epsilon_1 = \dfrac{h_1 - h_4}{h_2 - h_1} = \dfrac{1661.1 - 569.1}{1940.4 - 1661.1} = 3.91$

(2) 실제 성적계수 $= \epsilon_1 \cdot \eta_c \cdot \eta_m = \dfrac{h_1 - h_4}{h_2 - h_1} \cdot \eta_c \cdot \eta_m = 3.91 \times 0.8 \times 0.9 = 2.81$

---

14. 장치노점이 10℃인 냉수 코일이 20℃ 공기를 12℃로 냉각시킬 때 냉수 코일의 BF (bypass factor)를 구하시오. (4점)

해답 $BF = \dfrac{12 - 10}{20 - 10} = 0.2$

---

15. ①의 공기상태 $t_1 = 25℃$, $x_1 = 0.022\,kg/kg'$, $h_1 = 91.98\,kJ/kg$, ②의 공기상태 $t_2 = 22℃$, $x_2 = 0.006\,kg/kg'$, $h_2 = 37.8\,kJ/kg$일 때 공기 ①을 25%, 공기 ②를 75%로 혼합한 후의 공기 ③의 상태(t_3, x_3, h_3)를 구하고, 공기 ①과 공기 ③ 사이의 열수분비를 구하시오. (5점)

해답 (1) 혼합 후 공기 ③의 상태
- $t_3 = (0.25 \times 25) + (0.75 \times 22) = 22.75℃$
- $x_3 = (0.25 \times 0.022) + (0.75 \times 0.006) = 0.01\,kg/kg'$
- $h_3 = (0.25 \times 91.98) + (0.75 \times 37.8) = 51.345 ≒ 51.35\,kJ/kg$

(2) 열수분비 $u = \dfrac{h_1 - h_3}{x_1 - x_3} = \dfrac{91.98 - 51.35}{0.022 - 0.01} = 3385.833 ≒ 3385.83\,kJ/kg$

▶ **2018. 10. 6 시행**　　　　※ 이 문제는 수검자의 기억을 통하여 복원된 것입니다.

01. 응축기의 전열면적 1 m²당 송풍량이 280 m³/h이고 열통과율이 151.2 kJ/m²·h·K일 때, 응축기 입구 공기온도가 20℃, 출구 공기온도가 26℃라면 응축온도는 몇 ℃인가? (단, 공기 비중량 1.2 kg/m³, 비열 1.008 kJ/kg·K이고 평균온도차는 산술평균온도로 하고, 냉각수의 비열은 4.2 kJ/kg·K이다.)　　　　(5점)

해답 ① 평균온도차 $\Delta_m = t_c - \dfrac{20+26}{2} = \dfrac{280 \times 1.2 \times 1.008 \times (26-20)}{36 \times 4.2}$

② 응축온도 $t_c = \dfrac{280 \times 1.2 \times 1.008 \times (26-20)}{36 \times 4.2} + \dfrac{20+26}{2} = 36.44\,℃$

02. ①의 공기상태 $t_1 = 25\,℃$, $x_1 = 0.022\,\text{kg/kg}'$, $h_1 = 91.98\,\text{kJ/kg}$, ②의 공기상태 $t_2 = 22\,℃$, $x_2 = 0.006\,\text{kg/kg}'$, $h_2 = 37.8\,\text{kJ/kg}$일 때 공기 ①을 25 %, 공기 ②를 75 %로 혼합한 후의 공기 ③의 상태(t_3, x_3, h_3)를 구하고, 공기 ①과 공기 ③ 사이의 열수분비를 구하시오.　　　　(4점)

해답 (1) 혼합 후 공기 ③의 상태
- $t_3 = (0.25 \times 25) + (0.75 \times 22) = 22.75\,℃$
- $x_3 = (0.25 \times 0.022) + (0.75 \times 0.006) = 0.01\,\text{kg/kg}'$
- $h_3 = (0.25 \times 91.98) + (0.75 \times 37.8) = 51.345\,\text{kJ/kg}$

(2) 열수분비 $u = \dfrac{h_1 - h_3}{x_1 - x_3} = \dfrac{91.98 - 51.345}{0.022 - 0.01} = 3386.25\,\text{kJ/kg}$

03. 어떤 냉동장치의 증발기 출구상태가 건조포화 증기인 냉매를 흡입 압축하는 냉동기가 있다. 증발기의 냉동능력이 10 RT, 그리고 압축기의 체적효율이 65 %라고 한다면, 이 압축기의 분당 회전수는 얼마인가? (단, 이 압축기는 기통 지름 : 120 mm, 행정 : 100 mm, 기통수 : 6기통, 압축기 흡입증기의 비체적 : 0.15 m³/kg, 압축기 흡입증기의 엔탈피 : 625.8 kJ/kg, 압축기 토출증기의 엔탈피 : 688.8 kJ/kg, 팽창밸브 직후의 엔탈피 : 462 kJ/kg, 1 RT는 13944 kJ이다.)　　　　(5점)

해답 압축기 회전수 $= \dfrac{10 \times 13944}{625.8 - 462} \times \dfrac{4 \times 0.15}{3.14 \times 0.12^2 \times 0.1 \times 6 \times 60 \times 0.65}$

$= 482.743 ≒ 482.74\,\text{rpm}$

$$\left(\text{※ 회전수}\ R = \dfrac{4V}{\pi D^2 LN\,60} = \dfrac{4Gv}{\pi D^2 LN\,60\eta_v}\ \text{rpm}\right)$$

04. R-22 냉동장치가 아래 냉동 사이클과 같이 수랭식 응축기로부터 교축 밸브를 통한 핫가스의 일부를 팽창 밸브 출구측에 바이패스하여 용량제어를 행하고 있다. 이 냉동장치의 냉동능력 ϕ_o[kJ/h]를 구하시오. (단, 팽창 밸브 출구측의 냉매와 바이패스된 후의 냉매의 혼합엔탈피는 h_5, 핫가스의 엔탈피 $h_6 = 635.46$ kJ/kg이고, 바이패스양은 압축기를 통과하는 냉매유량의 20 %이다. 또 압축기의 피스톤 압출량 $V = 200$ m³/h, 체적 효율 $\eta = 0.6$이다.) (5점)

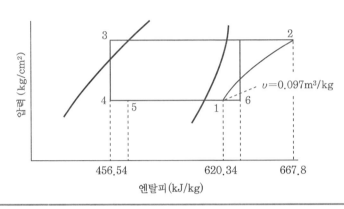

해답 ① 증발기 입구 엔탈피 $h_5 = (0.2 \times 635.46) + (0.8 \times 456.54) = 492.324$ kJ/kg

② 냉동능력 $= \dfrac{200}{0.097} \times 0.6 \times (620.34 - 492.324) = 158370.307 \fallingdotseq 158370.31\,\text{kJ/h}$

05. 다음의 그림과 같은 암모니아 수동식 가스 퍼저(불응축가스 분리기)에 대한 배관도를 완성하시오. (단, ABC선을 적정한 위치와 점선으로 연결하고, 스톱밸브(stop valve)는 생략한다.) (5점)

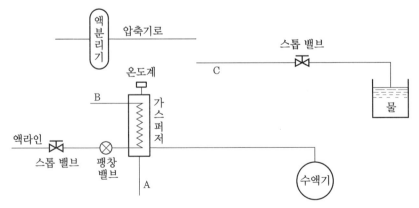

해답

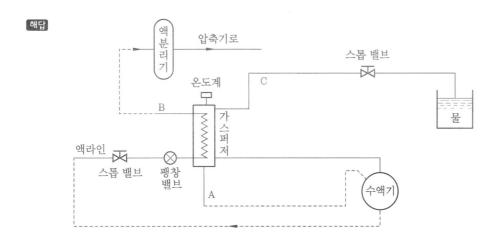

---

06. 다음과 같은 벽체의 열관류율 (kJ/m²·h·K)을 계산하시오.　　　　　　　(5점)

[표 1] 재료표

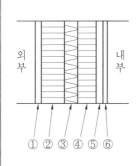

재료 번호	재료 명칭	재료 두께 (mm)	열전도율 (kJ/m·h·K)
①	모르타르	20	4.704
②	시멘트 벽돌	100	2.814
③	글라스 울	50	0.126
④	시멘트 벽돌	100	2.814
⑤	모르타르	20	4.704
⑥	비닐벽지	2	0.84

[표 2] 벽 표면의 열전달률 (kJ/m²·h·K)

실내측	수직면	31.5
실외측	수직면	84

해답 열저항 $R = \dfrac{1}{31.5} + \dfrac{0.02}{4.704} + \dfrac{0.1}{2.814} + \dfrac{0.05}{0.126} + \dfrac{0.1}{2.814} + \dfrac{0.02}{4.704} + \dfrac{0.002}{0.84} + \dfrac{1}{84}$

$$[\mathrm{m^2 \cdot h \cdot K/kJ}]$$

∴ 열관류율 $K = \dfrac{1}{R} = 1.913 ≒ 1.91\,\mathrm{kJ/m^2 \cdot h \cdot K}$

---

07. 장치노점이 10℃인 냉수 코일이 20℃ 공기를 12℃로 냉각시킬 때 냉수 코일의 Bypass Factor (BF)를 구하시오.　　　　　　　(5점)

해답 $\mathrm{BF} = \dfrac{12-10}{20-10} = 0.2$

08. 어떤 사무소에 표준 덕트 방식의 공기조화 시스템을 아래 조건과 같이 설계하고자
한다. (10점)

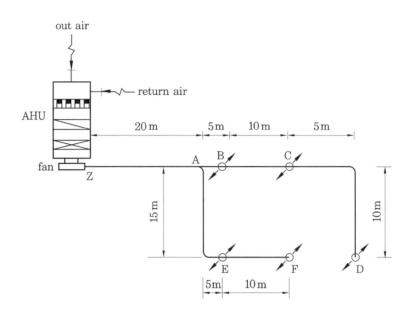

(1) 실내에 설치한 덕트 시스템을 위의 그림과 같이 설계하고자 한다. 각 취출구의
풍량이 동일할 때 장방형 덕트의 크기를 결정하고, Z−F 구간의 마찰손실을 구하
시오.(단, 마찰손실 $R = 0.1$ mmAq/m, 중력가속도 $g = 9.8$ m/s, 취출구 저항 5
mmAq, 댐퍼저항 5 mmAq, 공기비중량 1.2 kg/m³이다.)

구간	풍량(m³/h)	원형 덕트 지름(mm)	장방형 덕트(mm)	풍속(m/s)
Z−A	18000		1000×	
A−B	10800		1000×	
B−C	7200		1000×	
C−D	3600		1000×	
A−E	7200		1000×	
E−F	3600		1000×	

(2) 송풍기 토출 정압을 구하시오. (단, 국부저항은 덕트 길이의 50%이다.)

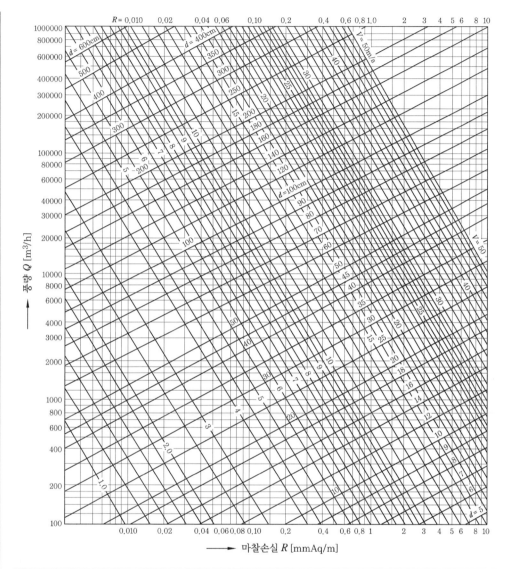

장변\단변	10	15	20	25	30	35	40	45	50	55	60	65	70	75	80	85	90	95	100
10	10.9																		
15	13.3	16.4																	
20	15.2	18.9	21.9																
25	16.9	21.0	24.4	27.3															
30	18.3	22.9	26.6	29.9	32.8														
35	19.5	24.5	28.6	32.2	35.4	38.3													
40	20.7	26.0	30.5	34.3	37.8	40.9	43.7												
45	21.7	27.4	32.1	36.3	40.0	43.3	46.4	49.2											
50	22.7	28.7	33.7	38.1	42.0	45.6	48.8	51.8	54.7										
55	23.6	29.9	35.1	39.8	43.9	47.7	51.1	54.3	57.3	60.1									
60	24.5	31.0	36.5	41.4	45.7	49.6	53.3	56.7	59.8	62.8	65.6								
65	25.3	32.1	37.8	42.9	47.4	51.5	55.3	58.9	62.2	65.3	68.3	71.1							
70	26.1	33.1	39.1	44.3	49.0	53.3	57.3	61.0	64.4	67.7	70.8	73.7	76.5						

75	26.8	34.1	40.2	45.7	50.6	55.0	59.2	63.0	66.6	69.7	73.2	76.3	79.2	82.0					
80	27.5	35.0	41.4	47.0	52.0	56.7	60.9	64.9	68.7	72.2	75.5	78.7	81.8	84.7	87.5				
85	28.2	35.9	42.4	48.2	53.4	58.2	62.6	66.8	70.6	74.3	77.8	81.1	84.2	87.2	90.1	92.9			
90	28.9	36.7	43.5	49.4	54.8	59.7	64.2	68.6	72.6	76.3	79.9	83.3	86.6	89.7	92.7	95.6	198.4		
95	29.5	37.5	44.5	50.6	56.1	61.1	65.9	70.3	74.4	78.3	82.0	85.5	88.9	92.1	95.2	98.2	101.1	103.9	
100	30.1	38.4	45.4	51.7	57.4	62.6	67.4	71.9	76.2	80.2	84.0	87.6	91.1	94.4	97.6	100.7	103.7	106.5	109.3
105	30.7	39.1	46.4	52.8	58.6	64.0	68.9	73.5	77.8	82.0	85.9	89.7	93.2	96.7	100.0	103.1	106.2	109.1	112.0
110	31.3	39.9	47.3	53.8	59.8	65.2	70.3	75.1	79.6	83.8	87.8	91.6	95.3	98.8	102.2	105.5	108.6	111.7	114.6
115	31.8	40.6	48.1	54.8	60.9	66.5	71.7	76.6	81.2	85.5	89.6	93.6	97.3	100.9	104.4	107.8	111.0	114.1	117.2
120	32.4	41.3	49.0	55.8	62.0	67.7	73.1	78.0	82.7	87.2	91.4	95.4	99.3	103.0	106.6	110.0	113.3	116.5	119.6
125	32.9	42.0	49.9	56.8	63.1	68.9	74.4	79.5	84.3	88.8	93.1	97.3	101.2	105.0	108.6	112.2	115.6	118.8	122.0
130	33.4	42.6	50.6	57.7	64.2	70.1	75.7	80.8	85.7	90.4	94.8	99.0	103.1	106.9	110.7	114.3	117.7	121.1	124.4
135	33.9	43.3	51.4	58.6	65.2	71.3	76.9	82.2	87.2	91.9	96.4	100.7	104.9	108.8	112.6	116.3	119.9	123.3	126.7
140	34.4	43.9	52.2	59.5	66.2	72.4	78.1	83.5	88.6	93.4	98.0	102.4	106.6	110.7	114.6	118.3	122.0	125.5	128.9
145	34.9	44.5	52.9	60.4	67.2	73.5	79.3	84.8	90.0	94.9	99.6	104.1	108.4	112.5	116.5	120.3	124.0	127.6	131.1
150	35.3	45.2	53.6	61.2	68.1	74.5	80.5	86.1	91.3	96.3	101.1	105.7	110.0	114.3	118.3	122.2	126.0	129.7	133.2
155	35.8	45.7	54.4	62.1	69.1	75.6	81.6	87.3	92.6	97.4	102.6	107.2	111.7	116.0	120.1	124.1	127.9	131.7	135.3
160	36.2	46.3	55.1	62.9	70.6	76.6	82.7	88.5	93.9	99.1	104.1	108.8	113.3	117.7	121.9	125.9	129.8	133.6	137.3
165	36.7	46.9	55.7	63.7	70.9	77.6	83.8	89.7	95.2	100.5	105.5	110.3	114.9	119.3	123.6	127.7	131.7	135.6	139.3
170	37.1	47.5	56.4	64.4	71.8	78.5	84.9	90.8	96.4	101.8	106.9	111.8	116.4	120.9	125.3	129.5	133.5	137.5	141.3

해답 (1)

구간	풍량(m³/h)	원형 덕트 지름(mm)	장방형 덕트(mm)	풍속(m/s)
Z−A	18000	850	1000×650	7.69
A−B	10800	710	1000×450	6.67
B−C	7200	600	1000×350	5.71
C−D	3600	462.5	1000×250	4
A−E	7200	600	1000×350	5.71
E−F	3600	462.5	1000×250	4

(2) ① 토출 전압 $= (20+15+5+10) \times 1.5 \times 0.1 + 5 + 5 = 17.5 \text{ mmAq}$

② 토출 정압 $= 17.5 - \dfrac{7.69^2}{2 \times 9.8} \times 1.2 = 13.879 = 13.88 \text{ mmAq}$

---

09. 다음 물음의 ( ) 안에 답을 쓰시오. (5점)

(1) 송풍기 동력 kW를 구하는 식 $\dfrac{Q \cdot P_s}{6120} \times \dfrac{1}{\eta_s}$ 에서 Q 의 단위는 (①)이고, P_s 는 (②)로서 단위는 mmAq이고 η_s 는 (③)이다.

(2) R-500, R-501, R-502는 ( ) 냉매이다.

해답 (1) ① m³/min   ② 정압   ③ 정압효율
(2) 공비 혼합

10. 다음과 같은 온수난방설비에서 각 물음에 답하시오. (단, 방열기 입출구 온도차는 10℃, 국부저항 상당관 길이는 직관길이의 50 %, 1 m 당 마찰손실수두는 15 mmAq 이다.) (9점)

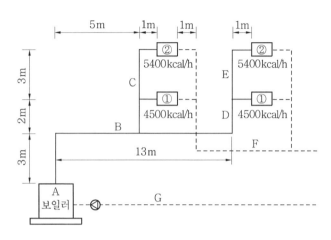

(1) 순환펌프의 전마찰손실수두(mmAq)를 구하시오. (단, 환수관의 길이는 30 m 이다.)

(2) ①과 ②의 온수순환량(L/min)을 구하시오.

(3) 각 구간의 온수순환수량을 구하시오.

구간	B	C	D	E	F	G
순환수량 (L/min)						

해답 (1) 전마찰손실수두

$$H = (3 + 13 + 2 + 3 + 1 + 30) \times 1.5 \times 15 = 1170 \, \text{mmAq}$$

(2) ①과 ②의 온수순환량

- ①의 온수순환량 $= \dfrac{4500}{1 \times 10 \times 60} = 7.5 \, \text{kg/min} \fallingdotseq 7.5 \, \text{L/min}$

- ②의 온수순환량 $= \dfrac{5400}{1 \times 10 \times 60} = 9 \, \text{kg/min} \fallingdotseq 9 \, \text{L/min}$

- 합계수량 $= 7.5 + 9 = 16.5 \, \text{L/min}$

(3) 구간의 온수순환수량

구간	B	C	D	E	F	G
순환수량 (L/min)	33	9	16.5	9	16.5	33

11. 공조기 A, B, C에 관한 다음 물음에 대해 주어진 조건을 참고하여 답하시오.

(10점)

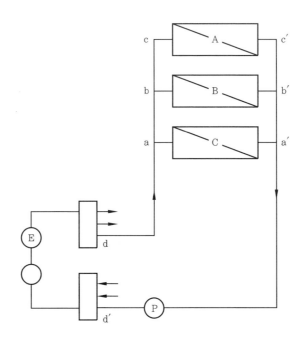

[조건]

1. 각 공조기의 냉각코일 최대부하는 다음과 같다.

부하＼공조기	A	B	C
현열부하 (kcal/h)	61200	63500	66000
잠열부하 (kcal/h)	10800	11500	12000

2. 공조기를 통과하는 냉수 입구온도 5℃, 출구온도 10℃이다.
3. 관지름 결정은 단위길이당 마찰저항 $R = 70$ mmAq/m이다.
4. 2차측 배관의 국부저항은 직관길이 저항의 25 %로 한다.
5. 공조기의 마찰저항은 냉수코일 4 mAq, 제어밸브류 5 mAq로 한다.
6. 냉수속도는 2 m/s로 한다.
7. d′–E–d의 배관길이는 20 m로 하고, 펌프양정 산정시 여유율은 5 %, 펌프효율(η_p)은 60 %로 한다.
8. 냉수의 정압비열은 4.2 kJ/kg·K, 냉각코일 최대부하는 1 kcal를 4.2 kJ로 환산한다.

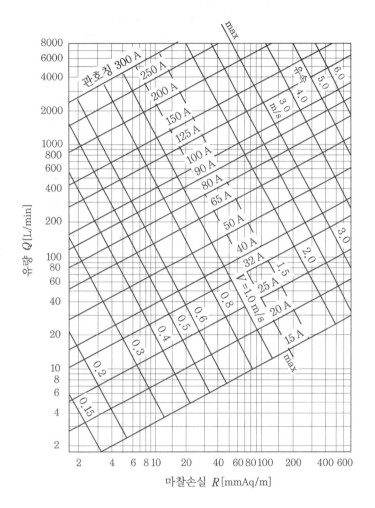

강관의 수에 대한 마찰손실 수두

(1) 배관 지름 및 수량을 구하시오.

구분 \ 구간	b−c, c′−b′	a−b, b′−a′	d−a, a′−d′	d′−E−d
관지름 d (mm)				125
수량 (L/min)				1500
왕복길이 (m)	30	30	100	20

(2) 펌프의 양정 (mAq)을 구하시오.

(3) 펌프를 구동하기 위한 축동력 (PS)을 구하시오.

해답 (1) 배관 지름 및 수량

구분＼구간	$b-c$, $c'-b'$	$a-b$, $b'-a'$	$d-a$, $a'-d'$	$d'-E-d$
관지름 d (mm)	65	80	90	125
수량 (L/min)	240	490	750	1500
왕복길이 (m)	30	30	100	20

① A실 순환수량 $= \dfrac{(61200+10800)\times 4.2}{4.2\times 5\times 60} = 240\,\text{L/min}$

② B실 순환수량 $= \dfrac{(63500+11500)\times 4.2}{4.2\times 5\times 60} = 250\,\text{L/min}$

③ C실 순환수량 $= \dfrac{(66000+12000)\times 4.2}{4.2\times 5\times 60} = 260\,\text{L/min}$

(2) 펌프의 양정

① 배관에 의한 마찰손실 수두 $= (30+30+100+20)\times 1.25 \times \dfrac{70}{1000} = 15.75\,\text{mAq}$

② 기기손실 수두 $= 4+5 = 9\,\text{mAq}$

③ 속도 수두 $= \dfrac{2^2}{2\times 9.8} = 0.204\,\text{mAq}$

④ 전양정 $H = (15.75+9+0.204)\times 1.05 = 26.2017 \fallingdotseq 26.202\,\text{mAq}$

(3) 펌프를 구동하기 위한 축동력

$$= \dfrac{1000\times 26.202\times \dfrac{1500}{1000}}{75\times 0.6\times 60} = 14.5566 \fallingdotseq 14.557\,\text{PS}$$

---

12. 실내조건이 건구온도 27℃, 상대습도 60 %인 정밀기계 공장 실내에 피복하지 않은 덕트가 노출되어 있다. 결로방지를 위한 보온이 필요한지 여부를 계산과정으로 나타내어 판정하시오. (단, 덕트 내 공기온도를 20℃로 하고 실내 노점온도는 $t_a = 18.5℃$, 덕트 표면 열전달률 $\alpha_o = 33.6\,\text{kJ/m}^2\cdot\text{h}\cdot\text{K}$, 덕트 재료 열관류율 $K = 2.1\,\text{kJ/m}^2\cdot\text{h}\cdot\text{K}$로 한다.) (5점)

해답 $q = 2.1\times F\times (27-20) = 33.6\times F\times (27-t_o)$

덕트 표면온도 $t_o = 27 - \dfrac{2.1\times (27-20)}{33.6} = 26.563 \fallingdotseq 26.56℃$

덕트 표면온도가 노점온도 18.5℃보다 $26.56-18.5 = 8.06℃$ 정도 높아서 결로가 발생하지 않으므로 보온이 필요 없다.

13. 다음은 단일 덕트 공조방식을 나타낸 것이다. 주어진 조건과 습공기 선도를 이용하여 각 물음에 답하시오. (12점)

[조건]

- 실내부하 : 현열부하(q_s) =109200 kJ/h, 잠열부하(q_l) =18900 kJ/h
- 실내 : 온도 20℃, 상대습도 50 %
- 외기 : 온도 2℃, 상대습도 40 %
- 환기량과 외기량의 비 : 3 : 1
- 공기의 비중량 : 1.2 kg/m³, 공기의 비열 : 1.008 kJ/kg · K
- 실내 송풍량 : 10000 kg/h
- 덕트 장치 내의 열취득(손실)을 무시한다.
- 가습은 순환수 분무로 한다.
- 습공기 선도에서 1 kcal는 4.2 kJ로 환산한다.

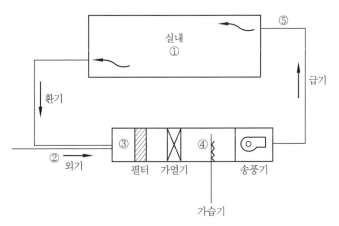

(1) 계통도를 보고 공기의 상태변화를 습공기 선도 상에 나타내고 장치의 각 위치에 대응하는 점 ①~⑤를 표시하시오.
(2) 실내부하의 현열비(SHF)를 구하시오.
(3) 취출공기 온도를 구하시오.
(4) 가열기 용량(kJ/h)을 구하시오.

해답 (1) 공기의 상태변화를 습공기 선도에 그리면 다음과 같다.

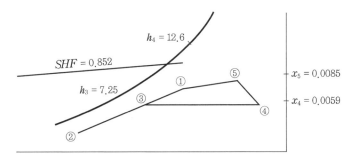

(2) 외기와 환기 혼합공기온도 $t_3 = \dfrac{(3 \times 20) + (1 \times 2)}{3 + 1} = 15.5\,℃$

현열비 $SHF = \dfrac{109200}{109200 + 18900} = 0.8524 ≒ 0.852$

(3) 실내 취출구온도 $t_5 = 20 + \dfrac{109200}{10000 \times 1.008} = 30.8333 = 30.833\,℃$

(4) 가열기 용량 $q_H = 10000 \times (12.6 - 7.25) \times 4.2 = 224700\ kJ/h$

---

14. 다음 조건에 대하여 각 물음에 답하시오. (9점)

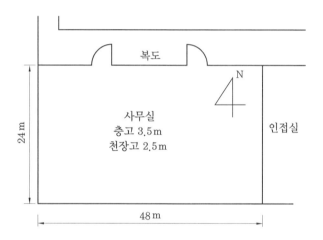

구분	건구온도(℃)	절대습도(kg/kg′)
실내	26	0.0107
실외	31	0.0186

- 인접실과 하층은 동일한 공조상태이다.
- 지붕 열통과율 $K = 6.342\ kJ/m^2 \cdot h \cdot K$이고, 상당 외기 온도차 $t_e = 3.9\,℃$이다.
- 조명은 바닥면적당 $20\ W/m^2$, $4.2\ kJ/Wh$, 제거율 0.25이다.
- 외기도입량은 바닥면적 $5\ m^3/h \cdot m^2$이다.
- 인명수 0.5인$/m^2$, 인체 발생 현열 $210\ kJ/h \cdot$인, 잠열 $264\ kJ/h \cdot$인이다.
- 공기의 비중량 $1.2\ kg/m^3$, 비열 $1.008\ kJ/kg \cdot K$이다.

(1) 인체 발열부하(kJ/h) ① 현열, ② 잠열을 구하시오.

(2) 지붕부하(kJ/h)를 구하시오.

(3) 외기부하(kJ/h) ① 현열, ② 잠열을 구하시오.

해답 (1) 인체부하

① 현열 $= (24 \times 48) \times 0.5 \times 210 = 120960 \, \text{kJ/h}$

② 잠열 $= (24 \times 48) \times 0.5 \times 264.6 = 152409.6 \, \text{kJ/h}$

(2) 지붕부하 $= 6.342 \times (24 \times 48) \times 3.9 = 28493.337 \fallingdotseq 28493.34 \, \text{kJ/h}$

(3) 외기부하

① 현열 $= (24 \times 48) \times 5 \times 1.2 \times 1.008 \times (31 - 26) = 34836.48 \, \text{kJ/h}$

② 잠열 $= (24 \times 48) \times 5 \times 1.2 \times 597.3 \times 4.2 \times (0.0186 - 0.0107)$
$= 136984.877 \fallingdotseq 136984.88 \, \text{kJ/h}$

---

15. 송풍기 상사법칙에서 비중량이 일정하고 같은 덕트 장치의 회전수가 N_1에서 N_2로 변경될 때 풍량(Q), 전압(P), 동력(L)에 대하여 설명하시오. (6점)

해답 ① 풍량 $Q_2 = \dfrac{N_2}{N_1} Q_1$으로 회전수 변화에 비례한다.

② 전압 $P_2 = \left(\dfrac{N_2}{N_1}\right)^2 P_1$으로 회전수 변화량의 제곱에 비례한다.

③ 동력 $L_2 = \left(\dfrac{N_2}{N_1}\right)^3 L_1$으로 회전수 변화량의 세제곱에 비례한다.

2019년도 시행 문제

▶ **2019. 4. 14 시행**　　　　※ 이 문제는 수검자의 기억을 통하여 복원된 것입니다.

01. 2단 압축 냉동장치의 $p-h$ 선도를 보고 선도 상의 각 상태점을 장치도에 기입하고, 고단측 압축기와 저단측 압축기에 흐르는 냉매 순환량비를 계산식을 표기하여 구하시오. (6점)

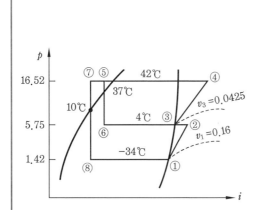
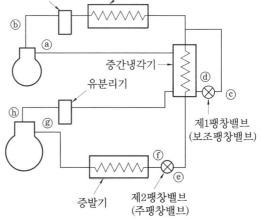

$$i_1 = 610.89 \, \text{kJ/kg} \qquad\qquad i_2 = 647.178 \, \text{kJ/kg}$$
$$i_3 = 626.178 \, \text{kJ/kg} \qquad\qquad i_4 = 651 \, \text{kJ/kg}$$
$$i_5 = i_6 = 465.78 \, \text{kJ/kg} \qquad i_7 = i_8 = 431.466 \, \text{kJ/kg}$$

(1) 선도 상의 각 상태점을 장치도에 기입하시오.
(2) 냉매순환량의 비를 계산하시오.

[해답] (1) ⓐ-③, ⓑ-④, ⓒ-⑤, ⓓ-⑥, ⓔ-⑦, ⓕ-⑧, ⓖ-①, ⓗ-②

(2) ① 저단 냉매순환량 $G_L = 1 \, \text{kg/h}$ 라고 가정하면,

　② 고단 냉매순환량 G_H 는

$$G_H = 1 \times \frac{647.178 - 431.466}{626.178 - 465.78} = 1.345 \fallingdotseq 1.35 \, \text{kg/h}$$

　③ 고·저단 냉매순환량의 비 $= \dfrac{1.35}{1} = 1.35$

고단이 저단보다 1.35배의 냉매가 순환한다.

02. 증발온도 −20℃인 R−12 냉동계 50 RT에 사용하는 수랭식 셸 앤 튜브형(shell & tube type) 응축기를 다음 순서에 따라 계산하시오. (6점)

――――――――――― [실제 조건] ―――――――――――

1. 동관의 관벽두께 : 2.0 mm
2. 물때의 두께 : 0.2 mm
3. 냉매측 표면 열전달률 : 6300 kJ/m²·h·K
4. 물측 표면 열전달률 : 8400 kJ/m²·h·K
5. 1 RT 당 응축열량 : 16380 kJ/h
6. 동관의 열전도율 : 1260 kJ/m·h·K
7. 물때의 열전도율 : 4.2 kJ/m·h·K
8. 냉각수 입구수온 : 25℃
9. 냉매 응축온도 : 39.2℃
10. 1 RT 당 냉각수 유량 : 12.2 L/min, 정압비열 : 4.2 kJ/kg·K

(1) 열관류율 K [kJ/m²·h·K] 를 구하시오.
(2) 냉각수 출구온도 t_2 [℃] 를 구하시오.
(3) 총 냉각수 순환수량 (L/min)을 구하시오.

해답 (1) $\dfrac{1}{K} = \dfrac{1}{6300} + \dfrac{0.002}{1260} + \dfrac{0.0002}{4.2} + \dfrac{1}{8400}$

∴ $K = 3058.251 ≒ 3058.25$ kJ/m²·h·K

(2) $t_2 = t_1 + \dfrac{Q_c}{wc} = 25 + \dfrac{16380}{12.2 \times 60 \times 4.2} = 30.327 ≒ 30.33℃$

(3) 순환수량 $= 50 \times 12.2 = 610$ L/min

03. 냉각탑(cooling tower)의 성능 평가에 대한 다음 물음에 답하시오. (9점)

(1) 쿨링 레인지(cooling range)에 대하여 서술하시오.
(2) 쿨링 어프로치(cooling approach)에 대하여 서술하시오.
(3) 쿨링 어프로치(cooling approach)의 차이가 크고 작음에 따른 차이점을 쓰시오.
(4) 냉각탑 설치 시 주의사항 2가지만 쓰시오.

해답 (1) 쿨링 레인지=냉각탑 입구 수온−냉각탑 출구 수온으로 일반적으로 5℃ 내외(흡수식에서 5~9℃)가 적당하다.

(2) 쿨링 어프로치=냉각탑 출구 수온−입구 공기 습구 온도로서 5℃ 내외가 적당하다.

(3) 쿨링 어프로치(cooling approach)
  ① 차이가 크면 냉각탑의 냉각능력이 불량하다.
  ② 차이가 작으면 냉각탑의 냉각능력이 양호하다.
(4) 냉각탑 설치 시 주의사항
  ① 재질의 부식, 수명을 고려하여 내식재료를 선택
  ② 견고하게 조립, 수평으로 균형 있게 설치하고 반드시 앵커볼트로 기초에 고정
  ③ 냉각수 낙하 분포가 균일
  ④ 각 부위 청소, 유지 관리, 보수성을 고려한 space 확보
  ⑤ 설치 장소의 구조적 강도 check
  ⑥ 옥상 설치 시 운전중량이 건축구조 계산에 반영되는지 여부 검토
  ⑦ 다른 열원의 복사열을 받지 않는 장소 선택
  ⑧ 진동 소음이 주거환경에 영향을 미치지 않을 것(소음, 진동 흡수장치 설치)
  ⑨ 방음, 방진에 유리한 구조체 위에 설치(jack-up 방진, 스프링식 방진)
  ⑩ 물의 비산 또는 증발에 의한 증기의 실내 유입 방지
  ⑪ 물의 비산작용으로 인접건물 피해 방지(비산방지망)
  ⑫ 굴뚝 등 오염될 수 있는 요인과 격리
  ⑬ 배기(취출공기)를 다시 흡입하지 않도록 할 것(주위 벽, 장애물, 다른 냉각탑 등
     에 의해 공기가 재순환하지 않을 것)
  ⑭ 통풍이 잘 되는 곳에 설치
  ⑮ 통과 공기의 유동저항이 작도록 제작할 것
  ⑯ 동절기 동파 대비(방지용 heater 설치)
  ⑰ 햇빛, 바람의 영향(노회현상)이 적은 재료 선택
  ⑱ 빗물(산성비 영향), 바람 등으로 인한 영향이 없는 곳에 설치
  ⑲ 급수가 용이하게 하고, 펌프 흡입관은 수조보다 낮을 것

04. 다음과 같이 2대의 증발기를 이용하는 냉동장치에서 고압가스 제상을 위한 배관을
완성하시오. (4점)

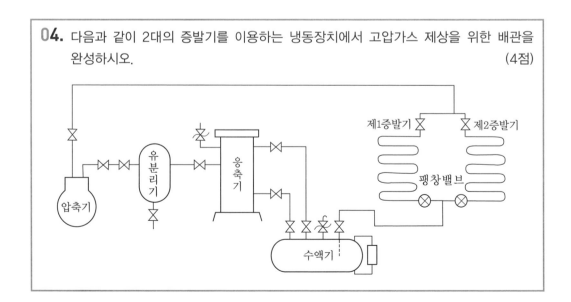

해답

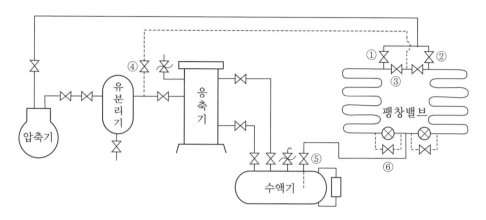

---

05. 온수난방 장치가 다음 조건과 같이 운전되고 있을 때 물음에 답하시오. (4점)

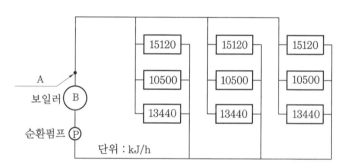

─── [조건] ───
- 방열기 출입구의 온수온도차는 10℃로 한다.
- 방열기 이외의 배관에서 발생되는 열손실은 방열기 전체 용량의 20%로 한다.
- 보일러 용량은 예열부하의 여유율 30%로 포함한 값이다.
- 온수의 비열은 $4.2\,\mathrm{kJ/kg \cdot K}$이다.
- 그 외의 손실은 무시한다.

(1) A점의 온수 순환량(L/min)을 구하시오.
(2) 보일러 용량(kJ/h)을 구하시오.

해답 (1) 온수 순환량 $= \dfrac{(15120 \times 3) + (10500 \times 3) + (13440 \times 3)}{4.2 \times 10 \times 60} = 46.5\,\mathrm{kg/min}$

$\fallingdotseq 46.5\mathrm{L/min}$

(2) 보일러 용량 $= \{(15120 \times 3) + (10500 \times 3) + (13440 \times 3)\} \times 1.2 \times 1.3$
$= 182800.8\ \mathrm{kJ/h}$

06. 다음 그림 (a)와 같은 배관 계통도로서 표시되는 R-22 냉동장치가 있다. 즉, 액분리기로 분리된 저압 냉매액은 열교환기에서 고압 냉매액에 의해 가열되어 그림의 H와 같은 상태의 증기가 되어, 이것이 액분리기에서 나온 건조 포화증기와 혼합되어 A의 상태로서 압축기에 흡입되는 것으로 한다. 여기서, 증발기에서 나오는 냉매증기가 항상 건조도 0.914인 습증기라는 상태에서 운전이 계속되고, 운전상태에서의 냉동 사이클은 그림 (b)와 같은 것으로 한다. 또 B, C, D, K, M에서의 상태값은 다음 표와 같다. 이와 같은 냉동 사이클에 있어서 압축기 일량 A_w [kJ/kg]에 관한 계산식을 표시하여 산정하시오. (4점)

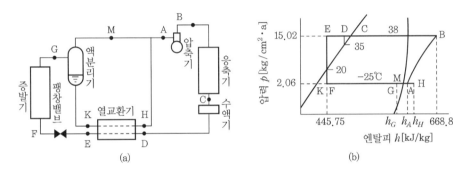

(a)　　　　　　(b)

기호	온도(℃)	엔탈피(kJ/kg)
B	80	668.808
C	38	470.82
D	35	466.62
E	20	445.746
K (포화액)	-25	391.692
M (건조 포화증기)	-25	616.602

해답 압축일의 열당량 $= h_B - h_A$에서,

$$h_A = x\,h_M + h_H(1-x) \quad\cdots\cdots\cdots\cdots\cdots\cdots\cdots\cdots\cdots\cdots\text{①}$$

$$h_H = \frac{h_D - h_E}{1-x} + h_K \quad\cdots\cdots\cdots\cdots\cdots\cdots\cdots\cdots\cdots\cdots\text{②}$$

①에 ②를 대입하면,

$$h_A = x\,h_M + (1-x) \times \left\{ \frac{(h_D - h_E)}{(1-x)} + h_K \right\}$$

$$= 0.914 \times 616.602 + (1-0.914) \times \left\{ \frac{(466.62 - 445.746)}{(1-0.914)} + 391.692 \right\}$$

$$= 618.133 ≒ 618.13\,\text{kJ/kg}$$

$$\therefore A_w = h_B - h_A = 668.808 - 618.13 = 50.678 ≒ 50.68\,\text{kJ/kg}$$

07. 그림과 같은 조건의 온수난방 설비에 대하여 물음에 답하시오. (8점)

① 방열기 출입구 온도차 : 10℃

② 배관손실 : 방열기 방열용량의 20 %

③ 순환펌프 양정 : 2 m, 온수의 정압비열은 4.2 kJ/kg · K

④ 보일러, 방열기 및 방열기 주변의 지관을 포함한 배관국부저항의 상당길이는 직관길이의 100 %로 한다.

⑤ 배관의 관지름 선정은 표에 의한다. (표 내의 값의 단위는 L/min)

⑥ 예열부하 할증률은 25 %로 한다.

⑦ 온도차에 의한 자연순환 수두는 무시한다.

⑧ 배관길이가 표시되어 있지 않은 곳은 무시한다.

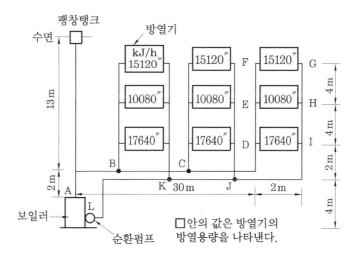

압력강하	관경 (A)					
mmAq/m	10	15	25	32	40	50
5	2.3	4.5	8.3	17.0	26.0	50.0
10	3.3	6.8	12.5	25.0	39.0	75.0
20	4.5	9.5	18.0	37.0	55.0	110.0
30	5.8	12.6	23.0	46.0	70.0	140.0
50	8.0	17.0	30.0	62.0	92.0	180.0

(1) 전 순환수량 (L/min)을 구하시오.

(2) B−C 간의 관지름 (mm)을 구하시오.

(3) 보일러 용량 (kJ/h)을 구하시오.

(4) C−D 간의 순환수량 (L/min)을 구하시오.

해답 (1) 전 순환수량 $= \dfrac{(15120+10080+17640) \times 3}{4.2 \times 10 \times 60} = 51\,\text{kg/min} ≒ 51\,\text{L/min}$

(2) B-C 간의 관지름

① 보일러에서 최원 방열기까지 거리 $= 2 + 30 + 2 + (4 \times 4) + 2 + 2 + 30 + 4 = 88\,\text{m}$

② 국부저항 상당길이는 직관길이의 100 %이므로 88 m이고, 순환 펌프 양정이 2 m이므로, 압력강하 $= \dfrac{2000}{88 + 88} = 11.3636 ≒ 11.364\,\text{mmAq/m}$

③ 표에서 10 mmAg/m(압력강하는 적은 것을 선택함)의 난을 이용해서 순환수량 34 L/min (B-C 간)이므로 관지름은 40 mm이다.

(3) 보일러 용량

방열기 합계 열량에 배관손실 20 %, 예열부하 할증률 25 %를 포함한다.

정격 출력 $= (15120 + 10080 + 17640) \times 3 \times 1.2 \times 1.25 = 192780\,\text{kJ/h}$

(4) C-D 간의 순환수량 $= \dfrac{15120 + 10080 + 17640}{4.2 \times 10 \times 60} = 17\,\text{kg/min} ≒ 17\,\text{L/min}$

---

08. 어느 사무실의 취득열량 및 외기부하를 산출하였더니 다음과 같았다. 각 물음에 답하시오. (단, 급기온도와 실온의 차이는 11℃로 하고, 공기의 비중량은 1.2 kg/m³, 공기의 정압비열은 1.008 kJ/kg · K이다. 계산상 안전율은 고려하지 않는다.)

(6점)

항목	현열 (kJ/h)	잠열 (kJ/h)
벽체로부터의 열취득	25200	0
유리로부터의 열취득	33600	0
바이패스 외기열량	588	2520
재실자 발열량	4032	5040
형광등 발열량	10080	0
외기부하	5880	20160

(1) 현열비를 구하시오.

(2) 냉각 코일 부하(kJ/h)를 구하시오.

(3) 냉각탑 용량(냉각톤)을 구하시오.

해답 (1) 현열비

① 실내 취득 현열량 $= 25200 + 33600 + 588 + 4032 + 10080 = 73500\,\text{kJ/h}$

② 실내 취득 잠열량 $= 2520 + 5040 = 7560\,\text{kJ/h}$

③ $SHF = \dfrac{73500}{73500 + 7560} = 0.906 ≒ 0.91$

(2) 냉각 코일 부하 $= 73500 + 7560 + (5880 + 20160) = 107100\,\text{kJ/h}$

(3) 냉각탑 용량 $= 107100 \times 1.2 \times \dfrac{1}{3900 \times 4.2} = 7.846 ≒ 7.85$ 냉각톤

참고 ① 공기조화장치에서 응축열량(냉각탑 용량)의 방열계수는 냉각코일부하의 1.2이다.
② 1냉각톤은 3900×4.2 kJ/h이다.

09. 다음과 같은 공기 조화기를 통과할 때 공기 상태 변화를 공기 선도 상에 나타내고 번호를 쓰시오. (4점)

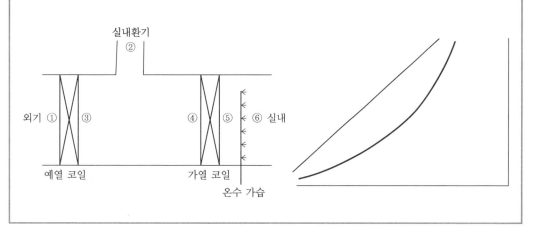

해답

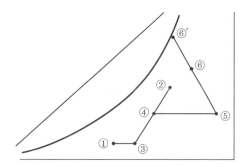

10. 다음 도면과 같은 온수난방에 있어서 리버스 리턴 방식에 의한 배관도를 완성하시오. (단, A, B, C, D는 방열기를 표시한 것이며, 온수공급관은 실선으로, 귀환관은 점선으로 표시하시오.) (4점)

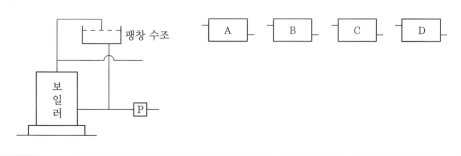

해답

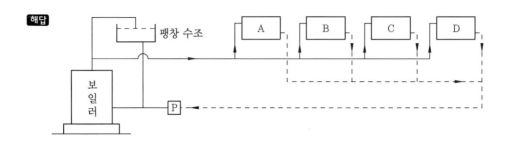

---

11. 취출(吹出)에 관한 다음 용어를 설명하시오. (6점)

 (1) 셔터 (2) 전면적(face area)

해답 (1) 셔터(shutter)는 그릴(grille)의 안쪽에 풍량조절을 할 수 있게 설치한 것으로 그릴에 셔터가 있는 것을 레지스터(register)라 한다.

 (2) 전면적(face area)은 가로날개, 세로날개 또는 두 날개를 갖는 환기구 또는 취출구의 개구부를 덮는 면판을 말한다.

---

12. 다음 설계조건을 이용하여 각 부분의 손실열량을 시간별(10시, 12시)로 각각 구하시오. (15점)

[조 건]

1. 공조시간 : 10시간
2. 외기 : 10시 31℃, 12시 33℃, 16시 32℃
3. 인원 : 6인
4. 실내설계 온·습도 : 26℃, 50 %
5. 조명(형광등) : 20 W/m² (1 W = 4.2 kJ)
6. 각 구조체의 열통과율 K[kJ/m²·h·K] : 외벽 12.6, 칸막이벽 8.4, 유리창 21
7. 인체에서의 발열량 : 현열 226.8 kJ/h·인, 잠열 247.8 kJ/h·인
8. 유리 일사량 (kJ/m²·h)

	10시	12시	16시
일사량	1302	189	126

9. 상당 온도차(Δt_e)

	N	E	S	W	유리	내벽온도차
10시	5.5	12.5	3.5	5.0	5.5	2.5
12시	4.7	20.0	6.6	6.4	6.5	3.5
16시	7.5	9.0	13.5	9.0	5.6	3.0

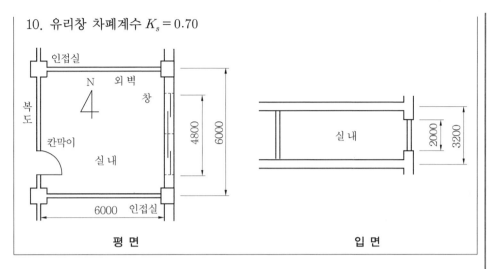

10. 유리창 차폐계수 $K_s = 0.70$

평 면 **입 면**

(1) 벽체로 통한 취득열량

① 동쪽 외벽

② 칸막이벽 및 문 (단, 문의 열통과율은 칸막이벽과 동일)

(2) 유리창으로 통한 취득열량

(3) 조명 발생열량

(4) 인체 발생열량

해답 (1) 벽체로 통한 취득열량

① 동쪽 외벽

• 10시일 때 $= 12.6 \times \{(6 \times 3.2) - (4.8 \times 2)\} \times 12.5 = 1512 \text{ kJ/h}$

• 12시일 때 $= 12.6 \times \{(6 \times 3.2) - (4.8 \times 2)\} \times 20 = 2419.2 \text{ kJ/h}$

② 칸막이벽 및 문

• 10시일 때 $= 8.4 \times (6 \times 3.2) \times 2.5 = 403.2 \text{ kJ/h}$

• 12시일 때 $= 8.4 \times (6 \times 3.2) \times 3.5 = 564.48 \text{ kJ/h}$

※ 10시일 때 열량 $= 1512 + 403.2 = 1915.2 \text{ kJ/h}$

12시일 때 열량 $= 2419.2 + 564.48 = 2983.68 \text{ kJ/h}$

(2) 유리창으로 통한 취득열량

① 일사량

• 10시일 때 $= 1302 \times (4.8 \times 2) \times 0.7 = 8749.44 \text{ kJ/h}$

• 12시일 때 $= 189 \times (4.8 \times 2) \times 0.7 = 1270.08 \text{ kJ/h}$

② 전도열량

• 10시일 때 $= 21 \times (4.8 \times 2) \times 5.5 = 1108.8 \text{ kJ/h}$

• 12시일 때 $= 21 \times (4.8 \times 2) \times 6.5 = 1310.4 \text{ kJ/h}$

※ 10시일 때 열량 $= 8749.44 + 1108.8 = 9858.24 \text{ kJ/h}$

12시일 때 열량 $= 1270.08 + 1310.4 = 2580.48 \text{ kJ/h}$

   (3) 조명 발생열량 $= (6 \times 6 \times 20) \times 4.2 = 3024 \, \mathrm{kJ/h}$

   (4) 인체 발생열량 $= 6 \times (226.8 + 247.8) = 2847.6 \, \mathrm{kJ/h}$

     ① 현열 $= 6 \times 226.8 = 1360.8 \, \mathrm{kJ/h}$

     ② 잠열 $= 6 \times 247.8 = 1486.8 \, \mathrm{kJ/h}$

---

13. 송풍기 흡입압력이 200Pa이고 송풍기 풍량이 150 $\mathrm{m^3/min}$일 때 송풍기 소요동력 (kW)을 구하시오. (단, 송풍기 전압효율 0.65, 구동효율 0.9이다.)   (4점)

[해답] 동력 $= \dfrac{200 \times 150}{60 \times 0.65 \times 0.9} = 854.7 \, \mathrm{J/s\,(W)} \fallingdotseq 0.85 \, \mathrm{kW}$

---

14. 다음과 같은 조건에 의해 온수 코일을 설계할 때 각 물음에 답하시오.   (14점)

—————— [조 건] ——————

  1. 외기온도 $t_0 = -10\,℃$

  2. 실내온도 $t_r = 21\,℃$

  3. 송풍량 $Q = 10800 \, \mathrm{m^3/h}$

  4. 난방부하 $q = 365400 \, \mathrm{kJ/h}$

  5. 코일 입구 수온 $t_{w_1} = 60\,℃$

  6. 수량 $L = 145 \, \mathrm{L/min}$, 물의 정압비열 $4.2 \, \mathrm{kJ/kg \cdot K}$

  7. 송풍량에 대한 외기량의 비율 $= 20\,\%$

  8. 공기와 물은 향류

  9. 공기의 정압비열 $C_p = 1.008 \, \mathrm{kJ/kg \cdot K}$

  10. 공기의 비중량 $\gamma = 1.2 \, \mathrm{kg/m^3}$

  11. 냉온수 전열계수 1 kcal는 4.2 kJ로 환산한다.

(1) 코일 입구 공기 온도 $t_3 \, [℃]$를 구하시오.

(2) 코일 출구 공기 온도 $t_4 \, [℃]$를 구하시오.

(3) 코일 정면면적 $F_a \, [\mathrm{m^2}]$를 구하시오. (단, 통과풍속 $v_a = 2.5 \, \mathrm{m/s}$)

(4) 코일의 단수 (n)를 구하시오. (단, 코일 유효길이 $b = 1600 \, \mathrm{mm}$, 피치 $P = 38 \, \mathrm{mm}$)

(5) 코일 1개당 수량 (L/min)을 구하시오.

(6) 코일 출구 수온 $t_{w_2} \, [℃]$을 구하시오.

(7) 전열계수 $k \, [\mathrm{kJ/m^2 \cdot h \cdot K}]$를 구하시오.

(8) 대수평균 온도차 $MTD \, [℃]$를 구하시오.

(9) 코일 열수 N을 구하시오.

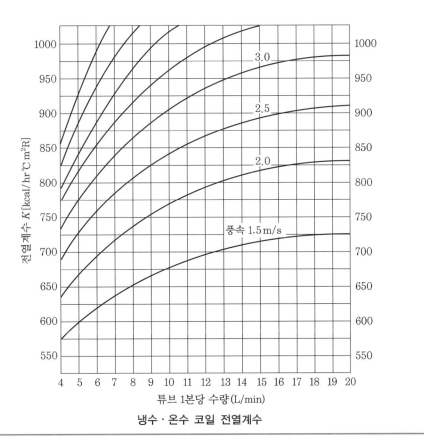

전열계수 K [kcal/hr℃ m²R]

3.0

2.5

2.0

풍속 1.5 m/s

튜브 1본당 수량(L/min)

냉수·온수 코일 전열계수

해답 (1) 코일 입구 공기 온도 $t_3 = 0.2 \times (-10) + (0.8 \times 21) = 14.8 ℃$

(2) 코일 출구 공기 온도 $t_4 = 21 + \dfrac{365400}{10800 \times 1.2 \times 1.008} = 48.9706 ≒ 48.97 ℃$

(3) 코일의 정면면적 $F_a = \dfrac{10800}{2.5 \times 3600} = 1.2 \ \text{m}^2$

(4) 코일 단수 $n = \dfrac{1.2}{1.6 \times 0.038} = 19.736 ≒ 20$ 단

(5) 코일 1개의 수량 $= \dfrac{145}{20} = 7.25 \ \text{L/min}$

(6) 코일 출구 수온
　① 외기손실부하 $= (10800 \times 0.2 \times 1.2) \times 1.008 \times \{21 - (-10)\}$
　　　　　$= 80994.816 ≒ 80994.82 \ \text{kJ/h}$
　② 난방코일부하 $= 365400 + 80994.82 = 446394.82 \ \text{kJ/h}$
　③ 코일 출구 수온 $t_{w_2} = 60 - \dfrac{446394.82}{(0.145 \times 1000 \times 60) \times 4.2} = 47.783 ≒ 47.78 ℃$

(7) 전열계수 : 코일 한 개의 수량 7.25 L/min, 풍속 2.5 m/s일 때 전열계수는 그림
에서 $785 \times 4.2 \ \text{kJ/m}^2 \cdot \text{h} \cdot \text{K}$이다.

(8) 대수평균 온도차

① $\Delta_1 = 47.78 - 14.8 = 32.98\,℃$

② $\Delta_2 = 60 - 48.97 = 11.03\,℃$

③ $MTD = \dfrac{32.98 - 11.03}{\ln\dfrac{32.98}{11.03}} = 20.04\,℃$

(9) 코일 열수 $N = \dfrac{446394.82}{785 \times 4.2 \times 1.2 \times 20.04} = 5.63 ≒ 6$ 열

---

15. 손실열량 2688000 kJ/h인 아파트가 있다. 다음의 설계조건에 의한 열교환기의 (1) 코일 전열면적, (2) 가열코일의 길이, (3) 열교환기 동체의 안지름을 계산하시오. (단, 2 pass 열교환기로 온수의 비열은 생략하며, 소수점 이하는 반올림한다.) (6점)

[설계조건]

1. 스팀압력 : 2 kg/cm², 119℃ (t_1, t_2를 같은 온도로 본다.)

2. 온수 공급온도 : 70℃

3. 온수 환수온도 : 60℃

4. 온수 평균유속 : 1 m/s

5. 가열코일 : 동관, 바깥지름(D) : 20 mm, 안지름(d) : 17.2 mm (두께 1.4 mm)

6. 평균 온도차 : $MTD = \dfrac{\Delta t_1 - \Delta t_2}{2.3\log\left(\dfrac{\Delta t_1}{\Delta t_2}\right)}$

7. 코일피치 $p = 2D$

8. 코일 1가닥의 길이 : 2 m

9. 총괄 전열계수 : K값은 그래프에서 1 kcal를 4.2 kJ로 환산한다.

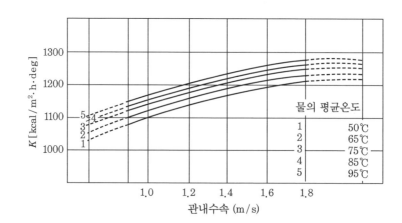

해답 (1) $MTD = \dfrac{59-49}{2.3\log\dfrac{59}{49}} = \dfrac{10}{0.1857} = 54℃$

$\Delta t_1 = 119 - 60 = 59℃$, $\Delta t_2 = 119 - 70 = 49℃$

$\therefore$ 면적 $A = \dfrac{2688000}{1120 \times 4.2 \times 54} = 10.582 = 11\,\mathrm{m}^2$

(2) 코일 길이 $l = \dfrac{A}{\pi D} = \dfrac{11}{\pi \times 0.02} = 175\,\mathrm{m}$

(3) 코일의 가닥수 $N = \dfrac{175}{2} = 87.5 = 88 \to 2\,\mathrm{pass}$이므로 88가닥

$\therefore$ 열교환기 동체 안지름 $D_e = \dfrac{P}{3}(\sqrt{69 + 12N} - 3) + D$

$= \dfrac{2 \times 20}{3}(\sqrt{69 + 12 \times 88} - 3) + 20$

$= 427.2 = 427\,\mathrm{mm}$

▶ 2019. 6. 29 시행　　　※ 이 문제는 수검자의 기억을 통하여 복원된 것입니다.

---

01. 응축온도가 43℃인 횡형 수랭 응축기에서 냉각수 입구온도 32℃, 출구온도 37℃, 냉각수 순환수량 300 L/min이고 응축기 전열 면적이 20 m²일 때 다음 물음에 답하시오. (단, 응축온도와 냉각수의 평균온도차는 산술 평균온도차로 하고 물의 비열은 4.2 kJ/kg · K로 한다.)　　　　　(6점)

　(1) 응축기 냉각열량은 몇 kJ/h인가?

　(2) 응축기 열통과율은 몇 kJ/m² · h · K인가?

　(3) 냉각수 순환량 400 L/min일 때 응축온도는 몇 ℃인가?(단, 응축열량, 냉각수 입구수온, 전열면적, 열통과율은 같은 것으로 한다.)

해답 (1) 냉각열량 $Q_c = 300 \times 60 \times 4.2 \times (37 - 32) = 378000\,\mathrm{kJ/h}$

(2) 열통과율 $k = \dfrac{378000}{20 \times \left(43 - \dfrac{32+37}{2}\right)} = 2223.529 = 2223.53\,\mathrm{kJ/m}^2 \cdot \mathrm{h} \cdot \mathrm{K}$

(3) 응축온도

　① 냉각수 출구온도 $t_{\omega_2} = 32 + \dfrac{378000}{400 \times 60 \times 4.2} = 35.75℃$

　② 응축온도 $t_C = \dfrac{378000}{2223.53 \times 20} + \dfrac{32 + 35.75}{2}$

$= 42.3749 = 42.375℃$

02. 다음 조건에서 이 방을 냉방하는 데에 필요한 송풍량(m³/h), 냉각열량(kJ/h), 냉수순환량 (kg/h), 냉각기 감습수량(kg/h)을 구하시오. (단, 냉수 입출구 온도차는 5℃이다.) (8점)

———————— [조 건] ————————

1. 외기조건 : 건구온도 33℃, 노점온도 25℃
2. 실내조건 : 건구온도 26℃, 상대습도 50%
3. 실내부하 : 감열부하 210000 kJ/h, 잠열부하 42000 kJ/h
4. 도입 외기량 : 송풍 공기량의 30%
5. 냉각기 출구의 공기상태는 상대습도 90%로 한다.
6. 송풍기 및 덕트 등에서의 열부하는 무시한다.
7. 송풍공기의 비열은 1.008 kJ/kg·K, 비용적은 0.83 m³/kg′로 하고 냉수의 비열은 4.2 kJ/kg·K로 하여 계산한다. 또한, 별첨하는 공기 선도를 사용하고, 계산 과정도 기입한다.

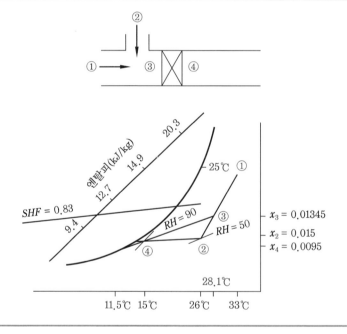

해답 (1) 송풍량

$$Q = \frac{210000}{1.008 \times 1/0.83 \times (26-15)} = 15719.696 \fallingdotseq 15719.70\,\text{m}^3/\text{h}$$

(2) 냉각열량

$$q_{CC} = \frac{Q}{v}(h_3 - h_4) = \frac{15719.7}{0.83} \times (62.58 - 39.48) = 437500.081 \fallingdotseq 437500.08\,\text{kJ/h}$$

(3) 냉수순환량

$$G_w = \frac{437500.08}{4.2 \times 5} = 20833.337 \fallingdotseq 20833.34\,\text{kg/h}$$

(4) 냉각기 감습수량

$$G = \frac{Q}{v}(x_3 - x_4) = \frac{15719.7}{0.83} \times (0.01345 - 0.0095) = 74.8106 \fallingdotseq 74.81\,\mathrm{kg/h}$$

---

03. 어떤 방열벽의 열통과율이 1.26 kJ/m²·h·K이며, 벽 면적은 1200 m²인 냉장고가 외기온도 35℃에서 사용되고 있다. 이 냉장고의 증발기는 열통과율이 105 kJ/m²·h·K이고 전열면적은 30 m²이다. 이때 각 물음에 답하시오. (단, 이 식품 이외의 냉장고 내 발생열 부하는 무시하며, 증발온도는 −15℃로 한다.)　　　　　　(6점)

 (1) 냉장고 내 온도가 0℃일 때 외기로부터 방열벽을 통해 침입하는 열량은 몇 kJ/h인가?

 (2) 냉장고 내 열전달률 21 kJ/m²·h·K, 전열면적 600 m², 온도 10℃인 식품을 보관했을 때 이 식품의 발생열 부하에 의한 고내 온도는 몇 ℃가 되는가?

해답 (1) 방열벽으로 침입하는 열량 = $1.26 \times 1200 \times (35 - 0) = 52920\,\mathrm{kJ/h}$

(2) 식품에 의한 고내 온도 = $105 \times 30 \times \{t - (-15)\} = 21 \times 600 \times (10 - t)$

$$= 3150\,t + 47250 = 126000 - 12600\,t$$

$$\therefore \ t = \frac{126000 - 47250}{12600 + 3150} = 5\,\text{℃}$$

---

04. 시간당 최대 급수량(양수량)이 12000 L/h일 때 고가 탱크에 급수하는 펌프의 전양정(m) 및 소요동력(kW)을 구하시오. (단, 흡입관, 토출관의 마찰손실은 실양정의 25 %, 펌프 효율은 60 %, 펌프 구동은 직결형으로 전동기 여유율은 10 %로 한다.)　　　　　　(7점)

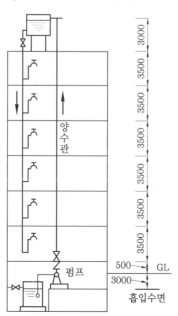

해답 ① 전양정 $H = \{(3 \times 2) + 0.5 + (3.5 \times 6)\} \times 1.25 = 34.375 \text{ mAq}$

② 소요동력 $N = \dfrac{1000 \times 34.375 \times 12}{102 \times 0.6 \times 3600} \times 1.1 = 2.0595 = 2.060 \text{ kW}$

---

05. 다음 그림과 같은 두께 100 mm의 콘크리트 벽 내측을 두께 50 mm의 방열층으로 시공하고, 그 내면에 두께 15 mm의 목재로 마무리한 냉장실 외벽이 있다. 각 층의 열전도율 및 열전달률의 값은 다음 표와 같다. 외기온도 30℃, 상대습도 85 %, 냉장실 온도 −30℃인 경우 다음 물음에 답하시오. (6점)

재질	열전도율 (kJ/m·h·K)	벽면	열전달률 (kJ/m²·h·K)	공기온도 (℃)	상대습도 (%)	노점온도 (℃)
콘크리트	3.78	외표면	84	30	80	26.2
방열재	0.21	내표면	25.2	30	90	28.2
목재	0.63					

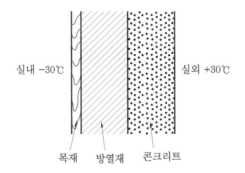

실내 −30℃   실외 +30℃

목재   방열재   콘크리트

(1) 열통과율 (kJ/m²·h·K)을 구하시오.
(2) 외벽 표면온도를 구하고 응축결 여부를 판별하시오.

해답 (1) 열통과율

① 열저항 $R = \dfrac{1}{K} = \dfrac{1}{84} + \dfrac{0.10}{3.78} + \dfrac{0.05}{0.21} + \dfrac{0.015}{0.63} + \dfrac{1}{25.2} \text{ [m}^2 \cdot \text{h} \cdot \text{K/kJ]}$

② 열통과율 $K = \dfrac{1}{R} = 2.94 \text{ kJ/m}^2 \cdot \text{h} \cdot \text{K}$

(2) 외벽 표면온도와 결로 여부

① $q = 2.94 \times \{30 - (-30)\} = 84 \times (30 - t_S)$

$t_S = 30 - \dfrac{2.94}{84} \times \{30 - (-30)\} = 27.9 ℃$

② 온도 30℃, 상대습도 85 %의 외기 노점온도 t_D는 표에서 보간계산에 의해

$t_D = 26.2 + (28.2 - 26.2) \times \dfrac{85 - 80}{90 - 80} = 27.2 ℃$

따라서 외표면온도 27.9℃는 외기의 노점온도 27.2℃보다 높으므로 결로되지 않는다.

06. 다음과 같이 3중으로 된 노벽이 있다. 이 노벽의 내부온도를 1370℃, 외부온도를 280℃로 유지하고, 또 정상상태에서 노벽을 통과하는 열량을 14700 kJ/m²·h로 유지하고자 한다. 이때 사용온도 범위 내에서 노벽 전체의 두께가 최소가 되는 벽의 두께를 결정하시오. (6점)

해답 [풀이] 1. 푸리에(Fourie)의 열전도법칙에 의하여,

$$\text{벽 I} \quad Q = \lambda_1 F \frac{t_1 - t_{w_1}}{\delta_1} \quad \cdots\cdots\cdots\cdots\cdots\cdots ①$$

$$\text{벽 II} \quad Q = \lambda_2 F \frac{t_{w_1} - t_{w_2}}{\delta_2} \quad \cdots\cdots\cdots\cdots\cdots\cdots ②$$

$$\text{벽 III} \quad Q = \lambda_3 F \frac{t_{w_2} - t_2}{\delta_3} \quad \cdots\cdots\cdots\cdots\cdots\cdots ③$$

①, ②, ③식을 대입하여 풀면,

$$Q = \frac{1}{\dfrac{\delta_1}{\lambda_1} + \dfrac{\delta_2}{\lambda_2} + \dfrac{\delta_3}{\lambda_3}} F(t_1 - t_2) = \lambda F \frac{(t_1 - t_2)}{\delta} \quad \text{여기서,} \quad \frac{\delta}{\lambda} = \frac{\delta_1}{\lambda_1} + \frac{\delta_2}{\lambda_2} + \frac{\delta_3}{\lambda_3}$$

Fourie 식에 의해서,

① $\delta_1 = \dfrac{\lambda_1(t_1 - t_{w_1})}{Q} = \dfrac{6.3 \times (1370 - 980)}{14700} = 0.16714\,\text{m} = 167.14\,\text{mm}$

② 단열벽과 철판 사이 온도 $t_{w_2} = t_2 + \dfrac{Q\delta_3}{\lambda} = 280 + \dfrac{14700 \times 0.005}{147} = 280.5℃$

③ $\delta_2 = \dfrac{\lambda_2(t_{w_1} - t_{w_2})}{Q} = \dfrac{1.26 \times (980 - 280.5)}{14700} = 0.059957\,\text{m} = 59.957\,\text{mm}$

  $≒ 59.96\,\text{mm}$

④ $\delta = r_1 + r_2 + r_3 = 167.14 + 59.96 + 5 = 232.1\,\text{mm}$

[풀이] 2. ① 열관류량 $K = \dfrac{Q}{F \Delta t} = \dfrac{14700}{1 \times (1370 - 280)} = 13.4862 \fallingdotseq 13.49 \, \mathrm{kJ/m^2 \cdot h \cdot K}$

② 내화벽돌 σ_1 두께 $Q = K \cdot F \Delta t = \dfrac{\lambda_1}{\delta_1} F \Delta t_1$ 에서,

$\therefore \delta_1 = \dfrac{\lambda 1 \, F \Delta t_1}{k \cdot F \Delta t} = \dfrac{6.3 \times (1370 - 980)}{13.49 \times (1370 - 280)} = 0.167096\mathrm{m} \fallingdotseq 167.10 \, \mathrm{mm}$

③ 단열벽돌 δ_2 두께 $\dfrac{\delta_2}{\lambda_2} = \dfrac{1}{K} - \dfrac{\delta_1}{\lambda_1} - \dfrac{0.005}{147} = \dfrac{1}{13.49} - \dfrac{0.1671}{6.3} - \dfrac{0.005}{147}$

$\therefore \delta_2 = 0.059939\mathrm{m} \fallingdotseq 59.94 \, \mathrm{mm}$

④ 전체 두께 $\delta = \delta_1 + \delta_2 + 5 = 167.1 + 59.94 + 5 = 232.04 \, \mathrm{mm}$

---

07. 증기 보일러에 부착된 인젝터의 작용을 설명하시오.　　　　　　　　　　(6점)

해답 노즐에 분출하는 증기의 열에너지를 분사력을 이용하여 속도 (운동) 에너지로 전환하여 다시 압력에너지로 바꾸어서 보일러 속으로 급수하는 장치

> **참고** 1. 작동 원리 : 인젝터(injector) 내부에는 증기 노즐, 혼합 노즐, 토출 노즐로 구성되어 있으며, 증기가 증기 노즐로 들어와서 열에너지를 형성하여 증기가 혼합 노즐에 들어오면 인젝터 본체 및 흡수되는 물에 열을 빼앗겨 증기의 체적이 감소되면서 진공상태가 형성되어서 속도 (운동) 에너지가 발생된다. 이 원리에 의해 물이 흡수되고 토출 노즐에서 증기의 압력에너지에 의해서 물을 보일러 속으로 압입(급수)한다.
> 2. 작동 순서
> ① 인젝터 출구측 급수 정지밸브를 연다.
> ② 급수 흡수밸브를 연다.
> ③ 증기 정지밸브를 연다.
> ④ 인젝터 핸들을 연다.
> 3. 정지 순서
> ① 인젝터 핸들을 잠근다.
> ② 급수 흡수밸브를 잠근다.
> ③ 증기 정지밸브를 잠근다.
> ④ 인젝터 출구측 급수 정지밸브를 잠근다.

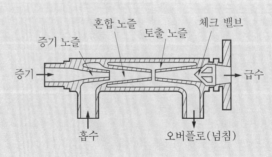

08. 다음 그림은 사무소 건물의 기준 층에 위치한 실의 일부를 나타낸 것이다. 각종 설계조건으로부터 대상실의 냉방부하를 산출하고자 한다. 주어진 조건을 이용하여 냉방부하를 계산하시오. (10점)

> ── [설계조건] ──
>
> 1. 외기조건 : 32℃ DB, 70 % RH   2. 실내 설정조건 : 26℃ DB, 50 % RH
> 3. 열관류율
>   ① 외벽 : $2.1\,\text{kJ/m}^2\cdot\text{h}\cdot\text{K}$ ② 유리창 : $23.1\,\text{kJ/m}^2\cdot\text{h}\cdot\text{K}$
>   ③ 내벽 : $8.4\,\text{kJ/m}^2\cdot\text{h}\cdot\text{K}$ ④ 유리창 차폐계수 = 0.71
> 4. 재실인원 : $0.2\,\text{인/m}^2$
> 5. 인체 발생열 : 현열 $205.8\,\text{kJ/h}\cdot\text{인}$, 잠열 $222.6\,\text{kJ/h}\cdot\text{인}$
> 6. 조명부하 : 형광등 $20\,\text{W/m}^2$(단, 형광등의 발생열 $4.2\,\text{kJ/h}\cdot\text{W}$)
> 7. 틈새바람에 의한 외풍은 없는 것으로 하며, 인접실의 실내조건은 대상실과 동일하다.
> 8. 일사열량 1 kcal는 4.2 kJ로 환산한다.

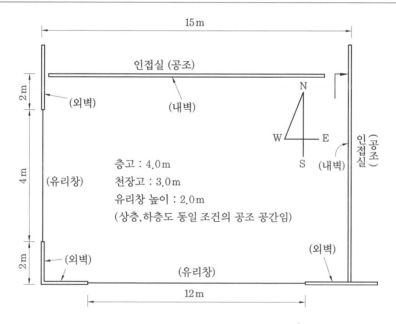

[표 1] 유리창에서의 일사열량 ($\text{kcal/m}^2\cdot\text{h}$)

방위 시간	수평	N	NE	E	SE	S	SW	W	NW
10	629	39	101	312	312	101	39	39	39
12	726	43	43	43	103	156	103	43	43
14	629	39	39	39	39	101	312	312	101
16	379	28	28	28	28	28	343	493	349

[표 2] 상당온도차 (하기 냉방용 (deg))

시간 \ 방위	수평	N	NE	E	SE	S	SW	W	NW
10	12.8	3.9	10.9	14.2	11.0	4.0	3.2	3.3	5.2
12	21.4	5.6	10.6	14.9	13.8	8.1	5.6	5.3	5.2
14	27.2	7.0	9.8	12.4	12.6	11.2	10.2	8.7	7.0
16	26.2	7.6	9.4	10.9	11.0	11.6	15.0	15.0	11.2

(1) 설계조건에 의해 12시, 14시, 16시의 냉방부하를 구하시오.
　① 구조체에서의 부하
　② 유리를 통한 일사에 의한 열부하
　③ 실내에서의 부하

(2) 실내 냉방부하의 최대 발생시각을 결정하고, 이때의 현열비를 구하시오.

(3) 최대 부하 발생시의 취출풍량 (m^3/h)을 구하시오. (단, 취출온도는 15℃, 공기의 비열 1.008 kJ/kg·K, 공기의 비중량 1.2 kg/m^3로 한다. 또한, 실내의 습도 조절은 고려하지 않는다.)

해답 (1) ① 구조체에서의 부하

벽체	방위	면적 (m^2)	열관류율 (kJ/ $m^2 \cdot h \cdot K$)	12시		14시		16시	
				Δt	kJ/h	Δt	kJ/h	Δt	kJ/h
외벽	S	36	2.1	8.1	612.34	11.2	846.72	11.6	876.96
유리창	S	24	23.1	6	3326.4	6	3326.4	6	3326.4
외벽	W	24	2.1	5.3	267.12	8.7	438.48	15	756
유리창	W	8	23.1	6	1108.8	6	1108.8	6	1108.8
				계	5314.68	계	5720.4	계	6068.16

② 유리를 통한 일사에 의한 취득열량

종류	방위	면적	차폐 계수	12시		14시		16시	
				일사량	kJ/h	일사량	kJ/h	일사량	kJ/h
유리창	S	24	0.71	156×4.2	11164.608	101×4.2	7228.368	28×4.2	2003.904
유리창	W	8	0.71	43×4.2	1025.808	312×4.2	7443.072	493×4.2	11761.008

③ 실내에서의 부하
　• 인체 : $(15 \times 8 \times 0.2 \times 205.8) + (15 \times 8 \times 0.2 \times 222.6) = 4939.2 + 5342.4$
　　　　　　　　　　　　　　　　　　　　　　　　$= 10281.6$ kJ/h
　• 조명 : $15 \times 8 \times 20 \times 4.2 = 10080$ kJ/h

(2) 시간별 냉방부하
　① 12시 냉방부하

- 현열 $=5314.68+(11164.608+1025.808)+4939.2+10080$
    $=32524.296 ≒ 32524.30 \text{ kJ/h}$
- 잠열 $=15×8×0.2×222.6=5342.4 \text{ kJ/h}$
- 총열량 $=32524.3+5342.4=37866.7 \text{ kJ/h}$

② 14시 냉방부하
- 현열 $=5720.4+(7228.368+7443.072)+4939.2+10080=35411.04 \text{ kJ/h}$
- 잠열 $=15×8×0.2×222.6=5342.4 \text{ kJ/h}$
- 총열량 $=35411.04+5342.4=40753.44 \text{ kJ/h}$

③ 16시 냉방부하
- 현열 $=6068.16+(2003.904+11761.008)+4939.2+10080=34852.272 \text{ kJ/h}$
- 잠열 $=15×8×0.2×222.6=5342.4 \text{ kJ/h}$
- 총열량 $=34852.272+5342.4=40194.672 \text{ kJ/h}$

④ 최대부하 발생시간 14시일 때 현열비 $=\dfrac{35411.04}{40753.4}=0.868 ≒ 0.87$

(3) 취출풍량 $Q=\dfrac{35411.04}{1.2×1.008×(26-15)}=2661.363 ≒ 2661.36 \text{ m}^3/\text{h}$

---

09. 어떤 사무소 공조설비 과정이 다음과 같다. 물음에 답하시오. (10점)

───────────── [다음] ─────────────

- 마찰손실 $R=0.1 \text{ mmAq}$
- 국부저항계수 $\zeta=0.29$
- 1개당 취출구 풍량 $3000 \text{ m}^3/\text{h}$
- 송풍기 출구 풍속 $V=13 \text{ m/s}$
- 정압효율 50%
- 에어필터 저항 5 mmAq
- 가열 코일 저항 15 mmAq
- 냉각기 저항 15 mmAq
- 송풍기 저항 10 mmAq
- 취출구 저항 5 mmAq

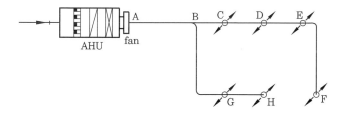

- 덕트 구간 길이

    A~B : 60 m, B~C : 6 m, C~D : 12 m, D~E : 12 m,

    E~F : 20 m, B~G : 18 m, G~H : 12 m

(1) 실내에 설치한 덕트 시스템을 위의 그림과 같이 설계하고자 한다. 각 취출구의 풍량이 동일할 때, 장방형 덕트의 크기를 결정하고 풍속을 구하시오. (단, 공기 비중량 $1.2\,\text{kg/m}^3$, 중력가속도 $9.8\,\text{m/s}^2$이다.)

구간	풍량(m^3/h)	원형 덕트 지름(cm)	장방형 덕트(cm)	풍속(m/s)
A-B			×35	
B-C			×35	
C-D			×35	
D-E			×35	
E-F			×35	

(2) 송풍기 정압(mmAq)을 구하시오.

(3) 송풍기 동력(kW)을 구하시오.

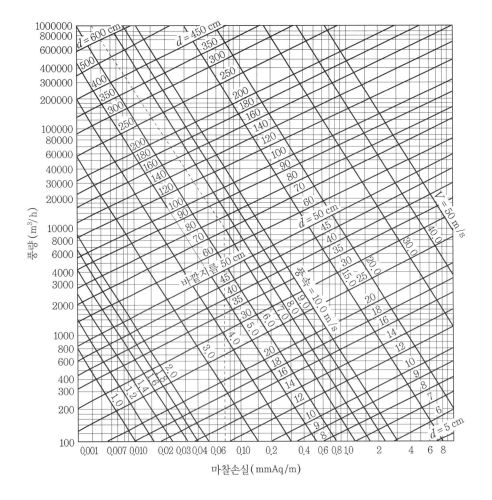

장방형 덕트와 원형 덕트의 환산표

장변＼단변	5	10	15	20	25	30	35	40	45	50	55	60	65	70	75	80	85	90	95	100	105	110	115	120	125	130	135	140	145	150
5	5.5																													
10	7.6	10.9																												
15	9.1	13.3	16.4																											
20	10.3	15.2	18.9	21.9																										
25	11.4	16.9	21.0	24.4	27.3																									
30	12.2	18.3	22.9	26.6	29.9	32.8																								
35	13.0	19.5	24.5	28.6	32.2	35.4	38.3																							
40	13.8	20.7	26.0	30.5	34.3	37.8	40.9	43.7																						
45	14.4	21.7	27.4	32.1	36.3	40.0	43.3	46.4	49.2																					
50	15.0	22.7	28.7	33.7	38.1	42.0	45.6	48.8	51.8	54.7																				
55	15.6	23.6	29.9	35.1	39.8	43.9	47.7	51.1	54.3	57.3	60.1																			
60	16.2	24.5	31.0	36.5	41.4	45.7	49.6	53.3	56.7	59.8	62.8	65.6																		
65	16.7	25.3	32.1	37.8	42.9	47.4	51.5	55.3	58.9	62.2	65.3	68.3	71.1																	
70	17.2	26.1	33.1	39.1	44.3	49.0	53.3	57.3	61.0	64.4	67.7	70.8	73.7	76.5																
75	17.7	26.8	34.1	40.2	45.7	50.6	55.0	59.2	63.0	66.6	69.7	73.2	76.3	79.2	82.0															
80	18.1	27.5	35.0	41.4	47.0	52.0	56.7	60.9	64.9	68.7	72.2	75.5	78.7	81.8	84.7	87.5														
85	18.5	28.2	35.9	42.4	48.2	53.4	58.2	62.6	66.8	70.6	74.3	77.8	81.1	84.2	87.2	90.1	92.9													
90	19.0	28.9	36.7	43.5	49.4	54.8	59.7	64.2	68.6	72.6	76.3	79.9	83.3	86.6	89.7	92.7	95.6	198.4												
95	19.4	29.5	37.5	44.5	50.6	56.1	61.1	65.9	70.3	74.4	78.3	82.0	85.5	88.9	92.1	95.2	98.2	101.1	103.9											
100	19.7	30.1	38.4	45.4	51.7	57.4	62.6	67.4	71.9	76.2	80.2	84.0	87.6	91.1	94.4	97.6	100.7	103.7	106.5	109.3										
105	20.1	30.7	39.1	46.4	52.8	58.6	64.0	68.9	73.5	77.8	82.0	85.9	89.7	93.2	96.7	100.0	103.1	106.2	109.1	112.0	114.8									
110	20.5	31.3	39.9	47.3	53.8	59.8	65.2	70.3	75.1	79.6	83.8	87.8	91.6	95.3	98.8	102.2	105.5	108.6	111.7	114.6	117.5	120.3								
115	20.8	31.8	40.6	48.1	54.8	60.9	66.5	71.7	76.6	81.2	85.5	89.6	93.6	97.3	100.9	104.4	107.8	111.0	114.1	117.2	120.1	122.9	125.7							
120	21.2	32.4	41.3	49.0	55.8	62.0	67.7	73.1	78.0	82.7	87.2	91.4	95.4	99.3	103.0	106.6	110.0	113.3	116.5	119.6	122.6	125.6	128.4	131.2						
125	21.5	32.9	42.0	49.9	56.8	63.1	68.9	74.4	79.5	84.3	88.8	93.1	97.3	101.2	105.0	108.6	112.2	115.6	118.8	122.0	125.1	128.1	131.0	133.9	136.7					
130	21.9	33.4	42.6	50.6	57.7	64.2	70.1	75.7	80.8	85.7	90.4	94.8	99.0	103.1	106.9	110.7	114.3	117.7	121.1	124.4	127.5	130.6	133.6	136.5	139.3	142.1				
135	22.2	33.9	43.3	51.4	58.6	65.2	71.3	76.9	82.2	87.2	91.9	96.4	100.7	104.9	108.8	112.6	116.3	119.9	123.3	126.7	129.9	133.0	136.1	139.1	142.0	144.8	147.6			
140	22.5	34.4	43.9	52.2	59.5	66.2	72.4	78.1	83.5	88.6	93.4	98.0	102.4	106.6	110.7	114.6	118.3	122.0	125.5	128.9	132.2	135.4	138.5	141.6	144.6	147.5	150.3	153.0		
145	22.8	34.9	44.5	52.9	60.4	67.2	73.5	79.3	84.8	90.0	94.9	99.6	104.1	108.4	112.5	116.5	120.3	124.0	127.6	131.1	134.5	137.7	140.9	144.0	147.1	150.3	152.9	155.7	158.5	
150	23.1	35.3	45.2	53.6	61.2	68.1	74.5	80.5	86.1	91.3	96.3	101.1	105.7	110.0	114.3	118.3	122.2	126.0	129.7	133.2	136.7	140.0	143.3	146.4	149.5	152.6	155.5	158.4	162.2	164.0
155	23.4	35.8	45.7	54.4	62.1	69.1	75.6	81.6	87.3	92.6	97.4	102.6	107.2	111.7	116.0	120.1	124.1	127.9	131.7	135.3	138.8	142.2	145.5	148.8	151.9	155.0	158.0	161.0	163.9	166.7
160	23.7	36.2	46.3	55.1	62.9	70.6	76.6	82.7	88.5	93.9	99.1	104.1	108.8	113.3	117.7	121.9	125.9	129.8	133.6	137.3	140.9	144.4	147.8	151.1	154.3	157.5	160.5	163.5	166.5	169.3
165	23.9	36.7	46.9	55.7	63.7	70.9	77.6	83.8	89.7	95.2	100.5	105.5	110.3	114.9	119.3	123.6	127.7	131.7	135.6	139.3	143.0	146.5	150.0	153.3	156.6	159.8	163.0	166.0	169.0	171.9
170	24.2	37.1	47.5	56.4	64.4	71.8	78.5	84.9	90.8	96.4	101.8	106.9	111.8	116.4	120.9	125.3	129.5	133.5	137.5	141.3	145.0	148.6	152.1	155.6	158.9	162.2	165.3	168.5	171.5	174.5
175	24.5	37.5	48.0	57.1	65.2	72.6	79.5	85.9	91.9	97.6	103.1	108.2	113.2	118.0	122.5	127.0	131.2	135.3	139.3	143.2	147.0	150.7	154.2	157.7	161.1	164.4	167.7	170.8	173.9	177.0
180	24.7	37.9	48.5	57.7	66.0	73.5	80.4	86.9	93.0	98.8	104.3	109.6	114.6	119.5	124.1	128.6	132.9	137.1	141.2	145.1	148.9	152.7	156.3	159.8	163.3	166.7	170.0	173.2	176.4	179.4
185	25.0	38.3	49.1	58.4	66.7	74.3	81.4	87.9	94.1	100.0	105.6	110.9	116.0	120.9	125.6	130.2	134.6	138.8	143.0	147.0	150.9	154.7	158.3	161.9	165.4	168.9	172.2	175.5	178.7	181.9
190	25.3	38.7	49.6	59.0	67.4	75.1	82.2	88.9	95.2	101.2	106.8	112.2	117.4	122.4	127.2	131.8	136.2	140.5	144.7	148.8	152.7	156.6	160.3	164.0	167.6	171.0	174.4	177.8	181.0	184.2
195	25.5	39.1	50.1	59.6	68.1	75.9	83.1	89.9	96.3	102.3	108.0	113.5	118.7	123.8	128.5	133.3	137.9	142.5	146.5	150.6	154.6	158.5	162.3	166.0	169.6	173.2	176.6	180.0	183.3	186.6
200	25.8	39.5	50.6	60.2	68.8	76.7	84.0	90.8	97.3	103.4	109.2	114.7	120.0	125.2	130.1	134.8	139.4	143.8	148.1	152.3	156.4	160.4	164.2	168.0	171.7	175.3	178.8	182.2	185.6	188.9
210	26.3	40.3	51.6	61.4	70.2	78.3	85.7	92.7	99.3	105.6	111.5	117.2	122.6	127.9	132.9	137.8	142.5	147.0	151.5	155.8	160.0	164.0	168.0	171.9	175.7	179.3	183.0	186.5	189.9	193.3
220	26.7	41.0	52.5	62.5	71.5	79.7	87.4	94.5	101.3	107.6	113.7	119.5	125.1	130.5	135.7	140.6	145.5	150.2	154.7	159.1	163.4	167.6	171.6	175.6	179.5	183.3	187.0	190.6	194.2	197.7
230	27.2	41.7	53.4	63.6	72.8	81.2	89.0	96.3	103.1	109.7	115.9	121.8	127.5	133.0	138.3	143.4	148.4	153.2	157.8	162.3	166.7	171.0	175.2	179.3	183.2	187.1	190.9	194.7	198.3	201.9
240	27.6	42.4	54.3	64.7	74.0	82.6	90.5	98.0	105.0	111.6	118.0	124.1	129.9	135.5	140.9	146.1	151.2	156.1	160.8	165.5	170.0	174.4	178.6	182.8	186.9	190.9	194.8	198.6	202.3	206.0
250	28.1	43.0	55.2	65.8	75.3	84.0	92.0	99.6	106.8	113.6	120.0	126.2	132.2	137.9	143.4	148.8	153.9	158.9	163.8	168.5	173.1	177.6	182.0	186.3	190.4	194.5	198.5	202.4	206.2	210.0
260	28.5	43.7	56.0	66.8	76.4	85.3	93.5	101.2	108.5	115.4	122.0	128.3	134.4	140.2	145.9	151.3	156.6	161.7	166.7	171.5	176.2	180.8	185.2	189.6	193.9	190.9	202.1	206.1	210.0	213.9
270	28.9	44.3	56.9	67.8	77.6	86.6	95.0	102.8	110.2	117.3	124.0	130.4	136.6	142.5	148.3	153.8	159.2	164.4	169.5	174.4	179.2	183.9	188.4	192.9	197.2	201.5	205.7	209.7	213.7	217.7
280	29.3	45.0	57.7	68.8	78.7	87.9	96.4	104.3	111.9	119.0	125.9	132.4	138.7	144.7	150.6	156.2	161.7	167.0	172.2	177.2	182.1	186.9	191.5	196.1	200.5	204.9	209.1	213.3	217.4	221.4
290	29.7	45.6	58.5	69.7	79.8	89.1	97.7	105.8	113.5	120.8	127.8	134.4	140.8	146.9	152.9	158.6	164.2	169.6	174.8	180.0	185.0	189.8	194.5	199.2	203.7	208.1	212.5	216.7	220.9	225.0
300	30.1	46.2	59.2	70.6	80.9	90.3	99.0	107.8	115.1	122.5	129.5	136.3	142.8	149.0	155.5	160.9	166.6	172.1	177.5	182.7	187.7	192.7	197.5	102.2	206.8	211.3	215.8	220.1	224.3	228.5

해답 (1)

구간	풍량(m³/h)	원형 덕트 지름(cm)	장방형 덕트(cm)	풍속(m/s)
A-B	18000	83	195×35	7.33
B-C	12000	74.29	150×35	6.35
C-D	9000	63.33	105×35	6.80
D-E	6000	54	75×35	6.35
E-F	3000	42.06	45×35	5.29

(2) 송풍기 정압

① 직통 덕트 손실 $= (60 + 6 + 12 + 12 + 20) \times 0.1 = 11$ mmAq

② 밴드 저항 손실 $= 0.29 \times \dfrac{5.29^2}{2 \times 9.8} \times 1.2 = 0.496 = 0.50$ mmAq

③ 흡입측 손실 압력 $= 5 + 15 + 15 + 10 = 45$ mmAq

④ 송풍기 동압 $= \dfrac{13^2}{2 \times 9.8} \times 1.2 = 10.346 \fallingdotseq 10.35$ mmAq

⑤ 송풍기 정압 $= \{(11 + 0.5 + 5) - (-45)\} - 10.35 = 51.15$ mmAq

(3) 송풍기 동력 $= \dfrac{51.15 \times 18000}{102 \times 0.5 \times 3600} = 5.014 \fallingdotseq 5.01$ kW

---

10. 다음은 R-22용 콤파운드 압축기를 이용한 2단 압축 1단 팽창 냉동장치의 이론 냉동사이클을 나타낸 것이다. 이 냉동장치의 냉동능력이 15 RT일 때 각 물음에 답하시오. (단, 배관에서의 열손실은 무시하고 1 RT는 13944 kJ로 한다.) (6점)

- 압축기의 체적효율 (저단 및 고단) : 0.75
- 압축기의 압축효율 (저단 및 고단) : 0.73
- 압축기의 기계효율 (저단 및 고단) : 0.90

(1) 저단 압축기와 고단 압축기의 기통수비가 얼마인 압축기를 선정해야 하는가?

(2) 압축기의 실제 소요동력 (kW)은 얼마인가?

해답 (1) ① 저단 냉매 순환량 $G_L = \dfrac{15 \times 13944}{617.4 - 428.4} = 1106.6666 \fallingdotseq 1106.667 \text{ kg/h}$

② 저단 압축기 압출량 $V_L = \dfrac{1106.667 \times 0.22}{0.75} = 324.622 \text{ m}^3/\text{h}$

③ 실제 저단 압축기 출구 엔탈피

$i_2' = 617.4 + \dfrac{659.4 - 617.4}{0.73} = 674.934 \fallingdotseq 674.93 \text{ kJ/kg}$

④ 고단 냉매 순환량 $G_H = 1106.667 \times \dfrac{674.93 - 428.4}{634.2 - 466.2} = 1623.967 \fallingdotseq 1623.97 \text{ kg/h}$

⑤ 고단 압축기 압출량 $V_H = \dfrac{1623.97 \times 0.05}{0.75} = 108.264 \fallingdotseq 108.26 \text{ m}^3/\text{h}$

⑥ 기통비 $= V_L : V_H = 324.622 : 108.264 = 2.998 : 1 = 3 : 1$

즉, $3 : 1$ 비율의 기통비를 갖는 압축기를 선정한다.

예를 들면 8기통의 고속다기통을 사용하는 경우 $6 : 2$의 비로 압축시킨다.

(2) 압축기의 실제 소요동력 $N_{\text{kW}} = \dfrac{1106.667 \times (659.4 - 617.4) + 1623.97 \times (659.4 - 634.2)}{3600 \times 0.73 \times 0.9}$

$= 36.954 \fallingdotseq 36.95 \text{ kW}$

---

11. 50RT, R-22 냉동장치에서 증발식 응축기가 다음과 같은 조건일 때 과랭각도를 결정하시오. (7점)

─────── [조 건] ───────

관 압력손실 : $0.1\,\text{kg/cm}^2$	액주 m의 압력손실 : $3\,\text{kg/cm}^2$
밸브 기타의 압력손실 : $0.3\,\text{kg/cm}^2$	응축온도 : 30℃

R-22의 온도, 압력 관계

온도	압력	온도	압력	온도	압력
10	5.96	20	8.32	30	11.23
12	6.39	22	8.86	32	11.89
14	6.84	24	9.42	34	12.57
16	7.31	26	10.00	36	13.27
18	7.80	28	10.60	38	13.99

해답 ① 응축온도 30℃에서 포화압력 $11.23\,\text{kg/cm}^2 \cdot \text{g}$

② 전압력손실 $0.1 + 0.3 + 3 = 3.4\,\text{kg/cm}^2 \cdot \text{g}$

③ 팽창밸브 전압력은 $11.23 - 3.4 = 7.9\,\text{kg/cm}^2 \cdot \text{g}$

④ $7.9\,\text{kg/cm}^2$에 상당하는 포화온도는 약 19℃이므로

⑤ 과랭각에 필요한 온도는 $30 - 19 = 11℃$

12. 공기조화 방식에서 전공기 방식 3종류를 쓰고, 각각 장점 3가지씩 쓰시오.   (6점)

해답 (1) 정풍량 단일 덕트 방식 (CAV : constant air volume)

[장점]

① 공조기가 중앙식이므로 공기 조절이 용이하다.

② 공조기실을 별도로 설치하므로 유지관리가 확실하다.

③ 공조기실과 공조 대상실을 분리할 수가 있어서 방음·방진이 용이하다.

④ 송풍량과 환기량을 크게 계획할 수 있으며, 환기팬을 설치하면 외기냉방이 용이하다.

⑤ 자동제어가 간단하므로 운전 및 유지관리가 용이하다.

⑥ 급기량이 일정하므로 환기상태가 양호하고 쾌적하다.

(2) 변풍량 단일 덕트 방식 (VAV : variable air volume)

[장점]

① 개별실 제어가 용이하다.

② 타 방식에 비해 에너지가 절약된다.

- 사용하지 않는 실의 급기 중단
- 급기량을 부하에 따라 공급할 수 있다.
- 부분부하 시 팬(fan)의 소비전력이 절약된다.

③ 동시부하율을 고려하여 공조기를 설정하므로 정풍량에 비해 20% 정도 용량이 적어진다.

④ 공기 조절이 용이하므로 부하 변동에 따른 유연성이 있다.

⑤ 부하 변동에 따른 제어응답이 빠르기 때문에 거주성이 향상된다.

⑥ 시운전 시 토출구의 풍량 조절이 간단하다.

(3) 정풍량 이중 덕트 방식 (DDCAV : double duct constant air volume)

[장점]

① 실내부하에 따라 개별실 제어가 가능하다.

② 냉·온풍을 혼합하여 토출하므로 계절에 따라 냉·난방을 변환시킬 필요가 있다.

③ 실내의 용도 변경에 대해서 유연성이 있다.

④ 냉풍 및 온풍이 열매체이므로 부하 변동에 대한 응답이 빠르다.

⑤ 조닝 (zoning)의 필요성이 크지 않다.

⑥ 외기냉방이 가능하다.

(4) 변풍량 이중 덕트 방식 (DDVAV : double duct variable air volume)

[장점]

① 같은 기능의 변풍량 재열식에 비해 에너지가 절감된다.

② 동시 사용률을 적용할 수가 있어서 주 덕트에서 최대 부하 시보다 20~30%의 풍량을 줄일 수 있으므로 설비용량을 적게 할 수 있다.

③ 부분부하 시 송풍기 동력을 절감할 수가 있다.

④ 빈방에 급기를 정지시킬 수 있어서 운전비를 줄일 수 있다.

⑤ 부하 변동에 대하여 제어응답이 빠르다.

(5) 멀티존 유닛 방식(multi zone unit system)

[장점]

① 소규모 건물의 이중 덕트 방식과 비교하여 초기 설비비가 저렴하다.

② 이중 덕트 방식의 덕트 공간을 천장 속에 확보할 수 없는 경우에 적합하다.

③ 존 제어가 가능하므로 건물의 내부 존에 이용된다.

---

13. 다음 회로도는 삼상유도전동기 정역 운전회로이다. 회로의 동작 설명 중 맞는 번호를 고르시오. (6점)

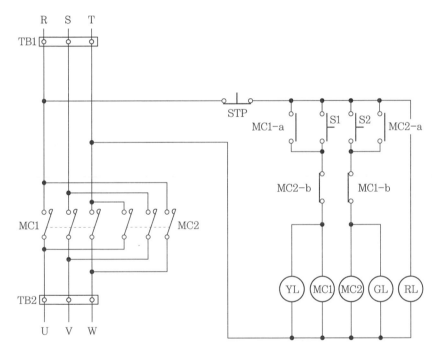

─── [동작 상태] ───

㉮ 전원을 투입하면 YL이 점등된다.

㉯ S1을 누르면 MC1이 여자되어 전동기는 정회전하며, YL은 점등되고 GL은 소등된다.

㉰ S2을 누르면 MC2가 여자되어 전동기는 역회전하며, YL은 점등되고 GL은 소등된다.

㉱ 이 회로는 자기유지회로이다.

㉲ STP를 누르면 모든 동작이 정지된다.

해답 (나), (라), (마)

[해설] ① (가) : RL이 점등된다 (RL은 상시등으로 전원표시등이다).
② (다) : GL 점등, YL 소등 (YL은 정회전 표시등, GL은 역회전 표시등)
③ MC1-a, MC2-a 접점에 의해서 자기유지된다.
④ MC1-b, MC2-b 접점에 의해서 인터로크가 된다.

---

14. 다음 그림은 냉매액 순환방식을 채택하는 냉동장치의 계통도이다. 필요한 배관과 밸브를 완성하시오. (10점)

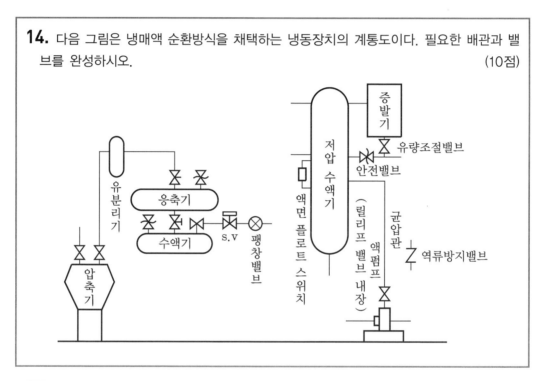

해답

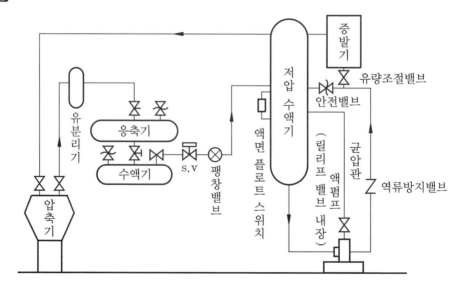

01. 다음 그림과 같이 예열·혼합·순환수분무가습·가열하는 장치에서 실내현열부하가 14.8 kW이고, 잠열부하가 4.2 kW일 때 다음 물음에 답하시오. (단, 외기량은 전체 순환량의 25 %이다.)   (8점)

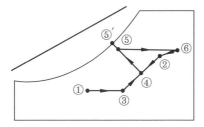

$h_1 = 14$ kJ/kg

$h_2 = 38$ kJ/kg

$h_3 = 24$ kJ/kg

$h_6 = 41.2$ kJ/kg

(1) 외기와 환기 혼합 엔탈피 h_4를 구하시오.

(2) 전체 순환공기량 (kg/h)을 구하시오.

(3) 예열부하 (kW)를 구하시오.

(4) 난방코일부하 (kW)를 구하시오.

해답 (1) 혼합엔탈피 $h_4 = (0.25 \times 24) + (0.75 \times 38) = 34.5$ kJ/kg

(2) 순환공기량 $= \dfrac{(14.8 + 4.2) \times 3600}{41.2 - 38} = 21375$ kg/h

(3) 예열부하 $= 21375 \times 0.25 \times (24 - 14) \times \dfrac{1}{3600} = 14.843 ≒ 14.8$ kW

(4) 난방코일부하 $= 21375 \times (41.2 - 34.5) \times \dfrac{1}{3600} = 39.781 ≒ 39.78$ kW

참고 순환수분무가스 (단열가습)일 때는 $h_4 = h_5$ 엔탈피가 변화가 없이 일정하다.

02. 실내조건이 온도 27℃, 습도 60 %인 정밀기계공장 실내에 피복하지 않은 덕트가 노출되어 있다. 결로방지(結露防止)를 위한 보온이 필요한지 여부를 계산식으로 나타내어 판정하시오. (단, 덕트 내 공기온도를 20℃로 하고 실내노점온도는 $t_a = 19.5$℃, 덕트 표면 열전달률 $\alpha_0 = 33.6$ kJ/m²·h·K, 덕트재료 열관류율 $K = 2.1$ kJ/m²·h·K 로 한다.)   (5점)

해답 $g = 2.1 \times F \times (27 - 20) = 33.6 \times F \times (27 - t_o)$

$t_o = 27 - \dfrac{2.1 \times (27 - 20)}{33.6} = 26.563$℃

노점온도 19.5℃보다 26.563 − 19.5 = 7.063℃ 정도 높아서 결로되지 않으므로 보온할 필요가 없다.

03. 피스톤 압출량 50 m³/h의 압축기를 사용하는 R-22 냉동장치에서 다음과 같은 값으로 운전될 때 각 물음에 답하시오.　　　　　　　　　　　　　　　　(7점)

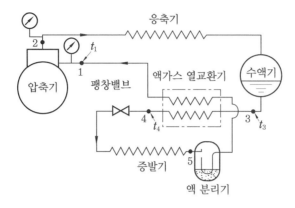

[조건]

- $v_1 = 0.143 \, \text{m}^3/\text{kg}$　　　• $t_3 = 25 \, ℃$　　　• $t_4 = 15 \, ℃$
- $h_1 = 620 \, \text{kJ/kg}$　　　• $h_4 = 444 \, \text{kJ/kg}$
- 압축기의 체적효율 : $\eta_v = 0.68$
- 증발압력에 대한 포화액의 엔탈피 : $h' = 386 \, \text{kJ/kg}$
- 증발압력에 대한 포화증기의 엔탈피 : $h'' = 613 \, \text{kJ/kg}$
- 응축액의 온도에 의한 내부에너지 변화량 : $1.3 \, \text{kJ/kg·K}$

(1) 증발기의 냉동능력(kW)을 구하시오.

(2) 증발기 출구의 냉매증기 건조도(x) 값을 구하시오.

해답 (1) ① 수액기 출구 엔탈피 $h_3 = 444 + \{1.3 \times (25 - 15)\} = 457 \, \text{kJ/kg}$

② 증발기 출구 엔탈피 $h_5 = h_1 - (h_3 - h_4) = 620 - (457 - 444) = 607 \, \text{kJ/kg}$

③ 냉동능력 $Q_e = \dfrac{50}{0.143} \times 0.68 \times (607 - 444) \times \dfrac{1}{3600} = 10.765 ≒ 10.77 \, \text{kW}$

(2) 건조도 $x = \dfrac{607 - 386}{613 - 386} = 0.973 ≒ 0.97$

참고　$P - h$ 선도

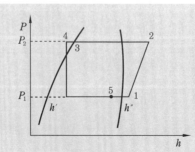

04. 어느 건물의 기준층 배관을 적산한 결과 다음과 같은 산출 근거가 나왔다. 이 배관 공사에 대한 내역서를 작성하시오. (단, 강관부속류의 가격은 직관가격의 50%, 지지철물의 가격은 직관가격의 10%, 배관의 할증률은 10%, 공구손료는 인건비의 3%이다.) (8점)

(1) 산출근거서(정미량)

품명	규격	직관길이 및 수량
백강관	25 mm	40 m
백강관	50 mm	50 m
게이트 밸브	청동제 10 kg/cm^2, 50 mm	4개

(2) 품셈

① 강관배관(m당)

규격	배관공 (인)	보통인부 (인)
25 mm	0.147	0.037
50 mm	0.248	0.063

② 밸브류 설치 : 개소당 0.07인

(3) 단가

품명	규격	단위	단가 (원)
백강관	25 mm	m	1,200
백강관	50 mm	m	1,500
게이트 밸브	50 mm	개	9,000

배관공 : 45,000원/인 　　　　보통인부 : 25,000원/인

(4) 내역서

품명	규격	단위	수량	단가	금액
백강관	25 mm	m			
백강관	50 mm	m			
게이트 밸브	청동제 10 kg/cm^2, 50 mm	개			
강관부속류					
지지철물류					
인건비	배관공	인			
인건비	보통인부	인			
공구손료		식			
계					

해답

품명	규격	단위	수량	단가	금액
백강관	25 mm	m	44	1200	52800
백강관	50 mm	m	55	1500	82500
게이트 밸브	청동제 10 kg/cm^2, 50 mm	개	4	9000	36000
강관부속류	직관 가격의 50 %				67650
지지철물류	직관 가격의 10 %				13530
인건비	배관공	인	18.28	45000	822600
인건비	보통인부	인	4.63	25000	115750
공구손료	인건비의 3 %	식			28150.5
계					1218980.5

---

05. 외기온도가 −5℃이고, 실내 공급 공기온도를 18℃로 유지하는 히트펌프가 있다. 실내 총손실열량이 60kW일 때 열펌프 성적계수와 외기로부터 침입되는 열량은 약 몇 kW인가? (7점)

해답 (1) 열펌프 성적계수 $\varepsilon_H = \dfrac{T_1}{T_1 - T_2} = \dfrac{273 + 18}{(273 + 18) - (273 - 5)} = 12.652 ≒ 12.65$

(2) 성적계수 $\varepsilon_H = \dfrac{Q_1}{Q_1 - Q_2}$ 식에서

침입되는 열량 $Q_2 = \dfrac{\varepsilon_H \cdot Q_1 - Q_1}{\varepsilon_H} = \dfrac{12.65 \times 60 - 60}{12.65} = 55.256 ≒ 55.26 \, \text{kW}$

---

06. 다음 그림은 향류식 냉각탑에서 공기와 물의 온도변화를 나타낸 것이다. 다음 물음에 답하시오. (6점)

(1) 쿨링 레인지는 몇 ℃인가?
(2) 쿨링 어프로치는 몇 ℃인가?
(3) 냉각탑의 냉각효율은 몇 %인가?

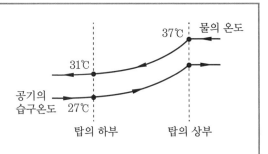

해답 (1) 쿨링 레인지 = 37 − 31 = 6℃

(2) 쿨링 어프로치 = 31 − 27 = 4℃

(3) 냉각효율 = $\dfrac{37 - 31}{37 - 27} \times 100 = 60\%$

07. 다음과 같은 건물의 A 실에 대하여 아래 조건을 이용하여 각 물음에 답하시오. (단, 실 A는 최상층으로 사무실 용도이며, 아래층의 냉·난방 조건은 동일하다.) (14점)

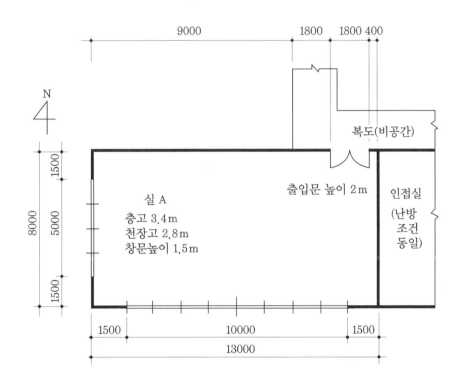

[조 건] 1. 냉·난방 설계용 온·습도

	냉방	난방	비고
실내	26℃ DB, 50% RH, $x = 0.0105\,\text{kg/kg}$	20℃ DB, 50% RH, $x = 0.00725\,\text{kg/kg}$	비공조실은 실내·외의 중간 온도로 약산함
외기	32℃ DB, 70% RH, $x = 0.021\,\text{kg/kg}$ (7월 23일, 14:00)	−5℃ DB, 70% RH, $x = 0.00175\,\text{kg/kg}$	

2. 유리 : 복층유리(공기층 6 mm), 블라인드 없음, 열관류율 $K = 12.6\,\text{kJ/m}^2\cdot\text{h}\cdot\text{K}$
   출입문 : 목제 플래시문, 열관류율 $K = 7.98\,\text{kJ/m}^2\cdot\text{h}\cdot\text{K}$

3. 공기의 비중량 $\gamma = 1.2\,\text{kg/m}^3$, 공기의 정압비열 $C_{pa} = 1.008\,\text{kJ/kg}\cdot\text{K}$
   수분의 증발잠열(상온) $E_a = 2507.4\,\text{kJ/kg}$, 100℃ 물의 증발잠열 $E_b = 2263.8\,\text{kJ/kg}$

4. 외기 도입량은 25 m³/h·인이다.

5.

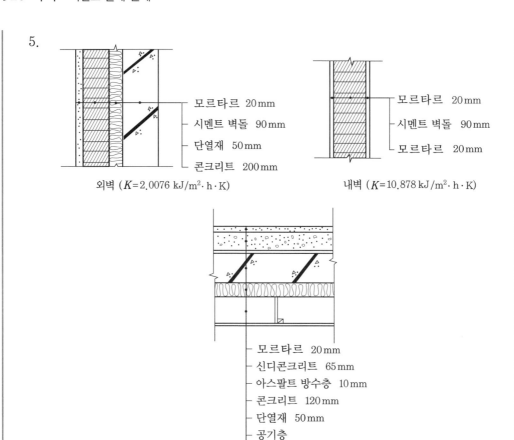

외벽 ($K=2.0076 \ \text{kJ/m}^2 \cdot \text{h} \cdot \text{K}$)

- 모르타르 20 mm
- 시멘트 벽돌 90 mm
- 단열재 50 mm
- 콘크리트 200 mm

내벽 ($K=10.878 \ \text{kJ/m}^2 \cdot \text{h} \cdot \text{K}$)

- 모르타르 20 mm
- 시멘트 벽돌 90 mm
- 모르타르 20 mm

- 모르타르 20 mm
- 신디콘크리트 65 mm
- 아스팔트 방수층 10 mm
- 콘크리트 120 mm
- 단열재 50 mm
- 공기층
- 텍스 12 mm

지붕 ($K=1.6338 \ \text{kJ/m}^2 \cdot \text{h} \cdot \text{K}$)

차폐계수

유리	블라인드	차폐계수
보통 단층	없음	1.0
	밝은색	0.65
	중등색	0.75
흡열 단층	없음	0.8
	밝은색	0.55
	중등색	0.65
보통 이층 (중간 블라인드)	밝은색	0.4
보통 복층 (공기층 6 mm)	없음	0.9
	밝은색	0.6
	중등색	0.7
외측 흡열 내측 보통	없음	0.75
	밝은색	0.55
	중등색	0.65
외측 보통 내측 거울	없음	0.65

인체로부터의 발열설계치(kcal/h · 인)

작업 상태		실온	27℃		26℃		21℃	
	예	전발열량	H_S	H_L	H_S	H_L	H_S	H_L
정좌	극장	88	49	39	53	35	65	23
사무소 업무	사무소	113	50	63	54	59	72	41
착석작업	공장 경작업	189	56	133	62	127	92	97
보행 4.8 km/h	공장 중작업	252	76	176	83	169	116	136
볼링	볼링장	365	117	248	121	244	153	212

방위계수

방위	N, 수평	E	W	S
방위계수	1.2	1.1	1.1	1.0

벽의 타입 선정

벩의 타입	Ⅱ	Ⅲ	Ⅳ
구조 예	• 목조의 벽, 지붕 • 두께 합계 20~70 mm의 중량벽	• Ⅱ+단열층 • 두께 합계 70~110 mm의 중량벽	• Ⅲ의 중량벽+단열층 • 두께 합계 110~160 mm의 중량벽
벽의 타입	Ⅴ	Ⅵ	Ⅶ
구조 예	• Ⅳ의 중량벽+단열층 • 두께 합계 160~230 mm의 중량벽	• Ⅴ의 중량벽+단열층 • 두께 합계 230~300 mm의 중량벽	• Ⅵ의 중량벽+단열층 • 두께 합계 300~380 mm의 중량벽

창유리의 표준일사열취득($kcal/m^2 \cdot h$)

계절	방위	시각 (태양시)														
		오전								오후						
		5	6	7	8	9	10	11	12	1	2	3	4	5	6	7
하계 (7월 23일)	수평	1	58	209	379	518	629	702	726	702	629	518	379	209	58	1
	N·그늘	44	73	46	28	34	39	42	43	42	39	34	28	46	73	0
	NE	0	293	384	349	238	101	42	43	42	39	34	28	21	12	0
	E	0	322	476	493	435	312	137	43	42	39	34	28	21	12	0
	SE	0	150	278	343	354	312	219	103	42	39	34	28	21	12	0
	S	0	12	21	28	53	101	141	156	141	101	53	28	21	12	0
	SW	0	12	21	28	34	39	42	103	219	312	354	343	278	150	0
	W	0	12	21	28	34	39	42	43	137	312	435	493	476	322	0
	NW	0	12	21	28	34	39	42	43	42	101	238	349	384	293	0

환기횟수

실용적 (m^3)	500 미만	500~1000	1000~1500	1500~2000	2000~2500	2500~3000	3000 이상
환기횟수 (회/h)	0.7	0.6	0.55	0.5	0.42	0.40	0.35

인원의 참고치

방의 종류	인원 (m^2/인)	방의 종류		인원 (m^2/인)
사무실(일반)	5.0	백화점	객실	18.0
은행 영업실	5.0		평균	3.0
레스토랑	1.5		혼잡	1.0
상점	3.0		한산	6.0
호텔로비	6.5	극장		0.5

조명용 전력의 계산치

방의 종류	조명용 전력 (W/m^2)
사무실(일반)	25
은행 영업실	65
레스토랑	25
상점	30

Δ_{te} (상당온도차)

(a) 하계냉방용 (℃)

구조체의 종류	방위	시각 (태양시)												
		오전							오후					
		6	7	8	9	10	11	12	1	2	3	4	5	6
II	수평	1.1	4.6	10.7	17.6	24.1	29.3	32.8	34.4	34.2	32.1	28.4	23.0	16.6
	N·그늘	1.3	3.4	4.3	4.8	5.9	7.9	7.9	8.4	8.7	8.8	8.7	8.8	9.1
	NE	3.2	9.9	14.6	16.0	15.0	12.3	9.8	9.1	9.0	8.9	8.7	8.0	6.9
	E	3.4	11.2	17.6	20.8	21.1	18.8	14.6	10.9	9.6	9.1	8.8	8.0	6.9
	SE	1.9	6.6	11.8	15.8	18.1	18.4	16.7	13.6	10.7	9.5	8.9	8.1	7.0
	S	0.3	1.0	2.3	4.7	8.1	11.4	13.7	14.8	14.8	13.6	11.4	9.0	7.3
	SW	0.3	1.0	2.3	4.0	5.7	7.0	9.2	13.0	16.8	19.7	21.0	20.2	17.1
	W	0.3	1.0	2.3	4.0	5.7	7.0	7.9	10.0	14.7	19.6	23.5	25.1	23.1
	NW	0.3	1.0	2.3	4.0	5.7	7.0	7.9	8.4	9.9	13.4	17.3	20.0	19.7
III	수평	0.8	2.5	6.4	11.6	17.5	23.0	27.6	30.7	32.3	32.1	30.3	36.9	22.0
	N·그늘	0.8	2.1	3.2	3.9	4.8	5.9	6.8	7.6	8.1	8.4	8.6	8.6	8.9
	NE	1.6	5.6	10.0	12.8	13.8	13.0	11.4	10.3	9.7	9.4	9.1	8.6	7.8
	E	1.7	5.3	11.7	16.0	18.3	18.5	16.6	13.7	11.8	10.6	9.8	9.0	8.1
	SE	1.1	3.6	7.5	11.4	14.5	16.3	16.4	15.0	12.9	11.3	10.2	8.8	8.2
	S	0.5	0.7	1.5	2.9	5.4	8.2	10.8	12.7	13.6	13.6	12.5	10.8	9.2
	SW	0.5	0.7	1.5	2.7	4.1	5.4	7.1	9.8	13.1	16.2	18.5	19.2	18.2
	W	0.5	0.7	1.5	2.7	4.1	5.4	6.6	8.0	11.1	15.1	19.1	21.9	22.5
	NW	0.5	0.7	1.5	2.7	4.1	5.4	6.6	7.4	8.5	10.7	13.9	16.8	18.2
V	수평	3.7	3.6	4.3	6.1	8.7	11.9	15.2	18.4	21.2	23.3	24.6	24.8	23.9
	N·그늘	2.0	2.1	2.4	2.8	3.2	3.8	4.5	5.1	5.7	6.3	6.7	7.1	7.4
	NE	2.2	3.1	4.7	6.5	8.1	9.0	9.4	9.4	9.4	9.3	9.2	9.1	8.8
	E	2.3	3.3	5.3	7.7	10.1	11.7	12.6	12.6	12.2	11.8	11.3	10.8	10.2
	SE	2.2	2.6	3.8	5.5	7.5	9.4	10.8	11.6	11.6	11.4	11.1	10.6	10.1
	S	2.1	1.8	1.8	2.1	2.9	4.1	5.6	7.1	8.4	9.5	10.0	10.0	9.7
	SW	2.8	2.4	2.3	2.5	2.9	3.5	4.3	5.5	7.2	9.1	11.1	12.8	13.8
	W	3.2	2.7	2.5	2.7	3.0	3.6	4.3	5.1	6.4	8.3	10.7	13.1	15.0
	NW	2.8	2.4	2.3	2.4	2.9	3.5	4.1	4.8	5.6	6.7	8.2	10.1	11.8
VI	수평	6.7	6.1	6.1	6.7	8.0	9.9	12.0	14.3	16.6	18.5	20.0	20.9	21.1
	N·그늘	3.0	2.9	2.9	3.0	3.2	3.6	4.0	4.4	4.9	5.3	5.7	6.1	6.4
	NE	3.3	3.6	4.3	5.4	6.4	7.3	7.8	8.1	8.3	8.4	8.5	8.5	8.5
	E	3.7	3.9	4.9	6.2	7.7	9.1	10.0	10.5	10.7	10.7	10.6	10.4	10.1
	SE	3.5	3.5	4.0	4.9	6.1	7.3	8.5	9.3	9.8	10.0	10.0	9.9	9.7
	S	3.3	4.0	2.8	2.8	3.1	3.7	4.6	5.6	6.6	7.4	8.1	8.4	8.6
	SW	4.5	4.0	3.7	3.5	3.6	3.8	4.2	4.9	5.9	7.2	8.6	9.9	11.0
	W	5.1	4.5	4.1	3.9	3.9	4.1	4.4	4.8	5.6	6.7	8.3	10.0	11.5
	NW	4.3	3.9	3.6	3.4	3.5	3.7	4.1	4.5	5.0	5.6	6.7	7.9	9.2
VII	수평	10.0	9.4	9.0	9.0	9.4	10.1	11.1	12.2	13.5	14.8	15.9	16.8	17.3
	N·그늘	4.0	3.8	3.7	3.7	3.7	3.8	4.0	4.2	4.4	4.7	4.9	5.2	5.5
	NE	4.7	4.7	4.0	5.3	5.8	6.3	6.6	4.9	7.2	7.3	7.5	7.6	7.7
	E	5.4	5.3	5.6	6.1	6.8	7.6	8.2	8.9	8.9	9.1	9.3	9.3	9.3
	SE	5.2	5.0	5.0	5.3	5.8	6.4	7.1	7.6	8.0	8.3	8.5	8.7	8.7
	S	4.6	4.3	4.1	3.9	3.9	4.1	4.5	4.9	5.6	6.0	6.5	6.8	7.1
	SW	6.1	5.7	5.4	5.1	5.0	4.9	5.0	5.2	5.7	6.3	7.0	7.8	8.5
	W	6.8	6.3	6.0	5.7	5.5	5.4	5.4	5.5	5.8	6.3	7.1	8.0	8.9
	NW	5.7	5.3	5.0	4.8	4.7	4.7	4.7	4.9	5.1	5.4	5.9	6.5	7.3

6. A실의 7월 23일 14:00 취득열량을 현열부하와 잠열부하로 구분하여 실내냉방부
   하를 구하시오. (단, 덕트 등 기기로부터의 열 취득 및 여유율은 무시하고 표에서의
   1 kcal는 4.2 kJ로 환산한다.)
   (1) 현열부하
   ① 태양 복사열(유리창)
   ② 태양 복사열의 영향을 받는 전도열(지붕, 외벽)
   ③ 외벽, 지붕 이외의 전도열
   ④ 틈새바람에 의한 부하
   ⑤ 인체에 의한 발생열
   ⑥ 조명에 의한 발생열(형광등)
   (2) 잠열부하
   ① 틈새바람에 의한 부하
   ② 인체에 의한 발생열

해답 (1) 현열부하
   ① 태양 복사열(유리창)
   남 $= 101 \times 4.2 \times (10 \times 1.5) \times 0.9 = 5726.7$ kJ/h
   서 $= 312 \times 4.2 \times (5 \times 1.5) \times 0.9 = 8845.2$ kJ/h

   ② 태양 복사열의 영향을 받는 전도열(지붕, 외벽)
   지붕 $= 1.6338 \times (13 \times 8) \times 16.6 = 2820.589 ≒ 2820.59$ kJ/h
   외벽 → 남 $= 2.0076 \times \{(13 \times 3.4) - (10 \times 1.5)\} \times 5.6 = 328.282 ≒ 328.28$ kJ/h
   　　　　서 $= 2.0076 \times \{(8 \times 3.4) - (5 \times 1.5)\} \times 5.8 = 229.387 ≒ 229.39$ kJ/h
   　　　　북 $= 2.0076 \times (9 \times 3.4) \times 4.4 = 270.299 ≒ 270.30$ kJ/h
   ※ 지붕(277+공기층 6)=283 mm Ⅵ타입 중량벽+단열층에서 상당온도차 구함
   　 외벽 360 mm Ⅶ타입 중량벽+단열층에서 상당온도차 구함

   ③ 외벽, 지붕 이외의 전도열
   내벽 $= 10.878 \times \{(4 \times 2.8) - (1.8 \times 2)\} \times \left(\dfrac{26+32}{2} - 26\right) = 248.018 ≒ 248.02$ kJ/h
   문 $= 7.98 \times (1.8 \times 2) \times \left(\dfrac{26+32}{2} - 26\right) = 86.184 ≒ 86.18$ kJ/h
   유리창 → 남 $= 12.6 \times (10 \times 1.5) \times (32 - 26) = 1134$ kJ/h
   　　　　서 $= 12.6 \times (5 \times 1.5) \times (32 - 26) = 567$ kJ/h

   ④ 틈새바람에 의한 부하
   실용적은 $13 \times 8 \times 2.8 = 291.2$ m³ 이므로 환기횟수는 0.7회/h
   현열량 $= (0.7 \times 13 \times 8 \times 2.8) \times 1.2 \times 1.008 \times (32 - 26)$
   　　　　$= 1479.387 ≒ 1479.39$ kJ/h

   ⑤ 인체에 의한 발생열
   인원수 $= \dfrac{13 \times 8}{5} = 20.8$ 명

현열$= 20.8 \times 54 \times 4.2 = 4717.44$ kJ/h

⑥ 조명에 의한 발생열(형광등)

조명$= (8 \times 13 \times 25) \times 4.2 = 10920$ kJ/h

(2) 잠열부하

① 틈새바람에 의한 부하

잠열$= (0.7 \times 13 \times 8 \times 2.8) \times 1.2 \times 2507.4 \times (0.021 - 0.0105)$

$= 6439.965 ≒ 6439.97$ kJ/h

② 인체에 의한 발생열

$20.8 \times 59 \times 4.2 = 5154.24$ kJ/h

---

08. 500 rpm으로 운전되는 송풍기가 300 m³/min, 전압 40 mmAq, 동력 3.5 kW의 성능을 나타내고 있는 것으로 한다. 이 송풍기의 회전수를 1할 증가시키면 어떻게 되는가를 계산하시오. (6점)

해답 송풍기 상사법칙에 의해서,

① 풍량 $Q_2 = \left(\dfrac{N_2}{N_1}\right) \times Q_1 = \dfrac{500 \times 1.1}{500} \times 300 = 330$ m³/min

② 전압 $P_2 = \left(\dfrac{N_2}{N_1}\right)^2 \times P_1 = \left(\dfrac{500 \times 1.1}{500}\right)^2 \times 40 = 48.4$ mmAq

③ 동력 $L_2 = \left(\dfrac{N_2}{N_1}\right)^3 \times L_1 = \left(\dfrac{500 \times 1.1}{500}\right)^3 \times 3.5 = 4.658 ≒ 4.66$ kW

---

09. 어느 냉장고 내에 100 W 전등 20개와 2.2 kW 송풍기(전동기 효율 0.85) 2기가 설치되어 있고, 전등은 1일 4시간 사용, 송풍기는 1일 18시간 사용된다고 할 때, 이들 기기(機器)의 냉동부하 (kW)를 구하시오. (3점)

해답 $\left\{\left(\dfrac{100}{1000} \times 20 \times 4\right) + \left(\dfrac{2.2}{0.85} \times 2 \times 18\right)\right\} \times \dfrac{1}{24} = 4.215 ≒ 4.22$ kW

---

10. 24시간 동안에 30℃의 원료수 5000 kg을 −10℃의 얼음으로 만들 때 냉동기 용량(냉동톤)을 구하시오. (단, 냉동기 안전율은 10 %로 하고 물의 응고잠열은 334.3 kJ/kg, 물과 얼음의 비열이 4.2, 2.1 kJ/kg·K이고, 1RT는 3.86 kW이다.) (5점)

해답 냉동톤 $= \dfrac{5000 \times \{(4.2 \times 30) + 334.3 + (2.1 \times 10)\} \times 1.1}{24 \times 3.86 \times 3600} = 7.937 ≒ 7.94$ RT

11. 어느 벽체의 구조가 다음과 같은 [조건]을 갖출 때 각 물음에 답하시오. (6점)

─────── [조건] ───────

1. 실내온도 : 25℃, 외기온도 : −5℃
2. 벽체의 구조
3. 공기층 열 컨덕턴스 : $21.8\,kJ/m^2 \cdot h \cdot K$
4. 외벽의 면적 : $40\,m^2$

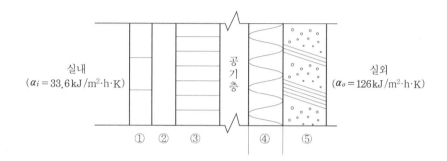

재료	두께(m)	열전도율 $(kJ/m \cdot h \cdot K)$
① 타일	0.01	4.6
② 시멘트 모르타르	0.03	4.6
③ 시멘트 벽돌	0.19	5
④ 스티로폼	0.05	0.13
⑤ 콘크리트	0.10	5.9

(1) 벽체의 열통과율 $(kJ/m^2 \cdot h \cdot K)$을 구하시오.
(2) 벽체의 손실열량 (kJ)을 구하시오.
(3) 벽체의 내표면 온도 $(℃)$를 구하시오.

해답 (1) ① 열저항 $R = \dfrac{1}{K} = \dfrac{1}{33.6} + \dfrac{0.01}{4.6} + \dfrac{0.03}{4.6} + \dfrac{0.19}{5} + \dfrac{0.05}{0.13} + \dfrac{1}{21.8} + \dfrac{0.1}{5.9} + \dfrac{1}{126}$

$\qquad = 0.5318\,m^2 \cdot h \cdot K / kJ$

② 열통과율 $K = \dfrac{1}{R} = 1.88029 ≒ 1.88\,kJ/m^2 \cdot h \cdot K$

(2) $q = 1.88 \times 40 \times \{25 - (-5)\} = 2256\,kJ$

(3) $1.88 \times 40 \times \{25 - (-5)\} = 33.6 \times 40 \times (25 - t_s)$

$\qquad \therefore\ t_s = 25 - \dfrac{1.88 \times 40 \times 30}{33.6 \times 40} = 23.321 ≒ 23.32℃$

12. 어떤 사무소 공간의 냉방부하를 산정한 결과 현열부하 $q_s = 24192 \, \text{kJ/h}$, 잠열부하 $q_l = 6048 \, \text{kJ/h}$이었으며, 표준 덕트 방식의 공기조화 시스템을 설계하고자 한다. 외기 취입량을 500 m³/h, 취출 공기온도를 16℃로 하였을 경우 다음 각 물음에 답하시오. (단, 실내 설계조건 26℃ DB, 50 % RH, 외기 설계조건 32 ℃ DB, 70 % RH, 공기의 비열 $C_p = 1.008 \, \text{kJ/kg·K}$, 공기의 비중량 $\gamma = 1.2 \, \text{kg/m}^3$이고 습공기 선도의 1 kcal 는 4.2 kJ로 환산한다.) (12점)

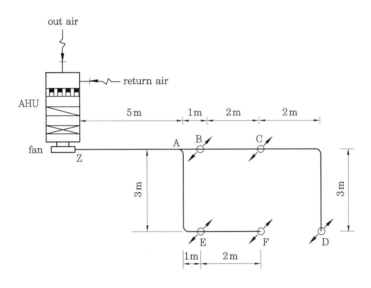

(1) 냉방풍량을 구하시오.

(2) 이때의 현열비 및 공조기 내에서 실내공기 ①과 외기 ②가 혼합되었을 때 혼합 공기 ③의 온도를 구하고, 공기조화 사이클을 습공기 선도 상에 도시하시오. (단, 공기 선도를 이용한다.)

(3) 실내에 설치한 덕트 시스템을 위의 그림과 같이 설계하고자 한다. 각 취출구의 풍량이 동일할 때 장방형 덕트의 크기를 결정하고, Z−F 구간의 마찰손실을 구하시오. (단, 마찰손실 $R = 0.1 \, \text{mmAq/m}$, 중력가속도 $g = 9.8 \, \text{m/s}$, Z−F 구간의 밴드 부분에서 $\dfrac{r}{W} = 1.5$로 한다.)

구간	풍량 (m³/h)	원형 덕트 지름 (cm)	장방형 덕트 (cm)	풍속 (m/s)
Z−A			×25	
A−B			×25	
B−C			×25	
C−D			×15	
A−E			×25	
E−F			×15	

명칭	그림	계산식	저항계수				
장방형 엘보 (90°)	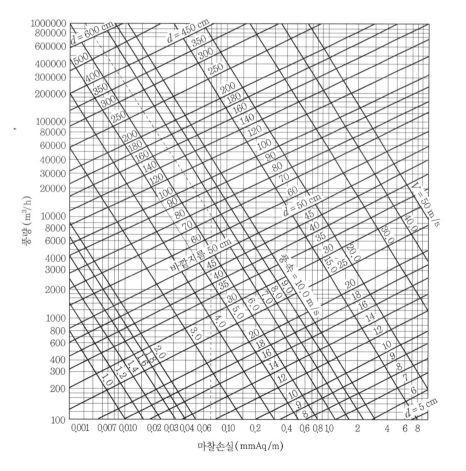	$\Delta p_t = \lambda \dfrac{l'}{d} \dfrac{v^2}{2g} \gamma$	H/W	$r/W=0.5$	0.75	1.0	1.5
			0.25	$l'/W=25$	12	7	3.5
			0.5	33	16	9	4
			1.0	45	19	11	4.5
			4.0	90	35	17	6

명칭	그림	계산식	저항계수
장방형 덕트의 분기		직통부 (1→2) $\Delta p_t = \zeta \dfrac{v_1^{\,2}}{2g} \gamma$	$v_2/v_1 < 1.0$일 때는 대개 무시한다. $v_2/v_1 \geqq 1.0$일 때, $\zeta_r = 0.46 - 1.24\,x + 0.93\,x^2$ $x = \left(\dfrac{v_2}{v_1}\right) \times \left(\dfrac{a}{b}\right)^{\frac{1}{4}}$

분기부 (1→3)

$\Delta p_t = \zeta_B \dfrac{v_1^{\,2}}{2g} \gamma$

x	0.25	0.5	0.75	1.0	1.25
ζ_B	0.3	0.2	0.2	0.4	0.65

다만, $x = \left(\dfrac{v_3}{v_1}\right) \times \left(\dfrac{a}{b}\right)^{\frac{1}{4}}$

장변\단변	10	15	20	25	30	35	40	45	50	55	60	65	70	75	80	85	90	95	100
10	10.9																		
15	13.3	16.4																	
20	15.2	18.9	21.9																
25	16.9	21.0	24.4	27.3															
30	18.3	22.9	26.6	29.9	32.8														
35	19.5	24.5	28.6	32.2	35.4	38.3													
40	20.7	26.0	30.5	34.3	37.8	40.9	43.7												
45	21.7	27.4	32.1	36.3	40.0	43.3	46.4	49.2											
50	22.7	28.7	33.7	38.1	42.0	45.6	48.8	51.8	54.7										
55	23.6	29.9	35.1	39.8	43.9	47.7	51.1	54.3	57.3	60.1									
60	24.5	31.0	36.5	41.4	45.7	49.6	53.3	56.7	59.8	62.8	65.6								
65	25.3	32.1	37.8	42.9	47.4	51.5	55.3	58.9	62.2	65.3	68.3	71.1							
70	26.1	33.1	39.1	44.3	49.0	53.3	57.3	61.0	64.4	67.7	70.8	73.7	76.5						
75	26.8	34.1	40.2	45.7	50.6	55.0	59.2	63.0	66.6	69.7	73.2	76.3	79.2	82.0					
80	27.5	35.0	41.4	47.0	52.0	56.7	60.9	64.9	68.7	72.2	75.5	78.7	81.8	84.7	87.5				
85	28.2	35.9	42.4	48.2	53.4	58.2	62.6	66.8	70.6	74.3	77.8	81.1	84.2	87.2	90.1	92.9			
90	28.9	36.7	43.5	49.4	54.8	59.7	64.2	68.6	72.6	76.3	79.9	83.3	86.6	89.7	92.7	95.6	198.4		
95	29.5	37.5	44.5	50.6	56.1	61.1	65.9	70.3	74.4	78.3	82.0	85.5	88.9	92.1	95.2	98.2	101.1	103.9	
100	30.1	38.4	45.4	51.7	57.4	62.6	67.4	71.9	76.2	80.2	84.0	87.6	91.1	94.4	97.6	100.7	103.7	106.5	109.3
105	30.7	39.1	46.4	52.8	58.6	64.0	68.9	73.5	77.8	82.0	85.9	89.7	93.2	96.7	100.0	103.1	106.2	109.1	112.0
110	31.3	39.9	47.3	53.8	59.8	65.2	70.3	75.1	79.6	83.8	87.8	91.6	95.3	98.8	102.2	105.5	108.6	111.7	114.6
115	31.8	40.6	48.1	54.8	60.9	66.5	71.7	76.6	81.2	85.5	89.6	93.6	97.3	100.9	104.4	107.8	111.0	114.1	117.2
120	32.4	41.3	49.0	55.8	62.0	67.7	73.1	78.0	82.7	87.2	91.4	95.4	99.3	103.0	106.6	110.0	113.3	116.5	119.6
125	32.9	42.0	49.9	56.8	63.1	68.9	74.4	79.5	84.3	88.8	93.1	97.3	101.2	105.0	108.6	112.2	115.6	118.8	122.0
130	33.4	42.6	50.6	57.7	64.2	70.1	75.7	80.8	85.7	90.4	94.8	99.0	103.1	106.9	110.7	114.3	117.7	121.1	124.4
135	33.9	43.3	51.4	58.6	65.2	71.3	76.9	82.2	87.2	91.9	96.4	100.7	104.9	108.8	112.6	116.3	119.9	123.3	126.7
140	34.4	43.9	52.2	59.5	66.2	72.4	78.1	83.5	88.6	93.4	98.0	102.4	106.6	110.7	114.6	118.3	122.0	125.5	128.9
145	34.9	44.5	52.9	60.4	67.2	73.5	79.3	84.8	90.0	94.9	99.6	104.1	108.4	112.5	116.5	120.3	124.0	127.6	131.1
150	35.3	45.2	53.6	61.2	68.1	74.5	80.5	86.1	91.3	96.3	101.1	105.7	110.0	114.3	118.3	122.2	126.0	129.7	133.2
155	35.8	45.7	54.4	62.1	69.1	75.6	81.6	87.3	92.6	97.4	102.6	107.2	111.7	116.0	120.1	124.1	127.9	131.7	135.3
160	36.2	46.3	55.1	62.9	70.6	76.6	82.7	88.5	93.9	99.1	104.1	108.8	113.3	117.7	121.9	125.9	129.8	133.6	137.3
165	36.7	46.9	55.7	63.7	70.9	77.6	83.8	89.7	95.2	100.5	105.5	110.3	114.9	119.3	123.6	127.7	131.7	135.6	139.3
170	37.1	47.5	56.4	64.4	71.8	78.5	84.9	90.8	96.4	101.8	106.9	111.8	116.4	120.9	125.3	129.5	133.5	137.5	141.3

해답 (1) $Q = \dfrac{q_s}{\gamma C_p \Delta t} = \dfrac{424192}{1.2 \times 1.008 \times (26-16)} = 2000 \text{ m}^3/\text{h}$

(2) $SHF = \dfrac{24192}{24192 + 6048} = 0.8$

$$t_3 = \frac{1500 \times 26 + 500 \times 32}{2000} = 27.5\,℃$$

$$i_3 = \frac{1500 \times 12.3 \times 4.2 + 500 \times 20.5 \times 4.2}{2000} = 60.27\,\text{kJ/kg}$$

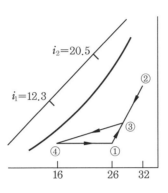

(3)

구간	풍량 (m³/h)	원형 덕트 지름 (cm)	장방형 덕트 (cm)	풍속 (m/s)
Z−A	2000	35	45×25	4.94
A−B	1200	29.17	30×25	4.44
B−C	800	24.17	25×25	3.56
C−D	400	19	25×15	2.96
A−E	800	24.17	25×25	3.56
E−F	400	19	25×15	2.96

① 직관손실 $= (5+3+1+2) \times 0.1 = 1.1\,\text{mmAq}$

② 장방형 벤드 $\Delta P_t = \lambda \dfrac{l'}{d} \dfrac{v^2}{2g} \gamma$ 에서,

$$\frac{H}{W} = \frac{25}{25} = 1, \quad \frac{r}{W} = 1.5 \text{일 때} \quad \frac{l'}{W} = 4.5, \quad l' = 0.25 \times 4.5 = 1.125\,\text{m}$$

$$\Delta P_t = 0.1 \times \frac{1.125}{0.2417} \times \frac{3.56^2}{2 \times 9.8} \times 1.2 = 0.361 ≒ 0.36\,\text{mmAq}$$

③ 장방형 덕트 분기

분기부 $\Delta P_t = \zeta_B \dfrac{v_1^2}{2g} \gamma$

$$x = \frac{v_3}{v_1} \times \left(\frac{a}{b}\right)^{\frac{1}{4}} = \frac{3.56}{4.94} \times \left(\frac{25}{25}\right)^{\frac{1}{4}} = 0.7206 ≒ 0.72$$

$\therefore\ \zeta_B$ 는 $x = 0.75$ 에서 0.2

$$\Delta P_t = 0.2 \times \frac{4.94^2}{2 \times 9.8} \times 1.2 = 0.298 = 0.30 \ \text{mmAq}$$

④ Z − F의 마찰손실 $P_t = 1.1 + 0.36 + 0.3 = 1.76 \ \text{mmAq}$

> **참고** 직통관 : $\dfrac{V_2}{V_1} = \dfrac{4.44}{4.94} = 0.90$, $0.9 < 1$이므로 ζ는 무시
>
> $$\Delta P_t = \zeta \frac{V^2}{2g}\gamma = \frac{v^2}{2g}\gamma = \frac{4.94^2}{2 \times 9.8} \times 1.2 = 1.49 \ \text{mmAq}$$

---

13. 냉동장치 각 기기의 온도변화 시에 이론적인 값이 상승하면 ○, 감소하면 ×, 무관하면 △을 하시오. (5점)

상태변화 ＼ 온도변화	응축온도 상승	증발온도 상승	과열도 증가	과냉각도 증가
성적계수				
압축기 토출가스온도				
압축 일량				
냉동효과				
압축기 흡입가스 비체적				

해답

상태변화 ＼ 온도변화	응축온도 상승	증발온도 상승	과열도 증가	과냉각도 증가
성적계수	×	○	○	○
압축기 토출가스온도	○	△	○	△
압축 일량	○	×	△	△
냉동효과	×	○	○	○
압축기 흡입가스 비체적	△	×	○	△

14. 2대의 증발기가 압축기 위쪽에 위치하고 각각 다른 층에 설치되어 있는 경우 프레온 증발기 출구와 흡입구 배관을 연결하는 배관 계통을 도시하시오. (8점)

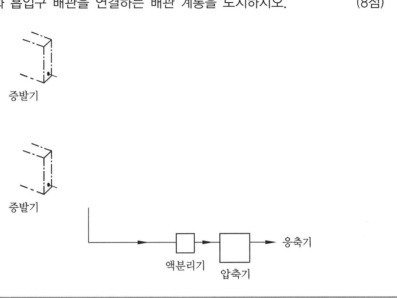

해답

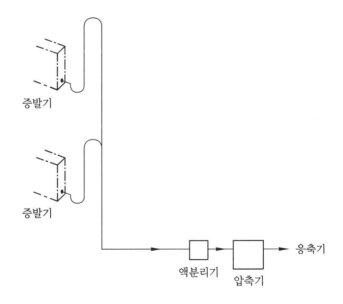

2020년도 시행 문제

▶ **2020. 5. 24 시행**   ※ 이 문제는 수검자의 기억을 통하여 복원된 것입니다.

01. 다음에 열거하는 난방용 기기가 기능을 발휘할 수 있도록 기호를 서로 연결하여 배관 계통도를 완성하시오.   (6점)

- 증기 보일러 :

- 방열기 :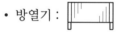

- 보급수 펌프 :

- 증기 트랩 :

- 응축수 탱크 :

- 증기분배 헤더 :

- 경수 연화장치 :

해답

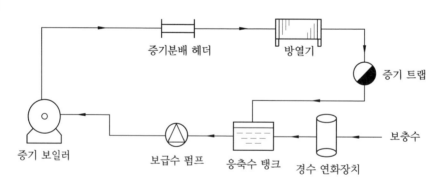

02. 송수량이 5000 L/min, 전양정 25 m, 펌프의 효율이 65 %일 때 양수펌프의 축동력(kW)을 구하시오.   (5점)

해답 축동력 = $\dfrac{1000 \times 5 \times 25}{102 \times 60 \times 0.65}$ ≒ 31.4 kW

03. 그림과 같은 온풍로 난방에서 다음 각 물음에 답하시오. (단, 답에는 계산 과정도 기입하고 공기의 정압비열은 1.008 kJ/kg · K이다.) (5점)

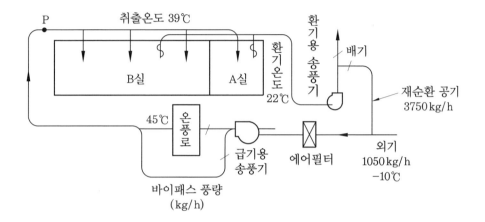

(1) A실의 실내부하 (kJ/h)

(2) 외기부하 (kJ/h)

(3) 바이패스 풍량 (kg/h)

[조 건]
---

1. 덕트 도중에서의 열손실 및 잠열부하는 무시한다.

2. 각 취출구에서의 풍량은 같다.

3. 덕트의 P점에서 송풍기 소음 파워레벨은 중심 주파수 210 c/s (Hz)의 옥타브 벤드에 대해 81 dB이다. 또한, P점과 각 취출구 간의 덕트에 의한 자연감음 및 덕트 취출구에서의 발생소음은 무시한다.

4. 취출구는 모두 750 mm×250 mm의 베인 격자 취출구로 한다.

해답 (1) $\dfrac{3750 + 1050}{4} = 1200 \, \text{kg/h}$

부하 $= 1200 \times 1.008 \times (39 - 22) = 20563.2 \, \text{kJ/h}$

(2) 외기부하 $= 1050 \times 1.008 \times \{22 - (-10)\} = 33868.8 \, \text{kJ/h}$

(3) $t_m = \dfrac{3750 \times 22 + 1050 \times (-10)}{3750 + 1050} = 15\,℃$

$x =$ 바이패스 풍량

$4800 \times 39 = (4800 - x) \times 45 + x \times 15$

$x = 960 \, \text{kg/h}$

04. 다음과 같은 정오(12시) 최상층 사무실에 대해서 물음에 답하시오.　　　　(8점)

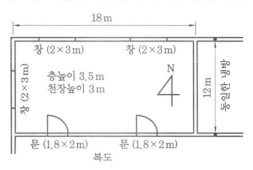

[조건]

1. 구조체의 열관류율 $K[\text{kJ/m}^2 \cdot \text{h} \cdot \text{K}]$
  외벽 : 16.8, 내벽 : 21, 지붕 : 6.72, 창 : 23.1, 문 : 23.1
2. 12시의 상당 외기 온도차(℃)
  N : 5.4, W : 4.9, E : 15.4, S : 7.4, 지붕 : 20
3. 유리창의 표준 일사 열취득($\text{kJ/m}^2 \cdot \text{h}$)
  N : 298.2, W : 298.2, S : 919.8
4. 시간당 환기 횟수 – 0.8회/h, 재실 인원 – 0.25인/m²
5. 인체 발생열량 – 잠열, 현열 : 각 210 kJ/h·인, 조명기구 – 백열등 : 30 W/m²
6. 취출온도차 – 11℃, 외기와 환기의 혼합비율 – 1 : 3
7. 실내외 조건 – 실내 27℃ DB, 50 % RH, $x = 0.0111 \text{ kg/kg}'$
  실외 33℃ DB, 70 % RH, $x = 0.0224 \text{ kg/kg}'$
8. 복도의 온도는 실내온도와 외기온도의 평균으로 한다.
9. 공기의 비열은 1.008 kJ/kg · K, 비중량은 1.2 kg/m³, 물의 증발잠열은 3003 kJ/m³이다.
10. 유리창 차폐계수 – N : 1, W : 0.8

다음 정오(12시)의 냉방부하를 구하시오.
(1) 유리창(서쪽)을 통한 부하를 구하시오.
(2) 외벽(서쪽)을 통한 부하를 구하시오.
(3) 지붕을 통한 부하를 구하시오.
(4) 내벽을 통한 부하를 구하시오.

해답 (1) ① 일사량 $= 298.2 \times (2 \times 3) \times 0.8 = 1431.36 \text{ kJ/h}$
　　　② 전도열량 $= 23.1 \times (2 \times 3) \times (33 - 27) = 831.6 \text{ kJ/h}$
　　　③ 유리창 부하 $= 1431.36 + 831.6 = 2262.96 \text{ kJ/h}$
　(2) 외벽열량 $= 16.8 \times \{(3.5 \times 12) - (2 \times 3)\} \times 4.9 = 2963.52 \text{ kJ/h}$
　(3) 지붕부하 $= 6.72 \times (18 \times 12) \times 20 = 29030.4 \text{ kJ/h}$
　(4) 내벽부하 $= 21 \times \{(3 \times 18) - (1.8 \times 2 \times 2)\} \times \left(\dfrac{27 + 33}{2} - 27\right) = 2948.4 \text{ kJ/h}$

05. 어떤 일반 사무실의 취득열량 및 외기부하를 산출하였더니, 다음과 같이 되었다. 이 자료에 의해 (1)~(6)의 값을 구하시오. (단, 취출 온도차는 11℃로 한다.) (6점)

항목	감열(kJ/h)	잠열(kJ/h)
벽체를 통한 열량	25200	0
유리창을 통한 열량	33600	0
바이패스 외기의 열량	588	2520
재실자의 발열량	4032	5040
형광등의 발열량	10080	0
외기부하	5880	20160

(1) 실내취득 감열량 (kJ/h) (단, 여유율은 10 %로 한다.)
(2) 실내취득 잠열량 (kJ/h) (단, 여유율은 10 %로 한다.)
(3) 송풍기 풍량 (m³/min)
(4) 냉각 코일부하 (kJ/h)

해답 (1) $q_S = (25200 + 33600 + 588 + 4032 + 10080) \times 1.1 = 80850\,\text{kJ/h}$

(2) $q_L = (2520 + 5040) \times 1.1 = 8316\,\text{kJ/h}$

(3) $Q = \dfrac{80850}{1.2 \times 1.008 \times 11 \times 60} = 101.273 \fallingdotseq 101.27\,\text{m}^3/\text{min}$

(4) $q_c = q_S + q_L + q_o = 80850 + 8316 + (5880 + 20160) = 115206\,\text{kJ/h}$

06. 다음 그림의 배관 평면도를 입체도로 그리고 필요한 엘보 수를 구하시오. (단, 굽힘 부분에서는 반드시 엘보를 사용한다.) (4점)

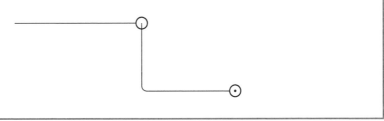

해답 ① 입체도

② 엘보 수 4개

07. 암모니아를 냉매로 사용한 2단압축 1단팽창의 냉동장치에서 운전조건이 다음과 같을 때 저단 및 고단의 피스톤 토출량을 계산하시오. (8점)

─────── [조건] ───────

- 냉동능력 : 20 한국냉동톤, 1 RT는 13944 kJ/h
- 저단 압축기의 체적효율 : 75 %
- 고단 압축기의 체적효율 : 80 %
- $h_1 = 399$ kJ/kg
- $h_2 = 1650.6$ kJ/kg
- $h_3 = 1835.4$ kJ/kg
- $h_4 = 1671.6$ kJ/kg
- $h_5 = 1923.6$ kJ/kg
- $h_6 = 571.2$ kJ/kg
- $v_2 = 1.51$ m³/kg
- $v_4 = 0.4$ m³/kg

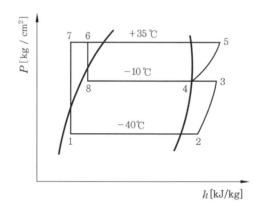

해답 (1) 저단 냉매 순환량 $G_L = \dfrac{20 \times 13944}{1650.6 - 399}$ [kg/h]

저단 피스톤 토출량 $V_L = \dfrac{20 \times 13944}{1650.6 - 399} \times \dfrac{1.51}{0.75} = 448.6085 = 448.609$ m³/h

(2) 고단 냉매 피스톤 토출량

$V_H = \dfrac{20 \times 13944 \times (1835.4 - 399) \times 0.4}{(1650.6 - 399) \times (1671.6 - 571.2) \times 0.8} = 145.4275 ≒ 145.428$ m³/h

08. 암모니아(NH₃) 냉매 특징 5가지를 쓰시오. (5점)

해답 ① 표준 냉동장치에서 포화압력이 별로 높지 않으므로 냉동기 제작 및 배관에 어려움이 없다.

② 임계온도가 높아 냉각수 온도가 높아도 액화시킬 수 있다.

③ 사용냉매 중에서 전열이 12600~21000 kJ/h·m²·K로 가장 우수하다.

④ 금속에 대한 부식성은 철 또는 강에 대하여 부식성이 없고 동 또는 동합금을 부식하

며, 수분이 있으면 아연도 부식되고 수은, 염소 등은 폭발적으로 결합되고 에보나이트나 베이클라이트 등의 비금속도 부식한다.

⑤ 폭발범위가 15~28%인 제2종 가연성 가스이고 폭발성이 있다.

⑥ 전기적 절연내력이 약하고 절연물질인 에나멜 등을 침식시키므로 밀폐형 압축기에는 사용할 수 없다.

⑦ 천연고무는 침식하지 않고, 인조고무인 아스베스토스는 침식한다.

⑧ 허용농도 25 ppm인 독성가스로서 0.5~0.6% 정도를 30분 정도 호흡하면 질식하고 성분은 알칼리성이다.

⑨ 수분에 800~900배 용해되어 암모니아수가 되어 재질을 부식시키는 촉진제가 되며, 냉매 중에 수분 1%가 용해되면 증발온도가 0.5℃ 상승하여 기능이 저하되고 장치에 나쁜 영향을 미친다.

⑩ 윤활유와 분리하고 오일보다 가볍다.

⑪ 비열비가 1.31로 높은 편이고 실린더가 과열되고 토출가스 온도가 상승되므로 압축기를 수랭식으로 한다.

⑫ 1 atm에서 1373.4 kJ/kg, 증발압력 2.41 kg/cm² · a, 온도 −15℃에서 1316.7 kJ/kg의 증발잠열을 갖고 있다.

---

09. 다음과 같은 냉수코일의 조건을 이용하여 각 물음에 답하시오.　　　　　(6점)

┌─────────── [냉수코일 조건] ───────────┐

- 코일부하(q_c) : 420000 kJ/h
- 통과풍량(Q_c) : 15000 m³/h
- 단수(S) : 26단
- 풍속(V_f) : 3 m/s
- 유효높이 $a = 992$ mm, 길이 $b = 1400$ mm, 관내경 $d_i = 12$ mm
- 공기입구온도 : 건구온도 $t_1 = 28$℃, 노점온도 $t_1'' = 19.3$℃
- 공기출구온도 : 건구온도 $t_2 = 14$℃
- 코일의 입·출구 수온차 : 5℃(입구수온 7℃)
- 코일의 열통과율 : 3654 kJ/m² · h · K
- 습면보정계수 C_{WS} : 1.4

(1) 전면 면적 A_f [m²]를 구하시오.

(2) 코일 열수(N)를 구하시오

계산된 열수(N)	2.26~3.70	3.71~5.00	5.01~6.00	6.01~7.00	7.01~8.00
실제 사용 열수(N)	4	5	6	7	8

해답 (1) 전면 면적 $A_f = \dfrac{15000}{3 \times 3600} = 1.389 ≒ 1.39\ \mathrm{m^2}$

(2) 코일 열수

① 대수 평균온도차 $\Delta t_m = \dfrac{21-2}{\ln\dfrac{21}{2}} = 8.0803 ≒ 8.08\ ℃$

$\Delta_1 = 28 - 7 = 21\ ℃,\ \Delta_2 = 14 - 12 = 2\ ℃$

② 코일 열수 $N = \dfrac{420000}{3654 \times 1.39 \times 1.4 \times 8.08} = 7.31 ≒ 8\ 열$

---

10. 다음 그림과 같은 배기덕트 계통에서 측정한 결과 풍량은 3000 m³/h이고, ①, ②, ③, ④의 각 점에서의 전압과 정압은 다음 표와 같다. 이 때 다음 각 항을 구하시오. (단, ②-송풍기-③ 사이의 압력손실은 무시하고, 1 kW=367200 kg·m/h로 한다.) (8점)

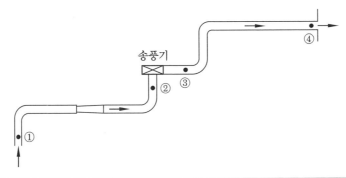

위치	전압(mmAq)	정압(mmAq)
①	−7.5	−16.3
②	−16.1	−20.8
③	10.6	5.9
④	4.7	0

(1) 송풍기 전압 (mmAq) (2) 송풍기 정압 (mmAq)
(3) 덕트계의 압력손실 (mmAq) (4) 송풍기의 공기동력

해답 (1) $P_t = P_{td} - P_{ts} = 10.6 - (-16.1) = 26.7\ \mathrm{mmAq}$

(2) 정압 $P_s = P_t - P_{vd} = P_{sd} - P_{ts} = 5.9 - (-16.1) = 22\ \mathrm{mmAq}$

(3) 덕트계 압력손실=송풍기 전압=26.7 mmAq

(4) 공기동력 $= \dfrac{Q \times P_t}{367200} = \dfrac{3000 \times 26.7}{367200} = 0.2181 ≒ 0.22\ \mathrm{kW}$

11. 다음과 같은 공조장치가 아래 [조건]으로 운전되고 있다. 각 물음에 답하시오. (단, 송풍기 입구와 취출구 온도, 흡입구와 공조기 입구온도는 각각 동일하며, 물(水) 가습에 의한 공기의 상태 변화는 습구온도 선상에 일정한 상태로 변화하고 공기선도의 엔탈피 1 kcal는 4.2 kJ로 환산한다.) (10점)

┌─────────────────────────── [조 건] ───────────────────────────┐

1. 실내온도 : 22℃   2. 실내 상대습도 : 45 %

3. 실내 급기량(V_s) : 10000 m³/h   4. 취입 외기량(V_o) : 2000 m³/h

5. 외기온도 : 5℃, 상대습도 45 %

6. 실내 난방부하 : 현열부하(q_s) = 73080 kJ/h, 잠열부하(q_l) = 15120 kJ/h

7. 온수 입구온도 : 45℃, 출구온도 40℃

8. 공기의 정압비열(C_P) : 1.008 kJ/kg · K

9. 공기의 비중량(γ_a) : 1.2 kg/m³

10. 물의 증발잠열(γ) : 2507.4 kJ/kg

└──┘

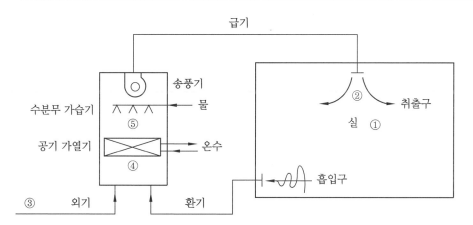

(1) 장치도에 나타낸 운전상태 ①~⑤를 공기 선도 상에 나타내시오.

(2) 공기 가열기의 가열량(kJ/h)을 구하시오.

(3) 온수량(kg/h)을 구하시오.

(4) 가습기의 가습량(kg/h)을 구하시오.

해답 (1) ① $t_4 = \dfrac{(22 \times 8000) + (5 \times 2000)}{10000} = 18.6℃$

② $SHF = \dfrac{73080}{73080 + 15120} = 0.828 \fallingdotseq 0.83$

③ $t_2 = t_1 + \dfrac{q_s}{V_s \cdot \gamma_a \cdot C_P} = 22 + \dfrac{73080}{10000 \times 1.2 \times 1.008} = 28.04℃$

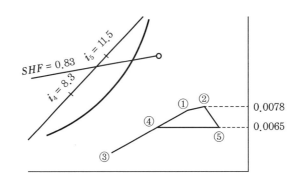

(2) 가열량 $H = V_s \cdot \gamma_a (i_5 - i_4) = 10000 \times 1.2 \times (11.5 - 8.3) \times 4.2 = 161280\,\mathrm{kJ/h}$

(3) 온수량 $G_W = \dfrac{161280}{4.2 \times (45-40)} = 7680\,\mathrm{kg/h}$

(4) 가습량 $L = 10000 \times 1.2 \times (0.0078 - 0.0065) = 15.6\,\mathrm{kg/h}$

---

12. R-22를 냉매로 하는 2단 압축 1단 팽창 이론 냉동 사이클을 나타내었다. 이 냉동 장치의 냉동능력을 45 kW라 할 때 각 물음에 답하시오. (8점)

───── [조 건] ─────

1. 저단 압축기 : 압축효율 $\eta_{cL} = 0.72$, 기계효율 $\eta_{mL} = 0.80$
2. 고단 압축기 : 압축효율 $\eta_{cH} = 0.75$, 기계효율 $\eta_{mH} = 0.80$

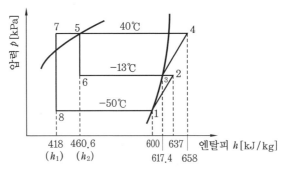

(1) 저단 냉매순환량 G_L [kg/h] 을 구하시오.

(2) 고단 냉매순환량 G_H [kg/h] 를 구하시오.

(3) 성적계수를 구하시오.

[해답] (1) 저단 냉매순환량 $G_L = \dfrac{45 \times 3600}{600 - 418} = 890.109 ≒ 890.11\,\mathrm{kg/h}$

(2) 고단 냉매순환량 $G_H = 890.11 \times \dfrac{637 - 418}{617.4 - 460.6} = 1243.202 ≒ 1243.20\,\mathrm{kg/h}$

(3) $COP = \dfrac{45 \times 3600}{\dfrac{890.11 \times (637-600)}{0.72 \times 0.8} + \dfrac{1243.2 \times (658-617.4)}{0.75 \times 0.8}} = 1.146 ≒ 1.15$

13. 다음 배관도는 냉수(brine) 냉각시켜 공급하는 공기조화 장치도이다. 팽창밸브에 공급하는 액관과 압축기 흡입관을 연결하시오. (10점)

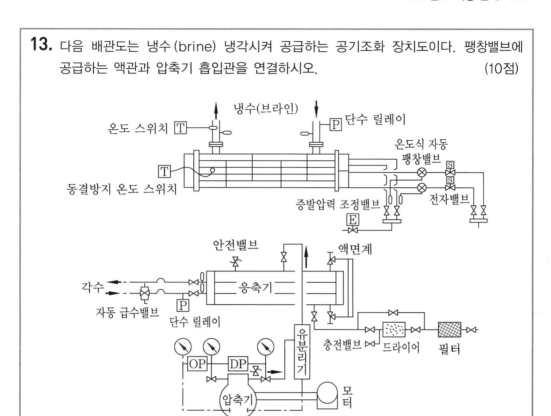

해답

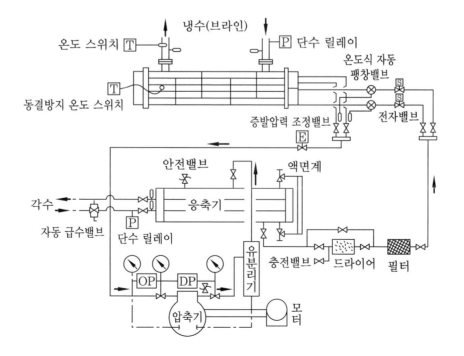

14. 전공기 방식에서 덕트 소음 방지 방법 3가지를 쓰시오.   (6점)

해답 ① 소음 발생원 직후에 소음기를 설치한다.

② 덕트 내에 흡음재 (흡음형, 팽창형, 공병형, 음반사형) 부착

③ 가능한 저속 (15m/s 이하)으로 공급하여 소음을 줄인다.

④ 덕트 단면 형상의 급격한 변화를 피한다 (부득이한 경우 보강이나 차음 대책을 시
   행한다).

⑤ 송풍기 등에서의 발생소음이 덕트로부터 실내에 투과되지 않도록 한다.

⑥ 덕트의 말단부나 댐퍼에 소음기를 설치한다.

15. 냉동장치 운전중에 발생되는 현상과 운전관리에 대한 다음 물음에 답하시오.
   (1) 플래시가스(flash gas)에 대하여 설명하시오.   (5점)
   (2) 액압축(liquid hammer)에 대하여 설명하시오.
   (3) 안전두(safety head)에 대하여 설명하시오.
   (4) 펌프다운(pump down)에 대하여 설명하시오.
   (5) 펌프아웃(pump out)에 대하여 설명하시오.

해답 (1) 플래시가스(flash gas) : 응축기에서 액화된 냉매가 증발기가 아닌 곳에서 기화된
       가스를 말하며 팽창밸브를 통과할 때 가장 많이 발생되고, 액관에서 발생되는 경우
       에는 증발기에 공급되는 냉매순환량이 감소하여 냉동능력이 감소한다. 방지법으로
       팽창밸브 직전의 냉매를 과냉각(5℃ 정도)시킨다.

   (2) 액압축(liquid hammer) : 팽창밸브 개도를 과대하게 열거나 증발기 코일에 적상
       이 생기거나 냉동부하의 감소로 인하여 증발하지 못한 액냉매가 압축기로 흡입되어
       압축되는 현상으로 소음과 진동이 발생되고 심하면 압축기가 파손된다. 파손 방지
       를 위하여 내장형 안전밸브(안전두)가 설치되어 있다.

   (3) 안전두(safety head) : 압축기 실린더 상부 밸브 플레이트(변판)에 설치한 것으
       로 냉매액이 압축기에 흡입되어 압축될 때 파손을 방지하기 위하여 작동되며 가스
       는 압축기 흡입측으로 분출된다 (작동압력 = 정상고압 + 2~3 kg/cm^2).

   (4) 펌프다운(pump down) : 냉동장치 저압측을 수리하거나 장기간 휴지(정지) 시에 저압
       측의 냉매를 고압측의 수액기로 회수하는 것이다. 이때 저압측 압력은 $0.1 \, kg/cm^2 \cdot g$
       가까이로 보존한다.

   (5) 펌프아웃(pump out) : 냉동장치 고압측을 수리할 때 냉매를 저압측(증발기) 또는
       외부 용기로 숙청하여 보관하는 방법이다(정비가 끝나면 진공시험 후에 정상으로
       회수 또는 충전시킨다).

01. 2단압축 1단팽창 $P-i$ 선도와 같은 냉동사이클로 운전되는 장치에서 다음 물음에 답하시오. (단, 냉동능력은 252000 kJ/h이고 압축기의 효율은 다음 표와 같다.)

(6점)

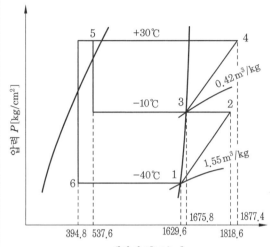

	체적효율	압축효율	기계효율
고단	0.8	0.85	0.93
저단	0.7	0.82	0.95

(1) 저단 냉매 순환량(G_L) kg/h (2) 저단 피스톤 토출량(V_L) m³/h

(3) 고단 냉매 순환량(G_H) kg/h (4) 고단 피스톤 압출량(V_H) m³/h

해답 (1) 저단 냉매 순환량

$$G_L = \frac{Q_e}{i_1 - i_6} = \frac{252000}{1629.6 - 394.8} = 204.081 ≒ 204.08 \text{ kg/h}$$

(2) 저단 피스톤 토출량

$$V_L = \frac{G_L \cdot v_1}{\eta_{v_L}} = \frac{204.08 \times 1.55}{0.7} = 451.891 ≒ 451.89 \text{ m}^3/\text{h}$$

(3) 고단 냉매 순환량

① 저단 압축기 토출가스 엔탈피

$$i_2' = i_1 + \frac{i_2 - i_1}{\eta_{c_L}} = 1629.6 + \frac{1818.6 - 1629.6}{0.82} = 1860.087 ≒ 1860.09 \text{ kJ/kg}$$

② 고단 냉매 순환량

$$G_H = G_L \times \frac{i_2' - i_6}{i_3 - i_5} = 204.08 \times \frac{1860.09 - 394.8}{1675.8 - 537.6} = 262.727 ≒ 262.73 \text{ kg/h}$$

(4) 고단 피스톤 압출량

$$V_H = \frac{G_H \cdot v_3}{\eta_{v_H}} = \frac{262.73 \times 0.42}{0.8} = 137.933 ≒ 137.93 \text{ m}^3/\text{h}$$

---

02. 펌프에서 수직높이 25 m의 고가수조와 5 m 아래의 지하수까지를 관경 50 mm의 파이프로 연결하여 2 m/s의 속도로 양수할 때 다음 물음에 답하시오. (단, 배관의 마찰손실은 0.3 mAq/100m이다.) (4점)

(1) 펌프의 전양정(m)을 구하시오.   (2) 펌프의 유량(m³/s)을 구하시오.

(3) 펌프의 축동력(kW)을 구하시오.

해답 (1) 펌프의 전양정(m)

전양정 $H = (25+5) + \left(30 \times \dfrac{0.3}{100}\right) + \dfrac{2^2}{2 \times 9.8} = 30.294 = 30.29 \text{ mAq}$

(2) 펌프의 유량(m³/s)

$Q = \dfrac{\pi}{4} \times 0.05^2 \times 2 = 3.926 \times 10^{-3} = 3.93 \times 10^{-3} \text{ m}^3/\text{s}$

(3) 펌프의 축동력(kW)

$N[\text{kW}] = \dfrac{1000 \times 3.93 \times 10^{-3} \times 30.29}{102} = 1.167 = 1.17 \text{ kW}$

---

03. 다음 그림과 같은 냉동장치에서 압축기 축동력은 몇 kW인가? (6점)

(1) 장치도

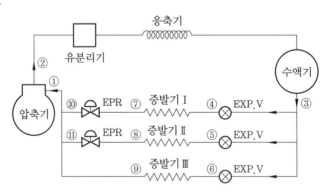

(2) 증발기의 냉동능력 (1 RT 는 13944 kJ))

증발기	I	II	III
냉동톤	1	2	2

(3) 냉매의 엔탈피 (kJ/kg)

구분	h_2	h_3	h_7	h_8	h_9
h	681.66	457.8	625.8	621.6	596.4

(4) 압축 효율 0.65, 기계효율 0.85

해답 (1) 냉매순환량

① 증발기 I $= \dfrac{13944}{625.8 - 457.8} = 83$ kg/h

② 증발기 II $= \dfrac{2 \times 13944}{621.6 - 457.8} = 170.256 ≒ 170.26$ kg/h

③ 증발기 III $= \dfrac{2 \times 13944}{596.4 - 457.8} = 174.736 ≒ 174.74$ kg/h

(2) 흡입가스 엔탈피

$$h_1 = \dfrac{(83 \times 625.8) + (170.26 \times 621.6) + (174.74 \times 596.4)}{83 + 170.26 + 174.74}$$

$$= 620.697 ≒ 620.70 \text{ kJ/kg}$$

(3) 축동력 $= \dfrac{(83 + 170.26 + 174.74) \times (681.66 - 620.7)}{3600 \times 0.65 \times 0.85} = 13.117 ≒ 13.12$ kW

참고

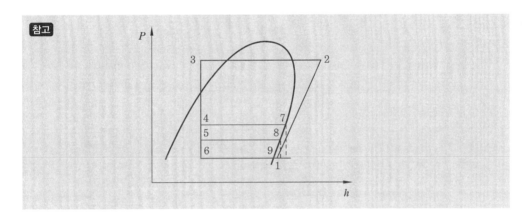

---

04. 다음과 같은 조건의 냉동장치 압축기의 분당 회전수를 구하시오. (2점)

─────── [조건] ───────

1. 압축기 흡입증기의 비체적 : 0.15 m³/kg, 압축기 흡입증기의 엔탈피 : 610.3 kJ/kg

2. 압축기 토출증기의 엔탈피 : 685.5 kJ/kg, 팽창밸브 직후의 엔탈피 : 459.8 kJ/kg

3. 냉동능력 : 10 RT, 압축기 체적효율 : 65% (1RT = 3.9 kW)

4. 압축기 기통경 : 120 mm, 행정 : 100 mm, 기통수 : 6기통

해답 ① 냉동능력 $Q_e = RT \times 3.9 \times 60 = \dfrac{V}{v} \eta_v (h_a - h_e)$

② 피스톤 토출량 $V = \dfrac{RT \times 3.9 \times 60 \times v}{\eta_v (h_a - h_e)} = \dfrac{\pi}{4} D^2 L N R$

③ 회전수 $R = \dfrac{4 \times RT \times 3.9 \times 60 \times v}{\pi D^2 L N \eta_v (h_a - h_e)}$

$\qquad = \dfrac{4 \times 10 \times 3.9 \times 60 \times 0.15}{3.14 \times 0.12^2 \times 0.1 \times 6 \times 0.65 \times (610.3 - 459.8)}$

$\qquad = 529.022 ≒ 529.02 \, \text{rpm}$

---

05. 다음 [조건]과 같은 사무실 A, B에 대해 물음에 답하시오.　　　　　(10점)

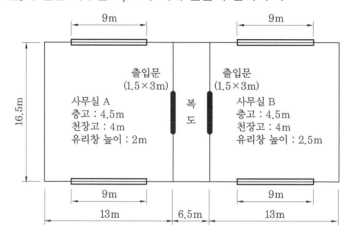

[조건]

1. 사무실＼종류	실내부하 (kcal/h)			기기부하 (kcal/h)	외기부하 (kcal/h)
	현열	잠열	전열		
A	14380	1710	16090	3050	6720
B	10770	1020	11790	2110	5150
계	25150	2730	27880	5160	11870

2. 상·하층은 동일한 공조 조건이다.

3. 덕트에서의 열취득은 없는 것으로 한다.

4. 중앙공조 system이며 냉동기＋AHU에 의한 전공기 방식이다.

5. 공기의 비중량은 $1.2 \, \text{kg/m}^3$, 정압비열은 $1.008 \, \text{kJ/kg·K}$이다.

6. 표와 냉매선도의 엔탈피 $1 \, \text{kcal}$는 $4.2 \, \text{kJ}$로 환산한다.

(1) A, B 사무실의 실내 취출온도차가 11℃일 때 각 사무실의 풍량 (㎥/h)을 구하시오.

(2) AHU 냉각 코일의 열전달률 $K = 3360 \, \text{kJ/m}^2 \cdot \text{h} \cdot \text{K}$, 냉수의 입구온도 5℃, 출구온도 10℃, 공기의 입구온도 26.3℃, 출구온도 16℃, 코일 통과면풍속은 2.5 m/s 이고 대향류 열교환을 할 때 A, B 사무실 총계부하에 대한 냉각 코일의 열수 (Row)를 구하시오.

(3) 다음 물음에 답하시오. (단, 펌프 및 배관부하는 냉각 코일 부하의 5%이고 냉동기의 응축온도는 40℃, 증발온도 0℃, 과열 및 냉각도 5℃, 압축기의 체적효율 0.8, 회전수 1800 rpm, 기통수 6이다.)

① A, B 사무실 총계부하에 대한 냉동기 부하를 구하시오.

② 이론 냉매순환량(kg/h)을 구하시오.

③ 피스톤의 행정체적(m^3)을 구하시오.

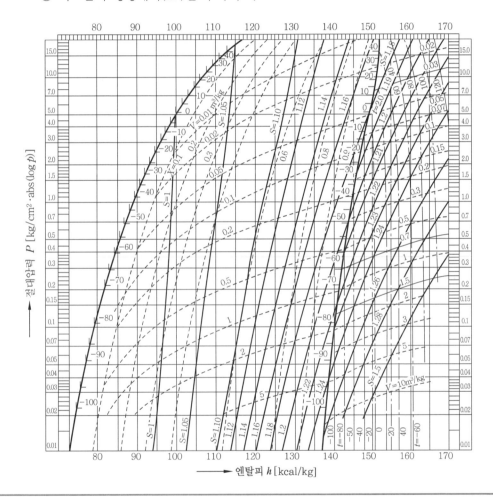

해답 • 계산 과정

(1) A, B 사무실 풍량

① A 사무실 풍량 $Q_A = \dfrac{14380 \times 4.2}{1.2 \times 1.008 \times 11} = 4539.141 ≒ 4539.14 \; m^3/h$

② B 사무실 풍량 $Q_B = \dfrac{10770 \times 4.2}{1.2 \times 1.008 \times 11} = 3399.621 ≒ 3399.62 \; m^3/h$

(2) 냉각 코일의 열수

① 대수평균 온도차$= \dfrac{(26.3-10)-(16-5)}{\ln\dfrac{26.3-10}{16-5}} = 13.476 ≒ 13.48\,℃$

② 전면적$= \dfrac{4539.14+3399.62}{2.5\times3600} = 0.882 ≒ 0.88\ \text{m}^2$

③ 열수$= \dfrac{(27880+5160+11870)\times4.2}{3360\times0.88\times13.48} = 4.739 = 5\,열$

> **참고** 1. 전면적 $A = \dfrac{Q}{3600\,V}$
>
> 2. 물량 $G_W = \dfrac{q_{cc}}{t_{w2}-t_{w1}}$
>
> 3. 수속 $V_w = \dfrac{a\cdot G_w}{n}$
>
> 4. 열수 $N = \dfrac{q_{cc}}{k\cdot A\cdot F_w\cdot MTD}$
>
> V : 공기속도(m/s), n : 관수, a : 계수, k : 열통과율, F_w : 습한 계수

(3) $P-i$ 선도를 그리면

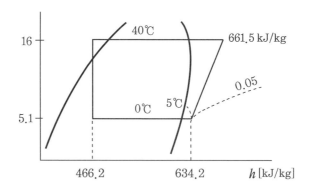

① 냉동부하 $= (27880+5160+11870)\times4.2\times1.05 = 198053.1\ \text{kJ/h}$

② 이론 냉매순환량 $= \dfrac{198053.1}{634.2-466.2} = 1178.887 ≒ 1178.89\ \text{kg/h}$

③ 피스톤의 행정체적

  (가) 피스톤 토출량 $= \dfrac{1178.89\times0.05}{0.8} = 73.6806 ≒ 73.68\ \text{m}^3\text{/h}$

  (나) 행정체적 $= \dfrac{73.68}{6\times1800\times60} = 1.137\times10^{-4} ≒ 1.14\times10^{-4}\ \text{m}^3$

06. 다음과 같은 공장용 원형 덕트를 주어진 도표를 이용하여 정압 재취득법으로 설계하시오. (단, 토출구 1개의 풍량은 5000 m³/h, 토출구의 간격은 5000 mm, 송풍기 출구의 풍속은 10 m/s로 한다.) (6점)

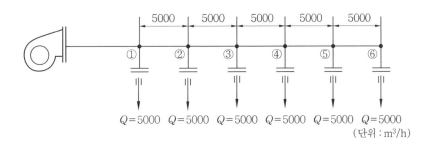

구간	풍량 (m³/h)	K 값	풍속 (m/s)	덕트 단면적(m²)
①	30000			
②	25000			
③	20000			
④	15000			
⑤	10000			
⑥	5000			

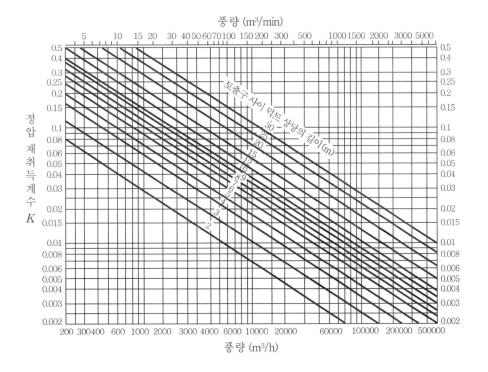

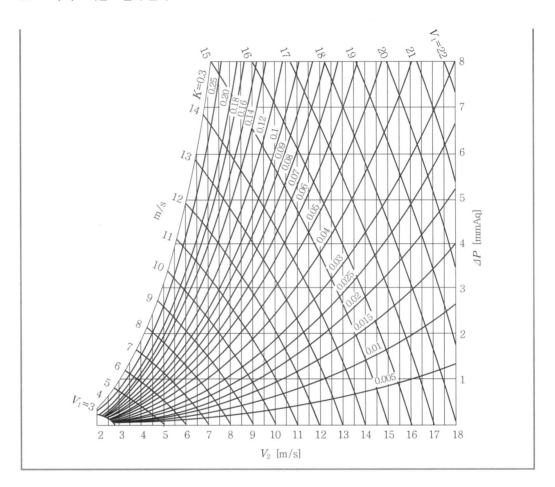

해답

구간	풍량 (m³/h)	K 값	풍속 (m/s)	덕트 단면적(m²)
①	30000	0.009	9.5	0.88
②	25000	0.01	9.0	0.77
③	20000	0.012	8.44	0.66
④	15000	0.0143	7.91	0.53
⑤	10000	0.018	7.28	0.38
⑥	5000	0.0271	6.44	0.22

참고 단면적 $A = \dfrac{Q}{3600\,V_2}$, 정압 재취득계수 $K = \dfrac{l_e}{Q^{0.62}}$

여기서, l_e : 각 토출구 사이의 덕트 상당길이 (m), $Q^{0.62}$: 구간풍량 (m³/h)

처음 구간은 K와 $V_1 = 10\,\mathrm{m/s}$ 에서 V_2를 구하고, 다음 구간은 앞구간의 V_2를 V_1으로 하여 풍속을 구한다.

07. 송풍량 500kg/h인 1대의 송풍기로 전급기를 냉각감온하고 온풍 덕트 측에 재열기를 사용하는 2중 덕트 방식에서 그림과 같은 조건일 때 공기선도를 이용하여 다음을 구하여라. (단, 공기선도에서 엔탈피 1 kcal는 4.2 kJ로 환산한다.)　　　(10점)

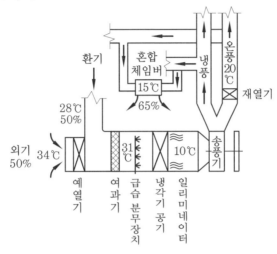

　(1) 냉각기 부하 (kJ/h)　　　　(2) 실내 취득열량 (kJ/h)
　(3) 재열 부하 (kJ/h)　　　　　(4) 실내 취득잠열 (kJ/h)

[해답] (1) 냉각기 부하

　① 공기선도

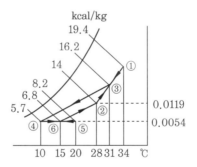

　② 냉각기 부하

　　$G(i_3 - i_4) = 500 \times (16.2 - 5.7) \times 4.2 = 22050 \, \text{kJ/h}$

(2) 실내 취득열량

　　$G(i_2 - i_6) = 500 \times (14 - 6.8) \times 4.2 = 15120 \, \text{kJ/h}$

(3) 재열 부하

　　$G(i_6 - i_4) = 500 \times (6.8 - 5.7) \times 4.2 = 2310 \, \text{kJ/h}$

(4) 실내 취득잠열

　　$G(x_2 - x_4)R = 500 \times (0.0119 - 0.0054) \times 597.3 \times 4.2 = 8153.145 = 8153.15 \, \text{kJ/h}$

　여기서, R : 수증기 잠열 $597.3 \times 4.2 \, \text{kJ/kg}$이다.

08. 왕복동 압축기의 실린더 지름 120 mm, 피스톤 행정 65 mm, 회전수 1200 rpm, 체적 효율 70 % 6기통일 때 다음 물음에 답하시오.   (4점)

  (1) 이론적 압축기 토출량 m^3/h를 구하시오.
  (2) 실제적 압축기 토출량 m^3/h를 구하시오.

해답 (1) 이론적 토출량 $= \dfrac{\pi}{4} \times 0.12^2 \times 0.065 \times 1200 \times 6 \times 60 = 317.416 \fallingdotseq 317.42\,m^3/h$

  (2) 실제적 토출량 $= \dfrac{\pi}{4} \times 0.12^2 \times 0.065 \times 1200 \times 6 \times 60 \times 0.7$

$$= 222.191 \fallingdotseq 222.19\,m^3/h$$

09. 액압축(liquid back or liquid hammering)의 발생원인 2가지와 액압축 방지(예방)법 1가지 및 압축기에 미치는 영향 1가지를 쓰시오.   (4점)

해답 (1) 액압축의 발생원인
  ① 부하가 급격히 변동할 때
  ② 증발기에 유막이 형성되거나 적상 과대
  ③ 액분리기 기능 불량
  ④ 흡입지변이 갑자기 열렸을 때
  ⑤ 팽창밸브의 개도가 클 때

(2) 액압축 방지법
  ① 냉동 부하의 변동을 적게 한다.
  ② 냉매의 과잉 공급을 피한다 (팽창밸브의 적절한 조정).
  ③ 극단적인 습압측을 피한다.
  ④ 제상 및 배유 (적상 및 유막 제거)
  ⑤ 능력에 대한 냉동기를 이상 운전하지 말 것
  ⑥ 액분리기 용량을 크게 하여 기능을 좋게 한다.
  ⑦ 열교환기를 설치하여 흡입가스를 과열시킨다.
  ⑧ 안전두를 설치하여 순간적 액압축을 방지하여 압축기를 보호한다.

(3) 압축기에 미치는 영향
  ① 압축기 헤드에 적상 과다로 토출가스 온도 감소
  ② 압축기 축봉부에 과부하 발생, 압축기에 소음과 진동이 발생
  ③ 압축기가 파손될 우려가 있다.

10. 수격현상(water hammer)에 대하여 설명하고, 방지대책 두 가지를 서술하시오.   (4점)

해답 (1) 수격현상 : 유로 단면적의 급격한 변화나 흐름의 변화에 의해 압력파가 발생하여 소음과 충격을 일으키는 현상
(2) 방지대책
  ① 관내 유속을 작게 한다.
  ② 밸브를 펌프 토출측 가까이 설치하고 급격한 조작을 피한다.
  ③ 정지할 때 밸브부터 닫고 펌프를 정지한다. (단, 펌프의 부하가 발생하여 손상되지 않도록 할 것)
  ④ 펌프에 플라이휠을 설치하여 펌프의 급격한 제동 시에도 관성력으로 회전이 유지될 수 있도록 한다(가동 시 추가 동력이 필요하므로 권장하지 않음).
  ⑤ 수격방지기를 설치한다(공기실형/벨로즈형/에어백형/브래드형/튜브형).

참고 영향
  ① 압력 상승에 의한 펌프, 밸브, 배관의 파손 및 소음 진동 발생
  ② 공동으로 수주분리현상이 발생하여 배관에 좌굴이 발생하거나 수주가 재결합할 때 높은 유력 유발
  ③ 소음 진동 : 충격파 및 급격한 체크밸브 개폐에 의한 진동 발생
  ④ 제어 불능 : 자동제어계 등 압력조절기기 들의 난조 발생
  ⑤ 펌프 및 전동기의 역회전 발생

11. 식품을 저장하는 어떤 냉장고 방열벽의 열통과율이 $1.25kJ/m^2 \cdot h \cdot K$이며, 벽면적 $1000m^2$인 냉장고가 외기온도 35℃, 실내온도 1℃로 유지하고 있다. 다음 물음에 답하시오. (단, 조건 이외의 열부하는 없는 것으로 한다.) (10점)
(1) 방열벽을 통해 침입하는 열량은 몇 kW인가?
(2) 식품전열계수가 $20.9kJ/m^2 \cdot h \cdot K$, 전열면적 $600m^2$, 10℃로 저장할 때 발생열량은 몇 kW인가?
(3) 바닥면적 $250m^2$, 천장고 5m, 환기횟수 2회/h일 때 환기부하는 몇 kW인가?
(4) 바닥면적당 $50W/m^2$일 때 조명부하는 몇 kW인가?
(5) 냉장실 작업인부가 10명이고 1인당 발열량이 790kJ/h이라면 인체 발열량은 몇 kW인가?
(6) 냉장실 총 부하는 몇 kW인가?

해답 (1) 방열벽 침입열량 $= \dfrac{1.25}{3600} \times 1000 \times (35-1) = 11.805 ≒ 11.81\,kW$
(2) 식품발생열량 $= \dfrac{20.9}{3600} \times 600 \times (10-1) = 31.35\,kW$
(3) 환기부하 $= \dfrac{250 \times 5 \times 2 \times 1.2}{3600} \times 1 \times (35-1) = 28.333 ≒ 28.33\,kW$
(4) 조명부하 $= \dfrac{50}{1000} \times 250 = 12.5\,kW$

(5) 인체발열량$= 10 \times \dfrac{790}{3600} = 2.194 ≒ 2.19\,kW$

(6) 냉장실 총부하$= 11.81 + 31.35 + 28.33 + 12.5 + 2.19 = 86.18\,kW$

---

12. 원심(터보) 압축기의 서징(surging) 현상에 대하여 서술하시오.　　　　　　(4점)

해답 서징(surging) 현상 : 흡입압력이 결정되어 있을 때 운전 중 압축비의 변화가 없으므로 토출압력에 한계가 있어서 토출측에 이상압력이 형성되면 응축가스가 압축기 쪽으로 역류하여 압축이 재차 반복되는 현상이다.

> **참고** **미치는 영향**
> ① 소음 및 진동 발생
> ② 응축압력이 한계치 이하로 감소한다.
> ③ 증발압력이 규정치 이상으로 상승한다.
> ④ 압축기가 과열된다.
> ⑤ 전류계의 지침이 흔들리고 심하면 운전이 불가능하다.

---

13. 다음 그림의 장치도는 증발기의 액관에서 플래시 가스(flash gas) 발생을 방지하기 위해 증발기 출구의 냉매증기와 수액기 출구의 냉매액을 액가스 열교환기로 열교환시킨 것이다. 또, 압축기 출구 냉매가스 온도의 과열을 방지하기 위해 열교환기 출구의 냉매증기에 수액기 출구로부터 액의 일부를 열교환기 직전에 분사해서 습포화 상태의 증기를 압축기에 흡입되어진다. 이 냉동장치에서의 냉매의 엔탈피 값과 운전조건이 아래와 같을 때 다음 각 항목에 답하시오. (단, 그림의 6번 증기는 과열상태이고, 배관의 열손실은 무시하며, 1kcal는 4.18kJ이다.　　　　　　(10점)

냉매	엔탈피(kJ/kg)
• 압축기 흡입측 냉매 엔탈피 i_1	375.7
• 단열압축 후 압축기 출구 냉매 엔탈피 i_2	438.5
• 수액기 출구 냉매 엔탈피 i_3	243.9
• 증발기 출구의 냉매증기와 열교환 후의 고압측 냉매 엔탈피 i_4	232.5
• 증발기 출구의 과열증기 냉매 엔탈피 i_6	394.6

[조건]

1. 응축기의 냉각수량 G_w : 300 L/min

2. 냉각수의 입출구 온도차 Δt : 5℃

3. 압축기의 효율 : 압축효율 $\eta_c = 0.75$

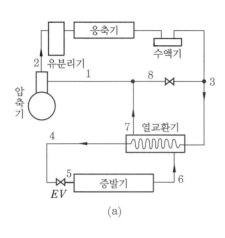

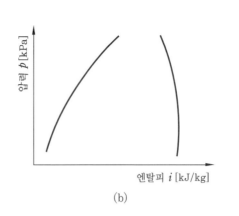

(a) (b)

(1) 냉동장치에서 각 점(1~8)을 $p-i$ 선도로 그리고 표시하시오.

(2) 액가스 열교환기에서 열교환량은 몇 kW인가?

(3) 실제적 성적계수를 구하시오.

해답 (1) $p-i$ 선도와 각 점 표시

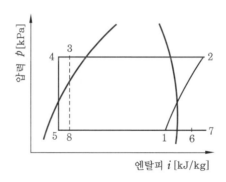

(2) 액가스 열교환기에서 열교환량

① 압축기 출구 실제 엔탈피

$$i_2' = i_1 + \frac{i_2 - i_1}{\eta_c} = 375.7 + \frac{438.5 - 375.7}{0.75} = 459.433 ≒ 459.43\,\text{kJ/kg}$$

② 냉매순환량

$$G = \frac{G_w \cdot C \cdot \Delta t}{i_2' - i_3} = \frac{300 \times 60 \times 4.18 \times 5}{459.43 - 243.9} = 1745.464 ≒ 1745.46\,\text{kg/h}$$

③ $i_7 - i_6 = i_3 - i_4$ 식에서

열교환기 출구 냉매 엔탈피 $i_7 = i_6 + (i_3 - i_4)$

$$= 394.6 + (243.9 - 232.5) = 406\,\text{kJ/kg}$$

④ 수액기에서 bypass되는 냉매 G_x (열평행식에서)

$$G \cdot i_1 = (G - G_x) \times i_7 + G_x \cdot i_8 = G \cdot i_7 - G_x \cdot i_7 + G_x \cdot i_8$$

$$\therefore \ G_x(i_7 - i_8) = G(i_7 - i_1)$$

$$G_x = \frac{G(i_7 - i_1)}{i_7 - i_8} = \frac{1745.46 \times (406 - 375.7)}{406 - 243.9} = 326.264 \fallingdotseq 326.26 \, \text{kg/h}$$

⑤ 열교환열량

$$G_H = \frac{G - G_x}{3600} \times (i_7 - i_6) = \frac{1745.46 - 326.26}{3600} \times (406 - 394.6)$$

$$= 4.494 \fallingdotseq 4.49 \, \text{kW}$$

(3) 실제성적계수

$$\varepsilon = \frac{(G - G_x) \times (i_6 - i_5)}{G \times (i_2 - i_1)} \times \eta_c$$

$$= \frac{(1745.46 - 326.26) \times (394.6 - 232.5)}{1745.46 \times (438.5 - 375.7)} \times 0.75 = 1.574 \fallingdotseq 1.57$$

---

14. 조건이 다른 2개의 냉장실에 2대의 압축기를 설치하여 필요시에 따라 교체 운전을 할 수 있도록 흡입배관과 그에 따른 밸브를 설치하고 완성하시오. (10점)

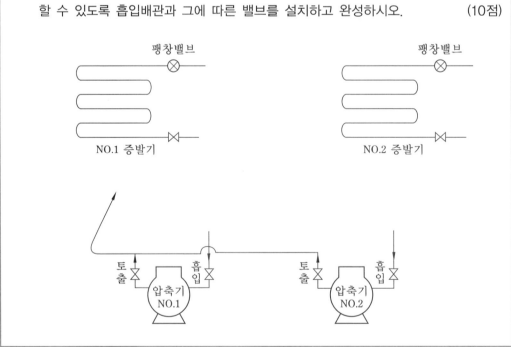

해답

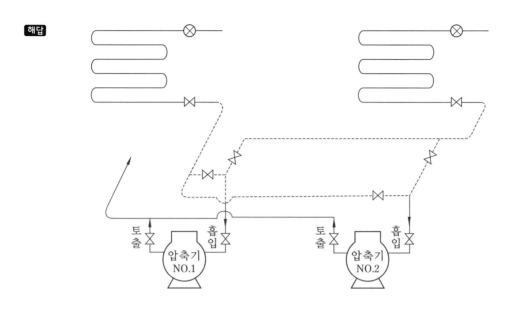

15. 다음은 공기조화 설비 계통이다. 냉각 코일과 가열 코일에 공급되는 배관과 냉각탑 냉각수 배관도를 완성하시오. (10점)

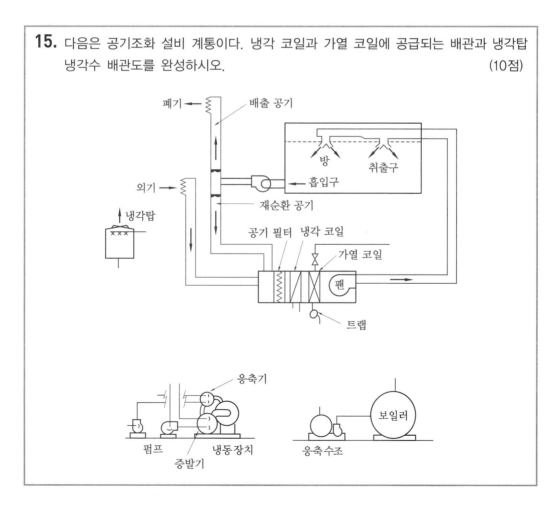

해답

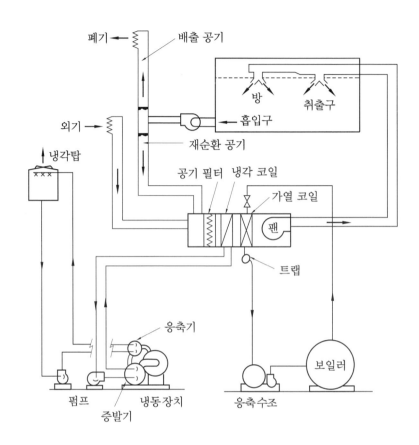

▶ **2020. 10. 7 시행**   ※ 이 문제는 수검자의 기억을 통하여 복원된 것입니다.

01. 냉동능력 52 kW로 작동하는 브라인 냉각기의 전열면적이 20 m²이다. 브라인의 입구온도가 −10℃, 브라인의 출구온도가 −13℃, 증발온도가 −16℃일 때 열통과율(kW/m²·K)을 구하시오. (단, 평균온도차는 산술평균온도차를 이용한다.) (5점)

해답 냉동능력 $R = K \cdot F \cdot \Delta t_m$ 식에서

열통과율 $K = \dfrac{52}{20 \times \left(\dfrac{(-10)+(-13)}{2} - (-16) \right)} = 0.577 ≒ 0.58\,\text{kW/m}^2 \cdot \text{K}$

02. 다음과 같은 조건의 건물 중간층 난방부하를 구하시오. (10점)

─── [조건] ───

1. 열관류율 (W/m²·K) : 천장 (0.98), 바닥 (1.91), 문 (3.95), 유리창 (6.63)

2. 난방실의 실내온도 : 25℃, 비난방실의 온도 : 5℃

   외기온도 : −10℃, 상·하층 난방실의 실내온도 : 25℃

3. 벽체 표면의 열전달률

구분	표면위치	대류의 방향	열전달률 (W/m²·K)
실내측	수직	수평 (벽면)	9.3
실외측	수직	수직·수평	23.26

4. 방위계수

방위	방위계수
북쪽, 외벽, 창, 문	1.1
남쪽, 외벽, 창, 문, 내벽	1.0
동쪽, 서쪽, 창, 문	1.05

5. 환기횟수 : 난방실 − 1회/h, 비난방실 − 3회/h

6. 공기의 비열 : 1 kJ/kg·K, 공기 비중량 : 1.2 kg/m³

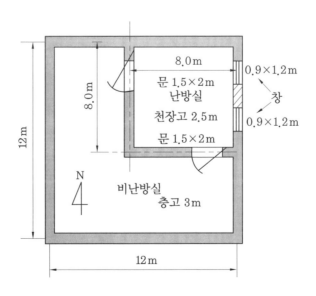

벽체의 종류	구조	재료	두께 (mm)	열전도율 (W/m² · K)
외벽		타일	10	1.28
		모르타르	15	1.53
		콘크리트	120	1.64
		모르타르	15	1.53
		플라스터	3	0.6
내벽		콘크리트	100	1.53

(1) 외벽과 내벽의 열관류율을 구하시오. (W/m² · K)

(2) 다음 부하계산을 하시오. (kW)

    ① 벽체를 통한 부하   ② 유리창을 통한 부하

    ③ 문을 통한 부하   ④ 극간풍 부하 (환기횟수에 의함)

해답 (1) 열관류율

    ① 외벽을 통한 열관류율

$$열저항 \ R_o = \frac{1}{K_o} = \frac{1}{9.3} + \frac{0.01}{1.28} + \frac{0.015}{1.53} + \frac{0.12}{1.64} + \frac{0.015}{1.53} + \frac{0.003}{0.6} + \frac{1}{23.26}$$

$$= 0.2559 \ \text{m}^2 \cdot \text{K/W}$$

$$열관류율 \ K_o = \frac{1}{R_o} = 3.904 ≒ 3.90 \ \text{W/m}^2 \cdot \text{K}$$

    ② 내벽을 통한 열관류율

$$열저항 \ R_i = \frac{1}{K_i} = \frac{1}{9.3} + \frac{0.1}{1.53} + \frac{1}{9.3} = 0.2803 \ \text{m}^2 \cdot \text{K/W}$$

$$열관류율 \ K_i = \frac{1}{R_i} = 3.566 ≒ 3.57 \ \text{W/m}^2 \cdot \text{K}$$

(2) 부하계산

    ① 벽체를 통한 부하

$$외벽 \begin{cases} 북 = (8 \times 3) \times 3.9 \times \{25 - (-10)\} \times 1.1 = 3603.6 \ \text{W} ≒ 3.60 \ \text{kW} \\ 동 = \{(8 \times 3) - (0.9 \times 1.2 \times 2)\} \times 3.9 \times \{25 - (-10)\} \times 1.05 \end{cases}$$

$$= 3130 \ \text{W} ≒ 3.13 \ \text{kW}$$

$$내벽 \begin{cases} 남 = \{(8 \times 2.5) - (1.5 \times 2)\} \times 3.57 \times (25 - 5) = 1213 \ \text{W} ≒ 1.21 \ \text{kW} \\ 서 = \{(8 \times 2.5) - (1.5 \times 2)\} \times 3.57 \times (25 - 5) = 1213 \ \text{W} ≒ 1.21 \ \text{kW} \end{cases}$$

    ② 유리창 부하 $= (0.9 \times 1.2 \times 2) \times 6.63 \times \{25 - (-10)\} \times 1.05 = 526 \text{W} ≒ 0.53 \ \text{kW}$

    ③ 문 부하 $= (1.5 \times 2 \times 2) \times 3.95 \times (25 - 5) = 474 \ \text{W} ≒ 0.47 \ \text{kW}$

    ④ 극간풍 부하 $= (8 \times 8 \times 2.5 \times 1) \times 1.2 \times 1 \times \{25 - (-10)\} \times \frac{1}{3600}$

$$= 1.866 ≒ 1.87 \ \text{kW}$$

03. 20000 kg/h의 공기를 압력 0.35 kg/cm²·G의 증기로 0℃에서 50℃까지 가열할 수 있는 에로핀 열교환기가 있다. 주어진 설계조건을 이용하여 각 물음에 답하시오. (8점)

> ─────── [조건] ───────
>
> - 전면풍속 $V_t = 3\,\mathrm{m/s}$
> - 증기온도 $t_s = 108.2$ ℃
> - 출구 공기온도 보정계수 $K_t = 1.19$
> - 코일 열통과율 $K_c = 2830.8\,\mathrm{kJ/m^2 \cdot h \cdot K}$
> - 증발잠열 $q_e = 2242.8\,\mathrm{kJ/kg}\ (0.35\,\mathrm{kg/cm^2 \cdot G})$
> - 비중량 $\gamma = 1.2\,\mathrm{kg/m^3}$
> - 공기정압비열 $C_p = 1.008\,\mathrm{kJ/kg \cdot K}$
> - 대수평균온도차 Δ_{tm}(향류)을 사용

(1) 전면 면적 $A_f\,[\mathrm{m^2}]$을 구하시오.

(2) 가열량 $q_H\,[\mathrm{kJ/h}]$을 구하시오.

(3) 열수 $N\,[열]$을 구하시오.

(4) 증기소비량 $L_s\,[\mathrm{kg/h}]$을 구하시오.

해답 (1) 전면 면적 $A_f = \dfrac{20000}{1.2 \times 3 \times 3600} = 1.543 ≒ 1.54\ \mathrm{m^2}$

(2) 가열량 $q_H = 20000 \times 1.008 \times (50 \times 1.19 - 0) = 1199520\ \mathrm{kJ/h}$

(3) 열수

① 대수평균온도차 $\Delta_{tm} = \dfrac{\Delta_1 - \Delta_2}{\ln\dfrac{\Delta_1}{\Delta_2}}$ 식에서

$\Delta_1 = 108.2 - 0 = 108.2$ ℃

$\Delta_2 = 108.2 - 50 \times 1.19 = 48.7$ ℃

$\therefore \Delta_{tm} = \dfrac{108.2 - 48.7}{\ln\dfrac{108.2}{48.7}} = 74.533 ≒ 74.53$ ℃

② 열수 $N = \dfrac{1199520}{2830.8 \times 1.54 \times 74.53} = 3.69 ≒ 4$ 열

(4) 증기소비량 $L_s = \dfrac{1199520}{2242.8} = 534.831 ≒ 534.83\ \mathrm{kg/h}$

04. 아래 그림을 이용하여 2단 압축 1단 팽창 장치도와 2단 압축 2단 팽창 장치도를 완
성하시오.   (10점)

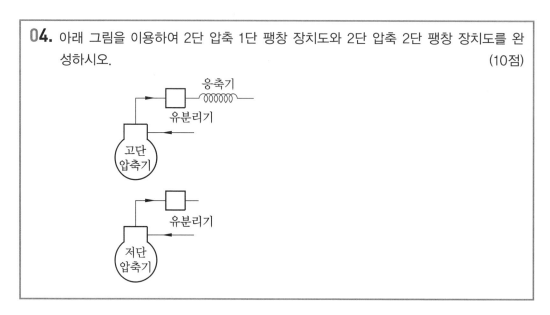

해답 ① 2단 압축 1단 팽창도

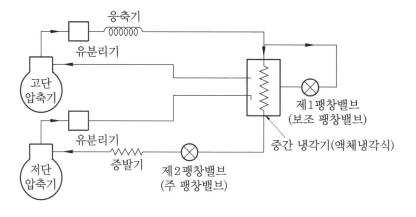

② 2단 압축 2단 팽창도

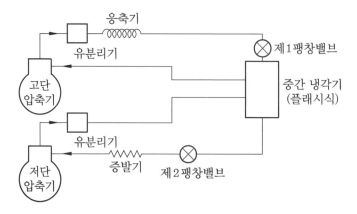

05. 1단 압축, 1단 팽창의 이론사이클로 운전되고 있는 R-22 냉동장치가 있다. 이 냉동장치는 증발온도 -10℃, 응축온도 40℃, 압축기 흡입증기의 과열증기 엔탈피 및 비체적은 각각 623.7 kJ/kg과 0.066 m³/kg, 압축기 출구증기의 엔탈피 663.6 kJ/kg, 팽창변을 통과한 냉매의 엔탈피 462 kJ/kg, 팽창변 직전의 냉매는 과냉각 상태이고, 10냉동톤의 냉동능력을 유지하고 있다. 압축기의 체적효율(η_v)은 0.85이고, 압축효율(η_c) 및 기계효율(η_m)의 곱($\eta_c \times \eta_m$)이 0.73이라고 할 때 다음 물음에 답하시오. (단, 1 RT는 13944 kJ/h이다.) (8점)

(1) 이 냉동장치의 $P-h$ 선도를 그리고 각 상태값을 나타내시오.
(2) 압축기의 피스톤 토출량(m³/h)을 구하시오.
(3) 압축기의 소요 축동력(kW)을 구하시오.
(4) 이 냉동장치의 응축부하(kJ/h)를 구하시오.
(5) 이 냉동장치의 성적계수를 구하시오.

해답 (1) $P-h$ 선도를 그리고 상태값을 나타내면 다음과 같다.

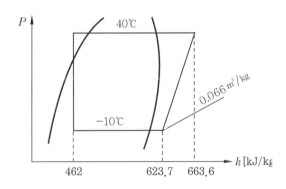

(2) 피스톤 토출량 $= \dfrac{G \cdot v}{\eta_v} = \dfrac{10 \times 13944}{623.7 - 462} \times \dfrac{0.066}{0.85} = 66.9579 \fallingdotseq 66.958 \, \mathrm{m^3/h}$

(3) 축동력 $= \dfrac{G \cdot AW}{3600 \, \eta_c \eta_m} = \dfrac{10 \times 13944}{623.7 - 462} \times \dfrac{663.6 - 623.7}{3600 \times 0.73} = 13.0490 \fallingdotseq 13.049 \, \mathrm{kW}$

(4) 응축부하

① 압축효율 $= \sqrt{0.73} = 0.8544 = 0.854$

② 실제 압축기 출구 엔탈피 $= 623.7 + \dfrac{663.6 - 623.7}{0.854} = 670.421 \fallingdotseq 670.42 \, \mathrm{kJ/kg}$

③ 응축부하 $= \dfrac{10 \times 13944}{623.7 - 462} \times (670.42 - 462) = 179729.105 \fallingdotseq 179729.11 \, \mathrm{kJ/h}$

(5) 성적계수 $= \dfrac{10 \times 13944}{13.049 \times 3600} = 2.968 \fallingdotseq 2.97$

06. 다음과 같은 조건하에서 냉방용 흡수식 냉동장치에서 증발기가 1RT의 능력을 갖도록 하기 위한 각 물음에 답하시오. (10점)

───────────── [조건] ─────────────

1. 냉매와 흡수제 : 물+리튬브로마이드　　2. 발생기 공급열원 : 80℃의 폐기가스
3. 용액의 출구온도 : 74℃　　　　　　　4. 냉각수 온도 : 25℃
5. 응축온도 : 30℃(압력 31.8 mmHg)　　6. 증발온도 : 5℃(압력 6.54 mmHg)
7. 흡수기 출구 용액온도 : 28℃　　　　8. 흡수기 압력 : 6 mmHg
9. 발생기 내의 증기 엔탈피 $h_3' = 3041.4$ kJ/kg
10. 증발기를 나오는 증기 엔탈피 $h_1' = 2927.6$ kJ/kg
11. 응축기를 나오는 응축수 엔탈피 $h_3 = 545.2$ kJ/kg
12. 증발기로 들어가는 포화수 엔탈피 $h_1 = 438.4$ kJ/kg　　13. 1RT=3.9kW

상태점	온도(℃)	압력(mmHg)	농도 w_t[%]	엔탈피(kJ/kg)
4	74	31.8	60.4	316.5
8	46	6.54	60.4	273
6	44.2	6.0	60.4	270.5
2	28.0	6.0	51.2	238.7
5	56.5	31.8	51.2	291.4

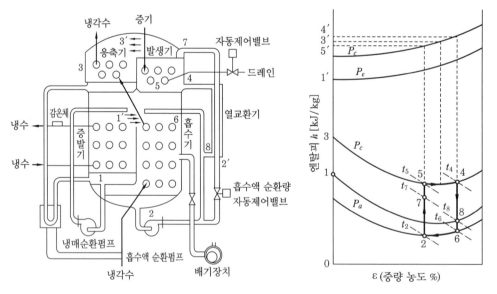

(1) 다음과 같이 나타내는 과정은 어떠한 과정인지 설명하시오.
　① 4-8 과정　　　　　② 6-2 과정　　　③ 2-7 과정
(2) 응축기, 흡수기 열량을 구하시오.
(3) 1 냉동톤당의 냉매 순환량을 구하시오.

해답 (1) ① 4−8 과정 : 열교환기로 발생기에서 흡수기로 가는 과정이다. 발생기에서 농축
된 진한 용액이 열교환기를 거치는 동안 묽은 용액에 열을 방출하여 온도가 낮
아지는 과정이다.

② 6−2 과정 : 흡수제인 LiBr이 흡수기에서 냉매인 수증기를 흡수하는 과정이다.
발생기에서 재생된 진한 혼합용액이 열교환기를 거쳐 흡수기로 유입되어 냉각
수관 위로 살포된 상태가 6점이며, 증발되어 흡수기로 온냉매 증기(수증기)를
흡수하여 농도가 묽은 혼합용액 상태가 2점이 된다.

③ 2−7 과정 : 열교환기로 흡수기에서 순환펌프에 의해 발생기로 가는 과정이다. 4−
8의 과정과 2−7의 과정을 열교환하는 것으로 발생기에서 재생된 진한 용액은 냉매
증기를 많이 흡수하기 위해서는 온도를 낮추어야 하며, 또 흡수작용을 마친 묽은 용
액은 발생기에서 가열시켜 재생하므로 반대로 온도를 높여야 하기 때문이다.

(2) ① 응축열량 $= h_3{}' - h_3 = 3041.4 - 545.2 = 2496.2 \text{ kJ/kg}$

② 흡수열량

• 용액 순환비 $f = \dfrac{\varepsilon_2}{\varepsilon_2 - \varepsilon_1} = \dfrac{60.4}{60.4 - 51.2} = 6.565 ≒ 6.57 \text{ kg/kg}$

• 흡수기 열량 $q_a = (f-1) \cdot h_8 + h_1{}' - f h_2$
$$= \{(6.57-1) \times 273\} + 2927.6 - (6.57 \times 238.7)$$
$$= 2879.951 ≒ 2879.95 \text{ kJ/kg}$$

(3) ① 냉동 효과 $= h_2{}' - h_3 = 2927.6 - 545.2 = 2382.4 \text{ kJ/kg}$

② 냉매 순환량 $= \dfrac{Q_e}{q_e} = \dfrac{3.9 \times 3600}{2382.4} = 5.893 ≒ 5.89 \text{ kg/h}$

---

07. 다음 그림에 표시한 200 RT 냉동기를 위한 냉각수 순환계통의 냉각수 순환펌프의
축동력(kW)을 구하시오. (단, 1 kcal는 4.2 kJ로 환산한다.) (6점)

[조건]

1. $H = 50 \text{ m}$
2. $h = 48 \text{ m}$
3. 배관 총길이 $l = 200 \text{ m}$
4. 부속류 상당장 $l' = 100 \text{ m}$
5. 펌프효율 $\eta = 65 \%$
6. 1 RT당 응축열량 : 3900 kcal/h
7. 노즐압력 $P = 0.3 \text{ kg/cm}^2$
8. 단위저항 $r = 30 \text{ mmAq/m}$
9. 냉동기 저항 $R_c = 6 \text{ mAq}$
10. 여유율(안전율) : 10 %
11. 냉각수 온도차 : 5℃

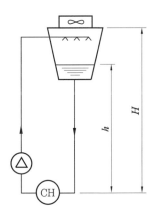

해답 (1) 전양정 $= \left\{ (50-48) + (200+100) \times \dfrac{30}{1000} + \dfrac{0.3 \times 10^4}{1000} + 6 \right\} \times 1.1 = 22$ mAq

(2) 순환수량 $= \dfrac{200 \times 3900 \times 4.2}{4.2 \times 5 \times 1000} = 156$ m³/h

(3) 축동력 $= \dfrac{1000 \times 22 \times 156}{102 \times 0.65 \times 3600} = 14.379 = 14.38$ kW

---

08. 다음 용어를 설명하시오. (6점)

(1) 스머징(smudging)   (2) 도달거리(throw)

(3) 강하거리   (4) 등마찰손실법(등압법)

해답 (1) 스머징 : 천장 취출구 등에서 취출기류 또는 유인된 실내공기 중의 먼지에 의해서 취출구의 주변이 더렵혀지는 것

(2) 도달거리 : 취출구에서 0.25 m/s의 풍속이 되는 위치까지의 거리

(3) 강하거리 : 냉풍 및 온풍을 토출할 때 토출구에서 도달거리에 도달하는 동안 일어나는 기류의 강하 및 상승을 말하며, 이를 강하도(drop) 및 최대상승거리 또는 상승도(rise)라 한다.

(4) 등마찰손실법(등압법) : 덕트 1m당 마찰손실과 동일값을 사용하여 덕트 치수를 결정한 것으로 선도 또는 덕트 설계용으로 개발한 계산으로 결정할 수 있다.

---

09. 냉장실의 냉동부하 25200 kJ/h, 냉장실 내 온도를 −20℃로 유지하는 나관 코일식 증발기 천장 코일의 냉각관 길이(m)를 구하시오. (단, 천장 코일의 증발관 내 냉매의 증발온도는 −28℃, 외표면적 0.19 m²/m, 열통과율은 29.4 kJ/m² · h · K이다.) (4점)

해답 냉각관 길이 $= \dfrac{25200}{29.4 \times \{(-20)-(-28)\}} \times \dfrac{1}{0.19} = 563.909 = 563.91$ m

---

10. 프레온계 냉매의 오존층 파괴 문제를 방지하기 위해 대체한 냉매인 이산화탄소 (CO_2, R-744)의 특징 5가지를 쓰시오. (5점)

해답 ① 포화압력이 매우 높아서 냉동장치의 내압성이 커야 한다.

② 다른 냉매에 비해 가스의 비체적이 매우 작아 장치를 소형으로 만들 수 있다.

③ 가정용 에어컨 등으로 보다는 자동차용으로 더욱 적용성이 크다.

④ 냉매의 임계온도가 매우 낮아 (31.06℃) 냉각수의 온도가 충분히 낮지 않으면 응축기에서 응축작용이 일어나지 않는다.

⑤ 가정용 히트펌프 급탕기로 사용할 수 있다. (일본은 상용화되어 있다.)

11. 2단 압축 냉동장치의 운전 조건이 다음의 몰리에르 선도($p-i$)와 같을 때 각 물음에 답하시오. (6점)

┌─────────── [조 건] ───────────┐

1. $i_1 = 1625\,\text{kJ/kg}$

2. $i_2 = 1813\,\text{kJ/kg}$

3. $i_3 = 1671\,\text{kJ/kg}$

4. $i_4 = 1872\,\text{kJ/kg}$

5. $i_5 = i_7 = 536\,\text{kJ/kg}$

6. $i_6 = i_8 = 419\,\text{kJ/kg}$

7. 냉동능력(RT)=5 (1RT=3.9kW)
   $v_1 = 1.55\,\text{m}^3/\text{kg},\ v_3 = 0.63\,\text{m}^3/\text{kg}$

8. 저단측 압축기의 체적효율 : 0.7

9. 고단측 압축기의 체적효율 : 0.8

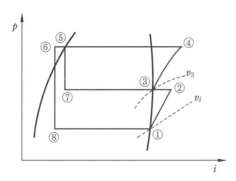

(1) 저단측 압축기의 이론적인 피스톤 압출량(V_{aL})

(2) 고단측 압축기의 이론적인 피스톤 압출량(V_{aH})

해답 (1) 저단측 압축기의 피스톤 압출량(V_{aL})

① 저단 냉매순환량 $G_L = \dfrac{5 \times 3.9 \times 3600}{1625 - 419} = 58.208 ≒ 58.21\,\text{kg/h}$

② 피스톤 압출량 $V_{aL} = \dfrac{58.21 \times 1.55}{0.7} = 128.893 ≒ 128.89\,\text{m}^3/\text{h}$

(2) 고단측 압축기의 피스톤 압출량(V_{aH})

① 고단 냉매순환량 $G_H = 58.21 \times \dfrac{1813 - 419}{1671 - 536} = 71.493 ≒ 71.49\,\text{kg/h}$

② 피스톤 압출량 $V_{aH} = \dfrac{71.49 \times 0.63}{0.8} = 56.298 ≒ 56.30\,\text{m}^3/\text{h}$

12. 다음 그림과 같은 공조장치를 아래의 [조건]으로 냉방 운전할 때 공기 선도를 이용하여 그림의 번호를 공기조화 process에 나타내고, 공기 냉각기에서 냉각열량(kJ/h)과 제습(감습)량(kg/h)을 계산하시오. (단, 환기덕트에 의한 공기의 온도 상승은 무시한다.) (7점)

─────────── [조 건] ───────────

1. 실내 온습도 : 건구온도 26℃, 상대습도 50 %
2. 외기상태 : 건구온도 33℃, 습구온도 27℃
3. 실내 급기량 1000 m³/h　　　4. 취입 외기량 : 급기풍량의 25%
5. 실내와 취출공기의 온도차 : 10℃
6. 송풍기 및 급기덕트에 의한 공기의 온도 상승 : 1℃
7. 공기의 비중량 : 1.2 kg/m³
8. 공기의 정압비열 : 1 kJ/kg·K, 냉각수 비열 4.2 kJ/kg·K
9. $SHF = 0.9$　　　　　　10. 1 kcal = 4.2 kJ

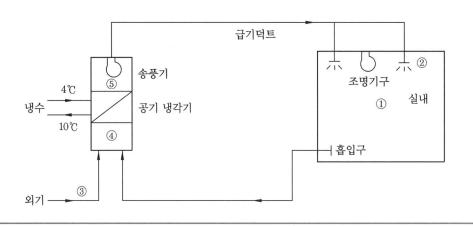

해답 (1) 공기 선도

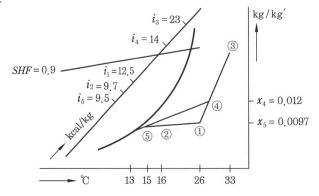

(2) 냉각열량 $q_{cc} = 1000 \times 1.2 \times (14 - 9.5) \times 4.2 = 22680 \, \text{kJ/h}$

(3) 제습량 $L = 1000 \times 1.2 \times (0.012 - 0.0097) = 2.76 \, \text{kg/kg}'$

13. 다음 냉동장치의 배관도를 아래 보기의 부속품을 삽입하여 완성하시오.　　(10점)

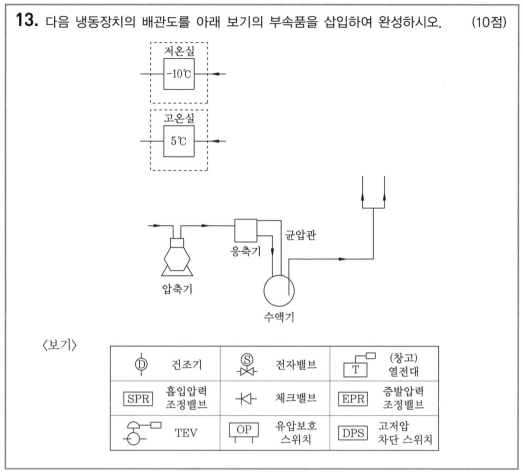

〈보기〉

ⓓ	건조기	Ⓢ	전자밸브	T□	(창고) 열전대
SPR	흡입압력 조정밸브	⫢	체크밸브	EPR	증발압력 조정밸브
TEV	TEV	OP	유압보호 스위치	DPS	고저압 차단 스위치

해답

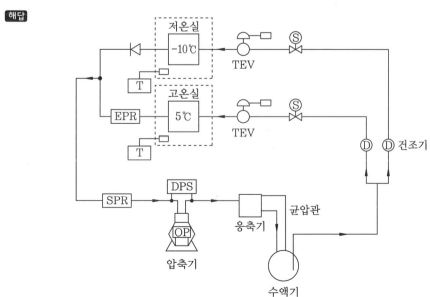

---

14. 다음 응축기의 요목 및 사용 조건에서 유막이 없을 때 열통과율 (k_1)에 비하여 유막이 있을 때 열통과율 (k_2)이 몇 % 정도 감소하는지 계산식을 표시하여 답하시오. (5점)

[응축기의 요목 및 사용 조건]

1. 형식 : 셸 앤 튜브식
2. 표면 열전달률 (냉각수측) $\alpha_w = 2326 \, \text{W/m}^2 \cdot \text{K}$
3. 표면 열전달률 (냉매측) $\alpha_r = 1744 \, \text{W/m}^2 \cdot \text{K}$,   냉각관 두께 $\delta_t = 3.0 \, \text{mm}$
4. 물때의 부착상황 두께 $\delta_s = 0.2 \, \text{mm}$,   열전도율 $\lambda_s = 0.93 \, \text{W/m}^2 \cdot \text{K}$
5. 관재의 열전도율 $\lambda_t = 349 \, \text{W/m}^2 \cdot \text{K}$
6. 유막의 부착상황 두께 $\delta_o = 0.01 \, \text{mm}$,   열전도율 $\lambda_o = 0.14 \, \text{W/m}^2 \cdot \text{K}$

해답 (1) 유막이 없을 때 열통과율

① 열저항 $R_1 = \dfrac{1}{K_1} = \dfrac{1}{2326} + \dfrac{0.2 \times 10^{-3}}{0.93} + \dfrac{0.003}{349} + \dfrac{1}{1744}$

$\qquad\qquad = 0.00122696686 \, \text{m}^2 \cdot \text{K/W}$

② 열통과율 $K_1 = \dfrac{1}{R_1} = 815.017 \fallingdotseq 815.02 \, \text{W/m}^2 \cdot \text{K}$

(2) 유막이 있을 때 열통과율

① 열저항 $R_2 = \dfrac{1}{K_1} = \dfrac{1}{2326} + \dfrac{0.2 \times 10^{-3}}{0.93} + \dfrac{0.003}{349} + \dfrac{0.01 \times 10^{-3}}{0.14} + \dfrac{1}{1744}$

$\qquad\qquad = 0.00129839543 \, \text{m}^2 \cdot \text{K/W}$

② 열통과율 $K_2 = \dfrac{1}{R_2} = 770.181 \fallingdotseq 770.18 \, \text{W/m}^2 \cdot \text{K}$

(3) 감소 비율 $= \dfrac{K_1 - K_2}{K_1} \times 100 = \dfrac{815.02 - 770.18}{815.02} \times 100 = 5.502 \fallingdotseq 5.50 \, \%$

즉, 유막이 있을 때의 열통과율이 5.5% 감소한다.

▶ **2020. 11. 29 시행**　　　　※ 이 문제는 수검자의 기억을 통하여 복원된 것입니다.

01. 다음과 같은 벽체의 열관류율을 구하시오. (단, 외표면 열전달률 $\alpha_o = 23\,\text{W/m}^2\cdot\text{K}$, 내표면 열전달률 $\alpha_i = 9\,\text{W/m}^2\cdot\text{K}$로 한다.)　　　(6점)

재료명	두께 (mm)	열전도율 (W/m²·K)
1. 모르타르	30	1.4
2. 콘크리트	130	1.6
3. 모르타르	20	1.4
4. 스티로폼	50	0.037
5. 석고보드	10	0.21

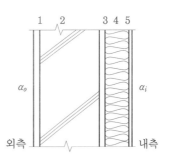

해답 ① 벽체 열저항

$$R = \frac{1}{K} = \frac{1}{23} + \frac{0.03}{1.4} + \frac{0.13}{1.6} + \frac{0.02}{1.4} + \frac{0.05}{0.037} + \frac{0.01}{0.21} + \frac{1}{9} = 1.6702\ \text{m}^2\cdot\text{K/W}$$

② 벽체의 열관류율 $K = \dfrac{1}{R} = 0.598 \fallingdotseq 0.60\,\text{W/m}^2\cdot\text{K}$

02. 900 rpm으로 운전되는 송풍기가 300 m³/min, 전압 40 mmAq, 동력 3.5 kW의 성능을 나타내고 있는 것으로 한다. 이 송풍기의 회전수를 1080 rpm으로 증가시키면 어떻게 되는가를 계산하시오.　　　(6점)

해답 송풍기 상사법칙에 의해서,

① 풍량 $Q_2 = \left(\dfrac{N_2}{N_1}\right) \times Q_1 = \dfrac{1080}{900} \times 300 = 360\ \text{m}^3/\text{min}$

② 전압 $P_2 = \left(\dfrac{N_2}{N_1}\right)^2 \times P_1 = \left(\dfrac{1080}{900}\right)^2 \times 40 = 57.6\ \text{mmAq}$

③ 동력 $L_2 = \left(\dfrac{N_2}{N_1}\right)^3 \times L_1 = \left(\dfrac{1080}{900}\right)^3 \times 3.5 = 6.048 \fallingdotseq 6.05\,\text{kW}$

03. 겨울철에 냉동장치 운전 중에 고압측 압력이 갑자기 낮을 경우 장치 내에서 일어나는 현상을 3가지 쓰고 그 이유를 각각 설명하시오.　　　(6점)

해답 ① 현상 : 냉동장치의 각 부가 정상임에도 불구하고 냉각이 불충분하여진다.
－ 이유 : 응축기 냉각 공기온도가 낮아짐으로 응축압력이 낮아지는 것이 원인이다.

② 현상 : 냉매순환량이 감소한다.
  - 이유 : 증발압력이 일정한 상태에서 고저압의 차압이 적어서 팽창밸브 능력이 감소
    하는 것이 원인이다.
③ 현상 : 단위능력당 소요동력 증가
  - 이유 : 냉동능력에 알맞은 냉매량을 확보하지 못하므로 운전시간이 길어지는 것이
    원인이다.

> **참고** [대책]
> ① 냉각풍량을 감소시켜 응축압력을 높인다.
> ② 액냉매를 응축기에 고이게 함으로써 유효 냉각 면적을 감소시킨다.
> ③ 압축기 토출가스를 압력제어 밸브를 통하여 수액기로 바이패스시킨다.

---

04. 다음과 같은 공조 시스템에 대해 계산하시오.   (10점)

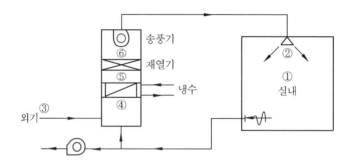

- 실내온도 : 25℃, 실내 상대습도 : 50 %
- 외기온도 : 31℃, 외기 상대습도 : 60 %
- 실내급기풍량 : 6000 m³/h, 취입외기풍량 : 1000 m³/h, 공기비중량 : 1.2 kg/m²
- 취출공기온도 : 17℃, 공조기 송풍기 입구온도 : 16.5℃
- 공기냉각기 냉수량 : 1.4 L/s, 냉수입구온도 (공기냉각기) : 6℃, 냉수출구온도 (공기냉각기) : 12℃
- 재열기(전열기) 소비전력 : 5 kW
- 공조기 입구의 환기온도는 실내온도와 같다.
- 공기와 냉수의 정압비열은 1.008, 4.2 kJ/kg·K이다.

(1) 실내 냉방 현열부하 (kJ/h)를 구하시오.
(2) 실내 냉방 잠열부하 (kJ/h)를 구하시오.

해답 (1) 실내 냉방 현열부하 $= 6000 \times 1.2 \times 1.008 \times (25-17) = 58060.8 \, \text{kJ/h}$

(2) 실내 냉방 잠열부하

① 혼합공기온도 $t_4 = \dfrac{(5000 \times 25) + (1000 \times 31)}{6000} = 26℃$

② 냉각 코일 부하 $q_{cc} = (1.4 \times 3600) \times 4.2 \times (12-6) = 127008 \, \text{kJ/h}$

③ 냉각 코일 출구 엔탈피 $i_5 = 13 \times 4.2 - \dfrac{127008}{6000 \times 1.2} = 36.96 \, \text{kJ/kg}$

④ 냉각 코일 출구온도 $t_5 = 16.5 - \dfrac{5 \times 3600}{6000 \times 1.2 \times 1.008} = 14.019 ≒ 14.10 \, ℃$

⑤ 습공기 선도를 그리면 다음과 같다.

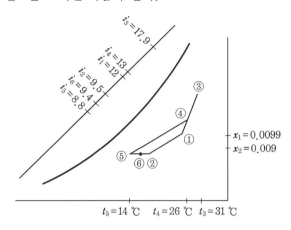

⑥ 잠열부하 $= 6000 \times 1.2 \times 597.3 \times 4.2 \times (0.0099 - 0.009)$
$= 16256.116 ≒ 16256.12 \, \text{kJ/h}$

---

05. 주어진 조건을 이용하여 R−12 냉동기의 (1) 이론 피스톤 압출량(m³/h), (2) 냉동능력(kW), (3) 성적계수(COP)를 구하시오. (8점)

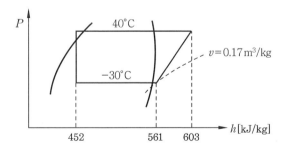

- 실린더 지름 : 80mm
- 행정거리 : 90mm
- 회전수 : 1200rpm
- 체적효율 : 70%
- 기통수 : 4
- 압축효율 : 82%
- 기계효율 : 90%

[해답] (1) 이론 피스톤 압출량 $V = \dfrac{\pi}{4} \times 0.08^2 \times 0.09 \times 4 \times 1200 \times 60$

$= 130.222 ≒ 130.22 \, \text{m}^3/\text{h}$

(2) 냉동능력 $R = \dfrac{130.22}{0.17} \times 0.7 \times (561 - 452) \times \dfrac{1}{3600} = 16.234 ≒ 16.23 \, \text{kW}$

(3) 성적계수 $COP = \dfrac{16.23 \times 3600}{\dfrac{130.22}{0.17} \times 0.7 \times (603 - 561)} \times 0.82 \times 0.9 = 1.914 ≒ 1.91$

06. 다음 도면과 같은 온수난방에 있어서 리버스 리턴 방식에 의한 배관도를 완성하시 오. (단, A, B, C, D는 방열기를 표시한 것이며, 온수공급관은 실선으로, 귀환관은 점선으로 표시하시오.) (10점)

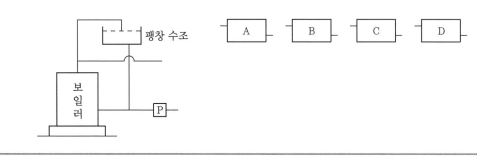

해답

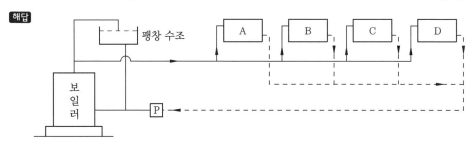

07. 다음과 같은 건물의 A실에 대하여 아래 조건을 이용하여 각 물음에 답하시오. (단, 실 A는 최상층으로 사무실 용도이며, 아래층의 난방 조건은 동일하다.) (10점)

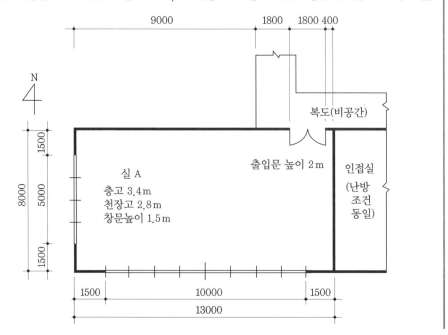

[조 건]

1. 난방 설계용 온·습도

	난방	비고
실내	20℃ DB, 50 % RH, $x = 0.00725\,\mathrm{kg/kg}$	비공조실은 실내·외의
외기	-5℃ BD, 70 % RH, $x = 0.00175\,\mathrm{kg/kg}$	중간 온도로 약산함

2. 유리 : 복층유리(공기층 6 mm), 블라인드 없음, 열관류율 $K = 12.6\,\mathrm{kJ/m^2 \cdot h \cdot K}$
출입문 : 목제 플래시문, 열관류율 $K = 7.98\,\mathrm{kJ/m^2 \cdot h \cdot K}$
3. 공기의 비중량 $\gamma = 1.2\,\mathrm{kg/m^3}$
공기의 정압비열 $C_{pe} = 1.008\,\mathrm{kJ/kg \cdot K}$
수분의 증발잠열(상온) $E_a = 2507.4\,\mathrm{kJ/kg}$
100℃ 물의 증발잠열 $E_b = 2263.8\,\mathrm{kJ/kg}$
4. 외기 도입량은 25 m³/h·인이다.
5. 외벽 열관류율 : $2.016\,\mathrm{kJ/m^2 \cdot h \cdot K}$
6. 내벽 열관류율 : $10.878\,\mathrm{kJ/m^2 \cdot h \cdot K}$, 지붕 열관류율 : $1.764\,\mathrm{kJ/m^2 \cdot h \cdot K}$

※ 다음 난방부하를 구하시오. (kJ/h)

(1) 서측 : ① 외벽   ② 유리창
(2) 남측 : ① 외벽   ② 유리창
(3) 북측 외벽
(4) 지붕
(5) 내벽 (북측 칸막이)
(6) 출입문

해답 (1) 서측
① 외벽 $= 2.016 \times \{(8 \times 3.4) - (5 \times 1.5)\} \times \{20 - (-5)\} \times 1.1$
$= 1092.168 ≒ 1092.17\,\mathrm{kJ/h}$
② 유리창 $= 12.6 \times (5 \times 1.5) \times \{20 - (-5)\} \times 1.1 = 2598.75\,\mathrm{kJ/h}$
(2) 남측
① 외벽 $= 2.016 \times \{(13 \times 3.4) - (10 \times 1.5)\} \times \{20 - (-5)\} \times 1.0 = 1471.68\,\mathrm{kJ/h}$
② 유리창 $= 12.6 \times (10 \times 1.5) \times \{20 - (-5)\} \times 1.0 = 4725\,\mathrm{kJ/h}$
(3) 북측 외벽 $= 2.016 \times (9 \times 3.4) \times \{20 - (-5)\} \times 1.2 = 1850.688 ≒ 1850.69\,\mathrm{kJ/h}$
(4) 지붕 $= 1.764 \times (8 \times 13) \times \{20 - (-5)\} \times 1.2 = 5503.68\,\mathrm{kJ/h}$
(5) 내벽 (북측 칸막이) $= 10.878 \times \{(4 \times 2.8) - (1.8 \times 2)\} \times \left\{20 - \dfrac{20 + (-5)}{2}\right\}$
$= 1033.41\,\mathrm{kJ/h}$
(6) 출입문 $= 7.98 \times (1.8 \times 2) \times \left\{20 - \dfrac{20 + (-5)}{2}\right\} = 359.1\,\mathrm{kJ/h}$

08. 흡수식 냉동장치에서 응축기 발열량이 50400 kJ/h이고 흡수기에 공급되는 냉각수량이 1200 kg/h이며 냉각수 온도차가 8℃일 때 냉동능력 2 RT를 얻기 위하여 발생기에서 가열하는 열량을 구하시오. (1 RT는 13944 kJ/h) (5점)

해답 열균형 $Q_e + Q_g = Q_a + Q_c =$ 흡열량 = 방열량 식에서

① 흡수기에서 제거하는 열량 $Q_a = 1200 \times 4.2 \times 8 = 40320$ kJ/h

② 발생기 가열량 $Q_g = (Q_a + Q_c) - Q_e$

$$= (40320 + 50400) - (2 \times 13944) = 62832 \text{ kJ/h}$$

09. ①의 공기상태 $t_1 = 25℃$, $x_1 = 0.022$ kg/kg′, $h_1 = 91.98$ kJ/kg, ②의 공기상태 $t_2 = 22℃$, $x_2 = 0.006$ kg/kg′, $h_2 = 37.8$ kJ/kg일 때 공기 ①을 25%, 공기 ②를 75%로 혼합한 후의 공기 ③의 상태(t_3, x_3, h_3)를 구하고, 공기 ①과 공기 ③ 사이의 열수분비를 구하시오. (8점)

해답 (1) 혼합 후 공기 ③의 상태

• 혼합 온도 $t_3 = (0.25 \times 25) + (0.75 \times 22) = 22.75℃$

• 혼합 절대습도 $x_3 = (0.25 \times 0.022) + (0.75 \times 0.006) = 0.01$ kg/kg′

• 혼합 엔탈피 $h_3 = (0.25 \times 91.98) + (0.75 \times 37.8) = 51.345 ≒ 51.35$ kJ/kg

(2) 열수분비 $u = \dfrac{h_1 - h_3}{x_1 - x_3} = \dfrac{91.98 - 51.35}{0.022 - 0.01} = 3385.833 ≒ 3385.83$ kJ/kg

10. 매 시간마다 40 ton의 석탄을 연소시켜서 80 kg/cm², 온도 400℃의 증기를 매 시간 25 ton 발생시키는 보일러의 효율은 얼마인가? (단, 급수 엔탈피 504 kJ/kg, 발생증기 엔탈피 3360 kJ/kg, 석탄의 저발열량 23100 kJ/kg이다.) (4점)

해답 효율 $\eta = \dfrac{250000 \times (3360 - 504)}{40000 \times 23100} = 0.77272 ≒ 77.27\%$

11. 다음과 같은 조건 하에서 횡형 응축기를 설계하고자 한다. 냉동능력 10 kW당 응축기 전열면적(m²)은 얼마인가? (단, 방열계수 1.2, 응축온도 35℃, 냉각수 입구온도 28℃, 냉각수 출구온도 32℃, 응축온도와 냉각수 평균온도의 차 5℃, $K = 1.05$ kW/m²·K이다.) (5점)

해답 전열면적 $= \dfrac{10 \times 1.2}{1.05 \times \left(35 - \dfrac{28+32}{2}\right)} = 2.2857 ≒ 2.29 \text{ m}^2$

12. 아래와 같은 덕트계에서 각 부의 덕트 치수를 구하고, 송풍기 전압 및 정압을 구하시오. (6점)

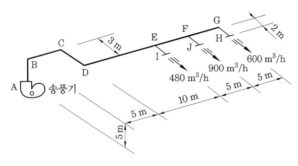

─── [조건] ───

1. 취출구 손실은 각 2 mmAq이고, 송풍기 출구풍속은 8 m/s이다.
2. 직관 마찰손실은 0.1 mmAq/m로 한다.
3. 곡관부 1개소의 상당길이는 원형 덕트(지름)의 20배로 한다.
4. 각 기기의 마찰저항은 다음과 같다.
   에어필터 : 10 mmAq, 공기냉각기 : 20 mmAq, 공기가열기 : 7 mmAq
5. 원형 덕트에 상당하는 사각형 덕트의 1변 길이는 20 cm로 한다.
6. 풍량에 따라 제작 가능한 덕트의 치수표

풍량 (m³/h)	원형 덕트 지름 (mm)	사각형 덕트 치수 (mm)
2500	380	650×200
2200	370	600×200
1900	360	550×200
1600	330	500×200
1100	280	400×200
1000	270	350×200
750	240	250×200
560	220	200×200

(1) 각 부의 덕트 치수를 구하시오.

구간	풍량 (m³/h)	원형 덕트 지름 (mm)	사각 덕트 치수 (mm)
A−E			
E−F			
F−H			
F−J			

(2) 송풍기 전압 (mmAq)을 구하시오.

(3) 송풍기 정압 (mmAq)을 구하시오.

해답 (1) 각 부의 덕트 치수

구간	풍량 (m³/h)	원형 덕트 지름 (mm)	사각 덕트 치수 (mm)
A−E	1980	370	600×200
E−F	1500	330	500×200
F−H	600	240	250×200
F−J	900	270	350×200

(2) 송풍기 전압

① 직통 덕트 손실 $= \{(5 \times 4) + 10 + 3 + 2\} \times 0.1 = 3.5 \, \text{mmAq}$

② B, C, D 곡부손실 $= (20 \times 0.37 \times 3) \times 0.1 = 2.22 \, \text{mmAq}$

③ G 곡부손실 $= (20 \times 0.24) \times 0.1 = 0.48 \, \text{mmAq}$

④ 송풍기 전압 $= (3.5 + 2.22 + 0.48 + 2) - \{-(10 + 20 + 7)\} = 45.2 \, \text{mmAq}$

(3) 송풍기 정압 $= 45.2 - \dfrac{8^2}{2 \times 9.8} \times 1.2 = 41.2816 \fallingdotseq 41.282 \, \text{mmAq}$

---

13. 온도식 자동팽창밸브의 감온통의 설치 위치 및 외부균압관의 인출 위치를 바르게 도시하고, 그 이유를 설명하시오. (8점)

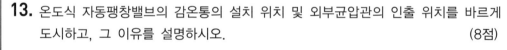

증발기

디스트리뷰터

흡입관

해답 (1) 설치 위치

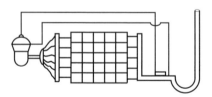

(2) 이유

① 흡입가스의 과열도를 정확히 감지하기 위해서는 감온통의 부착 위치는 액 냉매나 윤활유가 체류하지 않은 곳을 선정해야 하며, 흡입관이 입상할 경우의 배관은 액

트랩을 설치하고 있으므로 유의해야 한다.

② 증발기 냉각관에서 압력 강하가 심한 경우에는 외부균압형 T.E.V를 사용하며, 외부균압관의 인출 위치는 최대 압력 강하 지점인 감온통의 설치 위치를 지난 흡입관 상부에 접속한다. 즉, 팽창밸브 출구에서 감온통 부착 지점까지의 총 압력 강하의 영향을 해소하기 위한 위치를 선정한다.

---

14. R-22를 사용하는 2단 압축 1단 팽창 냉동장치가 있다. 압축기는 저단, 고단 모두 건조포화증기를 흡입하여 압축하는 것으로 하고, 운전상태에 있어서의 장치 주요 냉매값이 다음과 같을 때 다음 물음에 답하시오. (8점)

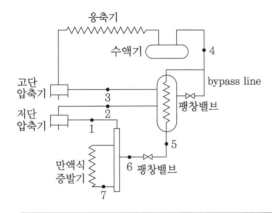
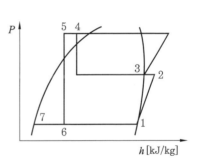

1. 냉동능력 : 200 kW
2. 증발압력에서의 포화액의 엔탈피 : 380 kJ/kg
3. 증발압력에서의 건조포화증기의 엔탈피 : 610 kJ/kg
4. 중간냉각기 입구의 냉매액의 엔탈피 : 452 kJ/kg
5. 중간냉각기 출구의 냉매액의 엔탈피 : 425 kJ/kg
6. 중간압력에서의 건조포화증기의 엔탈피 : 627 kJ/kg
7. 저단 압축기 토출가스 엔탈피 : 643 kJ/kg

(1) 냉동 효과 (kJ/kg)
(2) 저단 냉매 순환량 (kg/s)
(3) 중간냉각기로 바이패스되어 고단 압축기로 들어가는 냉매질량 (kg/s)

해답 (1) 냉동 효과 $= 610 - 425 = 185$ kJ/kg

(2) 저단 냉매 순환량 $= \dfrac{200}{185} = 1.081 ≒ 1.08$ kg/s

(3) 바이패스 냉매량 $= 1.08 \times \dfrac{(643-627)+(452-425)}{627-452} = 0.265 ≒ 0.27$ kg/s

2021년도 시행 문제

01. 다음과 같은 공기조화기를 통과할 때 공기상태 변화를 공기 선도 상에 나타내고 번호를 쓰시오. (4점)

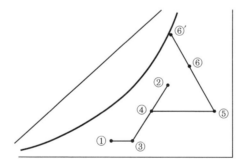

해답

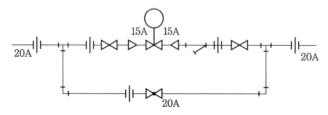

02. 다음 감압밸브 주위 배관도를 보고 수량 및 규격을 산출하시오.

명칭	단위	규격	수량
감압 밸브	개		
글로브 밸브	개		
슬루스 밸브	개		
리듀서	개		
스트레이너	개		
엘보	개		
티	개		
유니언	개		

해답

명칭	단위	규격	수량
감압 밸브	개	20×15×20	1
글로브 밸브	개	20	1
슬루스 밸브	개	20	2
리듀서	개	20×15	2
스트레이너	개	20	1
엘보	개	20	2
티	개	20	2
유니언	개	20	5

03. 다음과 같은 온수난방설비에서 각 물음에 답하시오. (단, 방열기 입출구 온도차는 10℃, 국부저항 상당관 길이는 직관길이의 50 %, 1 m당 마찰손실수두는 15 mmAq , 물의 정압비열은 4.2 kJ/kg · K이다.) (9점)

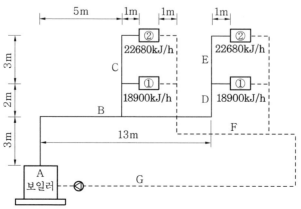

(1) 순환펌프의 전마찰손실수두(mmAq)를 구하시오. (단, 환수관의 길이는 30 m이다.)

(2) ①과 ②의 온수순환량(L/min)을 구하시오.

(3) 각 구간의 온수순환수량을 구하시오.

구간	B	C	D	E	F	G
순환수량 (L/min)						

해답 (1) 전마찰손실수두

$$H = (3+13+2+3+1+30) \times 1.5 \times 15 = 1170 \text{ mmAq}$$

(2) ①과 ②의 온수순환량

- ①의 온수순환량 $= \dfrac{18900}{4.2 \times 10 \times 60} = 7.5 \text{ kg/min} = 7.5 \text{ L/min}$

- ②의 온수순환량 $= \dfrac{22680}{4.2 \times 10 \times 60} = 9 \text{ kg/min} = 9 \text{ L/min}$

- 합계수량 $= 7.5 + 9 = 16.5 \text{ L/min}$

(3) 구간의 온수순환량

구간	B	C	D	E	F	G
순환수량 (L/min)	33	9	16.5	9	16.5	33

04. 피스톤 토출량이 $100 \text{ m}^3/\text{h}$ 냉동장치에서 A사이클 (1-2-3-4)로 운전하다 증발온도가 내려가서 B사이클 (1'-2'-3-4')로 운전될 때 B사이클의 냉동능력과 소요동력을 A사이클과 비교하시오. (7점)

비체적 $v_1 = 0.85 \text{ m}^3/\text{kg}$

$v_1' = 1.2 \text{ m}^3/\text{kg}$

$h_1 = 630 \text{ kJ/kg}$

$h_1' = 621.6 \text{ kJ/kg}$

$h_2 = 676.2 \text{ kJ/kg}$

$h_2' = 693 \text{ kJ/kg}$

$h_3 = 457.8 \text{ kJ/kg}$

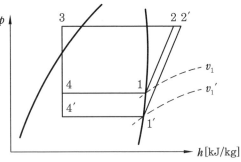

	체적효율(η_v)	기계효율(η_m)	압축효율(η_c)
A사이클	0.78	0.9	0.85
B사이클	0.72	0.88	0.79

해답 (1) 냉동능력 $R = \dfrac{V}{v}\eta_v \cdot q_e$ 식에서

① A사이클 $R_A = \dfrac{100}{0.85} \times 0.78 \times (630 - 457.8) = 15801.878 = 15801.88 \text{ kJ/h}$

② B사이클 $R_B = \dfrac{100}{1.2} \times 0.72 \times (621.6 - 457.8) = 9828 \text{ kJ/h}$

③ B사이클의 냉동능력이 A사이클보다 작다.

(2) 소요동력 $N = \dfrac{V}{v}\eta_v \cdot \dfrac{A_W}{\eta_m \cdot \eta_C}$ 식에서

① A사이클 $N_A = \dfrac{100}{0.85} \times 0.78 \times \dfrac{676.2 - 630}{0.9 \times 0.85} = 5541.866 = 5541.87 \text{ kJ/h}$

② B사이클 $N_B = \dfrac{100}{1.2} \times 0.72 \times \dfrac{693 - 621.6}{0.88 \times 0.79} = 6162.252 = 6162.25 \text{ kJ/h}$

③ B사이클의 소요동력이 A사이클보다 크다.

---

05. 냉동장치에 사용되고 있는 NH_3와 $R-22$ 냉매의 특성을 비교하여 빈칸에 기입하시오. (8점)

비교 사항	암모니아	$R-22$
대기압상태에서 응고점 고저	①	②
수분과의 용해성 대소	③	④
폭발성 및 가연성 유무	⑤	⑥
누설발견의 난이	⑦	⑧
독성의 여부	⑨	⑩
동에 대한 부식성 대소	⑪	⑫
윤활유와 분리성	⑬	⑭
1냉동톤당 냉매순환량의 대소	⑮	⑯

해답 ① 고, ② 저, ③ 대, ④ 소, ⑤ 유, ⑥ 무, ⑦ 이 (쉽다), ⑧ 난 (어렵다), ⑨ 있다, ⑩ 없다, ⑪ 대, ⑫ 소, ⑬ 분리, ⑭ 용해, ⑮ 소, ⑯ 대

---

06. 냉동장치에 사용하는 액분리기에 대하여 다음 물음에 답하시오. (6점)

(1) 설치 목적 (2) 설치 위치

해답 (1) 흡입가스 중의 액냉매를 분리하여 냉매 증기만 압축기로 흡입시킴으로써 액압축(liquid back)을 방지하여 압축기 운전을 안전하게 한다.

(2) 증발기와 압축기 사이에서 증발기 최상부보다 흡입관을 150mm 이상 입상시켜서 설치한다.

07. 다음 [조건]과 같은 사무실 A, B에 대해 물음에 답하시오. (15점)

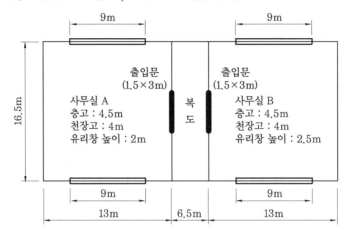

[조건]

1.

종류 사무실	실내부하 (kcal/h)			기기부하 (kcal/h)	외기부하 (kcal/h)
	현열	잠열	전열		
A	14380	1710	16090	3050	6720
B	10770	1020	11790	2110	5150
계	25150	2730	27880	5160	11870

2. 상·하층은 동일한 공조 조건이다.

3. 덕트에서의 열취득은 없는 것으로 한다.

4. 중앙공조 system이며 냉동기+AHU에 의한 전공기 방식이다.

5. 공기의 비중량은 $1.2\,\mathrm{kg/m^3}$, 정압비열은 $1.008\,\mathrm{kJ/kg\cdot K}$이다.

6. 조건에서 열량과 $p-h$ 선도 엔탈피 1 kcal는 4.2 kJ로 환산한다.

(1) A, B 사무실의 실내 취출온도차가 11℃일 때 각 사무실의 풍량($\mathrm{m^3/h}$)을 구하시오.

(2) AHU 냉각 코일의 열전달률 $K=3360\,\mathrm{kJ/m^2\cdot h\cdot K}$, 냉수의 입구온도 5℃, 출구온도 10℃, 공기의 입구온도 26.3℃, 출구온도 16℃, 코일 통과면풍속은 2.5 m/s 이고 대향류 열교환을 할 때 A, B 사무실 총계부하에 대한 냉각 코일의 열수(Row)를 구하시오.

(3) 다음 물음에 답하시오. (단, 펌프 및 배관부하는 냉각 코일 부하의 5 %이고 냉동기의 응축온도는 40℃, 증발온도 0℃, 과열 및 냉각도 5℃, 압축기의 체적효율 0.8, 회전수 1800 rpm, 기통수 6이다.)

① A, B 사무실 총계부하에 대한 냉동기 부하를 구하시오.

② 이론 냉매순환량(kg/h)을 구하시오.

③ 피스톤의 행정체적($\mathrm{m^3}$)을 구하시오.

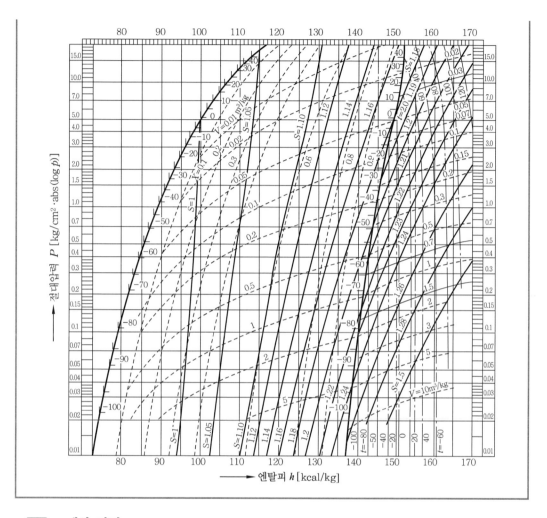

해답 • 계산 과정

(1) A, B 사무실 풍량

① A 사무실 풍량 $Q_A = \dfrac{14380 \times 4.2}{1.2 \times 1.008 \times 11} = 4539.141 ≒ 4539.14 \ \mathrm{m^3/h}$

② B 사무실 풍량 $Q_B = \dfrac{10770 \times 4.2}{1.2 \times 1.008 \times 11} = 3399.621 ≒ 3399.62 \ \mathrm{m^3/h}$

(2) 냉각 코일의 열수

① 대수평균 온도차$= \dfrac{(26.3-10)-(16-5)}{\ln\dfrac{26.3-10}{16-5}} = 13.476 ≒ 13.48 ℃$

② 전면적$= \dfrac{4539.14 + 3399.62}{2.5 \times 3600} = 0.882 ≒ 0.88 \ \mathrm{m^2}$

③ 열수$= \dfrac{(27880 + 5160 + 11870) \times 4.2}{3360 \times 0.88 \times 13.48} = 4.739 = 5 \ 열$

> **참고**
> 1. 전면적 $A = \dfrac{Q}{3600\,V}$
>
> 2. 물량 $G_W = \dfrac{q_{cc}}{t_{w2} - t_{w1}}$
>
> 3. 수속 $V_w = \dfrac{a \cdot G_w}{n}$
>
> 4. 열수 $N = \dfrac{q_{cc}}{k \cdot A \cdot F_w \cdot MTD}$
>
> V : 공기속도(m/s), n : 관수, a : 계수, k : 열통과율, F_w : 습한 계수

(3) $P-i$ 선도를 그리면

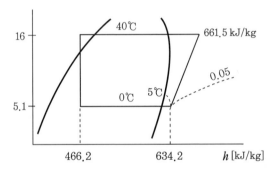

① 냉동부하 $= (27880 + 5160 + 11870) \times 4.2 \times 1.05 = 198053.1 \text{ kJ/h}$

② 이론 냉매순환량 $= \dfrac{198053.1}{634.2 - 466.2} = 1178.887 ≒ 1178.89 \text{ kg/h}$

③ 피스톤의 행정체적

 ㈎ 피스톤 토출량 $= \dfrac{1178.89 \times 0.05}{0.8} = 73.6806 ≒ 73.68 \text{ m}^3/\text{h}$

 ㈏ 행정체적 $= \dfrac{73.68}{6 \times 1800 \times 60} = 1.137 \times 10^{-4} ≒ 1.14 \times 10^{-4} \text{ m}^3$

---

08. 냉동장치 각 기기의 온도변화 시에 이론적인 값이 상승하면 ○, 감소하면 ×, 무관하면 △을 하시오. (5점)

상태변화＼온도변화	응축온도 상승	증발온도 상승	과열도 증가	과냉각도 증가
성적계수				
압축기 토출가스온도				
압축 일량				
냉동효과				
압축기 흡입가스 비체적				

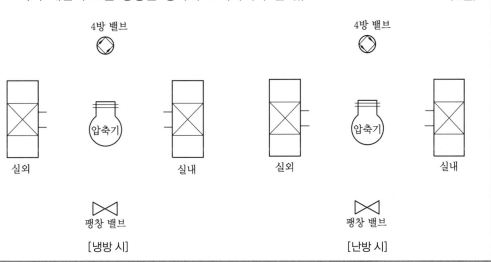

해답

온도변화 상태변화	응축온도 상승	증발온도 상승	과열도 증가	과냉각도 증가
성적계수	×	○	○	○
압축기 토출가스온도	○	×	○	△
압축 일량	○	×	△	△
냉동효과	×	○	○	○
압축기 흡입가스 비체적	△	×	○	△

09. 다음 주어진 공기−공기, 냉매회로 절환방식 히트펌프의 구성요소를 연결하여 냉방시와 난방시 각각의 배관흐름도(flow diagram)를 완성하시오. (단, 냉방 및 난방에 따라 배관의 흐름 방향을 정확히 표기하여야 한다.) (6점)

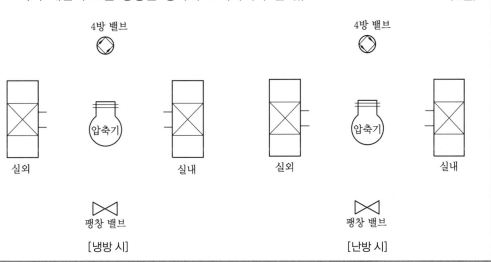

해답

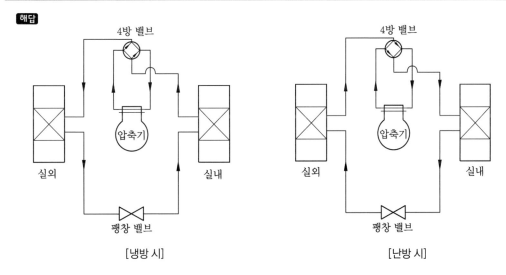

---

10. 20 m(가로)×50 m(세로)×4 m(높이)의 냉동공장에서 주어진 설계조건으로 300 t/d의 얼음(−15℃)을 생산하는 경우 다음 각 물음에 답하시오. (14점)

───── [조건] ─────

1. 원수온도 : 20℃   2. 실내온도 : −20℃
3. 실외온도 : 30℃   4. 환기 : 0.3회/h
5. 형광등 : 15 W/m²   6. 실내 작업인원 : 15명(발열량 : 1344 kJ/h · 인)
7. 실외 측 열전달계수 : 20 W/m² · K
8. 실내 측 열전달계수 : 8 W/m² · K
9. 잠열부하 및 바닥면으로부터의 열손실은 무시한다.
10. 물의 비열은 4.19 kJ/kg · K, 얼음의 비열은 2.1 kJ/kg · K이고 응고 잠열은 333.9 kJ/kg이다.
11. 건물 구조

구조	종류	두께 (m)	열전도율 (W/m² · K)	구조	종류	두께 (m)	열전도율 (W/m² · K)
벽	모르타르	0.01	1.3	천장	모르타르	0.01	1.3
	블록	0.2	0.93		방수층	0.012	0.24
	단열재	0.025	0.06		콘크리트	0.12	1.3
	합판	0.006	0.1		단열재	0.025	0.06

(1) 벽 및 천장의 열통과율(W/m² · K)을 구하시오.
 ① 벽   ② 천장
(2) 제빙부하(kJ/h)를 구하시오.
(3) 벽체부하(kJ/h)를 구하시오.
(4) 천장부하(kJ/h)를 구하시오.
(5) 환기부하(kJ/h)를 구하시오.
(6) 조명부하(kJ/h)를 구하시오.
(7) 인체부하(kJ/h)를 구하시오.

해답 (1) ① 벽의 열저항 $R = \dfrac{1}{K} = \dfrac{1}{20} + \dfrac{0.01}{1.3} + \dfrac{0.2}{0.93} + \dfrac{0.025}{0.06} + \dfrac{0.006}{0.1} + \dfrac{1}{8}$

벽의 열통과율 $K = \dfrac{1}{R} = 1.1436 \fallingdotseq 1.14 \text{ W/m}^2 \cdot \text{K}$

② 천장 열저항 $R = \dfrac{1}{K} = \dfrac{1}{20} + \dfrac{0.01}{1.3} + \dfrac{0.012}{0.24} + \dfrac{0.12}{1.3} + \dfrac{0.025}{0.06} + \dfrac{1}{8}$

천장 열통과율 $K = \dfrac{1}{R} = 1.348 \fallingdotseq 1.35 \text{ W/m}^2 \cdot \text{K}$

(2) 제빙부하 $= \dfrac{300000}{24} \times \{(20 \times 4.19) + 333.9 + (15 \times 2.1)\} = 5615000 \, \mathrm{kJ/h}$

(3) 벽체부하 $= 1.14 \times \dfrac{3600}{1000} \times \{(20 \times 4 \times 2) + (50 \times 4 \times 2)\} \times \{30 - (-20)\}$

$\qquad\qquad = 114912 \, \mathrm{kJ/h}$

(4) 천장부하 $= 1.35 \times \dfrac{3600}{1000} \times (20 \times 50) \times \{30 - (-20)\} = 243000 \, \mathrm{kJ/h}$

(5) 환기부하 $= \{(0.3 \times 20 \times 50 \times 4) \times 1.2\} \times 1 \times \{30 - (-20)\} = 72000 \, \mathrm{kJ/h}$

(6) 조명부하 $= (20 \times 50 \times 15) \times \dfrac{1}{1000} \times 4190 = 62850 \, \mathrm{kJ/h}$

(7) 인체부하 $= 15 \times 1344 = 20160 \, \mathrm{kJ/h}$

> **참고** 냉동능력 $= 5615000 + 114912 + 243000 + 72000 + 62850 + 20160 = 6127922 \, \mathrm{kJ/h}$

---

11. 냉동장치에서 액압축을 방지하기 위하여 운전 조작 시 주의해야 할 사항 3가지를 쓰시오. (9점)

해답 ① 냉동기 기동시에 흡입지변을 서서히 열어서 조작한다.
② 운전 중 팽창변 개구부를 부하량에 맞게 적절히 조정하여 압축기 액흡입을 방지한다.
③ 운전 중 냉각코일 (증발기)의 적상에 의한 전열방해를 최소화하여 압축기 액흡입을 방지한다. 즉, 적상에 주의하고 제상작업을 하여 전열효과를 양호하게 한다.

---

12. 냉동장치에 설치하는 수액기(liquid receiver)에 대하여 다음 물음에 답하시오. (9점)
(1) 설치위치
(2) 역할
(3) NH_3 냉동장치의 표준용량

해답 (1) 응축기와 팽창밸브 사이 고압액관에 설치한다.
(2) 장치를 순환하는 냉매를 일시 저장하여 증발기의 부하변동에 대응하여 냉매공급을 원활하게 하며, 냉동기 정지 시에 냉매를 회수하여 안전한 운전을 하게 한다.
(3) 냉매 충전량을 1 RT당 15 kg으로 하고 그 충전량의 $\dfrac{1}{2}$ 을 저장할 수 있는 것을 표준으로 한다.

▶ 2021. 7. 11 시행　　　※ 이 문제는 수검자의 기억을 통하여 복원된 것입니다.

01. 다음의 공기조화 장치도는 외기의 건구온도 및 절대습도가 각각 32℃와 0.020 kg/kg′, 실내의 건구온도 및 상대습도가 각각 26℃와 50 %일 때 여름의 냉방운전을 나타낸 것이다. 실내 현열 및 잠열부하가 120960 kJ/h와 40320 kJ/h이고 실내 취출 공기온도 20℃, 재열기 출구 공기온도 19℃, 공기냉각기 출구온도가 15℃일 때 다음 물음에 답하시오. (단, 외기량은 환기량의 $\frac{1}{3}$ 이고, 공기의 정압비열은 1.008 kJ/kg · K이며, 습공기 선도의 엔탈피 1 kcal는 4.2 kJ로 환산하고 환기의 온도 및 습도는 실내공기와 동일하다.)　(10점)

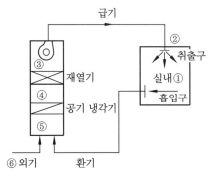

(1) 장치도의 각 점을 습공기 선도에 나타내시오.
(2) 실내 송풍량(급기량)을 구하시오.
(3) 취입 외기량을 구하시오.
(4) 공기냉각기이 냉가 감습 열량을 구하시오.
(5) 재열기의 가열량을 구하시오.

해답 (1) 장치도의 습공기 선도

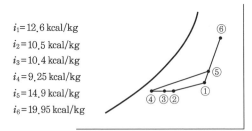

$i_1 = 12.6$ kcal/kg
$i_2 = 10.5$ kcal/kg
$i_3 = 10.4$ kcal/kg
$i_4 = 9.25$ kcal/kg
$i_5 = 14.9$ kcal/kg
$i_6 = 19.95$ kcal/kg

① $SHF = \dfrac{120960}{120960 + 40320} = 0.75$

② $t_5 = 26 \times \dfrac{2}{3} + 32 \times \dfrac{1}{3} = 28\,℃$

(2) 실내 송풍량(급기량) $Q = \dfrac{120960}{1.008 \times (26 - 20)} = 20000$ kg/h

(3) 취입 외기량 $= 20000 \times \dfrac{1}{3} = 6666.666 ≒ 6666.67$ kg/h

(4) 냉각 감습 열량 $= 20000 \times (14.9 - 9.25) \times 4.2 = 474600$ kJ/h

(5) 재열기 가열량 $= 20000 \times (10.4 - 9.25) \times 4.2 = 96600$ kJ/h

02. 다음과 같이 주어진 설계조건을 이용하여 사무실 각 부분에 대하여 손실열량을 구하시오.　　　　　　　　　　　　　　　　　　　　　　　　　　　　　(9점)

[설계조건]

- 설계온도(℃) : 실내온도 20℃, 실외온도 0℃, 인접실온도 20℃, 복도온도 10℃, 상층온도 20℃, 하층온도 6℃
- 열통과율(W/m²·K) : 외벽 3.2, 내벽 3.5, 바닥 1.9, 유리(2중) 2.2, 문 3.5
- 방위계수
  - 북쪽, 북서쪽, 북동쪽 : 1.15　　　　 - 동남쪽, 남서쪽 : 1.05
  - 동쪽, 서쪽 : 1.10　　　　　　　　 - 남쪽 : 1.0
- 환기횟수 : 0.5회/h
- 천장 높이와 층고는 동일하게 간주한다.
- 공기의 정압비열 : 1 kJ/kg·K, 공기의 비중량 : 1.2 kg/m³

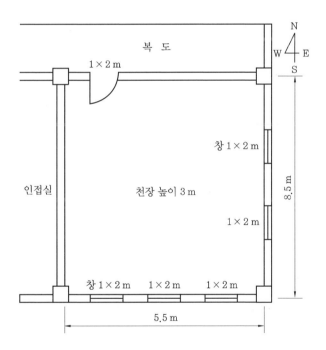

(1) 유리창으로 통한 손실열량(kJ/h)을 구하시오.
　① 남쪽　　② 동쪽
(2) 외벽을 통한 손실열량(kJ/h)을 구하시오.
　① 남쪽　　② 동쪽
(3) 내벽을 통한 손실열량(kJ/h)을 구하시오.
　① 바닥　　② 북쪽　　③ 서쪽　　④ 문(출입문)
(4) 극간풍에 의한 손실열량(kJ/h)을 구하시오.

[해답] (1) 유리창으로 통한 손실열량

① 남쪽 $= 2.2 \times \dfrac{3600}{1000} \times (1 \times 2 \times 3) \times (20 - 0) \times 1 = 950.4 \text{ kJ/h}$

② 동쪽 $= 2.2 \times \dfrac{3600}{1000} \times (1 \times 2 \times 2) \times (20 - 0) \times 1.1 = 696.96 \text{ kJ/h}$

(2) 외벽을 통한 손실열량

① 남쪽 $= 3.2 \times \dfrac{3600}{1000} \times \{(5.5 \times 3) - (1 \times 2 \times 3)\} \times (20 - 0) \times 1 = 2419.2 \text{ kJ/h}$

② 동쪽 $= 3.2 \times \dfrac{3600}{1000} \times \{(8.5 \times 3) - (1 \times 2 \times 2)\} \times (20 - 0) \times 1.1 = 5448.96 \text{ kJ/h}$

(3) 내벽을 통한 손실열량

① 바닥 $= 1.9 \times \dfrac{3600}{1000} \times (5.5 \times 8.5) \times (20 - 6) = 4476.78 \text{ kJ/h}$

② 북쪽 $= 3.5 \times \dfrac{3600}{1000} \times \{(5.5 \times 3) - (1 \times 2)\} \times (20 - 10) = 1827 \text{ kJ/h}$

③ 서쪽 $= 3.5 \times \dfrac{3600}{1000} \times (8.5 \times 3) \times (20 - 20) = 0 \text{ kJ/h}$

④ 문 $= 3.5 \times \dfrac{3600}{1000} \times (1 \times 2) \times (20 - 10) = 252 \text{ kJ/h}$

(4) 극간풍 손실열량 $= 0.5 \times (5.5 \times 8.5 \times 3) \times 1.2 \times 1 \times (20 - 0) = 1683 \text{ kJ/h}$

---

03. 피스톤 토출량이 100 m³/h 냉동장치에서 A사이클 (1-2-3-4)로 운전하다 증발온도가 내려가서 B사이클 (1′-2′-3-4′)로 운전될 때 B사이클의 냉동능력과 소요동력을 A사이클과 비교하여라. (7점)

비체적 $v_1 = 0.85 \text{ m}^3/\text{kg}$

$v_1' = 1.2 \text{ m}^3/\text{kg}$

$h_1 = 630 \text{ kJ/kg}$

$h_1' = 621.6 \text{ kJ/kg}$

$h_2 = 676.2 \text{ kJ/kg}$

$h_2' = 693 \text{ kJ/kg}$

$h_3 = 457.8 \text{ kJ/kg}$

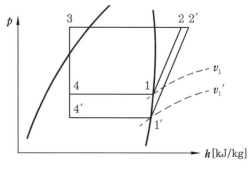

	체적효율(η_v)	기계효율(η_m)	압축효율(η_c)
A사이클	0.78	0.9	0.85
B사이클	0.72	0.88	0.79

[해답] (1) 냉동능력 $R = \dfrac{V}{v}\eta_v \cdot q_e$ 식에서

① A사이클 $R_A = \dfrac{100}{0.85} \times 0.78 \times (630 - 457.8) = 15801.878 ≒ 15801.88 \text{ kJ/h}$

② B사이클 $R_B = \dfrac{100}{1.2} \times 0.72 \times (621.6 - 457.8) = 9828 \text{ kJ/h}$

③ B사이클의 냉동능력이 A사이클보다 작다.

(2) 소요동력 $N = \dfrac{V}{v}\eta_v \cdot \dfrac{A_W}{\eta_m \cdot \eta_C}$ 식에서

① A사이클 $N_A = \dfrac{100}{0.85} \times 0.78 \times \dfrac{676.2 - 630}{0.9 \times 0.85} = 5541.866 ≒ 5541.87 \text{kJ/h}$

② B사이클 $N_B = \dfrac{100}{1.2} \times 0.72 \times \dfrac{693 - 621.6}{0.88 \times 0.79} = 6162.252 ≒ 6162.25 \text{kJ/h}$

③ B사이클의 소요동력이 A사이클보다 크다.

---

04. 냉동장치에 사용되고 있는 NH_3와 $R-22$ 냉매의 특성을 비교하여 빈칸에 기입하시오. (8점)

비교 사항	암모니아	R-22
대기압상태에서 응고점 고저	①	②
수분과의 용해성 대소	③	④
폭발성 및 가연성 유무	⑤	⑥
누설발견의 난이	⑦	⑧
독성의 여부	⑨	⑩
동에 대한 부식성 대소	⑪	⑫
윤활유와 분리성	⑬	⑭
1냉동톤당 냉매순환량의 대소	⑮	⑯

[해답] ① 고, ② 저, ③ 대, ④ 소, ⑤ 유, ⑥ 무, ⑦ 이 (쉽다), ⑧ 난 (어렵다), ⑨ 있다, ⑩ 없다, ⑪ 대, ⑫ 소, ⑬ 분리, ⑭ 용해, ⑮ 소, ⑯ 대

---

05. 재실자 20명이 있는 실내에서 1인당 CO_2 발생량이 0.015 m³/h일 때 실내 CO_2 농도를 1000 ppm으로 유지하기 위하여 필요한 환기량을 구하시오. (단 외기의 CO_2 농도는 300 ppm이다.) (3점)

[해답] 환기량 $Q = \dfrac{20 \times 0.015}{0.001 - 0.0003} = 428.571 \text{ m}^3/\text{h}$

06. 다음과 같은 냉수코일의 조건을 이용하여 각 물음에 답하시오. (10점)

─────── [냉수코일 조건] ───────

- 코일부하(q_c) ; 420000 kJ/h
- 통과풍량(Q_c) ; 15000 m³/h
- 단수(S) : 26단
- 풍속(V_f) : 3 m/s
- 유효높이 a = 992 mm, 길이 b = 1400 mm, 관내경 d_i = 12 mm
- 공기입구온도 : 건구온도 t_1 = 28 ℃, 노점온도 $t_1{''}$ = 19.3 ℃
- 공기출구온도 : 건구온도 t_2 = 14 ℃
- 코일의 입·출구 수온차 : 5 ℃ (입구수온 7 ℃)
- 코일의 열통과율 : 3654 kJ/m²·h·K
- 습면보정계수 C_{WS} : 1.4
- 냉수의 정압비열은 4.2 kJ/kg·K

(1) 전면 면적 A_f [m²]를 구하시오.

(2) 냉수량 L [L/min]를 구하시오.

(3) 코일 내의 수속 V_w [m/s]를 하시오.

(4) 대수 평균온도차(평행류) Δt_m [℃]를 구하시오.

(5) 코일 열수(N)를 구하시오.

계산된 열수(N)	2.26~3.70	3.71~5.00	5.01~6.00	6.01~7.00	7.01~8.00
실제 사용 열수(N)	4	5	6	7	8

해답 (1) 전면 면적 $A_f = \dfrac{15000}{3 \times 3600} = 1.389 = 1.39$ m²

(2) 냉수량 $L = \dfrac{420000}{4.2 \times 5 \times 60} = 333.333$ kg/min ≒ 333.33 L/min

(3) 코일 내 수속 $V_w = \dfrac{0.33333 \times 4}{3.14 \times 0.012^2 \times 26 \times 60} = 1.89$ m/s

(4) 대수 평균온도차 $\Delta t_m = \dfrac{21 - 2}{\ln \dfrac{21}{2}} = 8.0803 = 8.08$ ℃

$\Delta_1 = 28 - 7 = 21$ ℃, $\Delta_2 = 14 - 12 = 2$ ℃

(5) 코일 열수 $N = \dfrac{420000}{3654 \times 1.39 \times 1.4 \times 8.08} = 7.31 = 8$ 열

07. 다음 주어진 공기-공기, 냉매회로 절환방식 히트펌프의 구성요소를 연결하여 냉방시와 난방시 각각의 배관흐름도(flow diagram)를 완성하시오. (단, 냉방 및 난방에 따라 배관의 흐름 방향을 정확히 표기하여야 한다.) (6점)

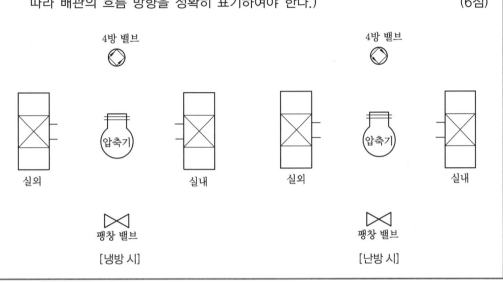

해답

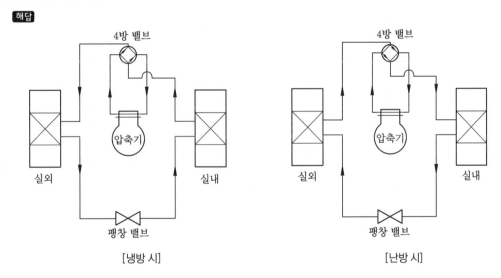

08. 압축기 흡입측에 설치하는 액분리기에서 분리된 냉매액 회수방법에 대하여 2가지만 서술하시오. (5점)

해답 ① 열교환기 등을 이용하여 액냉매를 증발시켜서 압축기로 회수한다.
② 만액식 또는 액순환식 증발기의 경우 증발기에 재사용한다.
③ 액회수 장치에서 고압으로 전환하여 수액기로 회수한다.

09. 다음 그림은 냉수 시스템의 배관지름을 결정하기 위한 계통이다. 그림을 참조하여 각 물음에 답하시오. (8점)

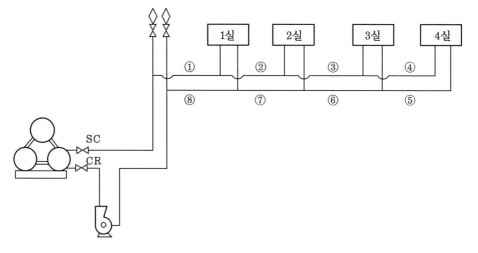

부하 집계표

실명	현열부하 (kJ/h)	잠열부하 (kJ/h)
1실	50400	12600
2실	105000	21000
3실	63000	12600
4실	126000	25200

냉수배관 ①~⑧에 흐르는 유량을 구하고, 주어진 마찰저항 도표를 이용하여 관지름을 결정하시오. (단, 냉수의 공급·환수 온도차는 5℃로 하고, 정압비열은 4.2 kJ/kg·K, 마찰저항 R은 30 mmAq/m이다.)

배관 번호	유량 (L/min)	관지름 (B)
①, ⑧		
②, ⑦		
③, ⑥		
④, ⑤		

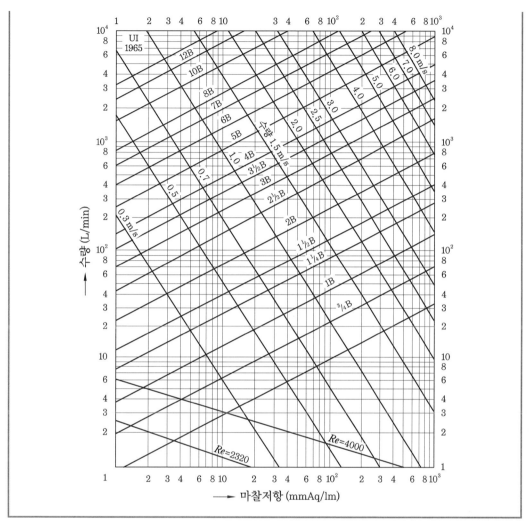

해답

배관 번호	유량(L/min)	관지름(B)
①, ⑧	330	3
②, ⑦	280	3
③, ⑥	180	$2\dfrac{1}{2}$
④, ⑤	120	2

참고 1실 : $G_w = \dfrac{50400+12600}{4.2 \times 5 \times 60} = 50$ L/min   2실 : $G_w = \dfrac{105000+21000}{4.2 \times 5 \times 60} = 100$ L/min

3실 : $G_w = \dfrac{63000+12600}{4.2 \times 5 \times 60} = 60$ L/min   4실 : $G_w = \dfrac{126000+25200}{4.2 \times 5 \times 60} = 120$ L/min

10. 어느 건물의 기준층 배관을 적산한 결과 다음과 같은 산출 근거가 나왔다. 이 배관 공사에 대한 내역서를 작성하시오. (단, 강관부속류의 가격은 직관가격의 50%, 지지철물의 가격은 직관가격의 10%, 배관의 할증률은 10%, 공구손료는 인건비의 3%이다.) (8점)

(1) 산출근거서(정미량)

품명	규격	직관길이 및 수량
백강관	25 mm	40 m
백강관	50 mm	50 m
게이트 밸브	청동제 10 kg/cm^2, 50 mm	4개

(2) 품셈

① 강관배관(m당)

규격	배관공 (인)	보통인부 (인)
25 mm	0.147	0.037
50 mm	0.248	0.063

② 밸브류 설치 : 개소당 0.07인

(3) 단가

품명	규격	단위	단가 (원)
백강관	25 mm	m	1,200
백강관	50 mm	m	1,500
게이트 밸브	50 mm	개	9,000

배관공 : 45,000원/인   보통인부 : 25,000원/인

(4) 내역서

품명	규격	단위	수량	단가	금액
백강관	25 mm	m			
백강관	50 mm	m			
게이트 밸브	청동제 10 kg/cm^2, 50 mm	개			
강관부속류					
지지철물류					
인건비	배관공	인			
인건비	보통인부	인			
공구손료		식			
계					

해답

품명	규격	단위	수량	단가	금액
백강관	25 mm	m	44	1200	52800
백강관	50 mm	m	55	1500	82500
게이트 밸브	청동제 $10\,kg/cm^2$, 50 mm	개	4	9000	36000
강관부속류	직관 가격의 50 %				67650
지지철물류	직관 가격의 10 %				13530
인건비	배관공	인	18.28	45000	822600
인건비	보통인부	인	4.63	25000	115750
공구손료	인건비의 3 %	식			28150.5
계					1218980.5

11. 다음 도면과 같은 온수난방에 있어서 리버스 리턴 방식에 의한 배관도를 완성하시오. (단, A, B, C, D는 방열기를 표시한 것이며, 온수공급관은 실선으로, 귀환관은 점선으로 표시하시오.)　　　　　　　　(8점)

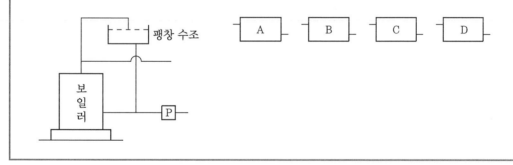

해답

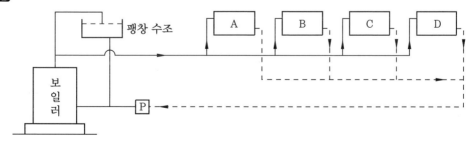

---

12. 냉동장치에 설치하는 유분리기와 수액기의 설치위치 및 목적을 서술하시오. (6점)

해답 (1) 유분리기

　① 설치위치 : 압축기와 응축기 사이의 토출배관 중에 설치한다.

　② 설치목적 : 토출되는 고압가스 중에 미립자의 윤활유가 혼입되면 윤활유를 냉매 증기로부터 분리시켜서 응축기와 증발기에서 유막 형성으로 전열작용이 방해되는 것을 방지한다.

(2) 수액기

　① 설치위치 : 응축기와 팽창밸브 사이의 냉매액관에 설치한다.

　② 설치목적 : 냉동장치를 순환하는 냉매액을 일시 저장하여 증발기의 부하변동에 대응하여 냉매공급을 원활하게 하며, 냉동기 정지 시에 냉매를 회수하여 안전한 운전을 하게 한다.

참고 유분리기의 설치위치는 NH_3 장치는 응축기 가까이, 프레온 장치는 압축기 가까이 설치한다.

---

13. 다음과 같이 3중으로 된 노벽이 있다. 이 노벽의 내부온도를 1370℃, 외부온도를 280℃로 유지하고, 또 정상상태에서 노벽을 통과하는 열량을 11165 kJ/m²·h로 유지하고자 한다. 이때 사용온도 범위 내에서 노벽 전체의 두께가 최소가 되는 벽의 두께를 결정하시오.　　　　　　　　　　　　　　　　　　　　　(6점)

	내화벽돌	단열벽돌	철판
	δ_1	δ_2	5 mm　δ_3
1370℃ →	열전도율(λ_1)　1.5 W/m·K　　최고사용온도　1400℃	열전도율(λ_2)　0.3 W/m·K　　최고사용온도　980℃	열전도율(λ_3)　35 W/m·K	← 280℃

해답 ① $\delta_1 = \dfrac{\lambda_1(t_1 - t_{w_1})}{Q} = \dfrac{1.5 \times 3600 \times (1370 - 980)}{1000 \times 11165} = 0.188625\,\text{m} = 188.63\,\text{mm}$

② 단열벽과 철판 사이 온도 $t_{w_2} = t_2 + \dfrac{Q\delta_3}{\lambda} = 280 + \dfrac{11165 \times 0.005 \times 1000}{35 \times 3600}$

$= 280.443 ≒ 280.44℃$

③ $\delta_2 = \dfrac{\lambda_2 \left(t_{w_1} - t_{w_2}\right)}{Q} = \dfrac{0.3 \times 3600 \times (980 - 280.44)}{1000 \times 11165} = 0.067669\text{m} \fallingdotseq 67.67\text{mm}$

④ $\delta = r_1 + r_2 + r_3 = 188.63 + 67.67 + 5 = 261.3\,\text{mm}$

참고 푸리에(Fourie)의 열전도법칙에 의하여,

벽 Ⅰ $Q = \lambda_1 F \dfrac{t_1 - t_{w_1}}{\delta_1}$ .... ①

벽 Ⅱ $Q = \lambda_2 F \dfrac{t_{w_1} - t_{w_2}}{\delta_2}$ .... ②

벽 Ⅲ $Q = \lambda_3 F \dfrac{t_{w_2} - t_2}{\delta_3}$ .... ③

①, ②, ③ 식을 대입하여 풀면,

$$Q = \dfrac{1}{\dfrac{\delta_1}{\lambda_1} + \dfrac{\delta_2}{\lambda_2} + \dfrac{\delta_3}{\lambda_3}} F(t_1 - t_2) = \lambda F \dfrac{(t_1 - t_2)}{\delta}$$

여기서, $\dfrac{\delta}{\lambda} = \dfrac{\delta_1}{\lambda_1} + \dfrac{\delta_2}{\lambda_2} + \dfrac{\delta_3}{\lambda_3}$

---

14. 냉동능력 $R = 14700$ kJ/h인 R−22 냉동 시스템의 증발기에서 냉매와 공기의 평균 온도차가 8℃로 운전되고 있다. 이 증발기는 내외 표면적비 $m = 8.3$, 공기측 열전달률 $\alpha_a = 126$ kJ/m²·h·K, 냉매측 열전달률 $\alpha_r = 2520$ kJ/m²·h·K의 플레이트 핀 코일이고, 핀 코일 재료의 열전달 저항은 무시한다. 각 물음에 답하시오. (6점)

(1) 증발기의 외표면 기준 열통과율 $K[\text{kJ/m}^2\cdot\text{h}\cdot\text{K}]$은?

(2) 증발기 내경이 23.5 mm일 때, 증발기 코일 길이는 몇 m인가?

해답 (1) 외표면 기준(공기측) 열통과율

① 열저항 $R_o = \dfrac{1}{K_o} = \dfrac{1}{126} + \dfrac{1}{2520} \times \dfrac{8.3}{1}\ [\text{m}^2\cdot\text{h}\cdot\text{K/kJ}]$

② 공기측 열통과율 $K_o = \dfrac{1}{R_o} = 89.045 \fallingdotseq 89.05\ \text{kJ/m}^2\cdot\text{h}\cdot\text{K}$

(2) 증발기 코일 길이

① 내표면적 $= \dfrac{14700}{89.05 \times 8 \times 8.3} = 2.486 \fallingdotseq 2.49\,\text{m}^2$

② 코일 길이 $= \dfrac{2.49}{3.14 \times 0.0235} = 33.744 \fallingdotseq 33.74\,\text{m}$

01. 다음과 같은 공장 내부에 각 취출구에서 3000 m³/h로 취출하는 환기장치가 있다. 다음 각 물음에 답하시오. (단, 주덕트 내의 풍속은 10 m/s로 하고, 곡관부 및 기기의 저항은 다음과 같다.)   (8점)

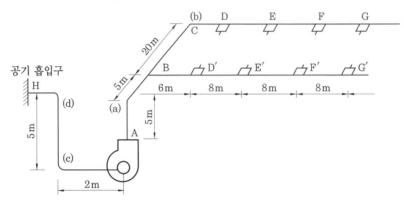

───── [조건] ─────

1. 곡관부 저항

(a) 부 : $R_1 = \zeta_1 \dfrac{V_1^2}{2g}$ $\left(\zeta_1 = \dfrac{V_3}{V_1},\ V_1 = 10\,\text{m/s},\ V_3 = \text{B} - \text{D}\ \text{덕트 간의 풍속}\right)$

(b) 부 : $R_2 = \zeta_2 \dfrac{V_2^2}{2g}$ $\left(\zeta_2 = 0.33,\ V_2 = \text{B} - \text{C} - \text{D 간의 풍속}\right)$

(c), (d) 부 : $R_3 = \zeta_3 \dfrac{V_1^2}{2g}$ $\left(\zeta_3 = 0.33,\ V_1 = 10\,\text{m/s}\right)$

2. 기기의 저항

① 공기 흡입구 = 5 mmAq   ② 공기 취출구 = 5 mmAq

③ 댐퍼 등 기타 = 3 mmAq

(1) 정압법(0.1 mmAq/m)에 의한 풍량, 풍속, 원형 덕트의 크기를 구하시오.

구간	풍량 (m³/h)	저항 (mmAq/m)	원형 덕트 (cm)	풍속 (m/s)
H−A−B		0.1		
B−C−D (B−D′)		0.1		
D−E (D′−E′)		0.1		
E−F (E′−F′)		0.1		
F−G (F′−G′)		0.1		

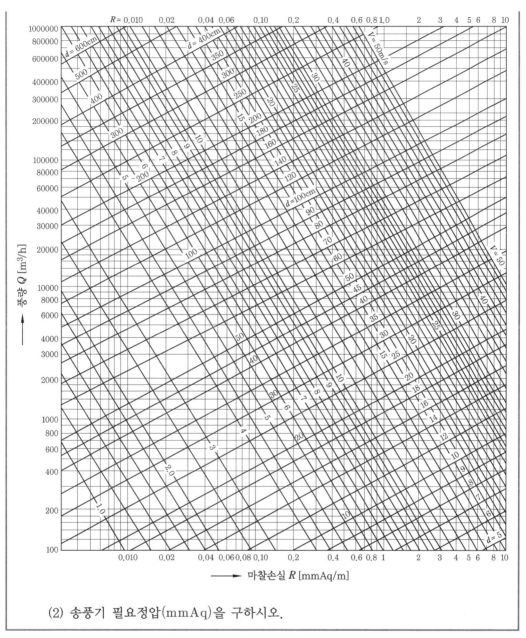

R = 0.010 0.02 0.04 0.06 0.10 0.2 0.4 0.6 0.8 1.0 2 3 4 5 6 8 10

(2) 송풍기 필요정압(mmAq)을 구하시오.

해답 (1)

구간	풍량 (m³/h)	저항 (mmAq/m)	원형 덕트 (cm)	풍속 (m/s)
H−A−B	24000	0.1	95	10
B−C−D(B−D′)	12000	0.1	73	8.2
D−E(D′−E′)	9000	0.1	65	7.6
E−F(E′−F′)	6000	0.1	55	7
F−G(F′−G′)	3000	0.1	45	6

(2) ① 토출 덕트 손실 $= (5+5+20+6+8+8+8) \times 0.1 = 6\,\mathrm{mmAq}$

   (a) 곡부 $\dfrac{V_3}{V_1} = \dfrac{8.2}{10} = 0.82$, $R_a = 0.82 \times \dfrac{10^2}{2 \times 9.8} = 4.183 \fallingdotseq 4.18\,\mathrm{mmAq}$

   (b) 곡부 $R_b = 0.33 \times \dfrac{8.2^2}{2 \times 9.8} = 1.132 \fallingdotseq 1.13\,\mathrm{mmAq}$

② 토출 덕트 손실 $= 6 + 4.18 + 1.13 + 3 + 5 = 19.31\,\mathrm{mmAq}$

③ 흡입측 덕트 손실 $= (5+2) \times 0.1 = 0.7\,\mathrm{mmAq}$

   (d), (c) 곡부 $= 0.33 \times \dfrac{10^2}{2 \times 9.8} \times 2 = 3.367 \fallingdotseq 3.37\,\mathrm{mmAq}$

   흡입손실 $= 0.7 + 3.37 + 5 = 9.07\,\mathrm{mmAq}$

   송풍기 전압 $= 19.31 - (-9.07) = 28.38\,\mathrm{mmAq}$

   정압손실 $= 28.38 - 6.12 = 22.26\,\mathrm{mmAq}$

참고 동압 $= \dfrac{10^2}{2 \times 9.8} \times 1.2 = 6.1225 \fallingdotseq 6.12\,\mathrm{mmAq}$

---

02. 수랭 응축기의 응축온도 43℃, 냉각수 입구온도 32℃, 출구온도 37℃에서 냉각수 순환량이 320 L/min이다. (단, 물의 비열은 4.2 kJ/kg·K이다.)　　　　　　(8점)

(1) 응축열량(kW)을 구하여라.

(2) 전열면적이 20 $\mathrm{m^2}$이라면 열통과율은 몇 W/$\mathrm{m^2}$·h인가 ? (단, 응축온도와 냉각수 평균온도는 산술평균온도차로 한다.)

(3) 응축 조건이 같은 상태에서 냉각수량을 400 L/min으로 하면 응축온도는 몇 K 인가 ?

해답 (1) 응축열량 $= \dfrac{320 \times 1000}{1000 \times 60} \times 4.2 \times (37-32) = 112\,\mathrm{kJ/s} \fallingdotseq 112\,\mathrm{kW}$

(2) 열통과율 $= \dfrac{112 \times 1000}{20 \times \left(43 - \dfrac{32+37}{2}\right)} = 658.823 \fallingdotseq 658.82\ \mathrm{W/m^2 \cdot h}$

(3) 응축온도

① 냉각수 출구수온 $t_2 = 32 + \dfrac{112 \times 60}{\dfrac{400 \times 1000}{1000} \times 4.2} = 36\,℃$

② 응축온도 $= \dfrac{112 \times 1000}{658.82 \times 20} + \dfrac{32+36}{2} = 42.50\,℃$

03. 조건이 다른 2개의 냉장실에 2대의 압축기를 설치하여 필요시에 따라 교체 운전을 할 수 있도록 흡입 배관과 그에 따른 밸브를 설치하고 완성하시오. (8점)

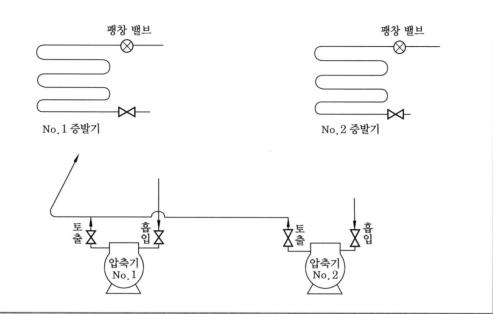

해답

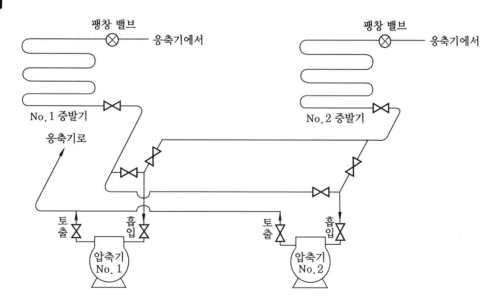

04. 다음과 같은 조건의 건물 중간층 난방부하를 구하시오. (10점)

───── [조건] ─────

1. 열관류율 (W/m²·K) : 천장 (0.98), 바닥 (1.91), 문 (3.95), 유리창 (6.63)

2. 난방실의 실내온도 : 25℃, 비난방실의 온도 : 5℃

   외기온도 : −10℃, 상·하층 난방실의 실내온도 : 25℃

3. 벽체 표면의 열전달률

구분	표면위치	대류의 방향	열전달률 (W/m²·K)
실내측	수직	수평 (벽면)	9.3
실외측	수직	수직 · 수평	23.26

4. 방위계수

방위	방위계수
북쪽, 외벽, 창, 문	1.1
남쪽, 외벽, 창, 문, 내벽	1.0
동쪽, 서쪽, 창, 문	1.05

5. 환기횟수 : 난방실 − 1회/h, 비난방실 − 3회/h

6. 공기의 비열 : 1 kJ/kg·K, 공기 비중량 : 1.2 kg/m³

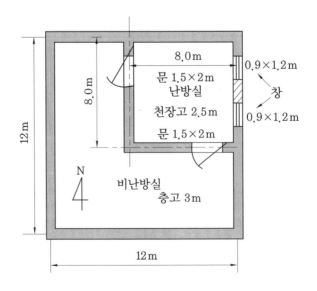

벽체의 종류	구조	재료	두께 (mm)	열전도율 (W/m² · K)
외벽		타일	10	1.28
		모르타르	15	1.53
		콘크리트	120	1.64
		모르타르	15	1.53
		플라스터	3	0.6
내벽		콘크리트	100	1.53

(1) 외벽과 내벽의 열관류율을 구하시오. (W/m² · K)

(2) 다음 부하계산을 하시오. (kW)
   ① 벽체를 통한 부하   ② 유리창을 통한 부하
   ③ 문을 통한 부하   ④ 극간풍 부하 (환기횟수에 의함)

해답 (1) 열관류율

① 외벽을 통한 열관류율

열저항 $R_o = \dfrac{1}{K_o} = \dfrac{1}{9.3} + \dfrac{0.01}{1.28} + \dfrac{0.015}{1.53} + \dfrac{0.12}{1.64} + \dfrac{0.015}{1.53} + \dfrac{0.003}{0.6} + \dfrac{1}{23.26}$

$\qquad = 0.2559 \text{ m}^2 \cdot \text{K/W}$

열관류율 $K_o = \dfrac{1}{R_o} = 3.904 ≒ 3.90 \, \text{W/m}^2 \cdot \text{K}$

② 내벽을 통한 열관류율

열저항 $R_i = \dfrac{1}{K_i} = \dfrac{1}{9.3} + \dfrac{0.1}{1.53} + \dfrac{1}{9.3} = 0.2803 \text{ m}^2 \cdot \text{K/W}$

열관류율 $K_i = \dfrac{1}{R_i} = 3.566 ≒ 3.57 \, \text{W/m}^2 \cdot \text{K}$

(2) 부하계산

① 벽체를 통한 부하

외벽 $\begin{cases} \text{북} = (8 \times 3) \times 3.9 \times \{25 - (-10)\} \times 1.1 = 3603.6 \text{ W} ≒ 3.60 \, \text{kW} \\ \text{동} = \{(8 \times 3) - (0.9 \times 1.2 \times 2)\} \times 3.9 \times \{25 - (-10)\} \times 1.05 \end{cases}$

$\qquad = 3130 \text{ W} ≒ 3.13 \, \text{kW}$

내벽 $\begin{cases} \text{남} = \{(8 \times 2.5) - (1.5 \times 2)\} \times 3.57 \times (25 - 5) = 1213 \text{ W} ≒ 1.21 \, \text{kW} \\ \text{서} = \{(8 \times 2.5) - (1.5 \times 2)\} \times 3.57 \times (25 - 5) = 1213 \text{ W} ≒ 1.21 \, \text{kW} \end{cases}$

② 유리창 부하 $= (0.9 \times 1.2 \times 2) \times 6.63 \times \{25 - (-10)\} \times 1.05 = 526 \text{W} ≒ 0.53 \, \text{kW}$

③ 문 부하 $= (1.5 \times 2 \times 2) \times 3.95 \times (25 - 5) = 474 \text{ W} ≒ 0.47 \, \text{kW}$

④ 극간풍 부하 $= (8 \times 8 \times 2.5 \times 1) \times 1.2 \times 1 \times \{25 - (-10)\} \times \dfrac{1}{3600}$

$\qquad = 1.866 ≒ 1.87 \, \text{kW}$

05. 다음 그림과 같은 2중 덕트 장치도를 보고 공기선도에 각 상태점을 나타내어 흐름도를 완성시키시오. (6점)

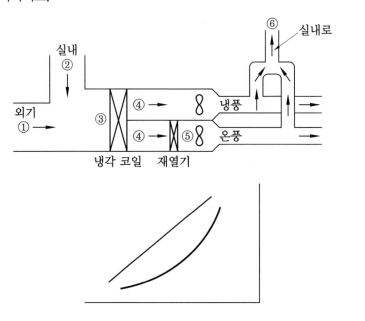

해답

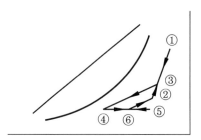

06. 다음 냉동장치도의 $P-h$ 선도를 그리고 각 물음에 답하시오. (단, 압축기의 체적효율 $\eta_v = 0.75$, 압축효율 $\eta_c = 0.75$, 기계효율 $\eta_m = 0.9$이고 배관에 있어서 압력손실 및 열손실은 무시한다.) (10점)

─── [조건] ───

1. 증발기 A : 증발온도 −10℃, 과열도 10℃, 냉동부하 2 RT (한국냉동톤)

2. 증발기 B : 증발온도 −30℃, 과열도 10℃, 냉동부하 4 RT (한국냉동톤)

3. 팽창밸브 직전의 냉매액 온도 : 30℃

4. 응축온도 : 35℃

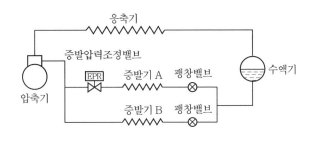

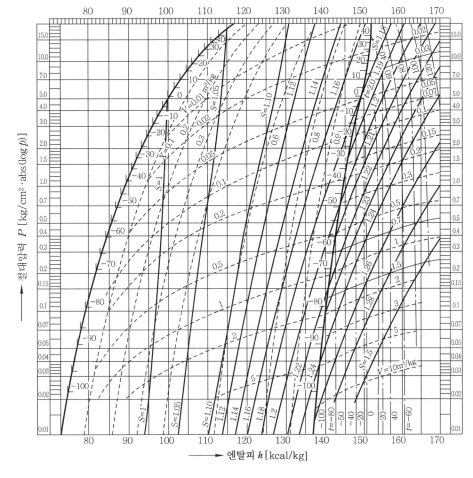

(1) 압축기의 피스톤 압출량(m³/h)을 구하시오.

(2) 축동력(kW)을 구하시오.

해답 (1) 피스톤 압출량

① A 증발기 냉매 순환량 = $\dfrac{2 \times 3320}{150.5 - 109.5}$ = 161.951 ≒ 161.95 kg/h

② B 증발기 냉매 순환량 = $\dfrac{4 \times 3320}{148 - 109.5}$ = 344.935 ≒ 344.94 kg/h

③ 압축기 입구 엔탈피 $= \dfrac{(161.95 \times 150.5) + (344.94 \times 148)}{161.95 + 344.94} = 148.798$

$\qquad\qquad\qquad\quad \fallingdotseq 148.80\,\text{kcal/kg}$

④ 엔탈피 $148.8\,\text{kcal/kg}$일 때 흡입가스 비체적 $0.15\,\text{m}^3/\text{kg}$

⑤ 피스톤 압출량 $= \dfrac{(161.95 + 344.94) \times 0.15}{0.75} = 101.378 \fallingdotseq 101.38\,\text{m}^3/\text{h}$

(2) 축동력 $= \dfrac{(161.95 + 344.94) \times (164 - 148.8)}{860 \times 0.75 \times 0.9} = 13.272 \fallingdotseq 13.27\,\text{kW}$

참고 $P - h$ 선도를 그리면 다음과 같다.
(1)

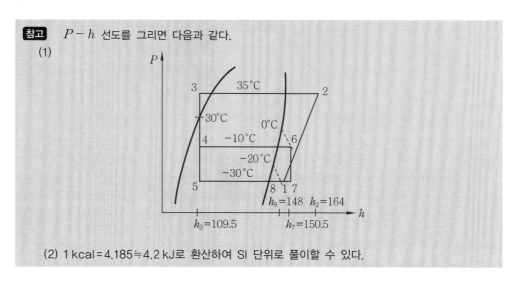

(2) $1\,\text{kcal} = 4.185 \fallingdotseq 4.2\,\text{kJ}$로 환산하여 SI 단위로 풀이할 수 있다.

---

07. 300인을 수용할 수 있는 강당이 있다. 현열부하 $Q_s = 210000\,\text{kJ/h}$, 잠열부하 $Q_L = 84000\,\text{kJ/h}$ 일 때 주어진 조건을 이용하여 실내풍량 (kg/h) 및 냉방부하 (kJ/h)를 구하고 공기감습 냉각용 냉수 코일의 전면면적(m²), 코일 길이(m)를 구하시오. (8점)

[조건]

①

	건구온도 (℃)	상대습도 (%)	엔탈피(kJ/kg)
외기	32	68	84.84
실내	27	50	55.44
취출공기	17	–	41.16
혼합공기 상태점	–	–	65.52
냉각점	14.9	–	39.06
실내 노점온도	12	–	–

② 신선 외기도입량은 1인당 $20\,\text{m}^3/\text{h}$이다.

③ 냉수 코일 설계조건

	건구온도 (℃)	습구온도 (℃)	노점온도 (℃)	절대습도 (kg/kg′)	엔탈피 (kJ/kg)
코일 입구	28.2	22.4	19.6	0.0144	65.52
코일 출구	14.9	14.0	13.4	0.0097	39.06

- 코일의 열관류율 $k = 0.83 \text{ kW/m}^2\cdot\text{K}$
- 코일의 통과속도 $V = 2.2 \text{ m/s}$
- 앞면 코일 수 : 18본이며, 1 m에 대한 면적 A는 0.688 m^2
- 공기의 정압비열은 $1 \text{ kJ/kg}\cdot\text{K}$이다.

해답 (1) 송풍량 $Q = \dfrac{210000}{1 \times (27 - 17)} = 21000 \text{ kg/h}$

(2) 냉방부하 $q_{cc} = 21000 \times (65.52 - 39.06) = 555660 \text{ kJ/h}$

(3) 전면면적 $F = \dfrac{21000}{1.2 \times 2.2 \times 3600} = 2.209 ≒ 2.21 \text{ m}^2$

(4) 코일 길이

① 평균 온도차 $\Delta t_m = \dfrac{28.2 + 14.9}{2} - 13.4 = 8.15 \text{ ℃}$

② 코일 길이 $l = \dfrac{555660}{0.83 \times 3600 \times 8.15 \times 0.688} = 33.165 ≒ 33.17 \text{ m}$

참고 코일 출구 노점온도를 코일 표면온도로 본다.

---

08. 냉동 장치에 사용되는 증발압력 조정밸브(EPR), 흡입압력 조정밸브(SPR), 응축압력 조절밸브(CPR)에 대해서 설치위치와 사용목적을 서술하시오. (6점)

해답 (1) 증발압력 조정밸브(evaporator pressure regulator)

① 설치위치 : 증발기와 압축기 사이의 흡입관에서 증발기 출구에 설치한다.

② 사용목적 : 증발압력 일정압력 이하 방지

(2) 흡입압력 조정밸브(suction pressure regulator)

① 설치위치 : 증발기와 압축기 사이의 흡입관에서 압축기 입구에 설치한다.

② 사용목적 : 압축기 흡입압력 일정압력 이상 방지

(3) 응축압력 조정밸브(condenser pressure regulator)

① 설치위치 : 응축기 입구와 수액기 사이에 설치한다(압축기 출구 토출가스 배관과 수액기 사이에 설치).

② 사용목적 : 고압측 압력이 일정압력 이하 방지

참고 CPR(크랭크 케이스 압력 조정밸브) : 압축기 입구에 부착되어 압축기의 과열을 방지하는 밸브이다. Crankcase Pressure Regulator의 약자로도 사용되므로 주의한다.

09. 그림과 같은 조건의 온수난방 설비에 대하여 물음에 답하시오. (8점)

① 방열기 출입구 온도차 : 10℃
② 배관손실 : 방열기 방열용량의 20 %
③ 순환펌프 양정 : 2 m
④ 보일러, 방열기 및 방열기 주변의 지관을 포함한 배관국부저항의 상당길이는 직관길이의 100 %로 한다.
⑤ 배관의 관지름 선정은 표에 의한다. (표 내의 값의 단위는 L/min)
⑥ 예열부하 할증률은 25 %로 한다.
⑦ 온도차에 의한 자연순환 수두는 무시한다.
⑧ 배관길이가 표시되어 있지 않은 곳은 무시한다.
⑨ 온수의 비열은 4.2 kJ/kg·K로 한다.

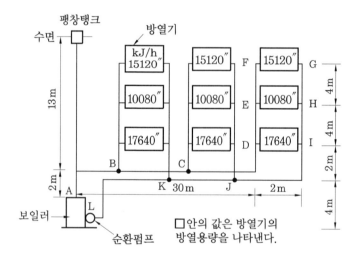

압력강하	관경 (A)					
mmAq/m	10	15	25	32	40	50
5	2.3	4.5	8.3	17.0	26.0	50.0
10	3.3	6.8	12.5	25.0	39.0	75.0
20	4.5	9.5	18.0	37.0	55.0	110.0
30	5.8	12.6	23.0	46.0	70.0	140.0
50	8.0	17.0	30.0	62.0	92.0	180.0

(1) 전 순환수량 (L/min)을 구하시오.
(2) B−C 간의 관지름 (mm)을 구하시오.
(3) 보일러 용량 (kW)을 구하시오.

해답 (1) 전 순환수량 $= \dfrac{(15120+10080+17640) \times 3}{4.2 \times 10 \times 60} = 51\,\mathrm{kg/min} = 51\,\mathrm{L/min}$

(2) B-C 간의 관지름

① 보일러에서 최원 방열기까지 거리 $= 2+30+2+(4\times4)+2+2+30+4 = 88\,\mathrm{m}$

② 국부저항 상당길이는 직관길이의 $100\,\%$이므로 $88\,\mathrm{m}$이고, 순환 펌프 양정이 2 m이므로, 압력강하 $= \dfrac{2000}{88+88} = 11.3636 ≒ 11.364\,\mathrm{mmAq/m}$

③ 표에서 $10\,\mathrm{mmAg/m}$(압력강하는 적은 것을 선택함)의 난을 이용해서 순환수량 $34\,\mathrm{L/min}$(B-C 간)이므로 관지름은 $40\,\mathrm{mm}$이다.

(3) 보일러 용량

방열기 합계 열량에 배관손실 $20\,\%$, 예열부하 할증률 $25\,\%$를 포함한다.

정격 출력 $= (15120+10080+17640) \times \dfrac{3}{3600} \times 1.2 \times 1.25$

$\qquad = 53.537\,\mathrm{kJ/s} ≒ 53.54\,\mathrm{kW}$

---

10. 재실자 20명이 있는 실내에서 1인당 CO_2 발생량이 $0.015\,\mathrm{m^3/h}$일 때 실내 CO_2 농도를 $1000\,\mathrm{ppm}$으로 유지하기 위하여 필요한 환기량을 구하시오. (단 외기의 CO_2 농도는 $300\,\mathrm{ppm}$이다.) (4점)

해답 환기량 $Q = \dfrac{20 \times 0.015}{0.001 - 0.0003} = 428.571\,\mathrm{m^3/h}$

---

11. 2단 압축 냉동장치의 $p-h$ 선도를 보고 선도 상의 각 상태점을 장치도에 기입하시오. (6점)

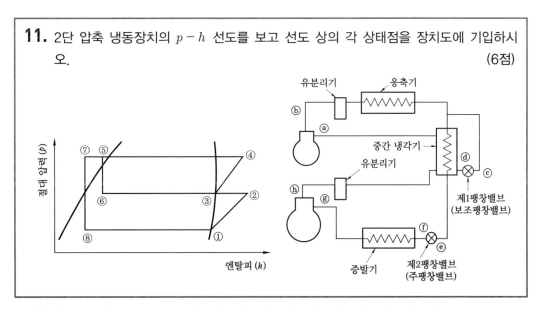

해답 (1) ⓐ-③, ⓑ-④, ⓒ-⑤, ⓓ-⑥, ⓔ-⑦, ⓕ-⑧, ⓖ-①, ⓗ-②

---

12. 냉동장치의 동 부착(copper plating) 현상에 대하여 서술하시오. (6점)

해답 금속 배관을 구리로 사용하는 탄화, 할로겐화, 수소계 냉매(freon)의 냉동장치에 수분이 혼입되면, 수분과 냉매와의 작용(가수분해 현상)으로 산성이 생성(염산 또는 불화수소산)되며, 이 산성은 공기 중의 산소와 반응한 후 구리를 분말화시켜 냉동장치 내를 순환하면서 장치 중 뜨거운 부분(실린더벽, 피스톤링, 밸브판 축수 메탈 등)에 부착되는 현상

---

13. 도어 그릴 흡입구 면적이 90000mm²이라면 자유면적비가 0.5일 때 테두리 전면적은 몇 mm²인가? (2점)

해답 전면적 $= \dfrac{90000}{0.5} = 180000 \ mm^2$

---

14. 다음 그림을 보고 물음에 답하시오. (10점)

(1) 압축기 1대에 2대의 증발기를 사용하는 경우 EPR 설치위치를 설정하시오.

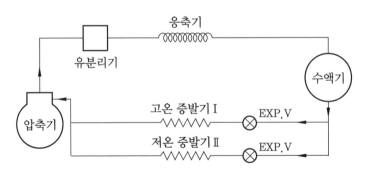

(2) 압축기 1대에 3대의 증발기를 사용하는 경우 EPR 설치위치를 설정하시오.

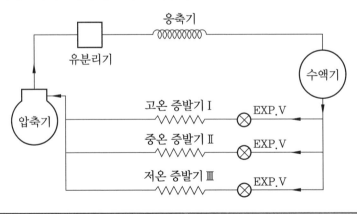

해답 (1)

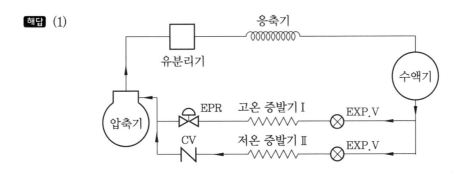

(2)

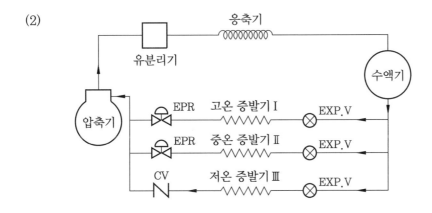

참고 냉동장치는 저온 증발기를 기준으로 운전되고, 저온 증발기 출구에는 CV(체크밸브)를 설치한다.

2022년도 시행 문제

▶ **2022. 5. 7 시행** ※ 이 문제는 수검자의 기억을 통하여 복원된 것입니다.

---

01. 500 rpm으로 운전되는 송풍기가 300 m³/min, 전압 40 mmAq, 동력 3.5 kW의 성능을 나타내고 있는 것으로 한다. 이 송풍기의 회전수를 1할 증가시키면 어떻게 되는가를 계산하시오. (6점)

해답 송풍기 상사법칙에 의해서,

① 풍량 $Q_2 = \left(\dfrac{N_2}{N_1}\right) \times Q_1 = \dfrac{500 \times 1.1}{500} \times 300 = 330 \text{ m}^3/\text{min}$

② 전압 $P_2 = \left(\dfrac{N_2}{N_1}\right)^2 \times P_1 = \left(\dfrac{500 \times 1.1}{500}\right)^2 \times 40 = 48.4 \text{ mmAq}$

③ 동력 $L_2 = \left(\dfrac{N_2}{N_1}\right)^3 \times L_1 = \left(\dfrac{500 \times 1.1}{500}\right)^3 \times 3.5 = 4.658 ≒ 4.66 \text{ kW}$

---

02. 유인 유닛 방식과 팬코일 유닛 방식의 차이점을 기술하시오. (단, 송풍기 관련 설명은 제외함) (8점)

해답 (1) 유인 유닛 방식(induction unit system)의 특징
　① 장점
　　㈎ 비교적 낮은 운전비로 개실 제어가 가능하다.
　　㈏ 1차 공기와 2차 냉·온수를 별도로 공급함으로써 재실자의 기호에 알맞은 실온을 선정할 수 있다.
　　㈐ 1차 공기를 고속덕트로 공급하고, 2차측에 냉·온수를 공급하므로 열 반송에 필요한 덕트 공간을 최소화한다.
　　㈑ 제습, 가습, 공기여과 등을 중앙기계실에서 행한다.
　　㈒ 유닛에는 팬 등의 회전부분이 없으므로 내용연수가 길고, 일상점검은 온도 조절과 필터의 청소뿐이다.
　　㈓ 조명이나 일사가 많은 방의 냉방에 효과적이고 계절에 구분 없이 쾌감도가 높다.
　② 단점
　　㈎ 1차 공기량이 비교적 적어서 냉방에서 난방으로 전환할 때 운전 방법이 복잡하다.
　　㈏ 자동제어가 전공기 방식에 비하여 복잡하다.

㈐ 1차 공기로 가열하고 2차 냉수로 냉각(또는 가열)하는 등 가열, 냉각을 동시에 행하여 제어하므로 혼합손실이 발생하여 에너지가 낭비된다.

㈑ 팬 코일 유닛과 같은 개별운전이 불가능하다.

㈒ 설비비가 많이 든다.

㈓ 직접난방 이외에는 사용이 곤란하고 중간기에 냉방운전이 필요하다.

(2) 팬코일 유닛 방식(fan coil unit system)의 특징

① 장점

㈎ 공조기계실 및 덕트 공간이 불필요하다.

㈏ 사용하지 않는 실의 열원 공급을 중단시킬 수 있으므로 실별 제어가 용이하다.

㈐ 재순환공기의 오염이 없다.

㈑ 덕트가 없으므로 증설이 용이하다.

㈒ 자동제어가 간단하다.

㈓ 4관식의 경우 냉·난방을 동시에 할 수 있고 절환이 불필요하다.

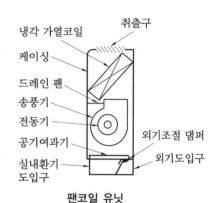

팬코일 유닛

② 단점

㈎ 기기 분산으로 유지관리 및 보수가 어렵다.

㈏ 각 실 유닛에 필터 배관, 전기배선 설치가 필요하므로 정기적인 청소가 요구된다.

㈐ 환기량이 건축물 설치방향, 풍향, 풍속 등에 좌우되므로 환기가 좋지 못하다(자연환기를 시킨다).

㈑ 습도 제어가 불가능하다.

㈒ 코일에 박테리아, 곰팡이 등의 서식이 가능하다.

㈓ 동력 소모가 크다(소형 모터가 다수 설치됨).

㈔ 유닛이 실내에 설치되므로 실공간이 적어진다.

㈕ 외기냉방이 불가능하다.

☞ **다음과 같이 답하여도 된다.**

① 유인 유닛 방식 : 실내의 유닛에는 송풍기가 없고, 고속으로 보내져 오는 1차 공기를 노즐로부터 취출시켜서 그 유인력에 의해서 실내공기를 흡입하여 1차 공기와 혼합해 취출하는 방식

② 팬코일 유닛 방식 : 각 실에 설치된 유닛에 냉수 또는 온수를 코일에 순환시키고 실내공기를 송풍기에 의해서 유닛에 순환시킴으로써 냉각 또는 가열하는 방식

참고 유인 유닛 방식은 송풍기가 없고, 팬코일 유닛은 송풍기가 설치된다.

03. 다음과 같은 급기장치에서 덕트 선도와 주어진 조건을 이용하여 각 물음에 답하시
오.　　　　　　　　　　　　　　　　　　　　　　　　　　　　　　　　　　　　　(12점)

[조건]

1. 직관덕트 내의 마찰저항손실 : 0.1 mmAq/m
2. 환기횟수 : 10회/h
3. 공기 도입구의 정압손실 : 0.5 mmAq/m
4. 에어필터의 정압손실 : 10 mmAq/m
5. 공기 취출구의 정압손실 : 5 mmAq
6. 굴곡부 1개소의 상당길이 : 직경 10배
7. 송풍기의 정압효율(η_t) : 60 %
8. 각 취출구의 풍량은 모두 같다.
9. $R = 0.10$ mmAq/m 에 대한 원형 덕트의 지름은 다음 표에 의한다.

풍량 (m³/h)	200	400	600	800	1000	1200	1400	1600	1800
지름 (mm)	152	195	227	252	276	295	316	331	346
풍량 (m³/h)	2000	2500	3000	3500	4000	4500	5000	5500	6000
지름 (mm)	360	392	418	444	465	488	510	528	545

10. $kW = \dfrac{Q' \times \Delta P}{102E} \left(Q' [\text{m}^3/\text{s}],\ \Delta P [\text{mmAq}] \right)$

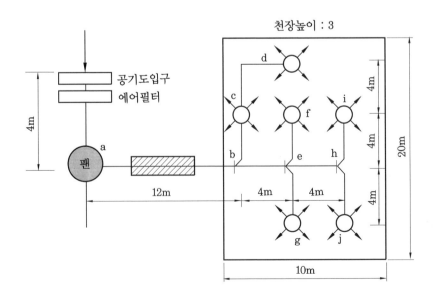

(1) 각 구간의 풍량 (m³/h)과 덕트지름 (mm)을 구하시오.

구간	풍량(m³/h)	덕트지름(mm)
a-b		
b-c		
c-d		
b-e		

(2) 전 덕트 저항손실(mmAq)을 구하시오.
(3) 송풍기의 소요동력(kW)을 구하시오.

해답 (1) 각 구간의 풍량 (m³/h)과 덕트지름 (mm)

① 필요 급기량 $= 10 \times (10 \times 20 \times 3) = 6000 \, \mathrm{m^3/h}$

② 각 취출구 풍량 $= \dfrac{6000}{6} = 1000 \, \mathrm{m^3/h}$

③ 각 구간 풍량과 덕트지름

구간	풍량 (m³/h)	덕트지름 (mm)
a-b	6000	545
b-c	2000	360
c-d	1000	276
b-e	4000	465

(2) 전 덕트 저항손실(mmAq)

① 직관 덕트 손실 $= (12+4+4+4) \times 0.1 = 2.4 \, \mathrm{mmAq}$

② 굴곡부 덕트 손실 $= (10 \times 0.276) \times 0.1 = 0.276 \, \mathrm{mmAq}$

③ 취출구 손실 $= 5 \, \mathrm{mmAq}$

④ 흡입 덕트 손실 $= (4 \times 0.1) + 0.5 + 10 = 10.9 \, \mathrm{mmAq}$

⑤ 전 덕트 저항손실 $= 2.4 + 0.276 + 5 + 10.9 = 18.576 \fallingdotseq 18.58 \, \mathrm{mmAq}$

(3) 송풍기의 소요동력(kW)

$$kW = \frac{18.58 \times 6000}{102 \times 3600 \times 0.6} = 0.5059 \fallingdotseq 0.51 \mathrm{kW}$$

---

04. 겨울철에 냉동장치 운전 중에 고압측 압력이 갑자기 낮을 경우 장치 내에서 일어나는 현상을 3가지 쓰고 그 이유를 각각 설명하시오. (6점)

해답 ① 현상 : 냉동장치의 각 부가 정상임에도 불구하고 냉각이 불충분하여진다.
　　ー 이유 : 응축기 냉각 공기온도가 낮아짐으로 응축압력이 낮아지는 것이 원인이다.

② 현상 : 냉매순환량이 감소한다.
  – 이유 : 증발압력이 일정한 상태에서 고저압의 차압이 적어서 팽창밸브 능력이 감소하는 것이 원인이다.
③ 현상 : 단위능력당 소요동력 증가
  – 이유 : 냉동능력에 알맞은 냉매량을 확보하지 못하므로 운전시간이 길어지는 것이 원인이다.

> **참고** [대책]
> ① 냉각풍량을 감소시켜 응축압력을 높인다.
> ② 액냉매를 응축기에 고이게 함으로써 유효 냉각 면적을 감소시킨다.
> ③ 압축기 토출가스를 압력제어 밸브를 통하여 수액기로 바이패스시킨다.

05. 다음과 같이 2대의 증발기를 이용하는 냉동장치에서 고압가스 제상을 위한 배관을 완성하시오. (4점)

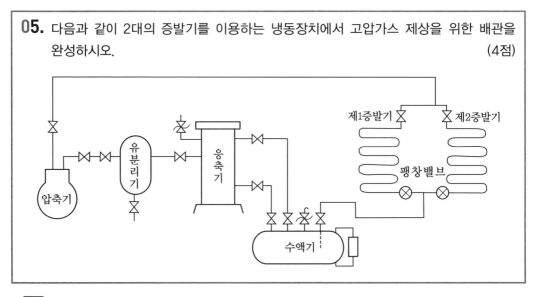

해답

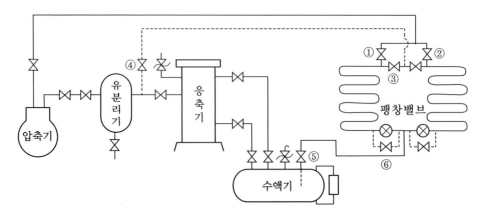

06. 다음 조건에 대하여 각 물음에 답하시오. (12점)

─────────── [조건] ───────────

구분	건구온도 (℃)	상대습도 (%)	절대습도 (kg/kg′)
실내	27	50	0.0112
실외	32	68	0.0206

1. 상·하층은 사무실과 동일한 공조상태이다.

2. 남쪽 및 서쪽벽은 외벽이 40%이고, 창면적이 60%이다.

3. 열관류율

① 외벽 : 12.222 kJ/m²·h·K

② 내벽 : 14.7 kJ/m²·h·K

③ 내부문 : 14.7 kJ/m²·h·K

4. 유리는 6 mm 반사유리이고, 차폐계수는 0.65이다.

5. 인체 발열량

① 현열 : 197.4 kJ/h·인, ② 잠열 : 235.2 kJ/h·인

6. 침입외기에 의한 실내환기 횟수 : 0.5회/h

7. 실내 사무기기 : 200 W×5개, 실내조명 (형광등) : 20 W/m²

8. 실내인원 : 0.2 인/m², 1인당 필요 외기량 : 25 m³/h·인

9. 공기의 비중량은 1.2 kg/m³, 정압비열은 1.008 kJ/kg·K이다.

10. 보정된 외벽의 상당외기 온도차 : 남쪽 8.4℃, 서쪽 5℃

11. 유리를 통한 열량의 침입 (1 kcal를 4.2 kJ로 환산한다.) (kcal/m²·h)

구분 ＼ 방위	동	서	남	북
직달일사 I_{GR}	28.7	171.9	58.2	28.7
전도대류 I_{GC}	43.2	82.4	58.2	43.2

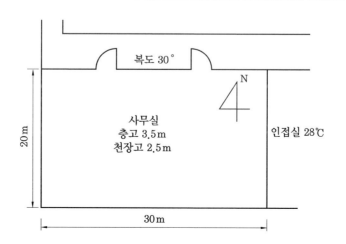

> (1) 실내부하를 구하시오.
> ① 벽체를 통한 부하　　　　② 유리를 통한 부하
> ③ 인체부하　　　　　　　　④ 조명부하
> ⑤ 실내 사무기기 부하　　　⑥ 틈새부하
> (2) 위의 계산결과가 현열취득 $q_s = 151956$ kJ/h, 잠열취득 $q_l = 51198$ kJ/h라고 가정할 때 SHF를 구하시오.
> (3) 실내취출 온도차가 10℃라 할 때 실내의 필요 송풍량(m^3/h)을 구하시오.
> (4) 환기와 외기를 혼합하였을 때 혼합온도를 구하시오.

해답 (1)

①
$$\begin{cases} 남외벽 = (30 \times 3.5 \times 0.4) \times 12.222 \times 8.4 = 4311.921 \fallingdotseq 4311.92 \text{ kJ/h} \\ 서외벽 = (20 \times 3.5 \times 0.4) \times 12.222 \times 5 = 1711.08 \text{ kJ/h} \\ 북쪽벽 = (2.5 \times 30) \times 14.7 \times (30-27) = 3307.5 \text{ kJ/h} \\ 동쪽벽 = (2.5 \times 20) \times 14.7 \times (28-27) = 735 \text{ kJ/h} \end{cases}$$
합계 열량 : 10065.5 kJ/h

②
$$\begin{cases} 남쪽창 \begin{bmatrix} 일사량 = (30 \times 3.5 \times 0.6) \times 58.2 \times 4.2 \times 0.65 = 10009.818 \fallingdotseq 10009.82 \text{ kJ/h} \\ 전도대류 = (30 \times 3.5 \times 0.6) \times 58.2 \times 4.2 = 15399.72 \text{ kJ/h} \end{bmatrix} \\ 서쪽창 \begin{bmatrix} 일사량 = (20 \times 3.5 \times 0.6) \times 171.9 \times 4.2 \times 0.65 = 19710.054 \fallingdotseq 19710.05 \text{ kJ/h} \\ 전도대류 = (20 \times 3.5 \times 0.6) \times 82.4 \times 4.2 = 14535.36 \text{ kJ/h} \end{bmatrix} \end{cases}$$
합계 열량 : 59654.95 kJ/h

③
$$\begin{cases} 재실인원 = 20 \times 30 \times 0.2 = 120명 \\ 감열 = 120 \times 197.4 = 23688 \text{ kJ/h} \\ 잠열 = 120 \times 235.2 = 28224 \text{ kJ/h} \end{cases}$$

④ $(20 \times 30 \times 20) \times \dfrac{1}{1000} \times 4200 = 50400$ kJ/h

⑤ $200 \times 5 \times \dfrac{1}{1000} \times 3600 = 3600$ kJ/h

⑥
$$\begin{cases} 환기량 = (20 \times 30 \times 2.5) \times 0.5 = 750 \text{ m}^3/\text{h} \\ 감열 = 750 \times 1.2 \times 1.008 \times (32-27) = 4536 \text{ kJ/h} \\ 잠열 = 750 \times 1.2 \times 597.3 \times 4.2 \times (0.0206 - 0.0112) = 21223.263 \fallingdotseq 21223.26 \text{ kJ/h} \end{cases}$$

(2) $SHF = \dfrac{151956}{151956 + 51198} = 0.7479 \fallingdotseq 0.75$

(3) $Q = \dfrac{151956}{1.2 \times 1.008 \times 10} = 12562.5 \text{ m}^3/\text{h}$

(4) 재실인원에 의한 외기 도입량　$25 \times 120 = 3000 \text{m}^3/\text{h}$

$$t_m = \frac{27 \times (12562.5 - 3000) + 3000 \times 32}{12562.5} = 28.194 \fallingdotseq 28.19 ℃$$

참고 ① 감열 $= 3000 \times 1.008 \times 1.2 \times (32-27) = 18144 \text{kJ/h}$
② 잠열 $= 3000 \times 1.2 \times 597.3 \times 4.2 \times (0.0206 - 0.0112) = 84893.054 \fallingdotseq 84893.05 \text{kJ/h}$

07. 다음과 같은 조건하에서 냉방용 흡수식 냉동장치에서 증발기가 1RT의 능력을 갖도록 하기 위한 각 물음에 답하시오. (12점)

[조건]

1. 냉매와 흡수제 : 물+리튬브로마이드
2. 발생기 공급열원 : 80℃의 폐기가스
3. 용액의 출구온도 : 74℃
4. 냉각수 온도 : 25℃
5. 응축온도 : 30℃(압력 31.8 mmHg)
6. 증발온도 : 5℃(압력 6.54 mmHg)
7. 흡수기 출구 용액온도 : 28℃
8. 흡수기 압력 : 6 mmHg
9. 발생기 내의 증기 엔탈피 $h_3' = 3050.88$ kJ/kg
10. 증발기를 나오는 증기 엔탈피 $h_1' = 2936.64$ kJ/kg
11. 응축기를 나오는 응축수 엔탈피 $h_3 = 546.84$ kJ/kg
12. 증발기로 들어가는 포화수 엔탈피 $h_1 = 439.74$ kJ/kg

상태점	온도(℃)	압력(mmHg)	농도 w_t [%]	엔탈피(kJ/kg)
4	74	31.8	60.4	317.52
8	46	6.54	60.4	273.84
6	44.2	6.0	60.4	271.32
2	28.0	6.0	51.2	239.4
5	56.5	31.8	51.2	292.32

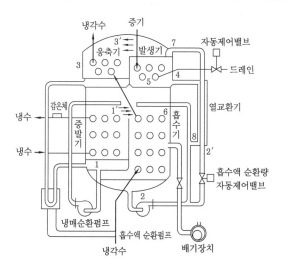

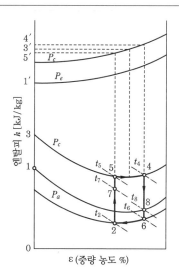

(1) 다음과 같이 나타내는 과정은 어떠한 과정인지 설명하시오.
   ① 4-8 과정 ② 6-2 과정 ③ 2-7 과정
(2) 응축기, 흡수기 열량을 구하시오.
(3) 1 냉동톤당의 냉매 순환량을 구하시오.

해답 (1) ① 4-8 과정 : 열교환기로 발생기에서 흡수기로 가는 과정이다. 발생기에서 농축
된 진한 용액이 열교환기를 거치는 동안 묽은 용액에 열을 방출하여 온도가 낮아
지는 과정이다.

② 6-2 과정 : 흡수제인 LiBr이 흡수기에서 냉매인 수증기를 흡수하는 과정이다. 발생
기에서 재생된 진한 혼합용액이 열교환기를 거쳐 흡수기로 유입되어 냉각 수관 위로
살포된 상태가 6점이며, 증발되어 흡수기로 온냉매 증기(수증기)를 흡수하여 농도가
묽은 혼합용액 상태가 2점이 된다.

③ 2-7 과정 : 열교환기로 흡수기에서 순환펌프에 의해 발생기로 가는 과정이다. 4-8
의 과정과 2-7의 과정을 열교환하는 것으로 발생기에서 재생된 진한 용액은 냉매증
기를 많이 흡수하기 위해서는 온도를 낮추어야 하며, 또 흡수작용을 마친 묽은 용액
은 발생기에서 가열시켜 재생하므로 반대로 온도를 높여야 하기 때문이다.

(2) ① 응축열량 $= h_3' - h_3 = 3050.88 - 546.84 = 2504.04 \text{ kJ/kg}$

② 흡수열량

• 용액 순환비 $f = \dfrac{\varepsilon_2}{\varepsilon_2 - \varepsilon_1} = \dfrac{60.4}{60.4 - 51.2} = 6.565 \fallingdotseq 6.57 \text{ kg/kg}$

• 흡수기 열량 $q_a = (f-1) \cdot h_8 + h_1' - f h_2$
$= \{(6.57-1) \times 273.84\} + 2936.64 - (6.57 \times 239.4)$
$= 2886.678 \fallingdotseq 2886.68 \text{ kJ/kg}$

(3) ① 냉동효과 $q_e = h_1' - h_3 = 2936.64 - 546.84 = 2389.8 \text{ kJ/kg}$

② 냉매 순환량 $G_v = \dfrac{Q_e}{q_e} = \dfrac{1 \times 3320 \times 4.2}{2389.8} = 5.834 \fallingdotseq 5.83 \text{ kg/h}$

참고 순환비 $f = \dfrac{G}{G_v}$ 에서, 묽은 혼합용액의 유량
$G = G_v \cdot f = 5.83 \times 6.57 = 38.303 \fallingdotseq 38.30 \text{ kg/h}$

08. 다음 도면과 같은 온수난방에 있어서 리버스 리턴 방식에 의한 배관도를 완성하시
오. (단, A, B, C, D는 방열기를 표시한 것이며, 온수공급관은 실선으로, 귀환관은
점선으로 표시하시오.) (8점)

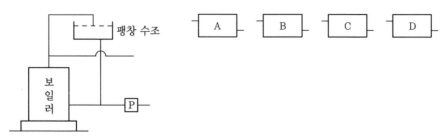

해답

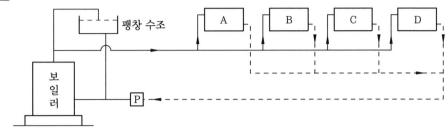

---

09. 어느 벽체의 구조가 다음과 같은 [조건]을 갖출 때 각 물음에 답하시오. (8점)

───── [조건] ─────

1. 실내온도 : 27℃, 외기온도 : 32℃
2. 벽체의 구조
3. 공기층 열 컨덕턴스 : 6 W/m² · K
4. 외벽의 면적 : 40 m²

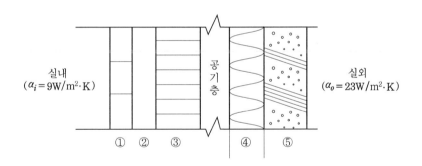

재료	두께(m)	열전도율 (W/m² · K)
① 타일	0.01	1.3
② 시멘트 모르타르	0.03	1.4
③ 시멘트 벽돌	0.19	0.6
④ 스티로폼	0.05	0.16
⑤ 콘크리트	0.10	1.6

(1) 벽체의 열통과율 (W/m² · K)을 구하시오.

(2) 벽체의 침입열량 (W)을 구하시오.

(3) 벽체의 내표면 온도 (℃)를 구하시오.

(4) 외기온도가 37℃로 증가할 경우 벽체 침입열량(W)은 32℃에 비하여 몇 % 증가
하는가?

해답 (1) 열통과율 $(W/m^2 \cdot K)$

① 열저항 $R = \dfrac{1}{K} = \dfrac{1}{9} + \dfrac{0.01}{1.3} + \dfrac{0.03}{1.4} + \dfrac{0.19}{0.6} + \dfrac{0.05}{0.16} + \dfrac{0.1}{1.6} + \dfrac{1}{23} + \dfrac{1}{6}$

② 열통과율 $K = \dfrac{1}{R} = 0.959 ≒ 0.96 \ W/m^2 \cdot K$

(2) 벽체 침입열량

$q = 0.96 \times 40 \times (32 - 27) = 192 \ W$

(3) 내표면 온도

$192 = 9 \times 40 \times (t_s - 27)$

$\therefore \ t_s = 27 + \dfrac{192}{9 \times 40} = 27.533 ≒ 27.53 ℃$

(4) 침입열량 비율

① 침입열량 $q = 0.96 \times 40 \times (37 - 27) = 384 \ W$

② 증가율 $= \dfrac{384 - 192}{192} \times 100 = 100 \%$

즉, 침입열량은 100% 증가한다.

---

10. R-22를 사용하는 2단 압축 1단 팽창 냉동 사이클의 각 점 상태값이 다음과 같다. 저단 압축기의 압축효율이 0.79일 때 실제로 필요한 고단 압축기의 피스톤 압출량 (V_g)은 냉동 사이클에서 구한 이론적인(저단 압축효율 1.0) 압출량(V_a)보다 몇 % 증가하는지 구하시오. (8점)

┌─────────────[상태값]─────────────┐

• 저단측 압축기의 흡입 냉매 엔탈피 $h_1 = 617.4 \ kJ/kg$

• 고단측 압축기의 흡입 냉매 엔탈피 $h_2 = 630 \ kJ/kg$

• 저단측 압축기의 토출측 엔탈피 $h_3 = 638.4 \ kJ/kg$

• 중간 냉각기의 팽창 밸브 직전 냉매액의 엔탈피 $h_4 = 462 \ kJ/kg$

• 증발기용 팽창 밸브 직전의 냉매액의 엔탈피 $h_5 = 415.8 \ kJ/kg$

• 증발기 냉동능력, 고단압축기 체적효율과 비체적은 일정하다.

해답 ① 저단 냉매순환량을 $G_L = 1 \ kg/h$로 가정한다.

② 저단 압축기 실제 토출가스 엔탈피

$h_3{}' = 617.4 + \dfrac{638.4 - 617.4}{0.79} = 643.982 ≒ 643.98 \ kJ/kg$

③ 이론적 고단 압축기 냉매순환량

$$G_H = 1 \times \frac{638.4 - 415.8}{630 - 462} = 1.325 ≒ 1.33 \, \text{kg/h}$$

④ 실제 고단 압축기 냉매순환량

$$G_H{}' = 1 \times \frac{643.98 - 415.8}{630 - 462} = 1.358 ≒ 1.36 \, \text{kg/h}$$

⑤ 체적 효율과 비체적이 일정하면 피스톤 토출량은 냉매순환량에 비례한다.

$$\% = \frac{V' - V}{V} \times 100 = \frac{1.36 - 1.33}{1.33} \times 100 = 2.255 ≒ 2.26 \, \% \text{ 증가한다.}$$

---

11. 배관지름이 25 mm이고 수속이 2 m/s, 비중량 1000 kg/m³일 때 다음 물음에 답하시오. (10점)

(1) 배관면적 (m²)을 구하시오. (소수점 5째자리까지)

(2) 송수 유량 (m³/s)을 구하시오. (소수점 5째자리까지)

(3) 송수 질량 (kg/s)을 구하시오. (소수점 2째자리까지)

[해답] (1) 배관면적 $= \dfrac{\pi}{4} \times 0.025^2 = 0.0004906 ≒ 0.00049 \, \text{m}^2$

(2) 송수 유량 $= \dfrac{\pi}{4} \times 0.025^2 \times 2 = 0.0009812 ≒ 0.00098 \, \text{m}^3/\text{s}$

(3) 송수 질량 $= \dfrac{\pi}{4} \times 0.025^2 \times 2 \times 1000 = 0.9812 ≒ 0.98 \, \text{kg/s}$

---

12. 전열면적 $A = 60 \, \text{m}^2$의 수랭응축기가 응축온도 $t_c = 32 \, ℃$, 냉각수량 $G = 500$ L/min, 입구 수온 $t_{w_1} = 23 \, ℃$, 출구 수온 $t_{w_2} = 31 \, ℃$로서 운전되고 있다. 이 응축기를 장기 운전하였을 때 냉각관의 오염이 원인이 되어 냉각수량을 640 L/min로 증가하지 않으면 원래의 응축온도를 유지할 수 없게 되었다. 이 상태에 대한 수랭응축기의 냉각관의 열통과율(kW/m²·K)은 얼마인가? (단, 냉매와 냉각수 사이의 온도차는 산술평균 온도차를 사용하고 열통과율과 냉각수량 외의 응축기의 열적상태는 변하지 않는 것으로 하고, 냉각수 비열은 4.2 kJ/kg·K로 한다.) (6점)

[해답] ① 응축부하 $Q_c = 500 \times 4.2 \times (31 - 23) \times \dfrac{1}{60} = 280 \, \text{kW}$

② 오염된 후 냉각수 출구온도 $= 23 + \dfrac{280 \times 60}{640 \times 4.2} = 29.25 \, ℃$

③ 냉각관 열통과율 $= \dfrac{280}{32 - \dfrac{23 + 29.25}{2}} = 47.659 ≒ 47.66 \, \text{kW/m}^2 \cdot \text{K}$

▶ **2022. 7. 24 시행**   ※ 이 문제는 수검자의 기억을 통하여 복원된 것입니다.

01. 다음과 같은 저압수액기와 펌프, 압축기, 유분리기, 응축기, 팽창밸브, 증발기, 액분리기로 구성된 암모니아 냉동 계통도에서 다음 물음에 답하시오.   (10점)

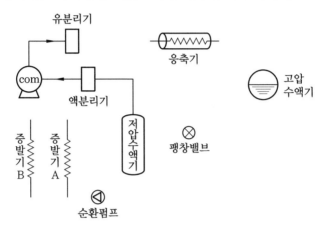

(1) 저압수액기로부터 냉매 강제 순환이 가능하도록 계통을 완성하시오. (단, 저압은 실선, 고압은 점선으로 연결)

(2) 냉매 강제 순환 방식의 장점 2가지를 쓰시오.

해답 (1)

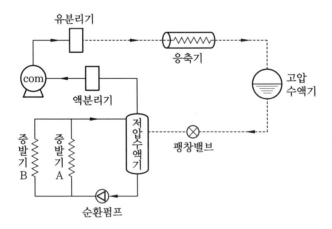

(2) ① 전열작용이 양호하다 (건식 증발기보다 20% 이상 좋다).

  ② 액압축의 우려가 없다.

  ③ 한 개의 팽창밸브로 여러 대의 증발기를 사용할 수 있다.

  ④ 증발기 코일에 oil(윤활유)이 체류할 우려가 없다.

  ⑤ 고압가스 제상의 자동화가 용이하다.

02. 회전수 800rpm, 풍량 400m³/min인 송풍기에서 회전수를 1000rpm으로 변경 시
풍량은 이론적으로 얼마(m³/min)인가? (4점)

해답 풍량 $Q = 400 \times \dfrac{1000}{800} = 500\,\text{m}^3/\text{min}$

03. 암모니아 냉동장치에서 사용되는 가스 퍼저(불응축가스 분리기)에서 아래의 그림에
있는 접속구 A~E는 각각 어디에 연결되는지 예와 같이 나타내시오.
(예 F-압축기 토출관) (10점)

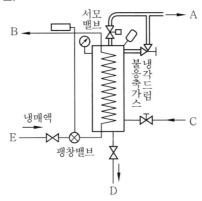

해답 A-수조, B-압축기 흡입관, C-응축기와 수액기 상부 불응축가스 도입관,
D-수액기, E-수액기 출구 액관

04. 증기 보일러에 부착된 인젝터의 작용을 설명하시오. (6점)

해답 노즐에 분출하는 증기의 열에너지를 분사력을 이용하여 속도(운동)에너지로 전환하여
다시 압력에너지로 바꾸어서 보일러 속으로 급수하는 장치

05. 주어진 설계조건을 이용하여 사무실 각 부분에 대하여 손실열량을 구하시오. (10점)

[설계조건]

1. 설계온도(℃) : 실내온도 19℃, 실외온도 −1℃, 복도온도 10℃
2. 열통과율(W/m²·K) : 외벽 0.36, 내벽 1.8, 바닥 0.45, 유리(2중) 2.2,
   문 2.1
3. 방위계수
   −북쪽, 북서쪽, 북동쪽 : 1.2   −동남쪽, 남서쪽 : 1.05
   −동쪽, 서쪽 : 1.10   −남쪽, 실내쪽 : 1.0
4. 환기횟수 : 0.5회/h
5. 천장 높이와 층고는 동일하게 간주한다.
6. 공기의 정압비열 : 1.01 kJ/kg·K, 공기의 비중량 : 1.2 kg/m³

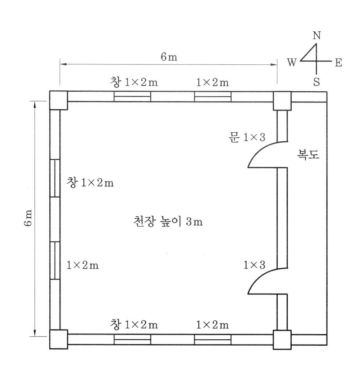

구분	열관류율 (W/m² · K)	면적 (m²)	온도차 (℃)	방위계수	부하 (W)
동쪽 내벽					
동쪽 문					
서쪽 외벽					
서쪽 창					
남쪽 외벽					
남쪽 창					
북쪽 외벽					
북쪽 창					
환기부하					
난방부하					

해답

구분	열관류율 (W/m² · K)	면적 (m²)	온도차 (℃)	방위계수	부하 (W)
동쪽 내벽	1.8	12	9	1	194.4
동쪽 문	2.1	6	9	1	113.4
서쪽 외벽	0.86	14	20	1.1	110.88
서쪽 창	2.2	4	20	1.1	193.6
남쪽 외벽	0.36	14	20	1	100.8
남쪽 창	2.2	4	20	1	176
북쪽 외벽	0.36	14	20	1.2	120.96
북쪽 창	2.2	4	20	1.2	211.2
환기부하	$1.01 \times 1.2 \times \{0.5 \times (6 \times 6 \times 3)\} \times \{19 - (-1)\} \times 10^3 \times \dfrac{1}{3600} = 363.6\text{W}$				
난방부하	$194.4 + 113.4 + 110.88 + 193.6 + 100.8 + 176 + 120.96 + 211.2 + 63.6$ $= 1584.84\text{W}$				

06. 다음 보기의 기호를 사용하여 공조배관 계통도를 작성하시오. (단, 냉수공급관 및 환수관은 개별식으로 배관한다.) (9점)

[보기]

CT	R	▲	△	AHU	⊢⊣	⊢⊣
냉각탑	냉동기	냉수 펌프	냉각수 펌프	공조기	공급 헤더	환수 헤더

해답

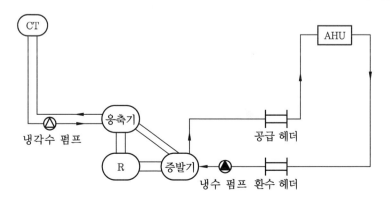

07. 다음과 같은 공조 시스템에 대해 계산하시오.   (12점)

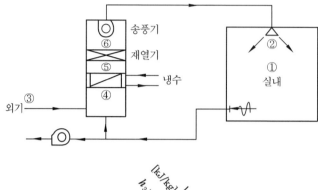

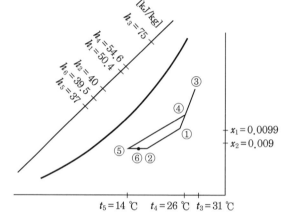

- 실내온도 : 25℃, 실내 상대습도 : 50 %
- 외기온도 : 31℃, 외기 상대습도 : 60 %
- 실내급기풍량 : 6000 m³/h, 취입외기풍량 : 1000 m³/h, 공기비중량 : 1.2 kg/m³
- 취출공기온도 : 17℃, 공조기 송풍기 입구온도 : 16.5℃
- 공기냉각기 : 냉수입구온도 (공기냉각기) : 6℃
           냉수출구온도 (공기냉각기) : 12℃
- 공기재열기 : 입구온수온도 25℃, 출구온도 20℃
- 공조기 입구의 환기온도는 실내온도와 같다.
- 공기와 냉수의 정압비열은 1, 4.2 kJ/kg · K이다.

(1) 실내 냉방 부하의 현열비(SHF)를 구하시오.
(2) 실내 급기질량 G[kg/h]를 구하시오.
(3) 공기냉각기 열량 q_c[kW]를 구하시오.
(4) 공기냉각기의 냉수량 L_c[kg/min]를 구하시오.
(5) 공기재열기의 온수량 L_w[kg/min]를 구하시오.

해답 (1) 실내 냉방 현열비

① 실내 전열량 $q_t = 6000 \times 1.2 \times (50.4 - 40) = 74880\,\text{kJ/h}$

② 실내 현열부하 $q_s = 6000 \times 1.2 \times 1 \times (25 - 17) = 57600\,\text{kJ/h}$

③ 현열비 $= \dfrac{57600}{74880} = 0.769 ≒ 0.77$

(2) 실내 급기 질량 $G = \dfrac{57600}{1 \times (25 - 17)} = 7200\,\text{kg/h}$

(3) 공기냉각기 열량 $q_c = 7200 \times (54.6 - 37) \times \dfrac{1}{3600} = 35.2\,\text{kW}$

(4) 공기냉각기의 냉수량 $L_c = \dfrac{35.2 \times 60}{4.2 \times (12 - 6)} = 83.809 ≒ 83.81\,\text{kg/min}$

(5) 공기재열기 온수량 $L_w = \dfrac{7200 \times (40 - 39.5)}{60 \times 4.2 \times (25 - 20)} = 2.857 ≒ 2.86\,\text{kg/min}$

---

08. 다음 그림의 중력 단관식 증기난방의 관지름을 구하시오. (단, 보일러에서 최상 방열기까지의 거리는 50 m이고, 배관 중의 곡관부(연결부), 밸브류의 국부저항은 직관저항에 대해 100 %로 한다. 환수주관은 보일러의 수면보다 높은 위치에 있고 압력강하는 0.02 kg/cm²·100 m이다.) (7점)

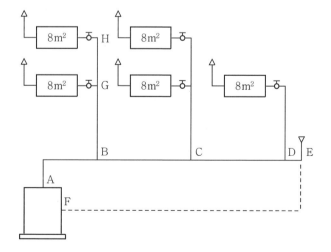

[표 1] 저압증기관의 용량표 (상당 방열면적, m²)

관지름 (mm)	순구배횡관 및 하향급기입관 (복관식 및 단관식)					상향급기입관 및 역구배횡관 (복관식)		단관식 상향급기	
	r = 압력강하 (kg/cm²·100 m)								
	(A) 0.005 (m²)	(B) 0.01 (m²)	(C) 0.02 (m²)	(D) 0.05 (m²)	(E) 0.1 (m²)	(F) 입관 (m²)	(G) 횡관 (m²)	(H) 입관 (m²)	(I) 입관용 횡관 (m²)
20	–	2.4	3.5	5.4	7.7	3.2	–	2.6	–
25	3.6	5.0	7.1	11.2	15.9	6.1	3.2	4.9	2.2
32	7.3	10.3	14.7	23.1	32.7	11.7	5.9	9.4	4.1
40	11.3	15.9	22.6	35.6	50.3	17.9	9.9	14.3	6.9
50	22.4	31.6	44.9	70.6	99.7	35.4	19.3	28.3	13.5
65	45.1	63.5	90.3	142	201	63.6	37.1	50.9	26.0
80	72.9	103	146	230	324	105	67.4	84.0	47.2
90	108	153	217	341	482	150	110	120	77.0
100	151	213	303	477	673	204	166	163	116
125	273	384	546	860	1214	334	–	–	–
150	433	609	866	1363	1924	498	–	–	–
175	625	880	1251	1969	2779	–	–	–	–
200	887	1249	1774	2793	3943	–	–	–	–
250	1620	2280	3240	5100	7200	–	–	–	–
300	2593	3649	5185	8162	11523	–	–	–	–
350	3363	4736	6730	10593	14955	–	–	–	–

[표 2] 방열기 지관 및 밸브 용량 (m²)

관지름 (mm)	단관식 (T)	복관식 (U)
15	1.3	2.0
20	3.1	4.5
25	5.7	8.4
32	11.5	17.0
40	17.5	26.0
50	33.0	48.0

[표 3] 저압증기의 환수관 용량 (상당 방열면적, m²)

관지름 (mm)	중력식						진공식		
	횡주관				입관 (N)	트랩 (P)	횡주관 (Q)	입관 (R)	트랩 (S)
	건식 (J)	습식							
		50 mm 이하 (K)	100 mm 이하 (L)	100 mm 이상 (M)					
15	−	−	−	−	12.5	7.5	−	37	15
20	−	110	70	40	18	15	37	65	30
25	31	190	120	62	42	24	65	110	48
32	62	420	270	130	92	−	110	175	−
40	98	580	385	180	140	−	175	370	−
50	220	1000	680	330	280	−	370	620	−
65	350	1900	1300	660	−	−	620	990	−
80	650	3500	2300	1150	−	−	990	−	−
90	920	4800	3100	1700	−	−	1480	−	−
100	1390	5400	3700	1900	−	−	2000	−	−
125	−	−	−	−	−	−	5100	−	−

구간	EDR [m²]	관지름 (mm)
A−B		
B−C		
C−D		
D−E−F		
B−G		
G−H		
G (밸브)		

해답

구간	EDR [m²]	관지름 (mm)
A−B	40	50
B−C	24	50
C−D	8	32
D−E−F	40	32
B−G	16	50
G−H	8	32
G (밸브)	11.5	32

09. 다음과 같은 덕트 시스템에 대하여 덕트 치수를 등압법(0.1 mmAq/m)에 의하여 결정하시오. (단, 각 토출구의 토출풍량은 1000 m³/h이다.) (8점)

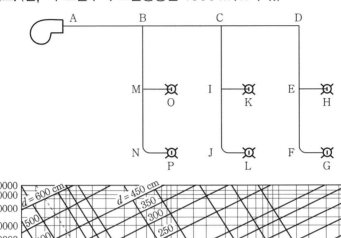

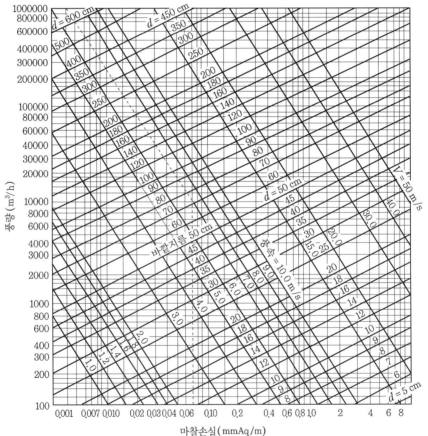

구간	풍량 (m³/h)	지름 (cm)	풍속 (m/s)	직사각형 덕트 $a \times b$ [mm]
A~B				( ) × 200
B~C				( ) × 200
C~E				( ) × 200
E~G				( ) × 200

장변＼단변	10	15	20	25	30	35	40	45	50	55	60	65	70	75	80	85	90	95	100
10	10.9																		
15	13.3	16.4																	
20	15.2	18.9	21.9																
25	16.9	21.0	24.4	27.3															
30	18.3	22.9	26.6	29.9	32.8														
35	19.5	24.5	28.6	32.2	35.4	38.3													
40	20.7	26.0	30.5	34.3	37.8	40.9	43.7												
45	21.7	27.4	32.1	36.3	40.0	43.3	46.4	49.2											
50	22.7	28.7	33.7	38.1	42.0	45.6	48.8	51.8	54.7										
55	23.6	29.9	35.1	39.8	43.9	47.7	51.1	54.3	57.3	60.1									
60	24.5	31.0	36.5	41.4	45.7	49.6	53.3	56.7	59.8	62.8	65.6								
65	25.3	32.1	37.8	42.9	47.4	51.5	55.3	58.9	62.2	65.3	68.3	71.1							
70	26.1	33.1	39.1	44.3	49.0	53.3	57.3	61.0	64.4	67.7	70.8	73.7	76.5						
75	26.8	34.1	40.2	45.7	50.6	55.0	59.2	63.0	66.6	69.7	73.2	76.3	79.2	82.0					
80	27.5	35.0	41.4	47.0	52.0	56.7	60.9	64.9	68.7	72.2	75.5	78.7	81.8	84.7	87.5				
85	28.2	35.9	42.4	48.2	53.4	58.2	62.6	66.8	70.6	74.3	77.8	81.1	84.2	87.2	90.1	92.9			
90	28.9	36.7	43.5	49.4	54.8	59.7	64.2	68.6	72.6	76.3	79.9	83.3	86.6	89.7	92.7	95.6	198.4		
95	29.5	37.5	44.5	50.6	56.1	61.1	65.9	70.3	74.4	78.3	82.0	85.5	88.9	92.1	95.2	98.2	101.1	103.9	
100	30.1	38.4	45.4	51.7	57.4	62.6	67.4	71.9	76.2	80.2	84.0	87.6	91.1	94.4	97.6	100.7	103.7	106.5	109.3
105	30.7	39.1	46.4	52.8	58.6	64.0	68.9	73.5	77.8	82.0	85.9	89.7	93.2	96.7	100.0	103.1	106.2	109.1	112.0
110	31.3	39.9	47.3	53.8	59.8	65.2	70.3	75.1	79.6	83.8	87.8	91.6	95.3	98.8	102.2	105.5	108.6	111.7	114.6
115	31.8	40.6	48.1	54.8	60.9	66.5	71.7	76.6	81.2	85.5	89.6	93.6	97.3	100.9	104.4	107.8	111.0	114.1	117.2
120	32.4	41.3	49.0	55.8	62.0	67.7	73.1	78.0	82.7	87.2	91.4	95.4	99.3	103.0	106.6	110.0	113.3	116.5	119.6
125	32.9	42.0	49.9	56.8	63.1	68.9	74.4	79.5	84.3	88.8	93.1	97.3	101.2	105.0	108.6	112.2	115.6	118.8	122.0
130	33.4	42.6	50.6	57.7	64.2	70.1	75.7	80.8	85.7	90.4	94.8	99.0	103.1	106.9	110.7	114.3	117.7	121.1	124.4
135	33.9	43.3	51.4	58.6	65.2	71.3	76.9	82.2	87.2	91.9	96.4	100.7	104.9	108.8	112.6	116.3	119.9	123.3	126.7
140	34.4	43.9	52.2	59.5	66.2	72.4	78.1	83.5	88.6	93.4	98.0	102.4	106.6	110.7	114.6	118.3	122.0	125.5	128.9
145	34.9	44.5	52.9	60.4	67.2	73.5	79.3	84.8	90.0	94.9	99.6	104.1	108.4	112.5	116.5	120.3	124.0	127.6	131.1
150	35.3	45.2	53.6	61.2	68.1	74.5	80.5	86.1	91.3	96.3	101.1	105.7	110.0	114.3	118.3	122.2	126.0	129.7	133.2
155	35.8	45.7	54.4	62.1	69.1	75.6	81.6	87.3	92.6	97.4	102.6	107.2	111.7	116.0	120.1	124.1	127.9	131.7	135.3
160	36.2	46.3	55.1	62.9	70.6	76.6	82.7	88.5	93.9	99.1	104.1	108.8	113.3	117.7	121.9	125.9	129.8	133.6	137.3
165	36.7	46.9	55.7	63.7	70.9	77.6	83.8	89.7	95.2	100.5	105.5	110.3	114.9	119.3	123.6	127.7	131.7	135.6	139.3
170	37.1	47.5	56.4	64.4	71.8	78.5	84.9	90.8	96.4	101.8	106.9	111.8	116.4	120.9	125.3	129.5	133.5	137.5	141.3

해답

구간	풍량(m³/h)	지름(cm)	풍속(m/s)	직사각형 덕트 $a \times b$[mm]
A~B	6000	54.17	7.23	(1550) × 200
B~C	4000	46.5	6.63	(1100) × 200
C~E	2000	35.83	5.57	(600) × 200
E~G	1000	27.5	4.67	(350) × 200

10. 2단 압축 냉동장치의 $p-h$ 선도를 보고 선도 상의 각 상태점을 장치도에 기입하고, 장치구성 요소명을 ( )에 쓰시오. (8점)

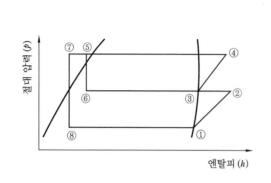

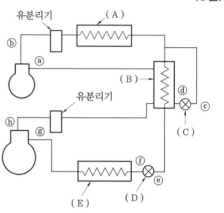

해답 (1) ⓐ-③ ⓑ-④   ⓒ-⑤   ⓓ-⑥
   ⓔ-⑦ ⓕ-⑧   ⓖ-①   ⓗ-②

(2) A : 응축기   B : 중간 냉각기   C : 제 1 팽창밸브 (보조 팽창밸브)
   D : 제 2 팽창밸브 (주 팽창밸브)   E : 증발기

11. 기통비 2인 콤파운드 R-22 고속 다기통 압축기가 다음 그림에서와 같이 중간냉각이 불완전한 2단 압축 1단 팽창식으로 운전되고 있다. 이때 중간냉각기 팽창 밸브 직전의 냉매액 온도가 33℃, 저단측 흡입냉매의 비체적이 0.15 m³/kg, 고단측 흡입 냉매의 비체적이 0.06 m³/kg이라고 할 때 저단측의 냉동효과(kcal/kg)는 얼마인가? (단, 고단측과 저단측의 체적효율은 같다.) (5점)

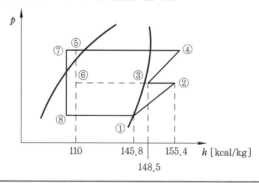

해답 고단 냉매순환량 $G_H = G_L \dfrac{h_2 - h_7}{h_3 - h_5}$ 식에서,

$$h_7 = h_2 - \frac{G_H}{G_L}(h_3 - h_5) = h_2 - \frac{\dfrac{V}{0.06}\eta_v}{\dfrac{2\,V}{0.15}\eta_v} \times (h_3 - h_5)$$

$$= 155.4 - \frac{0.15}{2 \times 0.06} \times (148.5 - 110) = 107.275 \text{ kcal/kg}$$

$$\therefore \text{ 냉동효과} = h_1 - h_7 = 145.8 - 107.275 = 38.525 \fallingdotseq 38.53 \text{ kcal/kg}$$

---

12. 다음과 같은 냉수코일의 조건을 이용하여 각 물음에 답하시오. (15점)

┌─────────────[냉수코일 조건]─────────────┐

- 코일부하(q_c) : 120 kW
- 통과풍량(Q_c) : 15000 m³/h
- 단수(S) : 26단
- 풍속(V_f) : 3 m/s
- 유효높이 $a = 992$ mm, 길이 $b = 1400$ mm, 관내경 $d_i = 12$ mm
- 공기입구온도 : 건구온도 $t_1 = 28$ ℃, 노점온도 $t_1{''} = 19.3$ ℃
- 공기출구온도 : 건구온도 $t_2 = 14$ ℃
- 냉수비열 : 4.2 kJ/kg·K
- 코일의 입·출구 수온차 : 5℃(입구수온 7℃)
- 코일의 열통과율 : 1.01 kW/m²·K
- 습면보정계수 C_{WS} : 1.4

└──────────────────────────────────┘

(1) 전면 면적 A_f [m²]를 구하시오.

(2) 냉수량 L [L/min]를 구하시오.

(3) 코일 내의 수속 V_w [m/s]를 구하시오.

(4) 대수 평균온도차(평행류) Δt_m [℃]를 구하시오.

(5) 코일 열수(N)를 구하시오.

계산된 열수(N)	2.26~3.70	3.71~5.00	5.01~6.00	6.01~7.00	7.01~8.00
실제 사용 열수(N)	4	5	6	7	8

[해답] (1) 전면 면적 $A_f = \dfrac{15000}{3 \times 3600} = 1.389 \fallingdotseq 1.39 \text{ m}^2$

(2) 냉수량 $L = \dfrac{120 \times 60}{4.2 \times 5} = 342.857 \text{ kg/min} \fallingdotseq 342.86 \text{ L/min}$

(3) 코일 내 수속 $V_w = \dfrac{0.34286 \times 4}{3.14 \times 0.012^2 \times 26 \times 60} = 1.944 \fallingdotseq 1.94 \text{ m/s}$

(4) 대수 평균온도차 $\Delta t_m = \dfrac{21 - 2}{\ln \dfrac{21}{2}} = 8.0803 \fallingdotseq 8.08 \text{ ℃}$

  $\Delta_1 = 28 - 7 = 21$ ℃, $\Delta_2 = 14 - 12 = 2$ ℃

(5) 코일 열수 $N = \dfrac{120}{1.01 \times 1.39 \times 1.4 \times 8.08} = 7.56 \fallingdotseq 8$ 열

13. 주어진 습공기 선도를 참조하여 물음에 답하시오. (10점)

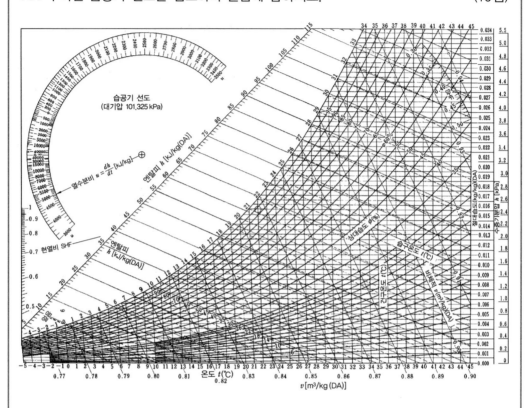

- 실내 현열부하 16kW, 잠열부하 2.3kW
- 외기 33℃, 습구 27℃
- 실내기 27℃, 상대습도 50%
- 외기 도입량은 송풍량의 25%
- 취출구 온도 16℃, 공기비열 1.0 kJ/kg · K, 밀도 1.2 kg/m³
- 송풍기 취득열량 1kW, 급기덕트 취득열량 0.43 kW
- 냉수비열 4.2 kJ/kg · K

(1) 송풍기 풍량 (m³/h)을 구하시오.
(2) 습공기 선도에 조건의 냉방 프로세스를 작도하시오.
(3) 냉각 코일 공급 냉수량(L/min)을 구하시오. (단, 냉수 입출구 온도차 5℃, 물 비열 4.2 kJ/kg · K이다.)

해답 (1) 송풍량$= \dfrac{15 \times 3600}{1.2 \times 1 \times (27-16)} = 4090.909 ≒ 4090.91\,\mathrm{m^3/h}$

(2) 습공기 선도 조건

① 실내외 공기 혼합온도 $t_3 = 0.25 \times 33 + 0.75 \times 27 = 28.5\,℃$

② 현열비 $SHF = \dfrac{15}{15 + 2.3} = 0.867 ≒ 0.87$

③ 송풍기 열량에 의한 온도 상승 $\Delta t_m = \dfrac{(1 + 0.43) \times 3600}{1.2 \times 1 \times 4090.91} = 1.048 ≒ 1.05\,℃$

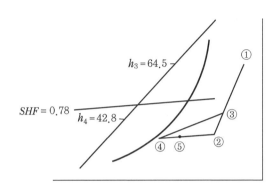

(3) 공급 냉수량 $L = \dfrac{4090.91 \times 1.2 \times (64.5 - 42.8)}{4.2 \times 5 \times 60} = 84.545\,\text{kg/min} ≒ 8.55\,\text{L/min}$

---

14. 주어진 조건을 이용하여 R-12 냉동기의 냉동능력(kW)을 구하시오. (6점)

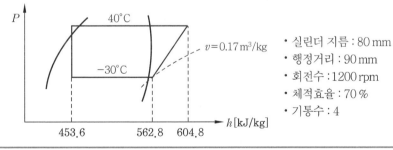

- 실린더 지름 : 80 mm
- 행정거리 : 90 mm
- 회전수 : 1200 rpm
- 체적효율 : 70 %
- 기통수 : 4

해답 냉동능력 $= \dfrac{\dfrac{\pi}{4} \times 0.08^2 \times 0.09 \times 4 \times 1200 \times (562.8 - 453.6)}{0.17 \times 60} \times 0.7$

$\qquad = 23.247 ≒ 23.25\,\text{kW}$

▶ **2022. 10. 16 시행** ※ 이 문제는 수검자의 기억을 통하여 복원된 것입니다.

01. 다음 그림과 같은 공기조화장치의 운전상태가 다음의 조건과 같을 때 각 물음에 답하시오. (단, 계산과정에 필요한 사이클을 공기 선도에 반드시 나타내시오.) (12점)

[조건]

1. 실내 온·습도
   ① 건구온도 : 26℃   ② 상대습도 : 50%
2. 외기 온·습도
   ① 건구온도 : 32℃   ② 절대습도 : 0.022kg/kg′
3. 실내 냉방부하
   ① 현열부하 : 94500 kJ/h   ② 잠열부하 : 31500 kJ/h
4. 취입 외기량은 급기량의 1/3
5. 취출구 공기온도 : 19℃
6. 재열기 출구온도 : 18℃
7. 냉각 코일 출구온도 : 14℃
8. 공기의 비열 : 1.0 kJ/kg · K
9. 공기의 밀도 : 1.2 kg/m³
10. 습공기 선도 참조

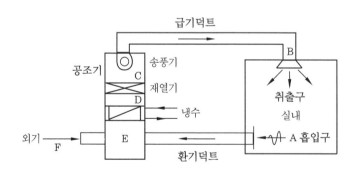

(1) 습공기 선도를 작성하시오.
(2) 실내 송풍량 m[kg/h]을 구하시오.
(3) 냉각 코일 부하 q_c[kW]를 구하시오.
(4) 재열부하 q_r[kW]을 엔탈피를 이용하여 구하시오.
(5) 외기부하 q_o[kW]를 구하시오.

해답 (1) 습공기 선도 작성

① 혼합공기온도 $t_E = 26 \times \dfrac{2}{3} + 32 \times \dfrac{1}{3} = 28\,℃$

② 현열비 $SHF = \dfrac{94500}{94500 + 31500} = 0.75$

③ 습공기 선도

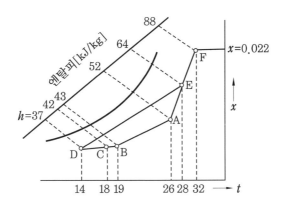

(2) 실내 송풍량

$$m = \frac{q_s}{C_p \Delta t} = \frac{94500}{1.0 \times (26 - 19)} = 13500\,\text{kg/h}$$

(3) 냉각코일 부하

$$q_c = m(h_E - h_D) = 13500 \times \frac{64 - 37}{3600} = 101.25\,\text{kW}$$

(4) 재열부하

$$q_r = m(h_C - h_D) = 13500 \times \frac{42 - 37}{3600} = 18.75\,\text{kW}$$

(5) 외기부하

$$q_o = m(h_E - h_A) = 13500 \times \left(\frac{1}{3}\right)\left(\frac{88 - 52}{3600}\right) = 45\,\text{kW}$$

---

02. 다음은 R-22용 콤파운드 압축기를 이용한 2단 압축 1단 팽창 냉동장치의 이론 냉동 사이클을 나타낸 것이다. 이 냉동장치의 냉동능력이 15RT일 때 각 물음에 답하시오. (단, 배관에서의 열손실은 무시한다. 압축기의 체적효율(저단 및 고단) : 0.75, 압축기의 압축효율(저단 및 고단) : 0.73, 압축기의 기계효율(저단 및 고단) : 0.90, 1RT = 3.86 kW)　　　　　　　　　　　　　　　　　　　(10점)

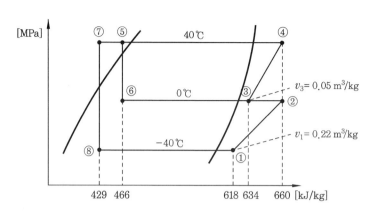

(1) 저단 압축기와 고단 압축기의 기통수비가 얼마인 압축기를 선정해야 하는가?
(소수 첫째자리에서 반올림하시오.)
(2) 압축기의 실제 소요동력 (kW)은 얼마인가?

해답 (1) 저단 압축기와 고단 압축기의 기통비
① 저단측 냉매 순환량

$$G_L = \frac{Q_2}{h_1 - h_8} = \frac{15 \times 3.86 \times 3600}{618 - 429} = 1102.857 \fallingdotseq 1102.86 \, \text{kg/h}$$

② 저단측 피스톤 압출량

$$Va_L = \frac{G_L \cdot v_L}{\eta_{vL}} = \frac{1102.86 \times 0.22}{0.75} = 323.505 \fallingdotseq 323.51 \, \text{m}^3/\text{h}$$

③ 고단측 냉매 순환량

$$G_H = G_L \cdot \frac{h_2{}' - h_7}{h_3 - h_6} = 1102.86 \times \frac{675.53 - 429}{634 - 466} = 1618.381 \fallingdotseq 1618.38 \, \text{kg/h}$$

④ 저단 압축기 토출가스 실제 엔탈피

$$h_2{}' = h_1 + \frac{h_2 - h_1}{\eta_{cL}} = 618 + \frac{660 - 618}{0.73} = 675.534 \fallingdotseq 675.53 \, \text{kJ/kg}$$

⑤ 고단측 피스톤 압출량

$$Va_H = \frac{G_H \cdot v_H}{\eta_{vH}} = \frac{1618.38 \times 0.05}{0.75} = 107.892 \fallingdotseq 107.89 \, \text{m}^3/\text{h}$$

⑥ 기통비 : $323.51 = 107.89$, 약 $2.99 \, (\fallingdotseq 3) = 1$

(2) 실제 소요동력

$$N_{kW} = \left(\frac{1102.68 \times (660 - 618)}{0.73 \times 0.9} + \frac{1618.38 \times (660 - 634)}{0.73 \times 0.9} \right) \times \frac{1}{3600}$$

$$= 37.374 \fallingdotseq 37.37 \, \text{kW}$$

저단이 고단보다 3배의 체적이 크다.

03. 다음과 같은 사무실에 대하여 온수방열기로 난방하는 경우 주어진 조건을 이용하여 물음에 답하시오. (14점)

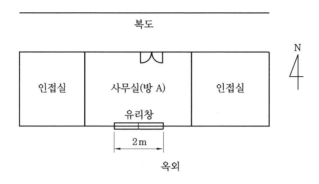

[조건]

1.

	실내	옥외	하층	인접실	복도	상층
온도(℃)	18	−14	10	18	15	18

2.

방 (A)의 구조		면적 (m²)	열통과율 (W/m²·K)
외벽 (남향)	콘크리트벽	30	0.32
	유리창	3.2	3.8
내벽 (복도측)	콘크리트벽	30	0.48
	문	4	1.8
바닥	콘크리트	35	1.2
천장	콘크리트	35	0.26

3. 방위계수 : 동북, 북서, 북측 : 1.15, 동, 동남, 서, 서남, 남측 : 1.0
4. 재실 인원수 : 6명
5. 유리창 : 높이 1.6 m (난간 없음), 폭 2 m의 두짝 미서기 풍향측 창 1개 (단, 기밀 구조 보통)
6. 창에서의 극간풍은 7.5 m³/m·h이다. (크랙길이법)
7. 공기의 평균 정압비열 : 1.0 kJ/kg·K, 공기의 밀도 1.2 kg/m³으로 한다.
8. 부하 안전율은 고려하지 않는다.
9. 온수난방 표준방열량 523 W/m², 방열기 1쪽 면적 0.24 m²

(1) 벽체를 통한 부하 (W)
(2) 유리창 및 문을 통한 부하 (W)
(3) 바닥 및 천장을 통한 부하 (W)

(4) 극간풍에 의한 부하(극간 길이에 의함)(W)

(5) 총 난방부하를 구하시오. (W)

(6) 온수난방에서 상당방열면적(m^2)을 구하시오.

(7) 온수난방에서 방열기 쪽수를 구하시오.

해답 (1) 벽체를 통한 부하

① 외벽(남쪽) $= K \cdot A \cdot \Delta t \cdot k = 0.32 \times 30 \times \{18 - (-14)\} \times 1.0 = 307.2$ W

② 내벽(북쪽) $= K \cdot A \cdot \Delta t = 0.48 \times 30 \times (18 - 15) = 43.2$ W

(2) 유리창 및 문을 통한 부하

① 유리창 $= K \cdot A \cdot \Delta t \cdot k = 3.8 \times 3.2 \times \{18 - (-14)\} \times 1.0 = 389.12$ W

② 문 $= K \cdot A \cdot \Delta t = 1.8 \times 4 \times (18 - 15) = 21.6$ W

(3) 바닥 및 천장을 통한 부하

① 바닥 $= K \cdot A \cdot \Delta t = 1.2 \times 35 \times (18 - 10) = 336$ W

② 천장 $= K \cdot A \cdot \Delta t = 0.26 \times 35 \times (18 - 18) = 0$ W

(4) 극간풍에 의한 부하

$$q_1 = c_p \cdot \rho \cdot Q_I \cdot \Delta t = 1.0 \times 1.2 \times 66 \times \{18 - (-14)\} = 2534.4 \text{ kJ/h}$$

$$\therefore \frac{2534.4}{3600} \times 1000 = 704 \text{ W}$$

(5) 총 난방부하 $= 307.2 + 43.2 + 389.12 + 21.6 + 336 + 704 = 1801.12$ W

(6) 온수난방에서 상당방열면적(EDR) $= \dfrac{\text{난방부하}}{\text{표준방열량}} = \dfrac{1801.12}{523} = 3.44 \, m^2$

(7) 방열기 쪽수 $= \dfrac{\text{EDR}}{\text{한 쪽 면적}} = \dfrac{3.44}{0.24} = 14.3 = 15$쪽

---

04. 두께 100mm의 콘크리트벽 내면에 200mm 단열재 방열시공을 하고 그 위에 10mm 판재로 마감된 냉장고가 있다. 냉장고 내부온도 $-20℃$, 외부온도 $30℃$ 이며 내부 전체 면적이 100 m^2일 때 다음 물음에 답하시오. (4점)

재료	열전도율 (W/m·K)	벽면	표면열전달률 (W/m²·K)
콘크리트	0.95	외벽면	23
단열재	0.04	내벽면	7
내부판재	0.15		

(1) 냉장고 벽체의 열통과율 K [W/m² · K]를 구하시오.

(2) 벽체의 전열량(W)을 구하시오.

해답 (1) 열통과율

① 열저항 $R = \dfrac{1}{K} = \dfrac{1}{23} + \dfrac{0.1}{0.95} + \dfrac{0.2}{0.04} + \dfrac{0.01}{0.15} + \dfrac{1}{7}$ [m^2 · K/W]

② 열통과율 $K = \dfrac{1}{R} = 0.1866 \fallingdotseq 0.187\ [\mathrm{W/m^2 \cdot K}]$

(2) 벽체의 전열량 $Q = 0.187 \times 100 \times \{30 - (-20)\} = 935\ \mathrm{W}$

---

05. 취출(吹出)에 관한 다음 용어를 설명하시오. (4점)

(1) 셔터 :

(2) 전면적(face area) :

[해답] (1) 셔터 : 취출구의 후부에 설치하는 풍량조정용 또는 개폐용 기구
(2) 전면적 : 취출구의 개구부(開口部)에 접하는 외주에서 측정한 전면적(全面積)

---

06. 다음 그림과 같은 냉각수 배관계통에 대하여 조건을 참조하여 물음에 답하시오. (12점)

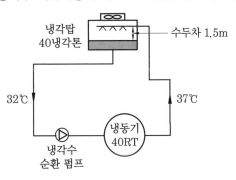

[조건]

- 냉동기 냉동능력 40RT
- 냉각탑 냉각능력 40냉각톤(1냉각톤=4.53kW)
- 배관직선길이 60m
- 배관 부속기구 수량

부속명	엘보	스윙체크 밸브	게이트 밸브	볼 밸브	스트레이너
수량	10개	1개	3개	1개	1개

- 부속기구 상당장(m)

부속명	엘보	스윙체크 밸브	게이트 밸브	볼 밸브	스트레이너
상당장	3.6	11.6	0.8	4.8	13

- 응축기 마찰손실수두 6mAq
- 노즐 살수압력 3mAq
- 배관허용마찰손실수두는 100mmAq/m 이하로 한다.
- 냉각수 입출구 온도 32℃, 37℃(물 비열 4.2 kJ/kg · K)
- 첨부 〈배관저항선도〉 이용

(1) 냉각수 배관 냉각수량(L/min)을 구하시오.

(2) ① 배관선도를 이용하여 적합한 관경을 구하시오.

　　② ①에서 구한 관경으로 실제 마찰손실수두(mmAq/m)를 구하시오.(정수)

　　③ ①에서 유속을 구하시오. (소수 첫째자리까지 구하시오.)

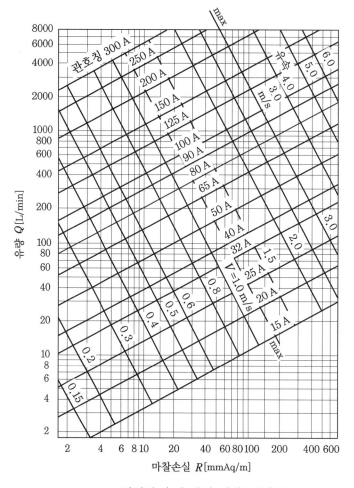

강관의 수에 대한 마찰손실수두

(3) 부속류에 대한 국부저항 상당길이(m)를 산출하시오.

(4) 배관(직선배관+부속류)에서 총 마찰손실수두(mAq)를 구하시오.

(5) 냉각수 펌프 양정(m)을 구하시오. (여유율 10%, 소수 첫째자리에서 반올림하시오.)

(6) 위에서 구한 유속을 이용하여 배관상(직선배관+부속류)의 마찰손실수두(mAq)를 구하시오. (단, 배관마찰손실계수 $f = 0.03$이다.)

해답 (1) 냉각수 순환수량 $G_w = \dfrac{40 \times 4.53 \times 60}{4.2 \times (37-32)} = 517.714\,\text{kg/min} ≒ 517.71\,\text{L/min}$

(2) ① 유량 517.71 L/min, 마찰손실 100 mmAq/m일 때 관지름은 80A

② 60 mmAq/m

③ 1.8 m/s

(3) 부속에 의한 국부저항 상당길이 = 67.8 m

부속명	엘보	스윙체크 밸브	게이트 밸브	볼 밸브	스트레이너
수량	10개	1개	3개	1개	1개
상당장	3.6	11.6	0.8	4.8	13
소계	36 m	11.6 m	2.4 m	4.8 m	13 m
합계	67.8 m				

(4) 총 마찰손실수두 = $(60 + 67.8) \times 60 = 7668\,\text{mmAq} ≒ 7.67\,\text{mAq}$

(5) 냉각수 펌프 양정 = $7.67 + 6 + 1.5 + 3 = 18.17\,\text{mAq}$

(6) 배관상 마찰손실수두 = $\dfrac{f(L+L')v^2}{d \times 28} = \dfrac{0.03 \times (60 + 67.8) \times 1.8^2}{0.08 \times 2 \times 9.8}$

$= 7.922 ≒ 7.91\,\text{mAq}$

---

07. 다음 도면과 같은 온수난방에 있어서 리버스 리턴 방식에 의한 배관도를 완성하시오. (단, A, B, C, D는 방열기를 표시한 것이며, 온수공급관은 실선으로, 귀환관은 점선으로 표시하시오.) (4점)

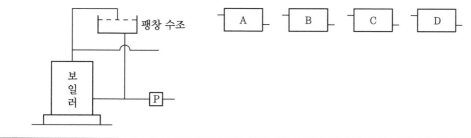

해답

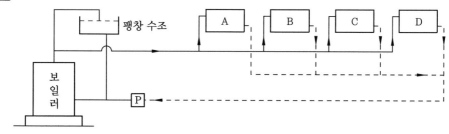

08. 다음과 같은 $P-h$ 선도를 보고 각 물음에 답하시오. (단, 중간 냉각에 냉각수를 사용하지 않는 것으로 하고, 냉동능력은 1 RT (3.86 kW)로 한다.)　　　　(6점)

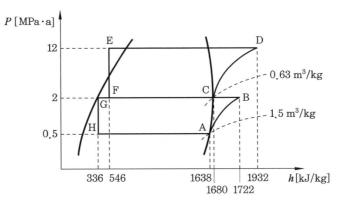

효율 \ 압축비	2	4	6	8	10	24
체적효율 (η_v)	0.86	0.78	0.72	0.66	0.62	0.48
기계효율 (η_m)	0.92	0.90	0.88	0.86	0.84	0.70
압축효율 (η_c)	0.90	0.85	0.79	0.73	0.67	0.52

(1) 저단측의 냉매순환량 G_L [kg/h], 피스톤 토출량 V_L [m³/h], 압축기 소요동력 N_L [kW]을 구하시오.

(2) 저단 압축기 실제 토출가스 엔탈피 $h_B{}'$를 구하시오.

(3) 고단측의 냉매순환량 G_H [kg/h], 피스톤 토출량 V_H [m³/h], 압축기 소요동력 N_H [kW]을 구하시오.

해답 (1) 저단 냉매순환량, 피스톤 토출량, 소요동력

① 저단 냉매순환량 $G_L = \dfrac{1 \times 3.86 \times 3600}{1638 - 336} = 10.672 ≒ 10.67 \, \text{kg/h}$

② 저단 피스톤 토출량 $V_L = \dfrac{10.67 \times 1.5}{0.78} = 20.519 ≒ 20.52 \, \text{m}^3/\text{h}$

③ 저단 압축기 소요동력 $N_L = \dfrac{10.67 \times (1722 - 1638)}{0.9 \times 0.85 \times 3600} = 0.325 ≒ 0.33 \, \text{kW}$

(2) 저단 압축기 실제 토출가스 엔탈피

$$h_B{}' = 1638 + \dfrac{1722 - 1638}{0.85} = 1736.823 ≒ 1736.82 \, \text{kJ/kg}$$

(3) 고단 압축기 냉매순환량, 피스톤 토출량, 소요동력

① 고단 냉매순환량 $G_H = 10.67 \times \dfrac{1736.82 - 336}{1680 - 546} = 13.18 \, \text{kg/h}$

② 고단 피스톤 토출량 $V_H = \dfrac{13.18 \times 0.63}{0.72} = 11.532 \fallingdotseq 11.53\,\mathrm{m^3/h}$

③ 저단 압축기 소요동력 $N_H = \dfrac{13.18 \times (1932 - 1680)}{0.88 \times 0.79 \times 3600} = 1.327 \fallingdotseq 1.33\,\mathrm{kW}$

---

09. 2대의 증발기가 압축기 위쪽에 위치하고 각각 다른 층에 설치되어 있는 경우 프레온 증발기 출구와 흡입구 배관을 연결하는 배관 계통을 도시하시오. (5점)

증발기

증발기

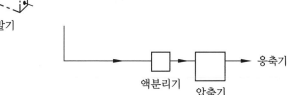

액분리기   압축기   응축기

해답

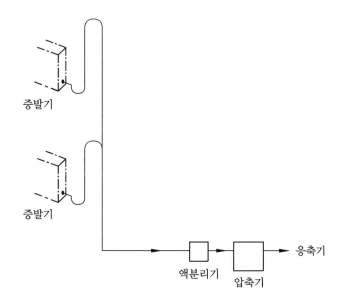

증발기

증발기

액분리기   압축기   응축기

---

10. 500 rpm으로 운전되는 송풍기가 $300\,m^3/h$, 전압 400Pa, 동력 3.5 kW의 성능을 나타내고 있는 것으로 한다. 이 송풍기의 회전수를 20% 증가시키면 풍량, 전압, 동력은 어떻게 변화하는가? (5점)

해답 (1) 풍량 $Q_2 = Q_1 \times \dfrac{N_2}{N_1} = 300 \times 1.2 = 360\,m^3/min$

(2) 전압 $P_{T_2} = P_{T_1} \times \left(\dfrac{N_2}{N_1}\right)^2 = 400 \times 1.2^2 = 576\,Pa$

(3) 동력 $L_{S_2} = L_{S_1} \times \left(\dfrac{N_2}{N_1}\right)^3 = 3.5 \times 1.2^3 = 6.05\,kW$

---

11. 암모니아용 압축기에 대하여 피스톤 압출량 $1\,m^3$당의 냉동능력 R_1, 증발온도 t_1 및 응축온도 t_2와의 관계는 다음 그림과 같다. 피스톤 압출량 $100\,m^3/h$인 압축기가 운전되고 있을 때 저압측 압력계에 0.26 MPa, 고압측 압력계에 1.1 MPa으로 각각 나타내고 있다. 이 압축기에 대한 냉동부하(RT)는 얼마인가? (단, 1 RT는 3.86 kW, 대기압은 0.1 MPa로 한다.) (8점)

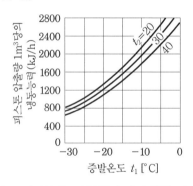

온도 (℃)	포화압력 (MPa · abs)	온도 (℃)	포화압력 (MPa · abs)
40	1.6	−5	0.36
35	1.4	−10	0.3
30	1.2	−15	0.24
25	1.0	−20	0.19

해답 ① 저압측 절대압력 $P_1 = 0.26 + 0.1 = 0.36\,MPa \cdot abs =$ 증발온도 $-5℃$

② 고압측 절대압력 $P_2 = 1.1 + 0.1 = 1.2\,MPa \cdot abs =$ 응축온도 $30℃$

③ 증발온도 $-5℃$와 응축온도 $30℃$의 교점에 의해 피스톤 압출량 $1\,m^3$당 냉동능력은 $2400\,kJ/m^3$이다.

④ 냉동능력 $R = \dfrac{100 \times 2400}{3600 \times 3.86} = 17.271 \fallingdotseq 17.27\,RT$

12. 송풍기 총 풍량 6000m³/h, 송풍기 출구 풍속 8 m/s로 하는 직사각형 단면 덕트 시스템을 등마찰손실법으로 설치할 때 종횡비($a : b$)가 3 : 1일 때 단면 덕트 길이 (cm)를 구하시오. (5점)

해답 ① 원형 덕트 지름 $= \sqrt{\dfrac{4 \times 6000}{3.14 \times 8 \times 3600}} = 0.51516\,\text{m} \fallingdotseq 51.52\,\text{cm}$

② $51.52 = 1.3\left(\dfrac{(3b \times b)^5}{(3b + b)^2}\right)^{\frac{1}{8}} = 1.3\left(\dfrac{3^5 \times b^{10}}{4^2 \times b^2}\right)^{\frac{1}{8}} = 1.3\left(\dfrac{3^5}{4^2}\right)^{\frac{1}{8}} \times b$

$\therefore\ b = \dfrac{51.52}{1.3} \times \left(\dfrac{4^2}{3^5}\right)^{\frac{1}{8}} = 28.206 \fallingdotseq 28.20\,\text{cm}$

③ $a = 3b = 3 \times 28.2 = 84.6\,\text{cm}$

④ 단면 덕트 길이 (각형 덕트 둘레길이)

$L = 2a + 2b = (2 \times 0.846) + (2 \times 0.282) = 2.256 \fallingdotseq 2.26\,\text{m}$

13. 냉동장치 각 기기의 온도변화 시에 이론적인 값이 상승하면 ○, 감소하면 ×, 무관 하면 △을 표기하시오. (5점)

상태변화 ＼ 온도변화	응축온도 상승	증발온도 상승	과열도 증가	과냉각도 증가
성적계수				
압축기 토출가스온도				
압축 일량				
냉동효과				
압축기 흡입가스 비체적				

해답

상태변화 ＼ 온도변화	응축온도 상승	증발온도 상승	과열도 증가	과냉각도 증가
성적계수	×	○	○	○
압축기 토출가스온도	○	×	○	△
압축 일량	○	×	△	△
냉동효과	×	○	○	○
압축기 흡입가스 비체적	△	×	○	△

---

14. 암모니아 냉매를 사용하는 증기압축식 냉동기에서 흡입밸브를 개방하고 기동할 때 문제점과 대책을 기술하시오. (6점)

　(1) 문제점 :

　(2) 대책 :

해답 (1) 문제점 : 증발기에 잔류하는 액냉매의 흡입으로 액압축으로 압축기 소손의 우려가 있다.

　　(2) 대책 : 흡입밸브를 닫고 압축기 기동 후 서서히 밸브를 개방하여 정상 운전한다.

2023년도 시행 문제

▶ **2023. 4. 23 시행** ※ 이 문제는 수검자의 기억을 통하여 복원된 것입니다.

01. 다음과 같은 사무실 (1)에 대해 주어진 조건에 따라 각 물음에 답하시오. (10점)

─── [조건] ───

1. 사무실 (1)
   ① 층 높이 : 3.4 m, ② 천장 높이 : 2.8 m
   ③ 창문 높이 : 1.5 m, ④ 출입문 높이 : 2 m
2. 설계조건
   ① 실외 : 33℃ DB, 68 % RH, $x = 0.0218 \text{kg/kg}'$
   ② 실내 : 26℃ DB, 50 % RH, $x = 0.0105 \text{kg/kg}'$
3. 계산시각 : 오후 2시
4. 유리 : 보통유리 3 mm
5. 내측 베니션 블라인드 (색상은 중간색) 설치
6. 틈새바람이 없는 것으로 한다.
7. 1인당 신선외기량 : 25 m³/h
8. 조명
   ① 형광등 30 W/m², 안정기 부하 6 W/m²
   ② 천장 매입에 의한 제거율 없음
9. 중앙 공조 시스템이며, 냉동기＋AHU에 의한 전공기방식
10. 벽체 구조

외벽	[두께]	[열전도율]
모르타르	30mm	1.4 W/m·K
콘크리트	120mm	1.6 W/m·K
모르타르	20mm	1.4 W/m·K
플라스터	3mm	0.62 W/m·K
타일	3mm	0.26 W/m·K

11. 외벽체 실내측 열전달률 (α_i) = 9 W/m²·K, 실외측 열전달률 (α_o) = 23 W/m²·K이다.
12. 내벽 열통과율 : 1.8 W/m²·K
13. 사무실 A의 위·아래층은 동일한 공조조건이다.

14. 복도는 28℃이고, 출입문의 열관류율은 $1.9 \, W/m^2 \cdot K$이다.
15. 공기 밀도 $\rho = 1.2 \, kg/m^3$, 공기의 정압비열 $C_p = 1.01 \, kJ/kg \cdot K$이다.
16. 실내 취출 공기 온도 16℃

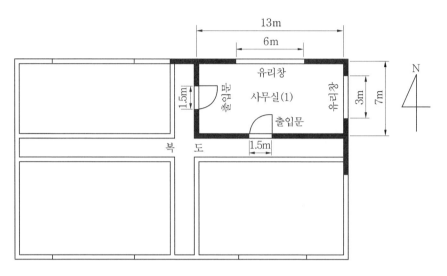

재실인원 1인당의 면적 A_f [m²/인]

	사무소건축		백화점, 상점			레스토랑	극장, 영화관의 관객석	학교의 보통교실
	사무실	회의실	평균	혼잡	한산			
일반 설계치	5	2	3.0	1.0	5.0	1.5	0.5	1.4

• 인체로부터의 발열량 설계치 (W/인)

작업상태		실온		27℃		26℃		21℃	
	예	전발열량	H_S	H_L	H_S	H_L	H_S	H_L	
정좌	극장	103	57	46	62	41	76	27	
사무소 업무	사무소	132	58	74	63	69	84	48	
착석작업	공장의 경작업	220	65	155	72	148	107	113	
보행 4.8 km/h	공장의 중작업	293	88	205	96	197	135	158	
볼링	볼링장	425	135	288	141	284	178	247	

• 외벽의 상당 외기온도차

시각	H	N	NE	E	SE	S	SW	W	NW
13	32.2	6.9	13.1	18.8	18.8	11.3	7.6	6.6	6.4
14	36.1	7.5	12.2	16.6	16.6	13.2	10.6	8.7	7.3
15	38.3	8.0	11.5	14.8	14.8	14.3	14.1	12.3	9.0

- 창유리의 표준일사열 취득 I_{GR} [W/m²]

  북쪽, 오후 2시 : 45 W/m²,　　　동쪽, 오후 2시 : 45 W/m²

- 유리창의 관류열량 I_{GC} [W/m²]

  북쪽, 오후 2시 : 44 W/m²,　　　동쪽, 오후 2시 : 44 W/m²

유리의 차폐계수

종류		차폐계수(k_s)
보통유리		1.00
마판유리		0.94
내측 venetian blind (보통유리)	엷은색	0.56
	중간색	0.65
	진한색	0.75
외측 venetian blind (보통유리)	엷은색	0.12
	중간색	0.15
	진한색	0.22

(1) 외벽체 열통과율(K)

(2) 벽체를 통한 부하

　① 동　　　　　　② 서　　　　　③ 남　　　　　④ 북

(3) 출입문을 통한 부하

(4) 유리를 통한 부하

　① 동　　　　　　② 북

(5) 인체부하를 구하시오.

(6) 조명부하 (형광등＋안정기)를 구하시오.

(7) 실내 송풍량 (m³/h)을 구하시오.

　① 실내 현열부하의 총 합계 (W)

　② 송풍량 (m³/h)

해답 (1) 외벽체 열통과율

　　① 열저항 $R = \dfrac{1}{K} = \dfrac{1}{23} + \dfrac{0.03}{1.4} + \dfrac{0.12}{1.6} + \dfrac{0.02}{1.4} + \dfrac{0.003}{0.62} + \dfrac{0.003}{0.26} + \dfrac{1}{9}$

　　② 열통과율 $K = \dfrac{1}{R} = 3.5501 ≒ 3.55 \, \mathrm{W/m^2 \cdot K}$

(2) 벽체를 통한 부하

　① 외벽체를 통한 부하

　　• 동 $= 3.55 \times \{(7 \times 3.4) - (3 \times 1.5)\} \times 16.6 = 1137.349 ≒ 1137.35 \, \mathrm{W}$

　　• 북 $= 3.55 \times \{(13 \times 3.4) - (6 \times 1.5)\} \times 7.5 = 937.2 \, \mathrm{W}$

　② 내벽체를 통한 부하

　　• 남 $= 1.8 \times \{(13 \times 2.8) - (1.5 \times 2)\} \times (28 - 26) = 120.24 \, \mathrm{W}$

　　• 서 $= 1.8 \times \{(7 \times 2.8) - (1.5 \times 2)\} \times (28 - 26) = 59.76 \, \mathrm{W}$

(3) 출입문을 통한 부하

$$q = 1.9 \times (1.5 \times 2 \times 2) \times (28 - 26) = 22.8 \text{ W}$$

(4) 유리를 통한 부하

① 동쪽

• 일사열량 $= 45 \times (3 \times 1.5) \times 0.65 = 131.625 = 131.63 \text{ W}$

• 관류열량 $= 44 \times (3 \times 1.5) = 198 \text{ W}$

② 북쪽

• 일사열량 $= 45 \times (6 \times 1.5) \times 0.65 = 263.25 \text{ W}$

• 관류열량 $= 44 \times (6 \times 1.5) = 396 \text{ W}$

(5) 인체부하

① 현열 $= \dfrac{13 \times 7}{5} \times 63 = 1146.6 \text{ W}$

② 잠열 $= \dfrac{13 \times 7}{5} \times 69 = 1255.8 \text{ W}$

(6) 조명부하 $= [13 \times 7 \times (30 + 6)] = 3276 \text{ W}$

(7) 송풍량

① 현열량 $q_s = 1137.35 + 937.2 + 120.24 + 59.76 + 22.8 + 131.63 + 198$
$\qquad\qquad + 263.25 + 396 + 1146.6 + 3276 = 7688.83 \text{ W}$

② 송풍량 $= \dfrac{7688.83 \times 10^{-3}}{1.01 \times 1.2 \times (26 - 16)} \times 3600 = 2283.81 \text{ m}^3/\text{h}$

---

02. 다음 그림과 같은 2중 덕트 장치도를 보고 공기 선도에 각 상태점을 나타내어 흐름도를 완성시키시오. (8점)

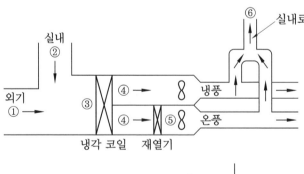

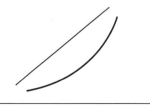

해답

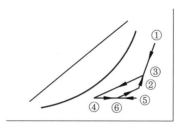

---

03. 공기조화 장치에서 주어진 [조건]을 참고하여 재순환 공기와 외기의 혼합 공기 상태에 대한 물음에 답하시오. (8점)

[조건]

구분	$t[℃]$	$\varphi[\%]$	$x[kg/kg']$	$h[kJ/kg]$
실내	26	50	0.0105	53.13
외기	32	65	0.0197	82.83
외기량비	\multicolumn{4}{l}{재순환 공기 7kg/s, 외기도입량 3kg/s}

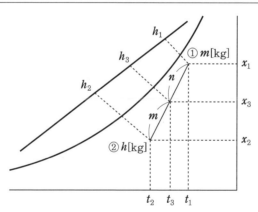

외기와 환기의 혼합상태 공기선도

(1) 혼합 건구온도(℃)를 구하시오.
(2) 혼합 상대습도(%)를 구하시오. (단, 상대습도가 직선적으로 변화하는 것으로 가정)
(3) 혼합 절대습도(kg/kg')를 구하시오.
(4) 혼합 엔탈피(kJ/kg)를 구하시오.

해답 (1) 혼합 건구온도 $= \dfrac{32 \times 3 + 26 \times 7}{3 + 7} = 27.8\,℃$

(2) 혼합 상대습도 $= \dfrac{65 \times 3 + 50 \times 7}{3 + 7} = 54.5\,\%$

(3) 혼합 절대습도 $= \dfrac{0.0197 \times 3 + 0.0105 \times 7}{3 + 7} = 0.01326\,kg/kg'$

(4) 혼합 엔탈피 $= \dfrac{82.83 \times 3 + 53.13 \times 7}{3 + 7} = 62.04\,kJ/kg$

04. 다음과 같은 냉각수 배관 시스템에 대해 각 물음에 답하시오. (단, 냉동기 냉동능력
은 150 RT, 응축기 수저항은 8 mAq, 배관의 마찰손실은 4 mAq/100 m이고, 냉각
수량은 1냉동톤당 13 L/min이다.) (8점)

(관경산출표 4 mAq/100 m 기준)

관경(mm)	32	40	50	65	80	100	125	150
유량(L/min)	90	180	320	500	720	1800	2100	3200

밸브, 이음쇠류의 1개당 상당길이(m)

관경(mm)	게이트밸브	체크밸브	엘보	티	리듀서(1/2)
100	1.4	12	3.1	6.4	3.1
125	1.8	15	4.0	7.6	4.0
150	2.1	18	4.9	9.1	4.9

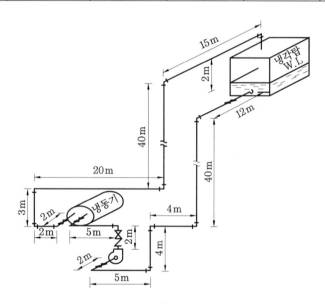

(1) 냉각수량에 적합한 배관 지름을 구하시오.

(2) 배관의 마찰손실 ΔP [mAq]를 구하시오. (단, 직관부의 길이는 158 m이다.)

(3) 펌프 양정 H [mAq]를 구하시오.

(4) 펌프의 수동력 P [kW]를 구하시오.

해답 (1) 냉각수량＝13×150 RT＝1950 L/min

냉각수 배관경은 표에서 1950 직상 관경 125mm를 선정한다.

(2) 배관마찰손실

① 배관지름＝150×13＝1950 L/min이므로 표에서 125 mm이다.

② 배관상당길이＝158+{(1×15)+(5×1.8)+(13×4)}＝234 m

③ 배관마찰손실 $= 234 \times \dfrac{4}{100} = 9.36 \ \text{mAq}$

※ 체크 밸브 1개, 게이트 밸브 5개, 엘보 13개

(3) 펌프 양정 $= 2 + 9.36 + 8 = 19.36 \ \text{mAq}$

(4) 펌프 수동력 $P = \dfrac{1000 \times 1.95 \times 19.36}{102 \times 60} = 6.168 \fallingdotseq 6.17 \ \text{kW}$

---

05. 다음 그림은 2대의 증발기에 고압가스제상을 행하는 장치도의 일부이다. 제상을 위한 배관을 완성하시오. (5점)

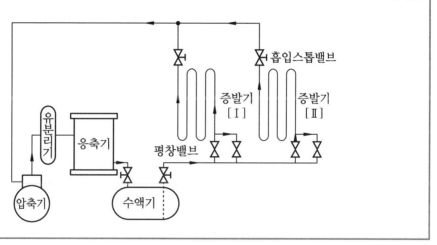

해답

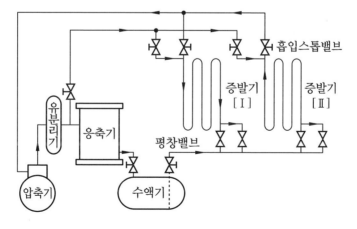

06. 다음의 회로도는 삼상유도전동기의 정역전 운전회로도이다. 동작 설명 중 옳은 것의 번호를 고르시오. (3점)

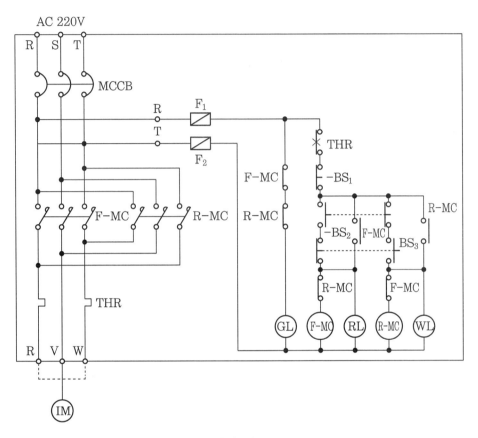

정역전 회로

〈동작 설명〉

① 전원을 투입하면 표시등 RL이 점등, 전원용 개폐기가 닫힌 것을 나타낸다.

② 푸시버튼 스위치 BS$_2$를 누르면 전자접촉기 F-MC가 여자되어 전동기가 정회전 방향으로 회전을 시작한다. 표시등 RL이 점등, 전동기가 정방향으로 회전 중인 것을 나타낸다.

③ 푸시버튼 스위치 BS$_3$을 누르면 전동기를 역전시킬 수 있다.

④ 이 회로는 자기유지회로이다.

⑤ BS$_1$을 누르면 모든 동작이 정지된다.

해답 ②, ③, ④, ⑤

해설 전원을 투입하면 GL이 점등된다.

07. 어떤 냉동장치의 증발기 출구상태가 건조포화 증기인 냉매를 흡입 압축하는 냉동기가 있다. 증발기의 냉동능력이 10RT, 그리고 압축기의 체적효율이 65%라고 한다면, 이 압축기의 분당 회전수(rpm)는 얼마인가? (단, 이 압축기는 기통 지름 : 120mm, 행정 : 100mm, 기통수 : 6기통, 압축기 흡입증기의 비체적 : 0.15m³/kg, 압축기 흡입증기의 엔탈피 : 626 kJ/kg, 압축기 토출증기의 엔탈피 : 689 kJ/kg, 팽창밸브 직후의 엔탈피 : 462 kJ/kg, 1RT : 3.86 kW로 한다. 회전수는 소수 첫째자리에서 자리올림하시오.)   (4점)

해답 ① 피스톤 토출량

$$V_a = \frac{RT \times v \times 3.86}{\eta_v \times q_r} = \frac{10 \times 0.15 \times 3.86 \times 3600}{0.65 \times (626 - 462)} = 195.534 ≒ 195.53 \, \mathrm{m^3/h}$$

② 회전수

$$R = \frac{V_a \cdot 4}{\pi \cdot D^2 \cdot L \cdot N \cdot 60} = \frac{195.53 \times 4}{\pi \times 0.12^2 \times 0.1 \times 6 \times 60} = 480.24 ≒ 481 \, \mathrm{rpm}$$

08. 다음 그림과 같은 냉동장치에서 압축기 축동력은 몇 kW인가? (단, 1 kcal는 4.2 kJ로 환산한다.)   (9점)

(1) 장치도

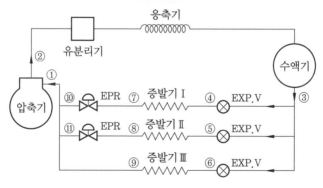

(2) 증발기의 냉동능력 (RT)

증발기	I	II	III
냉동톤	1	2	2

(3) 냉매의 엔탈피 (kJ/kg)

구분	h_2	h_3	h_7	h_8	h_9
h	681.66	457.8	625.8	621.6	617.4

(4) 압축 효율 0.65, 기계효율 0.85

해답 (1) 냉매순환량

① 증발기 Ⅰ $= \dfrac{3320 \times 4.2}{625.8 - 457.8} = 83 \text{ kg/h}$

② 증발기 Ⅱ $= \dfrac{2 \times 3320 \times 4.2}{621.6 - 457.8} = 170.256 \fallingdotseq 170.26 \text{ kg/h}$

③ 증발기 Ⅲ $= \dfrac{2 \times 3320 \times 4.2}{617.4 - 457.8} = 174.736 \fallingdotseq 174.74 \text{ kg/h}$

(2) 흡입가스 엔탈피

$h_1 = \dfrac{(83 \times 625.8) + (170.26 \times 621.6) + (174.74 \times 617.4)}{83 + 170.26 + 174.74}$

$= 620.699 \fallingdotseq 620.70 \text{ kJ/kg}$

(3) 축동력 $= \dfrac{(83 + 170.26 + 174.74) \times (681.66 - 620.7)}{3600 \times 0.65 \times 0.85} = 13.117 \fallingdotseq 13.12 \text{ kW}$

참고

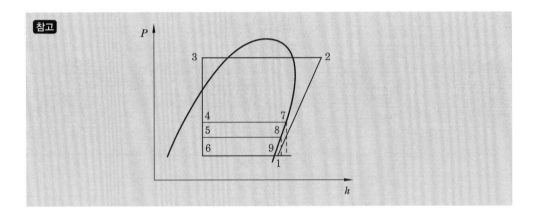

09. 2톤의 물을 3시간 동안에 30℃에서 20℃까지 냉각하는 데 필요한 냉각열량(kW)은 얼마인가? (단, 물의 비열은 4.2 kJ/kg · K이다.) (5점)

해답 냉각열량 $= \dfrac{2000 \times 4.2 \times (30 - 20)}{3 \times 3600} = 7.777 \fallingdotseq 7.78 \text{ kW}$

10. 다음 그림과 같은 이중 덕트 방식에 대한 설계에 있어서 주어진 조건을 참조하여 물음에 답하시오.　　　　　　　　　　　　　　　　　　　　　　　　　(12점)

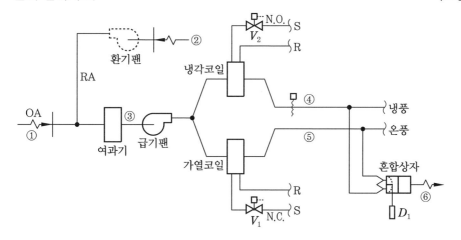

──── [조건] ────

- 실내온도 26℃, 엔탈피 53 kJ/kg
- 외기온도 31℃, 엔탈피 83 kJ/kg
- 전풍량(총 급기팬 송풍량) : 7200 kg/h
- 외기량 : 1800 kg/h
- 가열코일 통과풍량 : 3600 kg/h
- 실 (⑥) 냉방현열부하 : 6.5 kW
- 가열코일 출구공기온도 : 31℃
- 냉각코일 출구공기온도 : 13℃, 엔탈피 35 kJ/kg
- 공기의 비열 : 1.0 kJ/kg · K
- 공기의 밀도 : 1.2 kg/m³

(1) 외기와 환기의 혼합 공기온도(℃) 및 엔탈피(kJ/kg)를 구하시오.

(2) 실(⑥)에 대한 혼합 냉풍 공기량(m³/h)을 구하시오. (단, 이 방의 냉방 취출 온도차는 8℃로 한다.)

(3) 냉각코일부하(kW)를 구하시오.

(4) 가열코일부하(kW)를 구하시오.

(5) 외기현열부하(kW)를 구하시오.

(6) 외기전열부하(kW)를 구하시오.

해답 (1) 혼합 공기온도(℃) 및 엔탈피(kJ/kg)

① 혼합 공기온도 $t_3 = \dfrac{1800 \times 31 + (7200 - 1800) \times 26}{7200} = 27.25 ℃$

② 혼합 공기엔탈피 $h_3 = \dfrac{1800 \times 83 + (7200 - 1800) \times 53}{7200} = 60.5 \, kJ/kg$

(2) 혼합 냉풍공기량

$$Q = \frac{6.5 \times 3600}{1.2 \times 1 \times 8} = 2437.5 \, \text{m}^3/\text{h}$$

(3) 냉각코일부하는 냉풍공기량과 코일 입출구 엔탈피차로 구한다.

냉각코일부하 $= 3600(60.5 - 35) = 91800 \, \text{kJ/h} = 25.5 \, \text{kW}$

(4) 가열코일부하 $= (7200 - 3600) \times \dfrac{1.0(31 - 27.25)}{3600} = 3.75 \, \text{kW}$

(5) 외기현열부하 $= 1800 \times \dfrac{1(31 - 26)}{3600} = 2.5 \, \text{kW}$

(6) 외기전열부하 (kW) $= \dfrac{1800 \times (83 - 53)}{3600} = 15 \, \text{kW}$

(일반적인 외기부하란 전열부하를 의미한다.)

---

11. 공조설비에 대한 용어와 가장 관계가 깊은 내용을 [보기]에서 고르시오. (5점)

용어	연관 내용	용어	연관 내용
연돌효과		캐비테이션	
종속 유속		ADPI	
CLTD			

[보기]
- 회전문
- 인젝터 노즐
- 부하계산법
- 펌프 실속
- 디퓨저

해답

용어	연관 내용	용어	연관 내용
연돌효과	회전문	캐비테이션	펌프 실속
종속 유속	인젝터 노즐	ADPI	디퓨저
CLTD	부하계산법		

12. 다음은 동일한 증발온도와 응축온도의 조건에서 운전되는 암모니아를 냉매로 하는 2단 압축 1단 팽창방식의 냉동 사이클과 2단 압축 2단 팽창방식의 냉동 사이클을 $p-h$ 선도에 나타낸 것이다. 주어진 조건을 이용하여 물음에 답하시오. (8점)

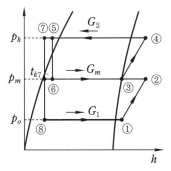

(a) 2단 압축 1단 팽창 냉동 사이클

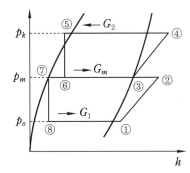

(b) 2단 압축 2단 팽창 냉동 사이클

[조건]

2단 압축 1단 팽창식, 2단 압축 2단 팽창식 공통

1. 저단 압축기의 흡입증기 비엔탈피 $h_1 = 1490\,\text{kJ/kg}$
2. 저단 압축기의 단열압축 후의 토출가스 비엔탈피 $h_2 = 1600\,\text{kJ/kg}$
3. 고단 압축기의 흡입증기 비엔탈피 $h_3 = 1560\,\text{kJ/kg}$
4. 고단 압축기의 단열압축 후의 토출가스 비엔탈피 $h_4 = 1720\,\text{kJ/kg}$
5. 응축기출구 액의 비엔탈피 $h_5 = 400\,\text{kJ/kg}$
6. 증발기용 팽창밸브 직전의 액의 비엔탈피 $h_7 = 280\,\text{kJ/kg}$
   (2단 압축 1단 팽창식)
   증발기용 팽창밸브 직전의 액의 비엔탈피 $h_7 = 260\,\text{kJ/kg}$
   (2단 압축 2단 팽창식)
7. 압축기의 압축(단열)효율(저단 측, 고단 측 모두) $\eta_c = 0.70$
8. 압축기의 기계효율(저단 측, 고단 측 모두) $\eta_m = 0.85$
9. 증발기 냉매순환량(1단 팽창식, 2단 팽창식 모두) $G_L = 0.125\,\text{kg/s}$

(1) 각 냉동 사이클의 성적계수(COP)를 구하시오.

(2) 2단 압축 1단 팽창식에 대한 2단 압축 2단 팽창식의 성적계수의 증가율을 구하시오.

해답 (1) 성적계수

① 2단 압축 1단 팽창 사이클

• 저단 압축기 실제 토출가스 엔탈피

$$h_2' = 1490 + \frac{1600 - 1490}{0.7} = 1647.142 \fallingdotseq 1647.14\ \text{kJ/kg}$$

② 고단측 냉매순환량 $G_H = 0.125 \times \dfrac{1647.14 - 280}{1560 - 400} = 0.147 ≒ 0.15\,\text{kg/h}$

③ 냉동능력 $R_1 = 0.125 \times (1490 - 280) = 151.25\ \text{kW}$

④ 저단 압축기 축동력 $N_L = \dfrac{0.125 \times (1600 - 1490)}{0.7 \times 0.85} = 23.109 ≒ 23.11\ \text{kW}$

⑤ 고단 압축기 축동력 $N_H = \dfrac{0.15 \times (1720 - 1560)}{0.7 \times 0.85} = 40.336 ≒ 40.34\ \text{kW}$

⑥ 실제 압축기 기동 축동력 $= 23.11 + 40.34 = 63.45\ \text{kW}$

⑦ 성적계수 $\varepsilon_1 = \dfrac{151.25}{63.45} = 2.383 ≒ 2.38$

⑧ 2단 압축 2단 팽창 사이클
- 저단 압축기 실제 토출가스 엔탈피

$$h_2{}' = 1490 + \frac{1600 - 1490}{0.7} = 1647.142 ≒ 1647.14\ \text{kJ/kg}$$

⑨ 고단측 냉매순환량 $G_H = 0.125 \times \dfrac{1647.14 - 260}{1560 - 400} = 0.149 ≒ 0.15\,\text{kg/h}$

⑩ 저단 압축기 축동력 $N_L = \dfrac{0.125 \times (1600 - 1490)}{0.7 \times 0.85} = 23.109 ≒ 23.11\ \text{kW}$

⑪ 고단 압축기 축동력 $N_H = \dfrac{0.15 \times (1720 - 1560)}{0.7 \times 0.85} = 40.336 ≒ 40.34\ \text{kW}$

⑫ 실제 압축기 기동 축동력 $= 23.11 + 40.34 = 63.45\ \text{kW}$

⑬ 냉동능력 $R_2 = 0.125 \times (1490 - 260) = 153.75\ \text{kW}$

⑭ 성적계수 $\varepsilon_2 = \dfrac{153.75}{63.45} = 2.423 ≒ 2.42$

(2) 성적계수 증가율 $= \dfrac{\varepsilon_2 - \varepsilon_1}{\varepsilon_1} \times 100 = \dfrac{2.42 - 2.38}{2.38} \times 100 = 1.68\%$

즉, 2단 압축 2단 팽창 사이클이 1.68% 성적계수가 증가한다.

---

13. 공조설비에서 다음 그림과 같은 배관 평면도를 입체도로 그리시오. (5점)

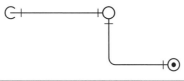

해답

14. 다음은 단일 덕트 공조방식을 나타낸 것이다. 주어진 조건과 습공기 선도를 이용하여 각 물음에 답하시오.　　　　　　　　　　　　　　　　　　　　　　(10점)

> ─────[조건]─────
>
> 　1. 실내부하
>
> 　　① 현열부하(q_s) = 26000 kcal/h
>
> 　　② 잠열부하(q_l) = 4500 kcal/h
>
> 　2. 실내 : 온도 20℃, 상대습도 50 %
>
> 　3. 외기 : 온도 2℃, 상대습도 40 %
>
> 　4. 환기량과 외기량의 비는 3 : 1이다.
>
> 　5. 공기의 비중량 : 1.2 kg/m³
>
> 　6. 공기의 비열 : 0.24 kcal/kg·℃
>
> 　7. 실내 송풍량 : 10000 kg/h
>
> 　8. 덕트 장치 내의 열취득(손실)을 무시한다.
>
> 　9. 가습은 순환수 분무로 한다.

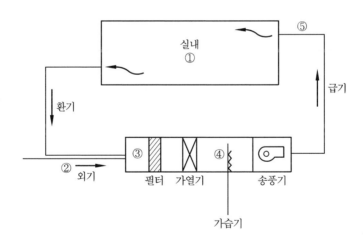

(1) 계통도를 보고 공기의 상태변화를 습공기 선도 상에 나타내고, 장치의 각 위치에 대응하는 점(①~⑤)을 표시하시오.

(2) 실내부하의 현열비(SHF)를 구하시오.

(3) 취출공기온도를 구하시오.

(4) 가열기 용량(kW)을 구하시오.

(5) 가습량(kg/h)을 구하시오.

해답 (1) 지급된 습공기 선도에 의해서 작도하면 다음과 같다.

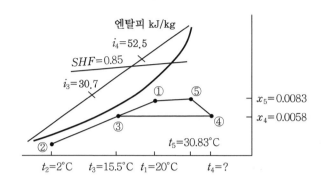

(2) $SHF = \dfrac{26000}{26000 + 4500} = 0.852 \fallingdotseq 0.85$

(3) 취출공기온도 $t_s = 20 + \dfrac{26000}{10000 \times 0.24} = 30.833 \fallingdotseq 30.83\,°C$

(4) 가열기 용량 $= 10000 \times (52.5 - 30.7) \times \dfrac{1}{3600} = 60.555 \fallingdotseq 60.56\,kW$

(5) 가습량 $= 10000 \times (0.0083 - 0.0058) = 25\,kg/h$

공조냉동기계기사 실기

2022년 1월 10일 1판1쇄
2024년 2월 10일 2판1쇄

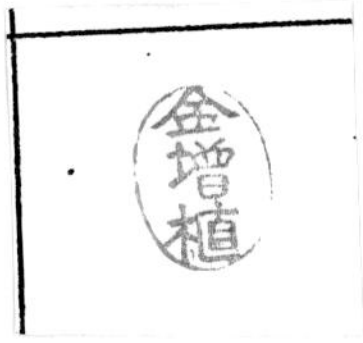

저   자 : 김증식 · 김동범
펴낸이 : 이정일

펴낸곳 : 도서출판 일진사
www.iljinsa.com
(우) 04317 서울시 용산구 효창원로 64길 6
전   화 : 704-1616 / 팩스 : 715-3536
이메일 : webmaster@iljinsa.com
등   록 : 제1979-000009호 (1979.4.2)

값 36,000 원

ISBN : 978-89-429-1926-0